21 世纪高等教育环境科学与工程类系列规划教材

环境生物化学

主编　赵景联

参编　何　炽　史小妹　赵　靓　陈　梦

机械工业出版社

本书基于环境科学和工程专业的特点，系统地阐明了环境污染及其工程处理中的生物化学原理，旨在培养学生对环境污染工程技术的理解与认识，充实环境科学和工程应用的生物化学基础理论，促进环境污染治理和整个环境科学的发展。

本书内容由生物化学基础（第 1～4 章）、现代环境生物化学技术原理（第 5 章）和典型环境污染物生物净化的生物化学原理（第 6～10 章）三部分组成。全书共分为 10 章，内容包括绪论、细胞内的生物分子化学、新陈代谢催化剂——酶化学、细胞内生物分子的新陈代谢、现代环境生物技术原理、水环境污染控制与治理中的生物化学、有害有机物微生物降解中的生物化学、工业污染物微生物治理中的生物化学、污染环境微生物修复的生物化学原理和环境毒理学。

本书适合作为高等院校师生的教材及教学参考书，并可供从事环境保护、环境科学、环境工程、环境微生物学、环境化学以及生命科学的研究人员、工程设计人员阅读和参考。

图书在版编目（CIP）数据

环境生物化学/赵景联主编 . —北京：机械工业出版社，2018. 6
21 世纪高等教育环境科学与工程类系列规划教材
ISBN 978-7-111-63714-1

Ⅰ. ①环⋯　Ⅱ. ①赵⋯　Ⅲ. ①环境化学 – 生物化学 – 高等学校 – 教材
Ⅳ. ①X13

中国版本图书馆 CIP 数据核字（2019）第 200992 号

机械工业出版社（北京市百万庄大街 22 号　邮政编码 100037）
策划编辑：马军平　责任编辑：马军平
责任校对：王明欣　封面设计：张　静
责任印制：李　昂
河北鹏盛贤印刷有限公司印刷
2020 年 1 月第 1 版第 1 次印刷
184mm×260mm · 23.5 印张 · 583 千字
标准书号：ISBN 978-7-111-63714-1
定价：69. 00 元

电话服务　　　　　　网络服务
客服电话：010-88361066　机 工 官 网：www.cmpbook.com
　　　　　010-88379833　机 工 官 博：weibo.com/cmp1952
　　　　　010-68326294　金 书 网：www.golden-book.com
封底无防伪标均为盗版　机工教育服务网：www.cmpedu.com

前　言

环境生物化学是一门介于环境污染化学与生物化学之间的新兴前沿学科，也是当今环境科学研究的热点领域。从广义上来讲，该学科主要研究天、地、生物相互作用中的基本化学反应，特别是人与生物对外来物质和能量所做的应答，以及人类生产、生活活动对环境影响的化学基础。从狭义上来讲，该学科主要研究环境中的污染物质在生物体内的代谢转化规律。从环境保护角度出发，该学科主要研究生物对污染物质降解与转化的能力，讨论生物代谢污染物质的途径。

环境生物化学是一门年轻的学科，迄今为止尚未有严格而公认的定义与概念。近年来，在环境科学的发展中，逐渐形成了环境化学、环境微生物学和环境生物学等分支并渐成体系，但目前对这方面的内容的探讨多半是单纯从化学或生物学的角度出发；而涉及工程方面问题的工程生物化学，其内容又多半局限于与发酵工业相关的生物及生物化学原理。总体观之，虽然一些论著中也涉及了环境生物化学的问题，但尚欠缺全面而系统的阐述，适合环境科学和环境工程专业的参考内容也稍显不足。

许多环境工程师被认为是生化工程师，这是因为他们花费大量的时间和精力设计和操作各种利用生物法去除或转化有机和无机污染物的设施。因此，他们所受教育的一个重要方面是生物化学，这样的教育背景在他们理解发生在环境和工程反应器中的外来化学物质的生物转化作用方面就显得更为重要。所以，自20世纪末以来，环境生物化学的发展甚为迅速。我国目前已有近三百所院校开设环境科学和环境工程专业，我校与国内众多高等院校都将环境生物化学作为环境科学与工程专业的主干课程，但在教学实践中深感相关专业教材的缺乏。为适应该课程的教学需求，编者曾以本科生和研究生的授课提纲为骨架，参考国内外相关书籍和文献编写了《环境生物化学》（化学工业出版社，2007年）。

近年来，随着科学技术的不断发展，环境科学领域也在不断扩展，研究内容更丰富，涉及更广、更深层次的理论问题和更先进的污染治理技术。特别是我国的高等教育在新时期，正酝酿着一场在教学内容、课程体系，以至教学手段、方式和培养目标方面的重大变革。为适应新时期高等教育的新要求及科学技术发展的需要，及时反映环境生物化学研究的新进展及新技术等，以便使学生用环境生物化学理论、原理、技术分析和解决环境问题，为培养合格的环保事业人才，并为学生后续学习和科研工作打下扎实的基础，我们新编了《环境生物化学》。

本书由西安交通大学赵景联教授主编，何炽副教授、史小妹副教授、赵靓博士、陈梦博士参与编写。

本书在编写过程中参考了相关领域的著作，已在每一章后参考文献列出。在此向所有参考文献的作者致以诚挚的谢意！

由于环境生物化学是一门新兴学科，限于编者的水平，书中难免有不完善之处和错误，恳请读者予以批评指正。

赵景联

目　录

第1章

绪 论

1.1 生物化学概述

生物化学（Biochemistry）是介于生物与化学之间的一门交叉学科。它采用化学的理论和方法来研究生命现象，从而揭示生命的奥秘。其任务主要有两个方面：一方面研究构成生物体的基本物质（糖类、脂类、蛋白质、核酸）及对体内的生物化学反应起催化和调节作用的酶、维生素和激素的结构、性质和功能，这部分内容通常称为静态生物化学。另一方面研究构成生物体的基本物质在生命活动过程中进行的化学变化，也就是新陈代谢（Metabolism）及在代谢过程中能量的转换和调节规律，这部分内容通常称为动态生物化学。

可以说，生物化学研究的是生命现象的化学本质，一切与生命有关的化学现象都是生物化学的研究对象。按研究对象分类，可分为动物生物化学及植物生物化学。前者以人体及动物为研究对象，后者以植物为研究对象。如果研究对象不局限于动物或植物，而是一般生物，则称普通生物化学。如果以生物（特别是动物）的不同进化阶段的化学特征（包括化学组成和代谢方式）为研究对象，则称进化生物化学或比较生物化学。以生理为研究对象则称生理化学。此外，根据不同的研究对象和目的，生物化学还可有许多分支，如微生物生物化学、医学生物化学、农业生物化学和工业生物化学等。

1.1.1 生物化学研究的主要内容

生物化学研究的内容可大体分为三个部分，即研究体内的物质组成（静态生化）、研究体内物质代谢（动态生化）、研究生物大分子的结构与功能（分子生物学）。这三个部分是紧密联系的。

1. 生物体的物质组成

生物体是由许多物质按严格的规律组建起来的。在生物体内除水外，每一类物质又包括很多种化合物。如人体蛋白质就有 10 万种以上，每种蛋白质的结构不同，因而也就有各种不同的功能。此外，人体内还含有核酸、激素、微量元素等，它们占体重的分量虽少，但也是维持正常生命活动不可缺少的物质。所有这些物质不是杂乱堆积在一起的，它们彼此之间有一定的组成规律，从而构成能够体现多种生物功能的生物学结构（Biological structure）。

蛋白质和核酸是实现生命活动的主要物质基础，而且相对分子质量很大，通常称为生物高分子（Biomacromolecule）。这些生物高分子化合物由较简单的小分子物质构成，常将这些小分子称为构件分子（Component molecules）。这些构件分子除构成生物大分子发挥作用外，它们单独存在时也有某些特殊的作用。

研究生物体物质组成的另一个重要方面，是用人工方法来合成生物大分子，其目的不仅是验证对体内物质进行化学分析的结果，也是深入认识分子结构与生物功能的关系，探索生命现象的奥秘，追溯生命的起源，还可制备极难获得的生物活性物质。我国科学家在 1965 年首先人工合成了胰岛素，1981 年合成了酵母丙氨酸 tRNA，这些都是国际上的首创成果，为人类做出了重大贡献。

2. 物质代谢及其调控

生物体不断地与外界环境进行着物质交换，生物体内时时刻刻都在进行着极有规律的化学反应，这些过程称为物质代谢或新陈代谢（Metabolism）。生物体通过消化吸收新摄取的营养物质，在体内一部分被转变成其组成成分，以保证满足生长发育和组织更新的需要，另一部分被氧化分解释放能量以维持生命活动。

体内进行的物质代谢叫中间代谢（Intermediary metabolism）。中间代谢的化学反应绝大部分都在细胞内进行。从分子大小变化来分，由小分子物质变成大分子物质的过程叫作合成代谢（Anabolism），反之，由大分于物质变成小分子物质的过程叫作分解代谢（Catabolism）。从生物学意义上来分，从外界吸收来的物质转变成体内组成成分的过程叫作同化作用（Assimilation），反之，使体内组成成分转变成可排出体外成分的过程叫作异化作用（Disassimilation）。一般来说，同化作用以合成代谢为主，异化作用以分解代谢为主。

中间代谢中的化学反应绝大多数是连锁反应，将这种连锁反应叫作代谢途径（Metabolic pathway）。这些反应是在多种酶的催化下进行的。一个细胞内有近两千种酶，在同一时间内催化着各种不同代谢途径中的各种化学反应，这些化学反应彼此密切配合并与机体的需要精确对应，构成非常协调的统一体系。生物体内的化学反应为什么能如此巧妙地进行呢？是通过多种调节因素进行调节控制来实现的。首先，酶的催化作用有严格专一性和可调控性，又有区域分布和多酶体等特点，这是在一个细胞内各代谢途径有序进行的基础。此外，动物和人体内还有神经系统、激素及其他调节物质，通过调节酶的活力来调节代谢途径的方向和强度。

3. 物质的分子结构与功能的关系

组成生物体的各种物质都与其生理功能密切相关，尤其是生物高分子显得格外突出，可以说，结构是功能的基础，功能是结构的体现。一切生命现象都是在具体的物质结构和物质代谢的基础上体现出来的。

1953 年，美国科学家 Watson 和英国科学家 Crick 发现了 DNA 分子结构的双螺旋模型。这个卓越的成就，首次从分子水平上揭开了遗传的秘密，开创了分子生物学（Molecular biology）时代。几乎与此同时，Sanger 发表了胰岛素分子中氨基酸残基的排列顺序，揭示出蛋白质分子中氨基酸残基排列顺序是其空间结构与生物功能的重要基础。后来，科学家们又相继阐明 DNA 半保留复制机理，破译了遗传密码，证实了反转录作用，从而提出了遗传中心法则的现代见解，这些都是分子生物学的辉煌成就。在此基础上发展起来的基因重组技术，为改造生物性状、揭开生命奥秘又向前跨进了一大步。因此，生物高分子的结构与功能的研究是生物化学—分子生物学中最引人注目的内容。

1.1.2 生物化学与其他科学的关系

1. 生物化学与化学的关系

在 19 世纪末期以前，生物化学的问题主要由化学（特别是有机化学）及生理学分别研究，在19世纪末和20世纪初，生物化学才成为一门独立科学。研究生物体的化学成分必须应用化学方法把它分离出来，加以纯化，确定它的性质，认识它的结构，并把它合成出来，因此，生物化学的发展与有机化学及分析化学的发展有密切的关系。此外，近年来在生物化合物的结构、性质、功能以及物质代谢的研究上已经广泛应用了物理化学的理论及技术。应用物理学、化学及生物学的方法发展起来的生物物理化学，也是解决生命现象问题的非常有用的科学。

2. 生物化学与其他生物科学的关系

生物化学是在生理学基础上发展起来的一门科学。生物化学的一个目的就是通过体内的化学变化来认识生物体的生理机能，找出其化学依据。因此，生物化学的研究工作不能脱离生理学，生理学的研究也离不开生物化学。微生物学的研究更需要广泛应用生物化学的原理与技术，如微生物的生理活动、病毒的本质、免疫的化学程序、抗体的生成机制等均与生物化学有密切关系。此外，细胞生物学、遗传学、胚胎学、组织学、进化论甚至分类学的研究都离不开生物化学。

生物化学与有机化学、生理学、物理化学、分析化学等虽然有密切的联系，但是作为一门独立的科学，生物化学本身具有独特的研究对象和研究方法。今天人们根据一定的研究对象和目的以及人类生活的需要，把生物化学分为植物生物化学、动物生物化学、人体生物化学、微生物生物化学、病理生物化学、临床生物化学、工业生物化学、农业生物化学、环境生物化学、生物物理化学等，因此生物化学的研究和发展是多方面的。

1.1.3 生物化学的应用和发展前景

生物化学向其他学科的渗透越来越明显。它几乎渗透到了一切生命科学的领域，绝大多数生物学问题都需要从生化角度和用生化方法才可能较深入地得到了解。可以说，生物化学的原理与技术是研究现代生物科学的重要手段之一。

生物化学的原理和技术在生产实践中也得到了广泛的应用。如食品、发酵、制药及皮革工业，预防、治疗医学等都与生物化学有着密切的关系。

生物化学是农业科学的重要理论基础之一，如研究植物的新陈代谢的各种过程，就有可能控制植物的发育，如能明确糖、脂类、蛋白质、维生素、生物碱及其他化合物在植物体内的合成规律，就有可能创造一定的条件，以获得优质高产的某种农作物。或在了解了某种作物的遗传特性之后，可利用基因重组技术，培育出优良的作物新品种。此外，农产品的储藏与加工，植物病虫害的防治，除草剂和植物激素的应用，家畜的营养问题和畜牧业生产率的提高，土壤微生物学，土壤的肥力提高和养分的吸收等都需要应用生物化学的理论和技术手段。

生物化学在20世纪80年代发展了生物工程或生物高技术的崭新领域，包括遗传工程或基因工程，蛋白质工程和酶工程，以及细胞培养、组织培养等体外技术，用于改造物种和生产对人类有用的产物。以生物化学的理论和技术为基础的生物工程具有广阔的前景。首先，利用生物工程的方法和技术可以改造物种，培育高抗逆性、具有特殊品质的转基因植物。其次，人们正在试图利用植物建造"植物工厂"，生产对人类有用的特殊生物化学物质。利用生物工程来生产新型的药物和疫苗，对于治疗疾病、维护人类健康有着重要的意义。生物化学理论还可以与工业技术领域学科相结合，在材料工业、污水和废物处理方面发挥作用。目前已产生了生物化学和电子学的边缘学科——分子生物电子学，研究生物芯片和生物传感器，对计算机制造、疾病防治和生物模拟都有重要的推动作用。因此，生物工程产业的崛起将会极大地改变社会产业结构和人们的劳动生产方式。

1.2　环境生物化学概述

环境科学向化学提出的基本问题已经从早期的分析监测方法和环境治理方法转向环境过程研究。

从广义来讲，环境生物化学（Environmental biochemistry）主要研究天、地、生相互作用的基本化学反应，特别是人和生物对外来物质和能量所做的应答以及人类生活、生产活动对环境影响的化学基础。

从狭义上讲，环境生物化学是介于环境污染化学与生物化学之间的一门科学。它是研究环境中的污染物质在生物体内的代谢转化规律。

从环境保护角度出发，环境生物化学主要是研究生物对污染物质降解与转化的能力，讨论生物代谢污染物质的途径。

1.2.1　环境生物化学的研究对象与任务

1）产能物质糖类、脂类和蛋白质的化学、代谢规律和基本理论，这是生活污水中有机物生物处理的基本原理。

2）生物催化剂——酶的化学、作用机理和应用技术，这是环境生物技术的核心。

3）遗传物质——核酸的化学、作用机理和应用技术，这是将分子生物学应用于环境生物技术的基础理论。

4）酶工程、基因工程、微生物细胞工程和发酵工程四大现代环境生物技术原理、作用机理及应用技术，是提高污染物降解效率、拓宽降解途径及工业化应用的未来趋势。

5）研究烃、有机农药、石油及环境激素等不易降解物质的生物代谢与转化规律及其生物降解的分子机制。

6）研究有毒污染物的生物积累与生物转化以及有毒物质的生物化学效应，这是环境医学及毒理力学研究的基础。

环境生物化学是一门年轻的科学，我们希望通过系统地阐明环境污染及其工程处理中的生物化学基础理论、原理介绍和讨论目前这一领域的最新成果，有助于读者对这方面知识的全面了解，有助于环境污染工程技术的改进和提高，促进环境污染的治理和整个环境科学的发展。

1.2.2　环境生物化学的由来

环境生物化学是生物化学的一个分支学科，迄今为止，还没有一个完整的定义和概念。随着环境科学的发展，逐渐形成了环境化学、环境微生物学和环境生物学等分支，而且正在形成独立的体系。但这方面的内容大都是单纯从化学或生物学的角度讨论的，在工程方面还出现了工程生物化学，内容多半局限于发酵工业方面的生物与生物化学原理，尽管有的论著中也涉及一些环境生物化学问题，但仍欠全面系统，特别是在适合环境科学和环境工程专业参考内容方面更显不足。

西安交通大学从 2000 年起已将环境生物化学作为环境工程和环境科学专业本科生、研究生学位必修课，国内近 200 余所院校也相继在环境科学和工程专业开设了环境生物化学，为了满足教学需要，2007 年我们曾主持编写了《环境生物化学》，首次定义了环境生物化学及其研究内容，从而形成了独立的环境生物化学体系。

1.2.3 环境生物化学的学习方法

生物化学虽然与化学，特别是有机化学密切相关，但性质毕竟有所不同，主要区别是生物化学反应是在生物体内进行的，反应的环境比体外复杂，一般由生物催化剂（酶）参加。有些在体外发生的反应，在体内就不一定能照样进行，因此，不能简单地根据体外的化学反应去理解体内的反应。

生物化学分为动态（代谢）和静态（结构）两大部分，两部分之间是互相联系的。结构是代谢的基础，而在学习结构时，往往也涉及一些代谢的知识。学完代谢之后，如果再复习一下结构的知识，会有更深刻的理解。

学习生物化学时，应对教师指定的教材内容做全面了解，分析比较，明确概念；对糖类、脂类、蛋白质、核酸以及其他有关化学物质的学习，要从化学本质和结构特点出发，联系它的性质和功能。

生物化学有许多需要记忆的知识，也有许多需要理解的知识，既需要记忆，又不能完全死记硬背。

在学习环境生物化学过程中应与先修和并修课程（如有机化学、微生物学、环境科学、环境工程等）内容相联系，以促进理解、加强记忆。

复 习 题

1. 什么叫生物化学？生物化学研究的内容、对象和任务是什么？
2. 什么叫环境生物化学？环境生物化学研究的内容、对象和任务是什么？
3. 应该如何学习环境生物化学？

参 考 文 献

[1] 赵景联. 环境生物化学 [M]. 北京：化学工业出版社，2007.
[2] 沈同. 生物化学：上册 [M]. 2 版. 北京：人民教育出版社，1990.
[3] 大连轻工业学院. 生物化学：工业发酵专业用 [M]. 北京：中国轻工业出版社，1980.
[4] 郑集. 普通生物化学 [M]. 3 版. 北京：人民教育出版社，1990.
[5] 王建龙，文湘华. 现代环境生物技术 [M]. 北京：清华大学出版社，2001.
[6] 孔繁翔. 环境生物学 [M]. 北京：高等教育出版社，2000.

第 2 章

细胞内的生物分子化学

2.1 生物分子概论

2.1.1 概述

自然界所有的生命物体都由三类物质组成：水、无机离子和生物分子，各自所占的比例如图 2-1 所示。

（1）生物分子是生物特有的有机化合物 生物分子（Biomolecule）泛指生物体特有的各类分子，它们都属于所谓的有机化合物（Organic compound）。典型的细胞含有 $10^4 \sim 10^5$ 种生物分子，其中近半数是小分子，相对分子质量一般在 500 以下。其余都是生物小分子的聚合物，相对分子质量很大，一般在 10^4 以上，有的高达 10^{12}，因而称为生物大分子。构成生物大分子的小分子单元，称为构件。氨基酸、核苷酸、单糖和脂肪酸分别是组成蛋白质、核酸、多糖和脂肪的构件。

虽然自然界存在着千千万万不同的生物，但是组成这些生物体的生物分子类型并不多，主要是蛋白质、核酸、糖和脂这四类生物大分子以及某些特殊的小分子化合物，如维生素、辅酶和激素等，它们是构成生物体和维持生命现象最基本的物质基础和功能基础。

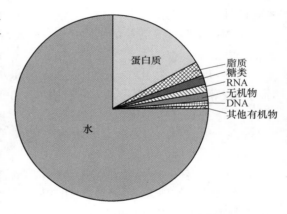

图 2-1 生命物体的物质组成

注：水占 65% ~ 75%；蛋白质占 10% ~ 15%；脂质占 3% ~ 7%；糖类占 2% ~ 4%；核酸占 3% ~ 5%；无机物占 2% ~ 3%；其他有机物 < 1%。

（2）生物分子具有复杂有序的结构 所有的生命过程都以生物分子一定的结构为基础。种类繁多的生物分子都有自己特有的结构。尤其是生物大分子，它们的相对分子质量都很大，构件种类多，数量大，排列顺序千变万化，因而其结构十分复杂。估计仅蛋白质就有 $10^{10} \sim 10^{12}$ 种。生物分子又是有序的，每种生物分子都有自己的结构特点，所有的生物分子都以一定的有序性（组织性）存在于生命体系中。

（3）生物结构具有特殊的层次 生物用少数几种生物元素（C、H、O、N、S、P）构成小分子构件，如氨基酸、核苷酸、单糖、脂肪酸等，再用简单的构件构成复杂的生物大分子，由生物大分子构成超分子集合体，进而形成细胞器、细胞、组织、器官、系统和生物体（图2-2）。生物的不同结构层次有着质的区别：低层次结构简单，没有种属专一性，结合力强；高层次结构复杂，有种属专一性，结合力弱。生物大分子是生命的物质基础，生命是生物大分子的存在形式。生物大分子的特殊运动体现着生命现象。

（4）生物分子都具有专一的生物功能　糖能提供能量，相对分子质量极大的核酸能储存和携带遗传信息，种类繁多的蛋白质分子形式专一的催化、调节、运输、换能、运动等功能。任何生物分子的存在，都有其特殊的生物学意义。

（5）代谢是生物分子存在的条件　代谢不仅产生了生物分子，而且使生物分子以一定的有序性处于稳定的状态中，并不断得到自我更新。一旦代谢停止，稳定的生物分子体系就要向无序发展，在变化中解体，进入非生命世界。

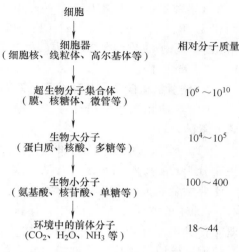

图 2-2　生物分子的层次

注：在国际计量制中用 Dalton（缩写 Da）表示原子质量单位，^{13}C 原子量的 1/12 称为 1Da。$1Da = 1.6905655 \times 10^{-27} kg$。

（6）生物分子体系有自我复制的能力　遗传物质 DNA 能自我复制，其他生物分子在 DNA 的直接或间接指导下合成。生物分子的复制合成，是生物体繁殖的基础。

（7）生物分子能够人工合成和改造　自然界的生物分子是通过漫长的进化产生的。随着生命科学的发展，人们已能在体外人工合成各类生物分子，包括合成复杂的生物大分子蛋白质、核酸等，以合成和改造生物大分子为目标的生物技术方兴未艾。

2.1.2 生物元素

在生物体中能维持生命活动的必需元素称为生命元素，它们的重要性、数量和分布方式相差很大。有些可以叫作基本元素，因为在所有的生物体中都有；有些元素却只存在于某种生物中。迄今为止，在生物体中发现的元素有 60 多种。其中有 27 种是细胞中所具有的，也是生物体所必需的，称为生物元素（Bioelement）。

在这 27 种元素中有 6 种，即 C、H、O、N、P 和 S 对生命起着特别重要的作用，大部分有机物是由这 6 种元素构成的。Ca、K、Na、Mg 和 Cl 5 种元素在生物体内虽然较少，但也是必需的。Mn、Fe、Co、Cu、Zn、Se、I、Cr、Si、V、F、B、Mo、Sn、Ni 和 Br 16 种微量元素（Microelement）也是生命不可缺少的。构成生物体的元素具有下列特点。

1. 生物元素都是环境中存在的丰度较高的元素

生物体是在地球上产生的，并同环境变化一起沿着生态系统的稳定性，有选择地取舍环境中的物质而进化发展的，所以构成生物体自身的元素都是环境中存在的，是经过长期的选择确定的。生物元素都是在自然界丰度较高，容易得到，又能满足生命过程需要的元素。

2. 主要生物元素都是轻元素

生物体所必需的元素绝大多数为轻元素，如周期表中开头的 34 个元素中就有 21 个元素是动物生活必需的，这样就使生物体有较轻的重量。

主要生物元素 C、H、O、N 占生物元素总量的 95% 以上，其原子序数均在 8 以内。它们和 S、P、K、Na、Ca、Mg、Cl 共 11 种元素，构成生物体全部质量的 99% 以上，称为常量元素，原子序数均在 20 以内。另外 16 种元素称为微量元素，包括 B、F、Si、Se、As、I、V、Cr、Mn、Fe、Co、Ni、Cu、Zn、Sn、Mo，原子序数在 53 以内。

3. 碳氢氧氮硫磷是生物分子的基本素材

图 2-3 所示为生物分子中碳、氢、氧、氮、硫、磷元素的含量。

（1）碳、氢是生物分子的主体元素　碳是构成生物分子的主要基础元素。它是 Ⅳ 族中最轻的元素，位于典型金属元素和非金属元素中间，价电子数为 4。碳原子的原子核对其价电子有一定的控制能力，既难得到电子，也难失去电子，最适合形成稳定的共价键。碳原子非凡的成键能力和它的四面体构型，使它可以自相结合，形成结构各异的生物分子骨架。碳原子又可通过共价键与其他元素结合，形成化学性质活泼的官能团。

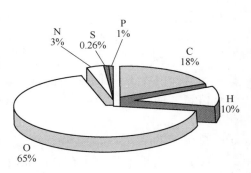

图 2-3　生物分子中碳、氢、氧、氮、硫、磷元素的含量

氢是 Ⅰ 主族，也是一切元素中最轻的元素，它作为另一种生物元素，借稳定的共价键与碳原子结合，构成生物分子的骨架。生物分子的某些氢原子具有还原能力，它们被氧化时可放出能量。生物分子含氢量的多少（以 H/C 表示）与它们的供能价值直接相关。氢原子还参与许多官能团的构成。与电负性强的氧、氮等原子结合的氢原子还参与氢键的构成。氢键是维持生物大分子的高级结构的重要作用力。

（2）氧、氮、硫、磷构成官能团　氮、磷和氧、硫分别是 Ⅴ 和 Ⅵ 主族最轻的元素。它们是除碳以外仅有的能形成多价共价键的元素，可形成各种官能团和杂环结构，对决定生物分子的性质和功能具有重要意义。

此外，硫、磷与能量交换直接相关。生物体内重要的能量转换反应，常与硫、磷的某些化学键的形成及断裂有关。一些高能分子中的磷酸苷键和硫酯键是高能键。

4. 微量无机生物元素大多为过渡元素

表 2-1 是生物体内的微量元素及其原子序数。

表 2-1　生物体内的微量元素及原子序数

元　　素	原子序数	元　　素	原子序数	元　　素	原子序数	元　　素	原子序数
硼	5	氯	17	锰	25	硒	34
氟	9	钾	19	铁	26	钼	42
钠	11	钙	20	钴	27	锡	50
镁	12	钒	23	铜	29	碘	53
硅	14	铬	24	锌	30		

生物体必需的微量元素大多为过渡元素，这与它们核外的原子轨道中有未被填满的轨道有关。过渡元素具有空轨道，能与具有孤对电子的原子以配位键结合。不同的过渡元素有不同的配位数，可形成各种配位结构，如三角形、四面体、六面体等。过渡元素的络合效应在

形成并稳定生物分子的构象中，具有特别重要的意义。

过渡元素对电子的吸引作用，还可导致配体分子的共价键发生极化，这对酶的催化很有用。已发现 1/3 以上的酶含有金属元素，其中仅含锌的酶就有百余种。

Fe^{2+}（Fe^{3+}）和 Cu（Cu^{2+}）等多价金属离子还可作为氧化还原载体，担负传递电子的作用。在光系统 II 中，4 个锰原子构成一个电荷累积器，可以累积失去 4 个电子，从而一次氧化两分子水，释放出一分子氧，避免有害中间产物的形成。细胞色素氧化酶中的铁-铜中心也有类似功能。

5. 常量离子具有电化学效应

K^+、Na^+、Cl^-、Ca^{2+}、Mg^{2+} 等常量离子在生物体的体液中含量较高，具有电化学效应。它们在保持体液的渗透压、酸碱平衡，形成膜电位及稳定生物大分子的胶体状态等方面有重要意义。

各种生物元素对生命过程都有不可替代的作用，必须保持其代谢平衡。

某些非生物元素进入体内，能干扰生物元素的正常功能，从而表现出毒性作用。如镉能置换锌，使含锌酶失活，从而使人中毒。某些非生物元素对人体有益。如有机锗可激活小鼠腹腔巨噬细胞，后者能诱导肿瘤分泌白细胞介素和干扰素，从而发挥免疫监视、防御和抗肿瘤作用。

2. 1. 3 生物分子中的作用力

1. 两类不同水平的作用力

物质间的相互作用是电磁力，引力与斥力都起作用。原子、分子与生物高层次结构，都是引力和斥力的统一体。原子与原子、分子与分子，相互结合形成高一级层次结构时，体系的能量降低，伴随能量的释放，释放的能量称为结合能（Binding energy）。不同物质层次的相互作用不同，结合能的大小不一。一般来说，物质的层次越低，尺度越小，其相互作用力越强。物质层次越高，尺度越大，相互作用力越弱。不同水平的作用力在不同的结构层次上起着不同的作用。

生物体系有两类不同的作用力，一类是生物元素借以结合成为生物分子的强作用力——共价键，另一类是决定生物分子高层次结构和生物分子之间借以相互识别、结合、作用的弱作用力——非共价相互作用。

2. 共价键是生物分子的基本形成力

共价键（Covalent bond）是两个电负性相差不大的原子，借共用电子对所形成的化学键。具有自旋反平行的单电子的两个原子，接近到一定距离时，两者之间的作用为相互吸引。体系的能量随核间距离的缩小而降低，核间距离缩小到引力与斥力达到平衡时，体系的能量最低，即形成稳定的共价键。这时两原子的成键电子云重叠，电子运动主要集中到核间，把两个带正电荷的原子紧紧地结合在一起。通过共价键，分子中的各个原子结合成为具有一定共价结构的分子。只有通过化学反应，破坏一些共价键和形成一些共价键，才能改变分子的共价结构。

共价键的属性由键能、键长、键角和极性等参数来描述，这些参数决定着分子的基本结构和性质。

（1）键能 两个原子借共价键相结合时，体系的能量降低，放出能量（结合能）。要破坏这个键，就必须供给相应的能量。键能（Bond energy）就等于破坏某一共价键所需的能量。

键能越大，键越稳定。生物分子中常见的共价键的键能一般为 300~800kJ/mol（表 2-2）。

（2）键长　两个成键原子相互接近到一定程度时，价电子云相互重叠程度最佳，密度最大，体系的能量最低，键最稳定。如果两原子再靠近，就会受到核间斥力，而被推开。在引力和斥力的共同作用下，成键原子核间距离保持不变，这一距离就是键长（Bond length）。一般讲，键长越长，键能越弱，容易受外界电场的影响发生极化，稳定性也越差。生物分子中键长多为 0.1~0.18nm（表 2-2）。

表 2-2　常见共价键的键能与键长

键	键能/（kJ/mol）	键长/nm	键	键能/（kJ/mol）	键长/nm
—C—H	414	0.109	C=C	607	0.140
			—C≡C—	803	0.121
N—H	389	0.103	—C—O—	335	0.143
—O—H	464	0.097	C=O	694	0.120
—S—H	347		—C—S—	272	0.182
—C—C—	347	0.154	—C—N—	284	0.147

（3）键角　共价键具有方向性，一个原子和另外两个原子形成的键之间的夹角即键角（Bond angle）。根据键长和键角，可了解分子中各个原子的排列情况和分子的极性。

（4）键的极性　共价键的极性是指两原子间电子云的不对称分布。极性大小取决于成键原子电负性的差。多原子分子的极性状态是各原子电负性的矢量和。常见共价键极性大小的顺序是

$$\overset{\delta-}{H}—\overset{\delta-}{O} > C—O > N—H > C—N > C—H$$

在外界电场的影响下，共价键的极性会发生改变。这种由于外界电场作用引起共价键极性改变的现象称为键的极化。键的极性与极化，同化学键的反应性有密切关系。

（5）配位键对生物分子有特殊意义　配位键（Coordinate bond）是特殊的共价键，它的共用电子对是由一个原子提供的。在生物分子中，常以过渡元素为电子受体，以化学基团中的 O、N、S、P 等为电子供体，形成多配位络合物。过渡元素都有固定的配位数和配位结构。

在生物体系中，形成的多配位体，对稳定生物大分子的构象，形成特定的生物分子复合物具有重要意义。由多配位体产生的立体异构现象，甚至比手性碳所引起的立体异构现象更复杂。金属元素的络合效应，因能导致配体生物分子内键发生极化，增强其反应性，而与酶的催化作用有关。

3. 非共价相互作用是生物高层次结构的主要作用力

（1）非共价作用力对生物体系意义重大　非共价相互作用是生物高层次结构的主要作用力。非共价作用力包括氢键、静电作用力、范德华力和疏水作用力。这些力属于弱作用力，其强度比共价键低一两个数量级。这些力单独作用时，的确很弱，极不稳定，但在生物高层次结构中，许多弱作用力协同作用，往往起到决定生物大分子构象的作用。可以毫不夸

张地说，没有对非共价相互作用的理解，就不可能对生命现象有深刻的认识。

各种非共价相互作用结合能的大小也有差别，在不同级别生物结构中的地位也有不同。结合能较大的氢键，在较低的结构级别（如蛋白质的二级结构），较小的尺度间，把氢受体基团与氢供体基团结合起来。结合能较小的范德华力则主要在更高的结构级别、在较大的尺度上把分子的局部结构或不同分子结合起来。

（2）氢键 氢原子与半径小、电负性大的原子形成共价键时，共用电子对偏离氢原子，使氢原子核几乎裸露出来。当另一个电负性强的原子与之接近时，即可与之结合形成氢键（Hydrogen bond）。

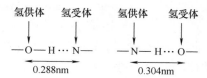

氢键是一种弱作用力，键能只相当于共价键的 1/30 ~ 1/20（12 ~ 30kJ/mol），容易被破坏，并具有一定的柔性，容易弯曲。氢原子与两侧的电负性强的原子呈直线排列时，键能最大，当键角发生 20°偏转时，键能降低 20%。氢键的键长比共价键长，比范德华距离短，约为 0.26 ~ 0.31nm。

氢键对生物体系有重大意义，特别是在稳定生物大分子的二级结构中起主导作用。

（3）范德华力 范德华力是普遍存在于原子和分子间的弱作用力，是范德华引力与范德华斥力的统一。引力和斥力分别和原子间距离的 6 次方和 12 次方成反比。二者达到平衡时，两原子或原子团间保持一定的距离，即范德华距离，它等于两原子范德华半径的和。每个原子或基团都有各自的范德华半径。

范德华力的本质是偶极子之间的作用力，包括定向力、诱导力和色散力。极性基团或分子是永久偶极，它们之间的作用力称为定向力。非极性基团或分子在永久偶极子的诱导下可以形成诱导偶极子，这两种偶极子之间的作用力称为诱导力。非极性基团或分子，由于电子相对于原子核的波动，而形成的瞬间偶极子之间的作用力称为色散力。

范德华力比氢键弱得多。两个原子相距范德华距离时的结合能约为 4kJ/mol，仅略高于室温时平均热运动能（2.5kJ/mol）。如果两个分子表面几何形态互补，由于许多原子协同作用，范德华力就能成为分子间有效引力。范德华力对生物多层次结构的形成和分子的相互识别与结合有重要意义。

（4）荷电基团相互作用 荷电基团相互作用，包括正负荷电基团间的引力，常称为盐键（Salt bond）和同性荷电基团间的斥力。力的大小与荷电量成正比，与荷电基团间的距离平方成反比，还与介质的极性有关。介质的极性对荷电基团相互作用有屏蔽效应，介质的极性越小，荷电基团相互作用越强。例如，—COO$^-$ 与—NH$_3^+$ 间在极性介质水中的相互作用力，仅为在蛋白质分子内部非极性环境中的 1/20，在真空中的 1/80。

（5）疏水相互作用 疏水相互作用（Hydrophobic interaction）比范德华力强得多。例如，一个苯丙氨酸侧链由水相转入疏水相时，体系的能量约降低 40kJ/mol。生物分子有许多结构部分具有疏水性质，如蛋白质的疏水氨基酸侧链、核酸的碱基、脂肪酸的烃链等。它们之间的疏水相互作用，在稳定蛋白质、核酸的高层次结构和形成生物膜中发挥着主导作用。

2.1.4 生物分子低层次结构的同一性

1. 碳架是生物分子结构的基础

碳架是生物分子的基本骨架，由碳、氢构成。生物分子碳架的大小组成不一，几何形状结构各异，具有丰富的多样性。生物小分子的相对分子质量一般在 500 以下，包括 2~30 个碳原子。碳架结构有线形的，有分支形的，也有环形的；有饱和的，也有不饱和的。变化多端的碳架与种类有限的官能团，共同组成形形色色的生物分子的低层次结构——生物小分子。

2. 官能团限定分子的性质

（1）官能团是易反应基团　官能团（Functional group）是生物分子中化学性质比较活泼，容易发生化学反应的原子或基团。含有相同官能团的分子，具有类似的性质。生物小分子常按官能团进行分类命名，官能团限定生物分子的主要性质。然而，在整个分子中，某一官能团的性质总要受到分子其他部分电荷效应和立体效应的影响。任何一种分子的具体性质，都是其整体结构的反应。

（2）主要的官能团　生物分子中的主要官能团和有关的化学键有：

1）羟基（Hydroxyl group，—OH），是醇（Alcohol）的定义基团。有极性，一般不解离，能与酸生成酯，可作为氢键供体。

2）羰基（Carbonyl group，$\diagdown C{=}O$），是醛（Aldehyde）或酮（Ketone）的定义基团。有极性，可作为氢键受体。

3）羧基（Carboxyl group，—COOH），是羧酸（Acid）的定义基团。有极性，能解离，一般显弱酸性。

4）氨基（Amino group，—NH₂），是胺（Amine）的定义基团。有极性，可结合质子生成铵阳离子。

5）酰胺基（Amido group，$\begin{smallmatrix}O&H\\\|&\|\\-C-N-\end{smallmatrix}$），由羧基与氨基缩水结合成酰胺（Amide）。有极性，其中的 $\diagdown C{=}O$、$\diagdown NH$ 都可作为氢键供体。肽链中连接氨基酸的酰胺键称为肽键。

6）巯基（Sulfhydryl group，—SH），是硫醇的定义基团。有极性，在中性条件下不解离。易氧化成二硫键。

7）胍基（Guanidino group，$-NH-\overset{NH}{\overset{\|}{C}}-NH_2$），强碱性基团，可结合质子。胍基磷酸键是高能键。

8）双键（Double bond，$\diagup C{=}C\diagdown$），由一个 σ 键和一个 π 键构成，其中 π 键键能小，电子流动性很大，易发生极化断裂而产生反应。双键不能旋转，有顺反异构现象。

生物小分子大多是双官能团或多官能团分子，如糖是多羟基醛（酮），氨基酸、羟酸、酮酸分别是含有氨基、羧基、酮基的羧酸。官能团在碳链中的位置和在碳原子四周的空间排布的不同，进一步丰富了生物分子的异构现象。

焦磷酸键（Pyrophosphate bond，$O^- - \overset{\overset{O}{\|}}{P} - O \sim \overset{\overset{O}{\|}}{P} - O^-$），由磷酸缩合而成，是高能键。

1molATP 水解成 ADP 可放出 30.5kJ 能量，而 1mol 葡萄糖-6-磷酸只有 13.8kJ。

氧酯键（Ester bond，$-\overset{\overset{O}{\|}}{C} - O - C-$）和硫酯键（Thioester bond，$-\overset{\overset{O}{\|}}{C} \sim S - \overset{}{C}-$），分别由羧基与羟基和巯基缩水而成。硫酯键是高能键。

磷酸酯键（Phosphoester bond，$-\overset{}{C} - O - \overset{\overset{}{}}{P} - O^-$），由磷酸与羟基缩水而成。磷酸与两个羟基结合时，称为磷酸二酯键。这两种键中的磷酸羟基可解离成阴离子。

生物小分子大多是双官能团或多官能团分子，如糖是多羟基醛（酮），氨基酸是含有氨基的羧酸。官能团在碳链中的位置和在碳原子四周的空间排布的不同，进一步丰富了生物分子的异构现象。

3. 杂环集碳架和官能团于一体

杂环（Heterocycle）是碳环中有一个或多个碳原子被氮、氧、硫等杂原子取代所形成的结构。由于杂原子的存在，杂环体系有了独特的性质。生物分子大多有杂环结构，最常见的杂环是五元杂环、六元杂环和稠杂环。如氨基酸中有咪唑、吲哚；核苷酸中有嘧啶、嘌呤，糖结构中有吡喃和呋喃。

4. 异构现象丰富了分子结构的多样性

（1）生物分子有复杂的异构现象　异构体（Isomer）是原子组成相同而结构或构型不同的分子。

1）结构异构。原子之间连接方式不同引起的异构现象称为结构异构。结构异构包括由碳架不同产生的碳架异构、由官能团位置不同产生的位置异构、由官能团不同产生的官能团异构。如丙基和异丙基互为碳架异构体，α-丙氨酸和β-丙氨酸互为位置异构体，丙醛糖和丙酮糖互为官能团异构体。

$-CH_2-CH_2-CH_3$
丙基

$-CH-CH_3$
　$|$
　CH_3
异丙基

$CH_3-CH-COOH$
　　　$|$
　　　NH_2
α-丙氨酸

CH_2-CH_2-COOH
$|$
NH_2
β-丙氨酸

$\overset{CHO}{|}$
$\overset{CHOH}{|}$
CH_2OH
甘油醛(丙醛糖)

$\overset{CH_2OH}{|}$
$\overset{CO}{|}$
CH_2OH
二羟丙酮(丙酮糖)

2）立体异构。同一结构异构体，由原子或基团在三维空间的排布方式不同引起的异构现象称为立体异构现象（Stereoisomerism）。立体异构可分为构型异构和构象异构。通常将分子中原子或原子团在空间位置上一定的排布方式称为构型（Configuration）。构型异构是结构相同而构型不同的异构现象。构型异构又包括顺反异构和光学异构。构型相同的分子，可由于单键旋转产生很多不同立体异构体，这种现象称为构象异构。

3）互变异构。两种异构体互相转变，并可达到平衡的异构现象。

各种异构现象丰富了生物分子的多样性，扩充了生命过程对分子结构的选择范围。

（2）手性碳原子引起的光学异构　左手与右手互为实物与镜像的关系，不能相互重合。分子与其镜像不能相互重合的特性称为手性（Chirality），生物分子大多具有手性。结合4个不同原子或基团的碳原子，与其镜像不能重合，称为手性碳原子，又称为不对称碳原子。手性碳原子具有左手与右手两种构型。

具有手性碳原子的分子，称为手性分子。具有 n 个手性碳原子的分子，有 2^n 个立体异构体。两两互有实物与镜像关系的异构体，称为对映体（Enantiomer）。彼此没有实物与镜像关系的，称为非对映体。对映体不论有几个手性碳原子，每个手性碳原子的构型都对应相反。非对映体有两个或两个以上手性碳原子，其中只有部分手性碳原子构型相反。其中只有一个手性碳原子构型相反的，又称为差向异构体（Epimer）。手性分子具有旋光性，所以又称为光学异构体。

手性分子构型表示有 L-D 系统和 R-S 系统两种。生物化学中习惯采用前者，按系统命名原则，将分子的主链竖向排列，氧化度高的碳原子或序号为1的碳原子放在上方，氧化度低的碳原子放在下方，写出费歇尔投影式。规定：分子的手性碳处于纸面，手性碳的四个价键和所结合的原子或基团，两个指向纸面前方，用横线表示，两个指向纸面后方，用竖线表示。例如，甘油醛有以下两个构型异构体：

$$
\begin{array}{ccc}
& \text{CHO} & \\
\text{HO} & | & \text{H} \\
& \text{C} & \\
& | & \\
& \text{CH}_3\text{OH} &
\end{array}
\qquad\qquad
\begin{array}{ccc}
& \text{CHO} & \\
\text{H} & | & \text{OH} \\
& \text{C} & \\
& | & \\
& \text{CH}_3\text{OH} &
\end{array}
$$

L-（－）-甘油醛　　　　　　　D-（＋）-甘油醛

人为规定羟基在右侧的为 D-构型，在左侧是 L-构型。括号中的"＋""－"分别表示右旋和左旋。构型与旋光方向没有对应关系。具有多个手性碳原子的分子，按碳链最下端手性碳的构型，将它们分为 D-、L-两种构型系列。在糖和氨基酸等的命名中，普遍采用 L-、D-构型表示法。

（3）双键引起顺反异构　双键也是手性因素。由于碳碳双键的旋转受到限制，从而限定了以单键结合于双键的2个烯碳原子的4个基因或原子的空间取向。这种由双键产生的构型异构称为顺反异构（Cistrans isomerism）。顺反异构表示法规定：用"顺"（Cis）表示两个相同或相近的原子或基团，在双键同侧的异构体，"反"（Trans）表示相同的原子或基团分在双键两侧的异构体。

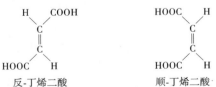

反-丁烯二酸　　　　　　　　　顺-丁烯二酸

（4）单键旋转引起构象异构　结合两个多价原子的单键的旋转，可使分子中的其余原子或基团的空间取向发生改变，从而产生种种可能的有差别的立体形象，这种现象称为构象异构（Conformational isomerism）。构象异构赋予生物大分子的构象柔顺性。与构型相比，构象是对分子中各原子空间排布情况的更深入探讨，以阐明同一构型分子在非键合原子间相互作用的影响下所发生的立体结构的变化。

（5）互变异构 两种异构体同时存在，又能相互转变而处于动态平衡状态的现象，称为互变异构（Tautomerism）。生物分子中常见的互变异构体系主要是酮-烯醇互变异构（Keto-enol tautomerism）。这种互变异构是由氢原子在 α-碳和羰基氧原子之间进行重排造成的。

$$R-\underset{\underset{H}{|}}{\overset{\overset{H}{|}}{C}}-\underset{}{\overset{\overset{O}{\|}}{C}}-R' \rightleftharpoons R-\underset{\underset{H}{|}}{\overset{}{C}}=\underset{}{\overset{\overset{O-H}{|}}{C}}-R'$$

酮式   烯醇式

互变异构有一定的平衡常数。25℃下，丙酮在水中平衡时，烯醇式仅占 $(1\sim2)\times10^{-6}$。互变异构现象具有重要生物学意义。DNA 中碱基的互变异构与自发突变有关，酶的互变异构与催化有关，在代谢过程中也常发生代谢物的互变异构。

2.1.5 生物分子高层次结构的同一性

（1）生物大分子又称生物多聚物 生物大分子都是低分子量构件分子的线形多聚物，又称生物多聚物（Biopolymer）。构件都是双官能团或多官能团分子。通过官能团缩水结合，将构件分子连接起来。在生物大分子中，构件的保留部分称为残基（Residue）。残基的质量等于构件相对分子质量减去 18（水的相对分子质量）。残基在生物大分子中的线性顺序称为序列（Sequence）。由同一种构件聚合而成的叫同聚物（Homopolymer），如糖原、淀粉、纤维素由葡萄糖聚合而成。由不同构件聚合而成的叫杂聚物（Heteropolymer），如蛋白质、核酸和某些寡糖等。

（2）生物大分子具有多级结构 作为生物结构一个重要层次的生物大分子本身又有多级结构。构件按一定顺序连成一级结构（Primary structure）。一级结构在空间的走向是二级结构（Secondary structure）。二级结构再盘绕组合形成三级结构（Tertiary structure）。有的再由一定数目的三级结构单元（最小共价单位，称为亚基）缔合成四级结构（Quaternary structure）。

（3）一级结构按照模板指导组装原则合成 生物大分子的一级结构是在生物遗传信息的直接或间接指导下合成的。如 DNA 指导 DNA 和 RNA 合成，RNA 指导蛋白质合成。这种以先在分子为模板的组装过程，称为模板指导组装（Template directed assembly）。

（4）高级结构按照自我组装原则形成 生物大分子的一级结构是形成其高级结构的基础。一级结构合成以后，根据确定的一级结构，就能自发地依次组装形成确定的高级结构，这就是自我组装原则（Self assembly principle）。一级结构中不仅包含了自我组装形成高级结构的全部信息，还能提供自我组装所需的能量，即非键合原子间的非共价作用力。

（5）生物大分子按照互补性原则相结合 在形成生物大分子高级结构和超分子集合体时，相互结合的分子表面间往往有互补性（Complementary）。这种互补性关系包括：①分子接触面的几何学凹凸相依互补关系，借以达到两者之间的最大范德华接触；②位于分子表面的疏水区与疏水区、氢键供体与氢键受体、正电荷基团与荷负电基团的匹配对应关系（图2-4）。

通过分子互补面间的各种非共

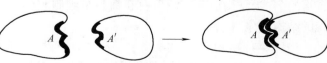

图 2-4 分子间互补性表面的结合

价相互作用，最大限度地降低体系的能量水平，这是形成稳定复合结构的动力。分子结合的互补性规定了分子相互结合的专一性，也规定了各个分子在复合结构中的定位和取向，以及所形成的结构整体面貌。必须强调指出：生物分子间的互补性结合完全不同于锁-钥之间的那种僵硬的机械结合，而是一个诱导契合（Induced fit）的过程，即在结合过程中，彼此诱导对方发生构象变化，通过结合—诱导—结合的过程，最后达到两者间的完全契合。

2.2　糖类化学

2.2.1　糖的概述

糖类统称为碳水化合物（Carbohydrates），是多羟基醛或多羟基酮及其缩聚物和某些衍生物的总称。糖类主要由 C、H、O 三种元素组成，常以 $C_n(H_2O)_n$ 表示。

1. 糖的分类

糖可以按照它们含有的单体的数目分为单糖、寡糖和多糖三大类：

（1）单糖（Monosaccharide）　单糖是糖结构的单体，不能水解为更小分子的糖。所有单糖都可以用经验公式（CH_2O）$_n$ 表示。其中 n 为 3 或大于 3（n 通常为 5 或 6，但也可达到 9）。葡萄糖、果糖都是常见的单糖。根据羰基在分子中的位置，单糖可分为醛糖和酮糖。根据碳原子数目，单糖可分为丙糖、丁糖、戊糖、己糖和庚糖。

（2）寡糖（Oligosaccharide）　寡糖由 2～10 个单糖分子构成，其中以双糖最普遍。常见的双糖有麦芽糖、蔗糖和乳糖等，它们的分子式为 $C_{12}H_{22}O_{11}$。三糖有棉籽糖。寡糖和单糖都可溶于水，多数有甜味。

（3）多糖（Polysaccharide）　多糖由多个单糖聚合而成，水解后产生原来的单糖或其衍生物。多糖可分为同聚多糖和杂聚多糖两类。同聚多糖由同一种单糖构成，如由葡萄糖构成的淀粉、糖原和纤维素等，由果糖构成的菊粉等，它们的分子通式为（$C_6H_{10}O_5$）$_n$；杂聚多糖由两种以上单糖构成，如半纤维素、果胶和黏多糖等。

2. 糖的分布与功能

糖类广泛分布于动物、植物和微生物中，是生物界中最重要的有机化合物之一。其中以植物体中存在最多，一般约占植物体干重的 80%。微生物的含糖量占菌体干重的 10%～30%；人和动物体中含糖量较少，一般不超过其干重的 2%，它们以糖或与蛋白质、脂类结合成结合糖的形式存在。

糖在生命活动中的主要作用：

1）作为能源物质。糖是机体最容易得到，最经济，也是最重要的能源物质。一般情况下，人体所需能量的 70% 来自糖的氧化，每克葡萄糖在体内完全氧化可以产生 17.15kJ 的热。动物和微生物也是以糖类作为主要能源物质。

2）作为结构成分。糖蛋白和糖脂是细胞膜的重要成分，蛋白聚糖是结缔组织如软骨、骨的结构成分。

3）参与构成生物活性物质。核酸中含有糖，有运输作用的血浆蛋白，有免疫作用的抗体，有识别、转运作用的膜蛋白等绝大多数都是糖蛋白，许多酶和激素也是糖蛋白。

4）作为合成其他生物分子的碳源。构成生物体的其他物质的碳架，大多数是由糖转化来的，如可用来合成脂类物质和氨基酸等物质。

2.2.2 单糖

1. 单糖的结构

（1）单糖的链式结构 单糖是多羟醛或多羟酮，又因葡萄糖被钠汞齐和 HI 还原后生成正己烷，被浓硝酸氧化产生糖二酸，而多羟醛、多羟酮、正己烷和糖二酸等都是开链化合物，所以单糖的结构也必然是链状的，可用下列通式表示醛糖和酮糖：

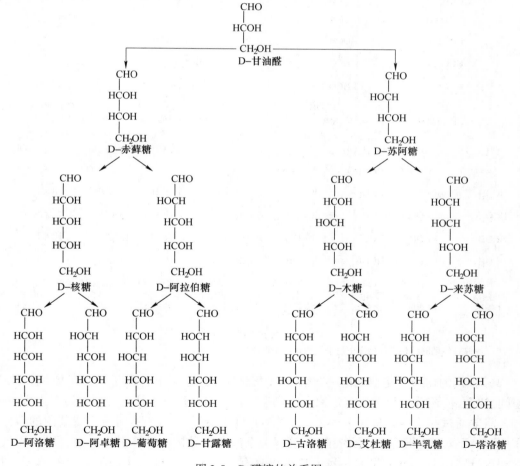

最简单的醛糖是甘油醛（$n=1$），最简单的酮糖是二羟基丙酮（$n=0$）。任何单糖的构型，都是由甘油醛及二羟丙酮派生的（图 2-5、图 2-6）。

图 2-5 D-醛糖的关系图

注：各种 L-醛糖的结构式都是图中这些结构式的镜像体。

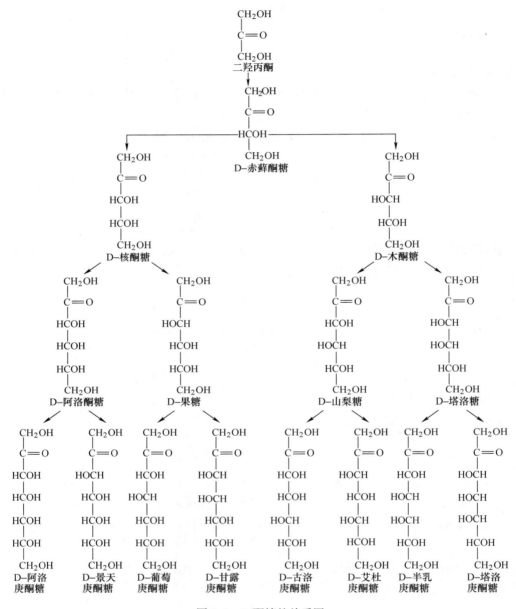

图 2-6　D-酮糖的关系图

注：各种 L-酮糖的结构式都是图中这些结构式的镜像体。

（2）单糖的构型　　构型是指一个分子由于不对称碳原子上各原子或原子团特有的固定的空间排列，使该分子具有的特定的立体化学形式。当这种分子从一种构型转变为另一种构型时，需要通过共价键断裂和再生。不对称碳原子是指连接四个不同原子或基团的碳原子。分子中因有不对称碳原子，可形成互为镜像关系的两种异构体，被称为一对"对映体"，这两种构型分别用 D 型和 L 型来表示，通常以具有一个不对称碳原子的最简单的单糖——甘油醛为标准，将单糖与其比较来确定构型。甘油醛的 D-型和 L-型最初是随意规定的，—OH 在甘油醛的不对称碳原子右边的被称为 D-型，在左边者为 L-型。人体中的糖绝大多数是 D-糖。

$$
\begin{array}{cc}
\text{CHO} & \text{CHO} \\
\text{H—C—OH} & \text{OH—C—H} \\
\text{CH}_2\text{OH} & \text{CH}_2\text{OH} \\
\text{D－甘油醛} & \text{L－甘油醛}
\end{array}
$$

凡在理论上可由 D-甘油醛衍生出来的单糖皆为 D-型糖，由 L-甘油醛衍生出来的单糖皆为 L-型糖。醛糖与酮糖的构型是由分子中离碳基最远的不对称碳原子上的羟基方向来决定的。葡萄糖和果糖的构型，是以不对称碳原子上—OH 在空间的排列与甘油醛不对称碳原子—OH 在空间的排列相比较而确定的。

除了二羟基丙酮之外，所有单糖都含有一个或多个不对称碳原子，在 D-或（L-）甘油醛分子基础上，每增加一个不对称碳原子，都要产生两种立体异构体，含有 n 个不对称碳原子的化合物，就有 2^n 个立体异构体。自然产物的单糖大多是 D-构型的，D 系的醛糖和酮糖结构。

$$
\begin{array}{cccc}
\text{CHO} & \text{CH}_2\text{OH} & \text{CHO} & \text{CH}_2\text{OH} \\
\text{H—C—OH} & \text{C}=\text{O} & \text{HO—C—H} & \text{C}=\text{O} \\
\text{HO—C—H} & \text{HO—C—H} & \text{H—C—OH} & \text{HO—C—H} \\
\text{H—C—OH} \; \text{CHO} & \text{H—C—OH} & \text{HO—C—H} \; \text{CHO} & \text{HO—C—H} \\
\text{H—C—OH} \; \text{H—C—OH} & \text{H—C—OH} & \text{HO—C—H} \; \text{H—C—OH} & \text{HO—C—H} \\
\text{CH}_2\text{OH} \; \text{CH}_2\text{OH} & \text{CH}_2\text{OH} & \text{CH}_2\text{OH} \; \text{CH}_2\text{OH} & \text{CH}_2\text{OH} \\
\text{D-葡萄糖} \quad \text{D-甘油醛} & \text{D-果糖} & \text{L-葡萄糖} \quad \text{L-甘油醛} & \text{L-果糖}
\end{array}
$$

应当注意的是，单糖分子中含有不对称碳原子，因而具有旋光性。（＋）与（－）表示旋光方向，（＋）表示右旋，（－）表示左旋。旋光方向与构型并不对应。如 D（＋）-葡萄糖表示葡萄糖的构型与 D（＋）-甘油醛相同，其旋光性是右旋；D（－）-果糖表示果糖的构型与 D（＋）-甘油醛相同，而旋光性是左旋。

$$
\begin{array}{cc}
\text{CHO} & \\
\text{H—C—OH} & \\
\text{OH—C—H} & \\
\text{H—C—HO} \quad \text{CHO} & \\
\text{H—C—HO} \quad \text{H—C—HO} & \\
\text{CH}_2\text{OH} \quad \text{CH}_2\text{OH} & \\
\text{D(+)-葡萄糖} \qquad \text{D(+)-甘油醛}
\end{array}
$$

己醛糖分子中含有 4 个不对称碳原子（C^*），其异构体总数为 2^4 即 16 种；己酮糖分子中含有 3 个不对称碳原子，其异构体总数为 2^3 即 8 种，如图 2-6 所示。

在这些异构体中，D-型与 L-型单糖互为对映体。另外还存在一定的特殊情况，即某两个糖分子结构间，仅围绕着一个不对称碳原子呈现构型彼此不同，称它们为差向异构体，如 D（＋）-甘露糖和 D（＋）-葡萄糖互为差向异构体，两者相互转化叫作差向异构化作用。

（3）单糖的环式结构及构象

1）单糖的环式结构。研究发现，葡萄糖的一些理化性质与其开链分子结构不符，如葡

萄糖不能发生醛的 $NaHSO_3$ 加成反应；葡萄糖不能和醛一样与两分子醇形成缩醛，只能与一分子醇反应；葡萄糖溶液有变旋现象，当新制的葡萄糖溶解于水时，最初的比旋光度是 $+112°$，放置后变为 $+52.7°$，并不再改变。溶液蒸干后，仍得到 $+112°$ 的葡萄糖。把葡萄糖浓溶液在 $110°$ 结晶，得到比旋光度为 $+19°$ 的另一种葡萄糖。这两种葡萄糖溶液放置一定时间后，比旋光度都变为 $+52.7°$。我们把比旋光度为 $+112°$ 的叫作 α-D（＋）-葡萄糖，$+19°$ 的叫作 β-D（＋）-葡萄糖。

Fischer 认为这些现象都是由葡萄糖的环式结构引起的。葡萄糖分子中的醛基可以和 C_5 上的羟基缩合形成六元环的半缩醛。这样原来羰基的 C_1 就变成不对称碳原子，并形成一对非对映旋光异构体。一般规定半缩醛碳原子上的羟基（称为半缩醛羟基）与决定单糖构型的碳原子（C_5）上的羟基在同一侧的称为 α-葡萄糖，不在同一侧的称为 β-葡萄糖。半缩醛羟基比其他羟基活泼，糖的还原性一般指半缩醛羟基。

β-D(+)-吡喃葡萄糖　　　　D-葡萄糖（醛型）　　　　α-D(+)-吡喃葡萄糖

葡萄糖的醛基除了可以与 C_5 上的羟基缩合形成六元环外，还可与 C_4 上的羟基缩合形成五元环。五元环化合物不甚稳定，天然糖多以六元环的形式存在。五元环化合物可以看成是呋喃的衍生物，叫作呋喃糖；六元环化合物可以看成是吡喃的衍生物，叫作吡喃。因此，葡萄糖的全名应为 α-D（＋）-或 β-D（＋）-吡喃葡萄糖。

α-糖和 β-糖互为端基异构体，也叫作异头物。D-葡萄糖在水介质中达到平衡时，β-异构体占 63.6%，α-异构体占 36.4%，以链式结构存在者极少。

为了更好地表示糖的环式结构，哈瓦斯（Haworth，1926）设计了单糖的透视结构式。规定：碳原子按顺时针方向编号，氧位于环的后方；环平面与纸面垂直，粗线部分在前，细线在后；将费歇尔式（Fischer type）中左右取向的原子或集团改为上下取向，原来在左边的写在上方，右边的在下方；D-型糖的末端羟甲基在环上方，L-型糖在下方；半缩醛羟基与末端羟甲基同侧的为 β-异构体，异侧的为 α-异构体。葡萄糖 Haworth 透视结构式如图 2-7 所示。

2）构象。按照 Haworth 结构式，单糖的环是一个平面。这种平面结构是不符合实际情况的，葡萄糖的环在溶液中折叠形成两种不同的构象，即船式和椅式，椅式构象比船式稳定。在葡萄糖分子的椅式构象中，醇羟基都在平伏键上，氢原子在直立键上；而 α-半缩醛羟基在直立键上，β-半缩醛羟基则在平伏键上，平伏键比直立链稳定，所以，在水溶液中 β-D-葡萄糖所占比例最大。

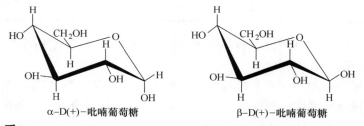

图 2-7 葡萄糖 Haworth 透视结构式

α–D(+)–吡喃葡萄糖 β–D(+)–吡喃葡萄糖

2. 单糖的性质

（1）物理性质

1）旋光性和变旋性。除二羟丙酮外，所有的糖都有旋光性（Optical rotation），一般用比旋光度（或称旋光率）来衡量。公式为

$$[\alpha]_{ad}^{t} = \alpha_{ad}^{t} \times 100/(L \times c)$$

式中，$[\alpha]_{ad}^{t}$ 是比旋光度，α_{ad}^{t} 是在钠光灯（D 线，$\lambda = 589.6 \sim 589.0nm$）为光源，温度为 t，旋光管长度为 L（dm），质量浓度为 c（g/100mL）时测得的旋光度。在比旋光度数值前面加"＋"表示右旋，加"－"表示左旋。

旋光性是鉴定糖的一个重要指标，每种糖都有特征性的比旋光度，见表 2-3。

表 2-3 各种糖的比旋光度

单　糖	［α］	寡糖、多糖	［α］
D-阿拉伯糖	－105°	麦芽糖	＋130.4°
L-阿拉伯糖	＋104.5°	蔗糖	＋66.5°
D-木糖	＋8.8°	转化糖	－19.8°
D-葡萄糖	＋52.5°	糊精	＋195°
D-果糖	－92.4°	乳糖	＋55.5°
D-半乳糖	＋80.2°	淀粉	≥196°
D-甘露糖	＋14.2°	糖原	＋196°～＋197°

一种旋光物质由于有不同的构型，其比旋光度不止一个，并且在溶液中其比旋光度可发生改变，最后达到某一比旋光度即恒定不变，这种现象称为变旋性，如葡萄糖在水溶液中的变旋现象就是 α-型与 β-型互交，当互交达到平衡时，比旋光度就不再改变，α-D-葡萄糖与β-D-葡萄糖平衡时其比旋光度为 +52.5°。

$$\text{α-D-葡萄糖} \rightleftharpoons \text{平衡} \rightleftharpoons \text{β-D-葡萄糖}$$
$$+112.2° \qquad +52.2° \qquad +18.7°$$

2）甜度。各种糖的甜度不同，常以蔗糖的甜度为标准进行比较，将它的甜度定为100%，见表2-4。

表 2-4   各种糖的甜度

糖	甜度（%）	糖	甜度（%）
蔗糖	100	鼠李糖	32.5
果糖	173.3	麦芽糖	32.5
转化糖	130	半乳糖	32.1
葡萄糖	74.3	棉杆糖	22.6
木糖	40	乳糖	16.1

3）溶解度。单糖分子中有多个羟基，增加了它的水溶性，尤其在热水中溶解度极大。但不溶于乙醚、丙酮等有机溶剂。

（2）化学性质   单糖是多羟基醛或酮，因此具有醇羟基和羰基的性质，如具有醇羟基的成酯、成醚、成缩醛等反应和羰基的一些加成反应，又具有由于它们互相影响而产生的一些特殊反应。单糖的主要化学性质见表2-5。

表 2-5   单糖重要的化学性质

种类	化学性质	反　　应	重要的例子
由醛酮基产生的	氧化（或还原性）	还原金属离子，氧化成糖酸	一些弱氧化剂能使其氧化，用以定性或定量鉴别
	还原成醇	醛、酮基可以被还原成醇	植物成分中所含的醇，如山梨醇、甘露醇可由此生成
	成脎	与苯肼作用成脎	可用于鉴别单糖
	异构化	醛糖和酮糖在稀碱中可相互转化	为单糖转化的基础
由羟基产生的	成酯	形成磷酸糖酯，硫酸糖酯	硝酸糖酯是糖代谢中间物，细胞膜吸收糖也先生成磷酸酯
	成苷	单糖 C_1 上 OH 的 H 被烷基或其他基团取代的衍生物	有些糖苷为药物
	脱水	戊糖与浓 HCl 加热生成糠醛，己糖生成羟甲基糠醛	可用于鉴别醛糖和酮糖，生成化工产品
	氨基化	C_2、C_3 上羟基可以被 NH_2 取代生成氨基糖	氨基糖为糖蛋白的组分
	脱氧	经脱氧酶作用生成脱氧糖	脱氧核糖为核酸成分

1）与酸反应。戊糖与强酸共热，可脱水生成糠醛（呋喃醛）。己糖与强酸共热分解成甲酸、二氧化碳、乙酰丙酸及少量羟甲基糠醛。

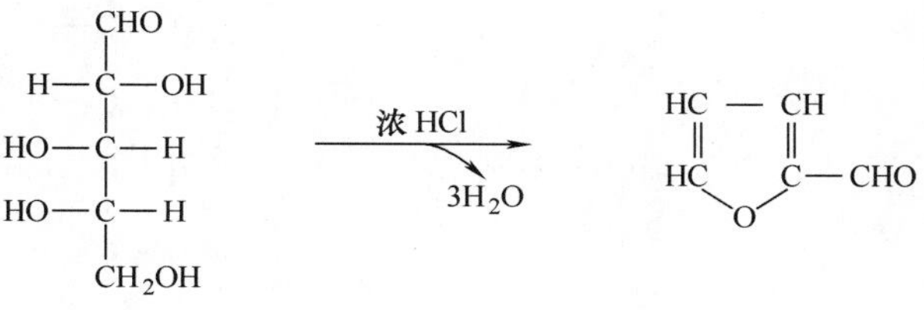

CHO
H—C—OH
HO—C—H
HO—C—H
CH_2OH
浓 HCl
$3H_2O$
HC — CH
HC
C— CHO
O

戊糖　　糠醛

CHO
H—C—OH
HO—C—H
H—C—OH
H—C—OH
CH_2OH
浓 HCl
$3H_2O$
H
HC — CH
H—C—C
C—CHO
O
OH
分解
$CH_3COCH_3CH_2COOH$
+
HCOOH
+
$CO+CO_2$

己糖　　羟甲基糠醛

糠醛和羟甲基糠醛能与某些酚类作用生成有色的缩合物。利用这一性质可以鉴定糖。如α-萘酚与糠醛或羟甲基糠醛生成紫色。这一反应用来鉴定糖的存在，叫莫利西试验。间苯二酚与盐酸遇酮糖呈红色，遇醛糖呈很浅的颜色，这一反应可以鉴别醛糖与酮糖，称西利万诺夫试验。

2）酯化作用。单糖可以看作多元醇，可与酸作用生成酯。生物化学上较重要的糖酯是磷酸酯，它们代表了糖的代谢活性形式，糖代谢的中间产物。重要的己糖磷酸酯如下：

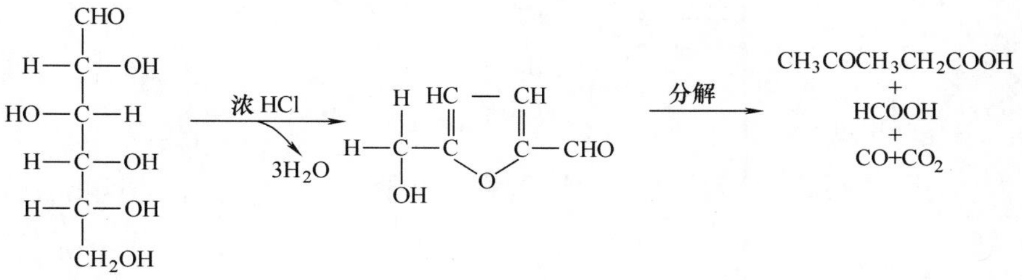

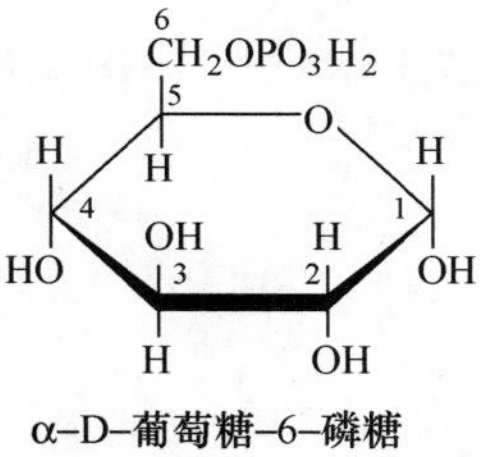

6
$CH_2OPO_3H_2$
5
O
H
H
H
4
1
OH
H
HO
3
2
OH
H
OH

α–D–葡萄糖–6–磷糖

6
CH_2OH
5
O
H
H
H
4
1
OH
H
HO
3
2
OPO_3H_2
H
OH

α–D–葡萄糖–1–磷酸

6
$H_2O_3POCH_2$
O
1
CH_2OH
5
2
H
OH
H
4
3
OH
OH
H

α–D–果糖–6–磷酸

6
$H_2O_3POCH_2$
O
1
$CH_2OPO_3H_2$
5
2
H
OH
H
4
3
OH
OH
H

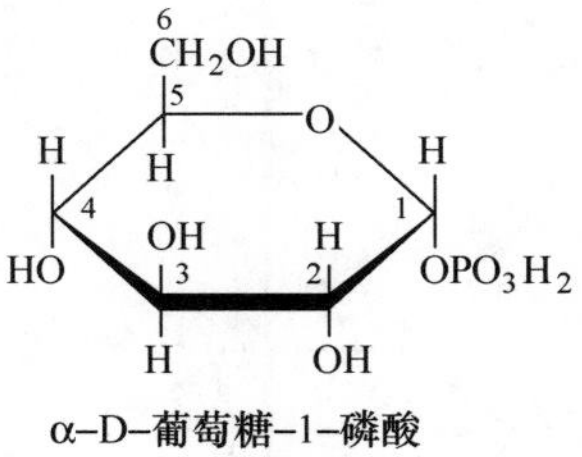

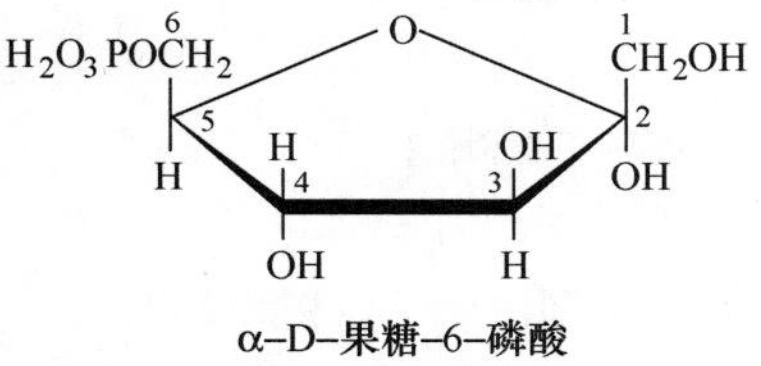

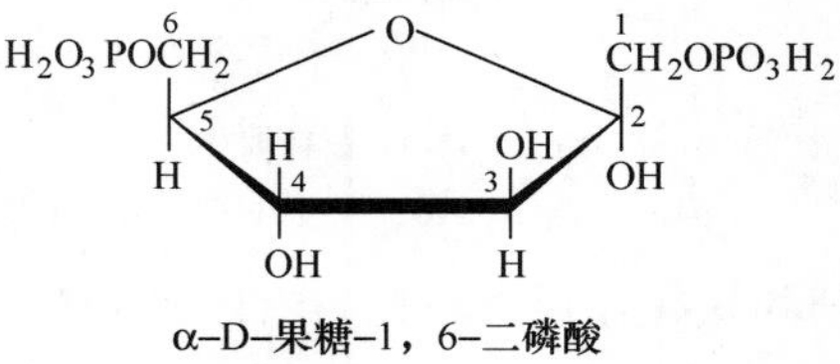

α–D–果糖–1，6–二磷酸

3）碱的作用。醇羟基可解离，是弱酸。单糖的解离常数在 10^{13} 左右。在弱碱作用下，葡萄糖、果糖和甘露糖三者可通过烯醇式而相互转化，称为烯醇化作用。在体内酶的作用下也能进行类似转化。单糖在强碱溶液中很不稳定，分解成各种不同的物质。

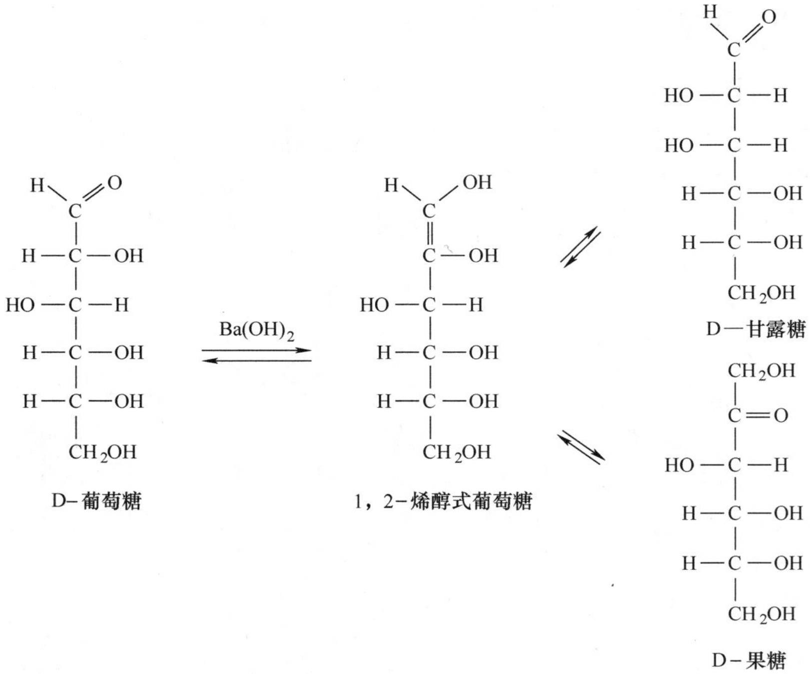

（此处为化学结构图：D-葡萄糖、1，2-烯醇式葡萄糖、D-甘露糖、D-果糖的相互转化）

$$Ba(OH)_2$$

D-葡萄糖　　　　　1，2-烯醇式葡萄糖　　　　D-甘露糖

D-果糖

4）形成糖苷（Glycoside）。单糖的半缩醛羟基很容易与醇或酚的羟基反应，失水而形成缩醛式衍生物，称为糖苷。非糖部分叫作配糖体，如配糖体也是单糖，就形成二糖，也叫作双糖。糖苷有 α、β 两种形式。核糖和脱氧核糖与嘌呤或嘧啶碱形成的糖苷称为核苷或脱氧核苷，在生物学上具有重要意义。α-与 β-甲基葡萄糖苷是最简单的糖苷。天然存在的糖苷多为 β-型。苷与糖的化学性质完全不同。苷是缩醛，糖是半缩醛。半缩醛很容易变成醛式，因此糖可显示醛的多种反应。苷需水解后才能分解为糖和配糖体。所以苷比较稳定，不与苯肼发生反应，不易被氧化，也无变旋现象。糖苷对碱稳定，遇酸易水解。

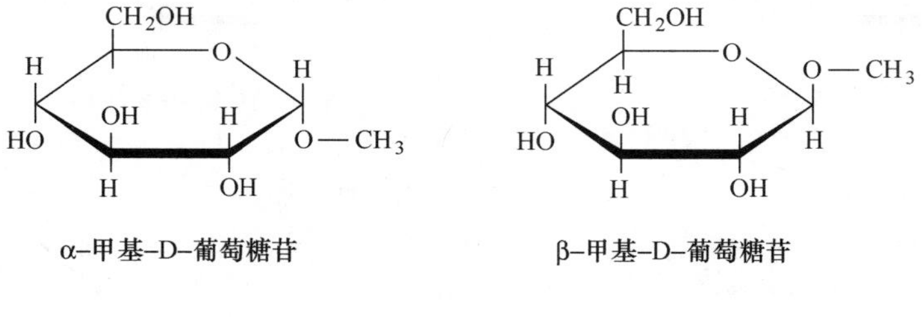

（此处为化学结构图：α-甲基-D-葡萄糖苷、β-甲基-D-葡萄糖苷的结构式）

α-甲基-D-葡萄糖苷　　　　　β-甲基-D-葡萄糖苷

5）糖的氧化作用。单糖含有游离羟基，因此具有还原能力。某些弱氧化剂（如铜的氧化物的碱性溶液）与单糖作用时，单糖的羰基被氧化，而氧化铜被还原成氧化亚铜。测定氧化亚铜的生成量，即可测定溶液中的糖含量。实验室常用的费林（Fehling）试剂就是氧化铜的碱性溶液。本尼迪特（Benedict）试剂是其改进型，用柠檬酸作络合剂，碱性弱，干扰少，灵敏度高。单糖与费林试剂反应如下：

$$CuSO_4 + 2NaOH \longrightarrow Cu(OH)_2 + Na_2SO_4$$

酒石酸钾钠 + $Cu(OH)_2$ $\longrightarrow$ 可溶性的氧化铜络合物 $>Cu + 2H_2O$

葡萄糖 $+ 2H_2O$ $\xrightarrow{NaOH}$ 酒石酸钾钠 $+$ 葡萄糖酸 $+ Cu_2O \downarrow$

除羰基外，单糖分子中的羟基也能被氧化。在不同的条件下，可产生不同的氧化产物。醛糖可用三种方式氧化成相同原子数的酸：在弱氧化剂（如溴水）作用下形成相应的糖酸；在较强的氧化剂（如硝酸）作用下，除醛基被氧化外，伯醇基也被氧化成羧基，生成葡萄糖二酸；有时只有伯醇基被氧化成羧基，形成糖醛酸。酮糖对溴的氧化作用无影响，因此可将酮糖与醛糖分开。在强氧化剂作用下，酮糖将在羰基处断裂，形成两种酸。以果糖为例：

果糖 $\longrightarrow$ 乙醇酸 $+$ 三羟基丁酸

单糖在碱性溶液中，醛基、酮基烯醇化变成非常活泼的烯二醇，具还原性，能还原金属离子，如 Cu^{2+}、Hg^{2+}、Ag^+ 等，而其本身则被氧化成为相应的糖酸。酮糖有还原性而普通酮类无还原性，这是因为酮糖在碱性溶液中经烯醇化作用可变成烯二醇。糖类在碱性溶液中的还原性常被利用来作为还原糖的定性与定量分析的依据，常用的试剂为含 Cu^{2+} 的碱性溶液。

6）还原作用。单糖有游离羰基，所以易被还原。在钠汞齐及硼氢化钠类还原剂作用下，醛糖还原成糖醇，酮糖还原成两个同分异构的羟基醇。如葡萄糖还原后生成山梨醇。

$$D-葡萄糖 \xrightarrow{[H]} D-葡萄醇(山梨醇)$$
$$D-甘露糖 \xrightarrow{[H]} D-甘露醇$$
$$D-果\ 糖 \xrightarrow{[H]} \begin{cases} D-甘露醇 \\ D-葡萄醇 \end{cases}$$

D-葡萄醇(D-山梨醇)　　　　D-甘露醇

7）糖脎的生成。单糖具有自由羰基，能与 3 分子苯肼作用生成糖脎（Osazone）。反应步骤：一分子葡萄糖与一分子苯肼缩合成苯腙；葡萄糖苯腙再被一分子苯肼氧化成葡萄糖酮苯腙；葡萄糖酮苯腙再与另一分子苯肼缩合生成葡萄糖脎。成脎反应的总方程式如下：

己醛糖　　　苯肼　　　　　　苯脎　　　　　苯胺

糖脎是黄色结晶，难溶于水。各种糖生成的糖脎形状与熔点都不同，因此常用糖脎的生成来鉴定各种不同的糖。

3. 重要单糖

生物体中常见的重要单糖见表 2-6。

表 2-6　单糖的重要代表物

糖　　名	溶点/℃	$[\alpha]_D^{20}$	存　　在
L-阿拉伯糖	160	+105°	多以结合态存在于半纤维素、树胶、果胶、细菌多糖中
D-核糖	87	−29.7°	普遍存在于细胞中，为 RNA 的成分，也是一些维生素、辅酶的组成成分
D-木糖	145	+19°	多以结合态存在于半纤维素、树胶、植物黏质中
D-脱氧核糖	92.5	−58°	普遍存在于细胞中，为 DNA 的成分
D-半乳糖	167	+80°	是乳糖、蜜糖、棉籽糖、琼胶、黏质、半纤维素的组成成分
D-葡萄糖	146	+52.7°	广泛分布于生物界，游离存在于水草与植物汁液、蜂蜜、血液、淋巴液、尿等中，同时也是许多糖苷、寡糖、多糖的组成成分
D-甘露糖	152	+14.2°	以结合态存在于多糖或糖蛋白中
D-果糖	162～164	−92.4°	游离存在为吡喃型，是糖类中最甜的糖，结合态为呋喃型，是蔗糖、果聚糖的组成成分
L-山梨糖	159～161	−43°	是维生素 C 合成的中间产物，存在于槐树浆果中
L-岩藻糖	145	−76°	为海藻细胞壁和一些树胶的组成成分，也是动物多糖的普遍成分
L-鼠李糖	93～94	+8.9°	常为糖苷的组分，也为多种多糖的组成成分。在常春藤花及叶中游离存在

（1）丙糖　重要的丙糖有 D-甘油醛和二羟丙酮，它们的磷酸酯是糖代谢的重要中间产物。

（2）丁糖　自然界常见的丁糖有 D-赤藓糖和 D-赤藓酮糖。它们的磷酸酯也是糖代谢的中间产物。

（3）戊糖　自然界存在的戊醛糖主要有 D-核糖、D-2-脱氧核糖、D-木糖和 L-阿拉伯糖。它们大多以多聚戊糖或以糖苷的形式存在。戊酮糖有 D-核酮糖和 D-木酮糖，均是糖代谢的中间产物。

1）D-核糖。D-核糖是所有活细胞的普遍成分之一，它是核糖核酸的重要组成成分。在核苷酸中，核糖以其醛基与嘌呤或嘧啶的氮原子结合，而其 2、3、5 位的羟基可与磷酸连接。核糖在衍生物中总以呋喃糖形式出现。它的衍生物核醇是某些维生素（B_2）和辅酶的组成成分。D-核糖的比旋光度为 $-23.7°$。

细胞核中还有 D-2-脱氧核糖，它是 DNA 的组分之一。它和核糖一样，以醛基与含氮碱基结合，但因 2 位脱氧，只能以 3、5 位的羟基与磷酸结合。D-2-脱氧核糖的比旋光度为 $-60°$。

2）L-阿拉伯糖。阿拉伯糖在高等植物体内以结合状态存在。它一般结合成半纤维素、树胶及阿拉伯树胶等，最初是在植物产品中发现的。其熔点为 160℃，比旋光度为 $+104.5°$。酵母不能使其发酵。

3）木糖。木糖在植物中分布很广，以结合状态的木聚糖存在于半纤维素中。木材中的木聚糖达 30% 以上。陆生植物很少有纯的木聚糖，常含有少量其他的糖。动物组织中也发现了木糖的成分。木糖熔点为 143℃，比旋光度为 $+18.8°$。酵母不能使其发酵。

（4）己糖　重要的己醛糖有 D-葡萄糖、D-甘露糖、D-半乳糖，重要的己酮糖有 D-果糖、D-山梨糖。

1）葡萄糖（Glucose，Glu）。葡萄糖是生物界分布最广泛最丰富的单糖，多以 D-型存在。它是人体内最主要的单糖，是糖代谢的中心物质。在绿色植物的种子、果实及蜂蜜中有游离的葡萄糖，蔗糖由 D-葡萄糖与 D-果糖结合而成，糖原、淀粉和纤维素等多糖也是由葡萄糖聚合而成的。在许多杂聚糖中也含有葡萄糖。

D-葡萄糖的比旋光度为 $+52.5°$，呈片状结晶。酵母可使其发酵。

2）果糖（Fructose，Fru）。植物的蜜腺、水果及蜂蜜中存在大量果糖。它是单糖中最甜的糖类，比旋光度为 $-92.4°$，呈针状结晶。42% 果葡糖浆的甜度与蔗糖相同（40℃），在 5℃ 时甜度为 143，适合制作冷饮。食用果糖后血糖不易升高，且有滋润肌肤作用。游离的果糖为 β-吡喃果糖，结合状态呈 β-呋喃果糖。酵母可使其发酵。

3）甘露糖（Man）是植物黏质与半纤维素的组成成分。其比旋光度为 $+14.2°$。酵母可使其发酵。

4）半乳糖（Gal）。半乳糖仅以结合状态存在。乳糖、蜜二糖、棉籽糖、琼脂、树胶、黏质和半纤维素等都含有半乳糖。它的 D-型和 L-型都存在于植物产品中，如琼脂中同时含有 D-型和 L-型半乳糖。D-型半乳糖的熔点为 167℃，比旋光度为 $+80.2°$，可被乳糖酵母发酵。

5）山梨糖。酮糖，又称清凉茶糖，存在于细菌发酵过的山梨汁中，是合成维生素 C 的中间产物，在制造维生素 C 工艺中占有重要地位。其还原产物是山梨糖醇，存在于桃李等果实中。山梨糖的熔点为 159～160℃，比旋光度为 $-43.4°$。

（5）庚糖　庚糖在自然界中分布较少，主要存在于高等植物中。最重要的庚糖有 D-景天庚酮糖和 D-甘露庚酮糖。前者存在于景天科及其他肉质植物的叶子中，以游离状态存在。

它是光合作用的中间产物，呈磷酸酯态，在碳循环中占重要地位。后者存在于樟梨果实中，也以游离状态存在。

（6）单糖的重要衍生物

1）糖醇。糖的羰基被还原（加氢）生成相应的糖醇，如葡萄糖加氢生成山梨醇。糖醇溶于水及乙醇，较稳定，有甜味，不能还原费林试剂。常见的糖醇有甘露醇和山梨醇。甘露醇广泛分布于各种植物组织中，熔点为106℃，比旋光度为 – 0.21°。海带中甘露醇占干重的5.2% ~ 20.5%，是制取甘露醇的原料。山梨醇在植物中分布也很广，熔点为97.5℃，比旋光度为 – 1.98°。山梨醇积存在眼球晶状体内引起白内障。山梨醇氧化时可形成葡萄糖、果糖或山梨糖。

糖的羟基被还原（脱氧）生成脱氧糖。除脱氧核糖外还有两种脱氧糖：L-鼠李糖和6-脱氧-L-甘露糖（岩藻糖），它们是细胞壁的成分。

2）糖醛酸。单糖具有还原性，可被氧化。糖的醛基被氧化成羧基时生成糖酸；糖的末端羟甲基被氧化成羧基时生成糖醛酸。重要的糖醛酸有D-葡萄糖醛酸、半乳糖醛酸等。葡萄糖醛酸是肝脏内的一种解毒剂，半乳糖醛酸存在于果胶中。

3）氨基糖。单糖的羟基（一般为C_2）可以被氨基取代，形成糖胺或称为氨基糖。自然界中存在的氨基糖都是氨基己糖。D-葡萄糖胺是甲壳质（几丁质）的主要成分。甲壳质是组成昆虫及甲壳类结构的多糖。D-半乳糖胺是软骨类动物的主要多糖成分。糖胺是碱性糖。糖胺氨基上的氢原子被乙酰基取代时，生成乙酰氨基糖。

4）糖苷。糖苷主要存在于植物的种子、叶子及皮内。在天然糖苷中的糖苷基有醇类、醛类、酚类、固醇和嘌呤等。它大多极毒，但微量糖苷可作为药物。重要糖苷有：能引起溶血的皂角苷，有强心剂作用的毛地黄苷，以及能引起葡萄糖随尿排出的根皮苷。苦杏仁苷也是一种毒性物质。配糖体一般对植物有毒，形成糖苷后则无毒。这是植物的解毒方法，也可保护植物不受外来伤害。

5）糖酯。单糖羟基还可与酸作用生成酯。糖的磷酸酯是糖在代谢中的活化形式，存在于糖胺聚糖中。

2.2.3 寡糖

天然存在的寡糖由2 ~ 6个单糖结合而成，大多数来自植物，一般有甜味，可结晶。重要的寡糖有双糖和三糖。

1. 双糖

双糖由两个单糖分子缩合而成。双糖可以认为是一种糖苷，其中的配基是另外一个单糖分子。在自然界中，仅有三种双糖（蔗糖、乳糖和麦芽糖）以游离状态存在，其他多以结合状态存在（如纤维二糖）。蔗糖是最重要的双糖，麦芽糖和纤维二糖是淀粉和纤维素的基本结构单位。三者均易水解为单糖。

（1）麦芽糖　麦芽糖（Maltose）大量存在于发酵的谷粒，特别是麦芽中，它是淀粉的组成成分。淀粉和糖原在淀粉酶作用下水解可产生麦芽糖。麦芽糖是D-吡喃葡萄糖-α（1→4)-D-吡喃葡萄糖苷，因为有一个醛基是自由的，所有它是还原糖，能还原费林试剂。支链淀粉水解产物中除麦芽糖外还含有少量异麦芽糖，它是α-D-吡喃葡萄糖-（1→6)-D-吡喃葡萄糖苷。

麦芽糖在水溶液中有变旋现象，比旋光度为 +136°，且能成脎，极易被酵母发酵。右旋 $[\alpha]_D^{20} = +130.4°$。麦芽糖在缺少胰岛素的情况下也可被肝脏吸收，不引起血糖升高，可供糖尿病人食用。

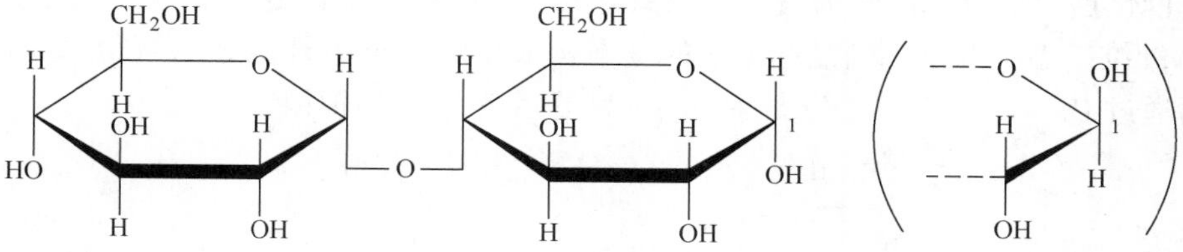

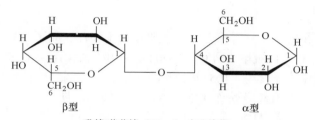

α–麦芽糖(葡萄糖–α–1，4–葡萄糖苷)　　　　β型

（2）乳糖　乳糖（Lactose）存在于哺乳动物的乳汁中（牛奶中含 4% ~ 6%），高等植物花粉管及微生物中也含有少量乳糖。它是 β-D-半乳糖-(1→4)-D-葡萄糖苷。乳糖不易溶解，味不甚甜（甜度只有 16），有还原性，且能成脎，纯酵母不能使它发酵，能被酸水解，右旋 $[\alpha]_D^{20} = +55.4°$。

乳糖[葡萄糖–β(1→4)–半乳糖苷]

乳糖的水解需要乳糖酶，婴儿一般都可消化乳糖，成人则不然。某些成人缺乏乳糖酶，不能利用乳糖，食用乳糖后会在小肠积累，产生渗透作用，使体液外流，引起恶心、腹痛、腹泻。这是一种常染色体隐性遗传疾病，从青春期开始表现。其发病率与地域有关，在丹麦约 3%，泰国则高达 92%。可能是从一万年前人类开始养牛时成人体内出现了乳糖酶。

（3）蔗糖　蔗糖（Sucrose）是主要的光合作用产物，也是植物体内糖储藏、积累和运输的主要形式。在甜菜、甘蔗和各种水果中含有较多的蔗糖。日常食用的糖主要是蔗糖。

蔗糖很甜，易结晶，易溶于水，但较难溶于乙醇。若加热到 160℃，便成为玻璃样的晶体，加热至 200℃ 时成为棕褐色的焦糖。它是 α-D-吡喃葡萄糖-(1→2)-β-D-呋喃果糖苷。它是由葡萄糖的半缩醛羟基和果糖的半缩酮羟基之间缩水而成的，因为两个还原性基团都包含在糖苷键中，所有没有还原性，是非还原性杂聚二糖。右旋，$[\alpha]_D^{20} = +66.5°$。

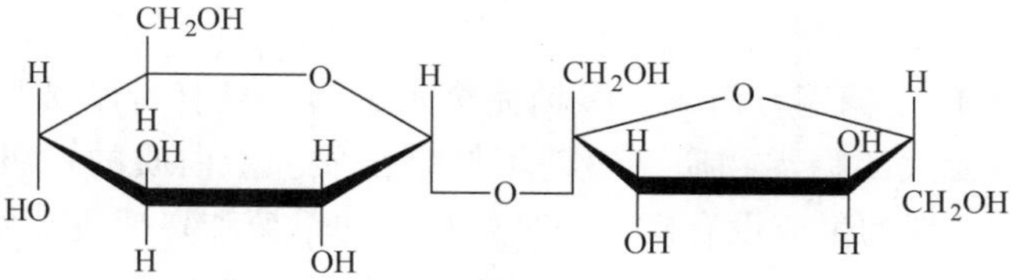

蔗糖(葡萄糖–α，β–果糖苷)

蔗糖极易被酸水解，其速度比麦芽糖和乳糖大 1000 倍。水解后产生等量的 D-葡萄糖和 D-果糖，这个混合物称为转化糖，甜度为 160。蜜蜂体内有转化酶，因此蜂蜜中含有大量转化糖。因为果糖的比旋光度比葡萄糖的绝对值大，所以转化糖溶液是左旋的。在植物中有一种转化酶催化这个反应。口腔细菌利用蔗糖合成的右旋葡聚糖苷是牙垢的主要成分。

（4）纤维二糖　纤维二糖是纤维素的基本构成单位。可由纤维素水解得到。由两个 β-D-葡萄糖通过 C_1—C_4 相连，它与麦芽糖的区别是后者为 α-葡萄糖苷。

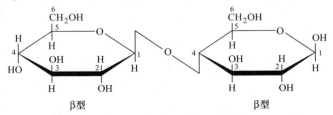

纤维二糖[葡萄糖-β(1→4)-葡萄糖苷]

（5）海藻糖　α-D-吡喃葡萄糖-（1→1）-α-D-吡喃葡萄糖苷。在抗干燥酵母中含量较多，可用于保湿。

2. 三糖

自然界中广泛存在的三糖只有棉籽糖，主要存在于棉籽、甜菜、大豆及桉树的干性分泌物（甘露蜜）中。它是 α-D-吡喃半乳糖-（1→6）-α-D-吡喃葡萄糖-（1→2）-β-D-呋喃果糖苷。

棉籽糖的水溶液比旋光度为 +105.2°，不能还原费林试剂。棉籽糖在蔗糖酶作用下分解成果糖和蜜二糖，在 α-半乳糖苷酶作用下分解成半乳糖和蔗糖。

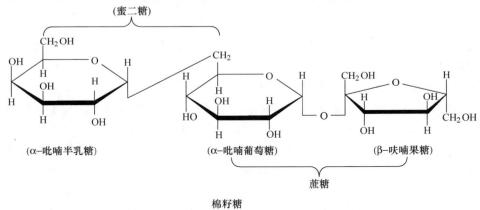

棉籽糖

此外，还有龙胆三糖、松三糖、洋槐三糖等。

2.2.4　多糖

多糖由 20 个以上的单糖缩合而成。多糖完全水解时，糖苷键断裂变成单糖。它是自然界中分子结构复杂且庞大的糖类物质。多糖不像蛋白质，蛋白质的一级结构是有基因编码的，有特定的长度，多糖的生成没有模板，是由特定的单糖和寡糖残基聚合而成的。多糖按功能可分为两大类：一类是结构多糖，如构成植物细胞壁的纤维素、半纤维素，构成细菌细胞壁的肽聚糖等；另一类是储藏多糖，如植物中的淀粉、动物体内的糖原等。还有一些多糖具有更复杂的生理功能，如黏多糖、血型物质等，它们在生物体内起着重要的作用。

多糖（Polysaccharide）可由一种单糖缩合而成，称为均一多糖，如戊糖胶（木糖胶、阿拉伯糖胶）、己糖胶（淀粉、糖原、纤维素等），也可由不同类型的单糖缩合而成，称为不均一多糖，如半乳糖甘露糖胶、阿拉伯胶和果胶等。

多糖在水中不形成真溶液，只能形成胶体。多糖没有甜味，也无还原性。多糖有旋光性，但无变旋现象。在酸或酶的作用下，多糖可以水解成单糖、二糖及部分非糖物质。

1. 淀粉

淀粉（Starch）是植物中最重要的储藏多糖，在植物中以淀粉粒状态存在，呈球状或卵形。淀粉是由麦芽糖单位构成的链状结构，可溶于热水的是直链淀粉，不溶的是支链淀粉。支链淀粉易形成糨糊，溶于热的有机溶剂。玉米淀粉和马铃薯淀粉分别含27%和20%的直链淀粉，其余为支链淀粉。有些淀粉（如糯米）全部为支链淀粉，而有的豆类淀粉则全是直链淀粉。

淀粉与酸缓和地作用时（如7.5% HCl，室温下放置7日）即形成所谓"可溶性淀粉"，在实验室内常用。淀粉在工业上可用于酿酒和制糖。

（1）直链淀粉　直链淀粉（Amylose）的相对分子质量从几万到十几万，平均约为60000，相当于300～400个葡萄糖分子缩合而成。由端基分析知道，每分子中只含一个还原性端基和一个非还原性端基，所有它是一条不分支的长链。它的分子通常卷曲成螺旋形，每一转有6个葡萄糖分子（图2-8a）。直链淀粉是由1,4糖苷键连接的α-葡萄糖残基组成的。以碘液处理产生蓝色，光吸收在620～680nm。直链淀粉-碘络合物如图2-8b所示。

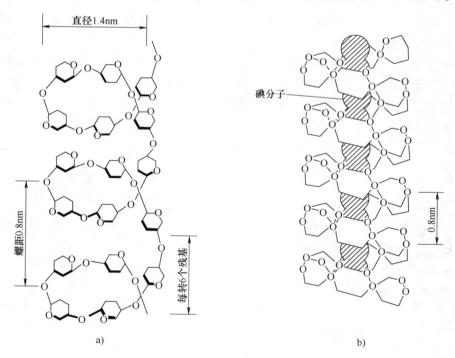

图2-8　直链淀粉的螺旋结构及直链淀粉-碘络合物

（2）支链淀粉　支链淀粉（Amylopectin）的相对分子质量在20万以上，含有1300个葡萄糖或更多。与碘反应呈紫色,光吸收在 530～555nm。端基分析指出,每 24～30 个葡萄糖单位含有一个端基,所有它具有支链结构,每个直链是 α-1,4 连接的链,而每个分支是 α-1,6 连接的链(图 2-9、图 2-10)。由不完全水解产物中分离出了以 α-1,6 糖苷键连接的异麦芽糖,证明了分支的结构。据研究,支链淀粉至少含有 300 个 α-1,6 糖苷键。

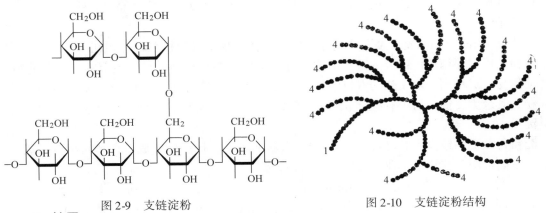

图 2-9　支链淀粉　　　　　　　　图 2-10　支链淀粉结构

2. 糖原

糖原(Glycogen)是动物中的主要多糖,是葡萄糖的极容易利用的储藏形式。糖原的相对分子质量约为 500 万,端基含量占 9%,而支链淀粉为 4%,所以 8 糖原的分支程度比支链淀粉高一倍多。糖原的结构(图 2-11)与支链淀粉(图 2-12)相似,但分支密度更大,平均链长只有 12～18 个葡萄糖单位。每个糖原分子有一个还原末端和很多非还原末端。与碘反应呈紫色,光吸收在 430～490nm。

糖原的分支多,分子表面暴露出许多非还原末端,每个非还原末端既能与葡萄糖结合,也能分解产生葡萄糖,从而迅速调整血糖浓度,调节葡萄糖的供求平衡。所以糖原是储藏葡萄糖的理想形式。糖原主要储藏在肝脏和骨骼肌中,在肝脏中浓度较高,但在骨骼肌中总量较多。糖原在细胞的胞液中以颗粒状存在,直径为 10～40nm。现在发现除动物外,在细菌、酵母、真菌及甜玉米中也有糖原存在。

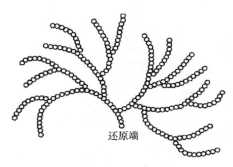

图 2-11　糖原结构　　　　　　　图 2-12　支链淀粉的结构形状
　(小圈代表葡萄糖基)　　　　　　　(小圈代表葡萄糖基)

3. 纤维素

纤维素(Cellulose)是自然界中含量最丰富的有机物,它占植物界碳含量的 50% 以上。棉花和亚麻是较纯的纤维素,在 90% 以上。木材中的纤维素常和半纤维素及木质素结合存在。用煮沸的 1% NaOH 处理木材，然后加氯及亚硫酸钠，即可去掉木质素，留下纤维素。

纤维素由葡萄糖分子以 β-1,4-糖苷键连接而成，无分支（图2-13）。纤维素的相对分子质量为 5 万~40 万，每分子约含 300~2500 个葡萄糖残基。纤维素是直链，100~200 条链彼此平行（图2-14），以氢键结合（图2-15），所以不溶于水，但溶于铜盐的氨水溶液，可用于制造人造纤维。纤维素分子排列成束状，和绳索相似，纤维就是由许多这种绳索集合组成的。

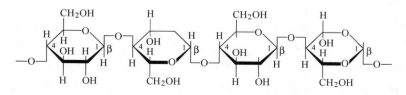

图 2-13　纤维素结构式

图 2-14　纤维素分子链的平行排列

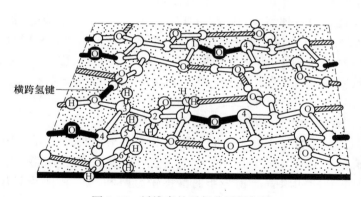

图 2-15　纤维素的平行分子间氢键

纤维素经弱酸水解可得到纤维二糖。在浓硫酸（低温）或稀硫酸（高温、高压）下水解木材废料，可以产生约 20% 的葡萄糖。纤维素的三硝酸酯称为火棉，遇火迅速燃烧。一硝酸酯和二硝酸酯可以溶解，称为火棉胶，用于医药、工业。

纯净的纤维素是无色无臭、无味的物质。人和动物体内没有纤维素酶，不能分解纤维素。反刍动物和一些昆虫体内的微生物可以分解纤维素，为这些动物提供营养。

4. 其他

（1）果胶　一般存在于初生细胞壁中，也存在于水果中。它是果胶酸的甲酯。果酱就是利用水果的果胶制成的。

（2）菊糖　也叫菊粉，主要存在于菊科植物的根部，是多缩果糖。

（3）琼脂　某些海藻（如石花菜属）所含的多糖物质，主要成分是多缩半乳糖，含有硫和钙。琼脂不易被微生物分解，可作为微生物培养基成分，也可作为电泳支持物。食品工业中常用琼脂来制造果冻、果酱等。1%~2% 的琼脂在室温下就能形成凝胶。

（4）几丁质　N-乙酰葡萄糖胺以 β-1,4 糖苷键相连，是甲壳动物的结构多糖，也叫甲壳素，是水中含量最大的有机物。

2.3　脂类化学

2.3.1　脂类概述

脂类（Lipids）是脂肪及类脂的总称，泛指不溶于水、易溶于有机溶剂的各类生物分子。脂类都含有碳、氢、氧元素，有的还含有氮和磷。脂类包括的物质范围很广，结构差异也大。它们的共同特征是以长链或稠环脂肪烃分子为母体。脂类分子中没有极性基团的称为非极性脂；有极性基团的称为极性脂。极性脂的主体是脂溶性的，其中的部分结构是水溶性的。脂类不仅是生物体的重要能源物质，而且参与机体的多种重要的生理功能。脂类也是构成生物膜的重要成分，细胞内的磷脂几乎都集中在生物膜中。另外，有一些脂类物质具有特殊生理活性，如某些维生素和激素等。

1. 脂类的分类

脂类按其化学结构可分为单脂、复脂和其他脂。

（1）单脂　单脂是由各种高级脂肪酸与甘油或高级一元醇所生成的酯。

1）脂肪。脂肪是由甘油与三分子脂肪酸结合所成的三酰甘油或称甘油三酯。一般室温时为固态的脂肪称为脂，或中性脂；一般室温时为液态的脂肪，称为油，或脂性油。就化学本质来说，脂含较多饱和脂肪酸，油含较多不饱和脂肪酸和低分子脂肪酸。

2）蜡。蜡是由高级脂肪酸和高级脂肪醇所生成的酯，如虫蜡、蜂蜡。

3）固醇酯。固醇酯是由脂肪酸和胆固醇所生成的酯。

（2）复脂　复脂是指分子中除了含有脂肪酸和各种醇以外，还含有其他物质的脂，包括磷脂和糖脂。磷脂分子中含有磷酸和有机碱，包括磷脂酸和各种磷脂。糖脂分子中含有糖类及其他物质，有脑苷脂（水解产物为脂肪酸、鞘氨醇和糖）和神经节苷脂（由脂肪酸、硝氨醇、糖和神经氨酸组成）。磷脂是主要的复脂。复脂又称为类脂，含有极性基团，是极性脂。

（3）其他脂　其他脂包括不含脂肪酸及非皂化的脂、衍生脂、结合脂类。

1）非皂化脂包括类固醇、萜类和前列腺素类。不含脂肪酸，不能被碱水解。类固醇又称为甾醇，是以环戊烷多氢菲为母核的一种脂类。胆固醇是人体内最重要的类固醇，它因有羟基而属于极性脂。萜类是异戊二烯聚合物。前列腺素是二十碳酸衍生物。

2）衍生脂指非皂化脂的衍生产物，如甘油、脂肪酸及其氧化产物、乙酰辅酶 A。

3）结合脂类是脂与糖或蛋白质结合，形成糖脂和脂蛋白。

2. 脂类物质的生理意义

脂类物质具有重要的生理作用，可归纳如下：

（1）储存能量和氧化供能　脂类物质最重要的功能之一就是储能和供能。在体内储存的脂类物质 90% 以上是甘油三酯，其氧化产生的能量比糖和蛋白质多一倍以上，根据计算，脂肪组织储存的能量约占人体可动用能量的 85%，主要分布在皮下组织、腹腔大网膜及肠系膜等处，是机体最主要的储存能源。

（2）提供必需脂肪酸（Essential fatty acid），协助和促进脂溶性维生素的吸收　必需脂肪酸（亚油酸、亚麻酸）是维持机体正常代谢的营养素，是构成磷脂的重要组成成分。花生四烯酸是合成前列腺素、血栓素和白三烯的原料。脂类物质也可促进脂溶性维生素 A、维生素 D、维生素 E、维生素 K 和胡萝卜素的吸收，这些物质在调节细胞代谢上均有重要作用。

（3）保温和保护作用　人体皮下脂肪可以防止热量的散失而起保温作用，以维持正常体温。另外，以液态的甘油三酯为主要成分的脂肪组织具有防振和防撞击作用，可起缓冲作用而保护内脏和肌肉免受损伤。

（4）机体的主要结构成分　类脂特别是磷脂和胆固醇，是所有生物膜的重要组分。这些膜能维持细胞的完整，间隔细胞内部的不同部分。这些类脂的量是恒定的，不因肥胖而增加，不因饥饿而减少。

（5）参与机体代谢调节　胆固醇在体内可以转化成多种激素类物质，如肾上腺皮质激素和性激素等，因此具有广泛的调节代谢作用。脂类代谢产生的多种中间产物，如甘油二酯、三磷酸肌醇等广泛参与细胞内信号的传递，是重要的第二信使。

2.3.2　单脂

1. 脂肪酸

脂肪酸为无碳链分支的具有偶数碳原子的饱和和不饱和脂肪酸族羧酸。按碳原子数目不同，可分为短链（2～4 个碳原子）、中链（6～10 个碳原子）及长链（12～26 个碳原子）脂肪酸。按是否含双键分为饱和、不饱和脂肪酸。不饱和脂肪酸又按所含双键的数目分为单不饱和脂肪酸和多不饱和脂肪酸。

油酸是哺乳动物中常见的不饱和脂肪酸。哺乳动物本身不能合成亚油酸和亚麻酸这两种不饱和脂肪酸，必须从食物中获得，因此，称它们为"必需脂肪酸"。植物能合成亚油酸和亚麻酸，所以植物是这两种脂肪酸的最初来源。

（1）特性　动物中的脂肪酸通常比较简单，都是直链的，最多可含 6 个双键，而细菌的脂肪酸最多只有一个双键，到目前为止细菌不饱和脂肪酸中还未发现有两个或两个以上双键的不饱和脂肪酸，碳链长度为 C_{12}—C_{18}。此外，细菌中含有支链（带甲基）的、含羟基的和环丙基的脂肪酸，如结核酸就是饱和支链脂肪酸。植物脂肪酸中也有含炔键、环氧基、羟基和酮基或环丙烯基的。通常，在高等植物和低温生活的动物中，不饱和脂肪酸的含量高于饱和脂肪酸。

（2）分类和命名

1）脂肪酸的俗名、系统名和缩写。脂肪酸的俗名主要反映其来源和特点。系统名反映其碳原子数目、双键数和位置。如硬脂酸的系统名是十八烷酸，用 18：0 表示，其中"18"表示碳链长度，"0"表示无双键；油酸是十八碳烯酸，用 18：1 表示，"1"表示有一个双键；反油酸用 $18：1^{\Delta 9,trans}$ 表示。

2）双键的定位。双键位置的表示方法有两种，原来用 Δ 编号系统，近来又规定了 ω 或（n）编号系统。前者按碳原子的系统序数（从羧基端数起），用双键羧基侧碳原子的序数给双键定位。后者采用碳原子的倒数序数（从甲基端数起），用双键甲基侧碳原子的（倒数）序数给双键定位。这样可将脂肪酸分为代谢相关的 4 组，即 ω^3、ω^6、ω^7、ω^9。在哺乳动物体内脂肪酸只能由该族母体衍生而来，各族母体分别是软油酸（16：1，ω^7）、油酸（18：1，ω^9）、亚油酸（18：2，ω^6）和 α 亚麻酸（18：3，ω^3）

哺乳动物体内能合成饱和脂肪酸和单不饱和脂肪酸，不能合成多不饱和脂肪酸，如亚油酸、亚麻酸等。我们把维持哺乳动物正常生长所必需的而体内又不能合成的脂肪酸称为必需脂肪酸。自然界中的常见脂肪酸见表 2-7。

表 2-7 某些天然存在的脂肪酸

简 写 符 号		普 通 名 称	结 构 简 式
饱和脂肪酸	14：00	豆蔻酸	$C_{13}H_{27}COOH$
	16：00	软脂酸	$C_{15}H_{31}COOH$
	18：00	硬脂酸	$C_{17}H_{35}COOH$
	20：00	花生酸	$C_{19}H_{39}COOH$
	22：00	山嵛酸	$C_{21}H_{43}COOH$
	24：00	木焦油酸	$C_{23}H_{47}COOH$
	26：00	蜡酸	$C_{25}H_{51}COOH$
不饱和脂肪酸	$16：1\triangle^9$	棕榈油酸	$C_{15}H_{29}COOH$
	$18：1\triangle^9$	油酸	$C_{17}H_{33}COOH$
	$18：2\triangle^{9,12}$	亚油酸	$C_{17}H_{31}COOH$
	$18：3\triangle^{9,12,15}$	α-亚麻酸	$C_{17}H_{29}COOH$
	$18：3\triangle^{6,9,12}$	γ-亚麻酸	$C_{17}H_{29}COOH$
	$18：3\triangle^{9,11,13}$	棕榈酸	$C_{17}H_{29}COOH$
	$20：3\triangle^{5,8,11,14}$	花生四烯酸	$C_{19}H_{31}COOH$

2. 脂肪

（1）脂肪的结构 脂肪是由 1 分子甘油与 1~3 分子脂肪酸形成的酯。根据脂肪酸数量，可分为单酰甘油、二酰甘油和三酰甘油（过去称为甘油三酯）。前两者在自然界中存在极少，而三酰甘油是脂类中含量最丰富的一类。通常所说的脂肪就是指三酰甘油。脂肪的化学结构通式如下：

式中，R_1、R_2、R_3 为各种脂肪酸的烃基，若 R_1、R_2、R_3 相同，则成为单纯甘油酯，命名时称为三某脂酰甘油，如三硬脂酰甘油、三油酰甘油等；若 R_1、R_2、R_3 完全不相同，则成为混合甘油酯，命名时以 α、β 和 γ 分别表示不同脂肪酸的位置。

（2）脂肪的性质

1）物理性质。脂肪一般无色、无味、无臭，呈中性。天然脂肪因含杂质而常具有颜色和气味。脂肪的相对密度皆小于 1（固体脂类的相对密度约为 0.8，液体之类的相对密度约为 0.915~0.94），不溶于水而溶于有机溶剂（如苯、石油醚、乙醚、丙酮、四氯化碳、汽油、氯仿等）。低分子脂肪酸（自 C_6 以下）组成的脂肪略溶于水。在乳化剂（如胆汁酸、肥皂等）存在的情况下，脂肪能在水中形成乳浊液。在人体和动物的消化道内，胆汁酸盐使脂肪乳化形成乳糜微粒，有利于脂肪的消化吸收。

大多数植物脂肪（如豆油，花生油等）因所含的不饱和脂肪酸比例较高（超过70%），具有较低的凝固点（或熔点）且在常温时为液体，故通称为油。动物脂肪中不饱和脂肪含量低，凝固点比较高，在常温下呈固态，一般称为脂。生物体内的脂肪酸主要是 16 个碳和 18 个碳的饱和或不饱和肪酸。脂肪含不饱和脂肪酸的多少，一般可以用碘值、饱和度以及油酸与亚油酸占总脂肪酸的百分比来表示，见表2-8。表中的数值并非常数，它随动植物的品种或生长状况的差异而有不同。

表 2-8　天然油脂成分的主要指标

种　　类	碘值/（g/100g）	饱和度（%）	油酸（%）	亚油酸（%）
豆油	135.8	14.0	22.9	55.2
猪油	66.5	37.7	49.4	12.3
花生油	93.0	17.7	56.5	25.8
棉籽油	105.8	26.7	25.7	47.5
玉米油	126.8	8.8	35.3	55.7
可可油	36.6	60.1	37.0	2.9
向日葵油	144.3	5.7	21.7	72.6

天然脂肪是多种脂肪的混合物，没有固定的熔点和沸点，通常简称为脂肪。硬脂酸熔点为70℃，油酸熔点为14℃。相应的，三硬脂酸甘油酯的熔点是60℃，而三油酸甘油酯的熔点是0℃。

脂肪是脂肪酸的储备和运输形式，也是生物体内的重要溶剂，许多物质是溶于其中而被吸收和运输的，如各种脂溶性维生素（A、D、E、K）、芳香油、固醇和某些激素等。

2）化学性质。脂肪的化学性质与组成它的脂肪酸、甘油及酯键有关。

① 水解和皂化。脂肪能在酸、碱、蒸汽及脂酶的作用下水解，生成甘油和脂肪酸。当用碱水解脂肪时，生成甘油和脂肪酸盐。脂肪酸的钠盐和钾盐就是肥皂。因此把脂肪的碱水解称为皂化（Saponification）。

$$\begin{array}{ccc}
& \text{O} & \\
& \parallel & \\
\text{CH}_2\text{O}-\text{C}-\text{R}_1 & & \text{CH}_2\text{OH} \quad \text{R}_1\text{COOH} \\
\text{O} \quad \parallel & & \\
\text{R}_2-\text{C}-\text{O}-\text{CH} \quad \text{O} \quad +3\text{KOH} \xrightarrow{\text{皂化}} & \text{HO}-\text{CH} \quad +\text{R}_2\text{COOH} \\
\parallel & & \\
\text{CH}_2\text{O}-\text{C}-\text{R}_3 & & \text{CH}_2\text{OH} \quad \text{R}_3\text{COOH}
\end{array}$$

使1g脂肪完全皂化所需的氢氧化钾的毫克数称为皂化值。根据皂化值的大小可以判断脂肪中所含脂肪酸的平均相对分子质量。皂化值越大，平均相对分子质量越小。

$$脂肪酸平均相对分子质量 = 3 \times 56 \times 1000 \div 皂化值$$

式中，56 是 KOH 的相对分子质量，因为三酰甘油中含三个脂肪酸，所以乘以3。

肥皂是高级脂肪酸钠（或钾），既含有极性的—COO^-Na^+基团，易溶于水；又含有非极性的烃基，易溶于脂类，所以肥皂是乳化剂，可使油污分散在水中而被除去。当用含较多钙、镁离子的硬水洗涤时，由于脂肪酸钠转变为不溶的钙盐或镁盐而沉淀，肥皂的去污能力就大大降低。

② 加成反应。含不饱和脂肪酸的脂肪，分子中的碳–碳双键可以与氢、卤素等进行加成反应。

氢化：在高温、高压和金属镍催化下，碳—碳双键与氢发生加成反应，转化为饱和脂肪酸。氢化的结果使液态的油变成半固态的脂，所以常称为"脂肪的硬化"。人造黄油的主要成分就是氢化的植物油。某些高级糕点的松脆油也是适当加氢硬化的植物油。棉籽油氢化后形成奶油。油容易酸败，不利于运输，海产的脂肪有臭味，氢化也可解决这些问题。

卤化：卤素中的溴、碘可与双键加成，生成饱和的卤化脂，这种作用称为卤化。通常把 100g 脂肪所能吸收的碘的克数称为碘值。碘值大，表示脂肪中不饱和脂肪酸含量高，即不饱和程度高。由于碘和碳–碳双键的加成反应较慢，所以在实际测定中，常用溴化碘或氯化碘代替碘，其中的溴或氯原子能使碘活化。碘值大于 130 的称为干性油，小于 100 的为非干性油，介于二者之间的称半干性油。

$$\begin{array}{c} \overset{\delta^+}{-}\overset{\delta^-}{\underset{H}{C}}=\overset{}{\underset{H}{C}}- \\ \text{极化的双键} \end{array} \xrightarrow{I^+} \begin{array}{c} \overset{+}{-}\overset{I}{\underset{H}{C}}-\overset{}{\underset{H}{C}}- \\ \text{中间体} \end{array} \xrightarrow{I^-} \begin{array}{c} \overset{I}{-}\overset{I}{\underset{H}{C}}-\overset{I}{\underset{H}{C}}- \\ \text{卤化物} \end{array}$$

③ 乙酰化反应。含羟脂肪酸（如蓖麻油酸）的油脂可与乙酸酐或其他酰化剂作用形成乙酰化油脂或其他酰化油脂。油脂的羟基化程度一般用乙酰化值（价）表示。乙酰化值指中和从 1g 乙酰化产物中释放的乙酸所需的氢氧化钾毫克数。从乙酰化值的大小，即可推知样品中所含羟基的多少。

④ 酸败。脂肪在空气中放置过久，会腐烂产生难闻的臭味，这种变化称为酸败。酸败是由空气中氧、水分或霉菌的作用引起的。阳光可加速这个反应。酸败的化学本质是脂肪水解放出游离的脂肪酸，不饱和脂肪酸氧化产生过氧化物，再裂解成小分子的醛或酮。脂肪酸 β-氧化时产生短链的 β-酮酸，再脱酸也可生成酮类物质。相对分子质量小的脂肪酸（如丁酸）、醛和酮常有刺激性酸臭味。酸败程度的大小用酸价（酸值）表示。酸价就是中和 1g 脂肪中的游离脂肪酸所需的 KOH 毫克数。酸价是衡量脂肪质量的指标之一。

⑤ 干化。某些油在空气中放置，表面能生成一层干燥而有韧性的薄膜，这种现象叫干化。具有这种性质的油称为干性油。一般认为，如果组成脂肪的脂肪酸中含有较多的共轭双键，油的干性就好。桐油中含桐油酸达 79%，是最好的干性油，不但干化快，而且形成的薄膜韧性好，可耐冷、热和潮湿，在工业上有重要价值。

3. 蜡

蜡（Wax）是不溶于水的固体，由高级脂肪酸和长链脂肪族一元醇或固醇构成的酯。比较常见的蜡有蜂蜡、白蜡、鲸蜡。它们的主要成分如下：

蜂蜡，$C_{15}H_{31}COOC_{30}H_{61}$ 软脂酸蜂蜡酯（十六酸三十醇酯）

白蜡，$C_{25}H_{51}COOC_{26}H_{59}$ 醋酸蜡酯（二十六酸二十六醇酯）

鲸蜡，$C_{15}H_{31}COOC_{16}H_{33}$ 软脂酸鲸蜡酯（十六酸十六醇酯）

蜡酸，如月桂酸（C_{12}）、豆蔻酸（C_{14}）、蜡酸（C_{26}）蜂花酸（C_{30}）等，通式为 $CH_3(CH_2)_nCOOH$。

蜡醇，通式为 $CH_3(CH_2)_nCH_2OH$，如 C_{16}、C_{30} 等。

蜡一般为固体，光滑不透水，故有润泽作用。蜡存在于皮肤、毛发、羽毛、树叶、果皮和昆虫外骨骼中，可防止水分侵蚀，起保护作用。蜡在工业上主要用作上光剂、防水剂、涂料、添加剂及制造蜡纸、鞋油、发蜡等。

温度较高时，蜡是柔软的固体，温度低时变硬。蜡在皮肤、羽毛、果实表面及昆虫的外骨骼上起保护作用。蜂蜡是软脂酸（C_{16}）和有 26 ~ 34 个碳的蜡醇形成的酯。羊毛脂是脂肪酸和羊毛固醇形成的酯。

2.3.3 复合脂

复合脂是由简单脂和一些非脂物质如磷酸、含氮碱基等共同组成的。

1. 磷脂

磷脂（Phospholipid）又称磷酸甘油酯，是广泛存在于动植物和微生物中的一类含磷酸的复合脂类。甘油磷脂是细胞膜结构的重要组分之一，在动物的脑、心、肾、肝、骨髓、卵以及植物的种子和果实中含量较丰富。

磷脂是由甘油、脂肪酸、磷酸及含氮碱性化合物或其他成分组成，其结构如下：

$$
\begin{array}{l}
\quad\quad\quad\quad\quad\quad O \\
\quad\quad\quad\quad\quad\quad\| \\
\quad\quad O\ CH_2O-C-R_1 \\
\quad\quad\| \\
R_2-C-OCH\ \ O^- \\
\quad\quad\quad\quad\ | \\
\quad\quad\quad CH_2-P-O-X \\
\quad\quad\quad\quad\quad\| \\
\quad\quad\quad\quad\quad O
\end{array}
$$

式中，R_1 通常为饱和脂酰基，R_2 为不饱和脂酰基，X 为胆碱、胆胺（乙醇胺）、丝氨酸、肌醇等。因 X 不同，它们可分别形成磷脂酰胆碱、磷脂酰丝氨酸及磷脂酰肌醇等，结构见表2-9。

表 2-9　几种主要的磷脂酰化合物

X 基团	化合物名称
—H	磷脂酸
—C—C—N⁺(CH₂)₃ 样式	磷脂酰胆碱（卵磷脂）
—C—C—NH₃⁺	磷脂酰乙醇胺（脑磷脂）
—C—C(NH₃⁺)—COO⁻	磷脂酰丝氨酸
肌醇环结构	磷脂酰肌醇

从甘油磷脂的结构可知，甘油分子中两个羟基被脂肪酸基酯化，成为疏水性的非极性尾；第三个羟基与磷酸结合，并带有一个亲水性的有机碱，成为亲水性的极性头。因此，甘油磷脂为两性脂类分子，在构成生物膜结构中具有重要作用。

（1）鞘磷脂　鞘磷脂或神经鞘磷脂是鞘脂类的一种典型复合脂类，它是高等动物组织中含量丰富的鞘脂类。鞘磷脂经水解可以得到磷酸、胆碱、鞘氨醇及脂肪酸。鞘氨醇是一个有 18 个碳原子的氨基二醇，已发现的鞘氨醇有几十种，它们的碳原子和羟基数目均有变化。鞘氨醇的氨基可与 1 条长链脂肪酸（18～26 个碳原子）结合形成神经酰胺。在神经酰胺分子中，鞘氨醇第一个碳原子上的羟基与磷脂酰胆碱或磷脂酰乙醇胺形成鞘磷脂。鞘磷脂有两条长的烃链，一条是鞘氨醇的烃链（14～18 个碳原子），另一条是连接在氨基上的脂肪酸，因此它们在结构上类似于磷酸甘油酯。

鞘氨醇　　　　　神经酰胺　　　　　鞘磷脂

（2）油磷脂类　甘油磷脂又称磷酸甘油酯，是磷脂酸的衍生物。甘油磷脂种类繁多。甘油磷脂中最常见的是卵磷脂和脑磷脂，在动物的心、脑、肾、肝、骨髓及禽蛋的卵黄中，含量都很丰富。大豆磷脂是卵磷脂、脑磷脂和心磷脂等的混合物。

1）卵磷脂　即胆碱磷酸甘油酯，其结构如下：

$$H_2C-O-COR_1$$
$$R_2COO-CH \quad O$$
$$H_2C-\overset{||}{\underset{||}{P}}-CH_2CH_2N^+(CH_3)_3$$
$$O$$

其中，R_1 是饱和烃基，常见的有软脂酸、硬脂酸；R_2 是不饱和烃基，常见的有油酸、亚油酸、亚麻酸、花生四烯酸等。

卵磷脂是白色脂肪状物质，极易吸水，其中的不饱和脂肪酸很容易被氧化，卵黄中卵磷脂的含量高达 8%～10%。卵磷脂具有抗脂肪肝作用。

2）脑磷脂。脑磷脂最先是从脑和神经组织中提取出来，所以称为脑磷脂。脑磷脂的结构与卵磷脂相似，它与血液凝固有关。血小板的脑磷脂可能是凝血酶原激活剂的辅基。其结构如下：

$$H_2C-O-COR_1$$
$$R_2COO-CH \qquad O$$
$$H_2C-O-\overset{O}{\underset{O^-}{P}}-O-CH_2CH_2-N^+H_3$$

脑磷脂和卵磷脂的性质相似，都不溶于水而溶于有机溶剂，但卵磷脂可溶于乙醇而脑磷脂不溶，故可用乙醇将二者分离。二者的新鲜制品都是无色的蜡状物，有吸水性，在空气中放置易变为黄色进而变成褐色，这是由于分子中不饱和脂肪酸受氧化所致。

磷脂中的脂肪酸常见的是软脂酸、硬脂酸、油酸及少量不饱和程度高的脂肪酸。通常 α-位的脂肪酸是饱和脂肪酸，β-位的是不饱和脂肪酸。天然磷脂常是含不同脂肪酸的几种磷脂的混合物。

磷脂是兼性离子，有多个可解离基团。在弱碱下可水解，生成脂肪酸盐，其余部分不水解。在强碱下则水解成脂肪酸、磷酸甘油和有机碱。磷脂中的不饱和脂肪酸在空气中易氧化。

2. 磷脂与生物膜

细胞及细胞器表面覆盖着一层极薄的膜，统称生物膜。生物膜主要由脂类和蛋白质组成，脂类约占40%，蛋白质占60%。此外还含有少量糖（糖蛋白和糖脂）及金属离子、水分等。不同的膜，蛋白质和脂类的比例不同，如线粒体内膜只含20%～25%的脂类，而有些神经细胞表面的髓磷脂膜含高达75%的脂类。构成生物膜的脂类很多，最主要的是甘油磷脂类，也有一些糖脂和胆固醇。

生物膜具有极其重要的生物功能，它具有保护层的作用，是细胞表面的屏障；是细胞内外环境进行物质交换的通道，能量转换和信息传递也都要通过膜进行；许多酶系与膜相结合，一系列生化反应在膜上进行。

生物膜的功能是由它的结构决定的。膜的结构可用液态镶嵌模型表示，如图2-16所示。

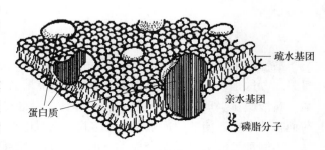

图 2-16　生物膜液态镶嵌模型

其要点为：

1）膜磷脂排列成双分子层，构成膜的基质。双分子层的每一个磷脂分子既有规则地排列着，又有转动、摆动和横向流动的自由，处于液晶状态。磷脂双分子层具有流动性、柔韧性、高电阻性和对高极性分子的不通透性。

2）多种蛋白质包埋于基质中，称为膜蛋白。膜蛋白是球蛋白，它们的极性区伸出膜的表面，而非极性区埋藏在膜的疏水的内部。埋藏或贯穿于双分子层者称内在蛋白，附着于双分子层表面的称表在蛋白。

膜中的脂类主要是磷脂、胆固醇和糖脂（动物是糖鞘脂，植物和微生物是甘油酯）。膜是不对称的，膜中的脂和蛋白的分布也是不对称的。如人的红细胞，外层含卵磷脂和糖鞘脂较多，而内层含磷脂酰丝氨酸和磷脂酰乙醇胺较多。两层的电荷、流动性不同，蛋白也不同。这种不对称性由细胞维持。膜的相变温度可达几十度。

3. 糖脂

糖脂（Glycolipid）是指含一个或多个糖基的脂类，糖和脂质以共价键结合的复合物。根据与脂肪酸酯化的醇（鞘氨醇或甘油）的不同，糖脂可分为糖鞘脂类和糖基甘脂肪类。糖鞘脂类主要是动物细胞膜的结构和功能物质，而糖基甘脂肪类是植物和微生物的重要结构成分，动物中含量甚微。

糖鞘脂是 N-脂酰鞘氨醇的糖苷，由脂肪酸、鞘氨醇和糖三部分组成。糖鞘脂与鞘磷脂相似，也是亲水脂两性分子，具有亲脂性的两条脂链长尾和亲水性的糖基极性头部。糖鞘脂可按所含糖基的种类分为中性糖鞘脂类（仅含中性糖基）和酸性糖鞘脂类（含有 N-乙酰神经氨酸，即唾液酸）。

中性糖鞘脂是指含有一个或多个中性糖基作为极性头，它的极性头不带电荷，如脑苷脂。最简单的脑苷脂是在神经酰胺的伯羟基上，以 β 糖苷键连接一个半乳糖或葡萄糖。由于所含糖基、脂酰基的脂肪酸组分和鞘氨醇不同而有不同的中性鞘糖脂。脑苷脂中的半乳糖残基 3-羧基与硫酸形成的酯，称为硫苷脂或脑硫脂，它主要存在于动物体内，尤其是神经组织髓鞘的重要成分。

酸性糖鞘脂是指含有唾液酸残基的糖鞘脂类，总称为神经节苷脂。神经节苷脂脑组织含量最多，这是一类很复杂的脂质。神经节苷脂除含有脂肪酸、鞘氨醇、寡糖外，还含有唾液酸。唾液酸在生理 pH 值下带负电荷，绝大多数糖脂都含有唾液酸，每个唾液酸带一个负电荷而且分布在寡糖链的远心端使细胞膜表面呈电负性。

不同种类的细胞既能合成共有的细胞表面糖鞘脂，又能合成各自独特的细胞表面糖鞘脂。糖脂虽然是细胞膜中的少量组成成分，但与许多重要的生理功能有关，如神经节苷脂在神经末梢中的含量特别丰富，并参与乙酰胆碱和其他神经递质的受体组成，可能在神经传导中起重要作用。有的神经节苷脂已发现能专一地和病毒受体结合，如流感病毒的特异受体和神经节苷脂中的某一个唾液酸结合，因而能和细胞膜黏着。

细胞表面的糖鞘脂可与其他细胞表面相互识别，是细胞相互作用和分化的重要基础，它还参与细胞生长的调节。许多膜表面抗原是糖鞘脂，糖鞘脂抗原的特异性决定簇可以是糖链的

唾液酸（N-乙酰神经氨酸）

一个糖基、部分糖基或整个糖链，神经节苷脂还是免疫反应的介体，调节体内的免疫反应过程。

各种细胞癌变都会使膜表面糖脂发生改变。肿瘤细胞膜糖脂的变化，可能是细胞发育和分化进程受阻的结果。肿瘤细胞具有与正常细胞不同的糖脂，使肿瘤细胞许多生物学功能发生了深刻的变化。

糖脂和糖脂间的糖链互补作用也可能导致细胞间的黏着。

人的血型 A、B、O 是由糖鞘脂决定的。这些糖脂的寡糖链具有如下的决定簇：

$$
\begin{array}{l}
\text{Fuc}\ \alpha\ 1 \longrightarrow 2 \\
\qquad\qquad\ \searrow \\
\qquad\qquad\quad \text{Gal}\ \beta\ 1 \longrightarrow 3\quad \text{GalNAc}\ \alpha\ \cdots\cdots\text{A 型} \\
\qquad\qquad\ \nearrow \\
\text{GalNAc}\ \alpha\ 1 \longrightarrow 3
\end{array}
$$

$$
\begin{array}{l}
\text{Fuc}\ \alpha\ 1 \longrightarrow 2 \\
\qquad\qquad\ \searrow \\
\qquad\qquad\quad \text{Gal}\ \beta\ 1 \longrightarrow 3\quad \text{GalNAc}\ \alpha\ \cdots\cdots\text{B 型} \\
\qquad\qquad\ \nearrow \\
\text{Gal}\ \alpha\ 1 \longrightarrow 3
\end{array}
$$

$$
\text{Fuc}\ \alpha\ 1 \longrightarrow 2\quad \text{Gal}\ \beta\ 1 \longrightarrow 3\quad \text{GalNAc}\ \alpha\ \cdots\cdots\text{O 型}
$$

人的 A、B、O 血型差别在于糖链末端残基。如果输血时，配错血型可引起血液凝结，导致受血者死亡。A 抗原分子的糖链末端残基为 N-乙酰半乳糖胺，B 抗原为半乳糖残基。若 B 抗原去掉糖链末端半乳糖残基则转化成 O 抗原。现在临床上正研究采用半乳糖苷酶促作用降解 B 抗原，从而增加 O 抗原血液来源，以满足病人输血的需要。

糖基甘油酯在结构上与磷脂相类似，主链是甘油，含有脂肪酸链和糖类。糖类残基是通过糖苷键连接在 sn-1,2-甘油二酯的 C_3 位上构成糖基甘油酯分子，它们可由各种不同的糖类构成它的极性头。最常见的糖基甘油酯有半乳糖基二酰基甘油和二半乳糖基二酰基甘油，其结构式为：

单半乳糖基二酰甘油　　　　　　　　　　二半乳糖基二酰甘油

糖基甘油酯在植物中作为叶绿素的重要类脂成分，具有特定叶绿体膜和膜蛋白作用，参与光合作用过程，可能与电子传递有关。糖基甘油酯参与跨膜的转运过程。细菌糖脂形成亲脂成分在一侧，而亲水糖基在另一侧的构象，许多糖脂分子聚集在一起，亲水区集中在一起形成微孔，可使离子及水溶性代谢物通过。

2.3.4　非皂化脂

非皂化脂包括类固醇、萜类和前列腺素类，不含脂肪酸，不能被碱水解。

1. 类固醇类

类固醇化合物的基本骨架结构是环戊烷多氢菲，它是由三个六元环和一个五元环稠合而成，四个环分别以 A、B、C、D 表示。

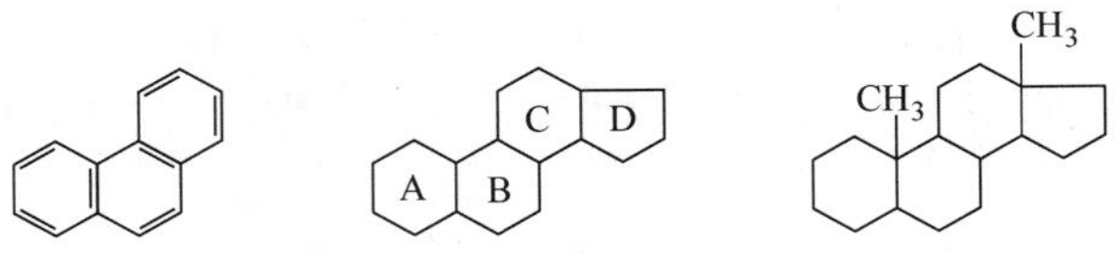

菲　　　　　环戊烷多氢菲　　　　　甾

由于含有醇类，所以命名为固醇。一般都含有三个侧链，在 C_{10} 和 C_{13} 位置上通常是甲基，称为角甲基。带有角甲基的环戊烷多氢菲称"甾"，因此固醇也称为甾醇。在 C_{17} 位置上有—烃链。根据甾核上羟基的变化，又可分为固醇和固醇衍生物。

（1）固醇　根据固醇的不同来源，可将其分为动物固醇、植物固醇和真菌固醇。所有固醇都具有相似的理化性质，都不溶于水而易溶于亲脂溶剂和脂肪中。各种固醇的差别，首先在于 C_{17} 上的侧链不同，其次在于四环基架的双键数目不等。最常见的固醇是胆固醇，也称胆甾醇，为动物固醇类的重要代表。固醇的典型结构一般以胆烷（甾）醇为代表。

胆烷醇在 5、6 位脱氢后的化合物是胆固醇。胆固醇主要在肝脏中合成，是生物膜脂质中的一个成分，在血浆、胆汁和蛋黄内，尤其脑组织、肾上腺内胆固醇含量特别丰富。

胆固醇分子的一端有一极性头部基团羟基，因而亲水，分子的另—端具有烃链及固醇的环状结构而疏水，因此固醇与磷脂类化合物相似，也属两性分子。胆固醇存在于许多动物细胞的质膜和血浆脂蛋白中，是动物组织中许多其他类固醇的前身物，胆固醇可与不同的脂肪酸制成各种胆固醇脂。

胆固醇在氯仿溶液中与乙酸酐及浓硫酸作用产生蓝绿色，可作为固醇类的定性试验。胆固醇与毛地黄皂苷容易结合生成沉淀，利用这一特性可以测定溶液中胆固醇的含量。血清中胆固醇含量过高是引起动脉硬化及心肌梗死的一种危险因素。

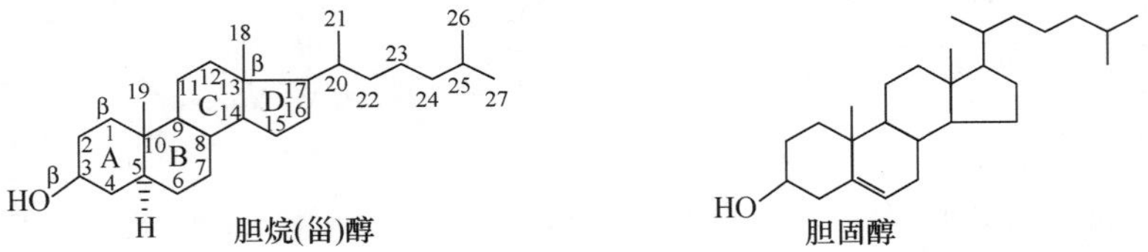

胆烷（甾）醇　　　　　　　　　　　胆固醇

胆固醇在 7、8 位上脱氢后的化合物是 7-脱氢胆固醇，存在于人类和动物组织内，其在皮肤内经太阳光照射可转变成维生素 D_3。

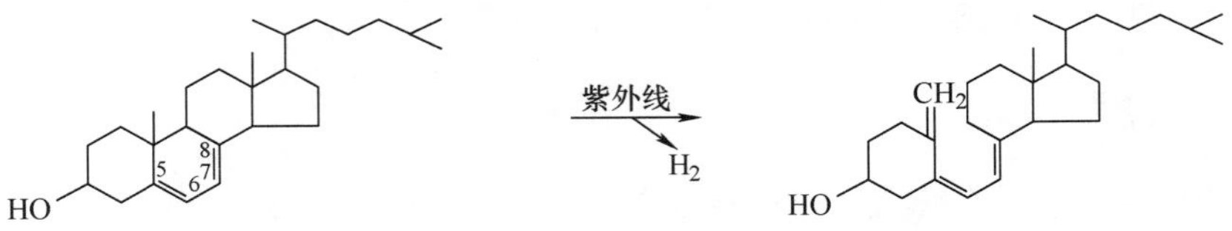

7-脱氢胆固醇　　　　　　　　　　　维生素 D_3

在酵母和麦角菌中，含有麦角固醇。它的 B 环上有两个键，17 位上侧链是九个碳的烯基，麦角固醇经紫外照射能转化为维生素 D$_2$。

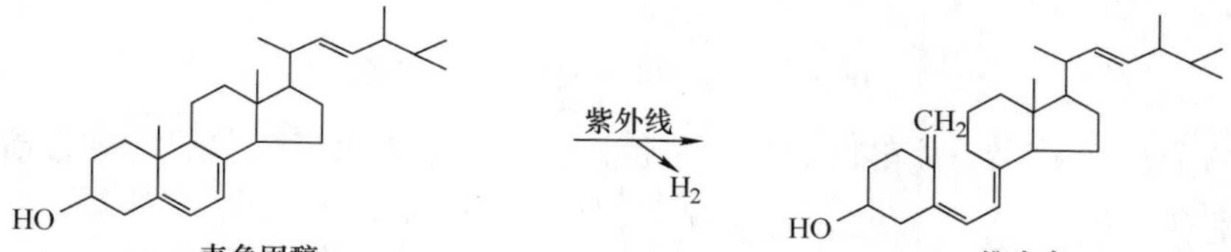

麦角固醇 　紫外线　 维生素D$_2$

固醇类也存在于植物中，是植物细胞的重要组分，不能为动物吸收利用。以豆固醇、麦角固醇含量最多，它们分别存在于大豆、麦芽中。植物固醇能抑制胆固醇的吸收，从而降低血清胆固醇水平，它还能减少胆固醇在血液中的积蓄。

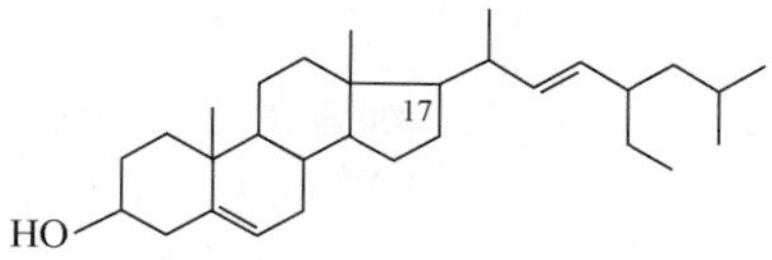

豆固醇 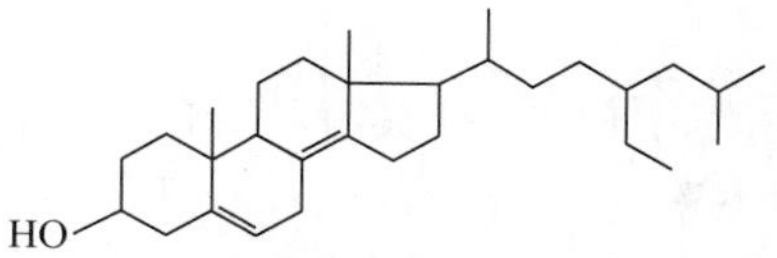 　 谷固醇

（2）类固醇 人体中许多激素和胆汁中的胆酸、昆虫的蜕皮激素、植物中的皂素和强心苷配基等，这些生理功能各不相同的化合物，都有环戊烷多氢菲的甾体碳架，这甾体化合物统称为类固醇。不同的类固醇生理功能不同，含碳数和含氧基因都有所差异。典型代表是胆汁酸，具有重要的生理意义。胆汁酸在肝中合成，可从胆汁分离得到。人胆汁含有三种不同的胆汁酸。胆酸在 3、7、12 位上各有一羟基，胆酸失去一个羟基，可得到脱氧胆酸（3、12 位上有两个羟基）和鹅脱氧胆酸（3、7 位上仍有两个羟基）。胆汁酸盐是胆酸的衍生物，由胆酸与牛磺酸或甘氨酸结合，分别生成牛磺胆酸和甘氨胆酸。

胆汁酸和胆汁酸盐都是乳化剂，能够把肠道中的脂肪、胆固醇和脂溶性维生素乳化，还能使分解脂肪的脂肪酶活化，因此有促进对脂质类营养物的消化和吸收作用。

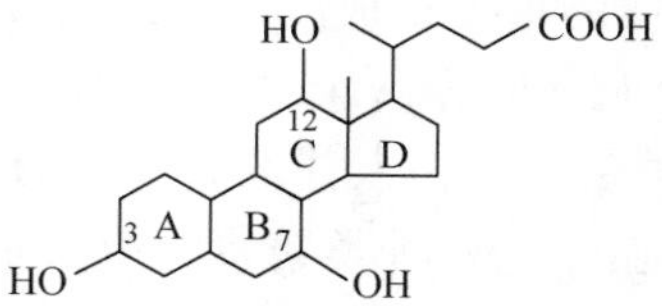

胆酸

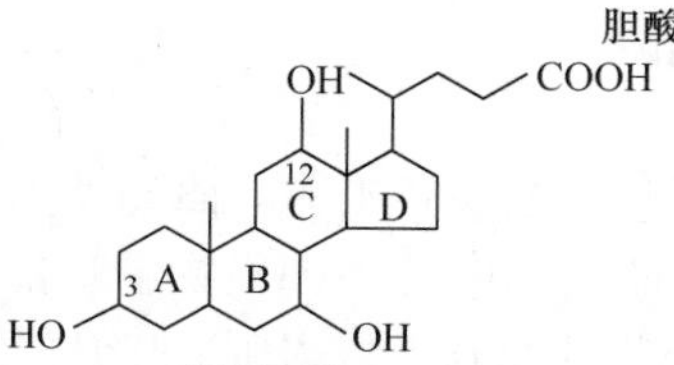

脱氧胆酸 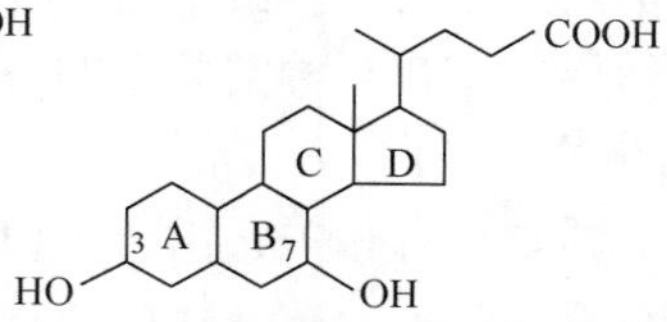 　 鹅脱氧胆酸

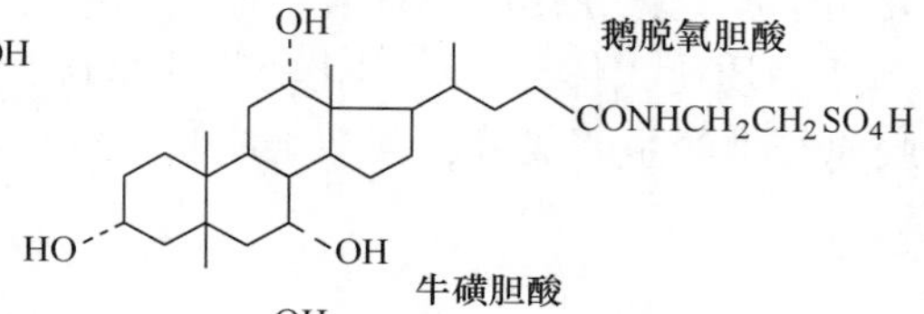

牛磺胆酸

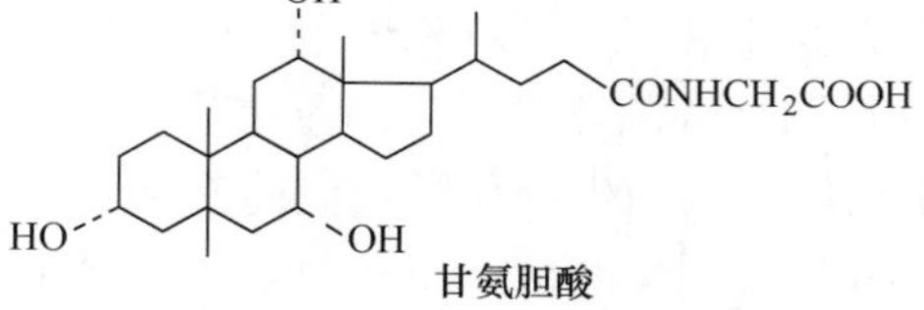

甘氨胆酸

2. 萜类

萜类物质是一类具有异戊二烯基本单位的天然烃类化合物。其分子结构如下：

$$头（H）\longrightarrow H_2C=\overset{\underset{|}{CH_3}}{C}-\underset{H}{C}=CH_2 \longleftarrow （T）尾$$

分子中含有两个异戊二烯单位的称为单萜，含有三个异戊二烯单位的称为倍半萜，以此类推，含有 4 个、5 个、6 个、8 个异戊二烯单位的，分别称为二萜、二半萜、三萜、四萜。

萜类是植物细胞合成的，在多数植物中以油、香味物质和色素的形式存在，也有的萜类具有特殊臭味，植物中常见的如柠檬苦素（$C_{10}H_{16}$，单环单萜）、薄荷醇（$C_{10}H_{18}O$，单环单萜）、樟脑（$C_{10}H_{16}O$，双环单萜），分别为柠檬油、薄荷油、樟脑油的主要成分。

动物体也能合成萜类，如生物合成胆固醇时，其中间体法尼醇即为倍半萜，鲨烯为三萜。

萜类在生物体内往往具有特殊的重要的生理作用，如植物叶绿素的重要组分叶绿醇为二萜，β 胡萝卜素为三萜。

人体必需的重要脂溶性维生素 A、E、K 都是萜的衍生物，β 胡萝卜素在体内可转变为维生素 A_1，维生素 E、K 的侧链也都是由萜类构成的。

2.4　蛋白质化学

2.4.1　蛋白质概述

蛋白质（Protein）普遍存在于一切生物体内，是生命的物质基础。它是由氨基酸（Amino acid）通过肽键连接而成的生物高分子含氮化合物，其种类繁多，且各自具有复杂的分子结构和特定的生物学作用，是生物遗传性状表达的主要物质基础。

蛋白质是自然界中一切生物体的重要组成成分。细菌按菌体干重计算，含蛋白质 50%～80%；人体的蛋白质含量按总量干重计算占 45%。自然界中蛋白质的种类极为繁多，据估计一个大肠杆菌内就有 3000 余种蛋白质，人体约含有数万种蛋白质，整个生物界大约存在着 100 亿种以上不同的蛋白质。由于这些种类繁多的蛋白质，并各自表现出千差万别的生物学功能，才使自然界中存在着种类繁多的各种生物体。

1. 蛋白质的生物学作用

蛋白质与生命活动息息相关，没有蛋白质存在，就没有生命。蛋白质是维持细胞正常结构和机能活动的重要化学成分，在体内体现着生命活动中的多种生物学功能。

（1）结构功能　蛋白质是人体高度结构化的物质基础，是构成细胞原生质的主要成分。如胶原蛋白是人体胶原纤维的主要成分，存在于皮肤、肌腱及软骨和骨组织中，成为身体中起支撑功能的主要物质。

（2）活性功能

1）催化功能。生命的基本特征是新陈代谢，而新陈代谢的全部化学反应几乎都是在酶（Enzyme）的催化下进行的。酶的化学本质是蛋白质。

2）调节功能。生物体的一切生物化学反应能有条不紊地进行，是由于有调节蛋白在起作用，如激素（Hormone）、受体（Receptor）、毒蛋白质（Toxoprotein）等。

3）运输和储存功能。一些蛋白质在血液中起运载工具的作用，如血红蛋白运输氧和二氧化碳，血浆脂蛋白是脂类的运输形式等。合成后的甲状腺素以甲状腺球蛋白的形式储存在腺泡腔内，肝脏内的铁蛋白复合物也是一种储存形式等。

4）运动功能。肌肉的收缩运动是靠肌动蛋白（Actin）和肌球蛋白（Myosin）等来完成的，这是躯体运动、心肌收缩、胃肠蠕动及呼吸机能的基础。草履虫、绿眼虫的运动由纤毛和鞭毛完成，纤毛和鞭毛都是蛋白质。

5）防御功能。生物机体产生的用以防御致病微生物或病毒的抗体（Antibody），就是一种高度专一的免疫球蛋白（Immunoglobulin），它能识别外源性生命物质，并与之接合，起到防御作用，免受伤害。

6）凝血功能。机体的止血功能是由许多凝血因子协同完成的。凝血因子中除 Ca^{2+} 外，多属蛋白质类物质。

7）基因的调控功能。核酸虽然是遗传的物质基础，但核酸的合成，遗传信息的储存、传递及表达都会受到蛋白质的调节和控制。

此外，蛋白质在调节细胞膜的通透性，以及高等动物的记忆、识别功能等方面都起着重要作用。

以上表明，蛋白质的生物学作用是极其广泛的，表现出许多复杂的生命现象。

2. 蛋白质的分类

蛋白质种类繁多，功能各异，化学结构大多尚未阐明，还不能按其化学结构分类，目前主要依据其分子形状、组成和溶解性来分类。

（1）按分子形状分类

1）球状蛋白（Globular protein）。外形近似球体，多溶于水，大都具有活性，如酶、转运蛋白、蛋白激素、抗体等。球状蛋白的长度与直径之比一般小于10。

2）纤维状蛋白（Fibrous protein）。外形细长，相对分子质量大，大都是结构蛋白，如胶原蛋白、弹性蛋白、角蛋白等。纤维蛋白按溶解性可分为可溶性与不溶性两种。前者如血液中的纤维蛋白原、肌肉中的肌球蛋白等，后者如胶原蛋白、弹性蛋白、角蛋白等结构蛋白。

（2）按分子组成分类

1）简单蛋白（Simple proteins）。完全由氨基酸组成，不含非蛋白成分，如血清清蛋白等。根据溶解性的不同，可将简单蛋白分为以下7类：清蛋白、球蛋白、组蛋白、精蛋白、谷蛋白、醇溶蛋白和硬蛋白。

2）结合蛋白（Conjugated proteins）。由蛋白质和非蛋白成分组成，后者称为辅基。根据辅基的不同，可将结合蛋白分为以下7类：核蛋白、脂蛋白、糖蛋白、磷蛋白、血红素蛋白、黄素蛋白和金属蛋白。

（3）按溶解性分类

1）清蛋白（Albumins）。又称白蛋白，是溶于水的，如血清白蛋白、乳清白蛋白等。

2）精蛋白（Spermatins）。溶于水及酸性溶液，含碱性氨基酸多，呈碱性，如鲑精蛋白。

3）组蛋白（Histones）。溶于水及稀酸溶液，含碱性氨基酸较多，故呈碱性，它们常是细胞核染色质组成成分。

4）球蛋白（Albumins）。微溶于水而溶于稀中性盐溶液，如血清球蛋白、肌球蛋白和大豆球蛋白等。

5）谷蛋白（Glutebins）。不溶于水、醇及中性盐溶液，但溶于稀酸、稀碱，如米谷蛋白、麦谷蛋白。

6）醇溶蛋白（Prolamines）。不溶于水，溶于70%～80%乙醇，如玉米蛋白。

7）硬蛋白（Scleroproteins）。不溶于水、盐、稀酸、稀碱溶液，如胶原蛋白，丝蛋白，毛发、蹄甲等角蛋白和弹性蛋白。

3. 蛋白质的化学组成

（1）元素组成 所有的蛋白质都含有碳氢氧氮四种元素，有些蛋白质还含有硫、磷和一些金属元素。蛋白质平均含碳50%、氢7%、氧23%、氮16%。其中氮的含量较为恒定，这是蛋白质的一个特点。在糖和脂类中不含氮，所以常通过测量样品中氮的含量来测定蛋白质含量。如常用的凯氏（Kjedahl）定氮法：蛋白质含量＝蛋白氮×6.25，其中6.25是100/16，为一克氮所代表的蛋白质质量（克数）。

（2）蛋白质的相对分子质量 蛋白质（Protein）是相对分子质量很大的生物分子。对任一种给定的蛋白质来说，它的所有分子在氨基酸的组成和顺序以及肽链的长度方面都应该是相同的，即所谓均一的蛋白质。蛋白质的相对分子质量变化范围很大，从6000到100万或更大。这个范围是人为规定的。一般将相对分子质量小于6000的称为肽（Peptide）。不过这个界限不是绝对的，如牛胰岛素的相对分子质量为5700，一般仍认为是蛋白质。蛋白质煮沸凝固，而肽不凝固。某些蛋白质是由两个或更多个蛋白质亚基（多肽链）通过非共价结合而成的，称寡聚蛋白质（Oligomerio protein）。有些寡聚蛋白质的相对分子质量可高达数百万甚至数千万。如烟草花叶病毒（TMV），是由许多蛋白质亚基和核糖核酸组成的超分子复合物（Supramolecular complex），相对分子质量约为 4×10^7。这些寡聚蛋白质或复合物虽然不是由共价键连接成的整体分子，在一定条件下可以解离成它们的亚基，但是它们在生物体内是相当稳定的，可以从细胞或组织中以均一的甚至结晶的形式分离出来，并且有一些蛋白质只有以这种寡聚蛋白质的形式存在，其活性才能得到或充分得到表现。

对于那些不含辅基的简单蛋白质，用110除它的相对分子质量即可约略估计其氨基酸残基的数目。蛋白质中20种氨基酸的平均相对分子质量约为138，但在多数蛋白质中较小的氨基酸占优势。因此平均相对分子质量接近128。又因每形成一个肽键将除去一分子水（相对分子质量为18），所以氨基酸残基的平均相对分子质量约为128－18＝110。表2-10中给出各种蛋白质的氨基酸残基数目。

表2-10 一些蛋白质的相对分子质量

蛋 白 质	相对分子质量	残 基 数 目	肽 链 数 目
胰岛素（牛）	5733	51	2
核糖核酸酶（牛胰）	12640	124	1
溶菌酶（卵清）	1393	129	1
肌红蛋白（马心）	16890	153	1
糜蛋白酶（牛胰）	22600	241	1
血红蛋白（人）	64500	574	4

（续）

蛋 白 质	相对分子质量	残 基 数 目	肽 链 数 目
血清清蛋白（人）	68500	~500	1
己糖激酶（酵母）	102000	~800	2
γ-球蛋白（马）	149900	~1250	4
谷氨酸脱氢酶（牛肝）	1000000	~8300	~40

（3）蛋白质的水解 蛋白质可以被酸、碱或蛋白酶催化水解，在水解过程中，逐渐降解成相对分子质量越来越小的肽段（Peptide fragment），直到最后成为氨基酸的混合物。根据蛋白质的水解程度，可分为完全水解（彻底水解）和部分水解（不完全水解）两种情况。完全水解得到的水解产物是各种氨基酸的混合物。部分水解得到的产物是各种大小不等的肽段和氨基酸。

蛋白质的水解主要有三种方法：

1）酸水解。用 6mol/L 的盐酸或 4mol/L 的硫酸，105℃ 回流 20h 即可完全水解。酸水解不引起氨基酸的消旋作用（Racemization），得到的是 L-氨基酸。但缺点是色氨酸完全被破坏，丝氨酸和苏氨酸部分破坏，天冬酰胺和谷氨酰胺的酰胺基被水解。如样品含有杂质，在酸水解过程中常产生腐黑质，使水解液变黑。用 3mol/L 对甲苯磺酸代替盐酸，得到色氨酸较多，可像丝氨酸和苏氨酸一样用外推法求其含量。

2）碱水解。用 5mol/L 的 NaOH，10~20h 可水解完全。碱水解使氨基酸消旋，许多氨基酸被破坏，得到的产物是 D 型和 L 型氨基酸的混合物，称为消旋物。此外，碱水解引起精氨酸脱氨生成鸟氨酸和尿素，但色氨酸不被破坏，常用于测定色氨酸含量。可加入淀粉以防止氧化。

3）酶水解。酶水解既不破坏氨基酸，也不引起消旋。但酶水解时间长，反应不完全。一般用于部分水解，若要完全水解，需要用多种酶协同作用。常用的蛋白酶有胰蛋白酶（Trypsin）、糜蛋白酶（Ohymotrypsin）以及胃蛋白酶（Pepsin）等，它们主要用于蛋白质一级结构分析以获得蛋白质的部分水解产物。

2.4.2 氨基酸化学

1. 氨基酸的结构

氨基酸，顾名思义，它是含有氨基的酸，相对分子质量低，通用结构形式如下：

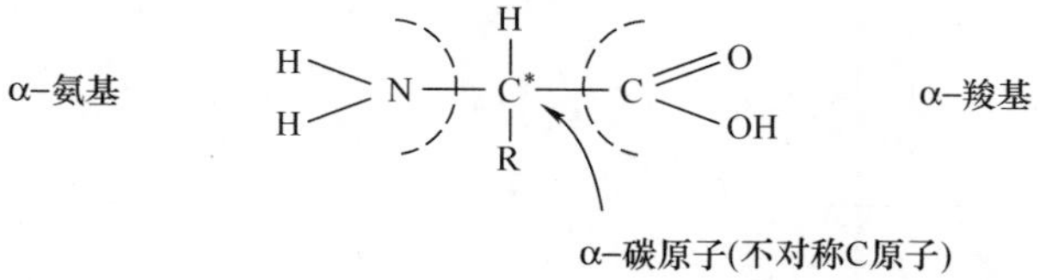

天然氨基酸主要是 α-氨基酸，β-氨基酸极少，如 β-丙氨酸，存在于维生素泛酸（又名遍多酸）中。

除脯氨酸、羟脯氨酸分子略有特点（R 基团同时与-C 原子及氨基相连）外，所有氨基酸的通式为 R—CH(NH_2)—COOH，不同点在于它们的 R 基团不同（表2-11）。

由于氨基酸分子中有不对称 C 原子，它的构型有 D-型与 L-型之分。

COOH   CHO

H₂N—C—H   HO—C—H

R   CH₂OH

L-氨基酸   L-甘油醛

COOH   CHO

H—C—NH₂   H—C—OH

R   CH₂OH

D-氨基酸   D-甘油醛

L-型氨基酸是自然界存在的主要形式，且仅 L-型异构体参与任一个代谢反应（例外甚少）。某些氨基酸的旋光度见表 2-11。

表 2-11　某些氨基酸的旋光度 $[\alpha]_D^{25}$

氨 基 酸	旋 光 度	氨 基 酸	旋 光 度
L-丙氨酸	+1.8	L-组氨酸	-38.5
L-精氨酸	+12.5	L-赖氨酸	+13.5
L-异亮氨酸	+12.4	L-丝氨酸	-7.5
L-苯丙氨酸	-34.5	L-脯氨酸	-86.2
L-谷氨酸	+12.0	L-苏氨酸	-28.5

2. 氨基酸的分类

蛋白质分子中存在的 20 种左右的氨基酸按 R 基团结构可分为脂肪族氨基酸、芳香族氨基酸和杂环氨基酸三大类。在脂肪族氨基酸中，根据所含氨基、羧基的多寡及是否含硫或含羟基，又可分为中性（一氨基、一羧基）、酸性（一氨基、二羧基）、碱性（二氨基、一羧基）、含硫及含羟基氨基酸等几小类（表 2-12）。

从营养学角度氨基酸可分为必需氨基酸和非必需氨基酸两类，前者是某种生命机体不能合成，或合成量少，不足以维持合适生长和氮平衡，必须由食物提供的，不同机体的必需氨基酸有所不同。后者是动物机体能自身合成的。

表 2-12　天然氨基酸的分类

类别		名　称	英文名	代　号		氨基酸 R 基团
				英	中	
脂肪族氨基酸	中性氨基酸	甘氨酸	Glycine	Gly（G）	甘	—
		丙氨酸	Alanine	Ala（A）	丙	H₃C—
		缬氨酸[①]	Valine	Val（V）	缬	(H₃C)₂CH—
		亮氨酸[①②]	Leucine	Leu（L）	亮	(H₃C)₂CH—CH₂—
		异亮氨酸[①]	Isoleucine	Ile（I）	异亮	H₃CH₂C—CH(CH₃)—
		天冬酰胺	Asparagine	Asu（N）	天-NH₃	H₂NOC—CH₂—
		谷氨酰胺	Glutamine	Gla（Q）	谷-NH₃	H₂NOC—CH₂—CH₂—

（续）

类别		名　称	英文名	代　号		氨基酸 R 基团
				英	中	
脂肪族氨基酸	酸性氨基酸	天冬氨酸	Aspartic acid	Asp（D）	天	$\begin{array}{c}H_2\\HOOC\!-\!C\!-\!\end{array}$
		谷氨酸	Glutamic acid	Glu（E）	谷	$\begin{array}{c}H_2\ \ H_2\\HOOC\!-\!C\!-\!C\!-\!\end{array}$
	碱性氨基酸	精氨酸	Arginine	Arg（R）	精	$H_2C\!-\!C\!-\!C\!-$ 等结构（含胍基）
		赖氨酸①	Lysine	Lys（K）	赖	$H_2N\!-\!C\!-\!C\!-\!C\!-\!C\!-$
	硫基氨基酸	胱氨酸	Cystine	Cys	胱	（含二硫键结构）
		半胱氨酸	Cysteine	Cys（C）	半胱	$\begin{array}{c}H_2\\HS\!-\!C\!-\!\end{array}$
		蛋氨酸①②	Methionine	Met（M）	蛋	$\begin{array}{c}H_2\ \ H_2\\H_3C\!-\!S\!-\!C\!-\!C\!-\!\end{array}$
	羟基氨基酸	丝氨酸	Serine	Ser（S）	丝	$\begin{array}{c}H_2\\HO\!-\!C\!-\!\end{array}$
		苏氨酸①	Threonine	Thr（T）	苏	$\begin{array}{c}H\\H_3C\!-\!C\!-\\\ \ \ \ OH\end{array}$
芳香族氨基酸		苯丙氨酸	Phenylalanine	Phe（F）	苯丙	（苯环—CH₂—）
		酪氨酸	Tyrosine	Tyr（Y）	酪	（HO—苯环—CH₂—）
杂环氨基酸及亚氨基酸		组氨酸	Histidine	His（H）	组	（咪唑环—CH₂—）
		色氨酸①	Tryptophane	Trp（W）	色	（吲哚环—CH₂—）

（续）

类别	名　称	英文名	代　号		氨基酸 R 基团
			英	中	
杂环氨基酸及亚氨基酸	脯氨酸③	Proline	Pro（P）	脯	H₂C—CH₂④ / H₂C HC—COOH / N / H
	羟脯氨酸③	Hydroxyproline	Hyp	羟脯	HC—CH₂④ / H₂C HC—COOH / N / H

① 人必需氨基酸，其中组氨酸和精氨酸人体虽能合成，但不敷机体需要。
② 亮氨酸也称为白氨酸，蛋氨酸也称为甲硫氨酸。
③ 脯氨酸和羟脯氨酸是亚氨基酸。
④ 非 R 基团，是脯氨酸和羟脯氨酸结构式。

3. 氨基酸的重要性质

（1）物理性质

1）α-氨基酸都是无色晶体，熔点极高，一般在 200℃ 以上。在水中的溶解度差别很大，除胱氨酸和酪氨酸外，都能溶于水中，并能溶解于稀酸或稀碱中，但不溶于有机溶剂。每种氨基酸都有特殊的结晶形状，可以用来鉴别各种氨基酸。脯氨酸和羟脯氨酸还能溶于乙醇或乙醚中。氨基酸有些味苦，有些味甜，有些无味，谷氨酸的单钠盐有鲜味，是味精的主要成分。

2）从 α-氨基酸的结构通式可以看出，除甘氨酸外，其他 α-氨基酸碳原子具有手性，因此具有旋光性。

3）20 种蛋白质氨基酸在可见光区域都无光吸收，在近紫外（220～300nm）区，侧链基团含有芳香环共轭双键系统的色氨酸、酪氨酸和苯丙氨酸具有光吸收能力，其最大吸收分别在 279nm、278nm 和 259nm 波长处。蛋白质由于含有这些氨基酸，一般最大吸收在 280nm 波长处，因此可以利用分光光度法方便地测定蛋白质的含量。

（2）α-氨基的反应

1）与亚硝酸的反应。氨基酸的 α-氨基在室温下定量地与亚硝酸作用产生羟基羧酸和 N_2，所生成的 N_2 可用气体分析仪器加以测定，这是 Van Slyke 氨基氮测定法的原理。$\alpha\text{-}NH_2$ 作用 3～4min 即反应完全。除 $\alpha\text{-}NH_2$ 外，赖氨酸的 $\delta\text{-}NH_2$ 也能与亚硝酸反应但速度较慢。

$$\underset{NH_2}{R\text{—CH—COOH}} + HNO_2 \longrightarrow \underset{OH}{R\text{—CH—COOH}} + N_2\uparrow + H_2O$$

2）与醛的反应。氨基酸的 α-氨基能与醛类物质反应，生成西佛碱。这是引起食物褐变的反应之一。食物中的氨基酸与葡萄糖醛基发生羰氨反应，生成西佛碱，进一步转变成有色物质，这是非酶促褐变的一种机制。

$$\underset{H}{\overset{R'}{C}}{=}O + \underset{H}{\overset{R}{H_2N\text{—C—COOH}}} \underset{+H_2O}{\overset{-H_2O}{\rightleftharpoons}} \underset{H}{\overset{R'}{C}}{=}\underset{H}{\overset{R}{N\text{—C—COOH}}}$$

醛　　氨基酸　　　　西佛碱

3）酰基化与羟基化反应。氨基酸氨基的一个 H 可被酰化试剂（如酰氯或酸酐）或羟基化试剂［如2,4-二硝基氟苯（DNFB）］在弱碱性溶液中取代，氨基即被酰基化或羟基化。

① 苄氧甲酰氯反应：

$$\text{苄氧酰氯} \quad \text{苄氧酰氨基酸}$$

这里—NH_2 中的一个 H 被苄氧甲酰基取代生成 $\text{Cbz—NH—}\overset{R}{\underset{}{CH}}\text{—COOH}$，除苄氧甲酰氯外，酰化试剂还有叔丁氧甲酰氯、对-甲苯磺酰氯及邻苯二甲酸酐等。这些酰化试剂在多肽和蛋白质的人工合成中作为氨基的保护试剂。

② 2,4-二硝基氟苯反应：氨基酸与2,4-二硝基氟苯（DNFB）在弱碱性溶液中作用生成二硝基苯基氨基酸（DNP 氨基酸）。这一反应是定量转变的，产物黄色，可经受酸性 100℃ 高温。该反应曾被英国的 Sanger 用来测定胰岛素的氨基酸顺序，也叫桑格尔试剂，现在应用于蛋白质 N-末端测定。

DNP 氨基酸（黄色）

4）脱氨反应。在转氨酶的催化下，氨基酸可脱去氨基，变成相应的酮酸。这一反应是生物体内氨基酸分解代谢的重要方式之一。

$$\text{H—}\overset{R}{\underset{COOH}{C}}\text{—}NH_2 + [O] \longrightarrow \overset{R}{\underset{COOH}{C}}\text{=O} + NH_2$$

（3）α-羧基的反应

1）成盐和成酯反应。氨基酸与碱作用即生成盐，如与氢氧化钠反应得氨基酸钠盐，其中重金属盐不溶于水。氨基酸的羧基被醇酯化后，形成相应的酯。例如，氨基酸在无水乙醇中通入干燥氯化氢气体或加入二氯亚砜，然后回流，生成氨基酸乙酯的盐酸盐。氨基酸酯是制备氨基酸的酰胺或酰肼的中间物。

$$\text{R—}\overset{}{\underset{NH_2}{CH}}\text{—COOH} + C_2H_5OH \xrightarrow[\text{回流}]{\text{干燥 HCl}} \text{R—}\overset{}{\underset{NH_2 \cdot HCl}{CH}}\text{—}COOC_2H_5 \div H_2O$$

当氨基酸的羧基变成甲酯、乙酯或钠盐后，羧基的化学反应性能即被掩蔽或者说羧基被保，而氨基的化学反应性能得到加强或说氨基被活化，容易和酰基或烃基结合，这就是为什么氨基酸的酰基化和烃基化需要在碱性溶液中进行的原因。

2）酰氯化反应。氨基酸的氨基如果用适当的保护基，如苄氧甲酰基保护后，其羧基可与二氯亚砜或五氯化磷作用生成酰氯。这个反应可使氨基酸的羧基活化，使它容易与另一氨基酸的氨基结合，因此在多肽人工合成中是常用的。

$$R\text{—}CH\text{—}COOH + PCl_5 \longrightarrow R\text{—}CHCOCl + POCl_3 + HCl$$
$$\underset{NH\text{—}保护基}{} \qquad\qquad \underset{NH\text{—}保护基}{}$$

3）脱羧基反应。在生物体内氨基酸经氨基酸脱羧酶作用，放出二氧化碳并生成相应的一级胺。

$$\underset{}{\overset{COOH}{R\text{—}CH\text{—}NH_2}} \xrightarrow{脱羧酶} \underset{一级胺}{R\text{—}CH_2\text{—}NH_2} + CO_2$$

4）叠氮反应。氨基酸的氨基通过酰化加以保护，羧基经酯化转变为甲酯，然后与肼和亚硝酸反应即变成叠氮化合物。此反应使氨基酸的羧基活化。氨基酸叠氮化合物常用于肽的人工合成。

$$\underset{}{\overset{R}{YHX\text{—}CH\text{—}COOCH_3}} \xrightarrow{NH_2NH_2} \underset{}{\overset{R}{YHN\text{—}CH\text{—}CO\text{—}NH\text{—}NH_2}} \xrightarrow{HNO_2} \underset{}{\overset{R}{YHN\text{—}CH\text{—}CON_3}} + 2H_2O$$

酰化氨基酸甲酯　　　　　　　酰化氨基酸酰肼　　　　　　　酰化氨基酸叠氮

（Y 为酰基）

（4）α-氨基和 α-羧基共同参加的反应

1）氨基酸的两性解离与等电点。氨基酸的同一分子中含有氨基和羧基，是两性电解质，在水溶液或结晶内基本上均以兼性离子或偶极离子的形式存在。氨基酸的兼性离子在酸性溶液中可接受质子形成阳离子，在碱性溶液中则释放质子形成阴离子。以甘氨酸为例：

$$H_2N\text{—}CH_2\text{—}COO^- \underset{-H^+}{\overset{+H^+ \quad K'_2}{\rightleftharpoons}} H_3^+N\text{—}CH_2\text{—}COO^- \underset{-H^+}{\overset{+H^+ \quad K'_1}{\rightleftharpoons}} H_3^+N\text{—}CH_2\text{—}COOH$$
阴离子（R^-）　　　　　兼性离子（$R^\pm$）　　　　　阳离子（R^+）

式中，K'_1 和 K'_2 分别代表 α-碳原子上—COOH 和—NH_3^+ 的表观解离常数。

$$K'_1 = [H^+][R^\pm]/[R^+],\ K'_2 = [H^+][R^-]/[R^\pm]$$

若以 pH 表示 $[H^+]$，上式可以写成

$$pH = pK'_2 + \lg\frac{[R^\pm]}{[R^+]}\text{和}\ pH = pK'_2 + \lg\frac{[R^-]}{[R^\pm]}$$

通常可用酸和碱分别滴定氨基酸，根据滴定曲线求得 pK'_1 和 pK'_2。例如，1mol 甘氨酸溶于水时，溶液 pH 为 5.97，分别用标准 NaOH 和 HCl 溶液滴定，以溶液 pH 值为纵坐标，以 OH^- 的摩尔浓度为横坐标作图，得到滴定曲线（图 2-17）。

甘氨酸的滴定曲线十分重要的特点就是在 pH = 2.34 和 pH = 9.60 处有两个"拐点"，分别为其 pK'_1 和 pK'_2。可以看出氨基酸的解离状态与溶液的 pH 值有关：当 pH < 1 时，甘氨酸基本上以质子化的阳离子形式（R^+）存在，随着 pH 值增大，$[R^+]$ 减

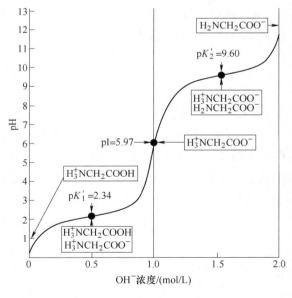

图 2-17　甘氨酸的滴定曲线

小，$[R^\pm]$ 增加，pH = pK_1 时 $[R^+]=[R^\pm]$；pH = 5.97 时，甘氨酸基本上以兼性离子的形式（$R^\pm$）存在，或者少量的 R^+ 与 R^- 浓度相等，氨基酸的净电荷为零，这个 pH 值称为等

电点（isoelectric，pI）；溶液的 pH 值继续增大，［$R^{\pm}$］逐渐减小，［R^{-}］顺之增大，当 pH = pK_2'时，［$R^{\pm}$］=［R^{-}］；pH > 12 时，甘氨酸则全部以阴离子（R^{-}）的形式存在。各种氨基酸的 pK' 和 pI 值见表 2-13。

氨基酸的 pI 与 pK'之间存在如下的联系：

侧链没有可解离基团的中性氨基酸 $pI = \dfrac{1}{2}(pK_1' + pK_2')$

酸性氨基酸 $\qquad\qquad pI = \dfrac{1}{2}(pK_1' + pK_R')$

碱性氨基酸 $\qquad\qquad pI = \dfrac{1}{2}(pK_2' + pK_R')$

表 2-13　氨基酸的 pK' 和 pI 值

氨基酸	pK_1'	pK_2'	pK_R'	pI
甘氨酸	2.34	9.60		5.97
丙氨酸	2.34	9.69		6.02
缬氨酸	2.32	9.62		5.97
亮氨酸	2.36	9.60		5.98
异亮氨酸	2.36	9.68		6.02
天冬氨酸	2.09	9.82	3.86（β-COOH）	2.97
天冬酰胺	2.02	8.80		5.41
谷氨酸	2.19	9.67	4.25（γ-COOH）	3.22
谷氨酰胺	2.17	9.13		5.65
精氨酸	2.17	9.04	12.48（胍基）	10.76
赖氨酸	2.18	8.95	10.53（ζ-NH_3'）	9.74
半胱酰胺	1.71	10.78	8.33（β-SH）	5.02
蛋酰胺	2.28	9.21		5.75
丝氨酸	2.21	9.15		5.68
苏氨酸	2.63	10.43		6.53
苯丙氨酸	1.83	9.13		5.48
酪氨酸	2.20	9.11	10.07（酚基）	5.66
组氨酸	1.82	9.17	6.00（咪唑基）	7.59
色氨酸	2.38	9.39		5.89
脯氨酸	1.99	10.60		6.30

注：半胱氨酸为 30℃时测定的数值，其余氨基酸均为 25℃下的测定数值。

氨基酸的两性解离是其最重要的性质。各解离基团的 pK 值也十分重要，据此可以计算出任一 pH 条件下氨基酸各种解离形成的相对浓度及其 pI 值。

2）茚三酮反应。在氨基酸的分析化学中，具有特殊意义的是氨基酸与茚三酮（ninhydrin）的反应。茚三酮在弱酸性溶液中与 α-氨基酸共热，引起氨基酸氧化脱氨、脱羧反应，最后茚三酮与反应产物-氨和还原茚三酮发生作用，生成紫色物质。其反应如下：

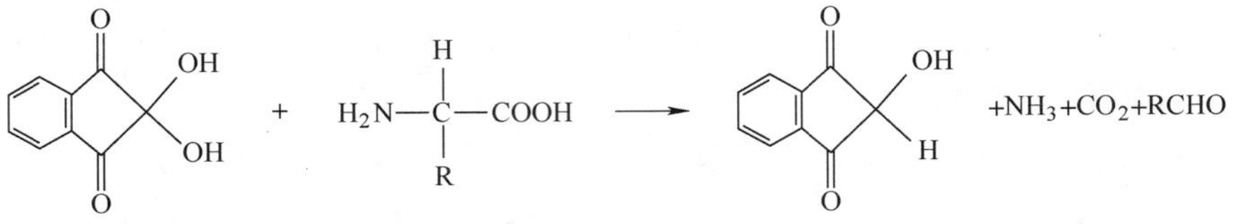

茚三酮(无色)   氨基酸   还原性茚三酮

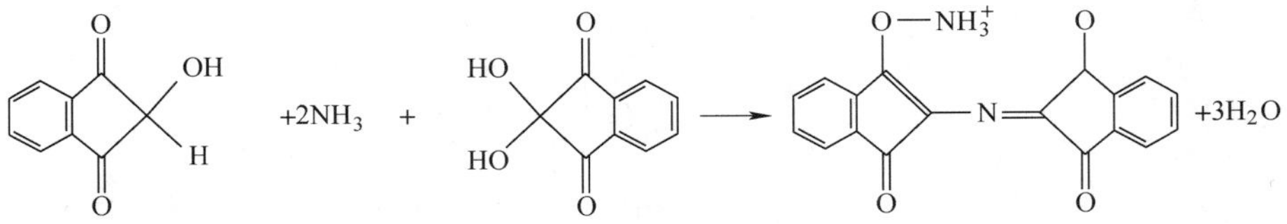

紫色化合物

用纸层析或柱层析把各种氨基酸分开后，利用茚三酮显色可以定性或定量测定各种氨基酸。定量释放的 CO_2 可用测压法测量，从而计算出参加反应的氨基酸量。

两个亚氨基酸——脯氨酸和羟脯氨酸与茚三酮反应并不释放 NH_3，而直接生成黄色化合物，其结构式如下所示：

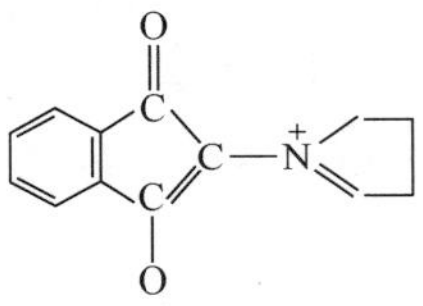

3）成肽反应。一个氨基酸的氨基与另一个氨基酸的羧基可以缩合成肽，形成的键称为肽键。如甘氨酸在乙二醇中加热缩合，生成二酮吡嗪或称甘氨酸酐。

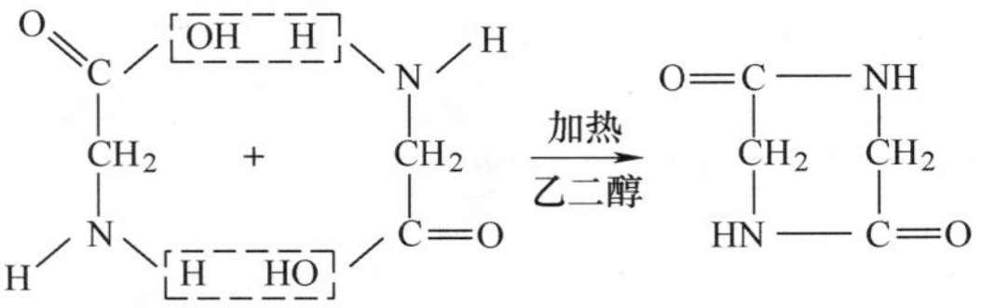

甘氨酸   甘氨酸   二酮吡嗪

多个氨基酸可按此反应方式生成长链状的肽化合物。

（5）侧链 R 基参加的反应　氨基酸侧链具有功能团时也能发生化学反应。这些功能团有羟基、酚基、巯基（包括二硫键）、吲哚基、咪唑基、胍基、甲硫基以及非 α-氨基和非 α-羧基等。每种功能团都可以和多种试剂起反应。其中有些反应是蛋白质化学修饰的基础。所谓蛋白质的化学修饰就是在较温和的条件下，以可控制的方式使蛋白质与某种试剂（称为化学修饰剂）起特异反应，以引起蛋白质中个别氨基酸侧链或功能团发生共价化学改变。化学修饰在蛋白质的结构与功能的研究中是很有用的。部分侧链基团的显色反应见表2-14。

表 2-14　部分侧链基团的显色反应表

R 基	氨基酸的化学反应	反应名称及重要性
苯环	与浓硫酸作用生成黄色物质	可作为蛋白质定性试验
酚基	1. $HgNO_3$、$Hg(NO_3)_2$ 和 HgO_2 作用成红色 2. 能还原磷钼酸、磷钨酸成钼蓝和钨蓝	为米伦反应的基团，可供测 Tyr 用，是 folin 反应的基础，可作蛋白质定性定量
吲哚基	1. 与乙醛酸及浓硫酸作用呈紫红色 2. 能还原磷钼酸钼、钨酸成钼蓝和钨蓝	为蛋白质定性试验和测定 Trp 用的，称为亚达姆切维奇氏反应。 为蛋白质定性和测定 Trp 所用的
胍基	与 α-萘酚和次溴酸盐作用，在碱性溶液中生成红色物质	可作蛋白质定性及测定 Arg 的胍基（定量），也叫坂口反应
巯基	与 5，5′-二硫代双（2-硝基苯酸）在 pH 为 8 时产生巯基硝基苯酸（在 412nm 有很强吸收）	叫 Ellman 试剂
咪唑基	与对氨基苯磺酸重氮盐生成棕红色化合物	定性、定量 His 和 Tyr 叫 Pauly 试剂

2.4.3　蛋白质的分子结构

蛋白质是由 20 种左右的氨基酸借肽键连接形成的生物大分子。每种蛋白质都有自己的氨基酸组成及排列顺序，同时具有特定的空间结构。这些特性构成了蛋白质独特生理功能的结构基础。理论上分析，组成蛋白质大分子的氨基酸种类、数目、排列顺序及空间结构的不同所产生的各种蛋白质几乎十无穷无尽的，为生物体行使千差万别的功能提供了物质基础。蛋白质分子结构由低层到高层可分为一级结构、二级结构、三级结构和四级结构四个层次，后三者统称为空间结构、高级结构或空间构象。蛋白质的空间结构涵盖了蛋白质分子中的每一原子在三维空间的相对位置，它们是蛋白质特有性质和功能的结构基础。

1. 蛋白质的一级结构

一级结构（Primary structure）也称为初级结构，是指氨基酸如何连接成肽及氨基酸在肽链中的排列顺序。

（1）肽链中氨基酸的基本连接方式　肽链中氨基酸间的连接是一个氨基酸的羧基与另一个氨基酸的氨基缩合失去一分子水形成共价键，称为肽键（Peptide bond）而成。例如，2 分子甘氨酸脱去 1 分子的水后形成甘氨酰甘氨酸，生成肽键，反应继续进行，可生成含有许多氨基酸残基的多肽。

$$\underset{\text{甘氨酸}}{NH_2-\underset{\underset{H}{|}}{CH}-C\!\!\begin{array}{c}{\scriptstyle O}\\\end{array}} \quad + \quad \underset{\text{甘氨酸}}{NH-\underset{\underset{H}{|}}{CH}-C\!\!\begin{array}{c}{\scriptstyle O}\\{\scriptstyle OH}\end{array}} \quad \xrightarrow{-H_2O} \quad \underset{\text{甘氨酰甘氨酸}}{NH_2-\underset{\underset{H}{|}}{CH}-\overset{\overset{\text{肽键}}{}}{C}-\underset{\underset{H}{|}}{N}-\underset{\underset{H}{|}}{CH}-C\!\!\begin{array}{c}{\scriptstyle O}\\{\scriptstyle OH}\end{array}}$$

最简单的肽由两个氨基酸组成，称为二肽（Dipeptide），其中包含一个肽键。含有三、四、五个氨基酸的肽分别称为三肽、四肽、五肽等。肽链中的氨基酸由于形成肽键时脱水，已不是完整的氨基酸，所以称为氨基酸残基（Amino acid residue）。多肽链中每一个氨基酸单位在形成肽键时丢失一分子水。严格地说每形成一个肽键丢失一分子水，因此丢失的水分子数应比氨基酸残基数少一个。一条多肽链通常在一端含有一个游离的末端氨基，在另一端含有一个游离的末端羧基。这两个游离的末端基团有时连接而成环状肽（Cyclic peptide）。肽的命名是根据组成肽的氨基酸残基来确定的。一般从肽的氨基端开始，称为某氨基酰某氨基酰-某氨基酸。肽的书写也是从氨基端开始。例如，具有下列化学结构的五肽命名为丝氨酰甘氨酰酪氨酰丙氨酰亮氨酸，简写为 Ser-Gly-Tyr-Ala-Leu。应指出，肽链也像氨基酸一样具有极性，通常总是把—NH₂ 末端氨基酸残基放在左边，—COOH 末端氨基酸残基放在右边，除特别指明者外。上面举例的五肽丝氨酸残基侧为—NH₂ 末端，亮氨酸残基侧为—COOH 末端。注意，反过来书写的 Leu—Ala—Tyr—Gly—Ser 是一个不同的五肽。

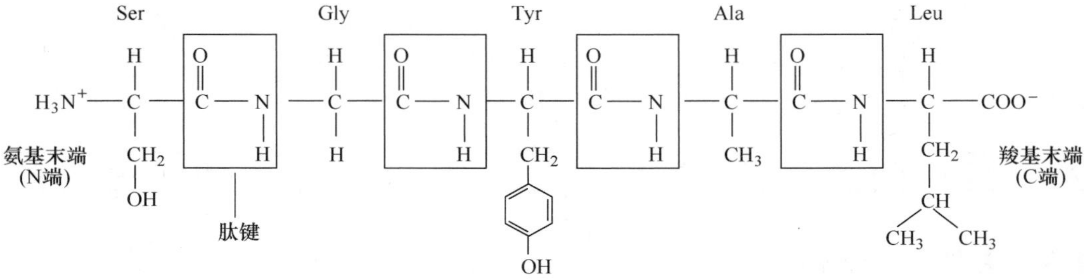

从上面的五肽化学结构中可以看出，肽链中的骨干是由 —N—C—C— 单位规则的重复排列而成，称为共价主链（Main chain 或 Backbone）。各种肽键的主链结构都是一样的，但侧链 R 基的顺序及氨基酸残基顺序不同。

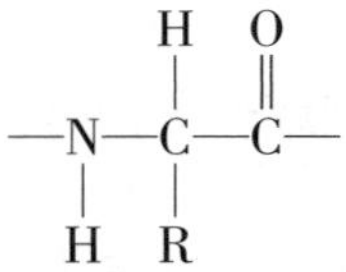

（2）肽链中氨基酸的排列顺序 蛋白质的种类和生物活性皆与肽链的氨基酸排列次序有关。蛋白质一级结构测定就是氨基酸排列顺序测定。一般是用两种以上专一性水解方法，分别将肽链切断，各自得到大小不同的肽段．然后将这些肽段分离提纯，测定它们的氨基酸排列顺序，得到的两套肽段的氨基酸排列顺序拼接起来，就可得到该蛋白质肽链的一级结构即全部氨基酸排列顺序。测定蛋白质一级结构的步骤虽然繁多，但方法并不复杂。具体步骤如下：①提纯蛋白质样品；②测定相对分子质量和氨基酸组成；③测定肽链末端的氨基酸；④拆开二硫键，得伸展的肽链，如有几条链，则把它们分开；⑤用化学和酶法，把肽链进行专一性水解，得到相对分子质量大小不等的一系列肽段；⑥分离提纯这些肽段，并测定各个肽段的氨基酸排列顺序，对一些大的肽段还需要两种以上专一性水解法，得到几套小肽段，分别测定它们的氨基酸排列顺序，最后把得到的全部结果联合起来拼凑，就可排出肽链的氨基酸顺序。

2. 蛋白质的二级结构

蛋白质的二级结构是指肽链主链的空间走向（折叠和盘绕方式），是有规则重复的构象。肽链主链具有重复结构，其中氨基是氢键供体，羰基是氢键受体。通过形成链内或链间氢键可以使肽链卷曲折叠形成各种二级结构单元。复杂的蛋白质分子结构，就由这些比较简单的二级结构单元进一步组合而成。

（1）α 螺旋（α-helix） α 螺旋模型是 Pauling 和 Corey 等研究 α-角蛋白时于 1951 年提出的。α-螺旋结构如图 2-18 所示。其要点如下：①多肽链中的各个肽平面围绕同一轴旋转，形成螺旋结构，螺旋一周，沿轴上升的距离即螺距为 0.54nm，含 3.6 个氨基酸残基，两个氨基酸之间的距离 0.15nm；②肽链内形成氢键，氢键的取向几乎与轴平行，第一个氨基酸残基的酰胺基团的—CO 基与第四个氨基酸残基酰胺基团的—NH 基形成氢键；③蛋白质分子为右手 α-螺旋。

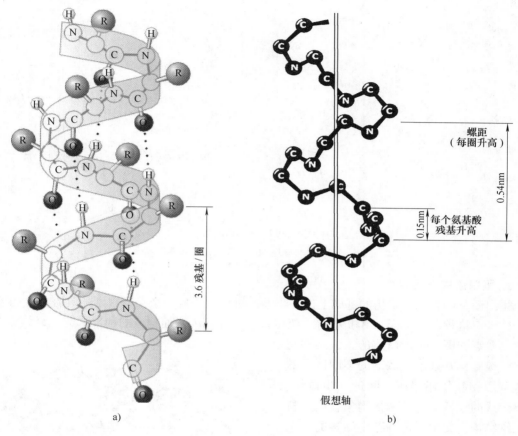

图 2-18　右手 α-螺旋

a）α-螺旋结构　b）α-螺旋中 N-C$_\alpha$-C 骨架结构

（2）β-折叠（β-pleated sheet）　β-折叠也叫 β-片层，也是 Pauling 和 Corey 等人提出的，是一种肽链相当伸展的结构，这种结构除了存在于纤维状蛋白质中，也存在于球状蛋白质中，在这种结构中肽链按层排列，它依靠相邻肽链上的 C═O 与 N—H 形成氢键以维持其结构的稳定性。β-折叠结构如图 2-19 所示。

其要点如下：①β-折叠是由两条或多条几乎完全伸展的肽链平行排列，通过链间的氢键交联而形成的，肽链的主链呈锯齿状折叠构象；②在 β-折叠中，α-碳原子总是处于折叠的角上，氨基酸的 R 基团处于折叠的棱角上并与棱角垂直，两个氨基酸之间的轴心距为 0.35nm；③β-折叠结构的氢键主要是由两条肽链之间形成的，也可以在同一肽链的不同部分之间形成，几乎所有肽键都参与链内氢键的交联，氢键与链的长轴接近垂直；④β-折叠有两种类型，一种为平行式，即所有肽链的 N 端都在同一边，另一种为反平行式，即相邻两条肽链的方向相反。

图 2-19　β-折叠结构的类型

a）平行的 β-折叠片　　b）反平行的 β-折叠片

3. 蛋白质的三级结构

蛋白质分子在二级结构的基础上进一步卷曲折叠，构成一个很不规则的具有特定构象的蛋白分子。这种由 α-螺旋、β-折叠等二级结构之间互相配置而构成的构象称为三级结构。

其要点如下：①蛋白质的三级结构是指在二级结构基础上，肽链的不同区段的侧链基团相互作用，在空间进一步盘绕、折叠形成的包括主链和侧链构象在内的特征三维结构；②维系这种特定结构的力主要有氢键、疏水键、离子键和范德华力等，疏水键在蛋白质三级结构中起着重要作用。

哺乳动物肌肉中的肌红蛋白整个分子由一条肽链盘绕成一个中空的球状结构，全链共有 8 段 α 螺旋，各段之间以无规则卷曲相连。在 α 螺旋肽段间的空穴中有一个血红素基（图 2-20）。

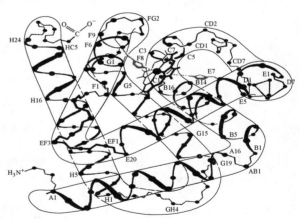

图 2-20　抹香鲸肌红蛋白的构象

蛋白质三级结构的形成和稳定主要依靠次级键——疏水键、离子键（盐键）、氢键和范德华力等。在三级结构中，多肽链的盘曲折叠是由分子中各氨基酸残基的侧链相互作用来维持的。二硫键是维持三级结构唯一的一种共价键，能把肽链的不同区段牢固地连接在一起，而疏水性较强的氨基酸则借疏水力和范德华力聚集成紧密的疏水核，有极性的残基以氢键和盐键相结合。在水溶性蛋白中，极性基团分布在外侧，与水形成氢键，使蛋白溶于水。这些非共价键虽然较微弱，但数目庞大，仍然是维持三级结构的主要力量（图 2-21）。

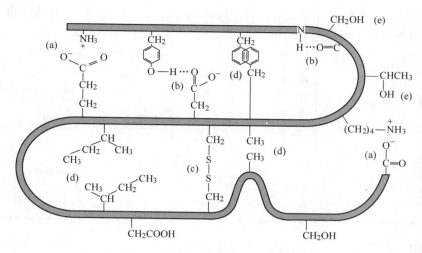

图 2-21　维持蛋白质构象的作用力

（a）—盐键　（b）—氢键　（c）—二硫键　（d）—疏水的相互作用　（e）—外侧极性基团，与水形成氢键

4. 蛋白质的四级结构

由两条或两条以上的具有三级结构的多肽链聚合而成特定的构象的蛋白质分子叫蛋白质的四级结构，其中每一条多肽链称为亚基，每个亚基都有自己的一、二、三级结构。亚基单独存在时无生物活性，只有相互聚合成特定构象时才具有完整的生物活性。

最简单的寡聚蛋白是血红蛋白。它是由两条 α 链和两条 β 链构成的四聚体（图 2-22），相对分子质量为 65000。分子外形近似球状，每个亚基都和肌红蛋白类似。血红蛋白与氧结合时，α 和 β 链都发生了转动，引起四个亚基间的接触点上的变化，两个 α 亚基相互接近，两个 β 亚基则离开。血红素结构如图 2-23 所示。

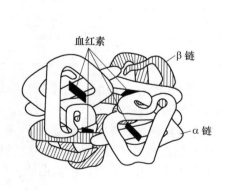

图 2-22　血红蛋白的四级结构

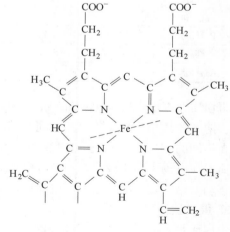

图 2-23　血红素结构

2.4.4　蛋白质的重要性质

蛋白质是由氨基酸组成的，它的理化性质与氨基酸的性质有些相似，但是多种氨基酸构

成蛋白质，从量变到质变，与氨基酸已有质的区别，因而表现出一些特有的性质。

1. 蛋白质的相对分子质量

蛋白质是相对分子质量很大的生物大分子，一般为10000000，见表2-15。

表2-15　一些蛋白质的相对分子质量

蛋白质名称	相对分子质量/ku	亚　基　数	蛋白质名称	相对分子质量/ku	亚　基　数
胰岛素	5.734	2	天冬酰胺酶	255.0	2
细胞色素 C	12.398	1	天冬氨酸转胺甲酰酶	310.0	12
血清蛋白	68.5	1	核糖核酸酶	12.64	1
烟草花叶病毒蛋白	40000.0	2130	RNA 聚合酶	880.0	2
溶菌酶	14.3	1	脲酶	483.0	6
淀粉酶	97.6	1			

蛋白质相对分子质量的测定方法主要有渗透压法、超速离心法、凝胶过滤法、聚丙烯酰胺凝胶电泳法等，常用的是凝胶过滤法和聚丙烯酰胺凝胶电泳法。以上方法测定的蛋白质相对分子质量都有一定误差，可选择几种不同方法测定后进行比较，计算出较可靠的数值。

蛋白质（包括核酸）相对分子质量常用 S 表示，这是超速离心法测定结果的一种表示方法，它是指单位离心场强度的沉降速度，称为沉降系数。一个 S 单位为 1×10^{13} s，S 值随相对分子质量增大而增大。

2. 蛋白质的酸碱性

蛋白质与多肽一样，能够发生两性离解，也有等电点，表2-16是几种蛋白质的等电点。

表2-16　几种蛋白质的等电点

蛋　白　质	等电点（pI）	蛋　白　质	等电点（pI）
胃蛋白酶	1.0	α-糜蛋白酶	8.3
卵清蛋白	4.6	α-糜蛋白酶原	9.1
血清蛋白	4.7	核糖核酸酶	9.5
β-乳清蛋白	5.2	细胞色素 c	10.7
胰岛素	5.3	溶菌酶	11.0
血红蛋白	6.7		

蛋白质在等电点（Isoelectric point）时净电荷为零，因此没有同种电荷的排斥，所以不稳定，溶解度最小，易聚集沉淀。同时其黏度、渗透性、膨胀性及导电能力均为最小。

在不同的 pH 环境下，蛋白质的电学性质不同。在等电点偏酸性溶液中，蛋白质粒子带负电荷，在电场中向正极移动；在等电点偏碱性溶液中，蛋白质粒子带正电荷，在电场中向负极移动。这种现象称为蛋白质电泳（Electrophoresis），可用电泳来分离提纯蛋白质。

3. 蛋白质的胶体性质

蛋白质是大分子，在水溶液中的颗粒直径为 1～100nm，是一种分子胶体，具有胶体溶液的性质，如布朗运动、丁达尔现象、电泳、不能透过半透膜，具有吸附能力等。蛋白质形成的胶体颗粒在溶液中是相当稳定的，因为它具有两个因素：一是蛋白质颗粒在一定的 pH条件下带有相同的电荷，因而颗粒之间有静电排斥力；二是蛋白质颗粒表面具有很多极性基团，可以与极性水分子缔合，形成所谓水膜层。这两种因素阻止了蛋白质颗粒的相互凝聚下沉，如图 2-24 所示。

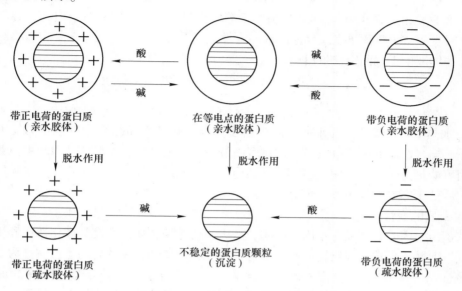

图 2-24 蛋白质的胶体颗粒模式

利用半透膜如玻璃纸、火胶棉、羊皮纸等可分离纯化蛋白质，称为透析。蛋白质有较大的表面积，对许多物质有吸附能力。多数球状蛋白表面分布有很多极性基团，亲水性强，易吸附水分子，形成水膜层，使蛋白溶于水，又可隔离蛋白，使其不易沉淀。一般每克蛋白质可吸附 0.3 ~ 0.5g 水。分子表面的可解离基团带相同电荷时，可与周围的反离子构成稳定的双电层，增加蛋白质的稳定性。蛋白质能形成稳定胶体的另一个原因是不在等电点时具有同种电荷，互相排斥。因此在等电点时易沉淀。

4. 蛋白质的沉淀反应

蛋白质由于带电荷和水膜，因此在水溶液中是稳定的胶体。如在蛋白质溶液中加入适当的试剂，就破坏了蛋白质水膜并中和掉它的电荷，则蛋白质溶液就不稳定而出现沉淀。

（1）盐析法 向蛋白质溶液中加入大量的中性盐（硫酸铵、硫酸钠或氯化钠等），使蛋白质脱去水膜层而聚集沉淀。盐析沉淀一般不引起蛋白质变性。

（2）有机溶剂沉淀法 向蛋白质溶液中加入一定量的极性有机溶剂（甲醇、乙醇或丙酮等），因引起蛋白质脱去了水膜层，降低了介电常数，从而增加了带电质点间的相互作用，使蛋白质颗粒容易凝集而沉淀。如果控制在低温下操作并且尽量缩短处理时间，有机溶剂沉淀法可使变性速度减慢。

（3）重金属盐沉淀法 当溶液 pH 值大于等电点时，蛋白质颗粒带负电荷，这样它就容易与重金属离子（Hg^{2+}、Pb^{2+}、Cu^{2+}、Ag^+ 等）结成不溶性盐而沉淀。误服重金属盐的病人可口服大量牛乳或豆浆等蛋白质进行解救就是因为它能和重金属离子形成不溶性盐，病人再服用催吐剂就可将不溶性盐排出体外。

$$P \overset{N^+H_3}{\underset{COO^-}{\Big\langle}} \xrightarrow{OH^-} P \overset{NH_2}{\underset{COO^-}{\Big\langle}} \xrightarrow{Ag^+} P \overset{NH_2}{\underset{COOAg}{\Big\langle}} \downarrow$$

（4）生物碱试剂和某些酸类沉淀法 生物碱试剂是指能引起生物碱沉淀的一类试剂，

如鞣酸或称单宁酸、苦味酸（2,4,6-三硝基酚）、钨酸和碘化钾等。某些酸类指的是三氯醋酸、磺酰水杨酸和硝酸等。当溶液 pH 值小于等电点时，蛋白质颗粒带正电荷，容易与生物碱试剂和酸类的酸根负离子发生反应生成不溶性盐而沉淀。这类沉淀反应经常被临床检验部门用来除去体液中干扰测定的蛋白质。

$$ \mathrm{P} \underset{\mathrm{COO}^-}{\overset{\mathrm{N^+H_3}}{|}} \xrightarrow{\mathrm{H^+}} \mathrm{P} \underset{\mathrm{COOH}}{\overset{\mathrm{N^+H_3}}{|}} \xrightarrow{\mathrm{A^-}} \mathrm{P} \underset{\mathrm{COOH}}{\overset{\mathrm{NH_3A}}{|}} \downarrow $$

（5）加热变性沉淀法　几乎所有的蛋白质都因加热变性而凝固。少量盐类促进蛋白质加热凝固。当蛋白质处于等电点时，加热凝固最完全和最迅速。加热变性引起蛋白质凝固沉淀的原因可能是由于热变性使蛋白质天然结构解体，疏水基外露，因而破坏了水膜层，同时由于蛋白质处于等电点也破坏了带电状态。

5. 蛋白质的变性

天然蛋白质因受物理或化学因素影响，高级结构遭到破坏，致使其理化性质和生物功能发生改变，但并不导致一级结构的改变，这种现象称为变性，变性后的蛋白质称为变性蛋白质（Denatured protein）。二硫键的改变引起的失活可看作变性。能使蛋白质变性的因素很多，如强酸、强碱、重金属盐、尿素、胍、去污剂、三氯乙酸、有机溶剂、高温、射线、超声波、剧烈振荡或搅拌等。但不同蛋白质对各种因素的敏感性不同。

蛋白质变性后分子性质改变，黏度升高，溶解度降低，结晶能力丧失，旋光度和红外、紫外光谱均发生变化。变性蛋白质易被水解，即消化率上升，同时包埋在分子内部的可反应基团暴露出来，反应性增加。蛋白质变性后失去生物活性，抗原性也发生改变。

发生这些变化的原因主要是蛋白质高级结构的改变。氢键等次级键被破坏，肽链松散，变为无规则卷曲。由于其一级结构不变，所以如果变性条件不是过于剧烈，在适当条件下还可以恢复功能。如胃蛋白酶加热至 80～90℃ 时，失去活性，降温至 37℃，又可恢复活力，称为复性（Renaturation）。但随着变性时间的增加，条件加剧、变性程度也加深，就达到不可逆的变性。

变性现象也可加以利用，如用酒精消毒，就是利用乙醇的变性作用来杀菌。在提纯蛋白时，可用变性剂除去一些易变性的杂蛋白。工业上将大豆蛋白变性，使它成为纤维状，就是人造肉。

6. 蛋白质的颜色反应

（1）双缩脲反应　双缩脲是由两分子尿素缩合而成的化合物。将尿素加热到 180℃，则两分子尿素缩合，放出一分子氨。双缩脲在碱性溶液中能与硫酸铜反应生成红紫色络合物，称为双缩脲反应。蛋白质中的肽键与之类似，也能起双缩脲反应，形成红紫色络合物。此反应可用于定性鉴定，也可在 540nm 比色，定量测定蛋白含量。

（2）黄色反应　含有芳香族氨基酸特别是酪氨酸和色氨酸的蛋白质在溶液中遇到硝酸后，先产生白色沉淀，加热则变黄，再加碱颜色加深为橙黄色。这是因为苯环被硝化，产生硝基苯衍生物。皮肤、毛发、指甲遇浓硝酸都会变黄。

（3）米伦反应　米伦试剂是硝酸汞、亚硝酸汞、硝酸和亚硝酸的混合物，蛋白质加入米伦试剂后即产生白色沉淀，加热后变成红色。酚类化合物有此反应，酪氨酸及含酪氨酸的化合物都有此反应。

（4）乙醛酸反应　在蛋白溶液中加入乙醛酸，并沿试管壁慢慢注入浓硫酸，在两液层之间就会出现紫色环，凡含有吲哚基的化合物都有此反应。不含色氨酸的白明胶就无此反应。

（5）坂口反应　精氨酸的胍基能与次氯酸钠（或次溴酸钠）及 α 萘酚在氢氧化钠溶液中产生红色物质。此反应可用来鉴定含精氨酸的蛋白质，也可定量测定精氨酸含量。

（6）费林反应（Folin-酚）　酪氨酸的酚基能还原费林试剂中的磷钼酸及磷钨酸，生成蓝色化合物。可用费林反应来定量测定蛋白含量。费林反应是双缩脲反应的发展，灵敏度高。

2.4.5　蛋白质的分离提纯

1. 选材及预处理

（1）选材　主要原则是原料易得，蛋白含量高。蛋白质的主要来源包括动物、植物和微生物。由于种属差异及培养条件和时间的差别，其蛋白含量可相差很大。植物细胞含纤维素，坚韧，不易破碎，且多含酚类物质，易氧化产生有色物质，难以除去。其液泡中常含有酸性代谢物，会改变溶液的 pH 值。微生物因为容易培养而常用，但也需要破碎细胞壁。动物细胞易处理，但不经济。

（2）细胞破碎　如目的蛋白在细胞内，需要进行细胞破碎，使蛋白释放出来。动物细胞可用匀浆器、组织捣碎机、超声波、丙酮干粉等方法破碎。植物可用石英砂研磨或纤维素酶处理。微生物的细胞壁是一个大分子，破碎较难，有超声振荡、研磨、高压、溶菌酶、细胞自溶等方法。

（3）抽提　一般用缓冲液保持溶液的 pH 值。可溶蛋白常用稀盐提取，如 0.1mol/L 的 NaCl。脂蛋白可用稀 SDS 或有机溶剂抽提，不溶蛋白用稀碱处理。抽提的原则是少量多次。要注意防止植物细胞液泡中的代谢物改变溶液的 pH 值，可加入碱中和；为防止酚类氧化可加 5mol/L 的维生素 C。加 DFP 或碘乙酸可抑制蛋白酶活力，防止蛋白被水解。

2. 粗提

主要目的是除去糖、脂类、核酸及大部分杂蛋白，并将蛋白浓缩。常用以下方法：

（1）沉淀法

1）核酸沉淀剂：$MnCl_2$、硫酸鱼精蛋白、链霉素、核酸酶等。

2）蛋白沉淀剂：醋酸铅、单宁酸、SDS 等，也可除多糖，沉淀后应迅速盐析除去沉淀剂，以免目的蛋白变性。

3）选择变性：用加热、调节 pH 值或变性剂选择性地变性杂蛋白。如提取胰蛋白酶或细胞色素 C 时，因其稳定性高，可用 2.5% 的三氯乙酸处理，使杂蛋白变性沉淀。

（2）分级法　常用盐析或有机溶剂分级沉淀蛋白。

（3）除盐和浓缩　盐析后样品中含大量盐类，应透析除去。也可用分子筛，如 Saphadex G25 层析除盐。如样品过稀，可用反透析、冻干、超滤等方法浓缩。

3. 精制

以上方法得到的制剂可供工业应用。如需高纯样品，应精制。常用方法有各种层析、电泳、等电聚焦、结晶等。蛋白结晶不等于无杂质，但变性蛋白不能结晶，所以可说明其具有生物活性。

2.5 核酸化学

2.5.1 核酸概述

核酸（Nucleic acid）是生物体内极为重要的根本性的基本组成物质，是一类重要的生物大分子。核酸水解后产生多个分子的核苷酸，因此，核酸是单核苷酸的多聚体，呈酸性，最初从细胞核中发现，故称核酸。任何有机体，包括病毒、细菌、动物和植物，无例外地都含有核酸。核酸占细胞干基的 5% ~ 15%。生物体内的一些根本现象如个体的生育、生长、繁殖、遗传和变异等生命过程核酸都起着极为重要的作用。天然核酸常常与蛋白质结合，称为核蛋白。

1. 核酸的类别与生物功能

核酸可分为脱氧核糖核酸（Desoxyribonucleic acid，简称 DNA）和核糖核酸（Ribonucleic acid，简称 RNA）两大类。RNA 中又分为信使 RNA（messenger RNA，简称 m-RNA）、转运 RNA（transfer RNA，简称 t-RNA）和核糖体 RNA（ribosomal RNA，简称 r-RNA）三种。

（1）DNA 是遗传物质 DNA 分腺嘌呤-胸腺嘧啶型（A-T 型）和鸟嘌呤-胞嘧啶型（G-C 型）。前者含腺嘌呤和胸腺嘧啶较多，后者含鸟嘌呤和胞嘧啶较多。生物体内 DNA 的数量虽然极少，但却是细胞内最重要的生物大分子，它作为遗传物质携带着主宰生命过程的全部信息。DNA 既决定着细胞的组成、形态和功能，又决定着细胞的生长、繁殖、分化和变异。真核生物 DNA 主要存在于细胞核内由 DNA 与简单的碱性蛋白（组蛋白）构成的染色质（Chromatin）中，也存在于线粒体和叶绿体中。原核生物的遗传物质也都是 DNA。

（2）RNA 参与蛋白质的合成 90% 的 RNA 存在于细胞质中，10% 存在于细胞核中。r-RNA 主要存在于核糖体内。RNA 是 DNA 的转录产物，它们的主要功能是参与蛋白质的合成。只有一些简单的 RNA 病毒，以 RNA 为遗传物质。

1）m-RNA。m-RNA 约占细胞总 RNA 的 5%，为单链结构，不同细胞的 m-RNA 的链长和相对分子质量的差异很大。原核细胞 m-RNA 一般很不稳定，代谢活跃，寿命较短，如细菌 m-RNA 的半衰期只有几分钟或几秒钟；真核细胞 m-RNA 一般寿命较长。m-RNA 的功能是"转录"DNA 上的遗传信息并指导蛋白质的生物合成。每一种蛋白质都有一种相应的 m-RNA，因此细胞中含有多种不同的 m-RNA。各种 m-RNA 分子大小也很不一致，其沉淀系数为 8 ~ 30S，相对分子质量为 $0.2 ~ 2.0 \times 10^8$，m-RNA 常与细胞质中核糖体结合。

2）t-RNA。t-RNA 约占细胞总 RNA 的 10% ~ 15%，也称为"受体 RNA"。它的主要功能是在蛋白质生物合成过程中作为氨基酸的受体，携带活化的氨基酸到生长中肽链的正确位置，起转运氨基酸的作用。t-RNA 有许多种，每种 t-RNA 专门转运一种特定的氨基酸。t-RNA 是根据它转运的氨基酸而命名的。如转运苯丙氨酸的 t-RNA 叫苯丙氨酸 t-RNA（或 t-RNA[phe]）。t-RNA 分子的大小很相似，链长一般为 73 ~ 88 个核苷酸，最长的有 93 个核苷酸（大肠杆菌 Ser-t-RNA），沉降系数约为 4S，相对分子质量为 23000 ~ 28000，主要存在于细胞质的非颗粒部分。

3）r-RNA。r-RNA 约占细胞总 RNA 的 80%，是核糖体的核酸。其结构为单链结构，是 RNA 中相对分子质量较大的，比较稳定。核糖体大约含有 40% 的蛋白质和 60% 的 RNA，由两个大小不同的亚基组成，是蛋白质合成的场所。大肠杆核糖体的沉淀系数是 $70S$。它由 $30S$ 亚基和 $50S$ 亚基构成的。这两个亚基中包含的 RNA 的分子分别是 0.6×10^6（16SRNA）和 1.1×10^6（23SRNA）。哺乳动物的核糖体约为 $80S$，具有 $40S$ 和 $60S$ 两个亚基。它们也有相当的两种类型 r-RNA。小 r-RNA 的相对分子质量一般是 0.7×10^6（18SRNA），而较大 r-RNA 的相对分子质量是 1.8×10^6（28SRNA）。此外还有两种低相对分子质量的 RNA-5SRNA 和 5.8SRNA 同核糖体大亚基结合在一起。其中 5.8SRNA 是真核生物核糖体特有的成分。核糖体和 r-RNA 的关系可概括于表 2-17 中。

表 2-17 核糖体和所含的 r-RNA

原 核 生 物		真 核 生 物	
核 糖 体	r-RNA	核 糖 体	r-RNA
$30S$	$16S$	$40S$	$18S$
$50S$	$5S$、$23S$	$60S$	$5S$、$5.8S$、$28S$

2. 核酸的基本化学组成

（1）核酸水解产物 核酸进行不完全水解时，可得到低聚多核苷酸和核苷酸。低聚多核苷酸为相对分子质量较小的多核苷酸片段，又称寡聚核苷酸，一般由 20 个以下核苷酸组成，它可进一步水解成核苷酸。稀碱条件下，RNA 可水解成 4 种含不同碱基的核糖核苷酸。用酶法可将 DNA 水解成含不同碱基的脱氧核糖核苷酸，每种核苷酸由等分子的核糖（或脱氧核糖）磷酸和某种碱基组成。

核酸（DNA、RNA）在强酸作用下完全水解，得到磷酸、戊糖和碱基 3 种组分。DNA 中戊糖是 D-2-脱氧核糖，RNA 中的戊糖是 D-核糖。DNA 中碱基是腺嘌呤（Ade）、鸟嘌呤（Gua）、胞嘧啶（Cyt）和胸腺嘧啶（Thy）。RNA 中碱基是腺嘌呤（Ade）、鸟嘌呤（Gua）、胞嘧啶（Cyt）和尿嘧啶（Ura）。因此 RNA 和 DNA 在化学组成上区别是 DNA 含有 D-脱氧核糖和 Thy 碱基。而 RNA 含有 D-核糖和 Ura 碱基。表 2-18 是 DNA、RNA 的基本化学组成。

表 2-18 DNA、RNA 的基本化学组成

组 分	DNA	RNA
磷酸	磷酸	磷酸
戊糖	D-2 脱氧核糖	D-核糖
碱基	腺嘌呤（Ade） 鸟嘌呤（Gua） 胞嘧啶（Cyt） 胸腺嘧啶（Thy）	腺嘌呤（Ade） 鸟嘌呤（Gua） 胞嘧啶（Cyt） 尿嘧啶（Ura）

（2）碱基 核酸中含有 5 种主要的碱基，两种主要的嘌呤碱：腺嘌呤（A）和鸟嘌呤（G）和 3 种主要的嘧啶碱：胞嘧啶（C）、尿嘧啶（U）和胸腺嘧啶（T）。DNA 和 RNA 都含有腺嘌呤、鸟嘌呤和胞嘧啶，但是不同的是 RNA 含有的是尿嘧啶，而 DNA 含有的却是胸腺嘧啶。有时尿嘧啶也存在于 DNA 中，而胸腺嘧啶也存在于 RNA 中，但很少见。核酸是一类含氮杂环化合物，具弱碱性，核酸中碱基有两类，即嘌呤和嘧啶的衍生物。

1）嘧啶。DNA、RNA 中最常见的嘧啶衍生物有 3 种，即胞嘧啶、尿嘧啶和胸腺嘧啶。

其结构如下：

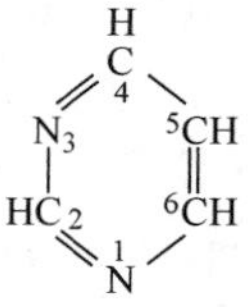

嘧啶

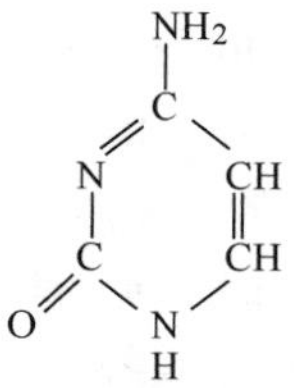

胞嘧啶
（2-酮基-4-氨基嘧啶）

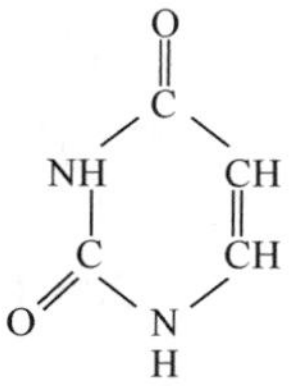

尿嘧啶
（2，4-二酮基嘧啶）

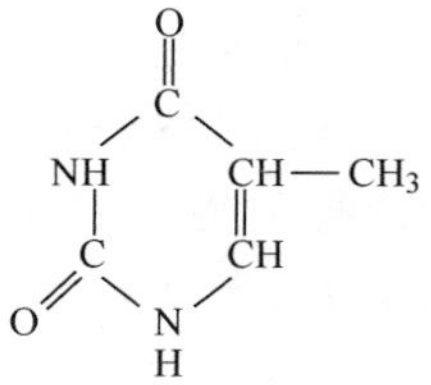

胸腺嘧啶
（5-甲基尿嘧啶）

在核酸中还有少数修饰嘧啶碱基，它们种类很多，如5-甲基胞嘧啶、5-羟甲基胞嘧啶、5,6-双氢尿嘧啶，其结构式如下：

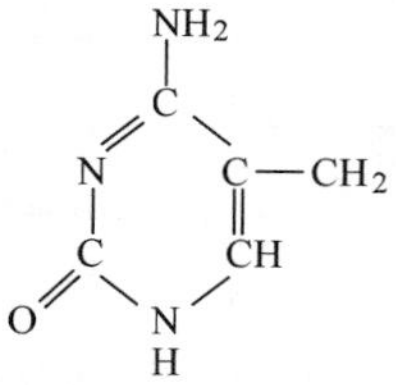

5-甲基胞嘧啶

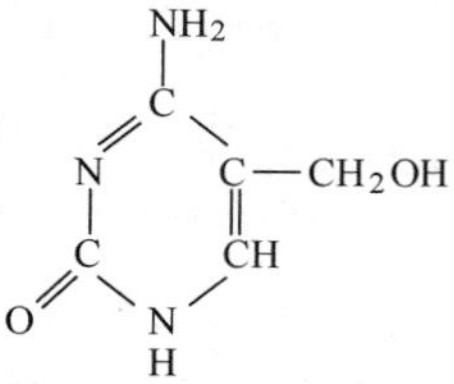

5-羟甲基胞嘧啶

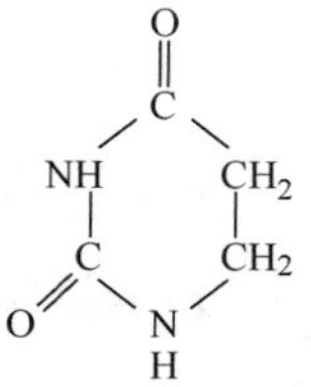

5，6-双氢尿嘧啶

有酮基的嘧啶或嘌呤碱，在溶液中可发生酮式或烯醇式互变异构现象。结晶时为两异构体混合物。在生物细胞中一般以酮式存在，这对核酸中氢键形成非常重要。尿嘧啶的互变异构如下：

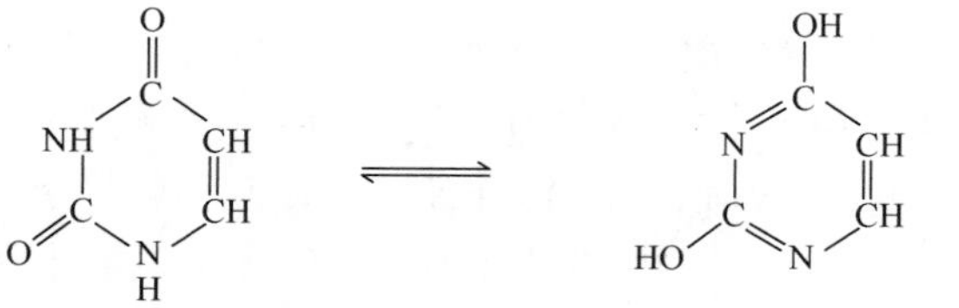

酮式（2，4-二氧嘧啶）

烯醇式（2，4-二羟基嘧啶）

2）嘌呤。DNA、RNA中主要的嘌呤衍生物为腺嘌呤和鸟嘌呤。其结构如下：

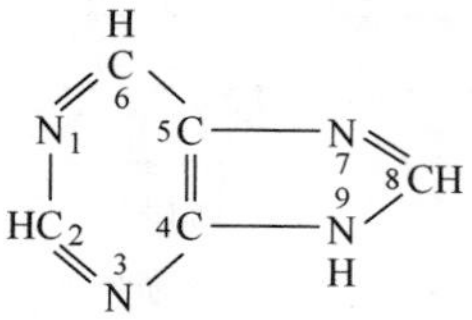

嘌呤

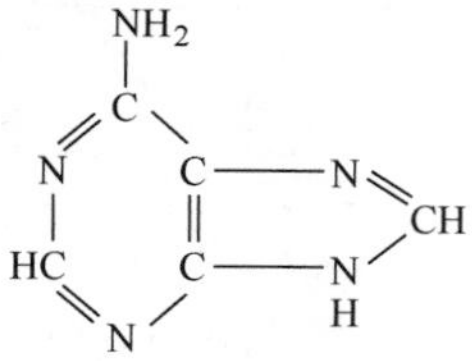

腺嘌呤
（6-氨基嘌呤）

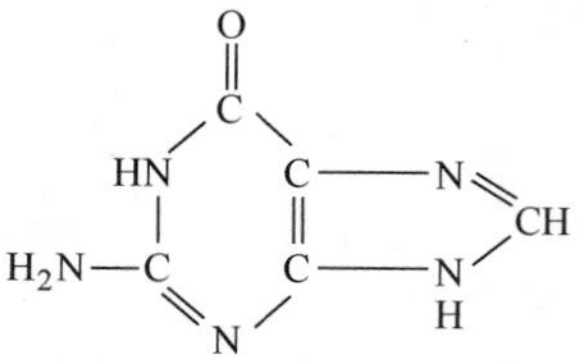

鸟嘌呤
（2-氨基-6-酮基嘌呤）

核酸中还发现有多种修饰的嘌呤碱，如N^6-甲基腺嘌呤、7-甲基鸟嘌呤，其结构如下：

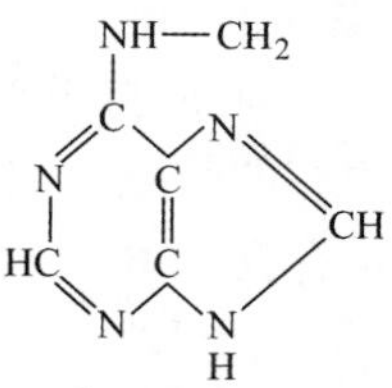

N^6-甲基腺嘌呤

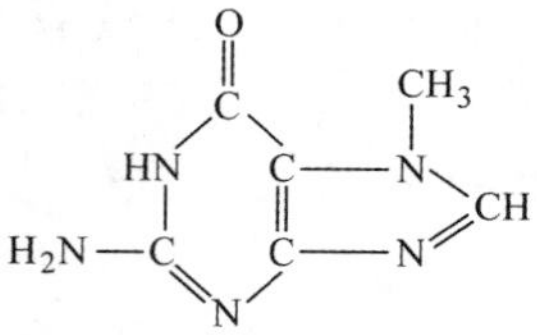

7-甲基鸟嘌呤

生物体内还有其他一些嘌呤衍生物，如次黄嘌呤、黄嘌呤和尿酸等，为某些动物的代谢物。一些植物的生物碱如咖啡碱也属嘌呤衍生物。它们的结构式如下：

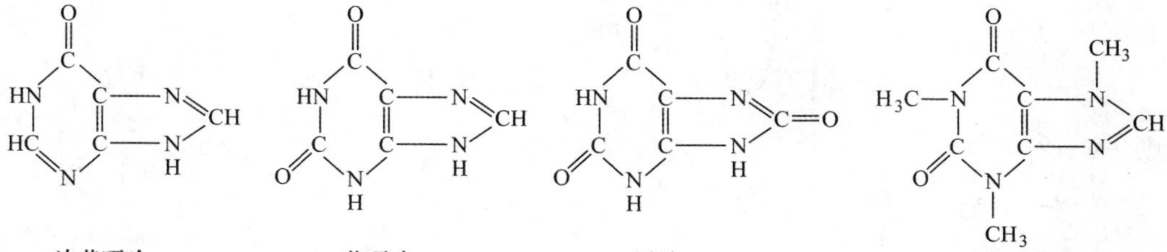

次黄嘌呤 黄嘌呤 尿酸 咖啡酸

核酸中的嘌呤和嘧啶碱是无色的固体，熔点在 200～300℃。在有机溶剂中溶解度很小，在水中溶解度也不大，一般能溶于稀酸稀碱。

3) 核糖。RNA 中含 β-D-核糖，DNA 中含 β-D-2-脱氧核糖。在某些 RNA 中还有少量的 β-D-2-氧-甲基核糖。其结构如下：

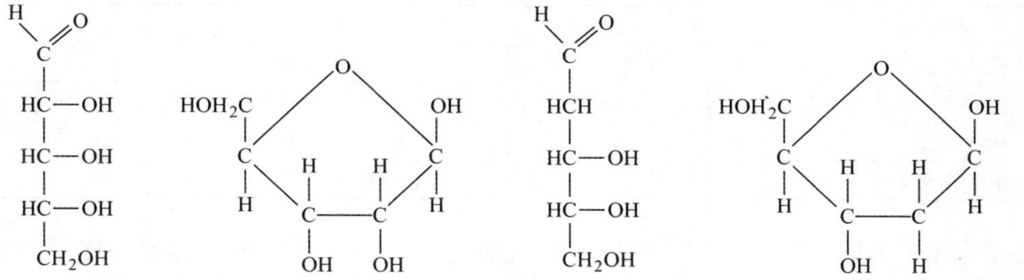

D-核糖（直链式） β-D-核糖（呋喃式） D-2-脱氧核糖（直链式） β-D-2-脱氧核糖（呋喃式）

4) 磷酸。DNA 和 RNA 都含有一定量的磷酸，每一个核苷酸都含有一个磷原子。磷酸是个三元酸。它有三级解离，$pK_1 = 1.97$，$pK_2 = 6.82$，$pK_3 = 12.44$。当磷酸生成单酯或二酯后，酸性增强。

2.5.2 核苷与核苷酸

1. 核苷

由碱基和核糖（或脱氧核糖）缩合而成。RNA 中的核苷称为核糖核苷（或称核苷）。DNA 中的核苷称为脱氧核糖核苷（或脱氧核苷）。它们是由核糖（或脱氧核糖）的第 1 位碳原子与嘧啶的第 1 位氮原子相连成嘧啶核苷（或嘧啶脱氧核苷），与嘌呤的第 9 位氮原子相连成嘌呤核苷（或嘌呤脱氧核苷）。这些核苷形成的糖苷键都是 β-型。为避免混淆，把糖环上的碳原子标为 1′、2′等。

从 RNA 中得到的核苷主要是腺嘌呤核苷（或称腺苷）、鸟嘌呤核苷（或称鸟苷）、胞嘧啶核苷（或称胞苷）、尿嘧啶核苷（或称尿苷），分别用 A、G、C、U 单字符号表示。它们的结构式如下：

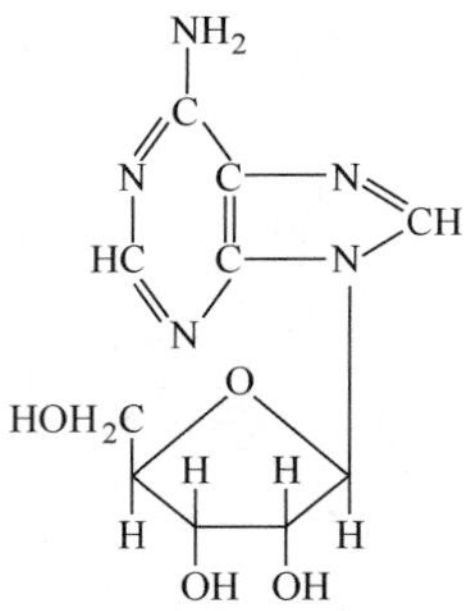

腺嘌呤核苷A
(9-β-D-核糖腺嘌呤)

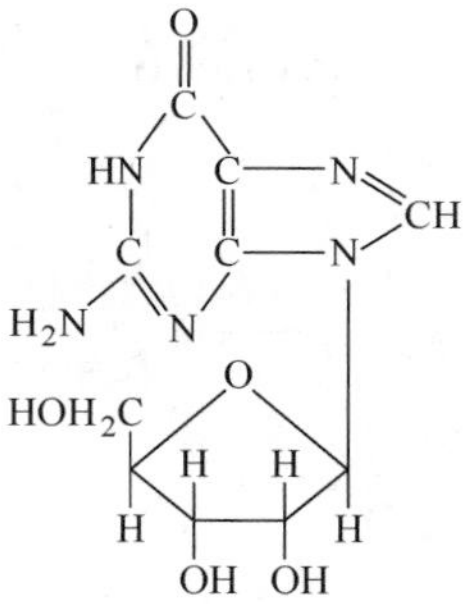

鸟嘌呤核苷G
(9-β-D-核糖鸟嘌呤)

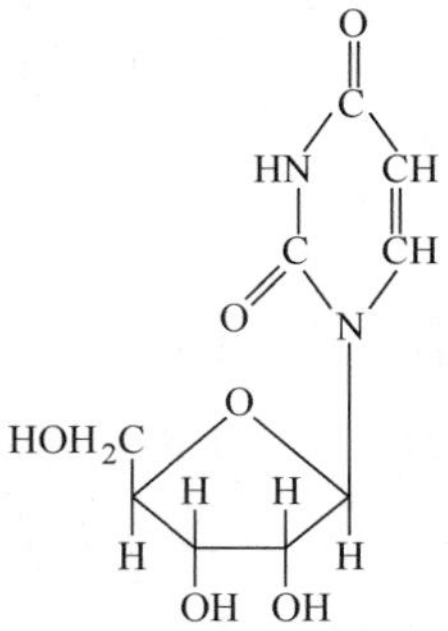

尿嘧啶核苷U
(1-β-D-核糖尿嘧啶)

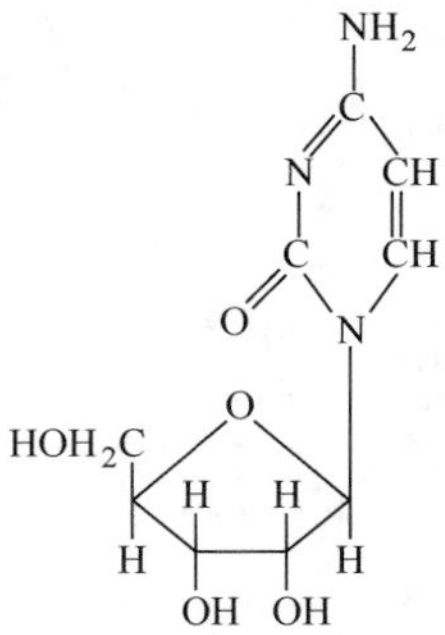

胞嘧啶核苷C
(1-β-D-核糖胞嘧啶)

从 DNA 得到的脱氧核苷主要有腺嘌呤脱氧核苷（或称脱氧腺苷）、鸟嘌呤脱氧核苷（或称脱氧鸟苷）、胞嘧啶脱氧核苷（或称脱氧胞苷）、胸腺嘧啶脱氧核苷（或称脱氧胸苷），分别用 dA、dG、dC 和 dT 符号表示。核苷类别与代号见表 2-19。

表 2-19　核苷类别与代号

核糖核苷	代　号	脱氧核糖核苷	代　号
腺嘌呤核苷	A	腺嘌呤脱氧核苷	dA
鸟嘌呤核苷	G	鸟嘌呤脱氧核苷	dG
胞嘧啶核苷	C	胞嘧啶脱氧核苷	dC
尿嘧啶核苷	U	胸腺嘧啶脱氧核苷	dT

核苷为无色晶体，熔点很高，不溶于有机溶剂，嘧啶核苷在水中溶解度比嘌呤核苷大，在核苷中 C—N 键对碱较稳定，而对酸不稳定，易被酸水解，而各种核苷被酸水解程度不同，脱氧核糖核苷比核糖核苷容易水解，嘌呤核苷比嘧啶核苷容易水解。

2. 核苷酸

核苷酸（Nucleotide）由核苷与磷酸缩合而成，为核苷的磷酸酯。核糖核苷的磷酸酯称为核糖核苷酸或核苷酸，脱氧核糖核苷的磷酸酯称为脱氧核糖核苷酸或脱氧核苷酸。用碱法或酶法水解 RNA 得到四种核糖核苷酸，其结构如下：

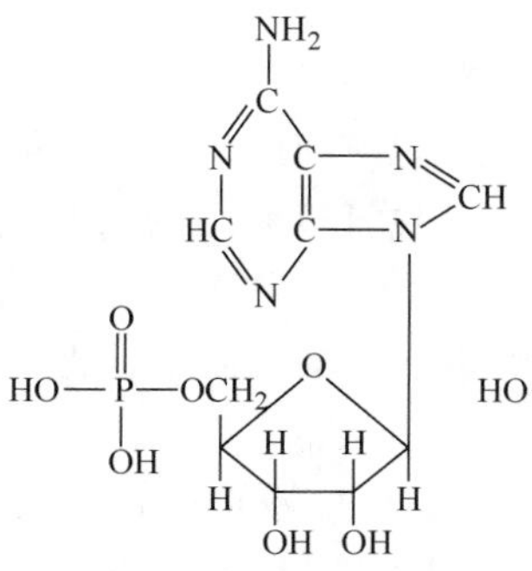

5′-腺苷酸(5′-AMP) 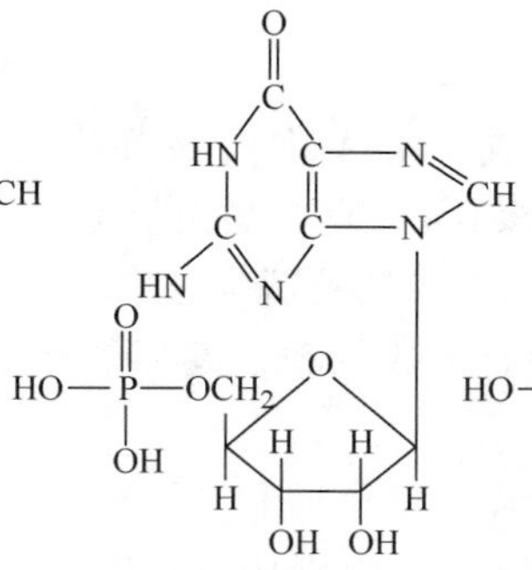　　　5′-鸟苷酸(5′-GMP) 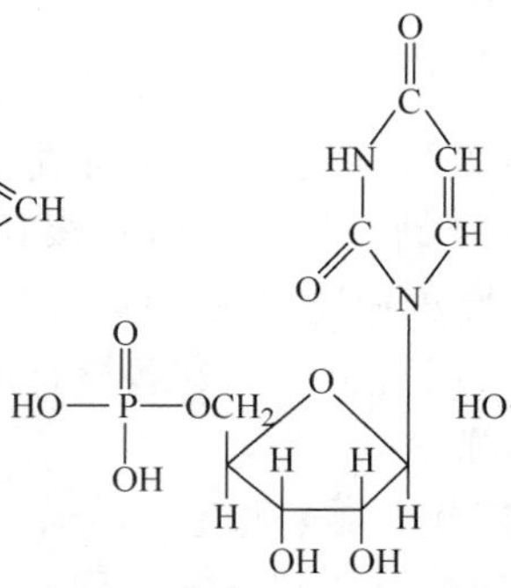　　　5′-尿苷酸(5′-UMP) 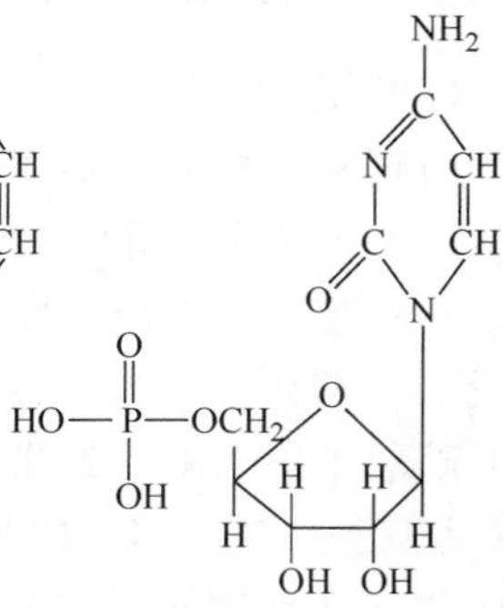　　　5′-胞苷酸(5′-CMP)

DNA 用酶法水解得到 4 种脱氧核苷酸（Deoxynucleotide）。它们的名称与代号见表 2-20。

表 2-20 各类核苷酸名称与代号

核糖核苷酸	代 号	脱氧核糖核苷酸	代 号
腺嘌呤核糖核苷酸	AMP	腺嘌呤脱氧核糖核苷酸	dAMP
鸟嘌呤核糖核苷酸	GMP	鸟嘌呤脱氧核糖核苷酸	dGMP
胞嘧啶核糖核苷酸	CMP	胞嘧啶脱氧核糖核苷酸	dCMP
尿嘧啶核糖核苷酸	UMP	胸腺嘧啶脱氧核糖核苷酸	dTMP

RNA 的核糖在 2′、3′、5′位上都有自由羟基，能各自与磷酸缩合以酯键相连，形成三种磷酸酯。如腺苷可形成 5′-AMP、3′-AMP、2′-AMP。而 DNA 的脱氧核糖 2′位无羟基只能形成两种即 3′-脱氧核苷酸、5′-脱氧核苷酸。核苷酸结构也可用下面简式表示：

以 B 代表碱基、直线表示核糖、P 代表磷酸

3. 细胞内游离核苷酸及其衍生物

在生物体内，核苷酸除了作为核酸组成基本单位外，还有一些核苷酸自由存在于细胞内，具有重要的生理功能。5′-腺苷酸又称为腺苷磷酸，可进一步磷酸化产生腺苷二磷酸和腺苷三磷酸，分别用 ADP、ATP 表示。其结构如下：

腺嘌呤核苷二磷酸(ADP)　　　　腺嘌呤核苷三磷酸(ATP)

同理，其他 5′-核苷酸也可进一步磷酸化生成 5′-核苷二磷酸和 5′-核苷三磷酸。其名称见表 2-21。

表 2-21 核苷二磷酸和三磷酸

核苷磷酸	核苷二磷酸	核苷三磷酸
5′-腺苷磷酸（AMP）	5′-腺苷二磷酸（ADP）	5′-腺苷三磷酸（ATP）
5′-鸟苷磷酸（GMP）	5′-鸟苷二磷酸（GDP）	5′-鸟苷三磷酸（GTP）
5′-尿苷磷酸（UMP）	5′-尿苷二磷酸（UDP）	5′-尿苷三磷酸（UTP）
5′-胞苷磷酸（CMP）	5′-胞苷二磷酸（CDP）	5′-胞苷三磷酸（CTP）

ATP 作为能量通用载体在生物体的能量转化中起中心作用，UTP、GTP 和 CTP 则在某些专门的生化反应中起传递能量的作用。另外，各种三磷酸核苷及脱氧三磷酸核苷是合成 RNA 与 DNA 的活性前体。生物得到的能量转化成 ATP，生物需要能量时，ATP 分子上高能键水解释放能量供生物活动，GTP 参与蛋白质和腺嘌呤的生物合成，UDP 参与糖的互变作用；GTP 在磷酯的生物合成中起主要作用。生物体内还有一些参与代谢作用的辅酶和辅基，如烟酰胺腺嘌呤二核苷酸、烟酸胺腺嘌呤二核苷酸磷酸酯、黄素单核苷酸、黄素腺嘌呤二核

苷酸和辅酶 A 等都是核苷酸的衍生物。

2.5.3　核酸的结构

1. 核酸的一级结构

很多实验证明，在 RNA 和 DNA 分子中核苷酸之间的连接都是磷酸二酯键，而且是由一个核苷酸的核糖或脱氧核糖第 5′ 位的磷酸与另一核苷酸的核糖或脱氧核糖第 3′ 位的—OH 基相连成 3′、5′—磷酸二酯键，简称 C′3—O—P—O—C′5 键。RNA 和 DNA 的多核苷酸都无支链。下列二式表示两类多核苷酸链的部分结构。

核糖核酸RNA　　　　　　　　　　　　　　脱氧核糖核酸DNA

核酸的多核苷酸链可用简写法表示，如 DNA 的结构可简写如下：

简式由左向右读，上面的简式应读为

$$\cdots P5'A3'P5'C3'P5'G3' \text{ 或 } PAPCPG$$

式中，A、C、G 分别代表腺嘌呤、胞嘧啶和鸟嘌呤，竖线代表戊糖，对角线中间的 ⓟ 代表连接两个核苷酸的磷酸二酯键，3′、5′ 分别代表核糖和脱氧核糖的 3′OH 和 5′OH 基。碱基顺序是 5′→3′，代表特定的化合物，是不允许颠倒的。

近来在动、植物和细菌 DNA 中发现有 3 个脱氧胞嘧啶核苷酸和 4～5 个胸腺嘧啶核苷酸连续排列在一起的事实，可见不同种 DNA 的多核苷酸链的核苷酸排列次序各有不同。

测定核酸的核苷酸排列顺序，与测定肽链的氨基酸顺序相似，一般须将核酸部分水解、分离和纯化，取得合适大小的核苷酸链片段，然后测定每一片段链的末端碱基。通过逐步降解和分析末端，从而测得每一片段核苷酸链的排列顺序，最后从各段的结构可推算出整个多核苷酸链的核苷酸顺序。

2. 核酸的二、三级结构

（1）DNA 的二、三级结构

1）DNA 的二级结构（双螺旋结构）。1953 年，J. Watson 和 F. Crick 在前人研究工作的基础上，根据 DNA 结晶的 X 衍射图谱和分子模型，提出了著名的 DNA 双螺旋结构模型（图 2-25），并对模型的生物学意义做出了科学的解释和预测。

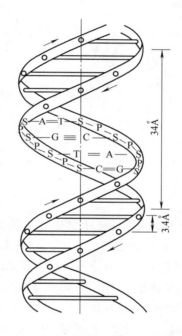

图 2-25　右手螺旋 DNA 双螺旋结构（二级结构）示意

P—磷酸二酯　S—脱氧核糖　A═T—腺嘌呤-胸腺嘧啶配对　G≡C—鸟嘌呤-胞嘧啶配对（纵线表示中心轴，箭头表示螺旋方向）

DNA 双螺旋结构的特点是：DNA 分子由两条 DNA 单链组成；DNA 的双螺旋结构是分子中两条 DNA 单链之间基团相互识别和作用的结果；双螺旋结构是 DNA 二级结构的最基本形式。

DNA 双螺旋结构的要点：

① DNA 分子由两条多聚脱氧核糖核苷酸链（简称 DNA 单链）组成。两条链沿着同一根轴平行盘绕，形成右手双螺旋结构。螺旋中的两条链方向相反，即其中一条链的方向为 5′→3′，而另一条链的方向为 3′→5′。

② 嘌呤碱和嘧啶碱基位于螺旋的内侧，磷酸和脱氧核糖基位于螺旋外侧。碱基环平面与螺旋轴垂直，糖基环平面与碱基环平面成 90°。

③ 螺旋横截面的直径约为 2nm，每条链相邻两个碱基平面之间的距离为 3.4nm，每 10 个核苷酸形成一个螺旋，其螺距（即螺旋旋转一圈）高度为 34nm。

④ 两条 DNA 链相互结合以及形成双螺旋的力是链间的碱基对所形成的氢键。碱基的相互结合具有严格的配对规律，即腺嘌呤（A）与胸腺嘧啶（T）结合，鸟嘌呤（G）与胞嘧啶（C）结合，这种配对关系称为碱基互补。A 和 T 之间形成两个氢键，G 与 C 之间形成三个氢键。在 DNA 分子中，嘌呤碱基的总数与嘧啶碱基的总数相等。

DNA 双螺旋结构在生理条件下是很稳定的，维持这种稳定性的因素主要有 3 种。一是两条 DNA 链互补碱基对之间的氢键，大量的氢键显然可以稳定 DNA 的结构，但是氢键太弱。现在普遍认为使 DNA 结构稳定的第二种力，也是主要的力，是堆积碱基间的疏水作用（碱基堆积力）。碱基堆积力是由芳香族碱基的 π 电子之间相互作用引起的。嘌呤和嘧啶碱形状扁平呈疏水性，分布在双螺旋内侧，大量碱基层层堆积，两相邻碱基平面十分贴近，在 DNA 分子螺旋结构内部形成了一个较大疏水区，与介质中水分子隔开，核心内几乎没有游离的水分子。所以使互补的碱基之间形成氢键。第三种使 DNA 分子稳定的力是磷酸残基上的负电荷与介质中的阳离子（如 Na^+、K^+ 和 Mg^{2+}）之间形成离子键，降低了 DNA 链之间的排斥力。改变介质条件和环境温度，将影响双螺旋的稳定性。

2）DNA 的三级结构。实验指出，DNA 的双螺旋二级结构在某些情况下可进一步变为开环形（图 2-26a）、闭环超螺旋形（图 2-26b）及发夹形（图 2-26d）的三级结构。超螺旋在碱性（pH = 12.6）及 100℃ 可变为线团结构（图 2-26c）。

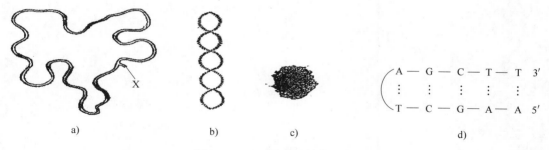

图 2-26 DNA 的三级结构示意

a）双链开环状 DNA（X 表示开裂处） b）闭环超螺旋 DNA c）变性的线团状 DNA d）发夹形 DNA

开环双链 DNA 可视为是由直线双螺旋 DNA 分子的两端连接而成，其中一条链留有一个缺口。闭环双链超螺旋分子结构则可能由于双链环形 DNA 结构因某种分子力学上的关系扭曲而成。双链超螺旋结构紧密，当其链上出现裂口，即可变为松散的开环双链 DNA。

（2）RNA 的二、三级结构 近年来分离 RNA 方法的改进，为 X 射线衍射法研究 RNA 提供了方便，使 RNA 的构象得到了比较清楚的衍射图谱，但其高级结构尚未完全清楚。RNA 的某些理化性质和 X 射线分析证明，大多数 RNA 分子是一条单链，链的许多区域自身发生回折，回折区内的多核苷酸段呈螺旋结构。约有 40%～70% 的核苷酸参与这种螺旋的形成，因此，RNA 分子实际上是一条含短的不完全的螺旋区的多核苷酸链（图 2-27a）。链的回折使可以配对的碱基（如 A 与 U、G 与 C）在螺旋区内相遇成对，配对的碱基之间形成氢键，不能配对的碱基形成突环（图 2-27b）。

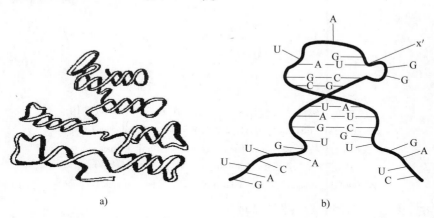

图 2-27 RNA 的二级结构

a）在一条多核苷酸链中有几个螺旋区（仿 Spirin） b）具有互补的碱基配对的螺旋区，X 处表示螺旋的突环部分（仿 Fresco）

1）tRNA 的二、三级结构。tRNA 的碱基配对与图 2-27b 所述的有些特殊，它的每一个碱基可有一个以上（1～3 个）的配对碱基。大肠杆菌、小麦和酵母菌的 tRNA 结构都已清楚。根据碱基排列顺序的测定和碱基配对原则，R. W. Holley 建议酵母丙氨酸 tRNA（tRNA^{Ala}）的空间结构模型如图 2-28 所示。

除单链 RNA 结构外，也有证据证明某些病毒的 RNA 是双螺旋结构，如植物伤瘤病毒和水稻矮缩病毒。1974 年在 0.3nm 分辨率电子密度图的基础上，S. H Kim. 等测得酵母 tRNA

图 2-28　酵母丙氨酸 tRNA（tRNA^{Ala}）的三叶形二级结构

I—次黄嘌呤核苷（inosine）　m$_2$G—2,2-二甲基鸟苷（2,2-dimethyl guanosine）

T—胸腺嘧啶脱氧核苷（ribothymidine）　mG—1-甲基鸟苷（1-methyl guanosine）

H$_2$U—5,6-二氢尿苷（5,6-dihydrouridine）　IGC—反密码子

Ψ—假尿苷（pseudouridine）　mI—甲基次黄嘌呤核苷（methyl inosine）

（tRNA^{Phe}）的三级结构为倒 L 形（图 2-29）。

　　2）mRNA 的结构。mRNA 有很多种类，每一种 mRNA 的相对分子质量及碱基顺序都不相同。真核细胞 mRNA 的 3′末端有一条大约由 200 个腺苷酸残基连续组成的多聚腺苷酸链，称为"尾结构"。5′末端有一个甲基化的鸟苷酸，称为"帽结构"。这种多聚腺苷酸链与 mRNA 从细胞核转移到核糖体的过程有关。

　　3）rRNA 的二级结构。rRNA 的二级结构为三叶形。从大肠杆菌核糖体分离出来的有 23S、

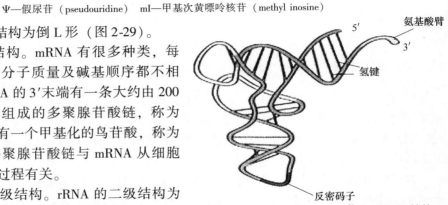

图 2-29　酵母 tRNA（tRNA^{Phe}）的三级结构

16*S* 和 5*S* 三种。从真核细胞分离出来的 rRNA 有 5*S*、7*S*、18*S* 和 28*S* 四种。不同 rRNA 的碱基比例和碱基顺序各不相同。分子结构基本上是由部分双螺旋和部分突环相间排列而成。大肠杆菌 5*S* rRNA 的形状如图 2-30 所示。

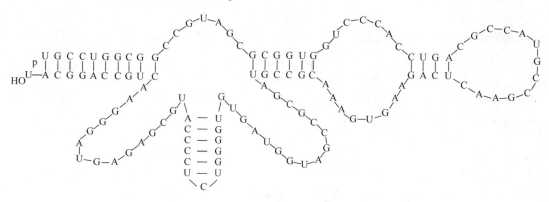

图 2-30　大肠杆菌的 5*S* rRNA 的结构

2.5.4　核酸的物化性质

1. 性状和溶解度

DNA 为白色纤维状固体，RNA 为白色粉末，都微溶于水，它们的钠盐在水中溶解度较大。都能溶于 2-甲氧基乙醇，但不溶于一般有机溶剂如乙醇、乙醚、氯仿、戊醇和三氯乙酸。DNA 能被乙醇和异丙醇沉淀。

2. 分子大小

DNA 和 RNA 的相对分子质量都很大，DNA 的比 RNA 的大。RNA 的相对分子质量约为几万到几百万或更大一些；DNA 的相对分子质量约为 $1.6 \times 10^6 \sim 2.2 \times 10^9$。DNA 分子大多是不对称的。

3. 紫外光吸收性质

核酸中的嘌呤、嘧啶环的共轭体系强烈吸收 $260 \sim 290\text{nm}$ 波段紫外光，其最高吸收高峰接近 260nm（图 2-31）。

蛋白质最大吸收值在 280nm 处。利用这一特性可以鉴别核酸样品中的蛋白质杂质，也可以利用这一性质测定嘌呤或嘧啶衍生物在纯溶液中的含量。

DNA 的紫外吸收光谱与 RNA 的吸收光谱差别不大。核酸的光吸收值比其各核苷酸成分的光吸收值之和少 $30\% \sim 40\%$，双链 DNA 的光吸收值比单链 DNA 的光吸收值也少，这是由有规律的双螺旋结构中碱基紧密地堆积在一起造成的。核酸紫外吸收值是：单核苷酸 > 单链 DNA > 双链 DNA。当核酸变性或降解时，其紫外光吸收强度即显著增高，因此，可根据

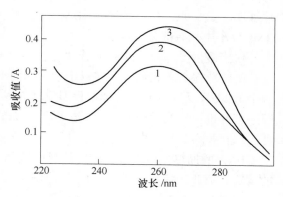

图 2-31　DNA 的紫外光吸收光谱

1—天然 DNA　2—变性 DNA　3—核苷酸总吸收值

核酸溶液的紫外光吸收光谱来判断其是否变性。

4. 核酸的变性、复性和杂交

天然的双螺旋 DNA 和具有双螺旋区的 RNA 溶液加入过量碱、酸或加热可分离成两条无定形的多核苷酸单链，这一过程叫变性（Degeneration）。变性后，核酸的紫外吸收值急剧增加，还发生黏度下降、比旋光值降低、生物活性丧失等变化。因此，可利用这些性质来判断核酸是否变性。变性主要是由二级结构的改变引起的，一级结构并不发生破坏。当变性因素去除后，变性的单链 DNA 在链内或链间会形成局部氢键结合区。在一定条件下，原来互补的两条单链可以完全可逆重新结合恢复到原来的 DNA 的双螺旋结构，这个过程称复性（Renaturation），如图 2-32 所示。

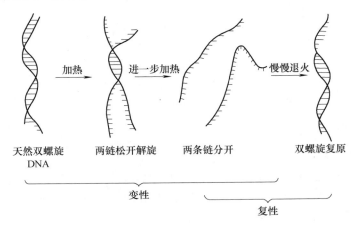

图 2-32　天然 DNA 变性和复性过程简单示意

由于双螺旋结构主要靠氢键和疏水键维持，故凡能破坏氢键和疏水键的因素都能引起变性，如加热、酸碱、有机溶剂（乙醇、胍、尿素等）。此外还与 DNA 分子本身的稳定性有关，如（G + C）百分含量高的 DNA 分子较稳定，因 G—C 对中有三个氢键，而 A—T 只有两个氢键，故（A + T）百分含量高的 DNA 易变性。此外，环状 DNA 又比线状 DNA 稳定。

DNA 水溶液加热变性时，双螺旋两条链分开，如果溶液迅速冷却，两条单链继续保持分开，但如果缓慢冷却，则两条链可能发生特异的更新组合而恢复成双螺旋，电子显微镜照片证明了这一点。RNA 变性与 DNA 变性的变化类似，但其变化的程度不及 DNA 大，因为 RNA 分子中只有部分螺旋区。

仅当缓慢冷却时，才能随着"复性" DNA 的形成而发生螺旋—线团转变的逆转，因为互补的链首先必须相遇，并在盘绕于一起而形成双螺旋之前将互补区联系起来，相同来源的两个 DNA 样品容易通过这种过程形成"杂种"，不同来源的 DNA 如果彼此间的核苷酸排列顺序互补也可形成"杂种"，甚至也可在多核糖核苷酸与多脱氧核糖核苷酸链之间形成"杂种"，这种形成"杂种"的过程叫分子"杂交"，分子杂交技术是研究核酸功能的重要手段。

DNA 的加热变性一般在较窄的温度范围内发生，很像固体结晶物质在其熔点突然熔化的情况。因此，通常把 DNA 的双螺旋结构失去一半时的温度称为该 DNA 的"熔点"或熔解温度（T_m），如图 2-33 所示。

DNA 的鸟嘌呤和胞嘧啶含量越多，其 T_m 值越高，反之则越低，如图 2-34 所示。这是因为 G—C 碱基对中含有 3 个氢键，而 A—T 碱基中只含有 2 个氢键，因此这两类碱基对稳定核酸结构的作用不同。

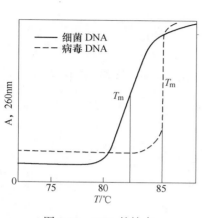

图 2-33 DNA 的熔点

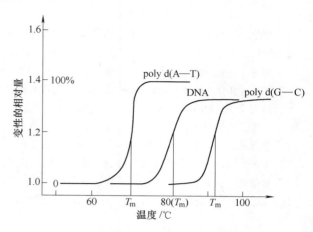

图 2-34 某些 DNA 的 T_m 值

核酸变性不涉及核苷酸间共价键的断裂，因而并不引起相对分子质量的降低，多核苷酸链的磷酸二酯键断裂叫降解。DNA 和 RNA 变性或降解时其紫外吸收值增加，如图 2-31 所示，这种现象叫增色效应，它是由堆积碱基的电子间互相变化作用引起的。与增色效应相反的效应叫减色效应，变性核酸发生复性时发生减色效应。紫外吸收值测定简便易行，所以常用核酸溶液紫外吸收值的变化作为变性或复性的指标。

复 习 题

1. 简述生物分子的特点及生物分子中的作用力。

2. 简述糖的概念与分类。

3. 在糖的名称之前附有"D"或"L"、"＋"或"－"，以及"α"或"β"，它们有何意义？什么叫变旋现象？什么叫旋光度？什么叫比旋光度？如何测定？

4. 简述葡萄糖的各种化学性质。常用哪些化学性质鉴别糖？

5. 简述蔗糖、乳糖和麦芽糖的化学组成、结构特点和鉴定方法。

6. 淀粉、糖原和纤维素的化学组成如何？其结构和性质有何异同？

7. 简述脂类物质的概念与分类。

8. 简述酰基甘油的物理、化学性质。

9. 简述蛋白质的化学性质及其用途。

10. 简述 α 螺旋的要点。何为蛋白质的高级结构？维持蛋白质高级结构的化学键有哪些？

11. 简述蛋白质的各种颜色反应及它们各自的用途。

12. 简述蛋白质分离提纯过程。

13. DNA 和 RNA 在化学组成、大分子结构及细胞内分布、生物功能上各有何特点？

14. 简述 DNA 分子的二级结构特点，并指出稳定其二级结构的作用力。

15. DNA 的热变性有何特点？T_m 值表示的是什么？

参 考 文 献

［1］ 赵景联．环境生物化学 ［M］．北京：化学工业出版社，2007.

［2］ 沈同，王镜岩．生物化学：上册 ［M］．2 版．北京：高等教育出版社，1991.

［3］ 郑集．生物化学 ［M］．2 版．北京：高等教育出版社，2002.

［4］ Hames B D，et al. Instant notes in biochemistry（影印版）［M］．北京：科学出版社，2002.

［5］ 赵文恩．生物化学 ［M］．北京：化学工业出版社，2005.

［6］ 李忠义．简明基础生物化学 ［M］．大连：大连理工大学出版社，1993.

［7］ 李建武．生物化学 ［M］．北京：北京大学出版社，1990.

［8］ 朱玉贤，李毅．现代分子生物学 ［M］．2 版．北京：高等教育出版社．2002.

［9］ 聂剑初．生物化学简明教程 ［M］．3 版．北京：高等教育出版社，1999.

［10］ 段金生．生物化学 ［M］．北京：中国中医药出版社，1993.

第 3 章

新陈代谢催化剂——酶化学

3.1 酶的概述

3.1.1 酶的概念

生物体内进行着许多复杂而有规律的化学反应，如氧化、还原、合成与分解等。这些化学反应如果在体外进行，则大都需要合适的物理或化学条件和较长的时间才能完成。但在体内温和条件下，即在体温 37℃、接近中性的体液环境中，能迅速而有规律地进行，这是因为体内含有催化新陈代谢中各种反应的酶。

酶（Enzyme）是一类具有高度催化效能和高度专一性的生物催化剂，它由活细胞产生，并可在细胞内外起催化作用。绝大部分酶的主要化学成分是蛋白质，所以酶具有蛋白质的一切典型性质。例如，酶和蛋白质都能形成大分子胶体溶液，不能透过半透膜；酶的沉降速度与蛋白质相似，可用沉降法测定其相对分子质量；酶和蛋白质都具有两性电解质的性质，故每种酶都有一定的等电点；酶水解后产生各种氨基酸的混合物，和蛋白质相似，有些酶也具有辅基；在多种理化因素作用下，酶也容易发生变性而失去催化活性。

生物体内一切化学反应，几乎都是在酶催化下进行的，酶是生物体内代谢过程必不可少的物质，没有酶就不能进行新陈代谢，也就没有生命。

3.1.2 酶催化作用的特点

1. 酶和一般催化剂的共性

（1）用量少而催化效率高　酶与一般催化剂一样，用量虽少但能使一个慢速反应变为快速反应。

（2）不改变化学反应的平衡点　和一般催化剂一样，酶仅能加快化学反应的速度，缩短达到平衡所需的时间，但不能改变反应的平衡点。酶本身在反应前后也不发生变化。这意味着一个酶对正、逆反应按同一倍数加速。考虑 A 和 B 之间互相转化。假设在没有酶的情况下，正向反应速度常数 k_F 为 $10^{-4}\,\text{s}^{-1}$，而逆向反应速度常数 k_R 为 $10^{-6}\,\text{s}^{-1}$。平衡常数 K 可通过正、逆反应速度常数之比给出

$$A \underset{10^{-6}\text{s}^{-1}}{\overset{10^{-4}\text{s}^{-1}}{\rightleftharpoons}} B \quad K = \frac{[B]}{[A]} = \frac{k_F}{k_R} = \frac{10^{-4}}{10^{-6}} = 100$$

不论有没有酶起作用，B 的平衡浓度为 A 的 100 倍。但没有酶时达成平衡需要几个小

时，而在有酶起作用的情况下，可能不到 1s 就能达到平衡。因此，酶使平衡加速达成，但并不移动平衡的位置。

（3）可降低反应的活化能　在有酶和一般催化剂参与反应时，由于催化剂能短暂地与反应物结合成过渡态，因而降低了反应所需的活化能，只要较低的能量就可使反应物进入活化状态，活化分子数大大增加，故加快了反应速度。

2. 酶作为生物催化剂的特性

（1）作用条件温和　酶由生物细胞产生，对周围环境很敏感，不耐高温、高压，遇强酸、强碱、重金属盐或紫外线等因素易失去催化活性。因此，在酶催化下的一切反应几乎都是在比较温和的常温、常压和接近中性条件下进行的。

（2）催化效率高　在相同条件下，酶的存在可以使一个反应的速度大大加快。然而，要把一个酶催化的反应和一个其他催化剂催化的反应，或非催化反应做定量比较，却是十分困难的，许多比较往往只能估计出一个下限。这一方面是由于它们的反应历程不同；另一方面是由于一些反应在酶的催化下可以顺利进行，但在没有酶存在时其反应速度难以测出。例如：尿素的水解反应在水溶液中是一个假一级反应，在 100℃ 时是不受 pH 值影响的，其一级反应速度常数为 $4.15 \times 10^{-5} s^{-1}$，活化能为 136.817kJ/mol；而尿素被脲酶催化水解时，在 20.8℃、pH 为 8.0 时，其一级反应速度常数为 $3 \times 10^4 s^{-1}$，活化能为 46.024kJ/mol，换算到非酶促反应在 28℃ 时的一级反应速度常数，应该是 $3 \times 10^{-10} s^{-1}$，其活化能相差 92.048kJ/mol。因此，酶促反应的速度比非酶促反应的至少快 10^{14} 倍。一般来讲，如果催化效率用分子比表示，则酶促反应的反应速度比非酶促反应高 $10^8 \sim 10^{20}$ 倍，若用催化常数（也称转换数，Turnover number），即单位时间内每分子酶能催化的底物分子数表示，大部分酶为 $1000 s^{-1}$，最大的可达 100 万 s^{-1} 以上。

（3）高度专一性　酶作用的专一性（Specificity）是指酶对催化底物有严格的选择性，对催化的反应类型也有严格的规定。和普通催化剂相比，酶的专一性较高，但在不同酶之间，仍有程度上的差别。根据酶对其底物结构选择的严格程度不同，酶的专一性可大致分为以下三种类型：

1）绝对专一性。有的酶只能作用于特定结构的底物，进行一种专一的反应，生成一种特定结构的产物，这种专一性称为绝对专一性。例如：脲酶仅能催化尿素水解生成 CO_2 和 NH_3，琥珀酸脱氢酶仅能催化琥珀酸脱氢生成延胡索酸，碳酸酐酶仅能催化碳酸生成 CO_2 和 H_2O。

$$O=C{\overset{NH_2}{\underset{NH_2}{<}}} + H_2O \xrightarrow{\text{脲酶}} 2NH_3 + CO_2$$

尿素

2）相对专一性。有些酶的专一性要求较低，这类酶作用于一族类化合物或一种化学键，这种不太严格的选择性称为相对专一性。相对专一性分为两种：

① 键专一性。仅选择性地要求底物的化学键，而不要求键两侧的基团。例如，对酯酶只要求底物分子中的酯键，而对构成酯键的有机酸和醇（或酚）无严格要求。这种键专一性是一种较低的专一性。又如，淀粉酶仅要求 α-1,4 糖苷键，对两侧糖链的长短不要求，故对不同相对分子质量的淀粉都可催化分解。

② 基团专一性。具有基团专一性的酶除了需要有"正确"的化学键以外，还需要键的

一侧必须是特定的基团。如胰蛋白酶作用于蛋白质的肽键,此肽键连接的羰基必须由赖氨酸或精氨酸等碱性氨基酸提供,而对肽键的氨基部分则要求不严。胰蛋白酶催化水解赖氨酸或精氨酸的作用部位见下式:

$$\underset{\substack{\text{赖氨酸或}\\\text{精氨酸}}}{\underbrace{-N-\overset{H}{\underset{H}{C}}-\overset{O}{C}-}}\overset{\downarrow\text{水解部位}}{\underset{H}{N}-\overset{H}{\underset{R}{C}}-\overset{O}{C}-}$$

3) 立体异构专一性。一种酶仅作用于立体异构体中的一种,这类酶对立体异构体的选择性要求称为立体异构专一性。根据旋光异构和几何异构的要求可分为:

① 旋光异构专一性。例如,精氨酸酶只催化水解 L-精氨酸,不能催化水解 D-精氨酸;乳酸脱氢酶只作用于 L-乳酸,不作用于 D-乳酸。

$$\underset{\text{L-乳酸}}{HO-\overset{CH_3}{\underset{COOH}{C}}-H} + NAD^+ \underset{\text{乳酸脱氢酶}}{\rightleftharpoons} \underset{\text{丙酮酸}}{\overset{CH_3}{\underset{COOH}{C}}=O} + NADH + H^+$$

② 几何异构专一性。例如,延胡索酸酶仅催化反丁烯二酸(延胡索酸)生成苹果酸,而对顺丁烯二酸(马来酸)无催化作用。

$$\underset{\text{反丁烯二酸}}{HOOC-\overset{C-H}{\underset{\|}{\underset{C-COOH}{H}}}} + H_2O \xrightarrow{\text{延胡索酸酶}} \underset{\text{L-苹果酸}}{OH-\overset{COOH}{\underset{CH_2}{\underset{COOH}{C}}}-H}$$

(4) 受调控　酶的催化活性在体内受到多种因素调节控制。这是酶区别于一般催化剂的重要特征。细胞和生物机体为执行各种生理功能和适应外界条件的变化,往往需要自我调节——通过代谢调控来达到整体的平衡与外界的统一。细胞内酶的调控方式多种多样。有的从不同水平来调节和控制酶的合成和降解;有的通过调节酶的活性,如通过共价修饰、酶原激活、抑制剂及反馈作用等方式来调控酶的活性。高效率、专一性及温和的作用条件使酶在生物体内新陈代谢中发挥强有力的作用,酶催化活性的调控使生命活动中各个反应得以有条不紊地进行。

3.1.3　酶的组成

酶和其他蛋白质一样,根据其组成成分可分为单纯蛋白酶(Simple enzyme)和结合蛋白酶(Conjugated enzyme)两大类。单纯蛋白酶又称简单蛋白酶。这类酶除蛋白质外不含其他成分,其活性只取决于它的蛋白质结构。大多数水解酶都属于这类酶,如蛋白酶、脂肪酶、核糖核酸酶、脲酶等。生物体内大多数酶都属于结合蛋白酶。这类酶由蛋白质部分与非蛋白质部分相结合而成,前者称为酶蛋白或脱辅基酶蛋白(Apoenzyme),后者称为辅助因子(Cofactor)。由酶蛋白和辅助因子结合而成的有活性的复合物叫作全酶(Holoenzyme),全酶的酶蛋白及辅助因子单独存在都没有催化活性。

酶蛋白　　辅助因子　　　　全酶
（蛋白质）＋（非蛋白质）──→（蛋白质、辅助因子复合物）
无活性　　无活性　　　　　有活性

根据酶蛋白分子的特点和分子大小，还可以把酶分为单体酶（Monomeric enzymes）、寡聚酶（Oligomeric enzymes）及多酶体系（Multienzyme system）三类。由一条肽链组成的酶称为单体酶，如胃蛋白酶、胰蛋白酶、核糖核酸酶等。由两条或两条以上肽链（称为亚基）组成的酶称为寡聚酶，如 3-磷酸甘油醛脱氢酶（二聚体）、L-乳酸脱氢酶（四聚体）等。体内有些参与链锁反应的多种酶常常连接在一起，构成所谓多酶体系，如丙酮酸脱氢酶系、脂肪酸合成酶系等。

酶的辅助因子包括辅酶（Coenzyme，简称 Co）和辅基（Prosthetic group）。与酶蛋白的结合松散，可用透析方法与蛋白质分离的辅助因子称为辅酶；与酶蛋白的结合牢固，不能用透析方法与蛋白质分离的辅助因子称为辅基。两者并无本质区别。通常一种酶蛋白必须与某一特定的辅助因子结合，才能成为有活性的全酶，如果用另一种替换则不表现出活力。反之，一种辅助因子常可与多种不同的酶蛋白结合而组成具有不同专一性的全酶。例如，NAD^+（或 $NADP^+$）可与不同的酶蛋白结合，组成如乳酸脱氢酶、苹果酸脱氢酶和 3-磷酸甘油醛脱氢酶等多种酶。由此可见，决定酶催化专一性的是酶的蛋白质部分。

按化学本质不同辅助因子可分为：

1）金属离子，如 Cu^{2+}、Zn^{2+}、Fe^{2+}、Mg^{2+}、Mn^{2+}、K^+、Na^+ 等，它们在酶分子中的作用有：维持酶分子特定活性构象，参与活性中心构成，参与氧化还原的电子传递；在酶与底物连接中起桥梁作用；利用离子的电荷（如中和电荷等）影响酶活性。

2）小分子有机物，如维生素、铁卟啉等。几乎所有 B 族维生素都参与辅酶和辅基的组成，在酶作用中或参与氧化还原反应，或作为基团载体。

3）蛋白类辅酶，如硫氧还蛋白、铁氧还蛋白等，也参与基团转移或氧化还原反应。

一些酶的辅助因子及其作用见表 3-1。

表 3-1　一些酶的辅助因子及其作用

类　别	酶	辅 助 因 子	辅助因子的作用
含金属离子辅基	酪氨酸、细胞色素氧化酶、漆酶、抗坏血酸氧化酶	Cu^{2+}	连接作用或传递电子
	碳酸酐酶、羧肽酶、醇脱氢酶	Zn^{2+}	连接作用
	精氨酸酶、磷酸转移酶、肽酶	Mn^{2+}	连接作用
	磷酸水解酶、磷酸激酶	Mg^{2+}	连接作用
含铁卟啉辅基	过氧化物酶、过氧化氢酶、细胞色素、细胞色素氧化酶	铁卟啉	传递电子
含维生素辅酶	多种脱氢酶	NAD 或 NADP	传递氢
	各种黄酶	FMN 或 FAD	传递氢
	转氨酶、氨基酸脱羧酶	磷酸吡哆醛	转移氨基
	α-酮酸脱羧酶	硫胺素焦磷酸	催化脱羧反应
	乙酰化酶	辅酶 A	转移酰基
	α-酮酸脱氢酶	二硫辛酸	氧化脱羧
	羧化酶	生物素	传递 CO_2

（续）

类　　别	酶	辅 助 因 子	辅助因子的作用
其他	磷酸基转移酶	ATP	转移磷酸基
	磷酸葡萄糖变位酶	1,6-二磷酸葡萄糖	转移磷酸基
	UDP 葡萄糖异构酶	二磷酸尿苷葡萄糖	异构化作用

3.1.4　酶的分类

国际上通用的系统分类法是以酶所催化的反应为基础的，共分为六大类。

1. 氧化还原酶类（Oxido-reductars）

氧化还原酶类用于催化氧化还原反应，在生物获取能量过程中起着极为重要的作用。生物体内的氧化还原反应多以脱氢、加氢的方式进行，脱氢为氧化，加氢为还原。氧化还原酶包括氧化酶（Oxidase）和脱氢酶（Dehydrogenase）。一般说来，氧化酶催化的反应都有氧分子直接参与，H 转移到 O_2 上。例如，葡萄糖氧化酶催化葡萄糖氧化成葡萄糖酸的反应中，氧分子是受氢体。

$$
\begin{matrix}
CH_2OH \\
(CHOH)_4 \\
CHO
\end{matrix}
+ O_2 \xrightarrow{\text{葡萄糖氧化酶}}
\begin{matrix}
COOH \\
(CHOH)_4 \\
CHO
\end{matrix}
+ H_2O
$$

脱氢酶催化的反应中 H 转移到一个不是 O_2 的受体上。例如，细胞内乙醇氧化为乙醛的反应，是在乙醇脱氢酶的催化下进行的，从底物氧化脱下的氢并不直接转给氧，而是使乙醇脱氢酶的辅酶 NAD 还原为 $NADH_2$。

$$
CH_3CH_2OH \xrightarrow[\text{乙醇脱氢酶}]{NAD\ NADH_2} CH_3CHO
$$

2. 转移酶类（Transferases）

转移酶类用于催化功能基团的转移反应（一为供体，一为受体）。例如，谷丙转氨酶是催化氨基转移的酶，是氨基酸代谢中一个重要的酶。

$$
\begin{matrix}
COOH \\
(CH_2)_2 \\
HCNH_2 \\
COOH
\end{matrix}
+
\begin{matrix}
CH_3 \\
CO \\
COOH
\end{matrix}
\xrightarrow{\text{谷丙转氨酶}}
\begin{matrix}
COOH \\
(CH_2)_2 \\
CO \\
COOH
\end{matrix}
+
\begin{matrix}
CH_3 \\
HCNH_2 \\
COOH
\end{matrix}
$$

谷氨酸　　　丙氨酸　　　　α-酮戊二酸　丙氨酸

如果分子间转移的基团是高能基团，基团的转移就伴随着能量的转移。催化这类反应的转移酶称为激酶。最常见的是底物分子与 ATP 分子间进行的高能磷酸基团的转移反应。ATP 分子上的高能磷酸基团转移到底物分子上，提高了底物分子的能量，可看作消耗 ATP 分子而活化了底物；或者底物分子上的高能磷酸基团转移到 ADP 分子上，可看作 ADP 分子的磷酸化，即 ATP 分子的合成。例如，葡萄糖分子分解时首先被活化为 6-磷酸葡萄糖的反应就是由己糖激酶催化的。

$$CH_2OH \quad \xrightarrow[\text{己糖激酶}]{ATP \quad ADP} \quad CH_2OP$$
$$(CHOH)_4 \qquad\qquad (CHOH)_4$$
$$CHO \qquad\qquad\qquad\qquad CHO$$

3. 水解酶类（Hydrolases）

水解酶类用于催化底物发生水解。如淀粉酶、蛋白酶、脂肪酶等能分别将淀粉、蛋白质、脂肪等大分子水解为糖、氨基酸、脂肪酸等小分子。此类酶的应用与日俱增，是目前应用最广泛的一种酶。淀粉酶水解淀粉为葡萄糖的反应式如下：

$$(C_6H_{10}O_5)_n + nH_2O \xrightarrow{\text{淀粉酶}} nC_6H_{12}O_6$$

4. 裂解酶类（Lyases）

裂解酶类用于催化底物进行非水解性、非氧化性分解。这类反应在代谢中起着重要作用，其特点是分离出 H_2O、NH_3、CO_2 及醛等小分子而留下双键，或反过来催化底物双键的加成。例如：

$$\begin{array}{l} HOOCCHNH_2 \\ HOOCCH_2 \end{array} \rightleftharpoons \begin{array}{l} HOOCCH \\ HOOCCH \end{array} + NH_3$$

天冬氨酸

5. 异构酶类（Isomerases）

异构酶类用于催化底物分子的异构化反应，包括旋光（或立体）异构、顺反异构、分子内氧化还原以及分子内转移等。葡萄糖异构酶催化葡萄糖异构为果糖的反应式如下：

$$\begin{array}{l} CH_2OH \\ (CHOH)_4 \\ CHO \end{array} \xleftarrow{\text{葡萄糖异构酶}} \begin{array}{l} CH_2OH \\ (CHOH)_3 \\ CO \\ CH_2OH \end{array}$$

6. 合成酶类（Synthetases）

合成酶类又称连接酶类（ligases），可催化两个底物连接成一个分子的合成反应。这类合成反应关联着许多重要生命物质（如蛋白质、脂肪等）的合成，一般为吸能过程，因而通常有 ATP 等高能物质参加反应。其通式可写为：

$$X + Y + ATP \rightleftharpoons X - Y + ADP + Pi$$

丙酮酸羧化酶利用 ATP 分解释放的能量催化丙酮酸与 CO_2 合成草酰乙酸的反应就属于这类反应。

$$\begin{array}{l} COOH \\ CO \\ CH_3 \end{array} + CO_2 \xrightarrow[\text{丙酮酸羧化酶}]{ATP \quad ADP} \begin{array}{l} OCCOOH \\ CH_2COOH \end{array}$$

在六类酶中，根据酶的更具体的性质可进一步将每一类酶分成若干亚类、亚亚类。例如，在氧化还原酶类中，根据氢或电子供体的性质可将此类酶分成 20 个亚类，每个亚类又分成若干个亚亚类。

3.1.5　酶的命名法

1. 习惯命名法

1961 年以前使用的酶的名称都是习惯沿用的，称为习惯名。习惯命名法的原则是：

1）绝大多数酶依据其底物来命名，如催化水解淀粉的称为淀粉酶，催化水解蛋白质的称为蛋白酶。

2）某些酶根据其所催化的反应性质来命名，如水解酶催化底物分子水解，转氨酶催化一种化合物上的氨基转移至另一化合物上。

3）有的酶结合上述两个原则来命名，如琥珀酸脱氢酶是催化琥珀酸脱氢反应的酶。

4）在这些命名的基础上有时还加上酶的来源或酶的其他特点，如胃蛋白酶及胰蛋白酶、碱性磷酸酯酶及酸性磷酸酯酶等。

2. 国际系统命名法

习惯命名法比较简单，应用历史较长，但缺乏系统性，有时出现一酶数名或一名数酶的情况。为了适应酶学的发展，避免命名的重复，国际生物化学学会酶学委员会于 1961 年提出了国际系统命名法及系统分类的原则，并已广为采用。酶的国际分类见表 3-2。

国际系统命名法中规定了一套系统的命名规则，使每一种酶都有一个名称，包括酶的系统名及四个数字的分类编号。系统名称中应包括底物的名称及反应的类型，若有两种底物，它们的名称均应列出，并用冒号"："隔开，若底物之一为水则可略去。例如，催化下述乳酸脱氢反应的乳酸脱氢酶的国际系统命名为"L-乳酸：NAD 氧化还原酶"，分类编号为"EC1.1.1.27"。

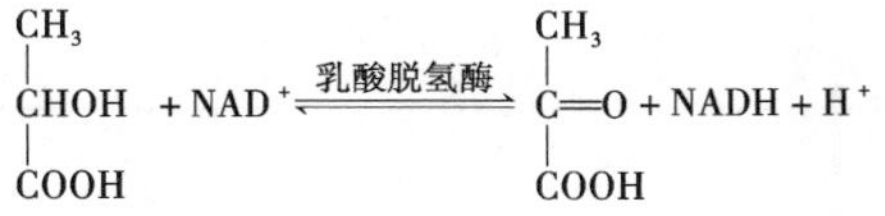

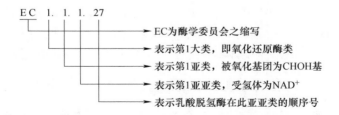

乳酸　　　　　　　　丙酮酸

其分类编号可解释如下：

```
E C   1.  1.  1.  27
```

→ EC为酶学委员会之缩写
→ 表示第1大类，即氧化还原酶类
→ 表示第1亚类，被氧化基团为CHOH基
→ 表示第1亚亚类，受氢体为NAD$^+$
→ 表示乳酸脱氢酶在此亚亚类的顺序号

根据酶的催化反应的特点，系统命名法赋予每一种酶一个名称，以免混淆不清，一般在国际杂志、文献及索引中采用，但因名称烦琐，使用不便，故在工作中及相当多的文献中仍沿用习惯命名法。

表 3-2　酶的国际分类——大类及亚类（表示分类名称、编号、催化反应的类型）

1　氧化还原酶类 （亚类表示底物中发生氧化的性质） 1.1　作用在 —CH—OH 上 1.2　作用在 —C＝O 上 1.3　作用在 —CH＝CH 上 1.4　作用在 —CH—NH₂ 上 1.5　作用在 —CH—NH 上 1.6　作用在 NADH，NADPH 上	**4　裂解酶类** （亚类表示分裂下来的基团与残余分子间的键的类型） 4.1　C—C 4.2　C—O 4.3　C—N 4.4　C—S
2　转移酶类 （亚类表示底物中被转移基团的性质） 2.1　一碳基团 2.2　醛或酮基 2.3　酰基 2.4　糖苷基 2.5　除甲基之外的烃基或酰基 2.6　含氮基 2.7　磷酸基 2.8　含硫基	**5　异构酶类** （亚类表示异构的类型） 5.1　消旋及差向异构酶 5.2　顺反异构酶
3　水解酶类 （亚类表示被水解的键的类型） 3.1　酯键 3.2　糖苷键 3.3　醚键 3.4　肽键 3.5　其他 C—N 键 3.6　酸酐键	**6　合成酶类** （亚类表示新形成的键的类型） 6.1　C—O 6.2　C—S 6.3　C—N 6.4　C—C

3.2　酶的化学本质及结构功能特点

酶分子本质多是蛋白质，但蛋白质分子都不具有催化功能。一个蛋白质分子的表面具有可以可逆地结合小的溶质分子或离子的区域，借用有机金属化学的概念，这些溶质分子被称为配体（Ligand）。酶的底物、辅酶或辅基，以及各种调节因子等，都可以成为配体，所以每一个酶蛋白通常有一个或多个配体结合部位，这是由酶分子本身的结构决定的。

3.2.1　酶的一级结构与催化功能的关系

1. 必需基团——酶分子中只有少数几个氨基酸侧链基团与活性直接相关

酶分子中有各种功能基团，如—NH₂、—COOH、—SH、—OH 等，但并不是酶分子中所有的这些基团都与酶活性直接相关，而只是酶蛋白一定部位的若干功能基团才与催化作用有关。这种关系到酶催化作用的化学基团称为酶的必需基团（Essential group）。常见的有组氨酸的咪唑基、丝氨酸和苏氨酸的羟基、半胱氨酸的巯基、赖氨酸的 δ-氨基、精氨酸的胍基、天冬氨酸和谷氨酸的羧基、游离的氨基和羟基等。

必需基团可分为两类：能与底物结合的必需基团称为结合基团（Binding group）；能促进底物发生化学变化的必需基团称为催化基团（Catalytic group）。有的必需基团兼有结合基团与催化基团的功能。

2. 酶原激活——切去部分片段是酶原激活的共性

有些酶，其肽链在细胞内合成之后即可自发盘曲折叠成一定的三维结构，一旦形成了一定的构象，酶就立即表现出全部酶活性，如溶菌酶；有些酶（大多为水解酶），在生物体内首先合成出来的只是其无活性的前体，即酶原（Zymogen）。常见的几种酶原激活情况见表3-3。

表3-3 酶原的激活

酶原的名称	激活条件	活性的酶	无活性的肽及氨基酸基
胃蛋白酶原	$\xrightarrow{H^+ 或胃蛋白酶}$	胃蛋白酶	六个多肽碎片
胰蛋白酶原	$\xrightarrow{肠激酶或胰蛋白酶}$	胰蛋白酶	六肽
胰凝乳蛋白酶原	$\xrightarrow{胰蛋白酶}$	胰凝乳蛋白酶	两个二肽
羧基肽酶原 A	$\xrightarrow{胰蛋白酶}$	羧基肽酶 A	几种碎片
弹性蛋白酶原	$\xrightarrow{胰蛋白酶}$	弹性蛋白酶	几种碎片

酶原的激活过程是通过去掉分子中的部分肽段，引起酶分子空间结构的变化，从而形成或暴露出活性中心，转变成为具活性的酶。不同的酶原在激活过程中去掉的肽段数目及大小不同。使酶原激活的物质称为激活剂（Activator）。虽然不同酶原的激活剂不完全相同，但有的激活剂可激活多种酶原，如胰蛋白酶可以激活动物消化系统的多种酶原。胰蛋白酶原激活示意图如图3-1所示。

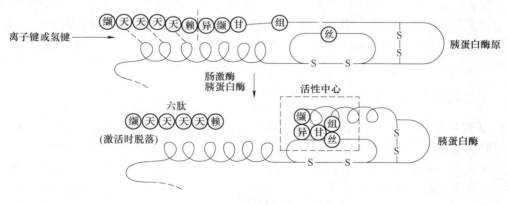

图3-1 胰蛋白酶原激活示意图

3. 共价修饰——改变一定基团可使酶活性改变

应用一些化学试剂可与某些氨基酸侧链基团发生结合、氧化或还原等反应，生成一共价修饰物，使酶分子的一些基团可用几种修饰剂修饰。用于修饰氨基的修饰剂有顺丁烯二酸酐、乙酸酐、二硝基氟苯等；用于修饰组氨酸咪唑基的有溴丙酮、二乙基焦磷酸盐及光氧化；修饰精氨酸的胍基常用丙二醛、2,3-丁二酮或环己二酮；修饰半胱氨酸巯基用碘乙酸、对氯汞苯甲酸、磷碘苯甲酸等；修饰丝氨酸羟基常用二异丙基氟磷酸（DFP）。

酶共价修饰的基本要求如下：

（1）修饰剂的要求　在选择修饰剂时要求修饰剂具有较小的相对分子质量，对蛋白质的吸附有良好的生物相容性和水溶性，修饰剂分子表面有较多的反应活性基团，还应考虑修饰剂上反应活性基团的活化方法和活化条件，以及修饰后酶的半衰期越长越好。

（2）酶的要求　要熟悉酶反应的最适宜条件和稳定性条件，酶的活性部位的情况，酶分子侧链基的化学型性质及反应的活泼性等。

（3）反应条件的确定　修饰反应一般要选择在酶稳定的条件下进行，尽可能少破坏酶活性必需基团，反应的最后结果得到酶的修饰剂结合率和活性回收率都较高的反应条件。例如，反应体系中酶与修饰剂的分子比例、反应温度、pH、时间、溶剂性质和盐浓度等，在确定反应条件时必须要考虑。因修饰剂不同，故反应条件必须通过大量的试验才能确定。

酶的一级结构是酶的基本化学结构，是催化功能的基础。一级结构的改变使酶的催化功能发生相应的改变。肽键是酶蛋白的主键，不同的酶蛋白，不同氨基酸数目，催化功能就不同。例如，核糖核酸酶由124个氨基酸残基组成，只有一条肽链，当用枯草杆菌蛋白酶在限制水解的条件下，使它的第20号和第21号氨基酸之间的肽键断裂，这样就形成了含20个残基的S肽和含104个残基的S蛋白。两个部分单独测试都无活性，若在中性溶液中将它们的两个肽段合在一起时，则酶的活性又恢复。同样，核糖核酸酶在其C末端用羧肽酶去掉3个氨基酸时，对酶的活性几乎没有影响，但用胃蛋白酶去掉C末端的4个氨基酸时，则酶活性全部丧失。

许多酶都存在着二硫键。二硫键的断裂一般会使酶变性而丧失其催化功能，但是某些情况下，二硫键断开而酶的空间构象不受破坏时，酶的活性并不完全丧失，如果使二硫键复原，酶又重新恢复其原有的生物活性。

在细胞内有一些酶存在天然的共价修饰，从而实现酶的活性态与非活性态的互相转变。这种酶大多与调节代谢的速度有关，称为调节酶。细胞内酶的共价修饰包括磷酸化、乙酰化与去乙酰化、甲基化与去甲基化等。不同的调节酶，其修饰情况不一样，有的酶接上一个基团后有活性，去掉这个基团后失去活性；另外的酶则刚好相反。

3.2.2　酶的活性与其高级结构的关系

1. 活性中心——酶分子中只有很小的结构区域与活性直接相关

酶的活性中心不仅决定于一级结构，还与其高级结构紧密相关。就某种程度而言，在酶活性的表现上，高级结构甚至比一级结构更为重要，因为只有高级结构才能形成活性中心。通常把酶分子上必需基团比较集中并构成一定空间构象、与酶的活性直接相关的结构区域称为酶的活性中心（Active center）或称活性部位（Active site）。图3-2所示为酶的活性中心模式。

活性中心是直接将底物转化为产物的部位，它通常包括两个部分：与底物结合的部分称为结合中心（Binding center）；促进底物发生化学变化的部分称为催化中心（Catalytic center）。前者决定酶的专一性，后者决定酶所催化的反应的性质。有些酶的结合中心和催化中心是同一部位。

不同的酶构成的活性中心的基团和构象均不同。对不需要辅酶的酶（单纯酶）来说，活性中心就是酶分子在三维结构中比较靠近的少数几个氨基酸残基或是这些残基上的某些基团，它们在一级结构上可能相距甚远，甚至位于不同肽链，通过肽链的折叠盘绕而在空间构象上相互靠近；对需要辅酶的酶（结合酶）来说，活性中心主要是辅酶分子或辅酶分子上的某一部分结构，以及与辅酶分子在结构上紧密偶联的蛋白结构区域。

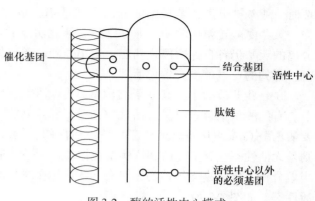

图3-2 酶的活性中心模式

多数酶分子的活性中心只有一个，少数有数个。活性中心中，催化中心常常只有一个，包括 2~3 个氨基酸残基；结合中心则随酶而异，有的仅有一个，有的有数个，每个结合中心的氨基酸数目也不一致。

2. 牛胰核糖核酸酶折合试验——二、三级结构与酶活性的关系

酶的二、三级结构是所有酶都必须具备的空间结构，是维持酶的活性部位所必需的构象。当酶蛋白的二级和三级结构彻底改变后，就可使酶的空间结构遭受破坏从而使其丧失催化功能，这是以蛋白质变性理论为依据的。另一方面，有时使酶的二级和三级结构发生改变，能使酶形成正确的催化部位从而发挥其催化功能。由于底物的诱导而引起酶蛋白空间结构发生某些精细的改变，与适应的底物相互作用，从而形成正确的催化部位，使酶发挥其催化功能，这就是诱导契合学说（详见3.3.3节）的基础。

牛胰核糖核酸酶 I （RNase I）的活性中心主要由第12位和第119位两个组氨酸残基构成，这两个残基在一级结构上相隔107个氨基酸残基，但是它们在高级结构中相距得很近，两个咪唑基之间约0.5nm，这两个氨基酸就构成了酶的活性中心。这一结果是由 RNase I 的片段重组得出的。

用枯草杆菌蛋白酶（Subtilisin）水解 RNase 分子中的丙$_{20}$与丝$_{21}$间的肽键，其产物仍具有活性，称为 RNaseS。产物中含有两个片段：一个小片段，含有20个氨基酸残基（1~20），称为 S 肽；一个大片段，含有104个氨基酸残基（21~124），称为 S 蛋白。S 肽具有组$_{12}$，S 蛋白含有组$_{119}$。S 肽与 S 蛋白单独存在时，均无活性，但若将二者按 1:1 的比例混合，则恢复酶活性，虽然此时第20位与第21位之间的肽键并未恢复。这是因为 S 肽通过氢键及疏水作用与 S 蛋白结合，使组$_{12}$和组$_{119}$在空间位置上相互靠近而重新形成了活性中心。可见，只要酶分子保持一定的空间构象，使活性中心必需基团的相对位置保持恒定，一级结构中个别肽键的断裂，乃至某些区域的小片段的去除，并不影响酶的活性。

3. 聚合与解聚——四级结构与酶活性的关系

具有四级结构的酶，按其功能可分为两类：一类与催化作用有关，另一类与代谢调节关系密切。

只有与催化作用有关的具有四级结构的酶，才会由几个相同或不同的亚基组成，每个亚基都有一个活性中心。四级结构完整时，酶的催化功能才会充分发挥出来，当四级结构被破坏时，亚基被分离，若采用的分离方法适当，被分离的亚基仍保留着各自的催化功能。例如，天冬氨酸转氨甲酰酶的亚基是具有催化功能的，当用温和的琥珀酸使四级结构解体时，分离的亚基仍各自保持催化功能；当用强烈的条件如酸、碱、表面活性剂等破坏其四级结构时，得到的亚基就没有催化活性。

在一些调节酶中，其分子结构常常是寡聚蛋白，酶的活性通过亚基的聚合与解聚来调节。有的酶呈聚合态时是有活性的，解聚成亚基后为非活性态。如催化脂肪酸合成的一个重要酶乙酰 CoA 羧化酶为聚合态时是具活性的；相反，有的酶呈解聚态时为活性态，聚合体则是无活性态。又如 cAMP 依赖型蛋白激酶是含有两个催化亚基、两个调节亚基的四聚体，当聚合在一起时是无活性的，当有 cAMP 存在时，两类亚基解聚，游离出催化亚基，则成为活性态，如图 3-3 所示。

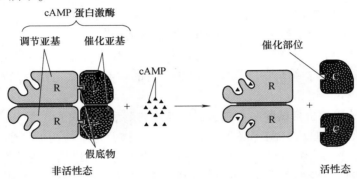

图 3-3 cAMP 依赖型蛋白激酶亚基解聚激活过程示意图

3.3 酶作用的机制

3.3.1 酶催化作用的实质——降低分子活化能

在一个化学反应体系中，活化分子越多，反应就越快，因此，设法增加活化分子数，就能提高反应速度。要使活化分子增多，有两种可能的途径：一种是加热或光照射，使一部分分子获得能量而活化，直接增加活化分子的数目，以加速化学反应的进行；另一种是降低活化能的高度（即能阈，Energy barrier），间接增加活化分子的数目。催化剂的作用就是能够降低活化能（Activation energy）。活化能越低，反应物分子的活化越容易，反应也就越容易进行。

酶催化作用的实质就在于它能降低化学反应的活化能，如图 3-4 所示。酶

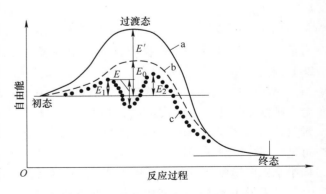

图 3-4 反应过程中活化能的变化

a—非催化反应 b——般催化反应 c—酶催化反应

E_1——ES 形成时的能阈 E_2——ES 分解时的能阈

E——酶催化反应总过渡态能阈 E_0——般催化反应

总降低能阈 E'——非催化反应过渡态能阈

使反应在较低能量水平上进行，从而使化学反应加速。某些反应的活化能见表3-4。

表3-4 某些反应的活化能

反 应	催 化 剂	活化能/（kJ/mol）	反 应	催 化 剂	活化能/（kJ/mol）
H_2O_2分解	无 Fe^{2+} 过氧化氢酶	75.2 41 <8.4	蔗糖水解	H^+ 蔗糖酶	104.5 33.4
尿素水解	H^+ 脲酶	103 28	乙酸丁酯水解	H^+ OH^- 胰脂酶	66.9 42.6 18.8

酶作为催化剂参加一次化学反应之后，酶分子立即恢复到原来的状态，继续参加反应，所以一定量的酶在短时间内能催化大量的底物发生变化。

3.3.2 酶的工作方式——中间络合物学说

关于酶如何降低反应活化能从而加速反应的进行，中间络合物学说认为，在酶促反应中，底物先与酶结合成不稳定的中间络合物，再分解释放出酶与产物。可表示为

$$E + S \Longleftrightarrow ES \longrightarrow P + E$$

式中，S 代表底物（Substrate），E 代表酶（Enzyme），ES 为中间络合物，P 为反应产物（Product）。由于 E 与 S 结合，使 S 分子内的某些化学键发生极化，呈不稳定状态（或称活化状态），故反应能阈降低。

对有两种底物参加的酶催化反应，该学说可表示为

$$E + S_1 \Longleftrightarrow ES_1$$
$$ES_1 + S_2 \longrightarrow P + E$$

即在有辅酶参加的催化反应中，辅酶与 S_1 分子的一部分结合，并将这一部分转移给 S_2 而形成新产物。

根据中间络合物学说，酶催化反应分两步（或多步）进行，每一步反应的活化能都较低，因而总的活化能也较低。这可由图 3-4 看出，酶催化反应的表现活化能 E 为

$$E = E_1 + E_2 - E_{-1}$$

通常 E_1、E_2 等均很小，所以酶催化反应的表现活化能 E 就比一般催化反应的活化能 E_0 小得多。

由图 3-4 还可以看出，要 E 小，必须 E_1、E_2 都小，E_1 小说明酶易与底物作用，E_2 小说明中间络合物 ES 不太稳定，即 ES 要易于进一步分解产生最终产物 P 同时释放出 E。

中间络合物学说能否成立，其关键在于能否证实确有中间络合物的形成，目前已经获得可靠的实验证据。例如，过氧化物酶 E 可催化 H_2O_2 与另一还原型底物 AH_2 进行反应。按中间络合物学说，其反应历程如下：

$$E + H_2O_2 \longrightarrow E—H_2O_2$$
$$E—H_2O_2 + AH_2 \longrightarrow E + A + 2H_2O$$

在此过程中，可用光谱分析法证明中间络合物 E—H_2O_2 的存在。首先对酶液进行光谱分析，发现过氧化物酶在 645nm、587nm、548nm、498nm 处有四条吸收光带；接着向酶液中加入 H_2O_2，此时发现酶的四条光带消失，而在 561nm、530nm 处出现两条吸收光带，而且

溶液颜色由褐变红，这说明酶已与过氧化氢结合而生成了一种新的中间物；然后加入另一还原型底物 AH_2（如没食子酸），则过氧化物酶立即恢复至原来的四条吸收光带，这表明过氧化物酶重新游离。近年来，观察凝乳蛋白酶催化对硝基苯乙酸酯的水解反应时，能直接分离出中间物（乙酰凝乳蛋白酶复合物），这也证明酶与底物生成的中间络合物是确实存在的。

底物具有一定的活化能，当底物和酶结合成过渡态的中间络合物时，要释放一部分结合能，这部分能量的释放，使得过渡态的中间络合物处于比 E＋S 更低的能级，因此使整个反应的活化能降低，使反应大大加速。

底物同酶结合成中间复合物是一种非共价结合，依靠氢键、离子键、范德瓦耳斯键等次级键来维系。

3.3.3 酶作用专一性的机制——诱导契合学说

一种酶为什么只能催化一定的物质发生反应，即一种酶只能同一定的底物结合，酶对底物的这种选择特异性的机制曾经有过几种不同的假说，如锁钥学说（Lock-key theory）、诱导契合学说（Induced-fit theory）、结构性质互补假说（Structure-property complementation theory）。目前公认诱导契合学说可以较好地解释这种选择特异性的机制。Koshland 在解释酶的作用专一性机制时提出了诱导契合学说，他认为酶和底物在接触以前，二者并不是完全契合的，只有在底物和酶的结合中心结合以后，产生了相互诱导，酶的构象发生了微妙的变化，催化中心转入了有效的作用位置，酶与底物才完全契合，酶才能高速地催化反应。"诱导契合"模式如图 3-5 所示。

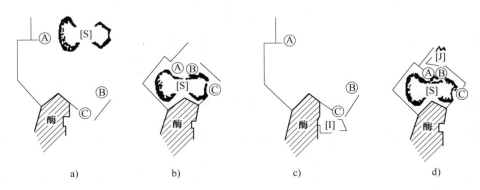

图 3-5 "诱导契合"模式

a) 酶蛋白活性中心原有的构象和底物　b) 底物引入后，酶蛋白构象改变，使催化中心Ⓐ、Ⓑ并列，有利于Ⓒ与底物结合

c) 抑制剂引起酶分子构象改变，使Ⓒ固定，底物失去酶分子上Ⓐ、Ⓑ的协调而不能与酶结合，酶活性抑制

d) 当有激活剂时，酶与底物结合的自由能更低，因此催化效率更高

Ⓐ、Ⓑ—酶分子上的催化中心　Ⓒ—酶分子上的结合中心　[S]—底物　[J]—激活剂　[I]—抑制剂

诱导契合学说认为：①酶分子具有一定的柔顺性；②酶的作用专一性不仅取决于酶和底物的结合，也取决于酶的催化中心有正确的取位。正因为如此，诱导契合学说认为催化中心要诱导才能形成，而不是"现成的"，因此可以排除那些不适合的物质偶然"落入"现成的催化中心而被催化的可能。诱导契合学说也能很好地解释所谓"无效"结合，因为这种物

质不能诱导催化中心形成。迄今为止已有许多实例支持诱导契合学说。

3.3.4 酶作用高效性的机制——共价催化与酸碱催化

1. 共价催化

有一些酶以共价催化（Covalent catalysis）来提高其催化反应的速率，在催化时，亲核催化剂或亲电子催化剂能分别放出电子或汲取电子并作用底物的缺电子中心或负电中心，迅速形成不稳定的共价中间络合物，这个中间络合物很容易变成转变态，因此，反应的活化能大大降低，底物可以越过较低的能阈而形成产物。

通常在这些酶的活性中心都含有亲核基团（Nucleophilic group），如丝氨酸的羟基、半胱氨酸的巯基、组氨酸的咪唑基等，这些基团都有公用的电子对作为电子的供体和底物的亲电子基团以共价键结合。此外，许多辅酶也有亲核中心。

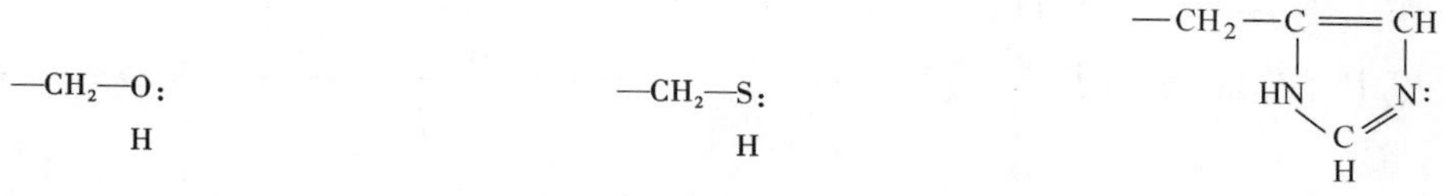

$$—CH_2—O: \qquad\qquad —CH_2—S: $$
$$\quad\ H \qquad\qquad\qquad\qquad\quad H$$

丝氨酸的羟基 　　　　　　　半胱氨酸的巯基 　　　　　　　组氨酸的咪唑基

以酰基（如脂肪酰和磷酸）移换反应为例来说明共价催化的原理。这类酶分子活性中心的亲核基团首先与含酰基的底物（如脂类分子）以共价结合，形成酰化酶中间络合物，接着酰基从中间络合物转移到另一酰基受体（醇或水）分子中。含亲核基团的酶 E 催化的反应（R 为酰基）可用下列反应式表示：

第一步：　　　RX　　+E $\xrightarrow{\text{快}}$ RE + X$^-$
　　　　　　酰基供体　 酶 　　酰化酶
　　　　　　（底物）

第二步：RE + H$_2$O $\xrightarrow[\text{最终酰基受体}]{\text{快}}$ ROH + E + H$^+$

总反应：RX + H$_2$O $\xrightarrow{\text{酶，快}}$ ROH + X$^-$ + H$^+$
非催化反应：RX + H$_2$O $\xrightarrow{\text{慢}}$ ROH + X$^-$ + H$^+$

在酶催化的反应中，第一步是有酶参加的反应，因而比没有酶对底物与酰基受体的反应快一些；第二步反应，因酶含有易变的亲核基团，因而形成的酰化酶与最终的酰基受体的反应也必然比无酶的最初底物与酰基受体的反应要快一些。合并两步催化的总速度要比非催化反应大得多，因此，形成不稳定的共价中间络合物可以大大加速反应。

2. 酸碱催化

酸碱催化（Acid-base catalysis）是通过瞬时向反应物提供质子或从反应物接受质子以稳定过渡态、加速反应的一类催化机制。酸碱催化剂是催化有机反应的最普通、最有效的催化剂。酸碱催化剂有两种：一种是狭义的酸碱催化剂，即 H$^+$ 及 OH$^-$，由于酶反应的最适 pH 值一般接近于中性，因此 H$^+$ 与 OH$^-$ 的催化在酶反应中的意义是比较有限的；另一种是广义的酸碱催化剂，即质子受体和质子供体的催化，它们在酶反应中的重要性大得多，发生在细胞内的多类有机反应都是受广义的酸碱催化的，如将水加到羰基上，羧酸酯及磷酸酯的水解，以及许多取代反应等。

酶蛋白中含有多种可以起广义酸碱催化作用的功能基，如氨基、羧基、巯基、酚羟基及咪唑基等（见表3-5），其中组氨酸的咪唑基既是一个很强的亲核基团，又是一个有效的广义酸碱功能基。

影响酸碱催化反应速度的因素有两个。第一个因素是酸碱的强度。这些功能基中，组氨酸咪唑基的解离常数约为6.0，这意味着由咪唑基上解离下来的质子的浓度与水中的氢离子浓度相近，因此，它在接近于生理体液的pH条件下（即在中性条件下），有一半以酸形式存在，另一半以碱形式存在，也就是说，咪唑基既可以作为质子供体，又可以作为质子受体在酶促反应中发挥催化作用：

表3-5　酶蛋白中可作为广义酸碱的功能基

广义酸基团（质子供体）	广义碱基团（质子受体）
—COOH	—COO⁻
—NH₃⁺	—NH₂
—SH	—S⁻

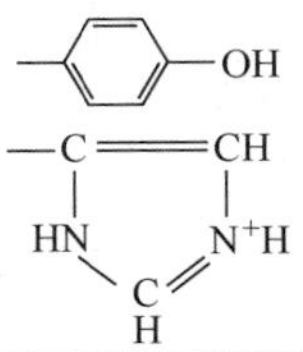

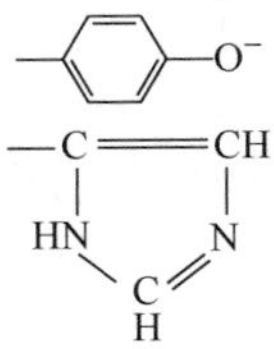

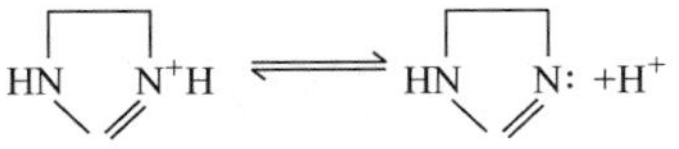

因此，咪唑基是催化中最有效、最活泼的一个催化功能基。第二个因素是这些功能基供出质子或接受质子的速度。咪唑基供出或接受质子的速度十分迅速，其半衰期小于10^{-10}s，而且供出质子或接受质子的速度几乎相等。由于咪唑基有如此优点，所以组氨酸在大多数蛋白质中虽然含量很少，却很重要。推测很可能在生物进化过程中，它不是作为一般的蛋白结构成分，而是被选择作为酶分子中的催化成员而存留下来的。实际上，组氨酸是许多酶的活性中心的构成成分。

由于酶分子中存在多种供质子或受质子的基团，因此，酶的酸碱催化效率比一般酸碱催化剂高得多。如肽键在无酶存在下进行水解时需要高浓度的H^+或OH^-、长的作用时间（$10 \sim 24h$）和高温（$100 \sim 120℃$）；而以胰凝乳蛋白酶作为酸碱催化剂时，在常温、中性下很快就可使肽键水解。

3.4　酶促反应的动力学

酶促反应动力学（Kinetics of enzyme-catalyzed reactions）是研究酶促反应速度及其影响因素的科学。酶促反应速度指的是反应初速度，此时反应速度与酶的浓度呈正比关系，避免反应产物及其他因素的影响。影响酶促反应速度的因素有酶的浓度、底物浓度、pH值、温度、抑制剂、激活剂等。研究某一因素对酶促反应速度的影响时，应保持其他因素不变，单独改变待研究的因素。

酶的结构与功能关系以及酶作用机理的研究需要动力学的实验数据，为了了解酶在代谢中的作用和了解污染物降解的作用机理，需要掌握酶促反应的速度规律。因此，酶促反应动力学的研究具有重要的理论和实践意义。

3.4.1　酶促反应的速度

不同时间测定反应体系中产物的生成量，以产物的生成量对时间作图，可得到如图 3-6 的反应进程曲线。不同时间的反应速度就是时间为不同值时曲线的斜率。

随着酶反应时间的增加，底物浓度降低，产物不断积累，部分酶失活，这些结果都将导致酶反应速度逐渐下降，只有在反应的初始阶段，上述因素的影响才可忽略不计，所以，研究酶反应速度通常都以反应的初速度为准。通常以酶反应过程曲线的直线部分（一般底物浓度的变化在 5% 以内）来计算酶反应的初速度。酶反应的初速度越大，说明酶的催化活力越高。

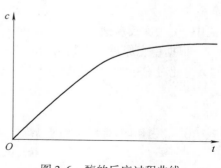

图 3-6　酶的反应过程曲线

3.4.2　影响酶促反应速度的因素

1. 酶浓度对反应速度的影响

当底物浓度大大超过酶的浓度即 $c_S \gg c_E$ 时，酶的浓度与反应速度呈正比关系（图 3-7）。其关系式为 $v = Kc_E$，其中 K 是比例常数。

2. 底物浓度对反应速度的影响

酶和底物是构成酶反应系统最基本的因素，它们决定了酶反应的基本性质，其他各种因素必须通过它们才能产生影响，因此，酶和底物之间的动力学关系是整个酶反应动力学的基础。

实验发现随着底物浓度的增加，反应速度的上升呈双曲线，即在低浓度时，反应速度 v 与底物浓度 c_S 呈正比，表现为一级反应；当底物浓度很高时，反应速度逐渐接近恒定值（最大反应速度）而与底物浓度无关，表现为零级反应。典型的酶反应速度曲线如图 3-8 所示。

（1）米氏方程的导出　解释上述现象可用中间络合物学说，即

$$E + S \underset{k_{-1}}{\overset{k_1}{\rightleftharpoons}} ES \xrightarrow{k_2} P + E$$

1923 年 Michaelis 和 Menten 根据这一假设，对酶催化反应进行了动力学分析，推导出酶催化反应速度与底物之间关系的基本公式，这就是著名的米氏方程。它是酶学研究中最基本，也是最重要的公式之一。

反应产物 P 的生成速度取决于中间络合物 ES

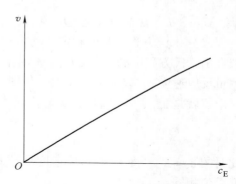

图 3-7　酶浓度对反应速度的影响

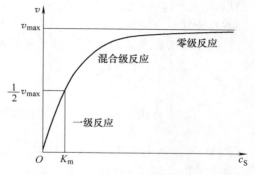

图 3-8　酶反应速度与底物浓度的关系
（K_m 代表米氏常数）

的分解速度，即

$$v = \frac{dc_p}{dt} = k_2 c_E c_S \tag{3-1}$$

式中，v 为面反应速度；k_2 为速度常数；$c_E c_S$ 为酶与底物形成的中间络合物浓度。

根据稳态原理，中间络合物 ES 的浓度开始由零逐渐增加到一定数值后到动态平衡（稳态），此时 ES 的生成速度等于其分解速度，即

$$k_1 c_E c_S = (k_{-1} + k_2) c_E c_S \tag{3-2}$$

而

$$c_E = c_{E0} - c_E c_S \tag{3-3}$$

式中，c_{E0} 为初时加入的酶的总浓度。于是

$$k_1 (c_{E0} - c_E c_S) c_S = (k_{-1} + k_2) c_E c_S \tag{3-4}$$

故

$$c_E c_S = \frac{k_1 c_{E0} c_S}{k_{-1} + k_2 + k_1 c_S} \tag{3-5}$$

于是

$$v = k_2 c_E c_S = \frac{k_1 k_2 c_{E0} c_S}{k_{-1} + k_2 + k_1 c_S} = \frac{k_2 c_{E0} c_S}{\frac{k_{-1} + k_2}{k_1} + c_S} \tag{3-6}$$

即

$$v = \frac{v_{\max} c_S}{K_m + c_S} \tag{3-7}$$

式中，$v_{\max} = k_2 c_{E0}$，酶反应的最大反应速度（或极限速度）；$K_m = \dfrac{k_{-1} + k_2}{k_1}$，米氏常数。

式（3-7）就是酶催化反应的米氏方程，简称 M-M 方程。

（2）米氏方程参数的确定　动力学参数一般都是根据动力学实验求得。通过实验数据拟合出米氏方程中的 $v_{\max}$ 及 K_m。采用作图法更方便，在 c_{E0} 一定的条件下，改变底物浓度 c_S，测量反应速度 v，以 v 对 c_S 作图，如图 3-9 所示。当 c_S 很大时，反应速度趋于一个极限值，这个值就是 $v_{\max}$，而在 $v = 1/2 v_{\max}$ 处有

$$\frac{1}{2} = \frac{c_S}{K_m + c_S} \tag{3-8}$$

此时的 $c_S = K_m$，即 K_m 为反应速度是最大反应速度一半时的底物浓度。因此，K_m 的单位与浓度单位相同。

由于根据实验点很难拟合出误差最小的曲线（底物浓度 c_S 很高时，通常很难测定 $v_{\max}$ 的渐近值），故不易得到准确的 K_m 值，因此往往要进行线性化处理。这里仅介绍比较常用的双倒数作图法。

将米氏方程两边取倒数可得下列形式

$$\frac{1}{v} = \frac{K_m}{v_{\max}} \frac{1}{c_S} + \frac{1}{v_{\max}} \tag{3-9}$$

以 $\dfrac{1}{v}$ 对 $\dfrac{1}{c_S}$ 作图可得一直线，其斜率为 $\dfrac{K_m}{v_{\max}}$，纵轴截距为 $\dfrac{1}{v_{\max}}$，据此便可求出 $v_{\max}$ 和 K_m。也可由 $\dfrac{1}{v} = 0$ 时的 $\dfrac{1}{c_S} = -\dfrac{1}{K_m}$ 求出 K_m，如图 3-9 所示。

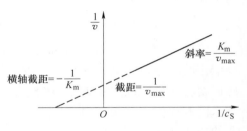

图 3-9　双倒数法求 $v_{\max}$ 和 K_m

要想得到比较准确的结果，实验所用底物的浓度要大些。最好在设计底物浓度时，将$\dfrac{1}{c_S}$而非c_S配成等差级数，这样可使点的距离比较平均，再配以最小二乘回归，就可以得到较准确的结果。

例： 用己糖激酶催化以下反应：

$$葡萄糖 + ATP \xrightarrow{\text{己糖激酶}} 6\text{-磷酸葡萄糖} + ADP$$

反应在 ATP 的浓度为 5×10^{-3} mol/L、$MgCl_2$ 浓度为 5×10^{-3} mol/L 的溶液下进行。在不同的葡萄糖浓度下测定每分钟生成的 6-磷酸葡萄糖的速度见表 3-6。求 v_{max} 和 K_m。

表 3-6　不同的葡萄糖浓度下每分钟生成的 6-磷酸葡萄糖的速度

葡萄糖浓度/10^{-6} mol/L	33	40	50	66	100
生成6-磷酸葡萄糖速度/（单位/min）	0.025	0.027	0.030	0.033	0.040

解： 将已知数据化为 $\dfrac{1}{c_S}$ 和 $\dfrac{1}{v}$，见表 3-7。

表 3-7　$1/c_S$ 对应 $1/v$ 数据

$\dfrac{1}{c_S}$/10^3 L/mol	30	25	20	15	10
$\dfrac{1}{v}$/（min/单位）	40	37	33	30	25

以 $\dfrac{1}{c_S}$ 对 $\dfrac{1}{v}$ 作图，如图 3-10 所示，得横轴的截距为 $-\dfrac{1}{K_m} = -26 \times 10^3$ L/mol，故 $K_m = \dfrac{10^{-3}}{26}$ mol/L $= 38 \times 10^{-6}$ mol/L；在纵轴的截距为 $\dfrac{1}{v_{max}} = 19$ min/单位，故 $v_{max} = 0.053$ 单位/min。

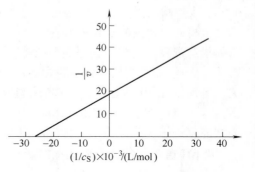

图 3-10　$\dfrac{1}{c_S}$ 对 $\dfrac{1}{v}$ 作图

（3）米氏方程的意义

1）定量地关联了反应速度与底物浓度的关系。由米氏方程可知，当 $c_S \ll K_m$ 时，有

$$v = \frac{v_{max}}{K_m} c_S \qquad (3\text{-}10)$$

显示出一级反应特征，说明底物浓度低时，酶的活性中心未被饱和，因此，反应速度随底物浓度上升而呈正比关系。

当 $c_S \gg K_m$ 时，有

$$v = v_{max}$$

即反应速度达到最大值，而与底物浓度无关。表明酶活性中心已全部被底物占据，达到饱和状态，反应呈零级特征。

当 c_S 接近于 K_m 时，反应系统随底物浓度变动于零级和一级之间，由此可见，酶反应速度和底物浓度直接相关，衡量这种关系的尺度是 K_m。

2）提供了一个极为重要的酶催化反应的动力学参数 K_m。通过 K_m 表达了酶催化反应的性质、反应条件和酶催化反应速度之间的关系（K_m 是各速度常数的函数，而各速度常数又取决于反应性质、反应条件）。K_m 是酶的特征常数，酶不同，K_m 值不同，一般为 $1 \times 10^{-8} \sim 1$。如一种酶能与多种底物作用，则每种底物有一特定的 K_m 值。其中 K_m 值最小的底物称为该酶的最适底物（Optimum substrate）或天然底物。不同底物有不同的 K_m 值这一点说明同一种酶对不同底物的亲和力不同。一般近似地以 $1/K_m$ 来表示亲和力。K_m 值越小，$1/K_m$ 越大，表明亲和力越大，酶催化反应易于进行。

3）反映了酶反应速度与酶浓度间的关系。由米式方程可知．当 $c_S \gg K_m$ 时，$v = k_2 c_{E0}$，具有线性关系，即反应速度与酶浓度成正比。这是一个重要而实用的结论。在测定酶活性时一般选择此条件，此时酶活力正比于酶浓度而与底物浓度无关。

3. 温度对酶催化反应速度的影响

温度对酶催化反应速度的影响包括两方面：一方面当温度升高时，与一般化学反应一样，反应速度加快，其温度系数（温度提高 $10℃$，其反应速度与原反应速度之比）为 $1 \sim 2$；另一方面，温度的升高使酶蛋白逐步变性，反应速度随之下降（图 3-11）。因此，酶反应的最适温度是这两种过程平衡的结果。在低于最适温度时，以前一种影响为主，在高于最适温度时，则以后一种影响为主。大多数酶的最适温度为 $30 \sim 60℃$，少数酶能耐受较高的温度，如细菌淀粉酶在 $93℃$ 活力最高，牛胰核糖核酸酶加热到 $100℃$ 仍不失活。

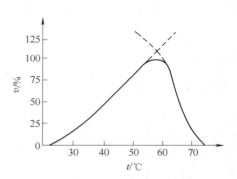

图 3-11　酶反应的"最适温度"

最适温度不是酶的特征物理常数，它会受到酶的纯度、底物、激活剂、抑制剂等因素的影响，因此对某一酶而言，必须说明是在什么条件下的最适温度。最适温度还与作用时间有关，酶可以在短时间内耐受较高的温度。酶在干燥状态下比潮湿状态下对温度的耐受力要高，这一点已用于指导酶的保藏，如制成冰冻干粉的酶制剂能放置几个月甚至更长时间，而未制成这种干粉的酶溶液在冰箱中只能保存几周，甚至几天就会失活。

4. pH 值对酶催化反应速度的影响

大多数酶的活性受 pH 值影响较大。极端的情况（强酸或强碱）会导致蛋白质的变性，使酶永远失活。在一般情况下，由于酶蛋白质的两性特性，在任何 pH 值中不可能同时含有带正电荷或负电荷的基团，这种可离子化的基团常常是酶活性部位的一部分。为了完成催化作用，酶必须以一种特定的离子化状态存在，这就要求系统应具有与之相适应的 pH 值。在一定条件下，能使酶发挥最大活力的 pH 值称为酶的最适 pH 值。大多数酶的最适 pH 值为 $5 \sim 8$，但也有例外，如胃蛋白酶的最适 pH 值为 1.5，肝中的精氨酸酶的最适 pH 值为 9.7，胃蛋白酶和葡萄糖-6-磷酸酶的 pH 值活性曲线如图 3-12 所示。

5. 激活剂对酶催化反应速度的影响

能提高酶的活性、加速催化反应进行的物质称为激活剂或活化剂（Activator）。如 Co^{2+}、Mg^{2+}、Mn^{2+} 等金属离子可显著增加 D-葡萄糖异构酶的活性；Cu^{2+}、Mn^{2+}、Al^{3+} 三种金属离子对黑曲霉酸性蛋白酶有协同激活作用，若三者同时加入酶活性可提高两倍。一般认为，这里金属离子使底物更有利于同酶的活性中心相结合而加速反应进行，金属离子在其中起了搭

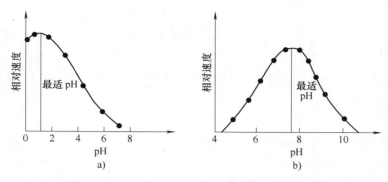

图 3-12 胃蛋白酶和葡萄糖-6-磷酸酶的 pH 值活性曲线

a）胃蛋白酶 b）葡萄糖-6-磷酸酶

桥作用。有些酶的激活剂是无机阴离子及诸如半胱氨酸、维生素 C 等小分子有机化合物。

6. 抑制剂对酶催化反应速度的影响

酶在不变性的情况下，由于必需基团或活性中心化学性质的改变而引起酶活性的降低或丧失，称为抑制作用（Inhibition）。引起抑制作用的物质称为抑制剂（Inhibitor），抑制剂可能是外来物，也可能是反应产物（产物抑制）或底物（底物抑制）。

抑制作用在酶催化反应中相当普遍，是酶催化与非酶催化反应之间一个重要的区别。生物体内新陈代谢过程能有条不紊地进行，均归功于酶的这一特性，即抑制剂在生物体内起到了调节、控制代谢速度的作用。

酶的抑制作用可以是不可逆的，也可以是可逆的。不可逆抑制作用（Irreverisible inhibition）通常是抑制剂以共价键与酶蛋白中的必需基团结合，结合较牢固（不能用透析、超滤等方法除去），逐步使酶活性丧失而不能恢复。例如，常用的有机磷农药能与害虫体内的乙酰胆碱酯酶的丝氨酸的—OH 基结合而使酶的活性丧失，导致神经中毒死亡。可逆抑制作用（Reversible inhibition）是指抑制剂与酶蛋白以非共价链结合，具有可逆性，可以通过加入某些能解除抑制的物质而恢复酶的活力。此处将重点介绍可逆抑制。根据抑制剂与底物的关系，可逆抑制又可分为竞争性抑制、非竞争性抑制和反竞争抑制等。

（1）竞争性抑制（Competitive inhibition） 抑制剂可与酶的活性中心及底物竞争，阻止底物与酶的结合，降低酶反应速度（图3-13）。可以通过增加底物浓度解除这种抑制作用。酶不能同时与底物（S）、抑制剂（I）结合，所以，有 ES，有 EI，而没有 ESI，故

$$c_E = c_{Ef} + c_{ES} + c_{EI} \quad (3-11)$$

式中，c_{Ef}为游离酶浓度，c_E为酶的总浓度。

根据米氏方程可导出

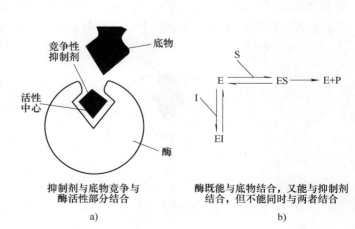

图 3-13 竞争性抑制作用特点

$$\frac{1}{v} = \frac{K_m}{v_{max}}\left(1 + \frac{c_I}{K_I}\right)\frac{1}{c_S} + \frac{1}{v_{max}} \tag{3-12}$$

式中　K_I——EI 的解离常数。

以 v 对 c_S 及以 $\frac{1}{v}$ 对 $\frac{1}{c_S}$ 作图，如图 3-14 所示。该反应的 v_{max} 不变，但 K_m 增大。

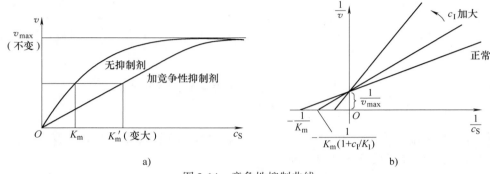

图 3-14　竞争性抑制曲线

竞争性抑制物往往在化学结构上与底物相似，因而能与底物相互竞争，在酶的同一活性中心结合而产生抑制作用。典型的例子是丙二酸（或戊二酸）对丁二酸（琥珀酸）脱氢酶的抑制作用。丙二酸像丁二酸一样有两个可与活性中心相结合的羧基，但却没有两个可失去 H 而形成双键的亚甲基，因此，不能进行下列只有丁二酸才能进行的脱氢反应。

$$\begin{array}{cccc}
\text{COOH} & & & \text{COOH} \\
| & & & | \\
\text{CH}_2 & & & \text{CH} \\
| & \xrightarrow{\text{丁二酸脱氢酶}} & & \| \\
\text{CH}_2 & & & \text{CH} \\
| & & & | \\
\text{COOH} & & & \text{COOH} \\
\text{丁二酸} & & & \text{丁烯二酸}
\end{array}$$

当丙二酸与丁二酸的浓度比为 1∶50 时，酶活力被抑制 50%。若增大丁二酸浓度，则抑制作用减弱，若增大丙二酸浓度，则抑制作用加强。

（2）非竞争性抑制（Noncompetitive inhibition）　在非竞争性抑制作用中，酶可以同时与底物及抑制剂结合，两者没有竞争作用。但中间络合物 ESI 不能进一步分解成产物，因此酶活性降低。这类抑制剂与酶活性中心以外的基团相结合（图 3-15）。

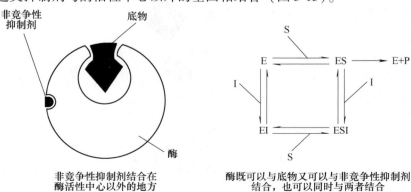

图 3-15　非竞争性抑制作用特点

酶与底物结合后，可再与抑制剂结合；酶与抑制剂结合后，也可以再与底物结合。所以这种抑制有 ES、EI 及 EIS（EIS = ESI）故

$$c_E = c_{Ef} + c_{ES} + c_{EI} + c_{EIS} \tag{3-13}$$

经过推导可得

$$\frac{1}{v} = \frac{K_m}{v_{max}}\left(1 + \frac{c_I}{K_1}\right)\frac{1}{c_S} + \frac{1}{v_{max}}\left(1 + \frac{c_I}{K_1}\right) \tag{3-14}$$

式中 K_1——ESI 的解离常数

非竞争性抑制作用曲线如图 3-16 所示。增加底物浓度不能解除这种非竞争性抑制作用，因此反应的 v_{max} 减小。由于非竞争性抑制作用不改变酶与底物的亲和力，因此 K_m 不变。

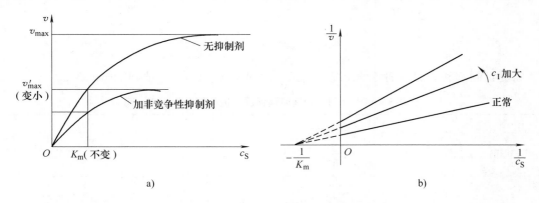

图 3-16 非竞争性抑制作用曲线

这类抑制物的结构与底物并不相似，如亮氨酸是精氨酸酶的非竞争性抑制物，亮氨酸与精氨酸的结构并不相似。乙酸、丙酸及乳酸等有机酸常对一些水解酶发生非竞争性抑制作用。

（3）反竞争抑制（Uncompetitive inhibition） 酶与底物结合后才能与抑制剂结合，复合物不能生成产物。反竞争性抑制剂使 K_m 和 v_{max} 都变小。这种抑制存在着以下的平衡

$$\begin{array}{c} E + S \underset{}{\overset{K_m}{\rightleftharpoons}} ES \longrightarrow P \\ + \\ I \\ {\Big\updownarrow} K_1 \\ ESI \end{array}$$

酶蛋白必须先与底物结合，然后才与抑制剂结合

$$E + I \longrightarrow\!\!\!\times\!\!\!\longrightarrow EI$$
$$ES + I \rightleftharpoons ESI$$

这种抑制剂有 ES、E_f、ESI，但无 EI，所以

$$c_E = c_{Ef} + c_{ES} + c_{EIS} \tag{3-15}$$

代入 $\dfrac{v_{max}}{v} = \dfrac{c_E}{c_{ES}}$，再经推导后得到下式

$$\frac{1}{v} = \left(\frac{K_m}{v_{max}}\right)\frac{1}{c_S} + \frac{1}{v_{max}}\left(1 + \frac{c_I}{K_1}\right) \tag{3-16}$$

可见，在反竞争抑制作用下，K_m 及 v_{max} 都变小。反竞争性抑制曲线如图 3-17 所示。

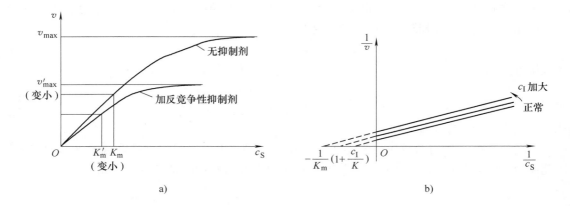

a)

b)

图 3-17　反竞争性抑制曲线

将无抑制剂和有抑制剂各种情况下的最大酶促反应速度与 K_m 值归纳于表 3-8 中。

表 3-8　有无抑制剂存在时酶促反应进行的速度与 K_m 值

类　　型	公　　式	v_{max}	K_m
无抑制剂（正常）	$v = \dfrac{v_{max}c_S}{K_m + c_S}$	v_{max}	K_m
竞争性抑制	$v = \dfrac{v_{max}c_S}{K_m\left(1 + \dfrac{c_I}{K_1}\right) + c_S}$	不变	增大
非竞争性抑制	$v = \dfrac{v_{max}c_S}{\left(1 + \dfrac{c_I}{K_1}\right)K_m + c_S}$	减小	不变
反竞争性抑制	$v = \dfrac{v_{max}c_S}{K_m + \left(1 + \dfrac{c_I}{K_1}\right)c_S}$	减小	减小

3.5　酶活力测定

酶活力（Enzyme activity）也称为酶活性，是指酶催化一定化学反应的能力。

酶的含量及存在不能直接用重量或体积来表示，常用它催化某一特定反应的能力来表示，即用酶活力来表示。酶活力的高低是研究酶的特性、进行酶制剂的生产及应用时的一项必不可少的指标。

1. 酶活力与酶反应速度

酶活力的大小可以用在一定条件下，它所催化的某一化学反应的反应速度（Reaction velocity 或 Reaction rate）来表示，即酶催化的反应速度越快，酶的活力就越高，速度越慢，活力就越低。所以测定酶活力（实质上就是酶的定量测定）就是测定酶催化反应的速度

（用 v 表示）。

　　酶催化反应的速度可用单位时间内、单位体积中底物的减少量或产物的增加量来表示。将产物浓度对反应时间作图，反应速度即图 3-18 中曲线的斜率。从图中可知，反应速度只在最初一段时间内保持恒定，随着反应时间的延长，酶催化反应速度逐渐下降。引起下降的原因很多，如底物浓度的降低，酶在一定的 pH 值及温度下部分失活，产物对酶的抑制，产物浓度增加加速了逆反应的进行等。因此，研究酶催化反应速度应以初速度为准。

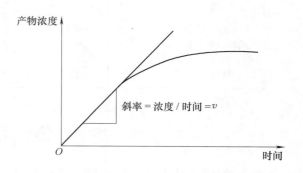

图 3-18　酶催化反应速度曲线

　　测定产物增加量或底物减少量的方法很多，常用的方法有化学滴定、比色、比旋光度、气体测压、测定紫外吸收、电化学法、荧光测定及同位素技术等。选择哪一种方法，要根据底物或产物的物理化学性质确定。在简单的酶催化反应中，底物减少与产物增加的速度是相等的，但一般以测定产物为好，因为测定反应速度时，实验设计规定的底物浓度往往是过量的，反应时底物减少的量只占其总量的一个极小部分，测定时不易准确；而产物从无到有，只要方法足够灵敏，就可以准确测定。

2. 酶活力单位

　　酶活力大小，也就是酶量的大小，用酶活力单位（U）来度量。1961 年国际酶学会议规定：1 个酶活力单位，是指在特定条件下，在 1min 内能转化 1μmol 底物的酶量，或是转化底物中 1μmol 的有关基团的酶量。特定条件：温度选定为 25℃，其他条件（如 pH 值及底物浓度）均采用最适条件。这是一个统一的标准，但使用起来不如习惯用法方便。

　　被人们普遍采纳的习惯用法使用较方便。例如，α-淀粉酶，可用每小时催化 1g 可溶性淀粉液化所需要的酶量来表示，也可以用每小时催化 1mL 2% 可溶性淀粉液化所需要的酶量作为一个酶单位。不过这些表示法不够严格，同一种酶有好几种不同的单位，也不便对酶活力进行比较。

3. 酶的比活力

　　比活力（Specific activity）的大小，也就是酶含量的大小，即每毫克酶蛋白所具有的酶活力，一般用单位/毫克蛋白（U/mg 蛋白质）来表示。有时也用每克酶制剂或每毫升酶制剂含有多少个活力单位来表示（单位/g 或单位/mL）。它是酶学研究及生产中经常使用的数据，可以用来比较每单位重量酶蛋白的催化能力。对同一种酶来说，比活力越高，表明酶越纯。

4. 酶的转换数

　　转换数 k_{cat} 为每秒钟每个酶分子转换底物的微摩尔数。它相当于一旦产物-酶（ES）中间物形成后，酶将底物转换为产物的效率。在数值上 $k_{cat} = k_3$，此处的 k_3 即米氏方程导出部分中的 k_3，是由 ES 形成产物的速度常数，见表 3-9。

表 3-9　某些酶的最大转换数

酶	k_{cat} 转换数/(μmol/s)	酶	k_{cat} 转换数/(μmol/s)
碳酸酐酶	600000	胰凝乳蛋白酶	100
乙酰胆碱酯酶	25000	DNA 聚合酶	15
青霉素酶	2000	色氨酸合成酶	2
乳糖脱氢酶	1000	溶菌酶	0.5

复 习 题

1. 酶的化学本质是什么？它作为生物催化剂有何特点？

2. 试述酶的分类及国际命名法。

3. 概述酶的结构与功能的关系。

4. 何谓酶的专一性？酶的专一性有哪几类（举例说明）？如何解释酶作用的专一性？

5. 影响酶促反应速度的因素有哪些？用曲线表示并说明它们各有什么影响。

6. 说明米氏常数（K_m）及最大反应速度（v_{max}）的意义及应用。

7. 阐述酶活性中心的概念。

8. 实现酶反应高效率的因素是哪些？它们是怎样提高酶反应速度的？

9. 何谓竞争性和非竞争性抑制作用？

10. 解释下列名词概念。

全酶	活力	比活力	必需基团	中间产物学说
酶原的激活	诱导契合学说	温度系数	酶的转换数	

参考文献

[1] 赵景联. 环境生物化学 [M]. 北京：化学工业出版社，2007.

[2] 沈同. 生物化学：上册 [M]. 2 版. 北京：人民教育出版社，1990.

[3] 大连轻工业学院. 生物化学：工业发酵专业用 [M]. 北京：中国轻工业出版社，1980.

[4] 王建龙，文湘华. 现代环境生物技术 [M]. 北京：清华大学出版社，2001.

[5] 刘志国. 新编生物化学 [M]. 北京：中国轻工业出版社，2003.

[6] 崔耀宗. 生物化学教程 [M]. 合肥：中国科学技术大学出版社，1992.

[7] 李再资. 生物化学工程基础 [M]. 3 版. 北京：化学工业出版社，2006.

[8] Hames B D, Hooper N M, Houghton J D. Biochemistry [M]. 北京：科学出版社，1999.

[9] 郭勇. 酶工程 [M]. 北京：中国轻工业出版社，1994.

[10] 罗九甫. 酶和酶工程 [M]. 上海：上海交通大学出版社，1996.

[11] 郑集. 普通生物化学 [M]. 3 版. 北京：人民教育出版社，1990.

第4章

细胞内生物分子的新陈代谢

4.1 新陈代谢概论

生物在生命活动过程中，一方面不断地从外界环境中吸收营养物质，另一方面又不断地排出废物。这种生物体与外界环境的物质交换作用，就是生物的新陈代谢，或称为物质代谢。生物体的各种生命活动，如生长、发育、繁殖、遗传、变异乃至运动、思维等都是通过新陈代谢来实现的。因此，没有新陈代谢，就没有生命。

在自然界中，从低等的微生物到高等的动植物，尽管它们的形态、大小、结构千差万别，但它们的代谢途径（Metabolic pathway）都大同小异，因此，新陈代谢是生命的基本特征之一。

人体和动物从环境中获取氧气、清水和食物，又把二氧化碳、水和其他废物排泄到环境中去。绿色植物从环境中获取二氧化碳和水，并利用太阳能，通过光合作用，合成机体的糖，并放出氧，又从环境中取得氮、磷、钾等盐类，合成糖、脂类、蛋白质和核酸等（图4-1）。绿色植物和动物一样，进行呼吸作用，从环境中获取氧气，排出二氧化碳和水到环境中去。

微生物的生活方式是多种多样的，有的是自养的，有的是异养的，微生物也和它周围的环境不断地进行物质交换。

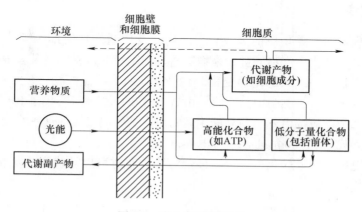

图 4-1　微生物代谢流程

4.1.1 同化作用和异化作用

生物机体的新陈代谢（Metabolism）可以分为同化作用和异化作用两种不同方向的代谢

变化。生物机体从环境中获取物质，转化为体内的新物质，这个过程叫同化作用（Assimilation）。生物机体内的旧有物质，转化为环境中的物质，这个过程叫异化作用（Catabolism）。生物机体的新陈代谢又可分为物质代谢（Substance metabolism）和能量代谢（Energy metabolism）两个方面。

生物体通过新陈代谢产生的生命现象，是建立在合成代谢与分解代谢矛盾对立和统一的基础上的，它们之间是互相联系，互相依存，互相制约的，一个合成代谢过程常常包括许多分解反应，一个分解过程也常常包括许多合成反应。在能量代谢的放能与吸能两方面上也是相互联系，相互制约的，如三磷酸腺苷（ATP）在反应中既能供应能量，而它本身合成时又需消耗能量，因此它的合成又受能量供应限制。总之，合成为分解准备了物质前提，外部物质变为内部物质；同时，分解为合成提供必需的能量，内部物质又能转变为外部物质。在机体的生命过程中合成代谢（同化作用）与分解代谢（异化作用）的主次关系也是互相转化的，这种转化就使生物个体的发展呈现出生长、发育和衰老等不同阶段。

各种生物都具有各自特异的新陈代谢类型，此特异方式取决于遗传，环境条件也有一定影响。各种生物的新陈代谢过程虽然复杂，但却有共同的特点，生物体内的绝大多数代谢反应是在温和条件下，由酶催化进行的；生物体内反应与步骤虽然繁多，但相互配合，有条不紊，彼此协调而有严格的顺序性；生物体对内外环境条件有高度的适应性和灵敏的自动调节性，新陈代谢实质上就是错综复杂的化学反应相互配合，彼此协调，对周围环境高度适应的一个有规律的过程。

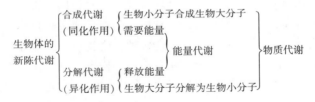

4.1.2　中间代谢

新陈代谢过程包括营养物质的吸收、中间代谢及代谢产物的排泄等阶段。就微生物而言，营养物质的吸收和代谢产物的排泄是物质透过细胞膜的过程，当某营养物质（A）进入微生物细胞，要面临着一系列的化学变化，它将被代谢成终点产物（E），其间可以形成一种或多种化合物（B—D），称为中间产物。由 A 到 E 的反应序列，A→B→C→D→E，称为代谢途径，其中每个反应都由专一的酶催化。物质在细胞内发生的这一系列化学变化、能量转变等则称为中间代谢（Intermediary metabolism）。

中间代谢是复杂的物质转化过程。一种营养物质有时可以被代谢成不止一种终点产物，而有分枝的代谢途径，如：

$$A \longrightarrow B \longrightarrow C \begin{array}{l} \nearrow D \longrightarrow E \\ \longrightarrow F \longrightarrow G \\ \searrow H \end{array}$$

通常将分枝点上的化合物（C）称为各终点产物（E、G、H）的共同前体。所谓前体是指能被代谢成某种终点产物的任何化合物，可以是在细胞内生成的（如中间产物 C），也可以是由外界供给的。

中间代谢依其不同方向的代谢变化，可以分为合成代谢与分解代谢。伴随着合成和分解代谢而发生在生物体内的化学能、热能、机械能等能量的相互转化和代谢变化称为能量代谢。

合成代谢是指一种或数种物质合成较大、较复杂的分子的过程，一般是消耗能量的反应。在合成代谢过程中，也常伴有某些物质的分解反应。分解代谢是指一种物质变为较小、较简单的分子的过程，一般是释放能量的反应。在分解代谢过程中，也常伴有某些物质的合成反应。例如，生物体内各种氨基酸合成为复杂大分子蛋白质的过程是合成代谢，这是需要供给能量的代谢过程；又如糖原在生物体内分解为葡萄糖，最终又分解为二氧化碳和水，是分解代谢，这是释放能量的代谢过程。

将中间代谢分为合成与分解两种过程，绝不是意味着这两种过程在生物体的生命活动过程中是单独进行的。合成与分解是一对矛盾，共处于一个统一体中，它们既是对立的，又是统一的。合成过程中所要的物质和能量由分解过程提供，分解过程产生的物质和释放的能量又用于合成过程。由于能量和物质的相互依存，从而维持了生物体内物质的动态平衡以及能量供给与消耗的动态平衡，构成了新陈代谢的统一性。

4.1.3 自由能与高能化合物

1. 自由能

一切化学反应都伴有能量的变化，而且遵循热力学定律，生物体内的反应也不例外。对生化反应来说，最有用的热力学函数是状态函数自由能。自由能（Free energy）是指一个反应体系中能够做功的那一部分能量。在没有做功的条件时，自由能转化为热能而散失。在恒温恒压下一个系统进行反应必伴有自由能的变化（ΔG）。在25℃，1个大气压、反应物浓度为1mol/L时，这个反应系统的自由能变化称为标准自由能变化，记为ΔG^0。细胞内的pH值近于7。生化反应中更规定pH = 7为其标准状态，用ΔG^0表示其标准自由能变化，能量单位为kJ/mol。

对于任何一个化学反应

$$A + B \rightarrow C + D \tag{4-1}$$

ΔG和ΔG^0的关系可用下式表示

$$\Delta G = \Delta G^0 + RT\ln\frac{[C][D]}{[A][B]} \tag{4-2}$$

可见某一反应能否进行取决于ΔG，而ΔG又取决于反应物质的本质（表现在ΔG^0）、反应物和产物的浓度、反应体系的温度。当$\Delta G < 0$时，反应可以自发进行，为放能反应；但并不意味着这个反应一定发生或以可以觉察的速度进行。当$\Delta G > 0$时，反应不能自发进行，必须由外界供给能量，才能推动反应进行，为吸能反应。当$\Delta G = 0$时，表明体系已处于平衡状态，由式（4-2）得

$$\Delta G^0 = -RT\ln\frac{[C][D]}{[A][B]} = -RT\ln K \quad （K为平衡常数） \tag{4-3}$$

这种从已知平衡常数，计算反应自由能变化的方法，在生物化学中有很大的实际意义，值得一提的是自由能是状态函数，故ΔG只与反应前后物质的状态有关，与反应历程无关。

2. 高能化合物

能量代谢是新陈代谢过程中不可缺少的内容，在能量代谢中，起关键作用的是 ATP 循环。ATP 由腺嘌呤、核糖和 3 分子磷酸构成，3 分子磷酸通过 2 个磷酸酐键相连。当此磷酸酐键水解或此磷酸基团转移时 ATP 转化成 ADP，同时释放出能量用于那些吸能反应，如小分子前体合成较大分子的化合物；对抗浓度梯度的离子转运等，形成的 ADP 又能接受代谢物中所形成的一些高能化合物的一个磷酸基团和一部分能量转变成 ATP。也可以在呼吸链氧化过程中直接获取能量，用无机磷酸合成 ATP，此为 ATP-ADP 循环。

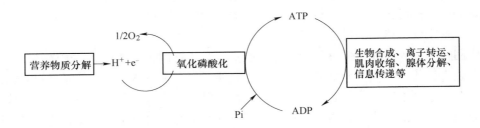

ATP-ADP 循环是生物体内能量转换最基本的方式，在物质代谢中非常广泛。除了能量交换外，还由于磷酸盐在物质代谢中起重要的作用。如糖代谢中葡萄糖分解、转化中的一些中间代谢产物很多是磷酸酯。酶的共价修饰调节主要也是酶蛋白的磷酸化和去磷酸化。在这些反应中，伴随着磷酸基的转移，也有能量的转换。

像 ATP 等有机化合物在水解时可释放出大量自由能，通常称为高能化合物（High energy compound）。换言之，所谓高能化合物是指化合物进行水解反应时伴随的标准自由能变化（ΔG^0）等于或大于 ATP 水解生成 ADP 的标准自由能变化的化合物。在标准状态下，ATP 水解为 ADP 和磷酸时，其 $\Delta G^0 = -30.5\text{kJ/mol}$。在生理条件下，由于受 pH 值、离子强度、2 价金属离子以及反应物浓度的影响，体内 ATP 水解时的 ΔG 为 -51.6kJ/mol。

高能化合物一般对酸、碱和热都不稳定。许多高能化合物都含有可水解的磷酸基团，这些高能化合物称为高能磷酸化合物，高能磷酸化合物（如 ATP、ADP 等）水解时所以能释放出大量的自由能与它们的分子结构有关。这类分子很不稳定，在生理条件下（pH = 7.4），ATP 分子的磷酸基完全解离成负离子，带 4 个负电荷，相互之间有排斥力，同时在这些磷酸基的 P ═O 中，由于氧原子电负性大，带有部分负电荷（δ^-），而磷原子又带有部分正电荷（δ^+），这就使 P—O—P 键处于小稳定状态，其结构表示如下

$$A-R^+-O-\underset{O^-}{\overset{O^{\delta-}}{\underset{|}{\overset{\|}{P^{\delta+}}}}}-O-\underset{O^-}{\overset{O^{\delta-}}{\underset{|}{\overset{\|}{P^{\delta+}}}}}-O-\underset{O^-}{\overset{O^{\delta-}}{\underset{|}{\overset{\|}{P^{\delta+}}}}}-O-$$

因 ATP 分子中相邻磷酸基团的磷原子都带有部分正电荷，相互间静电斥力较大，因此 ATP 分子必须具有较高的内能来克服相邻的同种电荷间的静电斥力。当磷酸酐键水解时，这部分能量就释放出来。体内较重要的高能化合物在水解时释放的自由能都在 30kJ/mol 以上，高能化合物大多数是磷酸化合物，但不是所有的磷酸化合物都是高能化合物。一般的磷酸酯水解时，ΔG^0 为 $-8 \sim 12\text{kJ/mol}$，如 1-磷酸葡萄糖水解时，ΔG^0 只有 -20kJ/mol，与 ATP 相比，它们属于低能化合物。常见的高能化合物类型见表 4-1。

表 4-1　常见的高能化合物类型

高能化合物类型		高能化合物举例	水解释放出标准自由能 $\Delta G^0/\mathrm{kJ \cdot mol^{-1}}$
磷酸化合物	焦磷酸	ATP、GTP、ADP、UTP	−30.5
	烯醇磷酸	磷酸烯醇式丙酮酸	−61.9
	酰基磷酸	甘油酸 1,3-二磷酸	−49.3
	硝酸胍类	磷酸肌酸	−43.9
非磷酸化合物	硫酯键化合物	乙酰辅酶 A $CH_3CO \sim SCoA$	−31.4
	甲硫键化合物	活性甲硫氨酸	−41.8

4.2　糖分解代谢

4.2.1　糖代谢概述

糖类是生物体的基本营养物质和重要组成成分。糖类的代谢，即糖类物质在生物体内所起的一切生物化学变化，包括分解和合成两个方面。不同生物的代谢各有其特殊性，但它们的基本过程类似。

糖的分解代谢是指糖类物质分解成小分子物质的过程。糖在生物体内经过一系列的分解反应后，便释放出大量能量，可供生命活动之用。同时，糖分解过程中形成的某些中间产物，又可作为合成脂类、蛋白质、核酸等生物大分子物质的原料（作为碳架）。例如，葡萄糖分解代谢的中间产物丙酮酸可以转化成丙氨酸，作为合成蛋白质的原料；丙氨酸又可转化为乙酸（以乙酰辅酶 A 形式），乙酸可以合成高级脂肪酸，它是合成脂肪的原料。由此可见，糖类物质是大多数微生物、动物及人类生命活动过程中的主要能源和碳源。

糖的分解代谢可分为无氧分解（Anaerobic decomposition）和有氧分解（Aerobic decomposition）两类。在无氧条件下，糖的分解常不完全，此时释放的能量较少，并产生各种代谢产物。在有氧条件下，则可完全氧化，最终生成二氧化碳和水，并释放出大量能量。

糖的合成代谢是指生物体将某些小分子非糖物质转化为糖或将单糖合成低聚糖及多糖的过程。这是需要供给能量的过程。例如，某些光能自养型微生物和绿色植物能以二氧化碳作为碳源，日光作为能源合成糖类；大多数微生物能以单糖合成包括细胞壁多糖在内的各种多糖。

糖的分解代谢和合成代谢并不孤立地进行，而是互有联系或是可逆地变化的，同时，在糖类代谢过程中需要酶（包括辅酶）及无机离子参加。

必须指出，糖的代谢还包括生物体对糖的吸收以及代谢产物的排泄。就微生物而言，这些过程是通过细胞膜来完成的。

4.2.2 多糖和双糖的分解

多糖是由很多单糖组成的复合糖类，如淀粉、纤维素、菊糖、琼脂、半纤维素、果胶质等，大量存在于植物体内。微生物细胞中的多糖可分为两类：一类为细胞的储藏物质，在细胞内呈不溶性颗粒，如酵母菌及一些细菌和霉菌的细胞中含有糖原的颗粒；另一类参与细胞结构，如组成细菌的荚膜和各种微生物的细胞壁等。

多糖的分子结构都很复杂，从化学组成分析，多糖是由大量单糖分子脱水缩合而成，分子很大，所以不能透过细胞膜。多糖作为微生物营养时，必须在微生物细胞外被相应的酶水解为单糖或双糖，才能被吸收和利用。

1. 淀粉的水解

淀粉（Starch）可用酸水解，水解的最终产物是葡萄糖。淀粉不完全水解时则生成糊精（Dextrin）。淀粉酶也可催化淀粉的水解。

糊精的结构与淀粉结构相似。由于糊精是在淀粉水解过程中产生的，它的分子大小并非唯一，可以是比淀粉稍小一点的分子，也可以是只包含 4～5 个葡萄糖单位的小分子。

由于淀粉分子很大，所以它不能透过微生物细胞膜进入细胞内。某些能利用淀粉的微生物，可以向细胞外分泌淀粉酶，使淀粉水解成葡萄糖后才被吸收入细胞内作进一步降解。而另一些不能分泌淀粉酶的微生物，则必须用酸或借助于其他来源的淀粉酶水解淀粉成葡萄糖后，才能被其吸收利用。

淀粉酶（Amylase）是催化水解淀粉分子中糖苷键的一类酶的总称。酶对淀粉分子中两种糖苷键的水解反应如下：

α-D-1,4-葡糖苷键的水解

α-D-1,6-葡糖苷键的水解

各种生物产生的淀粉酶的性质不同，它对两种糖苷键的水解能力及反应产物也各不相同。根据其作用特点大致可分为四类（表4-2）：

表4-2　淀粉酶分类表

酶　　名	来　源	作 用 的 键	反应主要产物
淀粉-1,4-糊精酶	动物（唾液、内脏） 植物（麦芽等） 细菌霉菌、酵母	α-D-1,4-葡糖苷键	糊精
淀粉-1,4-麦芽糖苷酶	植物（甘蔗、大麦） 细菌	α-D-1,4-葡糖苷键	麦芽糖、糊精
淀粉 $-_{1,6}^{1,4}-$ 葡糖苷酶	霉菌	α-D-1,4-葡糖苷键与 α-D-1,6-葡糖苷键	葡萄糖
淀粉-1,6-糊精酶	酵母、马铃薯	α-D-1,6-葡糖苷键	糊精

（1）淀粉-1,4-糊精酶（α-淀粉酶、液化型淀粉酶）　此酶能在淀粉链的内部水解α-D-1,4-葡糖苷键，生成小分子糊精及少量麦芽糖和葡萄糖，淀粉链越长，水解的速度越快，淀粉溶液的黏度迅速下降。当淀粉被水解成为短链糊精时，水解速度就很慢，要使糊精进一步水解则需很长时间，所以此酶的主要作用是使淀粉水解生成糊精，故称液化型淀粉酶或糊精化酶。此酶虽然能水解淀粉链的α-D-1,4-葡萄糖苷键，但它不能水解麦芽糖，它的最小作用底物是麦芽三糖。此酶水解淀粉生成的麦芽糖及葡萄糖是α-型，所以又称为α-淀粉酶。此酶不能水解α-D-1,6-葡糖苷键，所以它作用于支链淀粉时，有异麦芽糖产生。

（2）淀粉-1,4-麦芽糖苷酶（β-淀粉酶）　此酶作用于淀粉时，从淀粉链的非还原性端开始，水解它的α-D-1,4-葡糖苷键，水解时沿着淀粉链每次水解掉两个葡萄糖单位，产物为麦芽糖。由于它只能从淀粉链的外部开始依次进行水解，故水解速度较慢，不能像淀粉酶那样使淀粉溶液黏度迅速降低。此酶在水解淀粉的α-D-1,4-葡萄糖苷键的同时，起了一个转位反应，将D-型转变为β-型，即水解产物为β-麦芽糖，因此又称为β-淀粉酶。此酶不能水解α-D-1,6-葡萄糖苷键，故在水解支链淀粉到达分支点时，就停止作用，而且也不能绕过分支点继续作用，因此剩下大分子量的分支糊精（称为β-界限糊精）不能被水解。

（3）淀粉-1,4/1,6-葡糖苷酶（葡糖淀粉酶、r-淀粉酶）　这类淀粉酶能水解淀粉的α-D-1,4-葡糖苷键和α-D-1,6-葡糖苷键。它作用于淀粉时从淀粉的非还原性端开始，顺次水解α-D-1,4-葡糖苷键，将葡萄糖一个一个水解下来。对于支链淀粉，当水解到分支点时，一般先将α-D-1,6-葡糖苷键断开，然后继续水解，所以能够将支链淀粉全部水解成葡萄糖。此酶在水解时，也能起转位反应，所以产物为 β-葡萄糖。此酶虽能水解 α-D-1,6-葡糖苷键，但不能水解异麦芽糖，即不能水解单独存在的 α-D-1,6-葡糖苷键，但它能水解 β-界限糊精。

（4）淀粉-1,6-糊精酶（脱支酶）　这类酶能水解支链淀粉分子中的 α-D-1,6-葡糖苷键，使支链淀粉变成直链状的糊精，所以称为脱支酶。各种不同来源的脱支酶，如酵母中的异淀粉酶、某些植物中的 R-酶均有脱支能力，但各种脱支酶的最小作用底物稍有差异。

2. 纤维素的水解

纤维素（Cellulose）分子也是分子很大的多糖，相对分子质量可达数十万，甚至数百万，不能为微生物细胞直接吸收利用。天然纤维素可用无机酸水解成葡萄糖。有些微生物能够产生纤维素酶。纤维素酶是水解纤维素的一类酶的总称。它至少包括三种类型，即破坏天然纤维素晶状结构的 G_1 酶，水解游离（直链）纤维素分子的 G_x 酶和水解纤维二糖的 β-葡糖苷酶。三类纤维素酶的作用顺序如下：

$$天然纤维素 \xrightarrow{G_1 酶} 直链（游离）纤维素 \xrightarrow{G_x 酶} 纤维二糖 \xrightarrow{β-葡糖苷酶} 葡萄糖$$

纤维素酶（Cellulose）的存在有两种方式：胞外酶，溶解游离于培养基中，霉菌中产生的纤维素酶属于这种形式；细胞表面酶，结合存在于细胞表面上，如黏细菌的纤维素酶存在于细胞壁内。

产生纤维素酶的微生物，在真菌中有木霉、漆斑霉、黑曲霉、青霉、根霉等；在细菌中有纤维黏菌属、生胞纤维黏菌属和纤维杆菌属。在放线菌中有黑红旋丝放线菌、玫瑰色放线菌、纤维放线菌及白玫瑰放线菌等。总的说来，在已发现的产生纤维素酶的菌株中，分解天然纤维素的能力较弱，即 G_1 酶的活力不高。因此在应用方面受到一定的限制。

3. 双糖的水解

许多双糖可被微生物利用，如蔗糖、麦芽糖、乳糖等。微生物利用这些双糖时，首先将其水解或磷酸解，然后再进入单糖降解途径。

分解双糖的酶大多为胞外酶，也有在细胞表面或细胞内的。

（1）蔗糖的分解　蔗糖由葡萄糖和果糖构成，广泛分布于自然界，如植物的叶、种子、果实和根内。蔗糖可被蔗糖酶（又称转化酶）水解为葡萄糖和果糖。

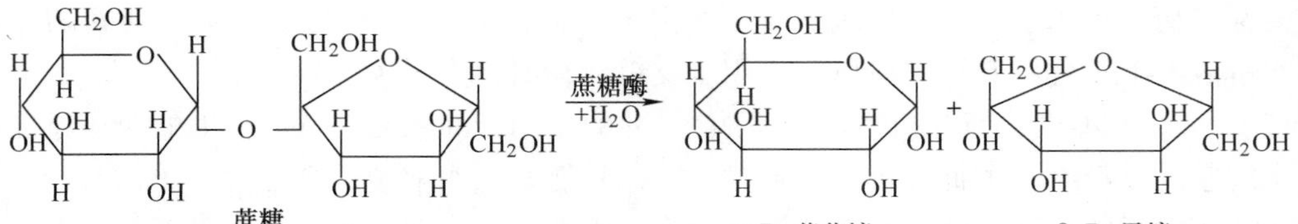

蔗糖　　　　　　　　　　　　　α-D-葡萄糖　　　　β-D-果糖

在某些微生物体内含有蔗糖磷酸化酶，可催化蔗糖磷酸解反应，生成1-磷酸葡糖和果糖。

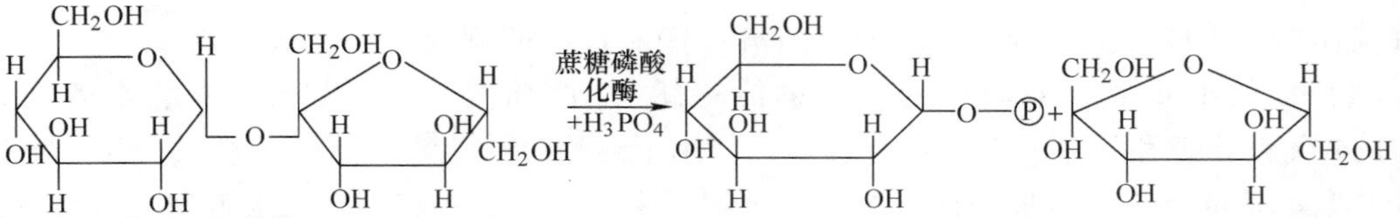

蔗糖　　　　　　　　　　　　　1-磷酸葡糖　　　　β-D-果糖

（2）麦芽糖的分解 麦芽糖由 2 分子葡萄糖构成，大量存在于发芽的谷粒中，特别是麦芽中。麦芽糖可由麦芽糖酶催化水解为 2 分子葡萄糖。

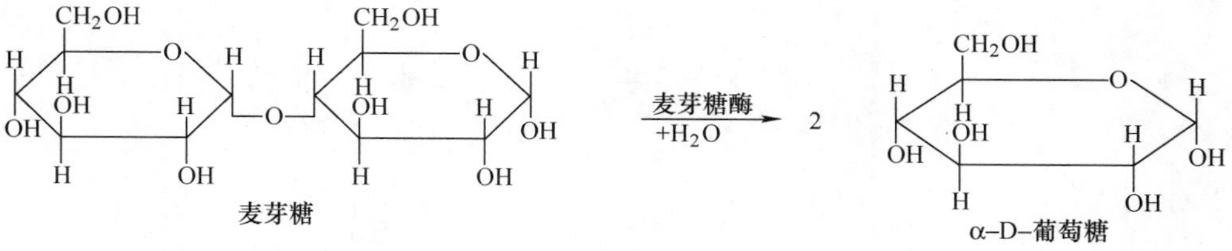

麦芽糖 → 麦芽糖酶 +H₂O → 2 α-D-葡萄糖

在某些微生物体内有麦芽糖磷酸化酶可催化麦芽糖磷酸解反应，生成1-磷酸葡萄糖和葡萄糖。

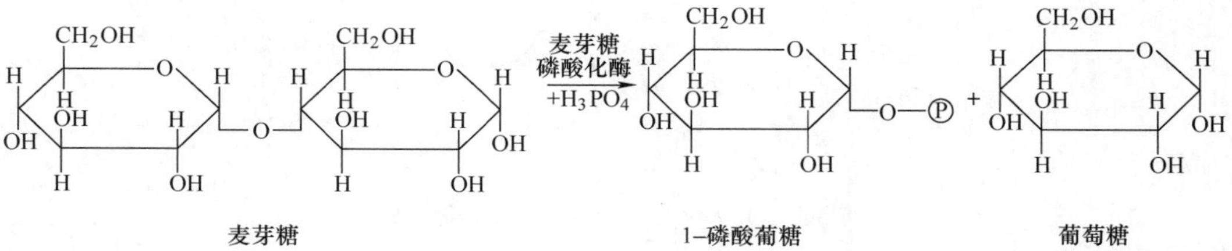

麦芽糖 → 麦芽糖磷酸化酶 +H₃PO₄ → 1-磷酸葡糖 + 葡萄糖

（3）乳糖的水解 乳糖是哺乳动物乳汁内主要的糖，由半乳糖和葡萄糖构成。乳糖可由乳糖酶（又称为 β-半乳糖苷酶）催化水解，生成半乳糖和葡萄糖。

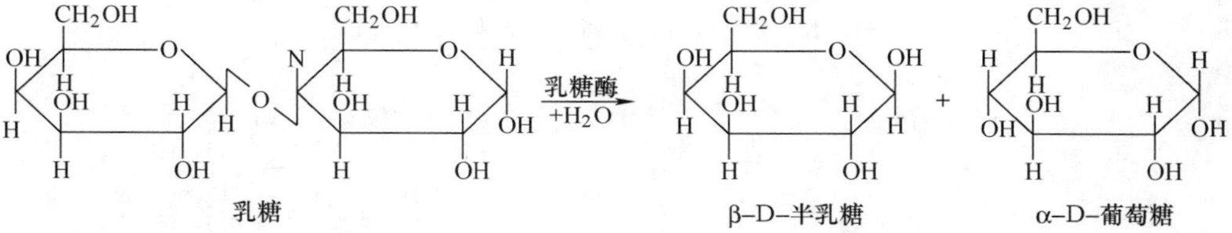

乳糖 → 乳糖酶 +H₂O → β-D-半乳糖 + α-D-葡萄糖

4.2.3 葡萄糖的分解

在单糖中以葡萄糖为最重要，它是大多数异养微生物都能利用的碳源和能源。其他糖类的分解也同葡萄糖的代谢有密切关系。葡萄糖的分解代谢途径较多，不同的微生物及在不同的条件下，它的分解代谢途径也有不同。本节介绍几种主要的降解途经。

1. 葡萄糖的无氧降解

糖的无氧降解也称为糖酵解途径（glycolytic pathway），是把葡萄糖转变为丙酮酸同时产生 ATP 的一系列反应。葡萄糖的酵解途径几乎是所有具有细胞结构的生物所共有的主要代谢途径。它最初是从研究酵母的酒精发酵而阐明的，故称为糖酵解途径。通常又称为 Embden—Meyerhof—Parnas 代谢途径（简称 EMP 途径或 E—M 途径）。这条途径包括以葡萄糖经磷酸化生成 1,6-二磷酸果糖进而分解并逐步生成丙酮酸为主要特征的一系列生物化学过程。反应发生于细胞质中。

（1）糖酵解途径的生物化学过程 从葡萄糖开始，糖酵解途径全过程分为 11 步（图4-2），可分为三个阶段。前三步为葡萄糖磷酸化、异构化阶段，属己糖水平。中间两步为裂解阶段，从己糖进入丙糖水平。后六步为产生 ATP 的储能阶段。整个过程都在细胞质中进行，无氧气参加，是无氧分解过程。

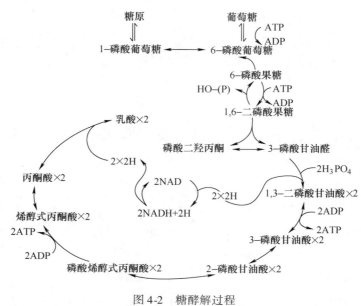

图 4-2　糖酵解过程

1）葡萄糖磷酸化形成 6-磷酸葡萄糖（G-6-P）。

$$葡萄糖 + ATP \rightleftharpoons 6\text{-}磷酸葡萄糖 + ADP$$

① 由己糖激酶或葡萄糖激酶催化的不可逆反应。

② 是耗能过程，由 ATP 提供能量，同时将 γ-磷酸基团转到葡萄糖上，ATP 变成 ADP。

③ 是糖酵解途径中的限速步骤之一。

④ Mg^{2+} 是必需的阳离子。

磷酸化有三方面作用：首先磷酸基团的极性，可阻止中间产物透过细胞膜，以维持较高的细胞内浓度；其次在形成酶-底物复合物时，底物上的磷酸基团有利于识别或结合酶；最后有利于保存积聚糖酵解各步骤的能量，并将此能量最终连同磷酸基团一起转移到 ATP 中去。

2）6-磷酸葡萄糖转化成 6-磷酸果糖（F-6-P）。

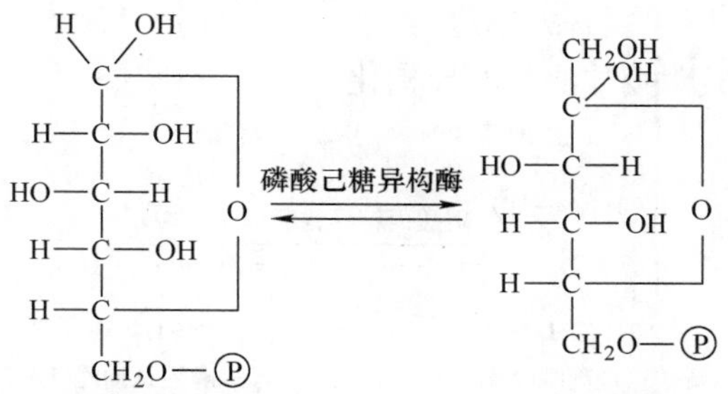

6-磷酸葡萄糖 —— 6-磷酸果糖

6-磷酸葡萄糖 ⇌ (磷酸己糖异构酶) 6-磷酸果糖

① 由磷酸葡萄糖异构酶催化的同分异构化反应，属可逆反应。

② 反应平衡时趋向于逆反应的，但因为下一步反应以及以后的某些反应是不可逆的，因此整个反应朝着正反应方向进行。

3）6-磷酸果糖磷酸化成1,6-二磷酸果糖（F-1,6-2P）。

6-磷酸果糖 + ATP —— 1,6-二磷酸果糖 + ADP

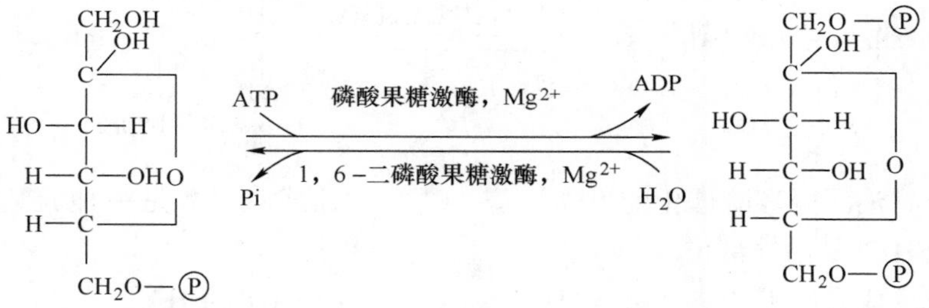

6-磷酸果糖 ⇌ (磷酸果糖激酶，Mg^{2+} / 1,6-二磷酸果糖激酶，Mg^{2+}) 1,6-二磷酸果糖

① 由磷酸果糖激酶催化的不可逆反应。

② 是耗能过程，由 ATP 提供能量。

③ 是糖酵解途径中的限速步骤之二。

④ Mg^{2+} 是必需的阳离子。

4）1,6-二磷酸果糖裂解成3-磷酸甘油醛和磷酸二羟丙酮（DHAP）。

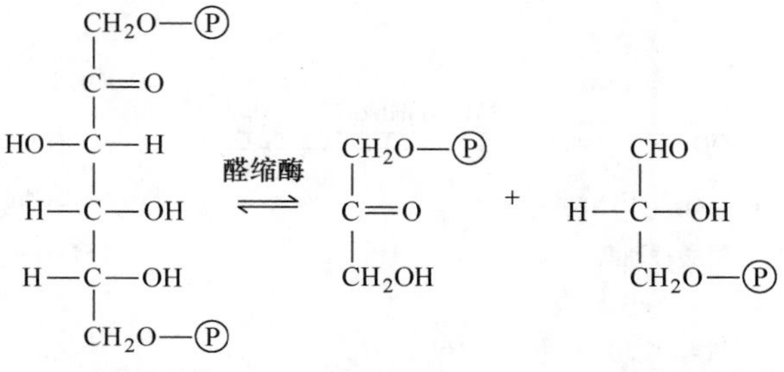

1,6-二磷酸果糖 —— 磷酸二羟丙酮 + 3-磷酸甘油醛

1,6-二磷酸果糖 ⇌ (醛缩酶) 磷酸二羟丙酮 + 3-磷酸甘油醛

① 由1,6-二磷酸果糖醛缩酶催化的裂解反应，在1,6-磷酸果糖 C_3—C_4 之间断裂，属可逆反应。

② 而且平衡有利于逆向反应方向，醛缩酶由此命名。

③ 在正常的生理条件下，由于 3-磷酸甘油醛不断被转化，大大降低了细胞内 3-磷酸甘油醛的浓度，从而驱动反应向裂解方向进行。

5）磷酸二羟丙酮与 3-磷酸甘油醛的异构化。

$$磷酸二羟丙酮 \rightleftharpoons 3\text{-}磷酸甘油醛$$

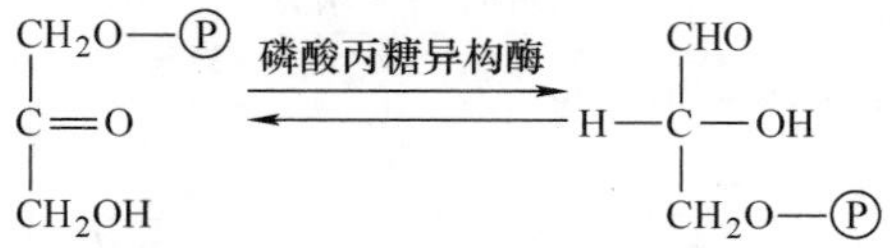

磷酸丙糖异构酶

磷酸二羟丙酮(96%)　　　　3-磷酸甘油醛(4%)

① 由磷酸丙糖异构酶催化的同分异构化反应，属可逆反应。

② 反应平衡时趋向于逆反应，但由于 3-磷酸甘油醛的消耗，反应仍能向正方向进行。

6）3-磷酸甘油醛氧化成 1,3-二磷酸甘油酸。

$$3\text{-}磷酸甘油醛 + NAD^+ \longrightarrow 1,3\text{-}二磷酸甘油酸 + NADH + H^+$$

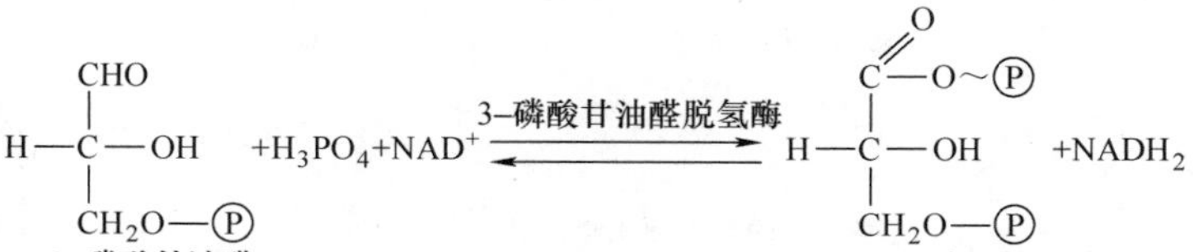

3-磷酸甘油醛脱氢酶

3-磷酸甘油醛　$+H_3PO_4+NAD^+$　　　　　　$+NADH_2$　1,3-二磷酸甘油酸

① 由磷酸甘油醛脱氢酶催化的可逆反应。磷酸甘油醛脱氢酶是一种巯基酶，它的半胱氨酸残基的 –SH 基是活性部位。

② 是脱氢反应，脱下的氢则由 NAD^+ 所接受，生成 $NADH + H^+$。

③ 是磷酸化反应，有无机磷酸参加反应，将反应放出的能量储存到产物 1,3-磷酸甘油酸分子内，形成一个高能化合物。这一化合台物的酸酐键上的高能磷酸基团可以伴随能量转移到 ADP 分子上，形成高能化合物 ATP。

④ 碘乙酸可以强烈抑制此反应，因为碘乙酸可以与磷酸甘油醛脱氢酶的-SH 基反应，这也是证明 –SH 是酶活性所必需的。

7）1,3-二磷酸甘油酸将高能磷酸基团转移给 ADP 形成 3-磷酸甘油酸和 ATP

$$1,3\text{-}二磷酸甘油酸 + ADP \rightleftharpoons 3\text{-}磷酸甘油酸 + ATP$$

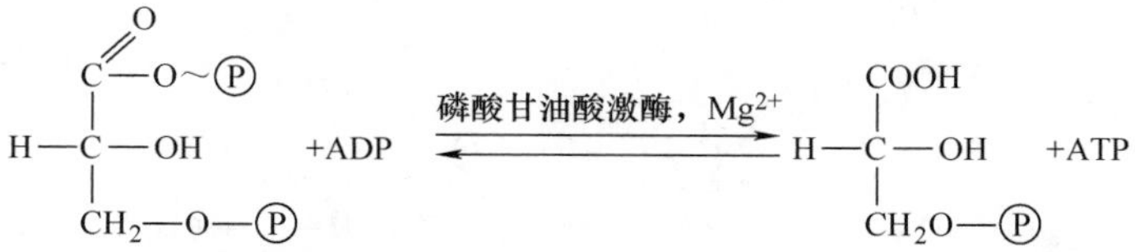

磷酸甘油酸激酶，Mg^{2+}

1,3-二磷酸甘油酸　$+ADP$　　　　　　$+ATP$　3-磷酸甘油酸

① 由磷酸甘油酸激酶催化的可逆反应。

② Mg^{2+} 是必需的阳离子。

③ 是放能反应，是糖酵解途径过程中第一次产生 ATP 的反应，属于底物水平的磷酸化反应。

8）3-磷酸甘油酸转变成 2-磷酸甘油酸。

3-磷酸甘油酸⇌2-磷酸甘油酸

$$\underset{\textbf{3-磷酸甘油酸}}{\overset{\text{COOH}}{\underset{\text{CH}_2\text{O}-\textcircled{P}}{\text{H}-\text{C}-\text{OH}}}} +\text{酶}-\text{磷酸} \rightleftharpoons \underset{\textbf{2,3-二磷酸甘油酸}}{\overset{\text{COOH}}{\underset{\text{CH}_2\text{O}-\textcircled{P}}{\text{H}-\text{C}-\text{O}-\textcircled{P}}}} +\text{酶} \rightleftharpoons \underset{\textbf{2-磷酸甘油酸}}{\overset{\text{COOH}}{\underset{\text{CH}_2\text{OH}}{\text{H}-\text{C}-\text{O}-\textcircled{P}}}} +\text{酶}-\text{磷酸}$$

① 由磷酸甘油酸变位酶催化的可逆反应。

② Mg^{2+} 是必需的阳离子。

③ 用 ^{32}P 的化合物示踪，证明有 2,3-二磷酸甘油酸中间产物形成。

9）2-磷酸甘油酸脱水形成 2-磷酸烯醇式丙酮酸。

2-磷酸甘油酸⇌磷酸烯醇式丙酮酸 + H_2O

$$\underset{\textbf{2-磷酸甘油酸}}{\overset{\text{COOH}}{\underset{\text{CH}_2\text{OH}}{\text{H}-\text{C}-\text{O}-\textcircled{P}}}} \underset{}{\overset{\text{烯醇化酶，}Mg^{2+}}{\rightleftharpoons}} \underset{\textbf{2-磷酸烯醇式丙酮酸}}{\overset{\text{COOH}}{\underset{\text{CH}_2}{\text{C}-\text{O}\sim\textcircled{P}}}} +H_2O$$

① 由烯醇酶催化的可逆反应。

② Mg^{2+} 或 Mn^{2+} 是必需的阳离子。

③ 脱去一分子水时，发生了分子内的氧化还原反应，放出的能量集中在磷酸烯醇式丙酮的磷酸键内。

④ 氟化物对烯醇酶有抑制作用。

10）2-磷酸烯醇式丙酮酸将高能磷酸基团转移给 ADP 形成 ATP 和烯醇式丙酮酸。

磷酸烯醇式丙酮酸 + ADP ⟶ 烯醇式丙酮酸 + ATP

$$\underset{\textbf{2-磷酸烯醇式丙酮酸}}{\overset{\text{COOH}}{\underset{\text{CH}_2}{\text{C}-\text{O}\sim\textcircled{P}}}} +\text{ADP} \underset{}{\overset{\text{丙酮酸激酶，}Mg^{2+}\text{或}K^{+}}{\longrightarrow}} \underset{\textbf{烯醇式丙酮酸}}{\overset{\text{COOH}}{\underset{\text{CH}_2}{\text{C}-\text{OH}}}} +\text{ATP}$$

① 由丙酮酸激酶催化的反应。

② K^+、Mg^{2+} 或 Mn^{2+} 是必需的阳离子。

③ 是放能反应，是糖酵解途径中第二次产生 ATP 的反应，也是底物水平的磷酸化反应。

④ 是糖酵解途径中的限速步骤之三。

11）烯醇式丙酮酸形成丙酮酸。

烯醇式丙酮酸⇌丙酮酸

$$\underset{\textbf{烯醇式丙酮酸}}{\overset{\text{COOH}}{\underset{\text{CH}_2}{\text{C}-\text{OH}}}} \rightleftharpoons \underset{\textbf{丙酮酸}}{\overset{\text{COOH}}{\underset{\text{CH}_3}{\text{C}=\text{O}}}}$$

① 分子内重排反应。

② 非酶促反应。

从葡萄糖到丙酮酸的糖酵解途径总反应式为

$$葡萄糖 + 2NAD^+ + 2ADP + 2Pi \rightarrow 2\,丙酮酸 + 2H_2O + 2NADH + 2H^+ + 2ATP$$

（2）丙酮酸的去路

1）乳酸的生成。某些厌氧乳酸菌或肌肉由于剧烈运动而造成暂时缺氧状态，或由于呼吸、循环系统机能障碍导致暂时供氧不足时，丙酮酸接受甘油醛－3-磷酸脱氢酶形成的 NADH 上的 H，在乳酸脱氢酶的催化下还原为乳酸，这是糖酵解的最终产物。

$$
\begin{array}{c}
COO^- \\
| \\
C{=}O + NADH + H^+ \rightleftharpoons CHOH + NAD^+ \\
| \qquad\qquad\qquad\qquad\quad | \\
CH_3 \qquad\qquad\qquad\qquad CH_3 \\
\text{乳酸}
\end{array}
$$

2）生成乙醇。丙酮酸在酵母细胞内脱羧酸的催化下，以 TPP 为辅酶，脱羧转变为乙醛。然后在乙醇脱氢酶催化下，由 NADH 还原生成乙醇。

$$
\begin{array}{c}
COO^- \qquad\qquad\qquad\quad CHO \\
| \qquad \xrightarrow{\text{脱羧酶}} \quad | \\
C{=}O \qquad\qquad\qquad CH_3{-}CO_2 \\
| \\
CH_3 \qquad\qquad\qquad\quad \text{乙醛}
\end{array}
$$

$$
\begin{array}{c}
CHO \qquad\qquad\qquad\qquad\qquad CH_2OH \\
| \qquad\qquad \xrightarrow{\text{乙醇脱氢酶}} \quad | \\
CH_3 + NADH + H^+ \qquad\qquad\qquad CH_3 \\
\text{乙醇}
\end{array}
$$

由葡萄糖在无氧或缺氧条件下生成乳酸、酒精的过程也称为发酵。NAD^+ 再生维持着糖酵解继续不断地运转，如果 NAD^+ 不能再生出来，那么糖酵解到甘油醛磷酸就不能往下进行，就意味着没有 ATP 产生。

糖酵解是生物或生物的某些组织获取能量的最基本方式，因为它能保证生物在无氧或缺氧的情况下维持生命活动必需的能量供应。

（3）糖酵解的反应类型

1）磷酰基的转移。磷酰基从 ATP 上转移到中间产物上或反之。

$$
ROH + ATP \rightleftharpoons R{-}O{-}\overset{\overset{\displaystyle O}{\|}}{\underset{\underset{\displaystyle O^-}{|}}{P}}{-}O^- + ADP + H^+
$$

2）磷酰基的移位。磷酰基在分子内从一个氧原子移到另一个氧原子。

$$
\begin{array}{c}
OH \quad O^- \qquad\qquad\qquad\qquad\qquad O{-}\overset{\overset{\displaystyle O}{\|}}{\underset{\underset{\displaystyle O^-}{|}}{P}}{-}O^- \\
| \qquad\quad | \qquad\qquad\qquad\qquad\qquad\qquad | \\
R{-}C{-}C{-}O{-}\overset{\overset{\displaystyle O}{\|}}{\underset{\underset{\displaystyle O}{|}}{P}}{-}O^- \rightleftharpoons R{-}C{-}CH_2OH \\
| \quad\; | \qquad\qquad\qquad\qquad\qquad\qquad | \\
H \quad H_2 \qquad\qquad\qquad\qquad\qquad\qquad\quad H
\end{array}
$$

3）异构化作用。酮糖转变为醛糖或反之。

$$
\begin{array}{c}
\qquad\qquad\qquad\qquad\qquad\qquad O \\
\qquad\qquad\qquad\qquad\qquad\qquad \| \\
CH_2OH \qquad\qquad\qquad\qquad C{-}H \\
| \qquad\qquad\qquad\qquad\qquad\quad | \\
C{=}O \rightleftharpoons H{-}C{-}OH \\
| \qquad\qquad\qquad\qquad\qquad\quad | \\
R \qquad\qquad\qquad\qquad\qquad\quad R \\
\text{酮糖} \qquad\qquad\qquad \text{醛糖}
\end{array}
$$

4）脱去一分子水。

$$H-C-\quad\quad H-C-$$
$$H-C-OH \Longleftrightarrow H-C- \quad +H_2O$$
$$\quad H \quad\quad\quad\quad H$$

5）醛醇裂解。碳－碳键断裂，即醇醛缩和的逆反应。

$$
\begin{array}{ccc}
R & & R \\
C=O & & C=O \\
HO-C-H & & R \\
H-C-OH \Longleftrightarrow & HO-C-H & + \quad H \\
R' & & C=O \\
& & R'
\end{array}
$$

（4）葡萄糖酵解的能量问题　在无氧条件下进行的 EMP 途径，因最终产物的不同，所释放的能量及形成的 ATP 数各不相同。以酒精发酵为例，每 1 分子葡萄糖通过底物磷酸化产生 4 分子 ATP，但在葡萄糖磷酸化过程中消耗 2 分子 ATP，净得 2 分子 ATP。

酒精发酵时，总反应释放的自由能为 238.3kJ。

$$C_6H_{12}O_6 \longrightarrow CH_3CH_2OH + 2CO_2 + 238.3kJ$$

发酵过程中产生 2 分子 ATP，其储存的能量可供生命活动之用。

$$能量利用率 = \frac{2 \times 31.4kJ}{238.3kJ} \times 100\% = 26\%$$

（5）糖酵解的调控　糖酵解反应速度主要受以下 3 种酶活性的调控：

1）果糖磷酸激酶是控制糖酵解速率的最关键部位。这是糖酵解途径中最重要的调节之处，该酶是由四个亚基组成的变构酶，受许多别构效应物的影响，ATP 和柠檬酸是别构抑制剂。它能被 AMP 激活，被 ATP 和柠檬酸抑制。1,6-二磷酸果糖可被 1,6-二磷酸酯酶水解去磷酸生成 F-6-P 而失去调节作用。AMP 可以取消 ATP 对磷酸果糖激酶的抑制作用。当细胞内能量消耗多时，ATP/AMP 比例降低，磷酸果糖激酶被激活，反之细胞内有足够的 ATP 储备时，ATP/AMP 比值高，磷酸果糖激酶被抑制，使糖酵解减慢。

2）己糖激酶活性的调控。这是游离葡萄糖进入酵解序列的第一个反应。催化此步反应的己糖激酶是一种别构酶，它的活性受其本身反应产物 G-6-P 的抑制。当细胞内 G-6-P 浓度升高时，酶活性受到抑制，阻止葡萄糖的继续磷酸化，直到过剩的 G-6-P 被应用消耗，己糖激酶活性又恢复正常。另一方面，肝脏中存在葡萄糖激酶，此酶不受 G-6-P 的抑制，因此，当血糖浓度大幅度升高使细胞内葡萄糖增多时，G-6-P 也必相应升高，这样己糖激酶的活性受到抑制，但葡萄糖激酶仍处于活性状态，这样可保证葡萄糖在肝内转变，既降低血糖浓度，又保证过多的葡萄糖以糖原形式储存起来。

3）丙酮酸激酶活性的调节。此酶也是一种别构酶，ATP 是其别构抑制剂。此外，-1,6-二磷酸果糖对丙酮酸激酶有激活作用，这有利于糖酵解的进行。

（6）糖酵解的生物学意义　糖酵解是生物界普遍存在的功能途径，从单细胞生物到高等动植物都存在。糖酵解过程释放的能量虽不多，但在某些情况下，却有特殊的生理意义，例如，激烈运动时，能量的需要增加，糖分解加快，此时即使呼吸循环加快以增加氧的供应量，但仍不能满足需要，肌肉处于相对缺氧状态，这是糖酵解加强的结果。可见，糖酵解能保证机体在缺氧情况下仍能进行生命活动。酵解过程的中间产物可为机体提供碳骨架。

2. 葡萄糖的有氧分解代谢

糖的有氧氧化是葡萄糖在有氧条件下, 通过丙酮酸生成乙酰 CoA, 再经三羧酸循环氧化成水和二氧化碳的过程。

$$葡萄糖 \longrightarrow 丙酮酸 \longrightarrow 乙酸 CoA \xrightarrow{三羧酸循环} CO_2 + H_2O$$

有氧氧化分为三个阶段: ①葡萄糖→丙酮酸, 与糖酵解过程相同; ②丙酮酸→乙酰 CoA ③三羧酸循环及氧化磷酸化。

(1) 丙酮酸氧化脱羧生成乙酰 CoA 在有氧条件下, 丙酮酸进入线粒体, 在丙酮酸脱氢酶系催化下脱氢脱羧, 反应不可逆。丙酮酸脱氢酶系由 3 种酶组成, 即丙酮酸脱羧酶、硫辛酸乙酰转移酶、二氢硫辛酸脱氢酶; 另外还有 5 种辅酶参与反应, 即 NAD^+、FAD、硫辛酸、TPP 和 CoA。氧化脱羧反应式如下

$$CH_3COCOOH + HSCoA + NAD^+ \xrightarrow{丙酮酸脱氢酶系} CH_3CO—SCoA + CO_2 + NADH + H^+$$

参与反应的各种酶以乙酰转移酶为核心, 依次进行紧密相关的连锁反应, 使丙酮酸脱羧、脱氢及形成高能硫酯键等反应迅速完成, 提高了催化效率, 反应机制如图 4-3 所示。

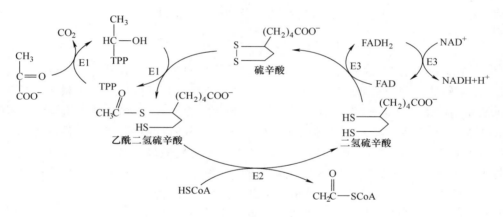

图 4-3 丙酮酸脱氢酶系的反应机制

E1—丙酮酸脱羧酶 E2—硫辛酸乙酰转移酶 E3—二氢硫辛酸脱氢酶

(2) 三羧酸循环 (Tricarboxylic acid cycle, TCA cycle) 途径 三羧酸循环是 H. Krebs 于 1937 年发现的, 故又称 Krebs 循环, 因为循环中第一个中间产物是柠檬酸, 故又称为柠檬酸循环。三羧酸循环不仅是糖有氧分解的代谢途径, 也是机体内一切有机物碳骨架氧化为 CO_2 的必经途径, 它包括一系列酶促反应, 现分述如下。

1) 乙酰辅酶 A 与草酰乙酸缩合成柠檬酸。反应由柠檬酸合成酶催化, 所需能量来自乙酰 CoA 的高能硫酯键。反应不可逆, 它是三羧酸循环的重要调节点。

$$
\begin{array}{ccccc}
& & COOH & & CH_2COOH \\
CH_3 & & C=O & & HOC—COOH \\
CO \sim SCoA & + & CH_2COOH & +H_2O \xrightarrow{柠檬酸合成酶} & CH_2COOH & +CoASH \\
乙酰辅酶 A & & 草酰乙酸 & & 柠檬酸 & 辅酶 A
\end{array}
$$

2) 异柠檬酸的生成。柠檬酸脱水生成顺乌头酸, 然后加水生成异柠檬酸。

$$
\begin{array}{c}
CH_2COOH \\
| \\
HOC-COOH \\
| \\
CH_2COOH
\end{array}
\xrightleftharpoons[\text{顺乌头酸酶}]{}
\begin{array}{c}
CHCOOH \\
\| \\
C-COOH \\
| \\
CH_2COOH
\end{array}
+ H_2O
$$

柠檬酸　　　　　　　　　　　　顺乌头酸

$$
\begin{array}{c}
CHCOOH \\
\| \\
C-COOH \\
| \\
CH_2COOH
\end{array}
+ H_2O
\xrightleftharpoons[\text{顺乌头酸酶}]{}
\begin{array}{c}
HO-CHCOOH \\
| \\
CH-COOH \\
| \\
CH_2COOH
\end{array}
$$

顺乌头酸　　　　　　　　　　　　异柠檬酸

3）异柠檬酸氧化脱羧生成 α-酮戊二酸。反应分两步：首先异柠檬酸在异柠檬酸脱氢酶的催化下脱去 2 个 H，生成中间产物草酰琥珀酸；随后草酰琥珀酸在同一酶催化下迅速脱羧生成 α-酮戊二酸。

$$
\begin{array}{c}
HO-CHCOOH \\
| \\
CH-COOH \\
| \\
CH_2COOH
\end{array}
+ \begin{array}{c} NAD^+ \\ (NADP^+) \end{array}
\xrightleftharpoons[]{\text{异柠檬酸脱氢酶}}
\begin{array}{c}
O=CCOOH \\
| \\
CH-COOH \\
| \\
CH_2COOH
\end{array}
+ \begin{array}{c} NADH \\ (NADPH) \end{array} + H^+
$$

异柠檬酸　　　　　　　　　　　　草酰琥珀酸

$$
\begin{array}{c}
O=CCOOH \\
| \\
CH-COOH \\
| \\
CH_2COOH
\end{array}
\xrightleftharpoons[Mn^{2+}]{\text{异柠檬酸脱氢酶}}
\begin{array}{c}
O=CCOOH \\
| \\
CH_2 \\
| \\
CH_2COOH
\end{array}
+ CO_2
$$

草酰琥珀酸　　　　　　　　　　α-酮戊二酸

已发现有两种异柠檬酸脱氢酶：一种以 NAD^+ 和 Mn^{2+} 为辅酶，存在于线粒体中，其主要功能是参与三羧酸循环；另一种以 $NADP^+$ 和 Mn^{2+} 为辅酶，存在于线粒体和细胞质中，其主要功能是提供还原剂 NADPH。

4）α-酮戊二酸的脱羧反应。这是三羧酸循环中第二次氧化脱羧。α-酮戊二酸脱氢酶系也是多酶复合体，其组成和反应方式都与丙酮酸脱氢酶系相似。组成复合体的三种酶分别是 α-酮戊二酸脱氢酶（需 TPP）、硫辛酸琥珀酰基转移酶（需硫辛酸和 CoA）二氢硫辛酸脱氢酶（需 FAD 和 NAD^+）。

$$
\begin{array}{c}
O=CCOOH \\
| \\
CH_2 \\
| \\
CH_2COOH
\end{array}
+ NAD^+ + CoASH
\xrightarrow[\substack{FAD,Mg^{2+},TPP,硫辛酸\\NAD^+,CoASH}]{\text{α-酮戊二酸脱氢酶系}}
\begin{array}{c}
O \\
\| \\
CH_2-C\sim SCoA \\
| \\
CH_2COOH
\end{array}
+ CO_2 + NADH + H^+
$$

α-酮戊二酸　　　　　　　　　　　琥珀酰 CoA

在反应中，琥珀酰 CoA 分子内部的能量重排，形成一个高能硫酯键。此反应不可逆，并且是三羧酸循环中的重要调节点。

5）琥珀酰 CoA 生成琥珀酸。此反应是循环中唯一直接产生 ATP 的反应。

$$
\begin{array}{c}
O \\
\| \\
CH_2-C\sim SCoA \\
| \\
CH_2COOH
\end{array}
+ H_3PO_4 + GDP
\xrightleftharpoons[Mg^{2+}]{\text{琥珀酸硫激酶}}
\begin{array}{c}
CH_2COOH \\
| \\
CH_2COOH
\end{array}
+ GTP + CoASH
$$

琥珀酰辅酶 A　　　　　　　　　　　琥珀酸

GTP + ADP ⇌ ATP + GDP

6）琥珀酸被氧化成延胡索酸。琥珀酸脱氢酶是一种黄素蛋白，辅基是 FAD。

$$
\begin{array}{c}
CH_2COOH \\
| \\
CH_2COOH
\end{array}
+ FAD
\xrightleftharpoons[]{\text{琥珀酸脱氢酶}}
\begin{array}{c}
CHCOOH \\
\| \\
CHCOOH
\end{array}
+ FADH_2
$$

琥珀酸　　　　　　　　　　　　延胡索酸

7）延胡索酸加水生成苹果酸。

$$\underset{\text{延胡索酸}}{\overset{\text{CHCOOH}}{\underset{\text{CHCOOH}}{\|}}} + H_2O \xrightleftharpoons[]{\text{延胡索酸酶}} \underset{\text{苹果酸}}{\overset{\text{HO—CHCOOH}}{\underset{\text{CH}_2\text{COOH}}{|}}}$$

8）苹果酸被氧化成草酰乙酸。苹果酸脱氢酶催化苹果酸脱氢生成草酰乙酸，该酶的辅酶是 NAD^+。这步反应可逆。

$$\underset{\text{苹果酸}}{\overset{\text{HO—CHCOOH}}{\underset{\text{CH}_2\text{COOH}}{|}}} + NAD^+ \xrightleftharpoons[]{\text{苹果酸脱氢酶}} \underset{\text{草酰乙酸}}{\overset{\text{O=CCOOH}}{\underset{\text{CH}_2\text{COOH}}{|}}} + NADH + H^+$$

至此，草酰乙酸重新生成。在循环中，草酰乙酸既是起始物，又是终产物，其本身并无量的变化，但是它的含量直接影响乙酰基进入三羧酸循环的多少。在体内，草酰乙酸主要来自丙酮酸的羧化，生物素是丙酮酸羧化酶的辅基。

$$\underset{\text{丙酮酸}}{\overset{\text{COOH}}{\underset{\text{CH}_3}{\overset{|}{\underset{|}{C=O}}}}} + CO_2 + ATP \xrightarrow[\text{生物素}]{\text{丙酮酸羧化酶}} \underset{\text{草酰乙酸}}{\overset{\text{O=CCOOH}}{\underset{\text{CH}_2\text{COOH}}{|}}} + ADP + H_3PO_4$$

三羧酸循环的总反应如图 4-4 所示。

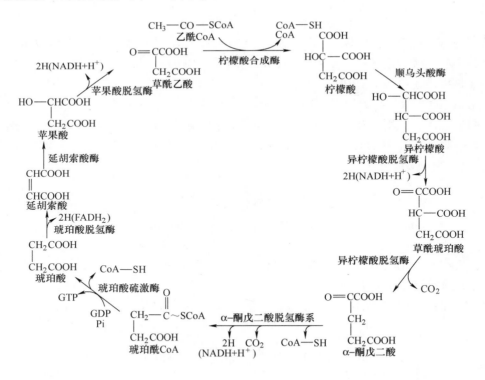

图 4-4　三羧酸循环

三羧酸循环在线粒体中进行，循环中多步反应是可逆的，但由于柠檬酸的合成和 α-戊二酸的氧化脱羧是不可逆反应，因此循环单方向进行。

（3）三羧酸循环的生物学意义　三羧酸循环在生物界，包括动物、植物及微生物，都普遍存在，因此它具有普遍的生物学意义。

1）提供远比糖酵解所能提供的能量大得多的能量，供生命活动的需要。糖酵解过程中，1分子葡萄糖形成2分子ATP，加上在有氧情况下，由酵解产生两分子NADH + H+，它通过呼吸链尚可产生6分子ATP。因此，在酵解过程中，由葡萄糖变成丙酮酸共产生8分子ATP。

三羧酸循环中，丙酮酸经三羧酸循环脱氢作用共形成3分子NADH + H+、1分子NADPH + H+J和1分子FADH$_2$，它们在有氧条件下，通过呼吸链分别能产生3×3、1×3和1×2，即9、3和2个分子ATP，加上三羧酸循环过程中还生成1分子GTP，它相当于1分子ATP，所以共生成15个分子ATP。

每分子葡萄糖产生2分子丙酮酸，则每分子葡萄糖经酵解，在三羧酸循环、氧化磷酸化阶段共产生38分子ATP。每分子葡萄糖共有1193kJ的能量转变为ATP，完全氧化产生的总能量大约为2876kJ。这样有氧氧化利用能量的效率大约是42%，这远比糖酵解产生的ATP分子数大得多，能量利用率也高得多。

2）三羧酸循环是多种物质的共同代谢途径。三羧酸循环的起始物乙酰CoA，不但是糖氧化分解的产物，也可由脂肪中的甘油、脂肪酸和蛋白质中的氨基酸代谢生成，因此三羧酸循环实际上是三大有机物质在体内氧化供能的共同主要途径。

3）三羧酸循环中间产物可作为合成某些成分的碳骨架。三羧酸循环可为其他合成代谢提供小分子前体，乙酰CoA是合成脂肪酸及胆固醇的原料，许多氨基酸的碳骨架是三羧酸循环的中间产物。例如，糖和甘油代谢生成的α-酮戊二酸及草酰乙酸等三羧酸循环的中间产物可以转变成某些氨基酸。

4）三羧酸循环的代谢调节。三羧酸循环是机体获得能量的主要方式，机体对能量的需求变动很大，因此必须加以调节。三羧酸循环速度主要受三种酶活性的调控。

第一个调节点是柠檬酸合成酶。它是柠檬酸循环的起始酶。它的速度取决于乙酰CoA和草酰乙酸的量。ATP是柠檬酸合成酶的别构抑制剂。ATP的效应是增加此酶对乙酰CoA的K_m值。所以当ATP浓度升高时，只有很少的酶被乙酰CoA所饱和，因而也只有少量的柠檬酸生成。

第二个调节点是异柠檬酸脱氢酶。ADP是该酶的别构激活剂，ADP的作用是增加酶对底物的亲和力。NADH、ATP均抑制异柠檬酸脱氢酶的活性。

第三个调节点是α-酮戊二酸脱氢酶复合体，该酶复合体的活性调节类似于丙酮酸脱氢酶复合体，其活性可被酶反应产物琥珀酰CoA及NADH所抑制，ATP也对此酶复合体有抑制作用。由此可见，柠檬酸循环中几个点都受到ATP的抑制。

总之，当细胞内ATP浓度较高时，即能量储存丰富时，乙酰CoA进入三羧酸循环的速度受到调节而减慢，从而调节有氧氧化供能的速度，以适应机体的需要。

3. 乙醛酸循环——三羧酸循环支路

在许多微生物和植物中除具有三羧酸循环的氧化途径外，还存在另一条称为乙醛酸循环（Glyoxylate cycle）的途径。这些微生物如乙酸杆菌、大肠杆菌、固氮菌等能够利用乙酸作为碳源，这些微生物细胞内除有三羧酸循环的各种酶以外，还有另外两种特异的酶——苹果酸合成酶与异柠檬酸裂解酶。异柠檬酸可以通过异柠檬酸裂解酶的催化作用分解为琥珀酸与乙醛酸。乙醛酸可以通过苹果酸合成酶的催化作用与乙酰CoA结合生成苹果酸。在这里异柠檬酸走了一个捷径，跳过三羧酸循环中的草酰琥珀酸、α-酮戊二酸、琥珀酰CoA，形成一个与三羧酸循环相联系的小循环。因以乙醛酸为中间代谢物，故称为乙醛酸循环（图4-5）。

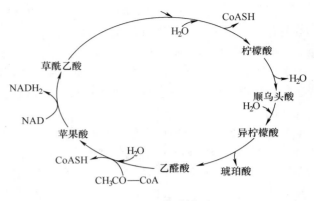

图4-5　乙醛酸循环

通过乙醛酸循环可以由乙酰CoA经草酰乙酸生成葡萄糖。乙醛酸循环绕过了柠檬酸循环中生成两个CO_2的步骤。

在乙醛酸循环中，重要的酶是异柠檬酸裂解菌和苹果酸合成酶。如图8-4所示，异柠檬酸在异柠檬酸裂解酶催化下，生成琥珀酸与乙醛酸。

$$\begin{array}{cc}
\text{H}_2\text{C—COO}^- \\
| \\
\text{HC—COO}^- \\
| \\
\text{HO—C—COO}^- \\
| \\
\text{H}
\end{array}
\xrightarrow{\text{异柠檬酸裂解酶}}
\begin{array}{c}
\text{H}_2\text{C—COO} \\
| \\
\text{H}_2\text{C—COO}
\end{array}
+
\begin{array}{c}
\text{CHO} \\
| \\
\text{COO}
\end{array}$$

异柠檬酸　　　　　　　　　　琥珀酸　　　　乙醛酸

乙醛酸又在乙酰辅酶A参与下，由苹果酸合成酶催化，生成苹果酸。

$$\begin{array}{c}
\text{CHO} \\
| \\
\text{COO}
\end{array}
+ \text{CH}_3\text{CO—SCoA} + \text{H}_2\text{O}
\xrightarrow{\text{苹果酸合成酶}}
\begin{array}{c}
\text{COO}^- \\
| \\
\text{CHOH} \\
| \\
\text{CH}_2 \\
| \\
\text{COO}^-
\end{array}
+ \text{CoASH}$$

乙醛酸　　　　　　乙酰辅酶A　　　　　　　　　苹果酸

苹果酸再脱氢生成草酰乙酸。

乙醛循环的总反应如下

$$2\text{CH}_3\text{CO—SCoA} + 2\text{H}_2\text{O} + \text{NAD}^+ \longrightarrow
\begin{array}{c}
\text{H}_2\text{C—COO}^- \\
| \\
\text{H}_2\text{C—COO}^-
\end{array}
+ 2\text{CoASH} + \text{NADH} + \text{H}^+$$

有些微生物细胞内没有乙酰CoA合成酶，不能利用乙酸作为营养物，无法使乙酸变成乙酰CoA而进入乙醛酸循环。而有些微生物具有乙酰CoA合成酶，可以利用乙酸作为营养物，使乙酸变成乙酰CoA而进入乙醛酸循环，即

$$\text{CH}_3\text{COO—CoASH} + \text{ATP} \xrightarrow{\text{乙酰辅酶A合成酶}} \text{CH}_3\text{CO—SCoA} + \text{H}_2\text{O} + \text{AMP} + \text{PPi}$$

从乙酸开始的乙醛酸循环总反应如下

$$2\text{CH}_3\text{COO}^- + \text{NAD}^+ + 2\text{ATP} \longrightarrow
\begin{array}{c}
\text{H}_2\text{C—COO}^- \\
| \\
\text{H}_2\text{C—COO}^-
\end{array}
+ \text{NADH} + 2\text{AMP} + \text{PPi}$$

比较乙醛酸循环与三羧酸循环可知，三羧酸循环的综合效果是乙酸（或乙酰CoA）彻底氧化成水和二氧化碳，而乙醛酸循环的综合效果是乙酸（或乙酰CoA）转变成四碳二羧酸（琥珀酸、苹果酸等）。乙醛酸循环中生成的四碳二羧酸、琥珀酸、苹果酸仍可返回三羧酸循环，所以乙醛酸循环可以看作是三羧酸循环的支路。两个循环的关系如图4-6所示。

乙醛酸循环的生物学意义：

1) 乙醛酸循环在微生物代谢中占有重要地位，对三羧酸循环起着协助的作用。它对某些利用乙酸作为唯一碳源和能源的微生物的生长十分重要。只要有微量的四碳二羧酸作为起始物，乙酸就可以不断地转变为四碳二羧酸和六碳三羧酸，作为三羧酸循环上化合物的补充。

2) 可以沿 EMP 逆行生成葡萄糖，继而合成多糖，也可以利用外加的氮源从有关酮酸转变成氨基酸再合成蛋白质。乙酸通过乙酰 CoA 还可合成脂肪酸。这样便可以从乙酸出发合成细胞的主要成分，满足生长的需要。

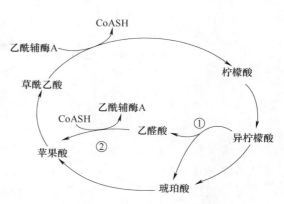

图 4-6　乙醛酸循环与三羧酸循环的关系
①—异柠檬酸裂解酶　②—苹果酸合成酶

4. 磷酸戊糖途径

磷酸戊糖途径（Pentose phosphate pathway）也称磷酸己糖旁路，它是葡萄糖氧化分解的又一途径。在动物体内的多种组织，如肝脏、脂肪组织、泌乳期的乳腺、肾上腺皮质、性腺及红细胞等中都存在这一途径。植物组织也普遍能进行此种氧化方式。

（1）磷酸戊糖途径的化学反应过程

1) 第一阶段。6-磷酸葡萄糖生成 5-磷酸核糖，同时生成 2 分子 NADPH 及 1 分子 CO_2。6-磷酸葡萄糖在 6-磷酸葡萄糖脱氢酶催化下脱氢生成 6-磷酸葡萄糖酸内酯，$NADP^+$ 作为受氢体，平衡趋向于生成 NADPH 方向，反应需 Mg^{2+} 参与。

6-磷酸葡萄糖酸内酯在内酯酶的作用下水解为 6-磷酸葡萄糖酸。

6-磷酸葡萄糖酸在 6-磷酸葡萄糖酸脱氧酶的作用下，再次脱氢并自发脱羧而转变为 5-磷酸核酮糖，同时生成 NADPH 及 CO_2。

$$
\underset{\text{6-磷酸葡萄糖酸}}{
\begin{array}{c}
COOH \\
H-C-OH \\
HO-C-H \\
H-C-OH \\
H-C-OH \\
CH_2O\,\textcircled{P}
\end{array}}
+ NADP^+ \underset{}{\overset{\text{6-磷酸葡萄糖酸脱氢酶}}{\rightleftharpoons}}
\underset{\text{5-磷酸核酮糖}}{
\begin{array}{c}
CH_2OH \\
C=O \\
H-C-OH \\
H-C-OH \\
CH_2O\,\textcircled{P}
\end{array}}
+ CO_2 + NADPH
$$

5-磷酸核酮糖在异构酶的作用下，转变为5-磷酸核糖；或者在差向异构酶的作用下，转变为5-磷酸木酮糖。

第一阶段中脱氢两次，故每分子葡萄糖转变为磷酸戊糖的过程中生成2分子NADPH。

$$
\underset{\text{5-磷酸木酮糖}}{
\begin{array}{c}
CH_2OH \\
C=O \\
HO-C-H \\
H-C-OH \\
CH_2O\,\textcircled{P}
\end{array}}
\underset{}{\overset{\text{差向异构酶}}{\rightleftharpoons}}
\underset{\text{5-磷酸核酮糖}}{
\begin{array}{c}
CH_2OH \\
C=O \\
H-C-OH \\
H-C-OH \\
CH_2O\,\textcircled{P}
\end{array}}
\underset{}{\overset{\text{异构酶}}{\rightleftharpoons}}
\underset{\text{5-磷酸核糖}}{
\begin{array}{c}
CHO \\
H-C-OH \\
H-C-OH \\
H-C-OH \\
CH_2O\,\textcircled{P}
\end{array}}
$$

2）第二阶段。基团转移反应。在上述反应中生成的磷酸戊糖主要用于合成核苷酸，而生成的NADPH则可用于许多化合物的合成代谢。但细胞中合成代谢消耗的NADPH远大于磷酸戊糖的消耗，因此，葡萄糖经此途径生成多余的磷酸戊糖。第二阶段反应的意义在于通过一系列基团转移反应，将核糖转变成6-磷酸果糖和3-磷酸甘油醛而进入酵解途径。

如下图所示，这些反应的结果可概括为3分子磷酸戊糖转变成2分子磷酸己糖和1分子磷酸丙糖。这些基团转移反应可分为两类：一类是转酮醇酶反应，转移二碳单位的酮醇基团；另一类是转醛醇酶反应，转移三碳单位，接受体都是醛糖。现分述如下。

$$
\begin{array}{ccccc}
C_5 & & C_3 & & C_6 \\
& \searrow \nearrow & & \searrow \nearrow & \\
C_5 & \rightarrow & C_7 & & C_4 \quad C_6 \\
& & & & C_5 \quad C_3
\end{array}
$$

① 由转酮醇酶催化，将5-磷酸木酮糖的一个二碳单位（羟乙醛）转移给5-磷酸核糖，产生7-磷酸景天糖和3-磷酸甘油醛，反应需TPP作为辅酶，并需Mg^{2+}参与。

$$
\underset{\text{5-磷酸木酮糖}}{
\begin{array}{c}
\boxed{\begin{array}{c}CH_2OH \\ C=O\end{array}} \\
HO-C-H \\
H-C-OH \\
CH_2O\,\textcircled{P}
\end{array}}
+
\underset{\text{5-磷酸核糖}}{
\begin{array}{c}
CHO \\
H-C-OH \\
H-C-OH \\
H-C-OH \\
CH_2O\,\textcircled{P}
\end{array}}
\underset{\text{TPP}\quad\text{Mg}^{2+}}{\overset{\text{转酮醇酶}}{\rightleftharpoons}}
\underset{\text{7-磷酸景天糖}}{
\begin{array}{c}
\boxed{\begin{array}{c}CH_2OH \\ C=O\end{array}} \\
HO-C-H \\
H-C-OH \\
H-C-OH \\
H-C-OH \\
CH_2O\,\textcircled{P}
\end{array}}
+
\underset{\text{3-磷酸甘油醛}}{
\begin{array}{c}
CHO \\
H-C-OH \\
CH_2O\,\textcircled{P}
\end{array}}
$$

② 由转醛醇酶催化，将7-磷酸景天糖的二羟丙酮基转移给3-磷酸甘油醛，生成4-磷酸赤藓糖和6-磷酸果糖。

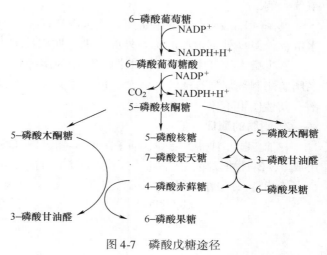

③ 4-磷酸赤藓糖在转酮醇酶催化下，接受来自5-磷酸木酮糖的羟乙醛基，生成6-磷酸果糖和3-磷酸甘油醛。后者可进入醇解途径，参与代谢。

磷酸戊糖之间的相互转变由相应的异构酶、差向异构酶催化，这些反应均为可逆反应。磷酸戊糖途径的反应可归纳为图4-7。

磷酸戊糖途径的主要特点是葡萄糖直接脱氢和脱羧，不必经过糖酵解途径，也不必经过三羧酸循环；整个反应中，脱氢酶的辅酶是 $NADP^+$，而不是 NAD^+。

（2）磷酸戊糖途径的生物学意义

磷酸戊糖途径是普遍存在的一种糖代谢的方式，在不同的生物以及生物的不同组织器官中所占的比例不同。该代谢途径生成的 NADPH 作为供氢体参与多种代谢反应，如参与脂肪酸、胆固醇的合成以及用于维持谷胱甘肽的还原状态；保护一些含 – SH 基的蛋白质或酶免受氧化剂（尤其是过氧化物）的损害；在红细胞中还原型谷胱甘肽具有更重要作用，它可以保护红细胞膜蛋白的完整性。

图 4-7　磷酸戊糖途径

磷酸戊糖途径同时也为核酸的生物合成提供核糖。核糖是核酸生物合成的必需原料，体内的核糖并不依赖于从食物输入，也可以从葡萄糖通过磷酸戊糖途径生成。葡萄糖既可经磷酸戊糖途径产生磷酸核糖，也可通过酵解途径的中间产物 3-磷酸甘油醛和 6-磷酸果糖经过前述的基团转移反应而生成磷酸核糖。这两种方式的相对重要性因不同动物而异：人类主要通过前一方式生成核糖；肌肉组织缺乏 6-磷酸葡萄糖脱氢酶，磷酸核糖靠基团转移反应生成。

磷酸戊糖途径与糖的有氧、无氧分解途径相关联。3-磷酸甘油醛是糖分解的 3 种途径的枢纽点，如果磷酸戊糖途径由于某种因素的影响而出现代谢受阻，可通过 3-磷酸甘油醛这一枢纽点进入无氧或有氧代谢途径，以保证糖的分解仍能继续进行。这从代谢的角度反映出生物对环境的适应性。

4.3 脂肪分解代谢

4.3.1 脂肪的酶促水解

脂肪在进行分解代谢之前，须经脂肪酶水解成脂肪酸及甘油，然后循不同途径进行代谢。

1. 脂肪酶

脂肪酶（Lipase）的正式名称是甘油酯水解酶，广泛存在于胰脏、蓖麻子及各种微生物中。不同来源的脂肪酶对脂肪酸碳链的长短有选择性，有的脂肪酶主要作用于短碳链（如 $C_4 - C_{10}$）的脂肪酸甘油酯（此酶应用于乳品工业可增强产品的芳香性）；有的主要作用于长碳链（C_{14} 以上）的脂肪酸甘油酯。由于脂肪酶不太稳定，较难纯化，而且是在油水不匀系统中反应的，因此研究也较为困难。

脂肪酶对基质的分解和合成都能起催化作用，这性质在其他水解酶中很少有。多数脂肪酶同 SH 基有关，当通气，加过氧化氢等使 SH 基氧化后，就抑制水解而进行合成反应。维生素 C、半胱氨酸、钙离子等对脂肪水解有促进作用，而油水混合系的乳化程度对酶反应有重要影响。

真菌（Fungus）中的脂肪酶在细胞内外存在，细胞内储存的脂肪可被细胞内的脂肪酶所水解，外源（外部供给的称为外源）的脂肪则被细胞外脂肪酶所水解。

不少微生物可用来生产脂肪酶，常用的菌种有根酶、黑曲霉、白地霉、青霉等。许多商品脂肪酶制剂都具有酯酶的活性，也能使低级脂肪酸的一价醇酯加水分解。不同来源的脂肪酶，其性质也不相同。

2. 脂肪的酶促水解

甘油三酯、甘油二酯和甘油一酯的 α-酯键皆可被酯酶水解，如甘油三酯首先被 α-酯酶水解成 α，β-甘油二酯，然后再水解成 β-甘油一酯，α-酯酶也能水解 β-甘油一酯的 β-酯键（即 C_2 上的酯键），但作用很慢。β-酯键是由另一酯酶水解成脂肪酸和甘油的，反应过程如下

$$
\begin{array}{c}
\underset{\text{甘油三酯（脂肪）}}{\begin{array}{l}CH_2OCOR_1\\ |\\ CHOCOR_2\\ |\\ CH_2OCOR_3\end{array}}
\xrightarrow[\alpha\text{-酯酶}]{+H_2O}
\underset{\begin{array}{c}\text{甘油二酯}\\+\\R_1COO^-\\\text{脂肪酸}\end{array}}{\begin{array}{l}CH_2OH\\ |\\ CHOCOR_2\\ |\\ CH_2OCOR_3\end{array}}
\xrightarrow[\alpha\text{-酯酶}]{+H_2O}
\underset{\begin{array}{c}\text{甘油一酯}\\+\\R_3COO^-\\\text{脂肪酸}\end{array}}{\begin{array}{l}CH_2OH\\ |\\ CHOCOR_2\\ |\\ CH_2OH\end{array}}
\xrightarrow[\text{酯酶}]{+H_2O}
\underset{\begin{array}{c}\text{甘油}\\+\\R_2COO^-\\\text{脂肪酸}\end{array}}{\begin{array}{l}CH_2OH\\ |\\ CHOH\\ |\\ CH_2OH\end{array}}
\end{array}
$$

反应生成的脂肪酸与甘油分别进行降解。

4.3.2　脂肪的分解代谢

1. 甘油的分解代谢

1）甘油在磷酸甘油激酶的催化下，进行磷酸化作用，生成 α-磷酸甘油。

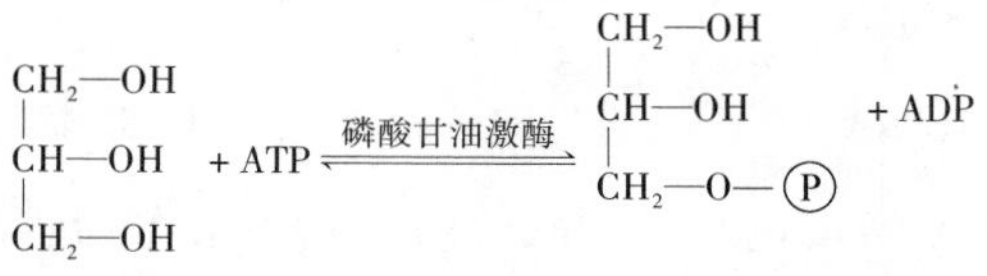

$$
\begin{array}{c}
CH_2\text{—}OH \\
| \\
CH\text{—}OH \\
| \\
CH_2\text{—}OH
\end{array}
\;+\;ATP
\quad\underset{}{\overset{磷酸甘油激酶}{\rightleftharpoons}}\quad
\begin{array}{c}
CH_2\text{—}OH \\
| \\
CH\text{—}OH \\
| \\
CH_2\text{—}O\text{—}\circled{P}
\end{array}
\;+\;ADP
$$

甘油　　　　　　　　　　　　　α-磷酸甘油

2）α-磷酸甘油在 β-磷酸甘油脱氢酶的催化下，生成磷酸二羟丙酮。

$$
\begin{array}{c}
CH_2\text{—}OH \\
| \\
CH\text{—}OH \\
| \\
CH_2\text{—}O\text{—}\circled{P}
\end{array}
\;+\;NAD
\quad\underset{}{\overset{β\text{-}磷酸甘油脱氢酶}{\rightleftharpoons}}\quad
\begin{array}{c}
CH_2\text{—}OH \\
| \\
C\text{=}O \\
| \\
CH_2\text{—}O\text{—}\circled{P}
\end{array}
\;+\;NADH_2
$$

α-磷酸甘油　　　　　　　　　　磷酸二羟丙酮

反应生成的磷酸二羟丙酮可以进入 EMP 途径及 TCA 循环进一步氧化，也可以逆 EMP 途径生成葡萄糖。

2. 脂肪酸的分解——β 氧化作用

生物体内由脂肪水解形成的脂肪酸及细胞内的游离脂肪酸降解时，是从脂肪酸的 β 碳原子开始，依次以 2 个碳原子为分解单位进行水解，这一过程称为 β 氧化。此过程需要的各种酶和辅酶线粒体都具有。辅酶 A 在脂肪酸氧化过程中起重要作用。现以硬脂酸为例，其反应的具体步骤如下：

1）脂肪酸的活化。脂肪酸在进行 β-氧化作用前，必须经过激活。激活反应是在脂酰硫激酶（简称硫激酶，又名脂酰辅酶 A 合成酶）的催化下分两步进行的。第一步由 ATP 中转移一磷酸腺苷（AMP）来激活脂肪酸的羧基，并同时释放出无机焦磷酸（PPi）。第二步是被激活了的羧基和辅酶 A（CoA—SH）的 SH 基起反应生成脂酰辅酶 A 和 AMP。

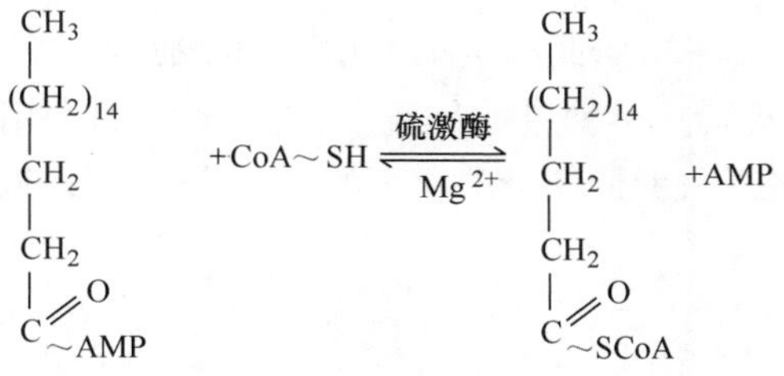

$$
\begin{array}{c}
CH_3 \\
| \\
(CH_2)_{14} \\
| \\
CH_2 \\
| \\
CH_2 \\
| \\
C\!\!\stackrel{\displaystyle O}{\sim}\!AMP
\end{array}
\;+CoA\!\sim\!SH
\quad\underset{Mg^{2+}}{\overset{硫激酶}{\rightleftharpoons}}\quad
\begin{array}{c}
CH_3 \\
| \\
(CH_2)_{14} \\
| \\
CH_2 \\
| \\
CH_2 \\
| \\
C\!\!\stackrel{\displaystyle O}{\sim}\!SCoA
\end{array}
\;+AMP
$$

硬脂酰-磷酸腺苷　　　　　　　　硬脂酰辅酶A

2）脂酰辅酶 A 脱氢。脂酰 CoA 在脂酰 CoA 脱氢酶的作用下，于 C_2 和 C_3（即 α 和 β 位）碳原子上脱氢氧化生成一个双键，称 α，β 烯脂酰 CoA。脂酰脱氢酶像硫激酶一样，对具有碳链长短不同的底物的专一性各不相同，因此可分别催化各种脂酰辅酶 A 脱氢。它们需要 FAD 作辅基，是一种不需氧脱氢酶。

$$\begin{array}{c} CH_3 \\ | \\ (CH_2)_{14} \\ | \\ \beta CH_2 \\ | \\ \alpha CH_2 \\ | \quad O \\ C \diagdown \\ \sim SCoA \end{array} \quad +FAD \underset{}{\overset{\text{脂酰脱氢酶}}{\rightleftharpoons}} \quad \begin{array}{c} CH_3 \\ | \\ (CH_2)_{14} \\ | \\ \beta CH \\ || \\ \alpha CH \\ | \quad O \\ C \diagdown \\ \sim SCoA \end{array} \quad +FADH_2$$

硬脂酰辅酶A   α，β-烯硬脂酰辅酶A

3）α，β-烯脂酰辅酶 A 的水化。α，β-烯脂酰辅酶 A 在稀脂酰 CoA 水化酶的作用下水化，生成 β-羟脂酰 CoA。

$$\begin{array}{c} CH_3 \\ | \\ (CH_2)_{14} \\ | \\ \beta CH \\ || \\ \alpha CH \\ | \quad O \\ C \diagdown \\ \sim SCoA \end{array} \quad +H_2O \underset{}{\overset{\text{烯脂酰水合酶}}{\rightleftharpoons}} \quad \begin{array}{c} CH_3 \\ | \\ (CH_2)_{14} \\ | \\ \beta CHOH \\ | \\ \alpha CH_2 \\ | \quad O \\ C \diagdown \\ \sim SCoA \end{array}$$

α，β-烯硬脂酰辅酶A   β-羟硬脂酰辅酶A

4）β-羟脂酰辅酶 A 的脱氢。β-羟脂酰辅酶 A 在 β-羟脂酰脱氧酶的催化下，C_3 位脱氢，生成 β-酮脂酰辅酶 A。

$$\begin{array}{c} CH_3 \\ | \\ (CH_2)_{14} \\ | \\ \beta CHOH \\ | \\ \alpha CH_2 \\ | \quad O \\ C \diagdown \\ \sim SCoA \end{array} \quad +NAD \underset{}{\overset{\text{β-羟脂酰脱氢酶}}{\rightleftharpoons}} \quad \begin{array}{c} CH_3 \\ | \\ (CH_2)_{14} \\ | \\ \beta CO \\ | \\ \alpha CH_2 \\ | \quad O \\ C \diagdown \\ \sim SCoA \end{array} \quad +NADH_2$$

β-羟硬脂酰辅酶A   β-酮硬脂酰辅酶A

脂肪酸变为 β-酮酸，便于从脂肪酸碳链上切除两个碳原子。

5）酮脂酰辅酶 A 的硫解。β-酮脂酰辅酶 A 在硫解酶的作用下，同时需要有辅酶 A 存在，裂解为乙酰 CoA 和比原来少了 2 个碳原子的脂酰 CoA。反应分两步完成。

$$\begin{array}{c} CH_3 \\ | \\ (CH_2)_{14} \\ | \\ C=O \\ | \\ CH_2 \\ | \quad O \\ C \diagdown \\ \sim SCoA \end{array} \quad \begin{array}{c} +E-SH \\ \text{硫解酶} \end{array} \rightleftharpoons \quad \begin{array}{c} CH_3 \\ | \\ (CH_2)_{14} \\ | \\ C \diagdown \quad O \\ \sim SE \end{array} \quad \begin{array}{c} O \\ +CH_3C \diagup \\ \sim SCoA \end{array}$$

β-酮硬脂酰辅酶A   中间产物   乙酰辅酶A
                              (脂酰-酶)

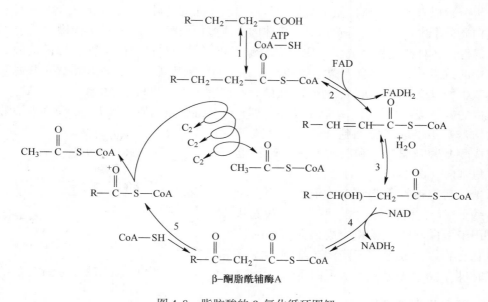

由于此步反应高度放能，因此整个反应趋于裂解方向。少了 2 个碳原子的酯酰 CoA 继续重复以上第 2）~5）步反应，如此循环往复，直至全部氧化成乙酰 CoA，如图 4-8 所示。

图 4-8 脂肪酸的 β-氧化循环图解

1—脂酰硫激酶　2—脂酰脱氢酶　3—烯脂酰水合酶　4—β-羟脂酰脱氢酶　5—β-酮脂酰硫解酶

反应产生的乙酰辅酶 A 可以进入 TCA 循环，彻底氧化成为 CO_2 与 H_2O。

3. β-氧化过程中能量的变化

β 氧化过程的总反应平衡式（以 16 个碳原子的软脂酸为例）如下

$$软脂酰\,CoA + 7HS - CoA + 7FAD + 7NAD^+ + 7H_2O \rightarrow 8\,乙酰\,CoA + 7FADH_2 + 7NADH + 7H^+$$

1mol 软脂酸彻底氧化需经 7 次循环，产生 8 个乙酰 CoA，每摩尔乙酰 CoA 进入三羧酸循环产生 12mol ATP，这样共产生 96mol ATP（12×8）；7mol $FADH_2$ 进入电子传递链共产生 14mol ATP（2×7）；7mol NADH 进入电子传递链共产生 21mol ATP（3×7）；脂肪酸的活化需消耗 2 个高能磷酸键。这样彻底氧化 1mol 软脂酸净产生 129mol ATP（96 + 1 + 21 - 2），由此可见，脂肪酸是生物体能量的主要来源。

脂肪分解的途径可总结如下：

脂肪 ⟨ 甘油 → 磷酸二羟丙酮 ⟩ → 乙酰辅酶 A → $CO_2 + H_2C$
脂肪酸

4.4 蛋白质代谢

4.4.1 蛋白质代谢概述

蛋白质（Protein）是细胞的首要结构物质，又是酶的基本组成成分。生物体的一切生命现象，无不与蛋白质的活动密切相关。蛋白质的新陈代谢是生物体生长、发育、繁殖和一切生命活动的基础。

体内的蛋白质总是在不断地自我更新，不断地进行分解与合成。生物机体必须从环境中摄取合成蛋白质的原料合成氨基酸，再合成自身的蛋白质，体内的蛋白质也不断地分解成氨基酸，再分解成末产物，所以氨基酸代谢是蛋白质代谢的基础。

蛋白质分子中最主要的是碳和氮。机体内合成蛋白质时，除了必需的碳源外，还必须有合适的氮源。各种微生物合成蛋白质所需氮源不相同。有些自养微生物（如固氮菌）能利用空气中的游离 N_2，有些自养微生物和异养微生物能利用无机氮，如硝酸盐、铵盐；另一些异养微生物只能利用有机氮，如蛋白质的分解产物、胨、肽和氨基酸。

体内的氨基酸也始终处于动态平衡中，即不断从细胞蛋白质分解下来，又可从食物和微生物的培养基中摄取或经细胞合成。氨基酸可以分解成酮基酸及氨。糖和脂肪的分解产物也可合成氨基酸（图4-9）。

微生物高等植物细胞和动物细胞一样，经常存在一个很小的游离氨基酸"库"。这些氨基酸主要用于蛋白质的合成和构成无数重要的其他含氮化合物，而较少用于降解，细胞中经常可以同时供应 20 种氨基酸合成蛋白质。

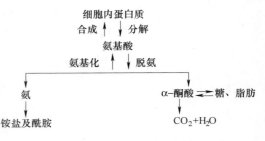

图 4-9　氨基酸的动态平衡

4.4.2 蛋白质的酶解

各种生物体各有其特殊的蛋白质，这些蛋白质是由 20 种不同的氨基酸相互连接而组成的巨大分子。其相对分子质量最大约 1 万至数百万，构造极其复杂。蛋白质不能进入细胞内部，必须分解成氨基酸后，才能被细胞或微生物菌体利用。

1. 蛋白质的水解

蛋白质的水解是在酶的催化下，通过加水分解，使蛋白质中的肽键断裂，最后生成氨基酸的生物化学过程。

蛋白质水解是放能反应。平衡偏向生成氨基酸的方向。反应生成的能量不能被机体直接利用，而以热的形式放出。

大分子的蛋白质必须经蛋白质水解酶类的共同作用，多肽生成氨基酸。

动物可利用蛋白质作食物，食物中的蛋白质必须水解成氨基酸小分子，才能消除特异性，进入细胞，再合成机体本身的特有的蛋白质。

微生物的营养类型与动物不同，一般不能直接利用蛋白质作为营养，但微生物细胞内的蛋白质在代谢时都需要先行水解才能被利用。有些细菌能分解天然蛋白质，如短芽孢杆菌、马铃薯芽孢杆菌、弯组织梭菌，它们能产生胶原蛋白酶，可分解动物的腱、皮肤和结缔组织的胶原蛋白。真菌水解天然蛋白质的能力强，如青霉菌能分解牛奶蛋白质，很多真菌都能水解结晶卵蛋白。细菌中能水解蛋白质的还有变形杆菌、甲型肉毒芽孢杆菌等。放线菌也有分解蛋白质的能力。

2. 蛋白质水解酶类

蛋白质水解酶是水解蛋白质肽链的一类酶总称。动物的蛋白水解酶，又称为肽酶，其作用是使肽键断开。肽酶有肽链内切酶、肽链外切酶和二肽酶三类。肽链内切酶能水解肽链内部的肽键，如胃蛋白酶、胰蛋白酶和胰凝乳蛋白酶（糜蛋白酶）。肽链外切酶只水解肽链两端氨基酸形成的肽键，如羧肽酶、氨肽酶。二肽酶只水解二肽。这些肽酶对不同氨基酸形成的肽键有专一性。

$$
\text{肽链内切酶}
\begin{cases}
\text{胃蛋白酶：水解芳香氨基酸的 } NH_2 \text{ 形成肽键}\\
\text{胰蛋白酶：水解碱性氨基酸 COOH 形成的肽键}\\
\text{胰凝乳蛋白酶：水解芳香氨基酸 COOH 形成的肽键}
\end{cases}
\longrightarrow \text{小肽}
$$

$$
\text{肽链外切酶}
\begin{cases}
\text{氨肽酶：水解靠近肽链 H－端的肽键}\\
\text{羧肽酶：水解靠近肽链 C－端的肽键}
\end{cases}
\text{生成氨基酸}
$$

二肽酶：水解一切二肽。

肽酶的特异性可表示如下：

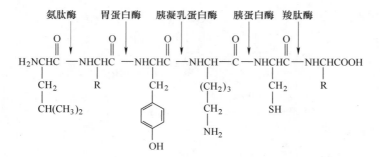

胃蛋白酶（Pepsin）由胃细胞分泌，胰蛋白酶（Trypsin）和胰凝乳蛋白酶（Chymotrypsin）由胰腺细胞分泌。这3种酶在分泌出时是无活性的酶原。胃蛋白酶原遇胃酸激活，胰蛋白酶元由肠激酶激活，胰凝乳蛋白酶元由胰蛋白酶激活。

肽链外切酶一般为金属酶，金属离子的作用可能是连接底物肽链与酶之间的媒介。

小肠内的二肽酶与氨肽酶各有好几种。

植物体中也含蛋白酶类，如种子和幼苗内皆含有活性蛋白酶，叶和幼芽中含有肽酶等。植物组织中蛋白质的酶水解作用，以种子萌芽时为旺盛。

微生物中也含蛋白酶能将蛋白质水解为氨基酸，游离氨基酸再进一步脱氢，最后生成氨和酮酸。

在人与动物体内，氨基酸被小肠黏膜吸收后即通过黏膜微血管进入血液运到肝脏及其他器官进行代谢，也有少量氨基酸由淋巴系统进入血液。

3. 蛋白酶对蛋白质的水解作用

蛋白酶水解蛋白质的过程：

$$蛋白质 \xrightarrow[（内肽酶）]{蛋白酶} 胨、朊 \xrightarrow[（内肽酶）]{蛋白酶} 多肽 \xrightarrow[（外肽酶）]{肽酶} 二肽 \xrightarrow{二肽酶} 氨基酸$$

综上所述，蛋白质水解是经过蛋白酶和肽酶的催化作用。蛋白质水解为蛋白胨、朊、多肽，再继续水解为氨基酸。这就成为可以被吸收的物质。蛋白酶和肽酶的联合催化作用是水解蛋白质、蛋白胨及其他肽类使其成为氨基酸的必要条件。水解生成的氨基酸可满足微生物代谢活动的需要。

4.4.3 氨基酸分解的共同途径

蛋白质经水解后生成的氨基酸或微生物从培养基中直接吸收的氨基酸都可以通过共同的途径进行分解代谢。

在 α-氨基酸的分子结构中，除 R 基团因氨基酸种类不同而有差异外，其余部分则是一切 α-氨基酸（脯氨酸是唯一例外）所共有的，这正是 α-氨基酸的分解代谢都具有共同途径的基础。

1. 脱氨基作用

氨基酸失去氨基的作用称为脱氨基作用（Deamination），是机体氨基酸分解代谢的第一个步骤。脱氨基作用有氧化脱氨基和非氧化脱氨基作用两类。氧化脱氨基作用普遍存在于动植物中。动物脱氨基作用主要在肝脏中进行。非氧化性脱氨基反应多在厌氧或兼性厌氧微生物中发现。各种微生物具有不同的脱氨方式，说明它们适应不同环境而具有不同的代谢类型。

（1）氧化脱氨基作用

1）氧化脱氨基的过程。氧化脱氨基作用可表示如下

$$
2\underset{\substack{|\\COOH}}{\overset{\substack{R\\|}}{HC-NH_2}} + O_2 \longrightarrow 2\underset{\substack{|\\COOH}}{\overset{\substack{R\\|}}{C=O}} + 2NH_3
$$

$$\quad\quad 氨基酸 \quad\quad\quad\quad\quad 酮酸$$

其机制为脱氨水解两步

$$
R-\underset{\substack{|\\NH_2}}{CHCOOH} \xrightarrow[\substack{FAD\\或NAD}\;\substack{FADH_2\\NADH_2}]{氨基酸氧化酶} R-\underset{\substack{\|\\NH}}{CCOOH} \xrightarrow{H_2O} \overset{O}{\underset{}{RCCOOH}}+NH_3
$$

氧化酶是一种黄素蛋白，以 FAD 或 FMN 为辅酶。从氨基酸脱去的氢，直接与氧化合生成过氧化氢。

$$FADH_2 + O_2 \longrightarrow FAD + H_2O_2$$

过氧化氢在过氧化氢酶作用下，分解成氧和水，无过氧化氢酶时过氧化氢把酮酸氧化成少一个碳原子的脂肪酸。

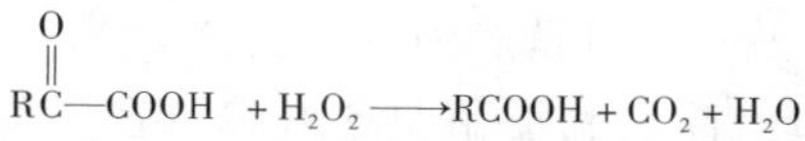

$$RC\overset{O}{\underset{\|}{-}}COOH + H_2O_2 \longrightarrow RCOOH + CO_2 + H_2O$$

2）氧化脱氨酶。L-氨基酸氧化酶分为两类：一类以黄素腺嘌呤二核苷酸（FAD）为辅酶，另一类以黄素单核苷酸（FMN）为辅酶。人与动物的L-氨基酸氧化酶属于后一类。L-氨基酸氧化酶能使十几种氨基酸起脱氨基作用。但对甘氨酸、L-丝氨酸、L-苏氨酸、二羧氨基酸（L-谷氨酸和L-天冬氨酸）和二氨一羧氨基酸（赖氨酸、精氨酸、鸟氨酸）无催化作用，这些氨基酸由特殊的、专一性强的氨基酸氧化酶催化脱氨。L-氨基酸氧化酶在机体分布不广、活性弱，因而它对氨基酸脱氨不重要。

氧化专一氨基酸的酶，是只催化一种氨基酸氧化的酶，如甘氨酸氧化酶、L-谷氨酸脱氢酶、D-天冬氨酸氧化酶。L-谷氨酸脱氢酶是唯一能使氨基酸直接脱去氨基的活力最强的酶，在动、植物和微生物中都存在，它以NAD为辅酶。

D-氨基酸氧化酶是以FAD为辅酶的黄素蛋白。对于脊椎动物，D-氨基酸只存在于肝、肾中。有些霉菌细胞中也有此酶。

（2）氨基酸非氧化脱氨基作用　非氧化脱氨基作用在大多数微生物中进行。非氧化脱氨基有以下几种：

1）还原脱氨基作用。在严格无氧条件下，某些含有氢化酶的微生物，能用还原脱氨基方式使氨基酸脱去氨基。

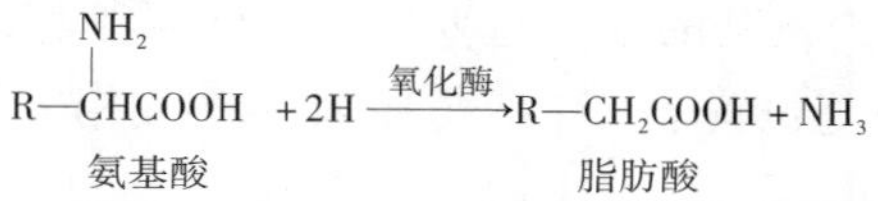

$$R\overset{NH_2}{\underset{|}{-}}CHCOOH + 2H \xrightarrow{\text{氧化酶}} R-CH_2COOH + NH_3$$
氨基酸　　　　　　　　　　脂肪酸

2）水解脱氨基作用。氨基酸在水解酶作用下，生成羟基和氨。

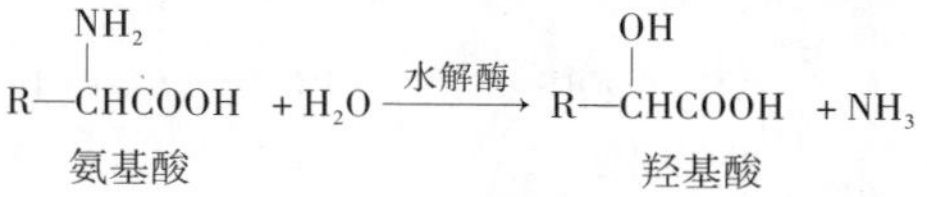

$$R\overset{NH_2}{\underset{|}{-}}CHCOOH + H_2O \xrightarrow{\text{水解酶}} R\overset{OH}{\underset{|}{-}}CHCOOH + NH_3$$
氨基酸　　　　　　　　　　　　羟基酸

3）脱水脱氨基作用。L-丝氨酸和L-苏氨酸脱氨基是利用脱水方式完成的。催化该反应的酶以磷酸吡哆醛为辅酶。

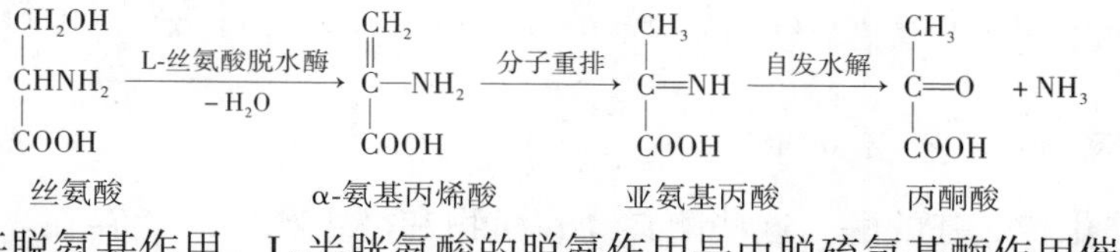

$$\overset{CH_2OH}{\underset{\underset{COOH}{|}}{\overset{|}{C}HNH_2}} \xrightarrow[-H_2O]{\text{L-丝氨酸脱水酶}} \overset{CH_2}{\underset{\underset{COOH}{|}}{\overset{\|}{C}-NH_2}} \xrightarrow{\text{分子重排}} \overset{CH_3}{\underset{\underset{COOH}{|}}{\overset{|}{C}=NH}} \xrightarrow{\text{自发水解}} \overset{CH_3}{\underset{\underset{COOH}{|}}{\overset{|}{C}=O}} + NH_3$$
丝氨酸　　　　　　　　α-氨基丙烯酸　　　　　　亚氨基丙酸　　　　丙酮酸

4）脱硫氢基脱氨基作用。L-半胱氨酸的脱氨作用是由脱硫氢基酶作用催化的。

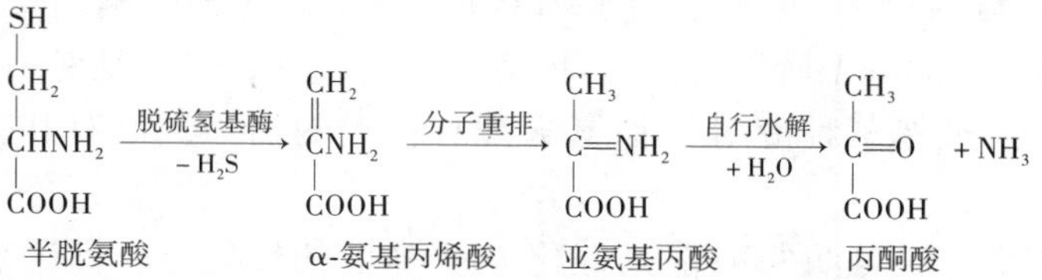

$$\overset{SH}{\underset{\underset{\underset{\underset{COOH}{|}}{\overset{|}{C}HNH_2}}{\overset{|}{C}H_2}}{}} \xrightarrow[-H_2S]{\text{脱硫氢基酶}} \overset{CH_2}{\underset{\underset{COOH}{|}}{\overset{\|}{C}NH_2}} \xrightarrow{\text{分子重排}} \overset{CH_3}{\underset{\underset{COOH}{|}}{\overset{|}{C}=NH_2}} \xrightarrow[+H_2O]{\text{自行水解}} \overset{CH_3}{\underset{\underset{COOH}{|}}{\overset{|}{C}=O}} + NH_3$$
半胱氨酸　　　　　　　α-氨基丙烯酸　　　　　亚氨基丙酸　　　　丙酮酸

5）氧化还原脱氨基作用。两个氨基酸可以互相发生氧化还原反应，分别形成有机酸、酮酸及氨。

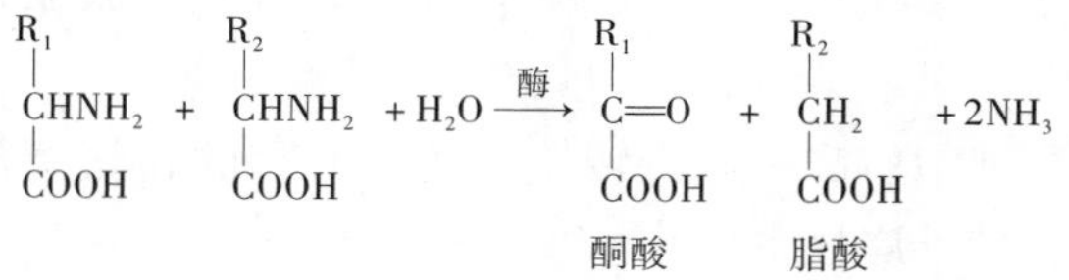

$$\overset{R_1}{\underset{\underset{COOH}{|}}{\overset{|}{C}HNH_2}} + \overset{R_2}{\underset{\underset{COOH}{|}}{\overset{|}{C}HNH_2}} + H_2O \xrightarrow{\text{酶}} \overset{R_1}{\underset{\underset{COOH}{|}}{\overset{|}{C}=O}} + \overset{R_2}{\underset{\underset{COOH}{|}}{\overset{|}{C}H_2}} + 2NH_3$$
　　　　　　　　　　　　　　　　　　　　　酮酸　　　　脂酸

一个氨基酸是氢的供体，另一个氨基酸为氢的受体。

（3）氨基酸的脱酰胺作用　谷氨酰胺和天冬酰胺可在谷氨酰胺酶和天冬酸胺酶的作用下分别发生脱酰胺基作用而形成相应的氨基酸。

$$
\begin{array}{c}
\mathrm{CONH_2}\\
|\\
\mathrm{(CH_2)_2}\\
|\\
\mathrm{CHNH_2}\\
|\\
\mathrm{COOH}
\end{array}
+ \mathrm{H_2O}
\xrightarrow{\text{谷氨酰胺酶}}
\begin{array}{c}
\mathrm{COOH}\\
|\\
\mathrm{(CH_2)_2}\\
|\\
\mathrm{CHNH_2}\\
|\\
\mathrm{COOH}
\end{array}
+ \mathrm{NH_3}
$$

谷氨酰胺　　　　　　　　谷氨酸

$$
\begin{array}{c}
\mathrm{CONH_2}\\
|\\
\mathrm{CH_2}\\
|\\
\mathrm{CHNH_2}\\
|\\
\mathrm{COOH}
\end{array}
+ \mathrm{H_2O}
\xrightarrow{\text{天冬酰胺酶}}
\begin{array}{c}
\mathrm{COOH}\\
|\\
\mathrm{CH_2}\\
|\\
\mathrm{CHNH_2}\\
|\\
\mathrm{COOH}
\end{array}
+ \mathrm{NH_3}
$$

天冬酰胺　　　　　　　　天冬氨酸

此二酶广泛存在于微生物和动植物组织中，有相当高的专一性。

2. 氨基酸的转氨基作用

转氨基作用是氨基酸脱去氨基的一种重要方式，转氨基作用是 α-氨基酸的氨基通过酶促反应，转移到 α-酮酸的酮基位置上，生成与原来 α-酮酸相应的 α-氨基酸，原来的 α-氨基酸转变成相应的 α-酮酸。如

$$\underset{\text{谷氨酸}}{\overset{\mathrm{O}\quad\mathrm{NH_2}}{\mathrm{HOC(CH_2)\,CHCOOH}}} + \underset{\text{丙酮酸}}{\overset{\mathrm{O}}{\mathrm{CH_3CCOOH}}} \underset{}{\overset{\text{转氨酶}}{\rightleftharpoons}} \underset{\text{α-酮戊二酸}}{\overset{\mathrm{O}\quad\mathrm{O}}{\mathrm{HOC(CH_2)\,CCOOH}}} + \underset{\text{丙氨酸}}{\overset{\mathrm{NH_2}}{\mathrm{CH_3CHCOOH}}}$$

同样

$$\underset{\text{天冬氨酸}}{\overset{\mathrm{O}\quad\mathrm{NH_2}}{\mathrm{HOCCH_2\,CHCOOH}}} + \underset{\text{α-酮戊二酸}}{\overset{\mathrm{O}\quad\mathrm{O}}{\mathrm{HOC(CH_2)_2\,CCOOH}}} \overset{\text{转氨酶}}{\rightleftharpoons} \underset{\text{草酰乙酸}}{\overset{\mathrm{O}\quad\mathrm{O}}{\mathrm{HOC(CH_2)\,CCOOH}}} + \underset{\text{谷氨酸}}{\overset{\mathrm{O}\quad\mathrm{NH_2}}{\mathrm{HOC(CH_2)_2\,CH\atop COOH}}}$$

转氨酶是催化转氨基的酶，这些酶在动、植物和微生物中广泛存在。在动物的心、肝肾、脑和睾丸中含量很高。大多数转氨酶要以 α-酮戊二酸作为氨基的受体，因此它们对与之相偶联的两个底物中的一个底物（即 α-酮戊二酸或是谷氨酸）是专一的，而对另一个底物则无严格专一性。虽然某种酶对某种氨基酸有较大的活力，但对其他氨基酸也有一定作用。

动物和高等植物的转氨酶一般都只催化 L-氨基醛的转氨基作用。转氨酶催化的反应都是可逆的，它们的平衡常数为 1.0 左右，所以反应可向两方向进行，但在生物体内，与转氨作用紧接着的反应是氨基酸的氧化分解作用，因而促使氨基酸转氨作用向一个方向进行。

真核细胞的线粒体和细胞质都可进行转氨作用。所有的转氨酶都以磷酸吡哆醛为辅酶，而且有共同的催化机制。其反应如下

$$\text{第一步反应} \qquad\qquad \text{第二步反应}$$

反应开始以酶（E）与磷酸吡哆醛形成非共价键复合物，然后按第一步和第二步反应进行。

3. 联合脱氨作用

氨基酸的联合脱氨作用，是氨基酸的氨基先借转氨基作用转移到 α-酮戊二酸的分子上，生成相应的 α-酮酸和谷氨酸，然后谷氨酸在 L-谷氨酸脱氢酶的作用下，脱去氨基又生成 α-酮戊二酸。如

4. 氨基酸的脱羧作用

氨基酸脱羧生成一级胺类，反应如下

$$\underset{\overset{|}{\underset{COOH}{}}}{RCHNH_2} \xrightarrow[\text{磷酸吡哆醛}]{\text{脱羧酶}} RCH_2NH_2 + CO_2$$

氨基酸脱羧酶活性大，专一性强。这类酶普遍存在于微生物、高等动植物组织中，如在肝、肾和脑中都有。它以磷酸吡哆醛为辅酶。

4.4.4 氨基酸分解产物的代谢途径

氨基酸经过脱氨基作用。脱去氨基生成 α-酮酸和 NH_3，或经过脱羧作用生成胺和 CO_2，这些分解产物可进一步参加代谢。

1. α-酮基酸的代谢

氨基酸脱氨基后产生的 α-酮酸进一步通过下列三种途径代谢：合成新氨基酸；氧化成

二氧化碳和水；转变成糖和脂肪。

1）合成新氨基酸。α-酮酸可经还原氨基作用或转氨基作用形成新的氨基酸。

2）氧化成 CO_2 及水。氨基酸脱氨后形成的酮基酸，以几种不同的途径进入三羧酸循环，最后氧化成 CO_2 和 H_2O。大部分氨基酸可通过形成丙酮酸转变成乙酰 CoA，再参加三羧酸循环（如丙、半胱、甘、丝、苏等氨基酸）；有些直接形成乙酰 CoA 再参加三羧酸循环（如异亮、亮、色等氨基酸）；有些氨基酸可转变为三羧酸循环的中间产物（如 α-酮戊二酸、琥珀酰 CoA 和草酰乙酸等），然后参加三羧酸环（如谷氨酸变成 α-酮戊二酸、天冬氨酸转变成草酰乙酸）。氨基酸生成的酮基酸进入三羧酸循环的途径如图 4-10 所示。

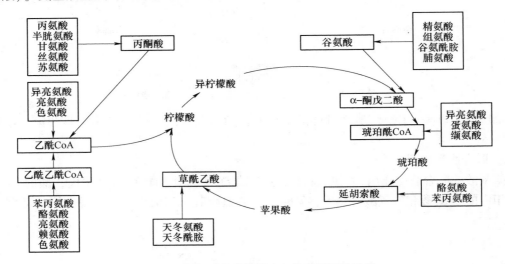

图 4-10 氨基酸的碳链进入三羧酸循环的途径

在植物及酵母中，一部分酮基酸还可先脱羧变成醛，经氧化成脂肪酸，最后分解成 CO_2 和水。

3）转变成糖及脂肪。大多数氨基酸脱氨后生成的 α-酮酸，能通过生成丙酮酸，再经糖原异生的过程合成糖。少数氨基酸生成的 α-酮酸能氧化成乙酰 CoA 然后合成脂肪。

2. 氨的代谢

自由氨对人体及动物来说是有毒的，因此，机体内氨基酸脱氨放出的氨必须做适当处理才行。各种生物处理氨的方法有所不同，就动物而言，水生动物中除个别种类外，一般将氨直接排出体外；两栖类不是排氨而是将氨变为尿素再排出；鸟类及爬行动物（如龟）则将氨转变为尿酸排出；陆栖高等动物主要将脱出的氨在肝脏合成尿素，一部分用来合成其他含氮物质（包括氨基酸、铵盐），另一部分则以谷氨酰胺及天冬酰胺形式储存。

（1）尿素的生物合成（鸟氨酸循环） 尿素的生物合成需要 NH_3、CO_2（或 H_2CO_3）、鸟氨酸、天冬氨酸、ATP、Mg^{2+} 和一系列的酶参加作用。全部反应过程可分为三个阶段。

1）CO_2、NH_3 与鸟氨酸作用合成瓜氨酸。

2）瓜氨酸与天冬氨酸作用产生精氨酸。

3）精氨酸被精氨酸水解酶水解后放出尿素，这一过程是通过一个尿素循环（又称为鸟氨酸循环）途径实现的。这个循环的反应途径如图4-11所示。

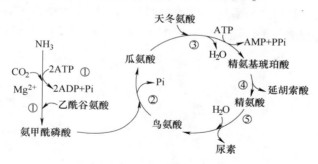

图 4-11 鸟氨酸循环（尿素循环）

（2）酰胺的形成 以谷氨酰胺为例介绍。谷氨酰胺和天冬酰胺是动植物共有的储氮形式。植物体不合成尿素。动物体内的铵盐部分可由尿排出。

$$
\begin{array}{c}
\text{COOH} \\
(\text{CH}_2)_2 \\
\text{CH—NH}_2 + \text{NH}_2 + \text{ATP} \\
\text{COOH} \\
\text{谷氨酸}
\end{array}
\rightleftharpoons
\begin{array}{c}
\text{CO—NH}_2 \\
(\text{CH}_2)_2 \\
\text{CH—NH}_2 + \text{ADP} + \text{H}_2\text{PC} \\
\text{COOH} \\
\text{谷氨酰胺}
\end{array}
$$

4.5 核酸分解代谢

核酸的基本结构单位是核苷酸。核酸降解产生核苷酸，核苷酸还能进一步分解。在生物体内，核苷酸可由其他化合物合成，某些辅酶的合成与核苷酸代谢也有关。

体内的核苷酸可来自食物中核酸或体外核酸类物质的分解吸收，但主要是由机体细胞自身合成。因此，核酸不属于营养必需物质。

动物和异养型微生物可以分泌消化核酸的酶类得到各种核苷酸，核苷酸水解脱去磷酸生成核苷，核苷再分解生成嘌呤碱基或嘧啶碱基和糖。核苷酸和它的水解产物均可被细胞吸收和利用。

所有生物体的细胞都含有与核酸代谢有关的酶类，能够分解细胞内各种核酸，促使核酸分解更新。在体内核酸水解产物戊糖可以参加戊糖代谢，嘌呤和嘧啶还可进一步分解。核酸分解过程如下

核酸 --核酸酶--> 核苷酸 --核苷酸酶--> { 磷酸 / 核苷 --核苷磷酸化酶--> { 碱基 { 嘌呤 嘧啶 } 戊糖 { 核糖 脱氧核糖 } }

4.5.1 核酸的分解

核酸（Nucleic acid）分解的第一步是水解连接核苷酸（Nucleotide）之间的磷酸二酯键，生成核苷酸片段或单核苷酸。在生物体内有许多磷酸二酯酶，称为核酸酶。水解 RNA 的酶叫核糖核酸酶（RNase），水解 DNA 的酶叫脱氧核糖核酸酶（DNase）。能够水解核酸分子内

的磷酸二酯键的酶称为核酸内切酶。从核酸的 5′端或 3′端把核苷酸一个一个水解下来的酶叫核酸外切酶。如蛇毒磷酸二酯酶是从核酸 3′端开始，逐个水解下 5′-核苷酸。牛脾磷酸二酯酶则相反，从游离 5′端开始，逐个水解下 3′-核苷酸。如图 4-12 所示。

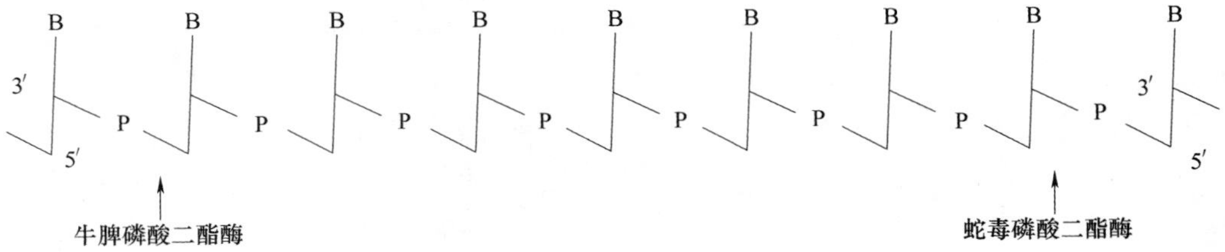

图 4-12　核酸外切作用示意图
B—嘌呤或嘧啶碱基　P—核糖或脱氧核糖

在细菌体内存在核酸限制性内切酶，它是水解外源 DNA 的核酸内切酶，专一性强。

4.5.2　核苷酸的降解

生物体内广泛存在核苷酸酶可使核苷酸水解成核苷和磷酸。核苷酸酶无特异性，它能水解一切核苷酸。某些特异性核苷酸酶，如 3′-核苷酸酶只能水解 3′-核苷酸，5′-核苷酸酶只能水解 5′-核苷酸。

使核苷分解的酶有两类：一类是核苷磷酸化酶，使核苷磷酸分解成含氮碱和磷酸戊糖。另一类是核苷水解酶，使核苷分解成为含氮碱和戊糖。反应如下：

$$核苷 + 磷酸 \underset{}{\overset{核苷磷酸化酶}{\rightleftharpoons}} 嘌呤(或嘧啶) + 磷酸戊糖$$

$$核苷 + H_2O \xrightarrow{核苷水解酶} 嘌呤(或嘧啶) + 戊糖$$

核苷磷酸化酶分布比较广，它催化的反应是可逆的。核苷水解酶主要存在于植物和微生物中，它所催化的反应是不可逆的，而且只对核苷酸起作用，对脱氧核糖核苷无作用。

4.5.3　嘌呤的分解

不同种类生物分解嘌呤（Purine）的能力不一样，因而代谢产物也各不相同。人和猿类及一些排尿酸的动物（如鸟类、某些爬虫类和昆虫等）以尿酸作为嘌呤代谢的最终产物。其他的多种生物还能进一步分解尿酸，形成不同代谢产物，直到最后分解成为 CO_2 和氨。见表 4-3。

表 4-3　嘌呤代谢的最终产物

最 终 产 物	排 出 动 物
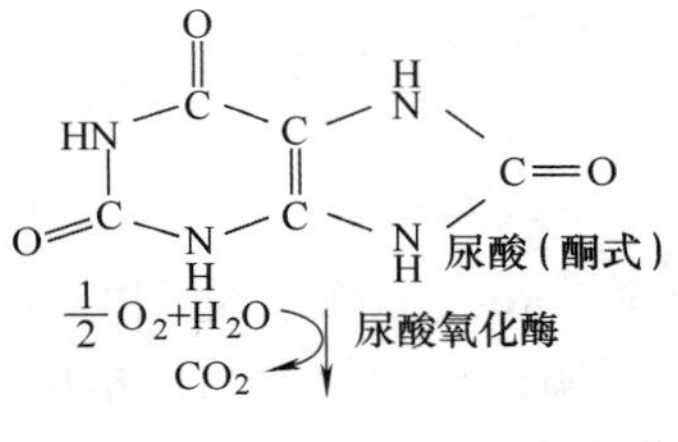 尿酸（酮式）　尿酸氧化酶	灵长类 鸟类 排尿酸爬虫类 昆虫

（续）

最 终 产 物	排 出 动 物
NH_2 O H $\|$ ‖ $\|$ C C N $\|$ ＼ / ＼ $O=C$ $C=O$ ＼ / ＼ / H NH CH NH 尿囊素 H_2O ↓ 尿囊素酶	哺乳动物（灵长类除外） 腹足类
O $COOH$ O ‖ $\|$ ‖ $H_2N—C—N—C—N—C—NH_2$ $\|$ $\|$ $\|$ H H H 尿囊酸 H_2O ↓ 尿囊素酶	硬骨鱼
O O ‖ ‖ $2(H_2N—C—NH_2)$ ＋ $HC—COOH$ 尿素 乙醛酸 ↓ 尿素酶 $2NH_3+2CO_2$	大多数鱼类 两栖类 淡水瓣鳃类 甲壳类 咸水瓣鳃类

动物组织广泛含有鸟嘌呤酶。它可以催化鸟嘌呤水解脱氢，生成黄嘌呤，后者进一步在黄嘌呤氧化酶作用下氧化成尿酸。动物组织中腺嘌呤酶含量极少，但腺苷脱氮酶分布很广。有的组织还含有腺苷酸脱氨酶。因此，腺嘌呤的水解脱氨基作用可能是在腺苷或腺苷酸的水平上发生。

嘌呤类化合物在核苷酸、核苷和碱基三个水平降解产生尿酸的过程总结如图 4-13 所示。

人和猿类缺乏分解尿酸的能力。鸟类等排尿酸动物不仅把嘌呤分解成尿酸，还可以把大量其他含氮代谢物转化成尿酸排出体外。大多数生物能继续分解尿酸。在尿酸氧化酶作用下，尿酸脱去 CO_2 生成尿囊素（Allantoin）。尿囊素是人和猿类以外其他哺乳类嘌呤代谢排泄物，其他多种生物含有尿囊素酶，使尿囊素水解成尿囊酸。尿囊酸是某些硬骨鱼嘌呤代谢产物。在尿囊酸酶作用下，尿囊酸生成尿素和乙醛酸，尿素是多数鱼类和两栖动物嘌呤代谢的排出物，还有某些低级动物分解尿素成 CO_2 和 NH_3 排出体外，如图4-14所示。

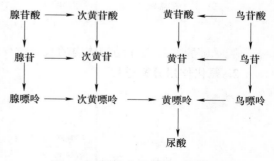

图 4-13 嘌呤在核苷酸、核苷和
碱基三个水平上的降解

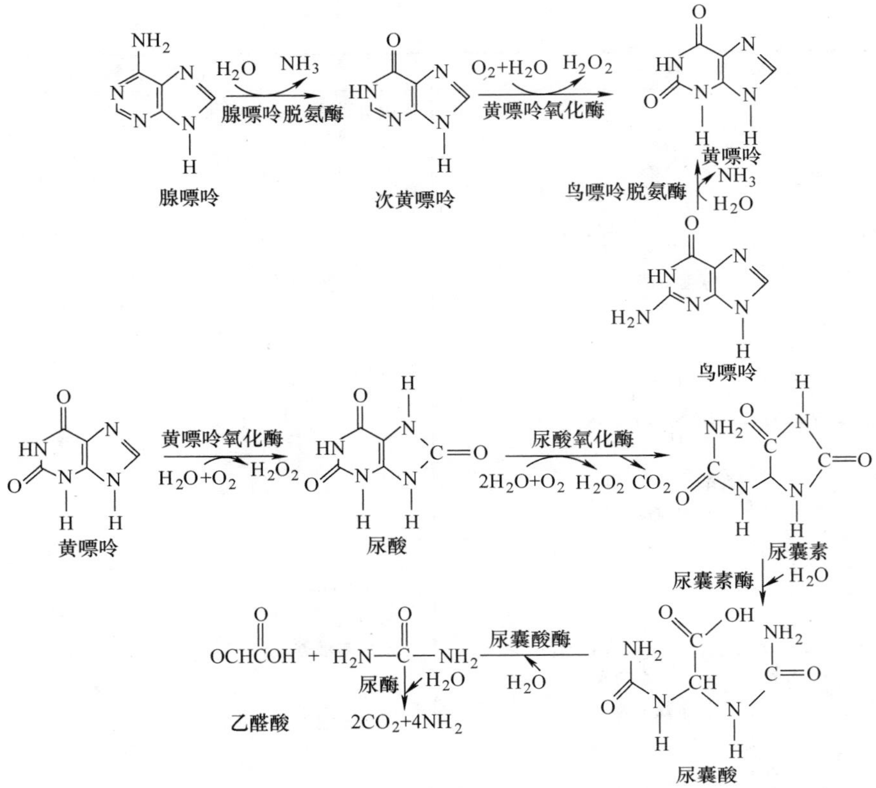

图 4-14　嘌呤的分解

4.5.4　嘧啶的分解

在不同种类的生物体内，嘧啶（Pyrimidine）分解的过程不一样。在动物体内，嘧啶通过还原作用分解，哺乳动物在肝脏中进行嘧啶的分解，微生物体内通过氧化作用分解嘧啶。

1. 还原作用分解过程

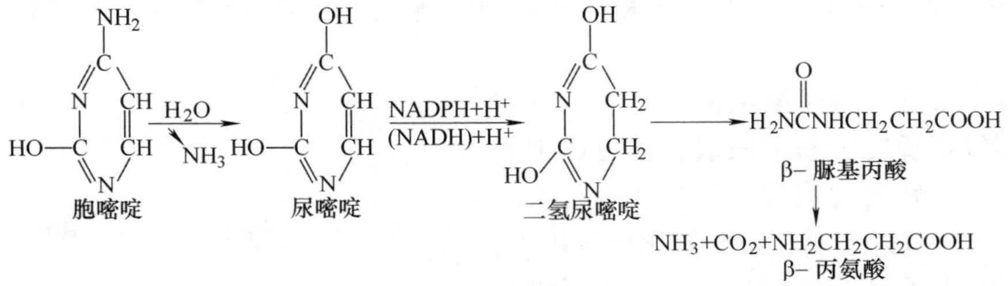

胞嘧啶脱氨在人和动物体内的脱氨过程也可能是在核苷或核苷酸水平上进行的。

2. 氧化作用分解过程

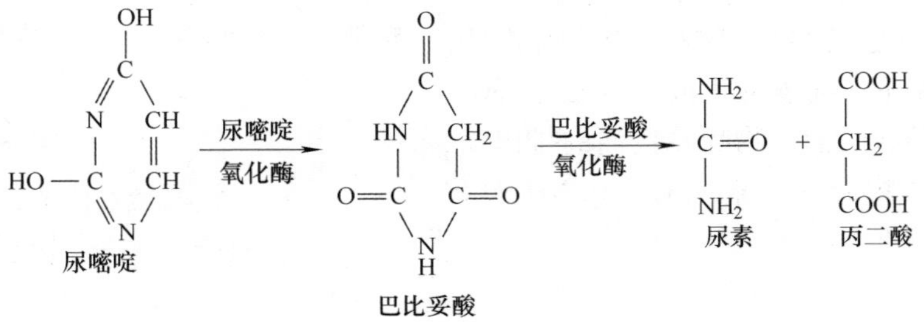

胸腺嘧啶的分解过程如下

$$胸腺嘧啶 \xrightarrow[\text{(NADH)}+H^+]{\text{NADPH}+H^+} 二氢胸腺嘧啶 \xrightarrow{H_2O} \beta-脲异丁酸$$

$$\beta-脲异丁酸 \longrightarrow NH_3+CO_2+NH_2CH_2\overset{\overset{\displaystyle CH_3}{|}}{C}HCOOH$$
$$\alpha-甲基-\beta-氨基丙酸$$

4.6 生物氧化与能量代谢

4.6.1 生物氧化概述

1. 生物氧化的概念

生物体内一切代谢物的氧化称为生物氧化（Biological oxidation），即有机物在生物体内氧化分解为二氧化碳和水并释放能量合成 ATP 的过程。生物氧化可分为三个阶段，首先是有机物的氧化脱氢；接着氢以 $H^+ + e^-$ 形式进入呼吸电子传递链而被传递给氧生成水，同时释放能量；最后 ATP 合成系统利用这些能量催化合成 ATP。

上述内容是生物氧化的广义概念，既包括有机物氧化的各种生物氧化反应，又包括呼吸链电子传递和 ATP 的合成过程。一般意义上的生物氧化是指后两个阶段，即电子传递和 ATP 合成。

2. 生物氧化的方式

生物氧化是在一系列氧化-还原酶催化下分步进行的。每一步反应，都由特定的酶催化。在生物氧化过程中，主要包括如下几种氧化方式。

（1）脱电子反应　从作用底物上脱去电子（e），如细胞色素类氧化时，其辅基血红素所含的 Fe^{2+} 失去电子形成 Fe^{3+}。

$$Fe^{2+} \Longleftrightarrow Fe^{3+} + e^-$$

（2）脱氢（Dehydrogenation）反应　底物分子脱去氢原子而被氧化。分为直接脱氢和加水脱氢两大类。

1）直接脱氢。在底物上以 $H^+ + e^-$ 的形式脱去一对氢，如琥珀酸脱氢成为延胡索酸的反应

$$\begin{matrix} H_2C-COOH \\ | \\ H_2C-COOH \end{matrix} \longrightarrow \begin{matrix} HOOC-CH \\ \| \\ HC-COOH \end{matrix}$$

琥珀酸　　　　　延胡索酸

2）加水脱氢。向底物分子中加入水分子后，脱去两个氢原子（$2H^+ + 2e^-$），结果是底物分子加上了一个来自于水的氧原子。如乙醛加水脱氢成为乙酸

$$CH_3-\overset{\overset{\displaystyle O}{\|}}{C}-H + H_2O \longrightarrow \left(CH_3-\overset{\overset{\displaystyle OH}{|}}{\underset{\underset{\displaystyle OH}{|}}{C}}-H \right) \longrightarrow CH_3-\overset{\overset{\displaystyle O}{\|}}{C}-OH + 2H^+ + 2e^-$$

乙醛　　　　　　　　　　乙酸

（3）加氧反应　向底物分子中直接加入氧原子或氧分子。例如

$$\bigcirc + \frac{1}{2}O_2 \longrightarrow \bigcirc\!\!-OH$$

加氧反应也是氧化还原反应，在分子加氧的同时，常伴有氧接受质子和电子还原成水的反应。

$$RH + O_2 + 2H^+ + 2e^- \longrightarrow ROH + H_2O$$

此外，分子加氧后，原子价数要发生变化。如上述苯的氧化，被氧化碳反应前后价数变化如下

$$\underset{(-1)}{\overset{}{C}} \underset{(+1)}{\overset{}{H}} \longrightarrow \underset{(+1)}{\overset{}{C}} \underset{(-2)}{\overset{}{O}} \underset{(+1)}{\overset{}{H}}$$

被氧化碳由反应前 -1 价变为反应后 $+1$ 价，价数升高即发生了氧化。从电子理论讲，反应前，碳由于吸引氧原子的电子云而处于富电状态；反应后，氧的电负性大于碳，碳原子的电子云被氧所吸引，碳处于缺电状态。所以反应中虽无分子间的电子转移，却发生了电子云在分子内的重新分布，因而是氧化还原反应。氧化还原反应实质上是电子或质子 + 电子的转移反应。

高等动物通过肺进行呼吸，吸入氧气，排出二氧化碳。吸入的氧气用以氧化摄入体内的营养物质，获得能量，所以生物氧化也称呼吸作用。微生物则以细胞直接进行呼吸，故又称为细胞呼吸。吸入氧气，排出二氧化碳，是呼吸的现象，它的本质是物质在生物体内的氧化作用。19 世纪，人们发现微生物不仅能在有氧条件下生存，许多微生物在无氧条件下也能进行氧化作用。因此，根据生物氧化（呼吸作用）是否有分子氧参加，将其分为有氧氧化和无氧氧化两种方式。

1）有氧氧化也称为有氧呼吸，许多好气和兼性厌气的微生物能利用空气小的分子氧来氧化底物，最终生成二氧化碳和水，这种方式氧化彻底，释放的能量多。

2）无氧氧化也称为无氧呼吸（Anaerobic respiration），这是指以非分子氧物质氧化底物的方式，又可分为两种情况：

① 兼性厌气的微生物能利用体内的有机物来氧化底物，最终生成氧化不完全的产物，常称为"发酵作用"。这种方式氧化不彻底，释放的能量少。

② 许多厌气微生物能以无机物氧化底物，这种情况下的氧化较为彻底，但释放的能量不如有氧氧化方式多。

（4）生物氧化的特点　生物氧化与体外燃烧虽然起始和结果是相同的，如都消耗氧气，都生成二氧化碳和水，释放的能量相等，但作用的条件、方式、过程却迥然不同。与体外燃烧相比，生物氧化具有以下特点：

1）生物氧化是在细胞内的生理条件下进行，条件温和，近似恒温恒压。如植物体内生物氧化是在环境温度下进行的，恒温动物的生物氧化是在体温下进行的。而有机物体外燃烧需高温或高压以及干燥条件下进行。

2）生物氧化是复杂的酶催化的、辅酶和电子传递参与的多步反应。如葡萄糖氧化为二氧化碳，需经过 19 个酶（多酶复合体）、2 个酶系催化、21 步反应才完成的。体外燃烧是自发进行，并且是自由基反应。

3）生物氧化时，有机分子的能量是逐步释放的。这种逐步分次的放能方式，不会引起体温的突然升高，而且有利于放出能量的捕获、转化。体外燃烧时，有机分子的能量是一次

性以光和热的形式以爆发式释放的。

4）生物氧化过程产生的能量一般储存于一些特殊化合物中，主要是 ATP，供应生化反应、生理活动需要。体外燃烧释放的能量无储存形式。

5）生物氧化受细胞的精确调节控制，有很强的适应性，可随环境和生理条件变化而改变呼吸强度和代谢方向。

4.6.2　生物氧化体系和酶类

1. 生物氧化体系

生物氧化作用主要是通过脱氢反应来实现的，一般包括脱氢、递氢、受氢三个环节。这就是说，底物上脱下的氢大多数情况下不是直接交给受氢体，而是经过一些递氢体进行传递，最终交给受氢体。不同的微生物含有的氧化还原酶类不同，因此它们的氧化方式不同，脱氢、递氢、受氢过程也不相同，于是构成各种不同的生物氧化体系。现就生物氧化过程中底物上的氢如何脱下，以及在有氧与无氧的情况下氢的去路问题，分别讨论如下：

（1）有氧氧化体系　以分子氧为最终受氢体的有氧氧化中，根据是否有传递体进行递氢过程，可分为不需传递体体系和电子传递体系（Electron transport system）。

1）不需传递体体系。这是最简单的一种体系，该体系中没有递氢过程，底物上脱下的氢与分子氧的结合只需一种酶参与催化。根据所催化的酶的不同，又可分为氧化酶类型和需氧脱氢酶类型。

① 氧化酶类型。该类型的反应模式如下

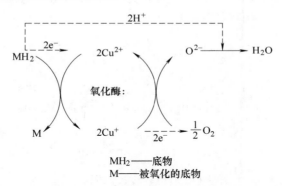

MH_2——底物
M——被氧化的底物

氧化酶不能激活底物上的氢，当底物的氢解离成氢离子（H^+）和电子（e^-）时，氧化酶分子中的金属离子（如 Cu）取得电子，并将电子传给分子氧，使之活化成 O^{2-}，O^{2-} 与氢离子结合成水。

由氧化酶催化的反应不能在无氧的情况下进行，没有任何其他的受氢体可以代替氧。

② 需氧脱氢酶类型　此类反应的模式为

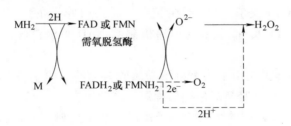

需氧脱氢酶能激活底物上的氢，使之脱下，其辅酶（FAD 或 FMN）能将氢（H_2）释放出的两个电子传给分子氧，使之活化成为 O^{2-}，O^{2-} 与氢离子结合生成过氧化氢。以此种类型进行氧化的生物体内往往具有过氧化氢酶，可将 H_2O_2 分解，以避免它对机体的毒害。

在无氧的情况下，甲烯蓝（亚甲蓝）或醌可代替氧作为受氢体使反应进行。

③ 不需传递体体系的两种类型的比较。氧化酶不能从底物上脱氢，而需氧脱氢酶能脱氢；最终电子受体为氧时，氧化酶类型中氧化的最终产物是水，而需氧脱氢酶类型中氧化的终产物是过氧化氢；氧化酶类型只能以氧作为最终电子受体，而需氧脱氢酶类型在无氧的情况下，可以甲烯蓝或醌代替氧作为最终电子受体。

2）电子传递体系。这是生物体主要的生物氧化体系，这种体系的成员包括：以 NAD 为辅酶的不需氧脱氢酶、以 FAD 或 FMN 为辅基的黄素蛋白（FP）、泛酸（UQ）、细胞色素 [（Cyt）b、c_1、c] 及细胞色素氧化酶（细胞色素 a + a_3）。在此体系中，底物脱下的氢不是直接交给氧，而是经由一系列传递体，最终传给氧。该体系通常称为电子传递体系或电子传递链，也称为呼吸链（Respiratory chain）。具有线粒体的生物中，典型的电子传递链有两种，按接受底物上脱下的氢的初始受体不同，分为 NAD 传递链和 FAD 传递链。

① NAD 传递链。以 NAD^+ 为辅酶的各种不需要脱氢酶类催化产生的还原型辅酶（$NADH + H^+$）都要经线粒体内膜上的 NADH 脱氢酶汇入呼吸链。先传给 CoQ，生成还原型 $CoQH_2$，然后质子对与电子对分离。质子对游离，电子则由细胞色素依次传递，直至激活分子氧。被激活的氧负离子与游离的质子对结合，生成水。因为该传递体系是从汇集还原型辅酶（$NADH + H^+$）的氢原子对开始的，故称其为 NAD 呼吸链。这是目前已知传递过程最长的一条呼吸链。其传递反应历程如图 4-15 所示。

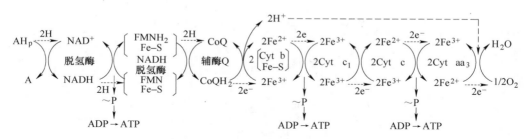

图 4-15　呼吸链的电子传递历程

② FAD 呼吸链。该传递链中，催化脱氢的是以 FMN、FAD 为辅基的不需氧脱氢酶，它也是一种黄素蛋白，但与 NAD 传递链中的黄素蛋白不同。

琥珀酸脱氢酶（FP_2）、磷酸甘油脱氢酶（FP_3）、脂酰 CoA 脱氢酶（FP_4）等不需氧脱氢酶的氢原子对都要经过 CoQ 汇入呼吸链。但反应历程不尽相同，FP_2、FP_3 皆为膜上蛋白，可直接与自由移动的 CoQ 反应。FP_4 不在膜上，需要由膜上的电子传递黄素蛋白（ETF-FAD）将氢原子对传给 CoQ，接下来的传递机制与 NAD 呼吸链相同，其传递反应历程如图 4-15 所示。

因为上述电子传递体系是由汇集黄素不需氧脱氢酶的氢原子对开始的，故称为 FAD 呼吸链。FAD 呼吸链比 NAD 呼吸链的传递历程短，产能也少。

③ 其他传递链。无线粒体的细菌的电子传递链与上述典型的传递链大致相似，不同的

菌类中传递链的传递体组成有所不同，如草分枝杆菌中没有泛醌，而以维生素 K 代替泛醌的作用，各种菌含有的细胞色素也有所差异。另外在一个细菌中常常不只含有一种细胞色素作为传递链末端的氧化酶。

细菌可能的几种传递链如图 4-16 所示。

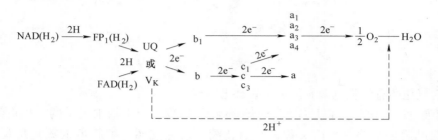

图 4-16　细菌中可能的几种传递链

（2）无氧氧化体系　这是指在无氧情况下，以有机物或无机物为最终受氢体的生物氧化体系，分述如下：

1）以有机物为最终电子（氢）受体的氧化体系（即发酵作用的氧化体系）。在此体系中，作为最终电子（氢）受体的有机物通常是代谢物质中间分解产物。绝大多数情况下，底物上脱下的氢交给了 NAD(P)，使之还原成为 $NAD(P)H_2$，再由 $NAD(P)H_2$ 将氢转交给另一有机物。如酵母利用葡萄糖进行酒精发酵过程

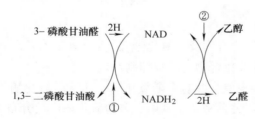

3-磷酸甘油醛被 3-磷酸甘油醛脱氢酶脱氢，氧化成为 1,3-二磷酸甘油酸，脱下的氢交给 3-磷酸甘油醛脱氢酶的辅酶 NAD 使其还原成 $NADH_2$。而乙醛则作为最终氢（电子）受体，在乙醇脱氢酶（辅酶也为 NAD）的催化下，通过 $NADH_2$ 把 2H 转移给乙醛生成乙醇。

2）以无机氧化物为电子（氢）受体的无氧氧化体系。此体系 NO_3^-、NO_2^-、SO_4^{2-}、$S_2O_3^{2-}$、CO_2 等无机氧化物为最终电子（氢）受体。氢（电子）的传递过程不仅有 NAD，还有细胞色素参与。根据最终电子（氢）受体的不同，传递体的组成也有所不同。如脱磷脱硫弧菌（*Desulfovibrio desulfuricans*）的无氧氧化体系大致为

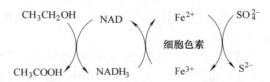

2. 生物氧化酶类

在生物体内，氧化作用都是由酶催化的，下面讨论几种有关的氧化酶类及传递体。

（1）氧化酶类　氧化酶类是指含有铜或铁的金属蛋白，不能从底物上脱氢，只能夺取

底物上的电子对，用于激活分子氧，从而促进氧与底物的化合。氧化酶只能以分子氧为受体，无氧条件下不能起催化作用，反应历程如下

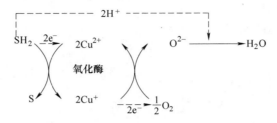

重要的氧化酶有细胞色素氧化酶、酚氧化酶等。

1）细胞色素氧化酶。它是广泛分布于动物、植物、微生物细胞中的一类血红素蛋白，是呼吸链的最后一个酶，因而又称末端氧化酶。研究证明，细胞色素氧化酶是细胞色素 a（Cyt a）和细胞色素 a_3（Cyt a_3）组成的蛋白复合物，用 Cyt aa$_3$ 表示，复合物含有两分子血红素 A，每个血红素中的铁原子都可发生二价与三价的可逆变化，从而将细胞色素传递来的电子转移给最终受体分子氧，反应如下

$$2H^+ \dashrightarrow$$

$$2Fe^{2+} \xrightarrow{2e^-} 2Fe^{3+} \qquad O^{2-} \dashrightarrow H_2O$$

$$\text{Cyt c} \qquad\qquad \text{Cyt aa}_3$$

$$2Fe^{3+} \qquad 2Fe^{2+} \xrightarrow[2e^-]{} \tfrac{1}{2}O_2$$

氢化物、硫化物、叠氮化合物及一氧化碳等，对 Cyt a_3 有不可抑制作用，能阻断电子由 Cyt a_3 向氧的传递。故而这些化合物为呼吸抑制剂。

2）酚氧化酶。较重要酚氧化酶有多酚氧化酶、儿茶酚氧化酶等。这些酶在能量代谢中都没有意义，但与生产实践关系密切。其中，多酚氧化酶广泛分布于高等植物及细菌中，是以二价铜离子为辅基的金属蛋白。所催化的反应示例如下

$$\text{（对苯二酚）} + \tfrac{1}{2}O_2 \xrightarrow{\text{多酚氧化酶}} \text{（对苯醌）} + H_2O$$

在有氧条件下，酚氧化酶催化酚类化合物氧化，生成有色的醌类化合物，导致果蔬食品和饮料发生生物褐变，使产品质量降低。所以，在果蔬食品加工中都避免酚氧化酶起作用。

（2）脱氢酶类 催化脱氢的酶类，根据其是否直接将脱下的氢交给分子氧，分为需氧脱氢酶和不需氧脱氢酶。

1）需氧脱氢酶。这类酶的分子也是以 FMN 或 FAD 为辅基的黄素蛋白，它也催化底物分子脱氢氧化；但与不需氧脱氢酶类不同，这类酶需要用分子氧作为直接受氢体，反应生成过氧化氢。因此，需氧脱氢酶类是既能催化底物脱氢，又直接激活分子氧的黄素蛋白，兼具不需氧脱氢酶和氧化酶类两者的作用特点，故而有时将其归入脱氢酶类，有时又称其为氧化酶。反应过程如下：

反应生成的过氧化氢对机体有毒害，需要有过氧化氢酶催化将其分解

$$2H_2O_2 \xrightarrow{\text{过氧化氢酶}} 2H_2O + O_2$$

在无氧条件下，需氧脱氢酶也可用人工染料，如甲烯蓝等作为受氢体，反应发生的颜色变化可用于酶活性测定

$$\text{E-FADH}_2 + 甲烯蓝 \longrightarrow \text{E-FAD} + 甲烯白$$

（蓝色）　　　　（无色）

2）不需氧脱氢酶。凡直接作用于底物分子，使之脱氢氧化，又不以氧作为直接受氢体的酶，称为不需氧脱氢酶。这类酶是能量代谢中催化底物分子氧化的主要酶类。其作用特点是只能激活底物分子，夺取其电子对（$2e^-$）和质子对（$2H^+$）使之氧化，酶分子的辅酶接受电子对被还原。可是，还原型的辅酶分子不能激活分子氧，不能以 O_2 为其电子受体。不需氧脱氢酶在有氧或无氧条件下都能催化代谢底物分子氧化。有氧条件下，还原型辅酶的电子由氧化性的传递体接受并最终传递给分子氧。无氧条件下，可由氧化型的代谢中间产物分子作为受体。只要有足够的氧化型受体使还原型辅酶随时氧化，不需氧脱氢酶的催化作用就可以持续进行。反应过程为

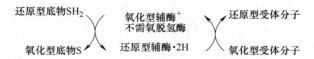

不需氧脱氢酶成员很多，底物专一性很强，但辅酶主要有 NAD$^+$、NADP$^+$、FMN、FAD 四种。据此，可将不需氧脱氢酶分为两类。

① 以 NAD$^+$ 或 NADP$^+$ 为辅酶的不需氧脱氢酶类。目前所知，已有 200 多种，大都以 NAD$^+$ 为辅酶，以 NADP$^+$ 为辅酶相对少些。有的酶，NAD$^+$、NADP$^+$ 都可用。如 L-谷氨酸脱氢酶的同工酶（同功酶）中，催化 L-谷氨酸氧化分解者用 NAD$^+$ 作辅酶；催化逆反应 α-酮戊二酸还原氨基化合成谷氨酸，用 NADPH 作辅酶；肝脏细胞和细菌中的 L-谷氨酸脱氢酶，NAD$^+$、NADP$^+$ 都可用。

辅酶 NAD$^+$ 和 NADP$^+$ 的生化功能有所不同，一般而言，以 NAD$^+$ 为辅酶，从底物分子脱下的氢原子对主要是通过呼吸链发生氧化磷酸化反应合成 ATP。以 NADP$^+$ 为辅酶脱下的氢原子对则主要为生物合成提供还原力。

在糖、脂分解代谢中，脱氢酶类催化仲醇基团的脱氢反应和氨基酸 α 碳原子的氨甲基基团上的脱氢反应都是由 NAD$^+$ 或 NADP$^+$ 作为辅酶。例如

$$\begin{array}{c} \text{COOH} \\ | \\ \text{HCOH} \\ | \\ \text{CH}_2 \\ | \\ \text{COOH} \end{array} + \text{NAD}^+ \xrightarrow{\text{苹果酸脱氢酶}} \begin{array}{c} \text{COOH} \\ | \\ \text{C}{=}\text{O} \\ | \\ \text{CH}_2 \\ | \\ \text{COOH} \end{array} + \text{NADH} + \text{H}^+$$

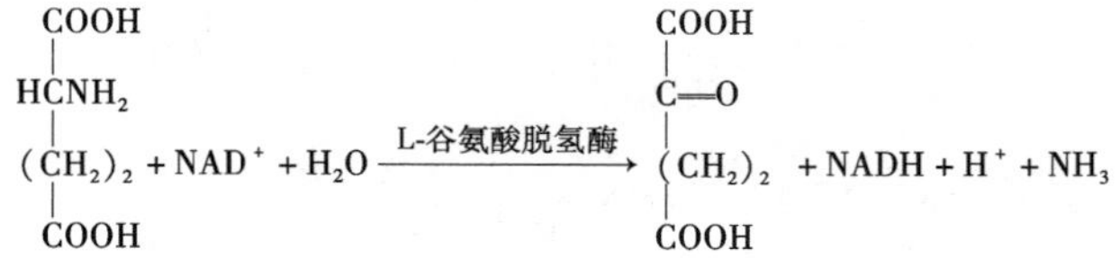

$$\begin{array}{c} COOH \\ | \\ HCNH_2 \\ | \\ (CH_2)_2 \\ | \\ COOH \end{array} + NAD^+ + H_2O \xrightarrow{\text{L-谷氨酸脱氢酶}} \begin{array}{c} COOH \\ | \\ C=O \\ | \\ (CH_2)_2 \\ | \\ COOH \end{array} + NADH + H^+ + NH_3$$

辅酶（NAD^+或$NADP^+$）与酶蛋白是非共价的。它们的还原型（NAD^+或$NADP^+$）与酶蛋白的亲和力更低。因此，在反应过程中被还原后，即自行与反应基质中的氧化型辅酶交换。此现象可用3-磷酸甘油醛脱氢酶的催化反应为例

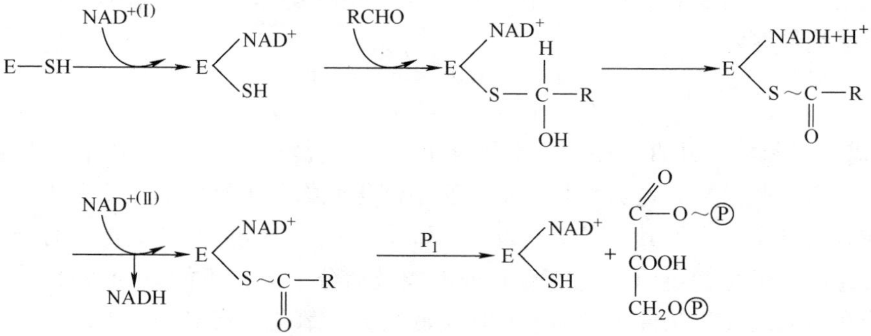

式中，E-SH 代表酶蛋白，R-CHO 代表 3-磷酸甘油醛，Ⅰ、Ⅱ 分别代表 NAD^+ 的不同分子。生成的还原型辅酶（NADH）游离于细胞的反应基质中。

② 以 FMN 或 FAD 为辅基的不需氧脱氢酶。这类酶分子中，FMN 或 FAD 与酶蛋白结合牢固，故称为辅基。因为 FMN 及 FAD 是核黄素的衍生物，所以，这类酶的纯化制品呈黄色，故又称为黄酶或黄素蛋白，专一性催化链烃中相邻亚甲基"$-CH_2-CH_2-$"基团的脱氢，底物分子中产生双键。例如

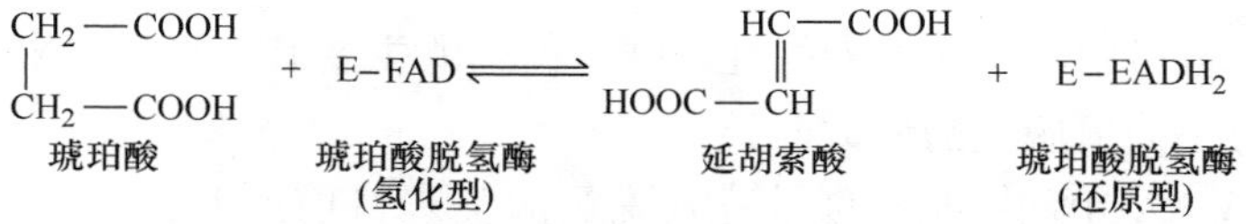

$$\begin{array}{c} CH_2-COOH \\ | \\ CH_2-COOH \end{array} + E\text{-}FAD \rightleftharpoons \begin{array}{c} HC-COOH \\ \| \\ HOOC-CH \end{array} + E\text{-}EADH_2$$

琥珀酸　　　琥珀酸脱氢酶　　　　延胡索酸　　　　琥珀酸脱氢酶
　　　　　　（氢化型）　　　　　　　　　　　　（还原型）

还原型黄素蛋白上的氢原子对需经 FAD 呼吸链氧化。

这类酶成员不多，但很重要。常见的有 β-磷酸甘油脱氢酶、琥珀酸脱氢酶、酯酰 CoA 脱氢酶、二氢硫辛酸脱氢酶等都是以 FAD 为辅基的黄酶。此外还有 NADH 脱氢酶，辅基是 FMN，该酶位于线粒体内膜上，专门汇集线粒体基质中还原型辅酶 Ⅰ（$NADH + H^-$），的氢原子对进入呼吸链氧化。琥珀酸脱氢酶和 β-磷酸甘油脱氢酶也位于线粒体内膜上，它们的还原型辅基以辅酶 Q 为受氢体。

3. 生物氧化体系中的电子传递体

传递体分为氢传递体及电子传递体两类。

（1）氢传递体　氢传递体能从底物上接受氢原子（$H^+ + e^-$），并把它传递给另一个适当的受氢体。氢传递体可分为以下几种：

1）烟酰胺核苷酸类。它们都是不需氧脱氢酶的辅酶，有 NAD（辅酶Ⅰ）和 NADP（辅酶Ⅱ）两种。它们的氧化型和还原型互相转变时起了递氢作用。

$$NAD(P)H_2 \rightleftharpoons NAD(P) + 2H$$
还原型　　　　　氧化型

2）异咯嗪核苷酸类。它们是黄素蛋白的辅基，有 FAD 和 FMN 两种。它们也是以氧化型和还原型之间的相互转变起递氢作用。

$$FADH_2(FMNH_2) \Longleftrightarrow FAD(FMN) + 2H$$

$$\quad\quad 还原型 \quad\quad\quad\quad\quad 氧化型$$

3）泛醌（UQ）。泛醌又称为辅酶 Q，它是小分子化合物，氢传递到 UQ 后，被解离成氢离子和电子，UQ 将电子传给细胞色素，在呼吸链中，UQ 的分子数往往比细胞色素多好几倍。

（2）电子传递体　电子传递链中，由细胞色素专门传递电子，它们是以铁卟啉为辅基的色蛋白。按各种细胞色素处于还原态时吸收光带的不同，将它们分为 a、b、c 三大类。不同的细胞色素，蛋白质部分和铁卟啉的侧链都不相同。其传递电子的机制是借辅基铁卟啉上铁原子价的可逆变化进行的。

$$细胞色素(Fe^{3+}) \underset{-e}{\overset{+e}{\Longleftrightarrow}} 细胞色素(Fe^{2+})$$

$$\quad\quad 氧化型 \quad\quad\quad\quad\quad 还原型$$

4.6.3　生物氧化过程中能量的转移和利用

生物氧化的功能是为生物体的生命活动提供能量，生物体只能利用化学能和光能（植物和某些光合细菌）。本节将讨论生物氧化过程中化学能的释放、转移和利用。

1. 氧化还原电位及自由能的变化

（1）氧化还原电位　在生物氧化反应中，通过研究各种化合物对电子的亲和力，可以了解它们容易被氧化（作为电子供体），还是容易被还原（作为电子受体）。通常用氧化还原电位相对地表示各种化合物对电子亲和力的大小。

许多重要的生化物质氧化还原体系的氧化还原电位（Redox potential）已被测定。表4-4列出生物体中某些重要氧化还原体系的氧化还原电势 E_0'。

表 4-4　生物体中某些重要的氧化还原体系的氧化还原电势 E_0'（pH = 7.0，25～30℃）

氧化还原体系（电极式）	标准电位 E_0'/V	氧化还原体系（电极式）	标准电位 E_0'/V
乙酸 $+2H^+ +2e^- \Longleftrightarrow$ 乙醛	-0.58	延胡索酸 $+2H^+ +2e^- \Longleftrightarrow$ 琥珀酸	-0.031
$2H^+ +2e^- \Longleftrightarrow H_2$	-0.42	2 细胞色素 $bFe^{3+} +2e^- \Longleftrightarrow$ 2 细胞色素 Fe^{2+}（氧化型）　　　　（还原型）	$+0.03$
α-酮戊二酸 $+CO_2 +2H^+ +2e^- \Longleftrightarrow$ 异柠檬酸	-0.38		
乙酰乙酸 $+2H^+ +2e^- \Longleftrightarrow \beta$-羟丁酸	-0.346	辅酶 $Q +2H^+ +2e^- \Longleftrightarrow$ 还原型辅酶 Q	$+0.10$
$NAD^+ +2H^+ +2e^- \Longleftrightarrow NADH + H^+$	-0.32	2 细胞色素 $CFe^{3+} +2e^- \Longleftrightarrow$ 2 细胞色素 CFe^{2+}（氧化型）　　　　（还原型）	$+0.235$
$NADP^+ +2H^+ +2e^- \Longleftrightarrow NADPH + H^+$	-0.197		
丙酮酸 $+2H^+ +2e^- \Longleftrightarrow$ 乳酸	-0.185	2 细胞色素氧化酶 $Fe^{3+} +2e^- \Longleftrightarrow$ 2 细胞色素氧化酶 Fe^{2+}（氧化型）　　　　（还原型）	$+0.385$
草酰乙酸 $+2H^+ +2e^- \Longleftrightarrow$ 苹果酸	-0.166		
$FAD +2H^+ +2e^- \Longleftrightarrow FADH_2$	-0.06	$\frac{1}{2}O_2 +2H^+ +2e^- \Longleftrightarrow H_2O$	$+0.816$

从表中所列的数据，可以预期任何两个氧化还原体系如果发生反应时，其氧化还原反应朝哪个方向进行。因为氧化还原电势较高的体系，其氧化能力也较强。反之，氧化还原电势较低的体系。其还原能力也强。从表4-4中可看出，$\frac{1}{2}O_2/H_2O$ 系统可能氧化所有在它以下

的各个体系，反过来说，这些体系也都可使 $\frac{1}{2}O_2/H_2O$ 体系还原。

氧化还原体系对生物体之所以重要，不只是因为生物体内许多重要反应都属于氧化还原反应，更重要的是生物体的能量来源于体内所进行的氧化还原反应。要了解氧化还原体系和能量之间的关系必须弄清有关能量的一些基本概念。

（2）生物氧化中自由能的变化　对于生化过程能量变化的描述，热力学概念中最有说明意义的是自由能 G。生物氧化反应近似于在恒温恒压状态下进行，过程中发生的能量变化可以用自由能变化 ΔG 表示。ΔG 表达了不包括体积功在内，反应提供的最大的可利用的能量。按照惯例，反应是自发进行的，ΔG 是负值，表示过程中有能量释放；如果反应是被动进行的，则 ΔG 是正值，表示反应必须从外界获得能量才能进行。ΔG 的符号表达了反应发生的方向；而 ΔG 的数值则表达了自由能变化的量的大小。

在实验的基础上，总结出反应的自由能变化与两个体系的氧化还原电位之差有如下关系

$$\Delta G = -nF\Delta E$$

式中，n 为迁移的电子数；F 为法拉第常数（$F = 23063\text{cal}^{\ominus}/\text{V}$）；$\Delta E$ 为发生反应的两个氧化还原体系的电位差。

任何一对氧化还原反应都可以利用这个式子由 ΔE 方便地计算出 ΔG。例如，NAD 传递链中 $NAD/NADH + H^+$ 的氧化还原标准电位为 $-0.32V$，而 $\frac{1}{2}O_2/H_2O$ 的氧化还原标准电位为 $+0.82V$，则一对电子自 $NADH_2$ 传递至氧原子的反应中，标准的自由能变化可按下式得到

$$反应中电位差 \Delta E = 0.816V - (-0.32V) = 1.136V$$

$$自由能变化 \Delta G = -2 \times 23063 \times 1.136\text{kcal} = -52.4\text{kcal}$$

2. 氧化磷酸化

在生物氧化过程中，氧化放能反应常常有吸能的磷酸化反应偶联发生。偶联反应将氧化释放的一部分自由能用于无机磷参加的高能磷酸键生成反应。这种氧化放能反应与磷酸化吸能反应的偶联，可在两种水平上发生，分别称为底物水平磷酸化和电子传递磷酸化。

（1）底物水平磷酸化　在底物氧化过程中，形成某些高能中间产物或某种高能状态，再通过酶的作用促使其将能量转给 ADP 生成 ATP，称为底物水平磷酸化（Substrate level phosphorylation）。

$$X—P + ADP \longrightarrow ATP + X$$

式中，X—P 代表底物在氧化过程中形成的高能中间化合物或某种高能状态，例如：糖酵解途径中，3-磷酸甘油醛脱氢氧化生成 ATP 的反应

$$
\begin{array}{ccc}
\underset{\text{3-磷酸甘油醛}}{\begin{array}{c}\text{CHO}\\|\\\text{CHOH}\\|\\\text{CH}_2\text{O}\,\textcircled{P}\end{array}} +\text{Pi} & \xrightarrow[\text{E}_1]{\text{NAD}^+\quad\text{NADH}+\text{H}^+} & \underset{\text{1,3-二磷酸甘油酸}}{\begin{array}{c}\text{C—O}\sim\textcircled{P}\\|\\\text{CHOH}\\|\\\text{CH}_2\text{O}\,\textcircled{P}\end{array}} & \xrightarrow[\text{E}_2]{\text{ADP}\quad\text{ATP}} & \underset{\text{3-磷酸甘油酸}}{\begin{array}{c}\text{C—OH}\\|\\\text{CHOH}\\|\\\text{CH}_2\text{O}\,\textcircled{P}\end{array}}
\end{array}
$$

$\ominus$　1cal = 4.1868J。

反应底物被脱氢氧化时，分子内能重新分布，集中较高的自由能，利用无机磷合成了高能磷酸键，然后将高能磷酸基团转移给 ADP 合成 ATP。

底物水平磷酸化的能量来自底物分子中能量的重新分布与集中，这也是捕获能量的一种方式，在糖酵解作用中，它是进行生物氧化取得能量的唯一方式。底物水平磷酸化与氧是否存在无关。

（2）电子传递磷酸化 这是生成 ATP 的一种主要方式，往往简称为氧化磷酸化（Oxidative phosphorylation）。在传递链中，底物上脱下的氢进入电子传递体系，最终传给了氧。人们发现这个过程正常进行时，只要有 ADP 和 Pi 存在，就有 ATP 生成，也就是说电子传递过程和磷酸化作用是相偶联的。

1）氧化磷酸化的偶联部位。电子对在呼吸链传递体间的每一次传递都是氧化放能方式，但是并非都能发生偶联反应。电子对经 NAD 呼吸链传递时。电位变化、自由能变化及偶联部位如图 4-17 所示。

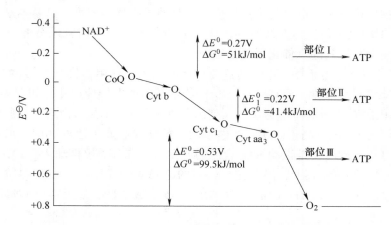

图 4-17 电子对经呼吸链传递到分子氧时的自由能变化及偶联部位

三个 ΔG^0 大的部位都能驱动偶联反应，合成 ATP。因为电子传递过程中既能消耗 Pi，又能消耗 O_2，一定时间内消耗 Pi 的物质的量与耗氧原子物质的量的比值称为磷/氧比值，用"P/O"表示。测定 P/O 比可以了解电子传递机制及偶联反应的次数，NAD 呼吸链 P/O = 3，FAD 呼吸链 P/O = 2。

使用专一性呼吸抑制剂可中断电子传递。解偶联剂可阻止偶联反应，使 ATP 不能合成。二者都可以帮助了解偶联发生的部位。例如，抗霉素 A 专一性阻止电子从 CoQ 到 Cyt c，在抗霉素 A 存在下，加入人工电子受体高铁氰化物（Fe^{3+}）测得 P/O = 1，证明 NADH-CoQ 是第一个偶联部位，生成一分子 ATP。类似的方法证明 CoQ-Cyt c 是第二个偶联部位；Cyt aa_3-O_2 是第三个偶联部位。

从图 4-17 中可知，NAD 呼吸链有三个部位 ΔG^0 较大，部位 I 在 NADH 和 CoQ 之间，部位 II 在 Cyt b 和 Cyt c 之间，部位 III 在 Cyt aa_3 和分子氧之间。三个部位所产生的自由能都足够驱动磷酸化偶联反应，合成 ATP。所以，1mol 电子对经 NAD 呼吸链传递可合成 3mol ATP。

3mol 高能磷酸键储能： $-30.5 \times 3kJ = -91.5kJ$

1mol 电子对经 NAD 链氧化：$\Delta G^0 = -220.3kJ$

能量利用率 $= 91.5/220.3 \times 100\% = 41.5\%$

其余能量以热能形式散发到环境之中。

对于 FAD 呼吸链，因为少了 NADH 到 CoQ 的偶联部位，所以，每传递一对电子，只能生成 2 分子 ATP。

2）氧化磷酸化的偶联机理。虽然我们已经知道氧化磷酸化生成 ATP 与电子传递相偶联这一事实，但是传递链中的电子怎样在从一个中间载体传递到另一个中间载体的过程中促使 ATP 的生成，以及这种电子传递与 ATP 生成之间的偶联方式仍然是有争议的，是尚未完全解决的问题。迄今有 3 种假说来解释氧化磷酸化的机理，化学偶联假说、构象偶联假说及化学渗透假说，其中得到较多支持的是化学渗透假说。

化学渗透假说（Chemosmotic hypothesis）于 1961 年由 P. Mitchell 首先提出，并因此获得 1978 年的诺贝尔化学奖。该假说认为，在电子的传递和 ATP 的合成之间，起偶联作用的既不是中间络合物，也不是蛋白质的高能构想，而是质子电化学梯度。其基本观点如下：

① 呼吸链中的电子传递体在线粒体内膜中有着特定的、不对称的分布，氢传递体和电子传递体是间隔交替排列的，催化反应是定向的。

② 电子在进行传递过程中，电子传递复合体起质子泵作用，将 H^+ 从线粒体内膜基质侧定向地泵至内外膜间空隙侧，而将电子（2e）传给其后的电子传递体，如图 4-18a 所示。

③ 线粒体内膜对质子具有不透性，泵到内膜外侧的 H^+ 不能自由返回到膜内侧，因而使线粒体内膜外侧的 H^+ 浓度高于内侧，在内膜两侧就建立起质子浓度梯度，形成膜电位。这种跨膜的质子电化学梯度就是推动 ATP 合成的原动力，称为质子推动力（PMF）。

④ ATP 酶位于线粒体膜上，当存在足够高的跨膜质子梯度时，强大的质子流通过 ATP 酶进入线粒体基质时，释放的自由能推动 ADP 与 Pi 合成 ATP，如图 4-18b 所示。

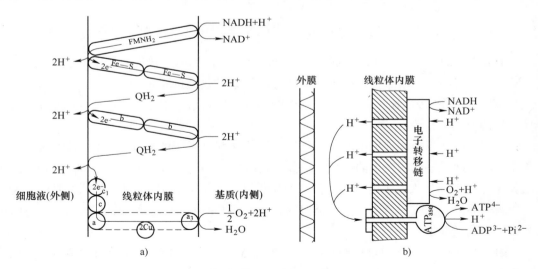

图 4-18　电子传递体在线粒体内膜的分布

化学渗透假说已被大量的实验结果验证，但目前也遇到了严峻的挑战，成为生物能研究中大家关注的问题。

复习题

1. 什么叫新陈代谢？试述微生物新陈代谢的特点。

2. 微生物怎样分解双糖和多糖？

3. 试述葡萄糖的酵解过程。

4. 什么叫三羧酸循环？它对生物有何重要意义？

5. 什么叫磷酸戊糖途径？它的生物学意义何在？

6. 何谓 β 氧化作用？脂肪酸的 β-氧化主要由哪几步化学反应组成？其最终产物为何物？

7. 蛋白质是怎样水解成氨基酸的？

8. 氨基酸是怎样脱氨基的？脱下的氨如何进行代谢？

9. 酮基酸有哪些代谢途径？

10. 试述核酸降解有关的酶及其作用机制。

11. 生物氧化作用对于生物体有何意义？

12. 试述生物氧化的主要方式。

13. 何谓电子传递体系？在具有线粒体的生物中，有哪些典型的电子传递链？

14. 何谓氧化磷酸化？何谓磷氧比（P/O）？磷氧比有什么生物意义？

参考文献

[1] 赵景联. 环境生物化学［M］. 北京：化学工业出版社，2007.

[2] 沈同，王镜岩. 生物化学：上册［M］. 2 版. 北京：高等教育出版社，1991.

[3] 郑集. 生物化学［M］. 2 版. 北京：高等教育出版社，2002.

[4] Hames B D, et al. Instant notes in biochemistry（影印版）［M］. 北京：科学出版社，2002.

[5] 赵文恩. 生物化学［M］. 北京：化学工业出版社，2005.

[6] 李忠义. 简明基础生物化学［M］. 大连：大连理工大学出版社，1993.

[7] 李建武. 生物化学［M］. 北京：北京大学出版社，1990.

[8] 朱玉贤，李毅. 现代分子生物学［M］. 3 版. 北京：高等教育出版社，2002.

[9] 聂剑初. 生物化学简明教程［M］. 3 版. 北京：高等教育出版社，1999.

[10] 罗纪盛，张丽萍，杨建雄，等. 生物化学简明教程［M］. 3 版. 北京：高等教育出版社，1999.

[11] 大连轻工业学院. 生物化学：工业发酵专业用［M］. 北京：中国轻工业出版社，1980.

第 5 章

现代环境生物技术原理

5.1 概述

1. 现代生物技术定义

1986 年国家科委制订《中国生物技术政策纲要》时，将生物技术（Biotechnology）定义为：以现代生命科学为基础，结合先进的工程技术手段和其他基础学科的科学原理，按照预先的设计改造生物体或加工生物原料，为人类生产出所需产品或达到某种目的。

先进的工程技术手段是指酶工程、基因工程、细胞工程和发酵工程等新技术。改造生物体是指获得优良品质的动物、植物或微生物品系。生物原料则是指生物体的某一部分或生物生长过程中所能利用的物质，如淀粉、糖蜜、纤维素等有机物，也包括一些无机化合物，甚至某些矿石。为人类生产出所需的产品包括粮食、医药、食品、化工原料、能源、金属等各种产品。达到某种目的则包括疾病的预防、诊断与治疗，环境污染的检测与治理等。

2. 现代生物技术的内容

现代生物技术（Modern biotechnology）主要包括基因工程（Genetic engineering）、酶工程（Enzyme engineering）、细胞工程（Cell engineering）和发酵工程（Fermentation engineering）。这些技术并不是各自独立的，而是相互联系、相互渗透的（图 5-1）。其中基因工程技术是核心技术（Core technology），它能带动其他技术的发展，如通过基因工程对细菌或细胞改造后获得的工程菌（Engineering bacterium）或细胞，必须通过发酵工程或细胞工程来生产有用物质。

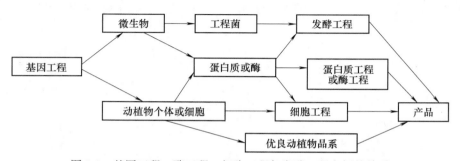

图 5-1　基因工程、酶工程、细胞工程与发酵工程之间的关系

3. 现代生物技术的应用

生物技术已广泛应用于农业、医药、化工、食品、环境保护等众多领域。生物技术的应

用过程示意图如图 5-2 所示。

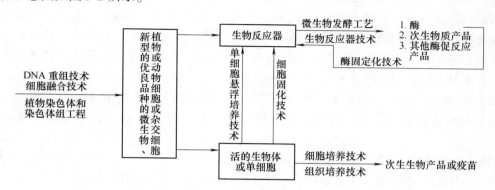

图 5-2　生物技术的应用过程示意图

4. 现代生物技术的发展

传统的生物技术（Conventional biologic technology）可以追溯到遥远的古代。早在石器时代，我们的祖先就掌握了酿酒技术；公元前 221 年，我国人民就能制作酱油、酿醋；公元前 200 年，《诗经》中就已提到用厌氧菌（Anaerobic bacteria）浸渍处理亚麻；古埃及石刻也显示，古埃及人已能对枣椰树进行交叉授粉以改善果实的质量，该技术一直沿用至今。

人类有意识地利用酵母进行大规模发酵生产是在 19 世纪。20 世纪上半叶，人类已能脱离生物的自然繁殖过程，利用直接的方法改变生物的遗传物质。"生物技术"一词首先由匈牙利的 Karl Ereky 于 1917 年提出。他当时是指用甜菜作为饲料进行大规模养猪，即利用生物将原材料转变为产品。

1953 年，美国生物学家沃森（J. D. Watson）和英国物理学家克里克（F. H. C. Crick）提出了 DNA 双螺旋结构分子模型，标志着现代分子生物学的诞生，揭示了世界上千差万别的生命物种个体在分子结构和遗传机制上的统一性，并为后来以 DNA 重组（DNA recombination）为主要手段的基因工程奠定了基础。

1973 年，美国加利福尼亚大学旧金山分校的 Herber Boyer 教授和斯坦福大学的 Stanley Cohen 教授合作进行了人类历史上第一次有目的基因重组（Genetic recombination）实验。

1975 年，Kohler 和 Milstein 创立了淋巴细胞杂交瘤技术（Lymphocyte hybridoma technology），获得了单克隆抗体（Monoclonal antibody）。

现代生物技术是以 DNA 重组技术的建立为标志的，已成为一门多学科纵横交叉的新兴和综合性技术。

5. 现代环境生物技术

（1）环境生物技术的产生

人类社会的发展创造了前所未有的文明，但同时也带来许多生态环境问题（Eco-environmental problems）。由于人口的快速增长，自然资源的大量消耗，全球环境状况目前正在急剧恶化：水资源短缺、土壤荒漠化、有毒化学品污染、臭氧层破坏、酸雨肆虐、物种灭绝、森林减少等。人类的生存和发展面临着严峻的挑战，迫使人类进行一场"环境革命"来拯救人类自身。在这场环境革命中，环境生物技术担负着重大使命，并且作为一种行之有效、安全可靠的手段和方法，起着核心的作用。

现代环境生物技术（Modern environmental biotechnology）是现代生物技术应用于环境污染防治的一门新兴边缘学科。它诞生于20世纪80年代末期，以高新技术为主体，并包括对传统生物技术的强化与创新。环境生物技术涉及众多的学科领域，主要由生物技术、工程学、环境学和生态学等组成。它是由生物技术与环境污染防治工程及其他工程技术紧密结合形成的，既具有较强的基础理论，又具有鲜明的技术应用特点。

由于环境生物技术是一门新兴学科，因此，对环境生物技术的定义也有多种。广义上讲，凡是自然界中涉及环境污染控制的一切与生物技术有关的技术，都可称为环境生物技术。

德国国家生物技术研究中心的K. Timmis博士认为以下三方面的内容属于环境生物技术：在环境中应用的生物技术，这是相对于一些在高度控制条件下的密闭反应器中进行的生物技术而言；涉及环境中某些可以看作为一个生物反应器部分的生物技术；作用于一些必定要进入环境的材料的生物技术。他将环境生物技术定义为应用生物圈的某些部分使环境得以控制，或治理预定要进入生物圈的污染物的生物技术。

美国密歇根州立大学的J. M. Tiedje教授认为，环境生物技术的核心是微生物学过程。

近年来，环境生物技术发展极其迅猛，已成为一种经济效益和环境效益俱佳的、解决复杂环境问题的最有效手段。国际上认为21世纪生物技术产业化的十大热点中，环境污染监测、有毒污染物的生物降解和生物降解塑料三项属于环境生物技术的内容。

严格地说，环境生物技术指的是直接或间接利用生物或生物体的某些组成部分或某些机能，建立降低或消除污染物产生的生产工艺，或者能够高效净化环境污染，同时又生产有用物质的工程技术。环境生物技术作为生物技术的一个分支学科，它除了包括生物技术所有的基础和特色之外，还必须与污染防治工程及其他工程技术相结合。

环境生物技术可分为高、中、低三个层次。高层次是指以基因工程为主导的现代污染防治生物技术，如基因工程菌的构建、抗污染型转基因植物的培育等；中层次是指传统的生物处理技术，如活性污泥法（Activated sludge process）、生物膜法（Biomembrance process），以及其在新的理论和技术背景下产生的强化处理技术和工艺，如生物流化床（Biological fluidized bed）、生物强化工艺（Biologically enhanced process）等；低层次是指利用天然处理系统进行废物处理的技术，如氧化塘（Oxidation pond）、人工湿地系统（Artificial wetlands system）等。

环境生物技术的三个层次均是污染治理不可缺少的生物技术手段。高层次的环境生物技术需要以现代生物技术知识为背景，为寻求快速有效的污染治理与预防新途径提供了可能，是解决目前出现的日益严重且复杂的环境问题的强有力手段。中层次的环境生物技术是当今废物生物处理中应用最广泛的技术，中层次的技术本身也在不断改进，高技术也不断渗入，因此，它仍然是目前环境污染治理中的主力军。低层次的环境生物技术，其最大特点是充分发挥自然界生物净化环境的功能，投资运行费用低，易于管理，是一种省力、省费用、省能耗的技术。

各种工艺与技术之间可能存在相互渗透或交叉应用的现象，有时难以确定明显的界限。某项环境生物技术可能集高、中、低三个层次的技术于一身。例如，废物资源化生物技术中，所需的高效菌种可以采用基因工程技术构建，所采用的工艺可以是现代的发酵技术（Fermentation technology），也可以是传统的技术。这种三个层次的技术集中于同一环境生物技术的现象并不少见。

为了解决日益严重的环境污染问题，需配合使用高、中、低三个层次的技术，针对不同的问题，采用不同的技术或不同技术的组合。

（2）环境生物技术的研究范围

现代环境生物技术应用现代生物技术服务于环境保护，目前环境生物技术面临的任务有：

1）解决基因工程菌从实验室进入模拟系统和现场应用过程中，其遗传稳定性、功能高效性和生态安全性等方面的问题。

2）开发废物资源化和能源化技术，利用废物生产单细胞蛋白（Single cell protein）、生物塑料（Bioplastic）、生物肥料（Biofertilizer）及生产生物能源（Bioenergy），如甲烷、氢气、乙醇等。

3）建立无害化生物技术清洁生产（Cleaner production）新工艺，如生物制浆（Biological pulping）、生物絮凝剂（Biological flocculant）、煤的生物脱硫（Biological desulfurization）、生物冶金（Biological metallurgy）等。

4）发展对环境污染物的生理毒性及其对生态影响的检测技术。

现代生物技术的发展，给环境生物技术的纵深发展增添了强大的动力，生物技术无论是在生态环境保护方面，还是在污染预防和治理方面以及环境监测方面，都显示出独特的功能和优越性。

环境生物技术也面临许多难题，而这些难题的解决，依赖于现代生物技术的发展去开辟道路。人们有理由、有信心相信，最终环境问题解决的希望寄托在现代环境生物技术的进展和突破上。

5.2　酶工程基本原理

酶工程（Enzyme engineering）是研究酶的生产和应用的一门新的技术性学科，是利用酶的催化作用进行物质转化（合成有用物、分解有害物）的技术，是将酶学理论与化工技术结合而形成的新技术。

酶工程的内容包括酶的生产、酶的提取与分离纯化、酶分子修饰、酶固定化、酶反应动力学与反应器，以及酶的应用等方面。

酶工程的主要任务是通过预先设计，经过人工操作控制而获得大量所需的酶，并通过各种方法使酶发挥其最大的催化功能，即利用酶的特定功能，借助工程学手段为我们提供产品或分解有害物质。

酶工程的目的是为我们提供产品或以特定的功能来为我们服务。

酶可以高效、专一地催化特定的化学反应，并具有反应条件温和、反应产物容易纯化等优点。酶促反应耗能低，污染小，操作简单，易控制。因此，它与传统的化学反应相比，具有较强的竞争力。

5.2.1　酶的生产

酶的生产是指经过预先设计，通过人工操作控制而获得所需酶的技术过程。酶作为生物催化剂（Biocatalyst）普遍存在于动物、植物和微生物中。广义上讲，一切生物体都可以作为酶的来源。在实际中，对酶源的要求是酶含量丰富，提取与纯化方便。

酶的早期来源为动物脏器和植物种子，现在主要以微生物（Microorganism）作为酶源。微生物作为酶源具有以下优越性：

1）易得到所需的酶类。微生物种类繁多，已鉴定的约20万种，加上未鉴定的及人工改良的菌种，使我们有可能从种类繁多的微生物中选出生产所需酶的微生物。几乎自然界中存在的所有酶，都可以在微生物中找到。

2）易获得高产菌株。可人为地控制微生物的培养条件，通过菌种筛选或人工诱变微生物，使其定向高产我们所需的某种酶。

3）微生物生长周期短。微生物的生产周期一般都较短，由几小时到几十小时。植物的生长周期为几个月，动物则以年为单位。所以，在相同的时间内，可得到较多的微生物酶源。

4）生产成本低。微生物的培养原料大部分比较廉价，为一些工业生产副产物或农业加工废弃物等，如麸皮、米糠、豆饼、玉米浆、废糖蜜等。有些酶生产需要一些特殊原料，但与酶的应用价值相比，也是非常经济的。

5）生产易管理。微生物的培养分固体培养和液体培养。固体培养简单易学，条件易重复，长期以来人们对此已积累了相当多的经验。液体培养也达到工业化阶段，各种类型的自控发酵罐体积大，自动化程度高，可自如地控制培养条件，实验室研究易放大，可迅速得到所需菌体或酶。

6）提高微生物产酶能力的途径较多。由于培养微生物的条件易于控制和改变，如诱变（Mutagenesis）、基因重组（Genetic recombination）、细胞融合（Cell conjugation）等技术可用于提高酶产量。并且微生物易产生诱导酶，可改变培养条件，加大目的酶的产量，甚至获得原本不产生的某些目的酶。而要人为地改变动植物的性能及性状就不那么容易了。

7）通过微生物培养条件的研究，可大幅度提高酶产量或定向改造酶（如高温淀粉酶），甚至得到诱导酶（Induced enzyme）。简单地改变培养基的组成或培养条件，如温度、pH值、通气量等，即可使微生物产酶量提高数十倍。

由于以上优点，目前工业上应用的酶，绝大多数来自微生物，且这种趋势有增无减。

5.2.2 酶的提取与分离纯化

酶的提取与分离纯化是指将酶从细胞或其他含酶原料中提取出来，再与杂质分开，而获得所需的酶制品的过程。主要内容包括细胞破碎、酶的提取、离心分离、过滤与膜分离、沉淀分离、层析分离、电泳分离、萃取分离、浓缩、干燥、结晶等。

1. 细胞破碎

酶的种类繁多，存在于不同生物体的不同部位。除了动物和植物体液中的酶和微生物胞外酶之外，大多数酶都存在于细胞内部。为了获得细胞内的酶，首先要收集组织、细胞并进行细胞或组织破碎，使细胞的外层结构破坏，然后进行酶的提取和分离纯化。

对于不同生物体，或同一生物体的不同组织细胞，由于其外层结构不同，所采用的细胞破碎（Cell disruption）方法和条件也有所不同。必须根据具体情况进行适当的选择，以达到预期的效果。

细胞破碎方法可以分为机械破碎法（Machine crushing process）、物理破碎法（Physical crushing process）、化学破碎法（Chemical crushing process）和酶促破碎法（Enzyme-induced crushing process）等（表5-1）。在实际使用时应当根据具体情况选用适宜的细胞破碎方法，有时也可以采用两种或两种以上的方法联合使用，以达到细胞破碎的效果，又不会影响酶的活性。

表5-1　细胞破碎方法及其原理

分　类	细胞破碎方法	细胞破碎原理
机械破碎法	捣碎法、研磨法、匀浆法	通过机械运动产生的剪力使组织、细胞破碎
物理破碎法	温度差破碎法、压力差破碎法、超声波破碎法	通过各种物理因素的作用使组织、细胞的外层结构破坏，而使细胞破碎
化学破碎法	添加有机溶剂、添加表面活性剂	通过各种化学试剂对细胞膜的作用使细胞破碎
酶促破碎法	自溶法、外加酶制剂法	通过细胞本身的酶系或外加酶制剂的催化作用使细胞外层结构破坏，而达到细胞破碎

2. 酶的提取

酶的提取（Extraction of enzyme）是指在一定的条件下，用适当的溶剂或溶液处理含酶原料，使酶充分溶解到溶剂或溶液中的过程，也称为酶的抽提。

酶提取时首先应根据酶的结构和溶解性质，选择适当的溶剂。一般说来，极性物质易溶于极性溶剂中，非极性物质易溶于非极性的有机溶剂中，酸性物质易溶于碱性溶剂中，碱性物质易溶于酸性溶剂中。

酶都能溶解于水，通常可用水或稀酸、稀碱、稀盐溶液等进行提取，有些酶与脂质结合或含有较多的非极性基团，则可用有机溶剂提取。酶提取的主要方法见表5-2。

表5-2　酶的主要提取方法

提 取 方 法	使用的溶剂或溶液	提 取 对 象
盐溶液提取	$0.02 \sim 0.5 \text{mol/L}$ 的盐溶液	用于提取在低浓度盐溶液中溶解度较大的酶
酸溶液提取	$pH = 2 \sim 6$ 的水溶液	用于提取在稀酸溶液中溶解度大，且稳定性较好的酶
碱溶液提取	$pH = 8 \sim 12$ 的水溶液	用于提取在稀碱溶液中溶解度大，且稳定性较好的酶
有机溶剂提取	可与水混溶的有机溶剂	用于提取与脂质结合牢固或含有较多非极性基团的酶

酶在提取，即从含酶原料中充分溶解到溶剂中的过程中，容易受到各种外界条件的影响。主要影响因素是酶在所使用的溶剂中的溶解度，酶向溶剂相中扩散的速度，以及温度、pH 值、提取液体积等提取条件。

1）温度。提取时的温度对酶的提取效果有明显影响。一般适当提高温度，可以提高酶的溶解度，也可以增大酶分子的扩散速度，但是温度过高，则容易引起酶的变性失活，所以提取时温度不宜过高。特别是采用有机溶剂提取时，温度应控制在 $0 \sim 10℃$ 的低温条件下。有些酶对温度的耐受性较高，可在室温或更高一些的温度条件下提取。因为在不影响酶的活性的条件下，适当提高温度有利于酶的提取。

2）pH 值。溶液的 pH 值对酶的溶解度和稳定性有显著影响。酶分子中含有各种可离解基团，在一定条件下，有的可以离解为阳离子，带正电荷；有的可以离解为阴离子，带负电荷，在某一个特定 pH 值条件下，酶分子上所带的正、负电荷相等，净电荷为零，此时的

pH 值即为酶的等电点（Isoelectric point）。在等电点的条件下，酶分子的溶解度最小。不同的酶分子有其各自不同的等电点。为了提高酶的溶解度，提取时 pH 值应该避开酶的等电点，以提高酶的溶解度，但溶液的 pH 值不宜过高或过低，以免引起酶的变性失活。

3）提取液的体积。增加提取液的用量，可以提高酶的提取率。但是过量的提取液会使酶的浓度降低，对进一步的分离纯化不利。

在提取过程中，为了提高酶的稳定性，以免引起酶的变性失活，可适当加入某些保护剂，如酶作用的底物、辅酶、某些抗氧化剂等。

3. 沉淀分离

沉淀分离（Precipitation separation）是通过改变某些条件或添加某种物质，使酶的溶解度降低，从溶液中沉淀析出与其他溶质分离的技术过程。

沉淀分离的方法主要有盐析沉淀法、等电点沉淀法、有机溶剂沉淀法、复合沉淀法、选择性变性沉淀法等（表 5-3）。

表 5-3　沉淀分离方法

沉淀分离方法	分 离 原 理
盐析沉淀法	利用不同蛋白质在不同的盐浓度条件下溶解度不同的特性，通过在酶液中添加一定浓度的中性盐，使酶或杂质从溶液中析出沉淀，从而使酶与杂质分离
等电点沉淀法	利用两性电解质在等电点时溶解度最低，以及不同的两性电解质有不同的等电点这一特性，通过调节溶液的 pH 值，使酶或杂质沉淀析出，从而使酶与杂质分离
有机溶剂沉淀法	利用酶与其他杂质在有机溶剂中的溶解度不同，通过添加一定量的某种有机溶剂，使酶或杂质沉淀析出，从而使酶与杂质分离
复合沉淀法	在酶液中加入某些物质，使它与酶形成复合物而沉淀下来，从而使酶与杂质分离
选择性变性沉淀法	选择一定的条件使酶液中存在的某些杂质变性沉淀，而不影响所需的酶，从而使酶与杂质分离

（1）盐析沉淀法　盐析沉淀法（Salting-out precipitation）简称盐析法，是利用不同蛋白质在不同的盐浓度条件下溶解度不同的特性，通过在酶液中添加一定浓度的中性盐，使酶或杂质从溶液中析出沉淀，从而使酶与杂质分离的过程。

蛋白质在水中的溶解度受到溶液中盐浓度的影响。一般在低盐浓度的情况下，蛋白质的溶解度随盐浓度的升高而增加，这种现象称为盐溶（Salting in）。在盐浓度升高到一定程度后，蛋白质的溶解度又随盐浓度的升高而降低，结果使蛋白质沉淀析出，这种现象称为盐析（Salting out）。在某一浓度的盐溶液中，不同蛋白质的溶解度各不相同，由此可达到彼此分离的目的。

盐之所以会改变蛋白质的溶解度，是由于盐在溶液中离解为正离子和负离子。由于反离子作用，使蛋白质分子表面的电荷改变，同时由于离子的存在改变了溶液中水的活度，使分子表面的水化膜改变。可见酶在溶液中的溶解度与溶液的离子强度关系密切。它们之间的关系可用下式表示

$$\log \frac{S}{S_0} = -K_s I \tag{5-1}$$

式中，S 为酶或蛋白质在离子强度为 I 时的溶解度（g/L）；S_0 为酶或蛋白质在离子强度为 0 时（即在纯溶剂中）的溶解度（g/L）；K_s 为盐析系数；I 为离子强度。

在温度和 pH 值一定的条件下，S_0 为一常数。所以式（5-1）可以改写为

$$\log S = \log S_0 - K_s I = \beta - K_s I \tag{5-2}$$

式中，β 主要取决于酶或蛋白质的性质，也与温度和 pH 值有关，当温度和 pH 值一定时，β 为一常数；主要取决于盐的性质。

K_s 的大小与离子价数成正比，与离子半径和溶液的介电常数成反比，也与酶或蛋白质的结构有关。不同的盐对某种蛋白质有不同的盐析系数。同一种盐对不同的蛋白质也有不同的盐析系数。

对于某一种具体的酶或蛋白质，在温度和 pH 值等盐析条件确定（即 β 确定），所使用的盐确定（即 K_s 确定）之后，酶或蛋白质在盐溶液中的溶解度取决于溶液中的离子强度 I。

离子强度 I 是指溶液中离子强弱的程度，与离子浓度和离子价数有关。即

$$I = \frac{1}{2} \sum m_i Z_i^2 \tag{5-3}$$

式中，m_i 为离子强度（mol/L）；Z_i 为离子价数。

例如，0.2mol/L 的 $(NH_4)_2SO_4$ 溶液，铵离子浓度为 2×0.2mol/L，价数为 +1，硫酸根离子浓度为 0.2mol/L，价数为 +2，其离子强度为

$$I = \frac{1}{2}(2 \times 0.2 \times 1^2 + 0.2 \times 2^2)\,\text{mol/L} = \frac{1}{2}(0.4 + 0.8)\,\text{mol/L} = 0.6\,\text{mol/L} \tag{5-4}$$

对于含有多种酶或蛋白质的混合液，可以采用分段盐析的方法进行分离纯化。

在一定的温度和 pH 值条件下（β 为常数），通过改变离子强度使不同的酶或蛋白质分离的方法称为 K_s 分段盐析；而在一定的盐和离子强度的条件下（K_s、I 为常数），通过改变温度和 pH 值，使不同的酶或蛋白质分离的方法，称为 β 分段盐析（Segmented salting-out）。

在蛋白质的盐析中，通常采用的中性盐有硫酸铵、硫酸钠、硫酸钾、硫酸镁、氯化钠和磷酸钠等，其中以硫酸铵最为常用。这是由于硫酸铵在水中的溶解度大而且温度系数小（如在 25℃ 时，其溶解度为 767g/L；在 0℃ 时，其溶解度为 697g/L），不影响酶的活性，分离效果好，而且价廉易得。当用硫酸铵进行盐析时，缓冲能力较差，且铵离子的存在会干扰蛋白质的测定，所以有时也用其他中性盐进行盐析。

在盐析时，溶液中硫酸铵的浓度通常以饱和度表示。饱和度（Saturability）是指溶液中加入的饱和硫酸铵的体积与混合溶液总体积的比值。例如，70mL 酶液加入 30mL 饱和硫酸铵溶液，则混合溶液中硫酸铵的饱和度为 $30/(30+70) = 0.3$。

由于不同的酶有不同的结构，盐析时所需的盐浓度各不相同。此外，酶的来源、酶的浓度、杂质的成分等对盐析时所需的盐浓度也有所影响。在实际应用时，可以根据具体情况通过试验确定。

盐析时，温度一般维持在室温左右，对于温度敏感的酶，则应在低温条件下进行。溶液的 pH 值应调节到欲分离的酶的等电点附近。

（2）等电点沉淀法　利用两性电解质（Amphoteric electrolyte）在等电点时溶解度最低，以及不同的两性电解质有不同的等电点这一特性，通过调节溶液的 pH 值，使酶或杂质沉淀析出，从而使酶与杂质分离的方法称为等电点沉淀法（Isoelectric precipitation）。

在溶液的 pH 值等于溶液中某两性电解质的等电点时，该两性电解质分子的净电荷为零，分子间的静电斥力消除，使分子能聚集在一起而沉淀下来。

由于在等电点时两性电解质分子表面的水化膜仍然存在，使酶等大分子物质仍有一定的

溶解性，而使沉淀不完全。所以在实际使用时，等电点沉淀法往往与其他方法一起使用。例如，等电点沉淀法经常与盐析沉淀、有机溶剂沉淀和复合沉淀等一起使用。有时单独使用等电点沉淀法，主要是用于从粗酶液中除去某些等电点相距较大的杂蛋白。

（3）有机溶剂沉淀法　利用酶与其他杂质在有机溶剂中的溶解度不同，通过添加一定量的某种有机溶剂，使酶或杂质沉淀析出，从而使酶与杂质分离的方法称为有机溶剂沉淀法（Organic solvent precipitation）。有机溶剂之所以能使酶沉淀析出，主要是由于有机溶剂的存在会使溶液的介电常数（Dielectric constant）降低。例如，20℃时水的介电常数为80，而82%乙醇水溶液的介电常数为40。溶液的介电常数降低，使溶质分子间的静电引力增大，互相吸引而易于凝集，同时，对于具有水膜的分子来说，有机溶剂与水互相作用，使溶质分子表面的水膜破坏，也使其溶解度降低而沉淀析出。

常用于酶的沉淀分离的有机溶剂有乙醇、丙酮、异丙醇、甲醇等。有机溶剂的用量一般为酶液体积的 2 倍左右，不同的酶和使用不同的有机溶剂时，有机溶剂的使用浓度有所不同。

有机溶剂沉淀法的分离效果受到溶液 pH 值的影响，一般应将酶液的 pH 值调节到欲分离酶的等电点附近。

（4）复合沉淀法　在酶液中加入某些物质，使其与酶形成复合物而沉淀下来，从而使酶与杂质分离的方法称为复合沉淀法（Composite precipitation）。分离出复合沉淀后，有的可以直接应用，也可以再用适当的方法使酶从复合物中析出而进一步纯化。常用的复合沉淀剂有单宁、聚乙二醇、聚丙烯酸等高分子聚合物。

（5）选择性变性沉淀法　选择一定的条件使酶液中存在的某些杂蛋白等杂质变性沉淀，而不影响所需的酶，这种分离方法称为选择性变性沉淀法（Selective denaturing precipitation）。例如，对于热稳定性好的酶，如 α-淀粉酶等，可以通过加热进行热处理，使大多数杂蛋白受热变性沉淀而被除去。此外，还可以根据酶和所含杂质的特性，通过改变 pH 值或加进某些金属离子等使杂蛋白变性沉淀而除去。

4. 离心分离

离心分离（Centrifugal separation）是借助于离心机旋转所产生的离心力，使不同大小、不同密度的物质分离的技术过程。在离心分离时，要根据欲分离物质及杂质的颗粒大小、密度和特性的不同，选择适当的离心机、离心方法和离心条件。

5. 过滤与膜分离

过滤（Filtration）是借助于过滤介质将不同大小、不同形状的物质分离的技术过程。过滤介质多种多样，常用的有滤纸、滤布、纤维、多孔陶瓷、烧结金属和各种高分子膜等，可以根据需要选用。

根据过滤介质的不同，过滤可以分为膜过滤和非膜过滤两大类。其中粗滤和部分微滤采用高分子膜以外的物质作为过滤介质，称为非膜过滤；而大部分微滤及超滤、反渗透、透析、电渗析等采用各种高分子膜为过滤介质，称为膜过滤，又称为膜分离技术（Membrane separation technology）。

根据过滤介质截留的物质颗粒大小不同，过滤可以分为粗滤（Primary filter）、微滤（Microfiltration）、超滤（Ultrafiltration）和反渗透（Reverse osmosis）4 大类。它们的主要特性见表 5-4。

表5-4　过滤的分类及其特性

类别	截留的颗粒大小	截留的主要物质	过滤介质
粗滤	$>2\mu m$	酵母、霉菌、动物细胞、植物细胞、固形物等	滤纸、滤布、纤维多孔陶瓷、烧结金属等
微滤	$0.2\sim2\mu m$	细菌、灰尘等	微滤膜、微孔陶瓷
超滤	$20\sim0.2\mu m$	病毒、生物大分子等	超滤膜
反渗透	$<20\mu m$	生物小分子、盐、离子	反渗透膜

6. 层析分离

层析分离（Chromatographic separation）是利用混合液中各组分的物理化学性质（分子的大小和形状、分子极性、吸附力、分子亲和力、分配系数等）的不同，使各组分以不同比例分布在两相中。其中一个相是固定的称为固定相，另一个相是流动的称为流动相。当流动相流经固定相时，各组分以不同的速度移动，从而使不同的组分分离纯化。

酶可以采用不同的层析方法进行分离纯化，常用的有吸附层析、分配层析、离子交换层析、凝胶层析和亲和层析等（表5-5）。

表5-5　层析分离方法

层析方法	分离依据
吸附层析	利用吸附剂对不同物质的吸附力不同而使混合物中各组分分离
分配层析	利用各组分在两相中的分配系数不同，而使各组分分离
离子交换层析	利用离子交换剂上的可解离基团（活性基团）对各种离子的亲和力不同而达到分离目的
凝胶层析	以各种多孔凝胶为固定相，利用流动相中所含各组分的相对分子质量不同而达到分离
亲和层析	利用生物分子与配基之间所具有的专一而又可逆的亲和力，使生物分子分离纯化
层析聚焦	将酶等两性物质的等电点特性与离子交换层析的特性结合在一起，实现组分分离

（1）吸附层析　任何两个相之间都可以形成一个界面，其中一个相中的物质在两相界面上的密集现象称为吸附（Adsorption）。凡是能够将其他物质聚集到自己表面上的物质称为吸附剂（Adsorbent）。吸附剂一般是固体或者液体，在吸附层析中通常应用的是固体吸附剂。

固体物质之所以具有吸附作用，是由于固体表面的分子（原子或离子）与固体内部的分子受到的作用力不相同。固体内部的分子所受的分子间作用力是对称的；而固体表面的分子受到的作用力不对称，其向内的一面受固体内部分子的作用，作用力较大，而向外的一面所受的作用力较小。因而当气体或者溶液中的溶质分子在运动过程中碰到固体表面时，就会被吸引而停留在固体表面上。

能聚集于吸附剂表面的物质称为被吸附物。吸附剂与被吸附物之间的相互作用力主要是范德华力。其特点是可逆的，即在一定条件下，被吸附物被吸附到吸附剂的表面上；而在另外的某种条件下，被吸附物可以离开吸附剂表面，称为解吸作用（Desorption）。

吸附层析通常采用柱形装置，将吸附剂装在吸附柱中，装置成吸附层析柱。

用适当的溶剂或者溶液从吸附柱中把被吸附组分洗脱出来的方法主要有3种，分别为溶剂洗脱法、置换洗脱法和前缘洗脱法等。

1）溶剂洗脱法。溶剂洗脱法（Solvent elution）是采用单一或者混合的溶剂进行洗脱的方法，是目前应用最广泛的方法。操作时，在加入欲分离混合溶液以后，连续不断地加入溶剂进行冲洗，最初的流出液为溶剂本身，接着洗脱出来的是吸附力最弱的组分，随后混合溶液中的各组分按照吸附力由弱到强的顺序先后洗出，吸附力最强的组分最后洗脱出来。把各组分分别收集，就可达到分离的目的。用洗脱液体积对各组分浓度作图，可以得到洗脱曲线（图5-3）。

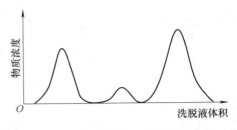

图5-3　溶剂洗脱法的洗脱曲线

溶剂洗脱法在洗脱出来的两个组分之间，通常有一段"空白"，即只有不含溶质组分的纯溶剂，所以各组分能够很好分离。当有些组分的吸附力相差不大时，会出现两峰重叠或界限不清的现象。在某种情况下，由于受到扩散等物理因素的影响，可能出现"拖尾"现象，即洗脱峰两侧形状不对称，峰前侧较陡峭，峰后侧较平缓。为了解决这个问题，可以采用梯度洗脱法，即采用按一定规律变化的 pH 梯度洗脱液或浓度梯度洗脱液进行洗脱。

2）置换洗脱法。置换洗脱法（Displacement elution）又称为置换法或取代法。所用的洗脱剂是置换洗脱液。置换洗脱溶液中含有一种吸附力比被吸附组分更强的被称为置换剂的物质。当用置换洗脱液冲洗层析柱时，置换剂取代了原来被吸附组分的位置，使被吸附组分不断向下移动。经过一定时间之后，样品中的各组分按照吸附力从弱到强的顺序先后流出，最后流出的是置换洗脱液本身。以洗脱液体积对组分浓度作图，可以得到阶梯式的洗脱曲线（图5-4）。从图5-4 中可以看到，置换洗脱法可使各个组分分离，图中每一个阶梯只有一种组分，并可以求出各组分的浓度。然而由于各组分一个接一个，界限不分明，交界处互相混杂，分离效果并不理想。

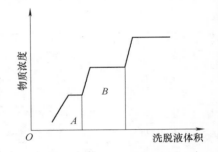

图5-4　置换洗脱法洗脱曲线

3）前缘洗脱法（又称前缘分析法）。前缘洗脱法是连续向吸附层析柱内加入欲分离的混合溶液，即所用的洗脱液为含有各组分的混合溶液本身。在洗脱过程中，最初流出液为混合液中的溶剂，不含欲分离的组分，当加入一定体积的混合溶液后，吸附柱内的吸附剂已经达到饱和状态，吸附力最弱的组分开始流出，其浓度比混合液中该组分的浓度高。随后，混合液中的各组分按照吸附力由弱到强的顺序，先后以两组分、三组分……多组分的混合液流出，最后的流出液与欲分离混合液的组分完全相同。其洗脱曲线如图5-5 所示。

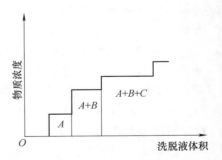

图5-5　前缘洗脱法洗脱曲线

从图5-5 中可以看到，前缘洗脱法的洗脱曲线也呈阶梯形。最初的流出液为纯溶剂，组分浓度为 0；接着流出的第一个阶梯洗脱液中，含有吸附力最弱的组分 A；第二阶梯洗脱液中，含有组分 A 和 B；第三阶梯洗脱液中，含有 A、B、C 三种组分……最后一个阶梯洗脱液中，含有混合液中的所有组分。

前缘洗脱法实际上只有在洗脱过程中走在最前缘的组分，即吸附力最弱的 A 组分，得以和其他组分分离。此法不是理想的分离方法，仅作为前缘组分的分析研究之用，所以又称为前缘分析法。

在吸附层析过程中，要取得良好的分离效果，首先要选择适当的吸附剂和洗脱剂，否则难以达到分离目的。

（2）分配层析 分配层析（Partition chromatography）是利用各组分在两相中的分配系数不同，而使各组分分离的方法。分配系数（Partition coefficient）是指一种溶质在两种互不相溶的溶剂中溶解达到平衡时，该溶质在两相溶剂中的浓度的比值。在层析条件确定后，层析系数是一常数，以 K 表示。

在分配层析中，通常采用一种多孔性固体支持物（如滤纸、硅藻土、纤维素等）吸着一种溶剂为固定相，这种溶剂在层析过程中始终固定在多孔支持物上。另一种与固定相溶剂互不相溶的溶剂可沿着固定相流动，称为流动相。当某溶质在流动相的带动流经固定相时，该溶质在两相之间进行连续的动态分配。其分配系数为

$$K = \frac{固定相中溶质的浓度}{流动相中溶质的浓度} \tag{5-5}$$

分配系数与溶剂和溶质的性质有关，同时受温度、压力等条件的影响。所以，不同的物质在不同的条件下，其分配系数各不相同。在层析条件确定后，某溶质在确定的层析系统中的分配系数是一常数。由于不同的溶质有不同的分配系数，移动速度不同，从而达到分离。

分配层析主要有纸上层析（Paper chromatography）、薄层层析（Thin layer chromatography）、气相层析（Gas phase chromatography）等方法。

（3）离子交换层析 离子交换层析（Ion exchange chromatography）是利用离子交换剂上的可解离基团（活性基团）对各种离子的亲和力不同而达到分离目的的一种层析分离方法。离子交换剂是含有若干活性基团的不溶性高分子物质，通过在不溶性高分子物质（母体）上引入若干可解离基团（活性基团）而制成。

按活性基团的性质不同，离子交换剂可以分为阳离子交换剂和阴离子交换剂。由于酶分子具有两性性质，所以可用阳离子交换剂，也可用阴离子交换剂进行酶的分离纯化。在溶液的 pH 值大于酶的等电点时，酶分子带负电荷，可用阴离子交换剂进行层析分离；而当溶液 pH 值小于酶的等电点时，酶分子带正电荷，则要采用阳离子交换剂进行分离。按母体物质种类的不同，离子交换剂有离子交换树脂、离子交换纤维素、离子交换凝胶等。其中某些大孔径的离子交换树脂、离子交换纤维素和离子交换凝胶可用于酶的分离纯化。

在一定条件下，某种组分离子在离子交换剂上的浓度与在溶液中的浓度达到平衡时，两者浓度的比值 K 称为平衡常数（也叫分配系数），即

$$K = \frac{组分离子在离子交换剂上的浓度}{组分离子在溶液中的浓度} \tag{5-6}$$

平衡常数（Equilibrium constant）K 是离子交换剂上的活性基团与组分离子之间亲和力大小的指标。平衡常数 K 的值越大，离子交换剂上的活性基团对某组分离子的亲和力就越大，表明该组分离子越容易被离子交换剂交换吸附。

K 值的大小决定组分离子在离子交换柱内的保留时间。K 值越大，保留时间就越长。如果欲分离的溶液中各种组分离子的 K 值有较大的差别，通过离子交换层析就可以使这些组

分离子得以分离。

不同的离子对离子交换剂的亲和力各不相同。通常两者的亲和力随离子价数和原子序数的增加而增大，而随离子表面水化膜半径的增加而降低。

（4）凝胶层析　凝胶层析（Gel chromatography）又称为凝胶过滤、分子排阻层析、分子筛层析等，是指以各种多孔凝胶为固定相，利用流动相中所含各种组分的相对分子质量不同而达到物质分离的一种层析技术。

凝胶层析柱中装有多孔凝胶，当含有各种组分的混合溶液流经凝胶层析柱时，各组分在层析柱内同时进行两种不同的运动。一种是随着溶液流动而进行的垂直向下的移动，另一种是无定向的分子扩散运动（布朗运动）。大分子物质由于分子直径大，不能进入凝胶的微孔，只能分布于凝胶颗粒的间隙中，以较快的速度流过凝胶柱。较小的分子能进入凝胶的微孔内，不断地进出于一个个颗粒的微孔内外，这就使小分子物质向下移动的速度比大分子的速度慢，从而使混合溶液中各组分按照相对分子质量由大到小的顺序先后流出层析柱，而达到分离的目的。在凝胶层析中，相对分子质量也并不是唯一的分离依据，有些物质的相对分子质量相同，但由于分子的形状不同，再加上各种物质与凝胶之间存在着非特异性的吸附作用，故仍然可以分离。

为了定量地衡量混合液中各组分的流出顺序，常常采用分配系数 K_a 来量度

$$K_a = \frac{V_e - V_o}{V_i} \tag{5-7}$$

式中，V_e 为洗脱体积，表示某一组分从加进层析柱到最高峰出现时，所需的洗脱液体积；V_o 为外体积，即层析柱内凝胶颗粒空隙之间的体积；V_i 为内体积，即层析柱内凝胶颗粒内部微孔的体积。

如果某组分的分配系数 $K_a = 0$，即 $V_e = V_o$，说明该组分完全不能进入凝胶微孔，洗脱时最先流出；如果某组分的分配系数 $K_a = 1$，即 $V_e = V_o + V_i$，说明该组分可以自由地扩散进入到凝胶颗粒内部的所有微孔，洗脱是最后流出；如果某组分的分配系数 K_a 为 $0 \sim 1$，说明该组分的分子介乎大分子和小分子之间，可以进入凝胶的微孔，但是扩散速度较慢，洗脱时按照 K_a 值由小到大的顺序先后流出。

关于大分子和小分子在凝胶内的流动速度的差异，有多种理论进行解释，如流动分离理论、扩散分离理论等。流动分离理论认为，当大小不同的溶质分子在毛细管中流动时，由于大分子的颗粒直径与毛细管的内径属同一个数量级，所以在毛细管中流动时，集中于毛细管的中心区域。在中心区域，流体流动的速度较快，因而大分子溶质很快就被溶剂分子带走；小分子溶质不仅在中心区域有所分布，在靠近毛细管管壁处也有大量分布，管壁处的溶剂以层流（滞流）流动，流速较慢，小分子被带出的速度就较慢。扩散分离理论认为，大分子溶质扩散系数小，扩散到凝胶微孔中的程度小，较易被洗脱出来，小分子溶质的扩散速度大，很容易进入到凝胶微孔中，所以较难被洗出。

在凝胶对组分没有吸附作用的情况下，当洗脱液的总体积等于外体积和内体积的总和时，所有组分都应该被洗脱出来，即 K_a 的最大值为 1。然而在某种情况下，会出现 K_a 大于 1 的现象，这说明在此层析过程中，不是单纯的凝胶层析，而是同时存在吸附层析或离子交换层析等过程。

对于同一类型的化合物，凝胶层析的洗脱特性与组分的相对分子质量成函数关系，洗脱

时组分按相对分子质量由大到小的顺序先后流出。组分的洗脱体积 V_e 与相对分子质量 M 的关系可以用下式表示

$$V_e = K_1 - K_2 \lg M \tag{5-8}$$

式中，K_1、K_2 为常数。

以组分的洗脱体积 V_e 对组分的相对分子质量的对数 $\lg M$ 作出曲线，可以通过测定某一组分的洗脱体积，从曲线中查出该组分的相对分子质量。在实际应用中，常以相对洗脱体积 K_{av} 对 $\lg M$ 作曲线，称为选择曲线。相对洗脱体积是指组分洗脱体积与层析柱内凝胶床总体积的比值（$K_{av} = V_e / V_t$）。

选择曲线的斜率说明凝胶的特性。每一类型的化合物，如酶、右旋糖酐、球蛋白等，都有其各自特定的选择曲线（图5-6）。所以通过凝胶层析可以测定物质的相对分子质量。

凝胶材料主要有葡聚糖、琼脂糖、聚丙烯酰胺等。层析用的微孔凝胶是由凝胶材料与交联剂交联聚合而成。交联剂加得越多，载体颗粒的孔径就越小。交联剂有环氧氯丙烷等。凝胶的种类很多，共同特点是凝胶内部具有微细的多孔网状结构，孔径的大小决定了凝胶可以分离的组分颗粒的大小。

凝胶选择的主要依据是欲分离组分的相对分子质量的大小。凝胶颗粒直径的大小对层析柱内溶液的流速有一定影响。选择凝胶时颗粒大小应比较均匀，否则流速不稳定，从而会影响分离效果。

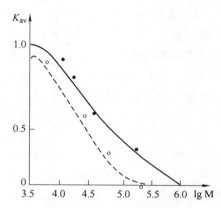

图5-6 球蛋白的选择曲线

—— 葡聚糖凝胶 G200   ---- 葡聚糖凝胶 G100

（5）亲和层析 亲和层析（Affinity chromatography）是利用生物分子与配基之间所具有的专一而又可逆的亲和力，使生物分子分离纯化的技术。酶与底物、酶与竞争性抑制剂、酶与辅助因子、抗原与抗体、酶 RNA 与互补的 RNA 分子或片段、RNA 与互补的 DNA 分子或片段之间，都是具有专一而又可逆的亲和力的生物分子对。故此，亲和层析在酶的分离纯化中有重要应用。

根据欲分离组分与配基的结合特性，亲和层析可分为共价亲和层析（Covalent affinity chromatography）、疏水层析（Hydrophobic chromatography）、金属离子亲和层析（Metalion affinity chromatography）、免疫亲和层析（Immuno affinity chromatography）、染料亲和层析（Dye affinity chromatography）、凝集素亲和层析（Lectin chromatography）等。

（6）层析聚焦 层析聚焦（Chromatofocusing）是将酶等两性物质的等电点特性与离子交换层析的特性结合在一起，实现组分分离的技术。在层析系统中，柱内装上多缓冲离子交换剂，当加进两性电解质载体的多缓冲溶液流过层析柱时，在层析柱内形成稳定的 pH 值梯度。欲分离酶液中的各个组分在此系统中会移动到（聚焦于）与其等电点相当的 pH 值位置上，从而使不同等电点的组分得以分离。

7. 电泳分离

带电粒子在电场中向着与其本身所带电荷相反的电极移动的过程称为电泳（Electrophoresis）。电泳按其使用的支持体的不同，可以分为纸电泳（Paper electrophoresis）、薄层电

泳（Thin-layer electrophoresis）、薄膜电泳（Thin-membrance electrophoresis）、凝胶电泳（Gel electrophoresis）、自由电泳和等电聚焦电泳（Isoelectric focusing electro-phoresis）等。

不同的物质由于其带电性质及其颗粒大小和形状不同，在一定的电场中移动方向和移动速度也不同，故可使它们分离。物质颗粒在电场中的移动方向，取决于它们所带电荷的种类。带正电荷的颗粒向电场的阴极移动；带负电荷的颗粒向阳极移动。净电荷为0的颗粒在电场中不移动。颗粒在电场中的移动速度主要取决于其本身所带的净电荷量，同时受颗粒形状和颗粒大小的影响，此外，还受到电场强度、溶液pH值、离子强度及支持体的特性等外界条件的影响。

1）电场强度。电场强度（Electric field intensity）是指每厘米距离的电压降。又称为电位梯度或电势梯度。电场强度对颗粒的泳动速度起着十分重要的作用。电场强度越高，带电颗粒的泳动速度越快。根据电场强度的大小可将电泳分为高压电泳和常压电泳。常压电泳的电场强度一般为2~10V/cm，电压为100~500V，电泳时间从几十分钟到几十小时，多用于带电荷的大分子物质的分离；高压电泳的电场强度为20~200V/cm，电压大于500V，电泳时间从几分钟到几小时，多用于带电荷的小分子物质的分离。

2）溶液的pH值。溶液的pH值决定了溶液中颗粒分子的解离程度，也就是决定了颗粒分子所带净电荷的多少。对于两性电解质而言，溶液的pH值不仅决定颗粒分子所带电荷的种类，而且决定净电荷的数量。溶液的pH值离开其等电点越远，颗粒所带净电荷越多，泳动速度越快。反之，颗粒的泳动速度则慢。当溶液的pH值等于某溶质的等电点时，其净电荷为0，泳动速度也等于0。因此，电泳时，溶液的pH值应该选择适当的数值，并需采用缓冲液使pH值维持恒定。

3）溶液的离子强度。溶液的离子强度（Ionic strength）越高，颗粒的泳动速度越慢。一般电泳溶液的离子强度为0.02~0.2较为适宜。

4）电渗。在电场中，溶液对于固体支持物的相对移动称为电渗（Electric osmosis）。例如，在纸电泳中，由于滤纸纤维素上带有一定量的负电荷，使与滤纸相接触的水分子感应而带有一些正电荷，水分子便会向负极移动并带动溶液中的颗粒一起向负极移动，若颗粒本身向负极移动，则表观泳动速度将比其本来的泳动速度快；若颗粒本身原来向正极移动，则其表观泳动速度慢于其本来的泳动速度；净电荷为0的颗粒，也会随水向负极移动。

此外，缓冲液的黏度和温度等也对颗粒的泳动速度有一定的影响。

在酶学研究中，电泳技术主要用于酶的纯度鉴定、酶相对分子质量的测定、酶等电点的测定及少量酶的分离纯化。

8. 萃取分离

萃取分离（Extraction separation）是利用物质在两相中的溶解度不同而使其分离的技术。萃取分离中的两相一般是互不相溶的，有时也可采用其他流体。按照两相的组成不同，萃取可以分为有机溶剂萃取、双水相萃取、超临界萃取（Supercritical fluid extraction）和反胶束萃取（Reversed micelles extraction）等。

9. 结晶

结晶（Crystallization）是溶质以晶体形式从溶液中析出的过程。酶的结晶是酶分离纯化的一种手段。它不仅为酶的结构与功能等的研究提供了适宜的样品，而且为较高纯度的酶的获得和应用创造了条件。

酶在结晶时，酶液应达到一定的浓度。浓度过低无法析出结晶。一般说来，酶的浓度越高越容易结晶。但是浓度过高时，会形成许多小晶核，结晶小，不易长大。所以结晶时酶液浓度应当控制在介稳区，即酶浓度处于稍微过饱和的状态。

此外，在结晶过程中要控制好温度、pH 值、离子强度等结晶条件，才能得到结构完整、大小均一的晶体。

常用的结晶方法有盐析结晶法（Salting-out crystallization）、有机溶剂结晶（Organic solvent crystallization）、透析平衡结晶（Dialysis equilibrium crystallization）和等电点结晶（Isoelectric point crystallization）。还可以采用温度差结晶法、金属离子复合结晶法等进行酶的结晶。

10. 浓缩与干燥

浓缩与干燥都是酶与溶剂（通常是水）分离的过程。在酶的分离纯化过程中是一个重要的环节。

（1）浓缩　浓缩（Concentration）是从低浓度酶液中除去部分水或其他溶剂而成为高浓度酶液的过程。浓缩的方法很多。上文的离心分离、过滤与膜分离、沉淀分离、层析分离等都能起到浓缩作用。用各种吸水剂，如硅胶、聚乙二醇、干燥凝胶等吸去水分，也可以达到浓缩效果。

（2）干燥　干燥（Drying）是将固体、半固体或浓缩液中的水分或其他溶剂除去一部分，以获得含水分较少的固体物质的过程。物质经过干燥以后，可以提高产品的稳定性，有利于产品的保存、运输和使用。

在干燥过程中，溶剂首先从物料的表面蒸发，随后物料内部的水分子扩散到物料表面继续蒸发。因此，干燥速率与蒸发表面积成正比。增大蒸发面积，可以显著提高蒸发速率。此外，在不影响物料稳定性的前提下，适当升高温度、降低压力、加快空气流通等都可以提高干燥速度。然而，干燥速度并非越快越好，而是要控制在一定的范围内。因为干燥速度过快时，表面水分迅速蒸发，可能使物料表面黏结形成一层硬壳，妨碍内部水分子扩散到表面，反而影响蒸发效果。

在固体酶制剂的生产过程中，为了提高酶的稳定性，便于保存、运输和使用，一般都必须进行干燥。常用的干燥方法有真空干燥（Vacuum drying）、冷冻干燥（Freeze drying）、喷雾干燥（Spray drying）、气流干燥（Air-streaming drying）和吸附干燥（Adsorption drying）等，可以根据需要选择使用。

5.2.3　酶分子修饰

通过各种方法使酶分子的结构发生某些改变，从而改变酶的某些特性和功能的技术过程称为酶分子修饰（Modification of enzyme molecule）。

酶分子是具有完整的化学结构和空间结构的生物大分子。酶分子的结构决定了酶的性质和功能。当酶分子的结构发生改变时，将会引起酶的性质和功能的改变。

酶分子的完整空间结构赋予酶分子以生物催化功能，使酶具有催化效率高、专一性强和作用条件温和的特点。但是在另一方面，也使酶具有稳定性较差、活性不够高和可能具有抗原性等弱点，使酶的应用受到限制。为了克服酶的弱点，人们进行了酶分子修饰方面的研究。

酶分子修饰可以使酶分子结构发生某些改变，就有可能提高酶的活力，增强酶的稳定性，降低或消除酶的抗原性等。同时，通过酶分子修饰研究酶分子中主链、侧链、组成单位、金属离子和各种物理因素对酶分子空间构象的影响，进一步探讨其结构与功能之间的关系。所以，酶分子修饰在酶学和酶工程研究方面具有重要的意义。尤其是 20 世纪 80 年代以来，酶分子修饰与基因工程技术结合在一起，通过基因定位突变和聚合酶链反应（PCR）技术改变 DNA 中的碱基序列，使酶分子的组成和结构发生改变，从而获得具有新特性和功能的酶分子。由于酶分子修饰的信息储存在 DNA 分子中，通过基因克隆和表达，就可通过生物合成不断获得具有新特性和功能的酶，使酶分子修饰展现出更加广阔的前景。

酶分子修饰技术不断发展，修饰方法多种多样。归纳起来，酶分子修饰主要包括金属离子置换修饰、大分子结合修饰、侧链基团修饰、肽链有限水解修饰、核苷酸链有限水解修饰、氨基酸置换修饰、核苷酸置换修饰和酶分子的物理修饰等。

1. 金属离子置换修饰

把酶分子中的金属离子换成另一种金属离子，使酶的特性和功能发生改变的修饰方法称为金属离子置换修饰（Metal ion exchange modification）。通过金属离子置换修饰，可以了解各种金属离子在酶催化过程中的作用，有利于阐明酶的催化作用机制，并有可能提高酶活力，增强酶的稳定性，甚至改变酶的某些动力学性质。

有些酶分子中含有金属离子，而且往往是酶活性中心的组成部分，对酶催化功能的发挥有重要作用。例如，α-淀粉酶中的钙离子（Ca^{2+}），谷氨酸脱氢酶中的锌离子（Zn^{2+}），过氧化氢酶分子中的铁离子（Fe^{2+}），酰基氨基酸酶分子中的锌离子（Zn^{2+}），超氧化物歧化酶分子中的铜、锌离子（Cu^{2+}、Zn^{2+}）等。

若从酶分子中除去其所含的金属离子，酶往往会丧失其催化活性。如果重新加入原有的金属离子，酶的催化活性可以恢复或者部分恢复。若用另一种金属离子进行置换，则可使酶呈现出不同的特性。有的可以使酶的活性降低甚至丧失，有的却可以使酶的活力提高或者增加酶的稳定性。

通过金属离子置换修饰可以达到下列目的：阐明金属离子对酶催化作用的影响；提高酶活力；增强酶的稳定性；改变酶的动力学特性。

2. 大分子结合修饰

采用水溶性大分子与酶的侧链基团共价结合，使酶分子的空间构象发生改变，从而改变酶的特性与功能的方法称为大分子结合修饰（Macromolecular binding modification）。

大分子结合修饰是目前应用最广泛的酶分子修饰方法。其修饰的主要过程包括如下步骤：修饰剂的选择；修饰剂的活化；修饰；分离。

通过大分子结合修饰，酶分子的结构发生某些改变，酶的特性和功能也将有所改变，可以提高酶活力，增加酶的稳定性，降低或消除酶的抗原性等。

3. 酶分子的侧链基团修饰

采用一定的方法（一般为化学法）使酶分子的侧链基团发生改变，从而改变酶分子的特性和功能的修饰方法称为侧链基团修饰（Side chain modification）。

通过酶分子侧链基团修饰，达到以下目的：研究各种基团在酶分子中的作用及其对酶的结构、特性和功能的影响，并用于研究酶的活性中心中的必需基团；测定某一种基团在酶分子中的数量；在酶工程方面可以提高酶的活力，增加酶的稳定性，降低酶的抗原性，并且可能引起酶催化特性和催化功能的改变，以提高酶的使用价值；获得自然界中原来不存在的新酶种。

酶有蛋白类酶和核酸类酶两大类别。它们的侧链基团不同，修饰方法也有所区别。

（1）蛋白类酶　主要由蛋白质组成。酶蛋白的侧链基团是指组成蛋白质的氨基酸残基上的功能团，主要包括氨基、羧基、巯基、胍基、酚基、咪唑基、吲哚基等。这些基团可以形成各种副键，对酶蛋白空间结构的形成和稳定有重要作用。侧链基团一旦改变将引起酶蛋白空间构象的改变，从而改变酶的特性和功能。酶蛋白侧链基团修饰可以采用各种小分子修饰剂，如氨基修饰剂、羧基修饰剂、巯基修饰剂、胍基修饰剂、酚基修饰剂、咪唑基修饰剂、吲哚基修饰剂等；也可以采用具有双功能团的化合物，如戊二醛、己二胺等进行分子内交联修饰；还可以采用各种大分子与酶分子的侧链基团形成共价键而进行大分子结合修饰。

（2）核酸类酶　主要由核糖核酸（RNA）组成。酶RNA的侧链基团是指组成RNA的核苷酸残基上的功能团。RNA分子上的侧链基团主要包括磷酸基，核糖上的羟基，嘌呤、嘧啶碱基上的氨基和羟基（酮基）等。通过侧链基团修饰，有可能使核酸类酶的稳定性得以提高。如果对核酸类酶分子上某些核苷酸残基进行修饰，连接上氨基酸等有机化合物，就有可能扩展核酸类酶的结构多样性，从而扩展其催化功能，提高酶的催化活力。

酶的侧链基团修饰方法很多，主要有氨基修饰（Amino-modified）、羧基修饰（Carboxyl modification）、巯基修饰（Mercapto modification）、胍基修饰（Guanidine modification）、酚基修饰（Phenolic modification）、咪唑基修饰（Imidazole modification）、吲哚基修饰（Indole modification）、分子内交联修饰（Intramolecular crosslinking modification）等。

4. 肽链有限水解修饰

蛋白类酶（P酶）的组成单位是氨基酸。氨基酸通过肽键连接成肽链，再通过盘绕折叠形成完整的空间结构。肽链是蛋白类酶（P酶）的主链。主链是酶分子结构的基础，蛋白类酶活性中心的肽段对酶的催化作用是必不可少的，活性中心以外的肽段起到维持酶的空间构象的作用。肽链一旦改变，酶的结构和特性将随之有某些改变。

酶蛋白的肽链被水解以后，可能出现下列3种情况：1）若肽链的水解引起酶活性中心的破坏，酶将丧失其催化功能，这种修饰主要用于探测酶活性中心的位置；2）若肽链的一部分被水解后，仍然可以维持酶活性中心的空间构象，则酶的催化功能可以保持不变或损失不多，但是其抗原性等特性将发生改变，这将提高某些酶特别是药用酶的使用价值；3）若主链的断裂有利于酶活性中心的形成，则可使酶分子显示其催化功能或使酶活力提高。

在肽链的限定位点进行水解，使酶的空间结构发生某些精细的改变，从而改变酶的特性和功能的方法，称为肽链有限水修饰（Modification of peptide chain with limited hydrolysis）。

有些酶的活性较低，通过酶分子主链修饰可以显著提高酶的催化活性。例如，天冬氨酸酶通过胰蛋白酶修饰，从其羧基端切除10个氨基酸残基的肽段，可以使天冬氨酸酶的活力提高5倍左右。

酶蛋白的肽链有限水解修饰通常使用某些专一性较高的蛋白酶或肽酶作为修饰剂。有时也可以采用其他方法使酶的主链部分水解，而达到修饰目的。

5. 核苷酸链剪切修饰

核酸类酶（R酶）主要由核苷酸组成，核苷酸通过磷酸二酯键连接成为核苷酸链。核苷酸链一旦改变，核酸类酶的结构和功能将发生改变。

在核苷酸链的限定位点进行剪切，使酶的结构发生改变，从而改变酶的特性和功能的方法，称为核苷酸链剪切修饰（Nucleotide modification of nucleotide chain）。

某些 RNA 分子原本不具有催化活性，经过适当的修饰作用，在适当位置去除一部分核苷酸残基以后，可以显示酶的催化活性，成为一种核酸类酶。

6. 氨基酸置换修饰

将酶分子肽链上的某一个氨基酸换成另一个氨基酸的修饰方法，称为氨基酸置换修饰（Amino acid replacement）。氨基酸置换修饰的主要作用有提高酶活力，增强酶的稳定性，使酶的专一性发生改变。氨基酸置换修饰的主要方法有：化学修饰法、定点突变（Site directed mutagenesis）技术。

7. 核苷酸置换修饰

核酸类酶的基本组成单位是核苷酸。在特定位置上的核苷酸是核酸类酶的化学结构和空间结构的基础。核苷酸链上某个核苷酸的改变将会引起酶的化学结构和空间构象的改变，从而改变酶的某些特性和功能。

将酶分子核苷酸链上的某一个核苷酸换成另一个核苷酸的修饰方法，称为核苷酸置换修饰（Nucleotide permutation modification）。核苷酸置换修饰通常采用定位突变技术进行。只要将核苷酸链中的一个或几个核苷酸置换，就可以使核酸类酶的特性和功能发生改变。

采用核苷酸置换修饰技术，可将保守核苷酸以外的某个或某些核苷酸置换，以获得各种不同的人造核酸类酶。

8. 酶分子的物理修饰

通过各种物理方法使酶分子的空间构象发生某些改变，从而改变酶的某些特性和功能的方法称为酶分子的物理修饰（Physical modification）。

通过酶分子的物理修饰，可以了解在不同物理条件下，特别是在高温、高压、高盐、低温、真空、失重、极端 pH 值、有毒环境等极端条件下，酶分子空间构象的改变引起的酶的特性和功能的变化情况。极端条件下酶催化特性的研究对于探索太空、深海、地壳深处以及其他极端环境中，生物的生存可能性及其潜力有重要的意义，同时还有可能获得在通常条件下无法得到的各种酶的催化产物。

通过酶分子的物理修饰，还可能提高酶的催化活性，增强酶的稳定性或者是酶的催化动力学特性发生某些改变。

酶分子物理修饰的特点在于不改变酶的组成单位及其基团，酶分子中的共价键不发生改变。只是在物理因素的作用下，副键发生某些变化和重排，使酶分子的空间构象发生某些改变。例如，羧肽酶 γ 经过高压处理，底物特异性发生改变，其水解能力降低，有利于催化多肽合成反应；用高压方法处理纤维素酶，该酶的最适温度有所降低，在 30~40℃ 的条件下，高压修饰的纤维素酶比天然酶的活力提高 10%。

酶分子的空间构象的改变还可以在某些变性剂的作用下，首先使酶分子原有的空间构象破坏，然后在不同的物理条件下，使酶分子重新构建新的空间构象。

5.2.4 酶固定化

1. 酶固定化概念

酶的固定化技术就是通过物理或化学方法将酶束缚在一定区间内制成仍具有催化活性的

酶的衍生物即固定化酶（Immobilized enzyme）。

酶是生物体为维持自身的生命活动而产生的，它适于在生物体内进行化学反应。但是，作为人类用于生产所需要的催化剂还不够理想。例如，酶在一般情况下，对热、强酸、强碱和有机溶剂等均不够稳定，即使给予合适的条件也会随着反应时间的延续，反应速度逐渐下降最后导致失活。同时，酶不能反复利用，且酶只能在水溶液中使用，不能在有机溶剂中使用。而固定化酶能克服上述的缺点，它像有机化学反应中所使用的固体催化剂一样，同时仍具有生物体内酶一样强的催化活性。固定化酶具有下列优点：可以使反应过程管道化、自动化，产物易从反应液中回收；酶的稳定性有所改进；酶的使用效率提高。因此，酶的固定化使酶的应用达到新的水平，可把酶直接应用于化学工业的反应系统。固定化酶的研究不仅具有实用价值，在探索酶的作用机制方面也提供了新的研究途径。

固定化酶的研究开始于 20 世纪 50 年代。1953 年格仑布霍费（Grubhofer）和施莱思（Schleith）将聚氨苯乙烯树脂重氮化，并将羧肽酶、淀粉酶、胃蛋白酶或核糖核酸酶等结合固定到该树脂上，第一次实现了酶的固定化。经过十多年的努力，到了 60 年代后期，固定化酶已经广泛应用于食品、医药和发酵等工业的生产。1969 年日本将固定化氨基酰化酶用于氨基酸生产，这是固定化酶的首次大规模应用。不久，其他许多固定化酶又相继用于工业生产及医学临床检验。1978 年，我国首次使用固定化 5′-磷酸二酯酶生产 5′-核苷酸。到 70 年代初，出现了固定化细胞，细胞的固定化包括微生物细胞、动物细胞、植物细胞或各种细胞器的固定化。1973 年日本干烟一郎首次在工业上成功地用固定化微生物细胞连续生产 L-天冬氨酸，此后细胞的固定化研究迅猛地发展，近年来，又从静止固定化菌体发展到固定化活细胞（或叫固定化增殖细胞）。

固定化酶和固定化细胞研究的第一阶段主要是载体开发，固定化方法的研究及其应用技术的开发。目前，第一阶段已基本完成，进入了第二阶段的研究。第二阶段的主要研究内容可归纳如下：①在需要辅酶（NAD⁺ 或 FAD）或 ATP、ADP、AMP 的酶反应体系的固定化中，辅酶系或 ATP、ADP、AMP 系和其再生系的建立；②疏水体系或含水很低的体系里固定化酶的催化反应的研究；③为了防止固定化过程中酶活力下降，添加辅助物的研究；④固定化活细胞的研究。总之，酶和细胞固定化技术发展迅猛，它的应用将会引起应用酶学及生物工程学的巨大变革。

2. 固定化酶的制备

酶的催化活性依赖于酶的空间结构及活性中心。所以在固定化时，要选择适当的条件，力图不使其活性中心的基团受到影响。操作时应尽量在温和条件下进行，避免高温、强酸、强碱处理，以尽量保持酶蛋白天然的高级结构。

酶固定化的方法很多，但没有一种对任何酶都适用的通用方法。目前采用的固定化方法大致可分为 3 类：载体结合法（包括共价结合法、离子结合法、物理吸附法）、交联法和包埋法（包括聚合物包埋法、微胶囊包埋法）。图 5-7 为几种常用的酶固定化方法示意图。

上述几种方法也可并用，称为混合法，如交联和包埋并用，离子结合和包埋并用，共价结合和包埋并用等。现将各种方法的原理及优缺点简要介绍如下：

（1）载体结合法 载体结合法（Carrier combination）是用共价键、离子键和物理吸附法把酶固定在纤维素、琼脂糖、甲壳质、多孔性玻璃和离子交换树脂等载体的固定化。

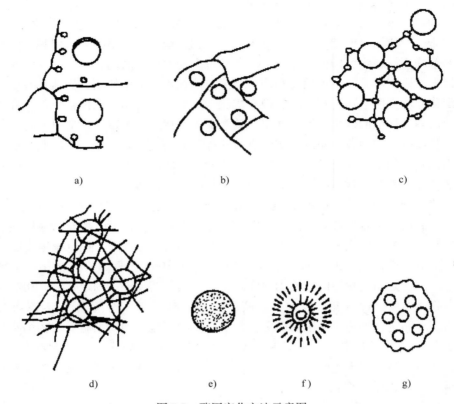

图 5-7　酶固定化方法示意图

a）离子结合　b）共价结合　c）交联　d）聚合物包埋　e）疏水作用　f）脂质体包埋　g）微胶囊

1）共价结合法。利用酶蛋白分子中的氨基酸残基与载体上的基团通过化学反应形成共价键而使酶固定化的方法。共价结合的具体方法很多，可分为重氮法、肽法、烷化法和载体交联法等。其中，重氮法最为常用。

共价结合法要求控制条件较苛刻，反应激烈，操作复杂，常常引起酶蛋白的高级结构发生变化，并导致活性中心破坏，难以制得高活力的标准品，有时会使酶原来具有的底物特异性发生变化。但此方法制得的固定化酶的酶分子和载体间结合极牢固，即使用高浓度底物溶液或盐溶液处理也不会使酶分子从载体上脱落。

2）离子结合法。通过离子效应，将酶固定到具有离子交换基团的非水溶性载体上。常用的载体有 DEAF-纤维素、TEAE-纤维素、ECTROLA-纤维素及 DEAE-交联葡聚糖等阴离子交换性载体。

与共价结合法相比较，离子结合法的操作简便，处理条件较温和，酶分子的高级结构和活性中心很少改变，可得到活性较高的固定化酶。但载体和酶分子之间的结合力不够牢固，易受缓冲液种类和 pH 的影响，在离子强度较大的状态下进行反应，有时酶分子会从载体上脱落下。

3）物理吸附法。将酶分子吸附到不溶于水的惰性载体上。常用的载体有活性炭、多孔玻璃、酸性白土、漂白土、高岭土、矾土、硅胶、磷酸钙凝胶、羟基磷灰石、淀粉等。其中以活性炭应用最广，例如把吸附有霉菌糖化酶的活性炭装入柱内，以适当流速倒入淀粉溶液，流出液中可以获得葡萄糖。物理吸附法（Adsorption）不会明显改变酶分子的高级结构，因此不易使酶分子活性中心受到破坏。其缺点是酶分子与载体的相互作用较弱，被吸附的酶分子极易从载体上脱落。

（2）交联法　交联法（Covalention）是利用双功能试剂的作用，在酶分子之间发生交联，凝集成网状结构而制成的固定化酶。双功能试剂主要有戊二醛、顺丁烯二酸酐和乙烯共聚物。酶蛋白中游离氨基、酚基、咪唑基及巯基均可参与交联反应。其中以戊二醛法最为常用。戊二醛和酶蛋白的游离氨基形成席夫（Schiff）碱而使酶分子交联。交联法与共价结合法一样，反应条件比较剧烈，固定化酶的活力较低。又由于交联法制备的固定化酶颗粒较细，此法不宜单独使用，如与吸附法或包埋法联合使用效果会比较好。又由于交联法制备，则可达到加固的良好效果。

（3）包埋法　包埋法（Embedding）是将酶包埋在聚合物凝胶的微细网格中或被半透性的聚合物膜所包围，使酶分子不能从凝胶的网格中或膜中漏出，而小分子的底物和产物可以自由通过凝胶网格和半透膜。

1）聚合物包埋法。将酶包埋在聚合物的凝胶格中的方法。最常用的凝胶有聚丙烯酰胺凝胶、淀粉凝胶、明胶、海藻胶等，其中以聚丙烯酰胺凝胶为最好。制备时，在酶溶液中加入丙烯酰胺单体和交联剂 N，N′-甲叉双丙酰胺，在通入氮气的条件下，加聚合反应催化剂四甲基二胺和聚合引发剂过硫酸钾等进行聚合，酶分子便被包埋在聚合的凝胶内。

2）微胶囊法（Microcapsule）。微胶囊法是以半透性的高聚物薄膜包围含有酶分子的液滴。制备方法有 3 类：界面聚合法、液中干燥法和相分离法。

界面聚合法是应用亲水性单体和疏水性单体在界面上发生聚合而将酶包围起来。液中干燥法是把酶液在含有高聚物的有机溶剂中进行乳化分散，然后再把该乳化液转移到水溶液中，使之干燥，形成高聚物半透膜而将酶分子包裹起来。相分离法是将聚合物溶解在不与水混溶的有机溶液中，然后将酶乳化分散在此溶液中，再在搅拌下徐徐加入引起相分离的非极性溶剂，聚合物的浓厚溶液将酶液包围，聚合物相继析出，形成半透膜，酶就被包裹在内。

包埋法操作简便，酶分子仅仅是包埋起来而未起化学反应。可用来制备各种固定化酶，一般酶活力较高。但有时在化学聚合反应时，需要在比较苛刻的条件下进行，容易导致酶的失活，所以要设计好包埋条件。另外，此法对作用于大分子底物的酶类不适用。

3. 固定化酶的性质

游离酶在水溶液中，酶分子与底物分子同处于液相，几乎是十分邻近的。酶固定化后，酶分子牢固地结合于载体，处于与游酶不同的微环境中，因此，固定化的结果往往引起酶性质的改变。原因主要来自两方面：一方面是酶本身的变化，主要由于活性中心的氨基酸残基、空间结构和电荷状态发生了变化；另一方面是载体的物理和化学性质的影响，主要由于在固定化酶的周围，形成了能对底物产生立体障碍的扩散层以及静电的相互作用等。固定化酶性质的变化主要表现在以下几方面：

（1）底物特异性的改变　固定化酶的活力一般比天然酶低，其底物特异性也可能发生变化。例如，用羧甲基纤维素作载体，载体结合法固定化的胰蛋白酶，对高分子底物酪蛋白只显示原酶活力的 3%，而对低分子底物苯酰精氨酸-对-硝基酰化苯胺的活力保持 100%。所以，一般认为酶被固定到载体后可引起立体障碍，使高分子底物与酶分子表面的邻近效应受到干扰，从而显著降低了酶的活性。而低分子底物则受到立体障碍的影响较小，底物分子容易接近酶分子，因而与原酶活力无显著差别。对以低分子物质为底物的酶，经固定化后，多数情况下底物特异性不发生变化，例如真菌的氨基酰化酶固定到 DEAE-纤维素上，经和原酶比较表明，它对各种酰化-DL-氨基酸都不产生底物特异性的差异。

（2）最适 pH 的改变　酶经固定化后，最适 pH 有时会发生变化。由带负电载体制备的固定化酶的最适 pH 比游离酶的最适 pH 高，而用带正电载体制备的则情况相反，而用不带电的载体，最适 pH 不变（但也有最适 pH 改变的例子）。这可能解释为：当酶分子被结合到带负电（或带正电）载体上时，酶蛋白的阳离子（或阴离子）数增多，造成固定化酶反应区域的 pH 值比外部溶液的 pH 值偏低（或偏高），这样造成酶的反应是在比反应液的 pH 偏酸（或偏碱）一侧进行的，从而使最适 pH 值转移到碱性（或酸性）一侧。这种最适 pH 改变而 pH 活性曲线的形状不变的现象，称为最适 pH 的平行移动。但有时也存在 PH 活性曲线改变的情况。

（3）最适温度的变化　酶固定化后，最适温度有时会发生变化。例如，以共价结合法固定化色氨酸酶的最适温度比固定化前高 5～15℃，而以烷化法固定化氨基酰化酶的最适温度则比固定化前有所降低，多数情况下，最适温度并不发生变化。

（4）动力学常数的变化　酶固定化于电中性载体后，固定化酶的表观米氏常数往往比游离酶的米氏常数高，而最大反应速度变小。具有与载体电荷相反的底物由于静电相吸，固定化酶与游离酶相比，表观米氏常数往往减小。若载体与底物有一方不带电，则往往表观米氏常数不变或稍有增加。表观米氏常数的减少，对固定化酶的实际应用是有利的，可使反应更为完全。

（5）稳定性变化　酶固定化后，稳定性普遍增加，主要表现在对热的稳定性及贮藏的稳定性增加，且在蛋白质变性剂，如尿素、盐酸胍及有机溶剂中仍保持相当活性，对蛋白水解酶的抵抗性也增加等。这些特性都有利于酶的应用。

4. 固定化酶反应动力学

酶经固定化后，其反应动力学（Reaction kinetics）发生显著的变化。固定化酶反应动力学较酶反应动力学复杂得多，影响因素也是多方面的，有些目前还处于研究探讨阶段。本节根据有关文献著作的报道，进行简要介绍。

（1）固定化对酶反应系统的影响　通常，大多数酶在固定化后，反应速度有所下降（个别除外）。其原因如下：

1）酶构象改变。由于酶分子在固定化过程中发生了某种扭曲，影响了酶分子的三维结构，导致酶与底物结合能力或酶催化底物转化能力的改变。

2）立体障碍。酶经固定化后，载体的存在，给酶的活性部位或调节部位造成了某种空间障碍，干扰与影响了酶与底物或其他效应物的接触。特别是当底物分子量较大时，影响就更大。

3）微扰效应。载体的疏水、亲水及荷电性质，使得紧邻固定化酶的环境区域（称微环境）发生变化，与宏观反应体系不同，对酶产生微扰效应，改变了酶的催化能力及酶对效应物做出调节反应的能力。

4）分配效应。底物与其他各种效应物（包括 H^+ 与 OH^-）和载体间产生了静电、亲水或疏水之类的相互作用，造成了它们在载体内外侧浓度的不等分配，从而影响酶反应速度。

5）扩散限制。酶固定化后，底物、产物和其他效应物在载体内外之间的迁移扩散速度受到了某种限制，造成了不等分布。扩散限制与这些物质的分子量大小、载体的结构及酶反应性质有关。

扩散限制分为外扩散限制和内扩散限制。外扩散限制是指底物、产物和其他效应物在宏观体系与酶颗粒表面间的扩散受到了限制，此限制主要存在于酶颗粒周围的处于层流状态的液膜（Nernst）层。内扩散限制是指在多孔性固定化载体内，底物、产物和其他效应物在载体颗粒表面与载体内的酶活性部位间的扩散受到的限制。就外扩散限制来说，由于催化反应是在底物到酶活性部位以后才进行的，因此底物浓度在液膜层中的不等分布是线性梯度（产物浓度的不等分布也如此，但方向相反）。而就内扩散限制来说，由于催化反应与扩散过程几乎是同时进行的，所以底物在多孔载体内形成一种非线性梯度分布。

以上各种原因是相互交叉、相互关联地存在着的，它们综合在一起决定着固定化酶的动力学性态。其中构象改变、立体障碍及微扰效应是直接影响酶的因素，这些因素对动力学的影响很难加以定量分析和概括，只能通过实验加以测定。它们的消除或改善只有依赖于选择合适的固定化条件、方法和载体。分配效应和扩散限制则是通过底物、产物和效应物在载体内外的不等分布来影响固定化酶的催化反应速度。

这里我们主要讨论分配效应和扩散限制效应对固定化酶动力学的影响。

（2）固定化酶反应动力学 假定酶被均匀地固定分布于载体内部，在稳定状态下进行不可逆的 S→P 的反应。反应时，外部的流动状况不影响载体内部，底物一边扩散，通过载体内的细孔，一边进行反应，即扩散和反应是同时进行的，底物在转移过程中将逐渐消耗。因此底物浓度的分布以及单位体积载体中酶反应速度也将随载体表面到载体内部的距离的增大而降低，且降低是非线性的。这时，我们可用微分底物衡算导出其反应速度方程。

在微小体积内进行微分底物衡算。因为整个反应系统是处于稳定状态的，所以，单位体积底物的改变速度 v_s' 应该等于底物流入速度，即

$$\frac{\partial v_{sx}}{\partial x} + \frac{\partial v_{sy}}{\partial y} + \frac{\partial v_{sz}}{\partial z} = v_s' \tag{5-9}$$

式中，v_s' 为单位体积的底物改变速度，v_{sx}、v_{sy}、v_{sz} 为在 x、y、z 轴方向上单位截面积的底物传递速度，称为通量。根据 Fick 定律，底物在 x、y、z 轴上的通量为

$$v_{sx} = -D_s'\frac{\partial S'}{\partial x}, v_{sy} = -D_s'\frac{\partial S'}{\partial y}, v_{sz} = -D_s'\frac{\partial S'}{\partial z} \tag{5-10}$$

式中，D_s' 为载体内底物扩散系数，S' 为载体内底物浓度。将式（5-10）代入式（5-9）得

$$D_s'\left(\frac{\partial^2 S'}{\partial x^2} + \frac{\partial^2 S'}{\partial y^2} + \frac{\partial^2 S'}{\partial z^2}\right) = -v_s' \tag{5-11}$$

式（5-11）为直角坐标系中的反应速度方程式。因为酶被均匀地固定在载体之中，如果载体的形状为平板、圆柱、球状颗粒时，可分别取具有单体截面积的微小长方体、具有单位长度的微小圆环及微小球体来进行微分底物衡算（图5-8）。当只取 x 轴（即 r 方向）来表示时，上述方程式为

$$D_s'\left(\frac{d^2 S'}{dr^2} + \frac{G-1}{r} \cdot \frac{dS}{dr}\right) = -v_s' \tag{5-12}$$

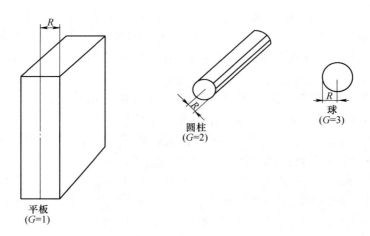

平板
(G=1)

图 5-8　载体的形状

式中，G 为形状因子，平板为 1，圆柱为 2，球状颗粒为 3。式（5-12）为二阶常数微分方程式，为了获得非零解，就需要两个边界条件。第一个边界条件是在球体中心，即

$$\left.\frac{dS'}{dr}\right|_{r=0} = 0 \tag{5-13}$$

这个条件下，在 $r=0$ 处浓度分布可定义为对称，同时 $r=0$ 又意味着没有扩散传递。

第二边界条件是在载体的外表面 $r=R$ 处。这时，还需考虑由于分配效应带来的载体和液体界面附近的 S 浓度分布不均匀。用分配系数 K_p 来表示靠界面内侧的底物浓度（S_i'）和靠外侧的底物浓度（S_i）之比，即

$$K_P = \frac{[S_i']}{[S_i]} = \frac{[S'|_{r=R}]}{[S_i]} \tag{5-14}$$

在这个边界上，进入载体表面的通量应该等于进入载体外界液膜层的通量，即

$$\left.D_S'\frac{dS'}{dr}\right|_{r=R} = k_{LS}([S] - [S_i]) \tag{5-15}$$

式中，k_{LS} 为传质系数，$k_{LS}=D_S/\delta$（D_S 为底物在液体中扩散系数，δ 为液膜层厚度）。

将式（5-14）代入式（5-15）得

$$\left.D_S'\frac{dS'}{dr}\right|_{r=R} = k_{LS}\left([S] - \frac{[S'|_{r=R}]}{K_P}\right) \tag{5-16}$$

为了便于讨论，进行无因次化并加以整理。无因次变量和无因次参数定义如下

$$S_A = \frac{[S']}{[S]},\rho = \frac{r}{R},R_S = \left.\frac{v_{s'}}{v_s}\right|_{S'|S=S_A} \tag{5-17}$$

$$\phi^2 = \frac{R^2}{D_S'S}(-v_s),Bi = \frac{k_{LB}R}{D_S'} \tag{5-18}$$

式中，S_A 为无因次底物浓度；ρ 为无因次距离；R_S 为当 $S_A=1$ 时，$R_S=1$ 所确定的无因次反应速度方程式；Φ 为西勒（Thiele）模数；Bi 为毕欧（Biot）准数（它反映了外扩散与内扩散的相对大小）。

根据式（5-18）的定义，基础方程式（5-12）及两个边界条件式（5-13）、式（5-17）可表示为

$$\begin{cases} \dfrac{\mathrm{d}^2 S_A}{\mathrm{d}\rho^2} + \dfrac{G-1}{\rho}\dfrac{\mathrm{d}S_A}{\mathrm{d}\rho} = \varPhi(-R_S) \\[3mm] \dfrac{\mathrm{d}S_A}{\mathrm{d}\rho}\bigg|_{\rho=0} = 0 \\[3mm] \dfrac{\mathrm{d}S_A}{\mathrm{d}\rho}\bigg|_{\rho=1} = Bi\left(1 - \dfrac{\left[S_A\big|_{\rho=1}\right]}{K_P}\right) \end{cases} \tag{5-19}$$

在稳定状态下，通过界面的底物全部发生反应，并以产物形式排出，所以，单位体积载体的总反应速度 v_p 可用下式求得

平板　　$v_p = -N_S\big|_{r=R} = D'_S\dfrac{\mathrm{d}S'}{\mathrm{d}r}\bigg|_{r=R}$　　　　　　　　　　　　　　　(5-20)

圆柱　　$v_p = -N_S\big|_{r=R}\cdot 2\pi R = D'_S\dfrac{\mathrm{d}S'}{\mathrm{d}r}\bigg|_{r=R}\cdot 2\pi R$　　　　　　　　(5-21)

球形　　$v_p = -N_S\big|_{r=R}\cdot 4\pi R^2 = D'_S\dfrac{\mathrm{d}S'}{\mathrm{d}r}\bigg|_{r=R}\cdot 4\pi R^2$　　　　　　(5-22)

因为不易获得载体内底物浓度，所以解式（5-20）没有什么意义。因 $[S]$ 可较容易定量测定，最好能只知道溶液中底物浓度 $[S]$ 就可求出实际反应速度。

为了由 $[S]$ 求出实际反应速度，需引入参数 η（有效系数）。酶经固定化后，受载体的影响，其实际反应速度 v_p 往往要比理论预期的反应速度低。通常用有效系数 η 来定量表示载体内部反应的有效程度，即

$$\eta = \frac{v_p}{v_s} \tag{5-23}$$

式中，v_p 表示单位体积固定化酶的实际反应速度；v_s 表示当载体内部浓度等于溶液中浓度时，单位体积固定化酶理论预期反应速度。

从这个定义出发，一般 $0 < \eta < 1$，但有时也可能出现 $\eta > 1$ 的情况。

有效系数 η 的重要性在于它可作为衡量固定化酶有效作用的尺度。因为只要知道溶液中底物浓度 $[S]$，就可通过 η 来获得固定化酶的实际反应速度，而不需要去测定载体内的底物浓度 S'。η 还可以反映出分配效应及扩散限制效应对实际反应速度的影响程度。所以，只要求出固定化酶的 η，即可据式（5-24）求得其实际反应速度，即

$$v_p = \eta v_s = \eta\frac{k'_2[E'][S]}{K'_m+[s]} = \eta\frac{V'_m[s]}{K'_m+[s]} \tag{5-24}$$

（为了区别于游离的酶，把固定化酶的动力学参数都加"′"）。

根据式（5-20）~式（5-23）及式（5-16）~式（5-18），可整理得到下式

$$\eta = \frac{G\mathrm{d}S_A}{\phi\mathrm{d}\rho}\bigg|_{\rho=1} \tag{5-25}$$

因此，可通过上式先求出 η，然后根据式（5-24）计算实际反应速度。

根据米氏方程

$$-v_{s'} = \frac{k'_2[E'][S']}{K'_m+[S']} \tag{5-26}$$

故　　　　　　　$\phi^2 = \phi_1^2\dfrac{k'}{k'+1}, R_S = \dfrac{(k'+1)[S]}{k'+[s]}$　　　　　　　　(5-27)

式中，$\phi_1^2 = \dfrac{k_2'[E']R^2}{K_m'D_S'}$，$k' = \dfrac{K_m'}{[S]}$。 （5-28）

ϕ_1 代表速度常数为 $k_2'[E']/K_m'$ 时一级反应 Thiele 模数。因为式（5-26）为非线性方程，所以无法得到式（5-19）与解析解来求 η，只能采用数值解。这时，$\eta = f(\phi_1, k', Bi, K_p)$。当 $Bi \to \infty$ 时，可应用下列模数 ϕ_A 计算 η

$$\phi_A = \frac{\phi}{G\sqrt{2(k'+1)\left[K_P - k'\ln(1 + K_P/k')\right]}}$$

$$= \frac{\phi}{G\sqrt{2(k'+1)}\sqrt{K_P/k' - \ln(1 - K_P/k')}} \tag{5-29}$$

式中，ϕ_A 为广义的 Thiele 模数。

ϕ_A 较小时（$K_P^2 = 1$，$\phi < 0.3$）有

$$\eta \approx \frac{K_P(1 + k')}{K_P + k'} \tag{5-30}$$

ϕ_A 较大时（$K_P = 1$，$\phi_A > 2$）有

$$\eta \approx \phi_A^{-1} \tag{5-31}$$

当 $S' \gg K_m'$ 时，米氏方程为 $-v_s = \dfrac{k_2'[E']}{K_m'}[S']$，反应为一级化学反应。当 $S' \gg K_m'$ 时，米氏方程为 $-v_s' = k_2'[E']$，反应为零级化学反应。在这两种极端情况下，可以解式（5-19）得到其解析解，由此可求出 η。其结果列入表 5-6。当载体形状不同时，结果不一样。

由表 5-6 和式（5-24）可求得各种形状固定化酶在一级、零级反应时的实际反应速度 v_p。

表 5-6　一级反应和零级反应 η 的解析解 *

	平板（$G=1$）	圆柱（$G=2$）	球（$G=3$）
一级反应	$\dfrac{1}{\eta_1} = \dfrac{\phi_1}{K_P p\tanh\phi_1} + \dfrac{\phi_1^2}{Bi}$	$\dfrac{1}{\eta} = \dfrac{\phi_1 I_\phi(\phi_1)}{2K_P I_2(\phi_1)} + \dfrac{\phi_1^2}{2Bi}$	$\dfrac{1}{\eta} = \dfrac{\phi_1^2}{3K_P(\phi_1\coth\phi_1 - 1)} + \dfrac{\phi_1^2}{3Bi}$
零级反应	$\eta_0 = -\dfrac{K_P}{Bi} + \sqrt{\dfrac{K_P^2}{Bi^2} + \dfrac{2K_P}{\phi_0^2}}$	$\dfrac{4}{\phi_0^2} = \left(\dfrac{2}{Bi} + \dfrac{1}{K_P}\right) \cdot \eta_0 +$ $\dfrac{1}{K_P}(1 - \eta_0)\ln(1 - \eta_0)$	$\dfrac{1}{\phi_0^2} = -\dfrac{\eta_0}{3Bi}$ $= \dfrac{1}{6K_P}[1 - (1 - \eta_0)^{1/3}]^{1/2} \cdot$ $[2(1 - \eta_0)^{1/3} + 1]$

注：1. $K_P/Bi = 1$ 时，$\eta_0 = 1 - \left(1 - \dfrac{2K_P}{\phi_0^2}\right)^{3/2}$，$\phi_0^2 = \dfrac{k_2'[E']R^2}{[S]D_S'}\eta \approx \dfrac{K_P(1+k')}{K_P + k'}$。

2. I_0、I_1 分别为零级、一级反应时的容器函数。

3. ϕ_0 较大时，$\eta_0 = -\dfrac{K_P}{Bi} + \sqrt{\dfrac{4K_P}{Bi^2} + \dfrac{8K_P}{\phi_0^2}}$。

4. $K_P/Bi < \dfrac{3}{2}$ 且 $K_P/Bi \neq 1$ 时，$\eta_0 = 1 - \left\{\dfrac{\dfrac{1}{2} + \cos\left(\dfrac{\theta}{3} + \dfrac{4}{3}\pi\right)}{1 - K_P/Bi}\right\}^3$，式中，$\theta = \cos^{-1}\left\{1 - 4(1 - K_P/Bi)^2 (K_P/Bi + \dfrac{1}{2} - 3K_P/\phi_0^2)\right\}$，

$K_P/Bi = 1$ 时，$\eta_0 = 1 - \left(1 - \dfrac{2K_P}{\phi_0^2}\right)^{3/2}$。

5.2.5 酶反应器

酶和固定化酶在体外进行催化反应时，都必须在一定的反应容器中进行，以便控制酶催化反应的各种条件和催化反应的速度。用于酶催化反应的容器及其附属设备称为酶反应器（Enzyme reactor）。

1. 酶反应器类型

酶反应器有多种。按照结构的不同可以分为搅拌罐式反应器（Stirred tank reactor，STR）、鼓泡式反应器（Bubble column reactor，BCR）、填充床式反应器（Packed column reactor，PCR）、流化床式反应器（Fluidized bed reactor，FBR）、膜反应器（Membrane reactor，MR）、喷射式反应器等（表5-7）。酶反应器的操作方式可以分为分批式反应（Batch）、连续式反应（Continuous）和流加分批式反应（Feeding batch）。有时还可以将反应器的结构和操作方式结合在一起，对酶反应器进行分类，如连续搅拌罐式反应器（Continuous stirred tank reactor，CSTR）、分批搅拌罐式反应器（Batch stirred tank reactor，BSTR）等。

各种不同的反应器具有不同的特性和用途，在进行酶催化反应时，要根据酶的特性、底物和产物的特性和生产的要求等对酶反应器进行选择、设计和操作。

表5-7 常用的酶反应器类型

反应器类型	适用的操作方式	适用的酶	特 点
搅拌罐式反应器	分批式、流加分批式、连续式	游离酶、固定化酶	由反应罐、搅拌器和保温装置组成。设备简单，操作容易，酶与底物混合较均匀，传质阻力较小，反应比较完全，反应条件容易调节控制
填充床式反应器	连续式	固定化酶	设备简单，操作方便，单位体积反应床的固定化酶密度大，可以提高酶催化反应的速度。在工业生产中普遍使用
流化床反应器	分批式、流加分批式、连续式	固定化酶	混合均匀，传质和传热效果好，温度和pH值的调节控制比较容易，不易堵塞，对黏度较大反应液也可进行催化反应
鼓泡式反应器	分批式、流加分批式、连续式	游离酶、固定化酶	结构简单，操作容易，剪切力小，混合效果好，传质、传热效率高，适合于有气体参与的反应
膜反应器	连续式	游离酶、固定化酶	结构紧凑，集反应与分离于一体，利于连续化生产，但是容易发生浓差极化而引起膜孔阻塞，清洗比较困难
喷射式反应器	连续式	游离酶	连续式游离酶通入高压喷射蒸汽，实现酶与底物的混合，进行高温短时催化反应，适用于某些耐高温酶

（1）搅拌罐式反应器 搅拌罐式反应器是有搅拌装置的一种反应器。在酶催化反应中是最常用的反应器。它由反应罐、搅拌器和保温装置组成。搅拌罐式反应器可以用于游离酶的催化反应，也可以用于固定化酶的催化反应。搅拌式反应器的操作方式可以根据需要采用分批式（Batch）、流加分批式（Feeding batch）和连续式（Continuous）3种。与之对应的有分批搅拌罐式反应器和连续搅拌罐式反应器。

1）分批搅拌罐式反应器。采用分批式反应时，是将酶（固定化酶）和底物溶液一次性加到反应器中，在一定条件下反应一段时间，然后将反应液全部取出。分批搅拌罐式反应器的示意图如图5-9所示。

分批搅拌罐式反应器设备简单，操作容易，酶与底物混合较均匀，传质阻力较小，反应比较完全，反应条件容易调节控制。

分批式反应器用于游离酶催化反应时，反应后产物和酶混合在一起，酶难于回收利用。用于固定化酶催化反应时，酶虽然可以回收利用，但是反应器的利用效率较低，而且可能对固定化酶的结构造成破坏。

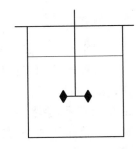

图 5-9　分批搅拌罐式反应器

分批搅拌罐式反应器也可以用于流加分批式反应。流加分批搅拌罐式反应的装置与分批式反应器的装置相同。只是在操作时，先将一部分底物加到反应器中，与酶进行反应，随着反应的进行，底物浓度逐步降低，然后再连续或分次地缓慢添加底物到反应器中进行反应，反应结束后，将反应液一次全部取出。流加分批式反应也可以用于游离酶和固定化酶的催化反应。

某些酶的催化反应，会出现高浓度底物的抑制作用，即在高浓度底物存在的情况下，酶活力会受到抑制作用。通过流加分批的操作方式，可以避免或减少高浓度底物的抑制作用，以提高酶催化反应的速率。

2）连续搅拌罐式反应器。连续搅拌罐式反应器的结构示意图如图 5-10 所示。连续搅拌罐式反应器只适用于固定化酶的催化反应。在操作时固定化酶置于罐内，底物溶液连续从进口进入，同时，反应液连续从出口流出。在反应器的出口处装上筛网或其他过滤介质，以截留固定化酶，以免固定化酶的流失。也可以将固定化酶装在固定于搅拌轴上的多孔容器中，或者直接将酶固定于罐壁、挡板或搅拌轴上。连续搅拌式反应器结构简单，操作简便，反应条件的调节和控制较容易，底物与固定化酶接触较好，传质阻力较低，反应器的利用效率较高，是一种常用的固定化酶反应器。但要注意控制好搅拌速度，以免由于强烈搅拌所产生的剪切力使固定化酶的结构受到破坏。

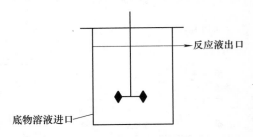

图 5-10　连续搅拌罐式反应器示意图

（2）填充床式反应器　填充床式反应器是一种用于固定化酶进行催化反应的反应器，如图 5-11 所示。填充床反应器中的固定化酶堆叠在一起，固定不动，底物溶液按照一定的方向以一定的速度流过反应床，通过底物溶液的流动，实现物质的传递和混合。填充床反应器的优点是设备简单，操作方便，单位体积反应床的固定化酶密度大，可以提高酶催化反应的速度。在工业生产中普遍使用。填充床底层的固定化酶颗粒受到的压力较大，容易引起固定化酶颗粒的变形或破碎。为了减少底层固定化酶颗粒所受的压力，可以在反应器中间用托板分隔。

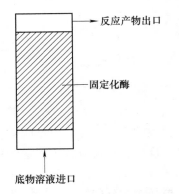

图 5-11　填充床式反应器示意图

（3）流化床反应器　流化床反应器是一种适用于固定化酶进行连续催化反应的反应器，如图 5-12 所示。

流化床反应器在进行催化反应时，固定化酶颗粒置于反应容器内，底物溶液以一定的速度连续地由下而上流过反应器，同时反应液连续地排出，固定化酶颗粒不断地在悬浮翻动状态下进行催化反应。

在操作时，要注意控制好底物溶液和反应液的流动速度，流动速度过低时，难以保持固定化酶颗粒的悬浮翻动状态；流动速度过高时，则催化反应不完全，甚至会使固定化酶的结构受到损坏。为了保证一定的流动速度，并使催化反应更为完全，必要时，流出的反应液可以部分循环进入反应器。

流化床反应器采用的固定化酶颗粒不应过大，同时应具有较高的强度。

流化床反应器具有混合均匀，传质和传热效果好，温度和 pH 值的调节控制比较容易，不易堵塞，对黏度较大反应液也可进行催化反应等特点。

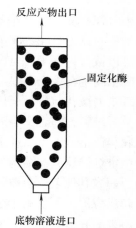

图 5-12　流化床式反应器示意图

但是，由于固定化酶不断处于悬浮翻动状态，流体流动产生的剪切力以及固定化酶的碰撞会使固定化酶颗粒受到破坏。此外，流体动力学变化较大，参数复杂，放大较为困难。

（4）鼓泡式反应器　鼓泡式反应器是利用从反应器底部通入的气体产生的大量气泡，在上升过程中起到提供反应底物和混合两种作用的一类反应器，也是一种无搅拌装置的反应器，如图 5-13 所示。

鼓泡式反应器可以用于游离酶的催化反应，也可以用于固定化酶的催化反应。在使用鼓泡式反应器进行固定化酶的催化反应时，反应系统中存在固、液、气三相，又称为三相流化床式反应器。鼓泡式反应器可以用于连续反应，也可以用于分批反应。鼓泡式反应器的结构简单，操作容易，剪切力小，物质与热量的传递效率高，是有气体参与的酶催化反应中常用的一种反应器。例如氧化酶催化反应需要供给氧气，羧化酶的催化反应需要供给二氧化碳等。

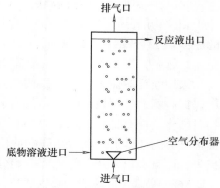

图 5-13　鼓泡式反应器示意图

鼓泡式反应器在操作时，气体和底物从反应器底部进入，通常气体需要通过分布器进行分布，以使气体产生小气泡分散均匀。有时气体可以采用切线方向进入，以改变流体流动方向和流动状态，有利于物质和热量的传递以及酶的催化反应。

（5）膜反应器　膜反应器是将酶催化反应与半透膜的分离作用组合在一起而成的反应器。可以用于游离酶的催化反应，也可以用于固定化酶的催化反应。用于固定化酶催化反应的膜反应器是将酶固定在具有一定孔径的多孔薄膜中，而制成的一种生物反应器。膜反应器可以制成平板形、螺旋形、管形、中空纤维形、转盘形等形式。常用的是中空纤维反应器，如图 5-14 所示。

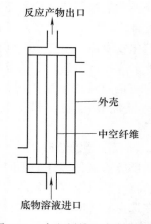

图 5-14　中空纤维反应器示意图

中空纤维反应器由外壳和数以千计的醋酸纤维等高分子聚合物制成的中空纤维组成。中空纤维的内径为$200\sim500\mu m$，外径为$300\sim900\mu m$。中空纤维的壁上分布许多孔径均匀的微孔，可以截留大分子而允许小分子物质通过。

酶被固定在外壳和中空纤维的外壁之间。培养液和空气在中空纤维管内流动，底物透过中空纤维的微孔与酶分子接触，进行催化反应，小分子的反应产物再透过中空纤维微孔，进入中空纤维管，随着反应液流出反应器。

收集流出液，可以从中分离得到所需的反应产物。必要时分离后的流出液可以循环使用。中空纤维反应器结构紧凑，集反应与分离于一体，利于连续化生产。但是经过较长时间使用，酶或其他杂质会被吸附在膜上，造成膜的透过性降低，而且清洗比较困难。

膜反应器也可以用于游离酶的催化反应。游离酶膜反应器的装置如图5-15所示。

游离酶在膜反应器中进行催化反应时，底物溶液连续地进入反应器，酶在反应容器的溶液中与底物反应，反应后，酶与反应产物一起，进入膜分离器进行分离，小分子的产物透过超滤膜而排出，大分子的酶分子被截留，可以再循环使用。

膜反应器所使用的分离膜，可以根据酶分子和产物的分子质量大小，选择适宜孔径的超滤膜，分离膜可以根据需要制成平面膜、直管膜、螺旋膜或中空纤维膜等。

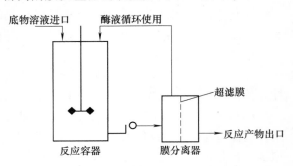

图5-15　游离酶膜反应器示意图

采用膜反应器进行游离酶的催化反应，集反应与分离于一体，一则酶可以回收循环使用，提高酶的使用效率，特别适用于价格较高的酶；二则反应产物可以连续地排出，对于产物对催化活性有抑制作用的酶，就可以降低甚至消除产物引起的抑制作用，可以显著提高酶催化反应的速度。然而分离膜在使用一段时间后，酶和杂质容易吸附在膜上，不但造成酶的损失，而且会由于浓差极化而影响分离速度和分离效果。

（6）喷射式反应器　喷射式反应器是利用高压蒸汽的喷射作用，实现酶与底物的混合，进行高温短时催化反应的一种反应器，如图5-16所示。喷射式反应器结构简单，体积小，混合均匀，由于温度高，催化反应速度快，催化效率高，可在短时间内完成催化反应。喷射式反应器适用于游离酶的连续催化反应。但是只适用于某些耐高温酶的反应。已在高温淀粉酶的淀粉液化反应中广泛应用。

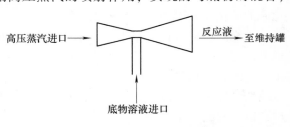

图5-16　喷射式反应器示意图

2. 酶反应器的选择

酶反应器多种多样，不同的反应器有不同的特点，在实际应用时，应当根据酶、底物和产物的特性，以及操作条件和操作要求的不同而进行设计和选择。

在选择酶反应器的时候，主要从酶的应用形式、酶的反应动力学性质、底物和产物的理化性质等几个方面进行考虑。同时选择使用的反应器应当尽可能具有结构简单、操作简便、易于维护和清洗、可以适用于多种酶的催化反应、制造成本和运行成本较低等特点。

（1）根据酶的应用形式选择反应器 在体外进行酶催化反应时，酶的应用形式主要有游离酶和固定化酶。酶的应用形式不同，其所使用的反应器亦有所不同。

1）游离酶反应器的选择。在应用游离酶进行催化反应时，酶与底物均溶解在反应溶液中，通过互相作用，进行催化反应。可以选用搅拌罐式反应器、膜反应器、鼓泡式反应器、喷射式反应器等。

① 游离酶催化反应最常用的反应器是搅拌罐式反应器。搅拌罐式反应器设备简单，具有操作简便，酶与底物的混合较好，物质与热量的传递均匀，反应条件容易控制等优点，但是反应后酶与反应产物混合在一起，酶难于回收利用。游离酶搅拌罐式反应器可以采用分批式操作，也可以采用流加分批式操作。对于具有高浓度底物抑制作用的酶，采用流加式分批反应，可以降低或者消除高浓度底物对酶的抑制作用。

② 对于有气体参与的酶催化反应，通常采用鼓泡式反应器。鼓泡式反应器结构简单，操作容易，混合均匀，物质与热量的传递效率高，是有气体参与的酶催化反应中常用的一种反应器。例如，葡萄糖氧化酶催化葡萄糖与氧反应，生成葡萄糖酸和过氧化氢，采用鼓泡式反应器从底部通入含氧气体，不断供给反应所需的氧，同时起到搅拌作用，使酶与底物混合均匀，提高反应效率，另一方面通过气流带走生成的过氧化氢，降低或者消除产物对酶的反馈抑制作用。

③ 对于某些价格较高的酶，当游离酶与反应产物混在一起时，为了使酶能够回收，可以采用游离酶膜反应器。游离酶膜反应器将反应与分离组合在一起，酶在反应容器中反应后，将反应液导出到膜分离器中，小分子的反应产物透过超滤膜排出，大分子的酶被超滤膜截留。一方面可以将反应液中的酶回收，循环使用，以提高酶的使用效率，降低生产成本；另一方面可以及时分离出反应产物，降低或者消除产物对酶的反馈抑制作用，以提高酶催化反应速度。在使用膜反应器时，要根据酶和反应产物的相对分子质量，选择好适宜孔径的超滤膜，同时要尽量防止浓差极化现象的发生，以免膜孔阻塞而影响分离效果。

④ 对于某些耐高温的酶，如高温淀粉酶等，可以采用喷射式反应器，进行连续式的高温短时反应。喷射式反应器混合效果好，催化效率高，只适用于耐高温的酶。

2）固定化酶反应器的选择。固定化酶是与载体结合在一定空间范围内进行催化反应的酶，具有稳定性较好，可以反复或连续使用的特点。应用固定化酶进行催化反应，可以选择搅拌罐式反应器、填充床式反应器、鼓泡式反应器、流化床式反应器、膜反应器等。

应用固定化酶进行反应，由于酶不会或者很少流失，为了提高酶的催化效率，通常采用连续反应的操作形式。

在选择固定化酶反应器时，应根据固定化酶的形状、颗粒大小和稳定性的不同等进行选择。

固定化酶的形状主要有颗粒状、平板状、直管状、螺旋管状等。通常为颗粒状固定化酶。

颗粒状的固定化酶可以采用搅拌罐式反应器、填充床式反应器、流化床式反应器、鼓泡式反应器等进行催化反应。

采用搅拌罐式反应器时，混合较均匀，传质传热效果好。但是对于机械强度稍差的固定化酶，要注意搅拌桨叶旋转产生的剪切力会对固定化酶颗粒产生损伤甚至破坏。

采用填充床反应器时，单位体积反应床的固定化酶密度大，可以提高酶催化反应的速度和效率。但是填充床底层的固定化酶颗粒所受的压力较大，容易产生变形或破碎，造成阻塞。所以对于容易变形或者破碎的固定化酶，要控制好反应器的高度，为了减少底层固定化酶颗粒所受的压力，可以在反应器中间用多孔托板进行分隔，以减小静压力。

采用流化床式反应器时，混合效果好，但是消耗的动力较大，固定化酶的颗粒不能太大，密度要与反应液的密度相当，而且要有较高的强度。

鼓泡式反应器适用于需要气体参与的反应。对于鼓泡式固定化酶反应器，由于有气体、液体和固体三相存在，又称为三相流化床式反应器，具有流化床式反应器的特点。

其他平板状、直管状、螺旋管状的反应器一般是作为膜反应器使用。膜反应器集反应和分离于一体，特别适用于小分子反应产物具有反馈抑制作用的酶反应。但是膜反应器容易产生浓差极化而堵塞，清洗较困难。

（2）根据酶反应动力学性质选择反应器　在考虑酶反应动力学性质对反应器选择的影响方面，主要因素为酶与底物的混合程度、底物浓度对酶反应速度的影响、反应产物对酶的反馈抑制作用及酶催化作用的温度条件等。

1）酶进行催化反应时，首先酶要与底物结合，然后进行催化。要使酶能够与底物结合，就必须保证酶分子与底物分子能够有效碰撞，为此，必须使酶与底物在反应系统中混合均匀。搅拌罐式反应器、流化床式反应器均具有较好的混合效果。填充床式反应器的混合效果较差。在使用膜反应器时，可以采用辅助搅拌或者其他方法提高混合效果，防止浓差极化。

2）底物浓度的高低对酶反应速度有显著影响，在通常情况下，酶反应速度随底物浓度的增加而升高。所以在酶催化反应过程中底物浓度都应保持在较高的水平，但是有些酶催化反应，当底物浓度过高时，会对酶产生抑制作用，称为高浓度底物的抑制作用。具有高浓度底物抑制作用的酶，如果采用分批搅拌罐式反应器，可以采取流加分批反应的方式，使反应体系中底物浓度保持在较低的水平，避免或减少高浓度底物的抑制作用，以提高酶催化反应的速率。对于具有高浓度底物抑制作用的游离酶，可以采用游离酶膜反应器进行催化反应；对于具有高浓度底物抑制作用的固定化酶，可以采用连续搅拌罐式反应器、填充床式反应器、流化床式反应器、膜反应器等进行连续催化反应。此时应控制底物浓度在一定的范围，避免高浓度底物的抑制作用。

3）有些酶催化反应，其反应产物对酶有反馈抑制作用。当产物达到一定浓度后，会使反应速度明显降低。对于这种情况，最好选用膜反应器，由于膜反应器集反应和分离于一体，能够及时地将小分子产物进行分离，就可以明显降低甚至消除小分子产物引起的反馈抑制作用。对于具有产物反馈抑制作用的固定化酶，也可以采用填充床式反应器。在填充床式反应器中，反应溶液基本上是以层流方式流过反应器，混合程度较低，产物浓度按照梯度分布，靠近底物进口的部分，产物浓度较低，反馈抑制作用较弱，只有靠近反应液出口处，产物浓度较高，才会引起较强的反馈抑制作用。

4）某些酶可以耐受100℃以上的高温，最好选用喷射式反应器，利用高压蒸汽喷射，实现酶与底物的快速混合和反应，由于在高温条件下，反应速度加快，反应时间明显缩短，催化效率显著提高。

（3）根据底物或产物的理化性质选择反应器　酶的催化反应是在酶的催化作用下，将底物转化为产物的过程。在催化过程中，底物和产物的理化性质直接影响酶催化反应的速率，底物或产物的分子质量、溶解性、黏度等性质也对反应器的选择有重要影响。

1）反应底物或产物的相对分子质量较大时，由于底物或产物难以透过超滤膜的膜孔，所以一般不采用膜反应器。

2）反应底物或者产物的溶解度较低、黏度较高时，应当选择搅拌罐式反应器或者流化床式反应器，而不采用填充床式反应器和膜反应器，以免造成阻塞现象。

3）反应底物为气体时，通常选择鼓泡式反应器。

4）有些需要小分子物质作为辅酶（辅酶可以看作是一种底物）的酶催化反应，通常不采用膜反应器，以免辅酶的流失影响催化反应的进行。

5）所选择的反应器应当能够适用于多种酶的催化反应，并能满足酶催化反应所需的各种条件，并可进行适当的调节控制。

6）所选择的反应器应当尽可能结构简单、操作简便、易于维护和清洗。

7）所选择的反应器应当具有较低的制造成本和运行成本。

3. 酶反应器的设计

进行酶的催化反应前，首先要了解酶催化反应的动力学特性及其各种参数，然后根据生产的要求进行反应器的设计。目的是设计出生产成本最低、产品的质量和产量最高的酶反应器。

酶反应器的设计主要包括反应器类型的选择、反应器制造材料的选择、热量衡算、物料衡算等。

（1）确定酶反应器的类型　酶反应器的设计，首先要根据酶、底物和产物的性质，按照上述选择原则，选择反应器的类型。

（2）确定酶反应器的制造材料　由于酶催化反应具有条件温和的特点，通常都是在常温、常压、近乎中性的环境中进行反应，所以酶反应器的设计对制造材料没有什么特别要求，一般采用不锈钢制造反应容器即可。

（3）热量衡算　酶催化反应一般在 30~70℃ 的常温条件下进行，所以热量衡算并不复杂。温度的调节控制也较为简单，通常采用一定温度的热水通过夹套（或列管）加热或冷却方式，进行温度的调节控制。热量衡算是根据热水的温度和使用量计算。对于某些耐高温的酶，如高温淀粉酶，可以采用喷射式反应器，热量衡算时根据使用的水蒸气热焓和用量进行计算。

（4）物料衡算　物料衡算是酶反应器设计的重要任务。主要内容包括以下几点。

1）酶反应动力学参数的确定。酶反应动力学参数是反应器设计的主要依据。在反应器设计之前，应当根据酶反应动力学特性，确定反应所需的底物浓度、酶浓度、最适温度、最适 pH 值、激活剂浓度等参数。其中，底物浓度对酶催化反应速度有很大影响。通常当底物浓度较低的情况下，酶催化反应速度随底物浓度的升高而升高，当底物达到一定浓度后，反应速度达到最大值，即使再增加底物浓度，反应速度也不再提高。有些酶还会受到高底物浓度的抑制作用。所以底物浓度不是越高越好，而是要确定一个适宜的底物浓度。

酶浓度对催化反应速度影响很大，通常情况下，酶浓度升高，反应速度加快，但是酶浓度并非越高越好。因为酶浓度增加，用酶量也增加，过高的酶浓度会造成浪费，提高生产成本。所以要确定一个适宜的酶浓度。

2）计算底物用量。酶的催化作用是在酶的作用下，将底物转化为产物的过程，所以酶反应器的设计首先要根据产品产量的要求、产物转化率和收得率，计算所需的底物用量。

产品的产量是物料衡算的基础，通常用年产量（P）表示。在物料衡算时，分批反应器一般根据每年实际生产天数（一般按每年生产 300 天计算），转换为日产量（P_d）进行计算。对于连续式反应器，一般采用每小时获得的产物量（P_h）进行衡算，即

$$P = P_d \times 300 = P_h \times 300 \times 24 \tag{5-32}$$

产物转化率（$Y_{P/S}$）是指底物转化为产物的比率，即

$$Y_{P/S} = \frac{P}{S} \tag{5-33}$$

式中，P 为生成的产物量；S 为投入的底物量。

在催化反应的副产物可以忽略不计的情况下，产物转化率可以用反应前后底物浓度的变化与反应前底物浓度的比率表示，即

$$Y_{P/S} = \frac{\Delta c_S}{c_{S0}} = \frac{c_{S0} - c_{St}}{c_{S0}} \tag{5-34}$$

式中，Δc_S 为反应前后底物浓度的变化；c_{S0} 为反应前的底物浓度（g/L）；c_{St} 为反应后的底物浓度（g/L）。

产物转化率的高低直接关系到生产成本的高低，与反应条件、反应器的性能和操作工艺等有关，在设计反应器的时候，就要充分考虑如何提高产物转化率。

收得率（R）指分离得到的产物量与反应生成的产物量的比值，即

$$R = \frac{\text{分离得到的产物量}}{\text{反应生成的产物量}} \tag{5-35}$$

收得率的高低与生产成本密切相关，主要取决于分离纯化技术及其工艺条件。在反应器设计进行底物用量的计算时是一个重要的参数。

根据要求的产物产量、产物转化率和产物收得率，可以按照下式计算所需的底物用量

$$S = \frac{P}{Y_{P/S}R} \tag{5-36}$$

在计算所需的底物量时，要注意产物产量的单位，分批反应器通常采用日产量（P_d），则计算得到的是每天需要的底物用量（S_d）；连续反应器一般采用时产量（P_h），则计算得到的是每小时所需的底物用量（S_h）；如果采用年产量，则计算得到的是全年所需的底物用量。

3）计算反应液总体积 V_t。根据所需的底物用量 S 和底物浓度 c_S，就可以计算得到反应液的总体积，即

$$V_t = \frac{S}{c_S} \tag{5-37}$$

对于分批反应器，反应液的总体积一般以每天获得的反应液总体积（V_d）表示。对于连续反应器，则以每小时获得的反应液总体积（V_h）表示。

4）计算酶用量。根据催化反应所需的酶浓度 c_E 和反应液体积 V_t，就可以按下式计算所需的酶量 E

$$E = c_E V_t (\mathrm{U}) \tag{5-38}$$

5）计算反应器数目。在酶反应器的设计过程中，选定反应器类型和计算得到反应液总

体积以后，要根据生产规模、生产条件等确定反应器的有效体积（V_0）和反应器的数目。

根据上述计算得到的反应液总体积，一般不采用一个足够大的反应器，而是采用两个以上的反应器。为了便于设计和操作，通常要选用若干个相同的反应器。这就要确定反应器的有效体积和反应器的数目。

反应器的有效体积是指酶在反应器中进行催化反应时，单个反应器可以容纳反应液的最大体积，一般反应器的有效体积为反应器总体积的 $70\% \sim 80\%$。

对于分批反应器，可以根据每天获得的反应液的总体积 V_d、单个反应器的有效体积 V_0 和底物在反应器内的停留时间 t（以小时计），计算所需反应器数目 N。计算公式如下

$$N = \frac{V_d}{V_0} \frac{t}{24} \tag{5-39}$$

对于连续式反应器，可以根据每小时获得的反应液体积 V_h、反应器的有效体积 V_0 和底物在反应器内的停留时间 t，计算反应器的数目 N。计算公式如下

$$N = \frac{V_h - t}{V_0} \tag{5-40}$$

连续式反应器还可以根据其生产强度计算反应器的数目。反应器的生产强度 Q_P 是指反应器每小时每升反应液所生产的产物量，可以用每小时获得的产物产量与反应器的有效体积 V_0 的比值表示；也可以用每小时获得的反应液体积 V_h、产物浓度和反应器的有效体积计算得到。

$$Q_P = \frac{P_h}{V_0} = \frac{V_h}{V_0} \cdot c_P \tag{5-41}$$

连续反应器的数目 N 与反应液的生产强度 Q_P 的关系可用下式表示

$$N = \frac{Q_P t}{c_P} \tag{5-42}$$

式中，c_P 为反应液中所含的产物浓度；t 为底物在反应器中的停留时间（h）。

4. 酶反应器的操作

在酶的催化反应过程中，如何充分发挥酶的催化功能，是酶工程的主要任务之一。要完成这个任务，除了选用高质量的酶，选择适宜的酶应用形式，选择和设计适宜的酶反应器以外，还要确定适宜的反应器操作条件并根据变化的情况进行调节控制。

（1）酶反应器操作条件的确定及其调控　酶反应器的操作条件主要包括温度、pH 值、底物浓度、酶浓度、反应液的混合与流动等。

1）反应温度的确定与调节控制。在酶反应器的操作过程中，要根据酶的动力学特性，确定酶催化反应的最适温度，并将反应温度控制在适宜的温度范围内，在温度发生变化时，要及时调节。一般酶反应器中均设计、安装有夹套或列管等换热装置，里面通进一定温度的水，通过热交换作用，保持反应温度恒定在一定的范围内。如果蒸汽采用喷射式反应器，则通过控制水蒸气的压力，以达到控制温度的目的。

2）pH 值的确定与调节控制。在酶催化反应过程中，要根据酶的动力学特性确定酶催化反应的最适 pH 值，并将反应液的 pH 值维持在适宜的 pH 值范围内。采用分批式反应器进行酶催化反应时，通常在加入酶液之前，先用稀酸或稀碱将底物溶液调节到酶的最适 pH 值，然后加酶进行催化反应；对于在连续式反应器中进行的酶催化反应，一般将调节好 pH

值的底物溶液（必要时可以采用缓冲溶液）连续加到反应器中。有些酶催化反应前后的 pH 值变化不大，如 α-淀粉酶催化淀粉水解生成糊精，在反应过程中不需进行 pH 值的调节；而有些酶的底物或者产物是一种酸或碱，反应前后 pH 值的变化较大，必须在反应过程中进行必要的调节。pH 值的调节通常采用稀酸或稀碱进行，必要时可以采用缓冲溶液以维持反应液的 pH 值。

3）底物浓度的确定与调节控制。底物浓度是决定酶催化反应速度的主要因素。底物浓度不是越高越好，而是要确定一个适宜的底物浓度。通常底物浓度应达到 5～10km。底物浓度过低，反应速度慢；底物浓度过高，反应液的黏度增加，有些酶还会受到高浓度底物的抑制作用。对于分批式反应器，首先将一定浓度的底物溶液引进反应器，调节好 pH 值，将温度调节到适宜的温度，然后加进适量的酶液进行反应；为了防止高浓度底物引起的抑制作用，可以采用逐步流加底物的方式，使反应体系中底物浓度保持在较低的水平，避免或减少高浓度底物的抑制作用，以提高酶催化反应的速率。对于连续式反应器，则将配置好的一定浓度的底物溶液连续地加进反应器中进行反应，反应液连续地排出。反应器中底物浓度保持恒定。

4）酶浓度的确定与调节控制。酶反应动力学研究表明，在底物浓度足够高的条件下，酶催化反应速度与酶浓度成正比，提高酶浓度，可以提高催化反应的速度。然而，酶浓度的提高，必然会增加用酶的费用，所以酶浓度不是越高越好，特别是对于价格高的酶，必须综合考虑反应速度和成本，确定一个适宜的酶浓度。在酶使用过程中，特别是连续使用较长的一段时间以后，必然会有一部分的酶失活，所以需要进行补充或更换，以保持一定的酶浓度。因此，连续式固定化酶反应器应具备添加或更换酶的装置，而且要求这些装置的结构简单，操作容易。

5）搅拌速度的确定与调节控制。要使酶能够与底物结合，就必须保证酶与底物混合均匀，使酶分子与底物分子能够进行有效碰撞，进而互相结合进行催化反应。在搅拌罐式反应器和游离酶膜式反应器中，都设计安装有搅拌装置，通过适当的搅拌实现均匀的混合。为此首先要在实验的基础上确定适宜的搅拌速度，并根据情况的变化进行搅拌速度的调节。搅拌速度过慢，会影响混合的均匀性；搅拌过快，则产生的剪力会使酶的结构受到影响，尤其是会使固定化酶的结构破坏甚至破碎，而影响催化反应的进行。

6）流动速度的确定与调节控制。在连续式酶反应器中，底物溶液连续地进入反应器，同时反应液连续地排出，通过溶液的流动实现酶与底物的混合和催化。为了使催化反应高效进行，在操作过程中必须确定适宜的流动速度和流动状态，并根据变化的情况进行适当的调节控制。

① 在流化床式反应器的操作过程中，要控制好液体的流速和流动状态，以保证混合均匀，并且不会影响酶的催化。流体流速过慢，固定化酶颗粒不能很好飘浮翻动，甚至沉积在反应器底部，从而影响酶与底物的均匀接触和催化反应的顺利进行。流体流速过高或流动状态混乱，固定化酶颗粒在反应器中激烈翻动、碰撞，会使固定化酶的结构受到破坏，甚至使酶脱落、流失。流体在流化床式反应器中的流动速度和流动状态可以通过控制进液口的流体流速和流量以及进液管的方向和排布等方法加以调节。

② 在填充床式反应器中，底物溶液按照一定的方向以恒定的速度流过固定化酶层，其流动速度决定酶与底物的接触时间和反应的进行程度，在反应器的直径和高度确定的情况

下，流速越慢，酶与底物接触时间越长，反应越完全，但是生产效率越低。为此要选择好流速。在理想的操作情况下，填充床式反应器任何一个横截面上的流体流动速度是相同的，在同一个横截面上底物浓度和产物浓度也是一致的。此种反应器又称为活塞流反应器（Plug Flow Reactor，PFR）。这种流动方式，只是通过底物溶液的流动与酶接触，混合效果差。

③ 膜反应器在进行酶催化反应的同时，小分子的产物透过超滤膜进行分离，可以降低或者消除产物引起的反馈抑制作用，然而容易产生浓差极化而使膜孔阻塞。为此，除了以适当的速度进行搅拌以外，还可以通过控制流动速度和流动状态，使反应液混合均匀，以减少浓差极化现象的发生。

④ 喷射式反应器反应温度高、时间短、混合好、效率高。可以通过控制蒸汽压力和喷射速度进行调节，以达到最佳的混合和催化效果。

（2）酶反应器操作的注意事项 在酶反应器的操作过程中，除了控制好各种条件以外，还必须注意下列问题。

1）保持酶反应器的操作稳定性。在酶反应器的操作过程中，应尽量保持操作的稳定性，以避免反应条件的激烈波动。在搅拌式反应器中，应保持搅拌速度的稳定，不要时快时慢；在连续式反应器的操作中，应尽量保持流速的稳定，并保持流进的底物浓度和流出的产物浓度不要变化太大；此外，反应温度、反应液 pH 值等也应尽量保持稳定，以保持反应器恒定的生产能力。

2）防止酶的变性失活。在酶反应器的操作过程中，应当特别注意防止酶的变性失活。引起酶变性失活的因素主要有温度、pH 值、重金属离子及剪力等。

① 温度。温度是影响酶催化作用的重要因素，较高的温度可以提高酶催化反应速度，从而增加产物的产率，但酶是一种生物大分子，温度过高会加速酶的变性失活，缩短酶的半衰期和使用时间。因此，酶反应器的操作温度一般不宜过高，通常在等于或者低于酶催化最适温度的条件下进行。

② pH 值。反应液的 pH 值应当严格控制在酶催化反应的适宜 pH 范围内，过高或过低都对催化不利，甚至引起酶的变性失活。在操作过程中进行 pH 值的调节时，一定要一边搅拌一边慢慢加入稀酸或稀碱溶液，以防止局部过酸或过碱而引起酶的变性失活。

③ 重金属离子。重金属离子会与酶分子结合而引起酶的不可逆变性。因此在酶反应器的操作过程中，要尽量避免重金属离子的进入，为了避免从原料或者反应器系统中带进的某些重金属离子给酶分子造成的不利影响，必要时可以添加适量的 EDTA 等金属螯合剂，以除去重金属离子对酶的危害。

④ 剪力。剪力是引起酶变性失活的一个重要因素。所以在搅拌式反应器的操作过程中，要防止过高的搅拌速度对酶，特别是固定化酶结构的破坏；在流化床式反应器和鼓泡式反应器的操作过程中，要控制流体的流速，防止固定化酶颗粒的过度翻动、碰撞而引起固定化酶的结构破坏。

⑤ 其他。为了防止酶的变性失活，在操作过程中，可以添加某些保护剂，以提高酶的稳定性。酶作用底物的存在往往对酶有保护作用。

3）防止微生物的污染。在酶催化反应过程中，由于酶的作用底物或反应产物往往只有一两种，不具备微生物生长、繁殖的基本条件。在酶反应器进行操作时，与微生物发酵和动、植物细胞培养所使用的反应器有所不同，不必在严格的无菌条件下进行操作。但这并不意味着酶反应器的操作过程就不必防止微生物的污染。

不同酶的催化反应，由于底物、产物和催化条件各不相同，在催化过程中受到微生物污染的可能性有很大差别。

① 一些酶催化反应的底物或产物对微生物的生长、繁殖有抑制作用，如乙醇氧化酶催化乙醇氧化反应、青霉素酰化酶催化青霉素或头孢菌素反应等，其受微生物污染的情况较少。

② 有些酶的催化反应温度较高，如 α-淀粉酶、Taq – DNA 聚合酶等的反应温度在 50℃以上，微生物无法生长。

③ 有些酶催化的 pH 值较高或较低，如胃蛋白酶在 pH = 2 的条件下进行催化，碱性蛋白酶在 pH = 9 以上催化蛋白质水解反应等，对微生物有抑制作用。

④ 有些酶在有机介质中进行催化，受微生物污染的可能性甚微。

⑤ 有些酶催化反应的底物或产物是微生物生长、繁殖的营养物质，如淀粉、蛋白质、葡萄糖、氨基酸等，同时反应条件又适合微生物生长、繁殖，在这种情况下，必须十分注意防止微生物的污染。

酶反应器的操作必须符合必要的卫生条件，尤其是在生产药用或食用产品时，卫生条件要求较高，应尽量避免微生物的污染。因为微生物的污染不仅影响产品质量，而且微生物的滋生，还会消耗一部分底物或产物，产生无用甚至有害的副产物，增加分离纯化的困难。

在酶反应器的操作过程中，防止微生物污染的主要措施有：

① 保证生产环境的清洁、卫生，要求符合必要的卫生条件。

② 反应器在使用前后，都要进行清洗和适当的消毒处理。

③ 在反应器的操作过程中，要严格管理、经常检测、避免微生物污染。

④ 必要时，在反应液中添加适量的对酶催化反应和产品质量无不良影响的物质，以抑制微生物的生长，防止微生物的污染。

5.2.6 酶在污染治理中的应用

酶在废水处理中的应用越来越受到重视，这是因为：难降解有机污染物的排放日益增多，使用传统的化学和生物处理方法已很难达到令人满意的去除效果；人们已逐渐认识到酶能用来专门处理某些特定的污染物；生物工程技术的发展使酶的生产成本降低。

大多数废水处理过程可分为物理化学过程和生物处理过程。酶的处理介于二者之间，因为它所参与的化学反应是建立在生物催化剂作用的基础上的。与传统处理过程相比，酶处理有以下优点：能处理难以生物降解的化合物；高浓度或低浓度废水都适用；操作时的 pH 值范围、温度和盐度的范围均很广；不会因生物物质的聚集而减慢处理速度，处理过程的控制简便易行。

1. 含酚废水处理

芳香族化合物包括酚和芳香胺，属于优先控制污染物（Priority pollutant）。石油炼制厂、树脂和塑料生产厂、染料厂、织布厂等很多工业企业的废水中均含有此类物质。大多数芳香族化合物都有毒，在废水被排放前必须把它们去除。很多酶已用于废水处理以取代传统的处理方法。其原因是：酶具有高度选择性，能处理低浓度废水；不易被有生物毒性的物质所抑制；相对于其他处理方法，酶可在较大污染浓度范围内发挥作用，而且所要求的停留时间也少。下面介绍几种具体的酶类及其应用。

（1）过氧化物酶（Peroxidase）　过氧化物酶是由微生物或植物所产生的一类氧化还原酶（Oxidordeuctases）。它们能催化很多反应，但都要求有过氧化物（如 H_2O_2）的存在来激活。过氧化氢首先氧化酶，然后酶才氧化底物。现在研究和应用较多的过氧化物酶有辣根过氧化物酶（Horse radish peroxidase，HRP）、木质素过氧化物酶（Lignin peroxidase，LIP）及其他酶类。

1）辣根过氧化物酶。辣根过氧化物酶（HRP，EC1.11.1.7）是酶处理废水领域中应用最多的一种酶。有过氧化氢存在时，它能催化氧化很多种有毒的芳香族化合物，其中包括酚、苯胺、联苯胺及其相关的异构体。反应产物是不溶于水的沉淀物，这样就很容易用沉淀或过滤的方法将它们去除。

HRP 特别适于废水处理还在于它能在一个较广的 pH 值和温度范围内保持活性。而且，HRP 可以与一些难以去除的污染物一起沉淀，去除物形成多聚物而使难处理物质的去除效率增大。这个现象在处理含多种污染物的废水时有着重要的实际应用。例如，多氯联苯可以与酚一起从溶液中沉淀下来。HRP 的这个特定的应用还未得到进一步的深入研究。

提高酶的使用寿命和减少处理费用有以下几种方法：选择合适的反应器结构，将酶固定化，使用添加剂（如硼酸钾、明胶、聚乙二醇）防止酶被沉淀的多聚物带走，增大诸如滑石之类的吸收剂的量以防止酶被氧化产物抑制。

2）木质素过氧化物酶。木质素过氧化物酶也叫木质素酶（Ligninase），是 Phanerochaete chrysosporium 白腐真菌细胞酶系统的一部分。LIP 可以处理很多难降解的芳香族化合物和氧化多种多环芳烃、酚类物质。LIP 的作用机理与 HRP 十分相似。LIP 的稳定性是它在废水处理应用方面经济和技术可行的关键因素。LIP 在低 pH 值状态下被抑制，随着 pH 值的升高和在酒精存在情况下培养酶以提高酶的浓度，LIP 的稳定性也提高。去除酚类的优化条件是：酶的浓度高，pH 值大于 4.0，一定用量的过氧化氢。LIP 固定在多孔陶瓷上并不影响它的活性，并表现出降解芳香族物质的良好性能。现在，一种能用于有害废物处理和生产 LIP 的硅膜反应器已研制出来。

3）植物来源的酶。从西红柿中提取的过氧化物酶可用来使酚类化合物聚合。一些植物的根也可用于污染物的去除。植物过氧化物酶在处理 2,4-二氯酚浓度高达 850mg/L 的废水时，去除速率与纯的 HRP 差不多。去除速率与反应混合体系的 pH 值、植物原料颗粒大小、原料用量、是否有过氧化氢参与等因素有关。

（2）聚酚氧化酶（Polyphenol oxidases）　聚酚氧化酶代表另外一类催化酚类物质氧化的氧化还原酶。可分为两类：酪氨酸酶和漆酶。它们都需要氧气分子的参与，但不需要辅酶。

1）酪氨酸酶（Tyrosinase）。酪氨酸酶（EC1.14.18.1）也叫酚酶或儿茶酚酶，催化两个连续的反应：单分子酚与氧分子通过氧化还原反应形成邻苯二酚；邻苯二酚脱氢形成苯醌，苯醌非常不稳定，通过非酶催化聚合反应形成不溶于水的产物，这样用简单的过滤即可去除。酪氨酸酶已成功地用于从工业废水中沉淀和去除浓度为 0.01～1.0g/L 的酚类。酪氨酸酶用甲壳素固定化后处理含酚废水，2h 内去除率达 100%。固定化酪氨酸酶可防止被水流冲走及与苯醌反应而失活。固定化酪氨酸酶使用 10 次后仍然有效。因此，固定酪氨酸酶于甲壳素上可有效去除有毒酚类物质。

2）漆酶（Laccase）。漆酶由一些真菌产生，通过聚合反应去除有毒酚类。由于它的非选择性，能同时减少多种酚类的含量。事实上，漆酶能氧化酚类成十分活泼的相应阴离子自由基团。漆酶的去毒功能与被处理的特定物质、酶的来源及一些环境因素有关。

2. 造纸废水处理

（1）过氧化物酶和漆酶

木材造纸工业纸浆中含有 5 ~ 8g/100mL 的木质残余物，使得纸浆呈褐色。现在的漂白剂是用氯气或二氧化氯，但漂白操作过程会产生黑褐色废水，包含有对环境有毒有害和致突变的氯化物。在使用微生物治理漂白废水后，目前正积极考虑使用酶进行治理。辣根过氧化物酶和木质素过氧化物酶已应用于造纸废水脱色。它们的固定化形式的处理效果比游离形式好。LIP 作用的机理为：通过将苯环单元催化氧化成能自动降解的阳离子基团而降解木质素。漆酶还可通过沉淀作用去除漂白废水中的氯酚和氯化木质素。

（2）分解纤维素的酶（Cellulolytic enzymes） 这类酶主要用于造纸浆和脱墨操作中的污染处理。纸浆和造纸操作中的废水处理产生的污泥纤维素含量高，可用于生产乙醇等能源物质。每生产 1t 纸大约产生 60kg 污泥，这样就可得到有经济价值的产品。所使用的酶是由纤维二糖水合酶（EC3.2.1.91）、纤维素酶（EC3.2.1.14）和 β-葡萄糖酶（EC3.2.1.21）组成的混合酶系。脱墨操作中产生的低含量纤维质废物可转化为可发酵的糖类。所使用的酶在高浓度墨存在时不被抑制。

3. 含氰废水处理

据估计全世界每年使用的氰化物为 300 万 t，主要是在化学合成、人造织物、橡胶工业、制药工业、矿石浸取、煤处理、电镀等领域。很多植物、微生物和昆虫也能分泌自己体内的氰化物。因为氰化物是新陈代谢抑制剂，对人类和其他生物有致命的危害，因此处理氰化物非常重要。

（1）氰化物酶 氰化物酶能把氰化物转变为氨和甲酸盐，因此是一步反应历程。Alcaligenes denitnficans（一种革兰氏阴性菌）可产生氰化物酶，该酶有很强的亲和力和稳定性，且能处理浓度低于 0.02mg/L 的氰化物。氰化物酶的动力学性能服从米—门方程。氰化物酶的活性既不受废水中常见阳离子（如 Fe^{2+}、Zn^{2+} 和 Ni^{2+}）的影响，也不受诸如醋酸、甲酰胺、乙腈等有机物的影响。最适 pH 值为 7.8 ~ 8.3。适合于氰化物酶的反应器有扩散型平板膜反应器，它的优点在于防止酶被大分子冲刷和保护用来固定酶的基质不被破坏。氰化物通过半透膜与膜里面的酶反应，反应产物再渗回溶液。

（2）氰化物水合酶 氰化物水合酶（EC4.2.1.66）也叫甲酰胺水解酶，能水解氰化物成甲酸胺。这类酶可由很多种真菌获得，它们被固定后有更好的稳定性，更利于含氰废水的处理。

4. 食品加工废水处理

食品加工工业是工业废水的主要来源之一。工业废水大多是有毒的，必须转化为无毒物质，而食品工业废水易于分解或转化为饲料或其他有经济价值产品。酶可应用于食品工业废水处理，以净化废水并获得高附加值产品。

（1）蛋白酶 蛋白酶（Protease）是一类水解酶，在鱼肉加工工业废水处理中得到了广泛应用。蛋白酶能使废水中的蛋白质水解，得到可回收的溶液或有营养价值的饲料。蛋白酶水解蛋白质，首先被水中固体蛋白吸收，酶使蛋白质表面的多肽链解开，然后更紧密的内核才逐渐被水溶解。一种从 Bacillus subtilis 中提取的碱性酶（EC 未知）可用于家禽屠宰场的羽毛处理。羽毛占家禽总质量的 5%，在其外表坚硬的角质素破坏后，是一种高蛋白的来源。通过 NaOH 预处理、机械破碎和酶的水解，可成为一种高蛋白含量的饲料成分。

（2）淀粉酶　淀粉酶是一种多糖水解酶，多糖转变为单糖和发酵能同时进行，淀粉酶用于含淀粉废水处理，可使大米加工产生的废水中的有机物转化为酒精。淀粉酶还可减少活性污泥法处理废水的时间。

淀粉酶和葡萄糖酶可用于光降解和生物降解塑料的生产。食品加工时产生的奶酪乳浆或土豆废水富含淀粉。首先使用 a-淀粉酶，使淀粉由大分子化合物转变为小分子化合物，再用葡萄糖酶将其变成葡萄糖（多于90%的淀粉可转变为葡萄糖）。葡萄糖经乳酸菌发酵得到乳酸，用于生产可降解塑料。塑料的降解速度可通过乳酸与其他原料的比例来控制，一般是95%的乳酸和5%于环境无害的其他原料。

5. 微生物酯酶的应用

微生物酯酶（甘油酯水解酶，EC3.1.1.3）在现代生物技术中起着十分重要的作用并获得了广泛的应用。酯酶是生物体内脂类物质（三酰甘油酯）生物转化过程中不可缺少的催化剂。除其生物学意义外，酯酶在食品加工、生物医学、化工及环境保护等众多领域中有着巨大的应用前景。

酯酶具有在液相和非液相（即有机相）界面间起催化作用的独特性能。酯酶界面激活的概念源于以下事实：酯酶的催化活性通常依赖于底物的聚集状态。可以认为，酯酶的激活涉及酶的活性部位的暴露和结构变化，这种变化需要在有水包油液滴存在下通过构象的改变来实现。

酯酶的活性与反应体系的表面积有关。近年来对几种酯酶的结构研究结果为深入理解其水解活性、界面激活和立体选择性提供了一些思路。酯酶能催化一系列反应，包括水解、醇解、酸解、酯化和氨解等。

尽管对酯酶的研究已有多年，且酯酶可利用微生物发酵大量获得，但酯酶的早期应用仅局限于油脂化学、乳品加工等行业。近年来，酯酶的应用领域不断拓宽，已涉及制药、杀虫剂生产、单细胞蛋白生产、化妆品生产、废物处理及生物传感器等领域。

酯酶广泛存在于自然界的动植物中，尤其在微生物体内，包括细菌、真菌。在生物技术领域中，人们更多地关注利用微生物作为酶源的酯酶。大量的微生物可以用来生产酯酶，其中以假丝酵母（Candida sp.）、假单胞菌（Pseudomonas sp.）和根霉（Rhizopus sp.）为其重要的酶源。

脂酶应用于被污染环境的生物修复以及废物处理是一个新兴的领域。石油开采和炼制过程中产生的油泄漏，脂加工过程中产生的含脂废物以及饮食业产生的废物，都可以用不同来源的酯酶进行有效的处理。例如，酯酶被广泛地用于废水处理。Dauber 和 Boehnke 研究出一种技术，利用酶的混合物，包括酯酶，将脱水污泥转化为沼气。一项日本专利报道了直接在废水中培养亲脂微生物来处理废水。酯酶的另一重要应用是降解聚酯产生有用物质，特别是用于生产非酯化的脂肪酸和内酯。酯酶在生物修复受污染环境中获得了广泛的应用。一项欧洲专利报道了利用酯酶抑制和去除冷却水系统中的生物膜沉积物。酯酶还用于制造液体肥皂，提高废脂肪的应用价值，净化工厂排放的废气，降解棕榈油生产废水中的污染物等。利用米曲霉（Asperigllus oryzae）产生的酯酶从废毛发生产胱氨酸，更加显示出了酯酶应用的诱人前景。利用亲脂微生物，特别是酵母菌，从工业废水生产单细胞蛋白，显示了酯酶在废物治理中应用的另一诱人前景。酯酶在环境污染物的治理中的应用总结于表5-8。

表 5-8　酯酶在环境污染治理中的应用

酯 酶 来 源	处 理 对 象	酯 酶 来 源	处 理 对 象
米曲霉	废毛发	微生物	脱水污泥
假单胞菌	石油污染土壤	微生物	聚合物废物
假单胞菌	有毒气体	微生物	废水
米根酶	棕榈油厂废物	微生物	废食用油
酵母	食品教工废水	微生物	生物膜沉积物

使用酶处理废水主要是通过沉淀或无害化去除污染物。酶也可用于废水预处理，使其在下一流程更易于去除。但是，在应用酶时，要特别注意处理过程中有无有毒物质的产生。因此，在应用酶进行实际操作前，一定要对酶反应是否可能产生有毒物进行充分研究。酶处理过程中产生的固相沉淀物如酚类沉淀物要妥善处置。若用燃烧处理，则必须控制燃烧过程有害气体的产生。最好考虑沉淀物的综合利用。

为了成功地应用酶处理工艺，必须考虑酶的费用。现在由于其分离、纯化和生产的费用，酶的价格仍较高。

高浓度污染物不利于使用酶处理，因为此时酶的用量多，处理费用太高。酶适于低浓度、高毒性污染物质的处理。

来自于很多种植物的微生物酶在一系列的废水处理应用中发挥着重要的作用。酶能作用于特定的难降解污染物，通过沉淀或转化为无害物而把它们去除。它们也可改变特定废水的性能，使之更易于后续处理或有利于废物转化为有附加值的产品。

酶处理有着广阔的应用前景。酶反应副产物的特性和稳定化、反应残余物的处理、处理费用问题必须进行深入研究。

5.3　基因工程基本原理

5.3.1　基因工程概述

1. 基因工程的诞生

现在人们公认，基因工程诞生于 1973 年，它是数十年来无数科学家辛勤劳动的成果、智慧的结晶。从 20 世纪 40 年代起，科学家们从理论和技术两方面为基因工程的产生奠定了坚实的基础。概括起来，从 20 世纪 40 年代到 70 年代初基因工程诞生，现代分子生物学领域理论上的三大发现及技术上的三大发明对基因工程的诞生起到了决定性的作用。

（1）现代分子生物学领域理论上的三大发现

1）生物遗传物质 DNA 的发现　1934 年，O. T. Avery 在一次学术会议上首次报道了肺炎双球菌（Diplococcus pneumoniae）的转化。Avery 等的研究成果不仅证明了遗传物质是 DNA 而不是蛋白质，解决了遗传信息的来源问题，也证明了 DNA 可以把一个细菌的性状转给另一个细菌，理论意义十分重大。Avery 的工作是现代生物科学革命的开端，是基因工程的先导。

2）DNA 的双螺旋结构　1953 年，Watson 和 Crick 发现了 DNA 的双螺旋结构。随后 X 射线衍射证明 DNA 具有规则的螺旋结构，阐明了信息载体 DNA 的复制并解决了信息传递的方式问题。

3）遗传信息传递方式的确定　1961年，J. Monod 和 F. Jacob 提出了操纵子学说。以 Nireberg 为代表的一批科学家，经过艰苦努力，确定了遗传信息是以密码方式传递的，每三个核苷酸组成一个密码子，代表一个氨基酸。到 1966 年，破译了全部 64 个密码，编排了密码字典，叙述了"中心法则"，提出遗传信息流，即 DNA→RNA→蛋白质，从分子水平上揭示了遗传现象。

（2）现代分子生物学领域技术上的三大发明

1）工具酶。从 20 世纪 40 年代到 60 年代，虽然从理论上确立了基因工程的可能性，为基因工程设计了一幅美好的蓝图，但是面对庞大的双链 DNA 分子，科学家们仍然束手无策，不能把它切割成单个的基因片段。尽管那时酶学知识已得到相当的发展，但没有任何一种酶能对 DNA 进行有效的切割。1970 年，Smith 和 Wilcox 从流感嗜血杆菌（*Haemophilus in fluenzae*）中分离并纯化了限制性核酸内切酶 Hind Ⅱ，使 DNA 分子的切割成为可能。1972 年，Boyer 实验室又发现了 Eco R I 核酸内切酶。以后，又相继发现了大量类似于 Eco R I 的限制性核酸内切酶，从而使研究者可以获得所需的 DNA 特殊片段，为基因工程提供了技术基础。对基因工程技术的突破起重要作用的另一发现是 DNA 连接酶。1967 年，世界上 5 个实验室几乎同时发现了 DNA 连接酶。1970 年，美国 Khorana 实验室发现了 T₄DNA 连接酶，具有更高的连接活性，使 DNA 分子的连接成为可能，这些发明为基因工程的技术操作奠定了良好的基础。

2）载体。有了对 DNA 切割和连接的工具酶，还不能完成 DNA 体外重组的工作，因为大多数 DNA 片段不具备自我复制能力。为了能够在宿主细胞中进行繁殖，必须将 DNA 片段连接到一种特定的、具有自我复制能力的 DNA 分子上。这种 DNA 分子就是基因工程载体。基因工程载体的研究先于限制性核酸内切酶。从 1946 年起，Lederberg 开始研究细菌的性因子 F⁻ 因子，以后相继发现其他质粒，如抗药性因子（R 因子）、大肠杆菌素因子（CoE）。1973 年，S. Cohen 首次将质粒作为基因工程的载体使用。

3）反（逆）转录酶。1970 年，Baltimore 等和 Temin 等同时发现了反转录酶，打破了中心法则，使真核基因的制备成为可能。

具备了以上的理论与技术基础，基因工程诞生的条件已经成熟。

1972 年，斯坦福大学的 P. Berg 等在世界上第一次成功地实现了 DNA 体外重组。他们使用限制性内切酶 EcoR I，在体外对猿猴病毒 SV40 的 DNA 和 λ 噬菌体的 DNA 分别进行酶切，再用 T₄DNA 连接酶把两种酶切的 DNA 片段连接起来，获得了重组 DNA 分子。

1973 年，斯坦福大学的 S. Cohen 等成功地进行了另一个体外重组 DNA 实验并实现了细菌间性状的转移。他们将大肠杆菌的抗四环素（TC^r）质粒 pSC101 和抗新霉素（Ne^r）及抗磺胺（S^r）的质粒 R6-3，在体外用限制性内切酶 EcoR I 切割，连接成新的重组质粒，然后转化到大肠杆菌中。结果在含四环素和新霉素的平板中，选出了抗四环素和抗新霉素的重组菌落，即表型为 TC^{r}Ne^r 的菌落，这是基因工程发展史上第一次实现重组体转化成功的例子。至此基因工程技术宣告诞生。

随着分子生物学基础技术的发展，随后又出现了杂交技术、序列测定技术、PCR 技术等一系列新技术，从而使基因工程技术日臻完善，基因工程从此诞生。

2. 基因工程的定义

将外源基因通过体外重组后导入受体细胞内，使这个基因能在受体细胞内复制、转录、翻译表达的操作称为基因工程（Genetic engineering）。基因工程包括基因的分离、重组、转移以及基因在受体细胞内的保持、转录、翻译表达等全过程。基因工程又称为 DNA 重组技术，是在分子水平上对基因进行操作的复杂技术，基因工程的实施至少要有四个必要条件：工具酶、基因、载体、受体细胞。

从本质上讲，基因工程强调了外源 DNA 分子的新组合被引入到一种新的宿主生物中进行繁殖。这种 DNA 分子的新组合是按照工程学的方法进行设计和操作的。这就赋予基因工程跨越天然物种屏障的能力，克服了固有的生物种间的限制，扩大和带来了定向创造新物种的可能性。这是基因工程的最大特点。

基因工程问世以来，各种名称相继问世，在文献中常见的有遗传工程（Genetic engineering）、基因工程（Gene engineering）、基因操作（Gene manipulation）、重组 DNA 技术（Recombinant DNA technique）、分子克隆（Molecular cloning）、基因克隆（Gene cloning）等，这些术语所代表的具体内容彼此相关，在许多场合下被混同使用，难以严格区分，不过它们之间还是存在一定的区别。

上述概念针对的都是 DNA。遗传工程、基因工程、DNA 重组之间的差别在于：遗传工程是发生在遗传过程中的自然界原本存在的导致变异的一种现象，即自然出现的不同 DNA 链断裂并连接成新的 DNA 分子，新的 DNA 分子含有不同于亲体的 NDA 片段；DNA 重组是人们根据遗传工程原理利用限制性内切酶在体外对 DNA 进行的人工操作，即采用酶法将来源不同的 DNA 进行体外切割与连接，构成杂种 DNA 分子，在自然界一般不能自发实现；基因工程是遗传重组和 DNA 重组的目的和结果，无论是利用自然的（遗传重组）还是人工的（DNA 重组），最终目的是要实现基因重组。从操作对象是 DNA 说来，DNA 重组是本质和根本的。所以，DNA 重组在广义上包括了遗传重组和基因重组。

克隆（Clone）一词，当作为名词时，是指从同一个祖先通过无性繁殖方式产生的后代，或具有相同遗传性状的 DNA 分子、细胞或个体所组成的特殊的生命群体。当作为动词时，是指从同一祖先生产这类同一的 DNA 分子群或细胞群的过程。

在体外重组 DNA 的过程中，以能够独立自主复制的载体为媒介，把外源 DNA（片段）引入宿主细胞进行繁殖。实质上是从一个 DNA 片段增殖了结构和功能完全相同的 DNA 分子群的过程，也是为遗传同一的生物品系（它们都带有重组 DNA 分子）成批地繁殖和生长提供了有效的途径。因此，基因工程也称为基因克隆或 DNA 分子克隆。

目前基因工程的发展极为迅速，为生物学、医学、农学和环境科学等学科的理论研究及工业、农业和人类日常生活都带来了革命性的变化，其意义毫不逊色于有史以来任何一次技术革命，概括起来体现在以下三个方面：用于大规模生产生物分子；改造现有物种及设计构建新物种；寻找、分离和鉴定生物体的遗传信息资源。

3. 基因工程的主要内容

集中反映基因工程内容的核心是 DNA 重组技术。概括而言，一个完整的体外 DNA 重组过程主要包括以下步骤：

1）获取目的基因并进行必要的改造。

2）选择合适的载体并加以适当的修饰。

3）将目的基因与载体连接，获得含有目的基因的重组载体。

4）将重组载体导入相应细胞（称为宿主细胞）并筛选出适合重组 DNA 的细胞，如

图 5-17 所示。

获得含有重组载体的细胞后，通过大量培养重组细胞，可以获得目的基因的大量拷贝或目的基因的表达产物。通常将来自于同一始祖的一群相同分子、细菌、细胞或动物称为克隆，获取大量单一克隆的过程称为克隆化，也称无性繁殖。

广义的重组 DNA 技术不仅包括 DNA 体外重组技术及操作过程，还包括表达产物的后续处理过程和技术，如蛋白质的分离纯化。

4. 基因工程操作的基本技术

基因工程的基本实验方法，除密度梯度超速离心、电子显微技术之外，还有 DNA 分子的切割与连接、核酸分子杂交、凝胶电泳、细胞转化、DNA 序列结构分析和基因的人工合成等新技术新方法。

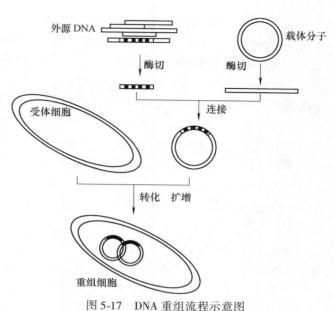

图 5-17　DNA 重组流程示意图

5.3.2　目的基因的获得

基因工程的主要目的是通过优良性状相关基因的重组，获得具有高度应用价值的新物种。为此，需从现有生物群体中，根据需要分离出可用于克隆的此类基因。这样的基因通常称为目的基因（待检测或待研究的特定基因）。

基因（遗传因子、遗传基因）指携带有遗传信息的 DNA 序列，是控制性状的基本遗传单位，即一段具有功能性的 DNA 序列。根据功能的差异，基因可分为结构基因、调节基因和操纵基因。结构基因（Structural gene）决定某一种蛋白质分子结构相应的一段 DNA，可将携带的特定遗传信息转录给 mRNA，再以 mRNA 为模板合成特定氨基酸序列的蛋白质。调节基因（Regulator gene）带有阻抑蛋白，控制结构基因的活性。平时阻抑蛋白与操纵基因结合，结构基因无活性，不能合成酶或蛋白质，当有诱导物与阻抑蛋白结合时，操纵基因负责打开控制结构基因的开关，于是结构基因就能合成相应的酶或蛋白质。操纵基因（Operator gene）位于结构基因的一端，与一系列结构基因合起来形成一个操纵子。

作为一个能转录和翻译的结构基因必须包括转录启动子（Transcriptional promoter）、基因编码区和转录终止子。

启动子是 DNA 上 RNA 聚合酶识别、结合和促使转录的一段核苷酸序列。转录 mRNA 的第一个碱基被定为转录起始位点。基因编码区包括起译码 ATG、开读框和休止码 TAA（或 TAG、TGA）。终止子是一个提供转录停止信息的核苷酸序列。

目的基因主要是结构基因。目前获得目的基因（Target gene）的方法主要有以下几种。

1. 从基因组 DNA 中分离

此法适用于结构简单的原核生物中的多拷贝基因（Copy gene），可直接从组织或供体中用理化方法或合适的限制性内切酶将 DNA 消化后分离获得。

（1）基因的随机断裂方法　采用一定的理化方法将基因组 DNA 随机断裂，可以得到大小基本一致的 DNA 片段。这些方法有用专一性核酸酶酶解、化学处理或普遍使用的机械切割法。DNA 在溶液状态是呈细长线性分子，刚性强，在受到机械剪切作用时很容易断裂。用超声波处理 DNA 溶液，可得到平均长度在一定范围的 DNA 片段，使用组织捣碎，控制一定的条件，也可以使基因组 DNA 得到可控的剪切，如在 1500rpm 下，捣碎 30min，可以得到平均大小为 8kb 的 DNA 片段。

（2）限制性内切酶降解　一般多采用"鸟枪法（Shotgun method）"，即限制性内切酶部分酶解法（Restriction endonuclease）。限制性内切酶降解所产生的片段的长短与其识别序列的长短直接相关。理论上讲，一个识别几个碱基的限制酶位点在基因组的分布概率为 $1/4n$（n 为限制性内切酶所识别的特异序列中的核苷酸个数），因此采用基因组 DNA 进行限制酶的不完全酶解，可以得到长短不一的片段，用于构建基因文库。

基因文库（Genomic DNA library）是指将基因组 DNA 通过限制性内切酶部分酶解后所产生的基因组 DNA 片段随机地同相应的载体重组、克隆，所产生的克隆群体代表了基因组 DNA 的所有序列。基因组 DNA 文库有着非常广泛的用途，如用以分析、分离特定的基因片段，通过染色体步查（Chromosome walking）研究基因的组织结构，用于基因表达调控研究，用于人类及动植物基因组工程的研究等。一个完整的基因文库应该包括目的生物体所有的基因组 DNA。

由于限制性内切酶的位点在基因组 DNA 上并不是随机排列的，有些片段会太大而无法克隆，这时文库就不完整，要找到一些特异的目的 DNA 片段就要难一些。限制性内切酶对总 DNA 的酶解如图 5-18 所示。

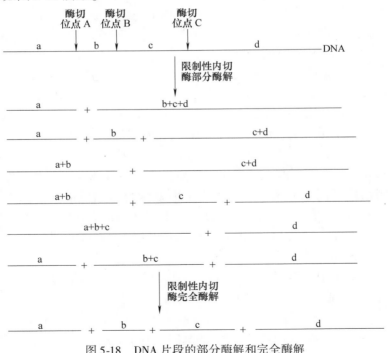

图 5-18　DNA 片段的部分酶解和完全酶解

2. 基因的化学合成法

化学合成法（Chemical Synthesis）是利用自动 DNA 合成仪直接合成基因序列的方法，适合于长度较短的基因，其前提条件是该基因的核苷酸序列已知。对于较大的基因，可以分段合成 DNA 短片段，再经过 DNA 连接酶作用依次连接成一个完整的基因链。目前核酸的合成方法中，固相合成法是最为常用的。其原理是：首先将寡核苷酸链 3′末端的第 1 个核苷酸先固定在一个不溶性的高分子（如硅胶微粒）上；然后，从此末端开始逐一加上脱氧核苷酸以延长 DNA 链，每延长 1 个核苷酸经历 1 个循环，合成的核苷酸被固定在固相载体上，而过量的未接上的反应物或分解物则经过过滤或洗涤除去；至合成所需的长度后，再将寡核苷酸链从固相载体上洗脱，经分离纯化后得到所需的最后产物，DNA 化学合成的具体过程如图 5-19 所示。

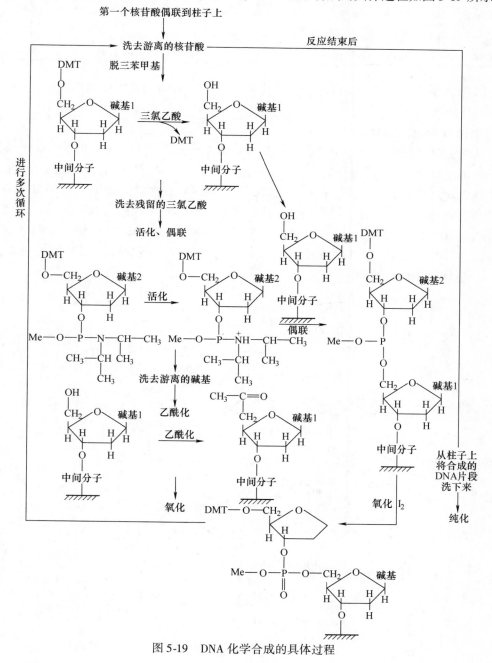

图 5-19　DNA 化学合成的具体过程

为了保证 DNA 化学合成的产量，要求每步的效率都在 98% 以上（表 5-9），所以在反应过程中要对偶联效率加以监控。常用的方法是利用分光光度计检测每步反应中脱下的三苯甲基的浓度，从而推测出反应的效率。

表 5-9　化学合成 DNA 的产率与偶联效率的关系

偶 联 效 率	DNA 合成的产率				
	20 碱基	40 碱基	60 碱基	80 碱基	100 碱基
90%	12%	15%	0.18%	0.02%	0.003%
95%	36%	13%	4.6%	1.7%	0.6%
98%	67%	45%	30%	20%	13%
99%	82%	67%	55%	45%	37%
99.5%	90%	82%	74%	67%	61%

DNA 的化学人工合成已经自动化，使得合成为多肽编码的基因成为可能，迄今已合成了一系列目的基因。

3. 通过 RNA 合成 cDNA

以从细胞中提取的 mRNA 为模板，借反转录酶反转录生成 cDNA（互补脱氧核糖核酸，complementary DNA），然后进行基因克隆，从而获得某种特定基因。合成 cDNA 技术的应用不仅依赖于分离得到相当纯的 mRNA，还取决于 mRNA 的含量。如果一种 mRNA 在总则 RNA 中的含量高，就比较容易提取纯化。反之如果一种 mRNA 在总则 RNA 中的含量低，直接获得就相当困难。近年来采用与聚合酶链反应（Polymerase Chain reaction，PCR）联合应用的方法，大大提高了 cDNA 克隆的成功率，这已经成为目前获得已知基因的主要方法。cDNA 合成原理如图 5-20 所示。

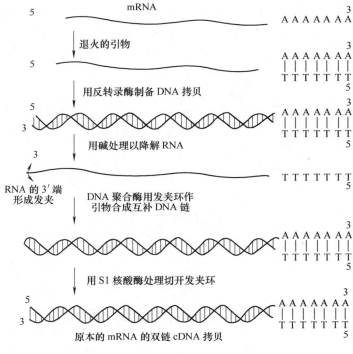

图 5-20　cDNA 合成原理示意图

4. 用 PCR 技术扩增目的基因片段

PCR 是一种在体外模拟天然 DNA 复制过程的核酸扩增技术，用于扩增位于两段已知序列之间的 DNA 区段。它的基本原理是以分别位于待扩增 DNA 区段两侧的两段序列互不相同并分别与模板 DNA 两条链上的各一段互补的寡核苷酸为引物。反应分三步：

1）变性（denaturation）。通过加热使 DNA 双螺旋的氢键断裂，双链解离形成单链 DNA。

2）退火（annealing）。随之将反应混合液突然冷却至某一温度，反应体系中摩尔数大大过量的引物 DNA 可与其互补的模板在局部形成杂交链。

3）延伸（extension）。在 DNA 聚合酶、4 种 dNTP 底物及 Mg^{2+} 存在下，催化以引物为起始点的 $5' \rightarrow 3'$ 的 DNA 链延伸反应。

如此反复进行变性、退火和 DNA 合成的循环，新合成的 DNA 链又成为下一轮循环的模板，这一周而复始的过程每完成一个循环，基本上目的 DNA 就增加 1 倍，使介于两个引物间的特异性 DNA 片段得到了大量复制，数量可达 $2 \times 10^{6 \sim 7}$ 拷贝，反应步骤如图 5-21 所示。

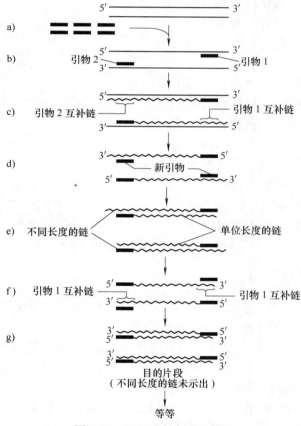

图 5-21　PCR 反应步骤示意图

a）起始材料是双链 DNA 分子　b）反应混合物加热后发生链的分离，然后冷却使引物结合到位于待扩增的靶 DNA 区段两端的退火位点上　c）Taq 聚合酶以单链 DNA 为模板在引物的引导下利用反应混合物中的 dNTPs 合成互补的新链 DNA
d）将反应混合物再次加热，使旧链和新链分离开来，这样便有 4 个退火位点可供引物结合，其中两个在旧链上，两个在新链上（为了使图示简化，以下略去了起始链的情况）　e）Taq 聚合酶合成新的互补链 DNA，但这些链的延伸精确地局限于靶 DNA 序列区，因此这两条新合成的 DNA 链的跨度严格地定位在两条引物界定的区段内　f）重复过程，引物结合到新合成的 DNA 单链的退火位点（同样也可以形成不同长度的链，但为了简化，图中略去了这些链）　g）Taq 聚合酶合成互补链，产生出两条与靶 DNA 区段完全相同的双链 DNA 片断由于 PCR 技术可以在简便的条件下使目的 DNA 片段在很短时间内迅速得到数量级的扩增，因此 PCR 技术越来越广泛地被运用在生物学、医学、环境监测等研究领域，已成为用途极为广泛的一项生物技术。利用 PCR 技术可以直接从染色体 DNA 或 cDNA 快速简便地获得待克隆的目的基因片段，快速地进行外源基因的克隆操作。PCR 技术扩增目的基因的前提是必须知道目的基因片段两侧或附近的 DNA 序列，并据此合成扩增引物。由 PCR 体外扩增的片段可经克隆做进一步分析用，也可直接纯化做各种探针用。该法也解决了微量基因片段的来源问题。

5. 基因文库与 cDNA 文库的构建

大部分未知基因不能用上述方法获得，需要先构建文库，再经筛选获得目的基因。文库分为基因文库和 cDNA 文库两种。

构建基因组文库时，先将细胞染色体 DNA 提纯，用限制性内切酶将染色体 DNA 切割成大小不等的许多片段，与同一类载体拼接，继而转入受体菌扩增，这样就构建了含有多个克隆的基因组 DNA 文库。基因组 DNA 文库理论上可以涵盖基因组的全部基因信息。

如果以细胞总 mRNA 为模板，经反转录生成互补 DNA（cDNA），酶切后的 DNA 片段与合适的载体连接，转入受体菌，这样建立的就是 cDNA 文库（cDNA library）。cDNA 文库理论上包含了细胞全部 mRNA 信息，可以利用适当方法从 cDNA 文库中筛选出目的 cDNA，这是获取结构基因的主要方法。

基因文库与 cDNA 文库的构建步骤如图 5-22 所示。

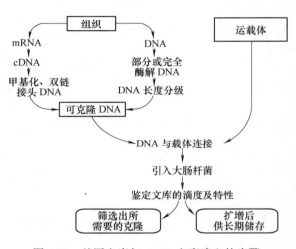

图 5-22　基因文库与 cDNA 文库建立的步骤

5.3.3　基因工程载体

如果只有基因，而没有负责运载它的载体，则基因不可能发挥作用，即外源基因必须先同某种传递者结合后才能进入细菌和动植物受体细胞。

这种能承载体外源 DNA 片段（基因）并带入受体细胞的传递者称为基因工程载体（Vector）。

1. 基因工程载体的必备条件

通过对现有各种 DNA 重组技术中采用的载体的了解，可以发现，作为 DNA 重组的载体，一般具备以下条件：

（1）能够进入宿主细胞　载体能够进入宿主细胞的原因是本身很小。和宿主的染色体 DNA 分子相比，载体的大小显得微乎其微。如细菌的质粒一般为 $1 \sim 200$ kb，而大肠杆菌细胞的 DNA 分子为 4×10^6 bp，质粒仅占大肠杆菌 DNA 分子的 1/20。SV40 的 DNA 相对分子质量为 3×10^6，而高等生物染色体 DNA 相对分子质量一般都在 1×10^{12} Da 以上，前者仅占后者的 $1/(3 \times 10^5)$。载体能够进入宿主细胞的另一个原因是目前已知的这些载体均不具备独立生存的能力，载体本身是以 DNA 或 RNA 为主，甚至全为 DNA 或 RNA，而且是一个分子结构。载体进入宿主细胞，相当于一个分子进入细胞。

（2）载体可以在宿主细胞中独立复制，即本身是一个复制子　一个载体必须在其 DNA 分子中包含复制起点，利用自己编码或借用宿主的复制酶进行复制，否则就不能在宿主细胞中长期存在下去。当外源 DNA 插入时，插入外源 DNA 片段的大小和插入的量都不能破坏载体的原有复制能力。人工重组后的载体在一个宿主细胞中起初可能只有一个，但经过复制后可实现多拷贝，这就是基因克隆。没有足够的外源 DNA 的拷贝数，则筛选重组体是不可能进行的，高效表达也不能很好实现。

（3）要有筛选标记　区分重组与否要靠筛选标记来进行。携带有外源 DNA 的载体进入宿主细胞与否以及进入后复制与否全靠筛选标记提供帮助。

（4）对多种限制酶有单一或较少的切点，最好是单一切点　限制酶切点是外源 DNA 插入、载体 DNA 开环和闭环的基础。不能用于重组的载体是 DNA 的无效载体。

携带外源 DNA 的载体进入宿主细胞后以结合态和并存两种状态存在。结合态是载体和宿主染色体 DNA 整合在一起，单拷贝，被整合的可以是载体本身加外源 DNA，也可以是一部分，但至少要将外源 DNA 整合；并存即载体独立存在于宿主细胞中，多拷贝。也有两种状态兼有的。哪一种状态有利要依 DNA 重组的目的而言，如果是为了稳定遗传，单拷贝的整合型为妥；如果为了基因克隆，则需要多拷贝型。

随着 DNA 重组技术的不断改进，对载体的要求正在逐步发生改变。上述基本要求主要是从原核生物 DNA 重组中得出的。到了真核生物阶段，由于将外源 DNA 引入宿主的方法有了新的改进，如各种细胞学方法、物理方法的引进，引入外源 DNA 时已大大突破了原有的要求重组 DNA 片段的大小限制。人们迫使外源 DNA 进入宿主的能力增强了。此外，由于筛选重组体技术的改进，原来要求载体或外源 DNA 上有选择标记已经被杂交技术、免疫学技术等替换，从而扩大了 DNA 重组技术使用的范围。

因此，作为 DNA 重组的载体最基本的要求有两条：①自主复制能力；②可利用的限制酶切点。其他要求在有些载体中已不存在。

2. 基因工程载体的分类

通过对各种载体的了解，可以将 DNA 重组使用的载体分为三大类。

1）第一类是以繁殖 DNA 片段为目的的载体，通常称为克隆载体。这类载体较小，复制不受寄主的严格控制，即自身有很强的复制能力，在细胞内可以有很高的拷贝数，寄主的 DNA 复制停止时，这类载体仍能扩增。pBR322 系列、pUC 系列、M13 系列载体均属于克隆载体。

2）第二类载体为穿梭载体，既能在真核细胞中繁殖又能在原核细胞中繁殖，说明这类载体有真核细胞和原核细胞两种复制点。穿梭载体常用于真核生物 DNA 片段在原核生物中的繁殖，再转入真核细胞宿主。

3）第三类载体为表达载体。在基因工程中，人们进行 DNA 重组的目的是要获得表达产物。目的基因不仅要进入宿主，而且要高效表达。

由于 DNA 重组技术已有 30 余年历史，已有大量的知识积累。人们对载体的要求已不仅是上述那些最基本的要求。理想的表达载体应当是：拷贝数高，具有强启动子和稳定的 mRNA，具有高的分离稳定性和结构稳定性，转化频率高，宿主范围广，插入外源基因容量大而且可以重新完整地切出，复制与转录应和宿主相匹配，最好是可调控的，而且在宿主不生长或低生长速率时仍能高水平地表达目的基因。完全达到这些要求的载体还很少，特别是动物细胞，目前主要是病毒，进入宿主的目的基因多为一个基因。以基因簇或多个基因同时进行重组还有不少困难。载体携带的目的基因多了，转化频率要受影响。高效启动子发现的还不多。

从 DNA 重组的原理分析，DNA 重组技术是有一定局限的，并非任何基因都可进行 DNA 重组，实际上在应用和理论研究中也没有这种必要。一次重组中基因数也是有限的，起码不能占据宿主细胞过多空间。外来的目的基因数和宿主的遗传物质含量的比例是有限定范围的。根据 DNA 重组技术的用途不同，挑选和构建合适的载体，协调载体和宿主之间的关系是 DNA 重组技术实际操作中经常要考虑的问题。

要特别注意载体这个概念的使用，通常所说的载体是指将外源或目的 DNA 携带进宿主的运载者，但在基因重组表达时，也常将表达系统——宿主称为载体。要注意二者的区别，不可混淆。

基因工程载体决定了外源基因的复制、扩增、传代乃至表达。目前已构建应用的基因工程按照载体来源不同，可以将载体分为质粒载体、噬菌体载体、黏粒载体、病毒载体和人工染色体载体等类型；按照用途不同，可将载体分为克隆载体和表达载体。以下简要介绍几类常用的载体。

3. 质粒载体

质粒（Plasmid）是某些细胞中独立于染色体以外的共价闭环的小分子双链 DNA，它具有独立的复制能力，并可在细胞分裂中与染色体一道分配到子细胞中。不同质粒的相对分子质量大小不同，大的可达数百千碱基对（kb），小的只有 2 ~3kb。

质粒广泛存在于细菌之中，在某些蓝藻、绿藻和真菌细胞中也存在质粒。质粒 DNA 的特点如下：双链环状，相对分子质量很小，自主或半自主复制，不同生物质粒中的基因种类不同。

细菌质粒为 F 因子、R 因子、大肠杆菌素因子。酵母质粒为 2μ 质粒、3μ 质粒。理论上讲，所有细菌株系都含有质粒。有些质粒携带有帮助其自身从一个细胞转入另一个细胞的信息，即 F 质粒。有些则表达对一种抗生素的抗性，即 R 质粒。还有一些携带的是参与或控制一些不同寻常的代谢途径的基因，即降解质粒，这为重组子的选择提供极大便利。

每个质粒都有一段 DNA 复制起始位点的序列，它帮助质粒 DNA 在宿主细胞中复制。质粒的复制和遗传独立于染色体，但其复制和转录依赖于宿主所编码的蛋白质和酶。

质粒按其复制方式分为松弛型质粒（Relaxed plasmid）（自主复制成数千个拷贝）和严紧型质粒（Stringent plasmid）（不能自主复制，仅数个拷贝）。前者的复制不需要质粒编码的功能蛋白，其复制完全依赖于宿主提供的半衰期较长的酶（如 DNA 聚合酶 I 、III，依赖于 DNA 和 RNA 聚合酶等）来进行。因此在一定的情况下，即使蛋白质的合成并非正在进行，质粒的复制依然进行。当在抑制蛋白质合成并阻断细菌染色体复制的氯霉素等抗生素存在时，其拷贝数可达 2000 ~3000 个。后者的复制则要求同时表达一个由质粒编码的蛋白质。

利用松弛型质粒组建的载体称为松弛型载体（如 pBR322），而利用严紧型质粒组建的载体称为严紧型载体（如以 pSC 101 为基础组建的载体）。基因工程中大多数使用松弛型载体。

没有经过修饰的自然状态的质粒，通常缺乏高质量的克隆载体所必需的一些特性。如不能太大，当质粒大于 15kb 时，其携带外源 DNA 转入大肠杆菌的效率就大大降低。早期以天然质粒作为载体，现在使用的均为改造过的人工质粒，常用的有 pBR322、pUC18/19 及 pGEM 等多种系列的质粒载体。质粒载体不仅可以用于细菌，也可以用于酵母、哺乳动物细胞及昆虫细胞等，既可用于目的基因的克隆，也可用于目的基因的表达。

1）质粒载体 pBR322。pBR322 是研究最多、使用最广泛的一种质粒载体，它具备一个好载体的所有特征，其图谱结构如图 5-23 所示。通常用一个小写字母 p 来代表质粒，而用一些英文缩写或数字来对这个质粒进行描述。以 pBR 322 为例，BR 代表研究出这个质粒的研究者 Bolivar 和 Rogigerus，322 是与这两个科学家有关的数字编号。

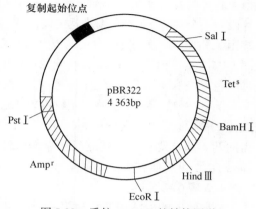

图 5-23 质粒 pBR322 的结构图谱

pBR322 大小为 4.36kb，由 3 个天然质粒的不同部分人工拼接成环状双链 DNA 分子，有一个复制起点、一个抗氨苄西林基因、一个抗四环素基因、多种限制酶切点，可容纳 5kb 左右外源 DNA。pBR 322 上有 36 个单一的限制性内切酶位点，其中包括 EocR I、Hind III、EcoR I、BamH I、Sal I、Pst I、Pvu II 等常用酶位点。而 BamH I、Sal I 和 Pst I 分别处于四环素和氨苄西林抗性基因上，pBR 322 带有一个复制起始位点，它可以保证这个质粒只在大肠杆菌里行使复制功能。

这个质粒的最方便之处是当将外源 DNA 片段在 BamH I、Sal I 和 Pst I 位点插入时，可用引起抗生素基因的失活来筛选重组体。如一个外源 DNA 片段插入到 BamH I 位点时，外源 DNA 片段的插入使四环素抗性基因（Tet）失活，可以通过 $Amp^r\ Tet^s$ 来筛选重组体。利用氨苄西林和四环素这样的抗性基因既经济又方便。

将纯化的 pBR322 分子用一种位于抗生素抗性基因中的限制性内切酶酶解，产生一个单一的线性具黏性末端的 DNA 分子，把这些线性分子与用同样的限制性内切酶酶解的目的 DNA 混合，在 ATP 存在的情况下，用 T_4 DNA 连接酶处理，产生一些不同连接的混合产物，包括质粒自身环化的分子。要减少这种不必要的连接产物，切开的质粒可以用碱性磷酸酯酶处理，除去质粒末端的 5′磷酸基团，T_4 DNA 连接酶不能把两个末端都没有磷酸基团的线状质粒 DNA 连接起来。目的 DNA 带有磷酸基团，它与碱性磷酸酶处理过的质粒 DNA 混合连接后，T_4 DNA 连接酶形成的两个磷酸二酯键使这两个分子连接在一起，如图 5-24 所示。在这个重组分子上还有两个切口，转化以

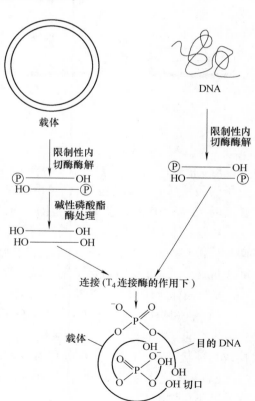

图 5-24 外源基因克隆入质粒载体的过程

后这些切口就会由宿主细胞 DNA 连接酶系修复。

2）质粒载体 pUC 18/19。这对载体由 2.686kb 组成，带有 pBR322 的复制起始位点，一个氨苄西林抗性基因和一个大肠杆菌乳糖操纵子 β-半乳糖苷酶基因（lac Z′）的调节片段，一个调节 lac Z′ 基因表达的阻遏蛋白（Repressor）的基因 lac Ⅰ，还有多个单克隆位点，pUC 19 的结构如图 5-25 所示。由于 pUC 质粒含有 Amp 抗性基因，可以通过颜色反应和 Amp 对转化体进行双重筛选。

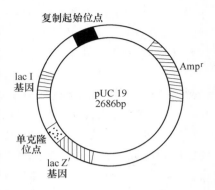

图 5-25　pUC 19 的结构图谱

除 pBR 322 和 pUC 系列质粒以外，还有许多其他克隆载体。从原理上讲，这些载体都能满足 DNA 重组技术所需的两大基本要素：一是克隆位点的可选择性；二是鉴定插入 DNA 重组质粒方法的简单性。

4. λ 噬菌体载体

λ 噬菌体的生活周期包括溶菌周期和溶原周期：当 λ 噬菌体侵入大肠杆菌后，可以在细菌内扩增，并使细胞裂解，释放出大量的噬菌体颗粒；也可通过溶原途径，使其 DNA 整合到大肠杆菌的染色体上，以前噬菌体的形式潜伏下来。在某些特定条件下，整合的 λ 噬菌体被切割下来，进入裂解周期，如图 5-26 所示。

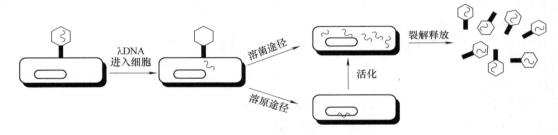

图 5-26　λ 噬菌体感染途径

λ 噬菌体的基因组 DNA 长约 48kb，在宿主体外与蛋白质结合包装为含有双链线状 DNA 分子的颗粒。由于受到包装效率的限制，其连接目的基因后的总长度应为 λ 噬菌体基因组总长度的 75%～105%，超过这一范围，重组噬菌体的活力会大大降低。

λ 噬菌体因野生型内含限制酶切点多而常用改造后的变种。charon 系列有插入和替换型两种，带有来自大肠杆菌的 β-半乳糖苷基因 lac Z。M13 噬菌体含单链环状 DNA，改造后的 M13 mp8，加入了大肠杆菌的 lac 操纵子，常用于核酸测序。

λ 噬菌体之所以可作为构建基因克隆载体的材料，是因为它有以下几方面的特性：

1）λ 噬菌体含有线性双链 DNA 分子。其长度为 48kb，两端各有由 12 个核苷酸组成的 5′ 端凸出的互补黏性末端（cohesive end, cos），当 λDNA 进入宿主细胞后，互补黏性末端连接成为环状 DNA 分子。连接处称为 cos 位点（图 5-27）。

2）λ 噬菌体为温和噬菌体，λDNA 可以整合到宿主细胞染色体 DNA 上，以溶原状态存在，随染色体的复制而复制。

3）λ 噬菌体能包装 λDNA 长度的 75%～105%，约 38～54kb，即使不对 λDNA 进行改

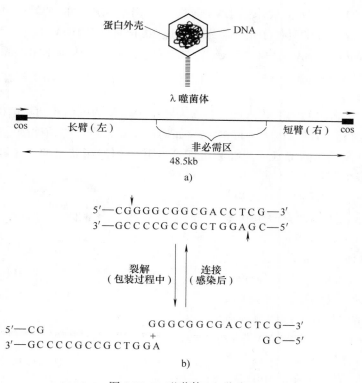

图 5-27　λ 噬菌体 cos 位点

a）λ 噬菌体及染色体组　b）λ 噬菌体 cos 端

造，也允许承载 5kb 大小的外源 DNA 片段带入受体细胞。

4）λDNA 上的 D 基因和 E 基因对噬菌体的包装起决定性作用，缺少任何一种基因都将导致噬菌体不能包装。在宿主（受体）细胞中积累大量供包装用的其他壳蛋白。

5）λDNA 分子上有多种限制性内切酶的识别序列，便于用这些酶切割产生外源 DNA 片段的插入和置换。但是有的酶在 λDNA 上有多个识别序列，有的识别序列位于必需基因区域，将影响外源 DNA 片段的插入和置换。

构建 λ 噬菌体载体的基本途径如下：

1）抹去某种限制性内切酶在 λDNA 子上的一些识别序列，只在非必需区保留 1~2 个识别序列。若保留 1 个识别序列，可供外源 DNA 插入，若保留 2 个识别序列，则 2 个识别序列之间的区域可被外源 DNA 片段置换。

2）用合适的限制性内切酶切去部分非必需区，但是由此构建的 λDNA 载体不应小于 38kb。

3）在 λDNA 分子合适区域插入可供选择的标记基因。根据以上策略，可以构建一系列利用不同限制性内切酶识别序列作为克隆位点的 λ 噬菌体克隆载体。

值得指出的是，没有可以克隆所有 DNA 片段的万能 λ 噬菌体载体。因此，必须根据实验需要选择合适的载体。在选择时应考虑所要用的限制性内切酶，将要插入的外源 DNA 的大小，载体是否需要在 E. coli 中表达所要克隆的 DNA，筛选方法等。

根据克隆的方式不同，λ 噬菌体载体可以分为插入型载体和取代（置换）型载体两类。

插入型载体适合克隆 6~8kb 大小的 DNA 片段，常用于 cDNA 的克隆或 cDNA 文库的构建，如 λgt10、λgt11 等；置换型载体允许插入长度达 30kb 的外派 DNA 片段，因而适用于基因组 DNA 的克隆及基因组 DNA 文库和 cDNA 文库的构建，典型代表为 EMBL 系列和 Charon 系列载体。

5. 人工载体

用于真核生物宿主的人工载体大多具有大肠杆菌质粒的抗药性和噬菌体强感染力，同时满足携带真核生物的目的基因大片段 DNA。如柯斯质粒是将 λ 噬菌体的黏性末端（cos 位点序列）和大肠杆菌质粒的抗氨苄西林和抗四环素基因相连而获得的人工载体，含一个复制起点、一个或多个限制酶位点、一个 cos 片段和抗药基因，能加入 40~50kb 的外源 DNA，常用于构建真核生物基因组文库。

柯斯质粒载体（Cosmid vector）又称为黏质粒载体，是将质粒（plasmid）和 λ 噬菌体 DNA 包装有关的区段（cos 序列）相结合构建而成的克隆载体。这种由带 cos 位点的 λDNA 片段与质粒构建的载体既可以按质粒载体的性质转化受体菌，并在其中复制，又可以按 λ 噬菌体性质，进行体外包装转导受体细胞。通过 cos 位点连接环化后，按质粒复制的方式进行复制。一般构建的 cosmid 载体小于 20kb，可承载 30kb 左右的外源 DNA 片段，这种载体常用于构建真核生物基因组文库，它综合了质粒载体和噬菌体载体二者的优点。用柯斯质粒载体克隆大片段 DNA 的过程如图 5-28 所示。

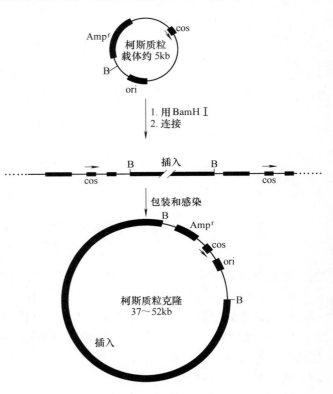

图 5-28　柯斯质粒载体克隆的形成

6. 人工染色体载体

以 λ 噬菌体为基础构建的载体能装载的外源 DNA 片段只有 24kb 左右，柯斯质粒载体也只能容纳 35~45kb，然而许多基因过于庞大不能作为单一片段克隆于这些载体中，特别是开展人类基因组、水稻基因组工程的工作需要能容纳更长 DNA 片段的载体。这就使人们开始组建一系列的人工染色体。

由于酵母 2μ 质粒在使用过程中的局限性，人们构建了多种质粒。

整合质粒（YIP）由大肠杆菌质粒和酵母的 DNA 片段组成，可与受体或宿主的染色体 DNA 同源重组，整合进入宿主染色体中，故只能以单拷贝方式存在，常用于遗传分析。

复制型载体（YRP）同样由大肠杆菌质粒和酵母的 DNA 片段组成，但酵母 DNA 片段不仅提供抗性基因筛选标志，而且带有酵母的自主复制顺序（ARS）。由于大肠杆菌质粒本身也有一个复制点，所以这类质粒既可在大肠杆菌，又可在酵母中复制和存在，故称为穿梭载体。通过穿梭载体，人们可首先在大肠杆菌细胞中大量扩增真核基因，再转入酵母中进行表达。

　　附加体型载体（YEP）由大肠杆菌质粒、2μ 酵母质粒和酵母染色体的选择标记构成。由于 2μ 质粒内含自主复制起点（ori）和使质粒在酵母细胞中稳定存在的 STB 区，所以这类载体在酵母细胞中独立存在。

　　上述三种类型的人工质粒都含有酵母细胞染色体 DNA 片段，相当于一条酵母人工染色体（YAC），但整合型的质粒进入宿主后并不单独存在。原核生物宿主的载体都是单独存在的。

　　（1）YAC（酵母人工染色体，Yeast artificial chromosome）　YAC 是在酵母细胞中克隆外源 DNA 大片段克隆体系，由酵母染色体中分离出来的 DNA 复制起始序列、着丝点、端粒及酵母选择性标记组成的能自我复制的线性克隆载体（图 5-29）。

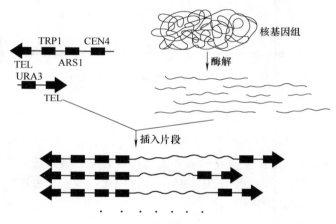

图 5-29　YAC 构建示意图

　　真核生物染色体有几个部分最为关键：着丝点（Centromere，CEN），它主管染色体在细胞分裂过程中正确地分配到各子细胞中；端粒（Telomere，TEL），它位于染色体的末端，对于染色体末端的复制，防止染色体被核酸外切酶切断具有重要的意义；自主复制序列（Autonomously replicating sequence，ARS），即在染色体上多处 DNA 复制起始的位点，与质粒的复制起始位点有些类似。

　　实际上 YAC 载体是以质粒的形式出现的，这就是为什么可以看到 pYAC 这个名称的原因。当用于克隆时，先要用酶进行酶解，形成真正意义上的人工染色体（图 5-30）。

　　实验结果表明，每个 YAC 可以装进 100 万碱基以上的 DNA 片段，比柯斯质粒的装载能力要大得多。YAC 既可以保证基因结构的完整性，又可以大大减小核基因库所需的克隆数目，从而使文库的操作难度减少。

　　（2）BAC（细菌人工染色体，Bacterial artificial chromosome）　BAC 是以细菌 F 因子（细菌的性质粒）为基础组建的细菌克隆体系。其特点为：拷贝数低，稳定，比 YAC 易分离，对外源 DNA 的包容量可达 300kb。BAC 可以通过电穿孔导入细菌细胞，不足之处是对无选择性标记的 DNA 的产率很低。

　　（3）PACs（P1-derived artificial chromosomes）　（PACs）是将 BAC 和 P1 噬菌体克隆体系

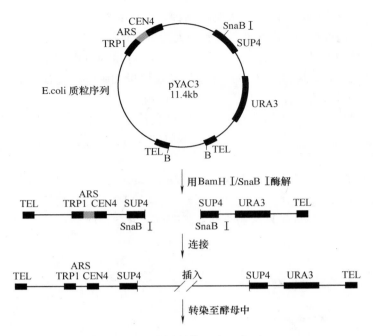

图 5-30　pYAC 载体克隆示意图

（P1－clone）的优点结合起来产生的克隆体系，可以包含 100～300kb 的外源 DNA 片段。

载体的选择应根据实验的需要。克隆载体的选择较容易，选择的余地大，只要注意插入片段的大小与酶切位点相匹配即可；表达载体的选择则比较复杂，可以根据表达宿主种类及后期对表达产物的要求进行选择。

5.3.4　基因工程工具酶

基因工程的操作，是分子水平上的操作，它依赖于一些重要的酶作为工具来对基因进行人工切割和拼接等操作。

基因工程的关键技术是 DNA 的连接重组。在 DNA 连接之前必须进行加工，把 DNA 分子切割成所需片段，有时为便于 DNA 片段之间的连接，还须对 DNA 片段末端进行修饰。一般把 DNA 分子切割、DNA 片段修饰和 DNA 片段连接等所需的酶称为工具酶。

基因工程涉及的工具酶种类繁多、功能各异，就其用途可分为限制性内切酶、连接酶、修饰酶三大类。几种重要的工具酶的酶学性质及用途列于表 5-10。

表 5-10　几种重要工具酶的酶学性质及用途

酶	来源	活　力	底物	辅助因子	特　点	主 要 用 途
限制酶（Ⅱ型）	微生物	内切	dsDNA	Mg^{2+}	特异性的识别与切割，产生平头或黏性末端的 DNA 片段	1. DNA 重组 2. 组建新质粒 3. 组建物理图谱 4. 制备探针 5. DNA 顺序分析 6. 分子杂交

（续）

酶	来源	活　力	底物	辅助因子	特　点	主　要　用　途
连接酶	T$_4$ 噬菌体	连接两个片段的 3′—OH 和 5′—Pi	dsDNA	Mg^{2+}, ATP	活力：黏性末端多于平头末端	1. DNA 重组 2. 组建新质粒
DNApol I	E. col i	5′　3′聚合 5′　3′外切 3′　5′外切	ssDNA dsDNA ds、ssDNA	Mg^{2+}	对 dsDNA 的外切，被 5′　3′聚合活性抑制	1. 制备探针 2. DNA 顺序分析
反转录酶	RNA 肿瘤病毒	RNA　DNA 合成 DNA　DNA 合成 RNAaseH 解旋	ssRNA ssDNA RNA·DNA cccDNA	Mg^{2+}	RNA 指导 DNA 指导 杂交双链 解超螺旋	制备 cDNA
核酸酶 SI	米曲霉	切单链	ssDNA ssRNA	Zn^{2+}		1. 证明基因中的间隔顺序 2. 组建新质粒
TTE	牛胸腺	加核苷酸到 3′末端	ssDNA	Mg^{2+}	Co^{2+} 存在，可用 dsDNA 为模板	1. 人工黏性末端 2. 组建新质粒

1. 限制性核酸内切酶

（1）定义　识别和切割 dsDNA 分子内特殊核苷酸顺序的一类核酸酶统称为限制性内切酶，简称限制酶（Restriction endonucleases）。限制性内切酶与甲基化酶共同构成细菌的限制—修饰体系，其功能为限制（切割）外源 DNA 和保护自身 DNA，维持细菌自身遗传性状的稳定。

（2）命名　H. O. Smith 和 D. Natnans 提出的限制性内切酶的命名规则已为广大学者所接受。其命名原则为：根据分离出此酶的微生物的学名进行命名，一般取三个字母，即微生物属名前的第一个字母大写，种名的前两个字母小写。如果该微生物有不同的变种和品系，则后接变种和品系的第一个字母。从一种微生物细胞中发现几种限制性内切酶，则根据发现和分离的顺序用 I、II、III 等罗马数字表示。

如从 *Haemophilus influenzae* D 株分离到的两种限制性内切酶分别命名为 Hind I，Hind II。从 *Escherichia coli* R 株分离到的第一种限制性内切酶命名为 EcoR I。从 *Bacillus amylolique facies* H 株分离到的两种限制性内切酶分别命名为 BamH I、BamH II 等。

（3）分类　从原核生物中已发现了约 400 种限制酶，常用的有几十种，可分为三类。三类不同的限制性核酸内切酶具有不同的特性（表 5-11）。

表 5-11　三类限制性核酸内切酶的主要特性

限制性内切酶的蛋白结构	酶 的 类 型		
	I	II	III
	3 种不同的亚基	单一的蛋白	2 种不同的亚基
辅助因子	Mg^{2+}、ATP S-腺苷甲硫氨酸	Mg^{2+}	Mg^{2+} ATP
识别序列	特异	特异	特异
切割位点	非特异（切于识别序列前后的 100~1000bp）	特异（切于识别序列之中或近处）识别切割同一处	特异（切点在识别序列之后到二十几个 bp）
与甲基化作用的关系	酶蛋白同时具有甲基化作用	酶蛋白不具有甲基化作用	酶蛋白同时具有甲基化作用

1) Ⅰ类和Ⅲ类限制性内切酶。Ⅰ类和Ⅲ类限制性内切酶在同一蛋白分子中兼有甲基化作用及依赖于 ATP 的限制性内切酶的活性。Ⅲ类酶在识别位点上切割 DNA，然后从底物上解离下来。Ⅰ类酶结合于特定的识别位点，但却没有特定的切割位点，酶对其识别位点进行随机切割，很难形成稳定的、特异性切割末端。所以，Ⅰ类和Ⅲ类限制性内切酶在基因工程中基本不用。

2) Ⅱ类限制性内切酶。Ⅱ类限制性内切酶有如下特点：识别特定的核苷酸序列，其长度一般为 4、5、6 个核苷酸且呈二重对称；具有特定的酶切位点，即限制性内切酶在其识别序列的特定位点对双链 DNA 进行切割，由此产生特定的酶切末端。所以，Ⅱ类限制性内切酶是基因工程中使用的主要工具酶。

限制性内切酶在基因工程中的主要用处是通过切割 DNA 分子，对含有的特定基因片段进行分离、分析。几乎所有的在基因工程中使用的限制性内切酶都已商品化，查阅各公司的样本手册，就可以找到各种酶的反应条件。

(4) 限制性内切酶的性质　从应用上看，限制性内切酶的专一性很重要，下面介绍它对碱基的特异性及切断双链 DNA 的方式。

1) 识别序列。限制性内切酶在双链 DNA 分子上能识别的特定核苷酸序列称为识别序列或识别位点。限制性内切酶对碱基序列有严格的专一性，这就是它识别碱基序列的能力，被识别的碱基序列通常具有双轴对称性，即回文序列（Palindromic sequence）。EcoR Ⅰ的识别序列如图 5-31 所示。

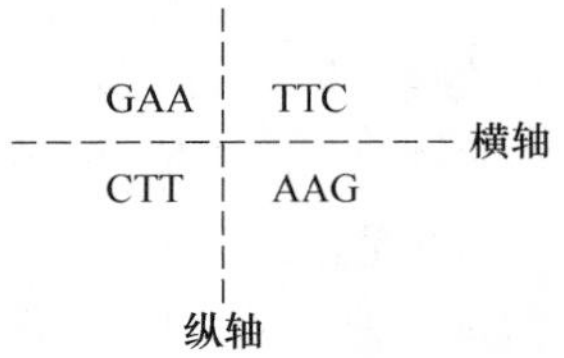

```
        GAA | TTC
     ---------|--------- 横轴
        CTT | AAG
           纵轴
```

图 5-31　碱基序列的双轴对称性

一些限制性内切酶的识别位点见表 5-12。

表 5-12　一些限制性内切酶的识别位点

限制性内切酶	识 别 位 点	产生的末端类型	限制性内切酶	识 别 位 点	产生的末端类型
Bbu Ⅰ	GCATGC CGTACG ↑	3'突出	Not Ⅰ	↓ GCGGCCGC CGCCGGCG ↑	5'突出
Sfi Ⅰ	↓ GGCCNNNNNGGCC CCGGNNNNNCCGG ↑	3'突出	Sau3A Ⅰ	↓ GATC CTAG ↑	5'突出
EcoR Ⅰ	↓ GAATTC CTTAAG ↑	5'突出	Alu Ⅰ	↓ AGCT TCGA ↑	平末端
Hind Ⅲ	↓ AAGCTT TTGGAA ↑	5'突出	Hpa Ⅰ	↓ GTTAAC CAATTG ↑	平末端

注：其中 N 表示任意碱基。

2）切割位点。限制性内切酶对双链 DNA 分子的作用是切割磷酸二酯链，它仅水解 3′酯键，产生 3′羟基、5′磷酸基的片段。Ⅱ类限制性内切酶的切割位点处在识别序列区内，DNA 分子两条链断开后产生的末端因所用的酶不同而不同。一类是两条链交错对称断开，产生的 DNA 末端的一条链多出一至几个核苷酸，成为凸出末端，又称黏性末端。另一类则是在切割两条链时产生两端平整的 DNA 分子，称为平末端。限制性内切酶切割 DNA 的位点和切割片段的末端如图 5-32 所示。

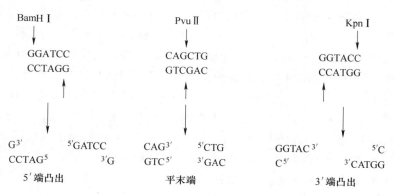

图 5-32　限制性内切酶切割 DNA 产生的 DNA 片段末端

经限制性内切酶切割产生的 DNA 分子片段，不管是黏性末端，还是平末端，5′端一定是磷酸基团，3′端一定是羟基基团。

有一些限制性内切酶虽来源不同，但有相同的识别序列，称为同裂酶（Isoschizomer）。如 BamH Ⅰ和 Bst Ⅰ具有相同的识别序列 GGATCC。

有些限制性内切酶虽识别序列不同，但切割 DNA 分子产生的限制性片段具有相同的黏性末端，这样的酶称为同尾酶（Isocaudarner）。如 Taq Ⅰ、Cla Ⅰ和 Acc Ⅰ为一组同尾酶，其中任何一种酶切割 DNA 分子都产生 5′端 CG 凸出的黏性末端。同尾酶在 DNA 片段重组时特别有用。

限制性内切酶的识别位点在 DNA 分子中出现的频率不同，识别位点序列短的限制性内切酶就会更频繁地切割 DNA 分子。

经限制酶切割后产生的 DNA 片段称为限制性片段，不同限制酶切割 DNA 后形成的限制性片段长度不同。设 A 或 T 在 DNA 分子中出现的频率为 x，G 或 C 出现的频率为 y，则限制酶在该 DNA 分子上切割频率（或位点频率）F 可用下式表示：

$$F = x^n y^m \tag{5-43}$$

式中，n 为限制酶识别顺序内双链 AT 碱基对数目；m 为限制酶识别顺序内双链 G、C 碱基对数目。

若构成 DNA 分子的碱基对数目 B 及限制酶识别位点核苷酶顺序均为已知，则限制酶在 DNA 分子上理论切割位点数 N 为

$$N = BF \tag{5-44}$$

假定在 DNA 分子中 4 种核苷酸残基数量相等，则识别顺序为四个碱基对顺序的限制酶在该 DNA 分子中切割位点出现概率为 $(1/4)^4$，或平均 256 个碱基对出现一个切割位点；对于识别 6 个碱基对顺序的限制酶，切割位点出现概率为 $(1/4)^6$，或平均 4096 个碱基对出现

一个切割位点，即限制性片段平均长度分别为 256 个和 4096 个碱基对。

商品化的限制性内切酶的种类、名称及识别序列在各家分子生物学试剂公司的产品目录中都有详细介绍，可以根据自己的克隆策略选用。

2. 连接酶

用于将两段乃至数段 DNA 片段拼接起来的酶称为连接酶（Ligase）。

基因工程中最常用的 DNA 连接酶有两种，一种是 T_4 DNA 连接酶（T_4 DNA Ligase），是从噬菌体 T_4 感染的大肠杆菌中分离纯化获得的，它催化 DNA 5′磷酸基与 3′羟基形成磷酸二酯键。另一种是大肠杆菌 DNA 连接酶（E. coli DNA Ligase），是直接从大肠杆菌中分离纯化的连接酶，其催化反应基本与 T_4 DNA 连接酶相同，只是催化反应需要 NAD 辅助因子参与。这两种连接酶催化连接反应的机制是类似的，都能把双链 DNA 中 1 条单链上相邻两核苷酸断开的磷酸二酯键（称为切口）重新闭合。两种连接酶催化的反应过程，在两个方面有不同，一方面是 T_4 DNA 连接酶可以催化平头末端的双链 DNA 链间的连接，也能催化黏性末端的双链 DNA 的连接。而大肠杆菌 DNA 连接酶对平头末端的双链 DNA 连接的催化效率极低，因此它一般使用于黏性末端连接。另一方面是，T_4 DNA 连接酶催化的反应需要能量因子 ATP 参与，而大肠杆菌 DNA 连接酶需 NAD 辅因子。所以，T_4 DNA 连接酶较大肠杆菌 DNA 连接酶更为常用。

T_4 DNA 连接酶的作用原理如图 5-33 所示。

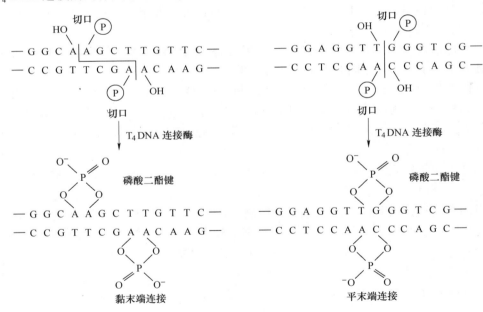

图 5-33 T_4 DNA 连接酶的作用原理

3. 基因工程中的修饰酶

（1）DNA 聚合酶（DNA polymerase） DNA 聚合酶催化以 DNA 为模板合成 DNA 的反应，在基因工程技术中用于 DNA 的体外合成。目前常用的 DNA 聚合酶有大肠杆菌 DNA 聚合酶 I（全酶）、大肠杆菌 DNA 聚合酶 I 的 Klenow 片段（Klenow 酶）、T_4 DNA 聚合酶及耐高温 DNA 聚合酶（如 Taq DNA 聚合酶）等。这些 DNA 聚合酶的共同特点是，它们都能够把脱氧核糖核苷酸连续地加到双链 DNA 分子引物链的 3′-羟基末端上。

1）大肠杆菌 DNA 聚合酶 I。该酶具有 3 种活性：5′→3′聚合酶活性、5′→3′外切酶活性及 3′→5′外切酶活性。它在分子克隆中主要用于制备供核酸分子杂交用的放射性同位素标记的 DNA 探针。

2）Klenow 聚合酶。它是由大肠杆菌 DNA 聚合酶 I（全酶）经枯草杆菌蛋白酶处理后产生出来的大片段分子。Klenow 聚合酶仍具有 5′→3′聚合酶活性和 3′→5′外切酶活性，但是失去了 5′→3′外切酶活性，主要用于填补经限制酶消化所形成的 DNA 3′-末端、合成 cDNA 的第二链及 DNA 序列的测定。

3）热稳定 DNA 聚合酶。TaqDNA 聚合酶是第一个被发现的热稳定 DNA 聚合酶，相对分子质量为 6.5×10^4，最佳反应温度为 70℃。TaqDNA 聚合酶主要用于聚合酶链反应（pCR）及 DNA 测序。

无论哪种 DNA 聚合酶，其催化的反应均为使两个 DNA 片段末端之间的磷酸基团和羟基基团连接形成磷酸二酯键。

当存在单链 DNA 模板及带 3′羟基的引物时，其反应可表示为

$$DNA-OH \xrightarrow[\text{dATP,dTTP,dCTP,dGTP,}Mg^{2+}]{\text{DNA 聚合酶}} DNA-(pdN)_n + nPPi \qquad (5-45)$$

DNA 聚合酶在基因工程中有多种用途，如 DNA 分子的体外合成、体外突变、DNA 片段探针的标记、DNA 的序列分析、DNA 分子的修复、聚合酶链式反应（PCR）等。

（2）反转录酶　反转录酶又称为逆转录酶，是一种有效的转录 RNA 产生 cDNA 的酶。产物 DNA 称 cDNA，即互补 DNA（Complementary DNA），该酶又称为依赖于 RNA 的 DNA 聚合酶（RNA-dependent DNA polymer ase），它具有 5′→3′聚合酶活性和 5′→3′外切酶活性。

反转录酶在基因工程中的主要用途是以真核 mRNA 为模板合成 cDNA，用以组建 cDNA 文库，进而分离为特定蛋白质编码的基因。近年来将反转录与 PCR 偶联建立起来的逆转 PCR（RT-PCR）使真核基因的分离更加有效。

目前已经从许多种 RNA 肿瘤病毒中分离到这种酶，但使用最普遍的是来源于鸟类骨髓母细胞瘤病毒（AMV）中的反转录酶。在体外以 mRNA 模板合成 cDNA，是反转录酶的最主要用途。

（3）T_4 多核苷酸酶　T_4 多核苷酸酶催化 ATP 的 γ-磷酸基团转移至 DNA 或 RNA 片段的 5′末端。在基因工程中主要用于：标记 DNA 片段的 5′端，制备杂交探针；基因化学合成中，寡核苷酸片段 5′磷酸化；测序引物的 5′磷酸标记。

（4）碱性磷酸酶　目前采用的碱性磷酸酶有两种，即来源于大肠杆菌的细菌碱性磷酸酶（BAP）和来源于牛小肠的牛小肠碱性磷酸酶（CIP）。CIP 的比活性比 BAP 高出 10 倍以上，而且对热敏感，便于加热使其失活。

碱性磷酸酶的功能是将 DNA 或 RNA 5′末端的磷酸基团变为羟基，反应表示如下

$$5'pDNA \text{ 或 } 5'pRNA \xrightarrow{\text{碱性磷酸酶}} 5'HODNA \text{ 或 } 5'OHRNA \qquad (5-46)$$

碱性磷酸酶可用于：去除 DNA 片段中的 5′磷酸，以防止在重组中的自身环化，提高重组效率，如图 5-34 所示；在用 $[\gamma^{-32}P]$ ATP 标记 DNA 或 RNA 的 5′磷酸前，去除 DNA 或 RNA 片段的非标记 5′磷酸。

除上面介绍的一些工具酶外，还有一些工具酶在基因工程的操作中被广泛应用，如核酸

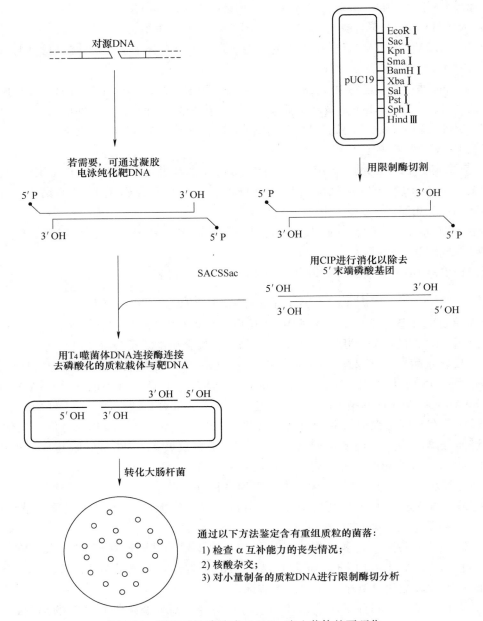

图 5-34 利用碱性磷酸酶（CIP）防止载体的再环化

酶 BAL31、脱氧核糖核酸酶Ⅰ（DNaseⅠ）、外切核酸酶Ⅲ等，这些核酸酶可用于核酸分子的修饰或降解。

5.3.5 重组体的构建

将目的基因或序列插入载体，并连接成为重组体，主要依靠双链 DNA 黏性末端单链序列的互补结合和 DNA 连接酶的作用，主要有以下几种方式。

（1）相同酶切位点的连接 如果目的序列两端有与载体上相同的限制性核酸内切酶位

点，则同一限制酶切开产生的黏性末端在降低温度（退火）时能重新配对，在 DNA 连接酶的催化下，形成 3′，5′-磷酸二酯链，将两端点连接起来，构成重组体分子，如图 5-35 所示。

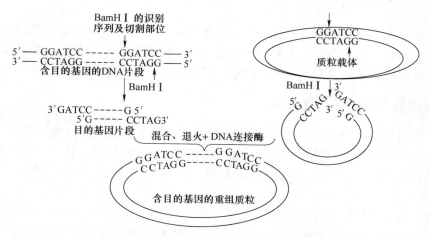

图 5-35　同一限制酶切割 DNA 新性末端的连接

（2）不同限制酶产生相同黏性末端的连接　不同的限制性核酸内切酶消化，如果产生的 DNA 的黏性末端相同，也同样可用上述方法连接，如上述识别 6bp 序列的 BamH I 和另一识别 4bp 序列的 Sau3A I，切割 DNA 后都产生 5-突出黏性末端 GATC，可以互补结合连接，如图 5-36 所示。

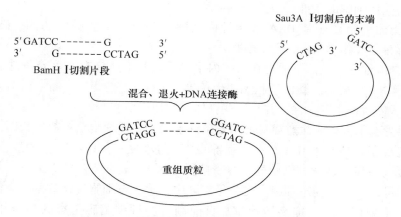

图 5-36　不同限制酶产生相同黏性末端的连接

（3）平末端连接　T₄DNA 连接酶也能催化限制性内切酶切割产生 DNA 平末端的连接。如果目的序列和载体上没有相同的限制性内切酶位点可供利用，用不同的限制性内切酶切割后的黏性末端不能互补结合，则可用适当的酶将 DNA 凸出的末端削平或补齐成平末端，再用 T₄DNA 连接酶连接，但平末端连接要比黏性末端连接的效率低得多。

（4）同聚物加尾连接　如果要连接的两个 DNA 片段没有能互补的黏性末端，可用末端转移酶催化，在 DNA 的 3′-末端添加一段同聚物序列，如一段 DNA 加上 polyG，另一段 DNA（载体）加上 polyC，这样人工地在 DNA 两端制造出能互补的共核苷酸多聚物黏性末端，退火后能结合连接，这种方法称为同聚物加尾法。

（5）人工接头连接　对平末端的 DNA 或载体 DNA，也可先连上人工设计合成的脱氧寡核苷酸双链接头，使 DNA 末端产生新的限制内切酶位点，经内切酶切割后，即可按黏性末端相连。

上述连接方法中以互补黏性末端的连接效率最高，应用最广。当缺乏合适的黏性末端酶切位点可以利用时，就不得不采用平端限制性内切酶制备载体和目的基因片段。平末端连接效率低，并有多拷贝插入及双向插入等缺陷，因此应用受到限制。

5.3.6　重组体 DNA 导入受体细胞

上述体外重组后的 DNA，必须经过一定的方式导入细胞之中进行复制或表达所要研究的目的蛋白产物，DNA 重组克隆的意义才能得以体现。重组体 DNA 转入宿主细胞，包括质粒 DNA 的转化、重组噬菌体的感染和重组 DNA 引入哺乳动物细胞转染几种类型。

1. 转化

把外源 DNA 分子导入细菌细胞的过程称为转化作用（Transformation）。广义的转化是指微生物通过摄取 DNA 而实现的基因转移。通过转化进入细胞的 DNA 可以同宿主菌发生重组，或者进行独立的复制。狭义的转化是指细菌细胞的感受态捕获 DNA 和复制质粒载体 DNA 的过程。

携带基因的外源 DNA 分子通过与膜结合进入受体细胞，并在其中稳定维持和表达。转化过程包括制备感受态细胞和转化处理。感受态细胞（Competent cells）是指处于能摄取外界 DNA 分子的生理状态的细胞。

（1）作为受体细胞的条件

1）有效受体细胞往往是 DNA 限制性内切酶缺陷型，不能随便切割、破坏重组载体 DNA 分子，保证了重组 DNA 分子稳定性。

2）作为受体细胞，应该不适合在人体内生存，以及不适合在非培养条件下生存；在非培养条件下，DNA 易裂解，受体细胞无法生长等。

3）质粒载体对寄主专一性，并且这些受体细胞便于监视等。

为制备感受态细胞，应注意在最适培养条件下培养受体细胞至对数生长期，培养时一般控制受体细胞密度 OD600 在 0.4 左右；制备的整个过程控制在 $0 \sim 4°C$。

（2）感受态细胞的转化　细菌处于容易接受外源 DNA 的状态叫感受态，大肠杆菌经过特殊的处理，可以形成感受态细胞。在分子克隆中，感受态细胞转化效率的高低是限制克隆成功率的一个重要因素。为提高转化率，目前制备各种细菌感受态的最常用方法是低温 $CaCl_2$ 法，转化效率一般为 $10^6 \sim 10^7$ 个转化子/μg（DNA），该方法操作简便，且重复性好。

大肠杆菌是使用最广泛的基因克隆受体，需经诱导才能变成感受态细胞，而有些细胞自然就可转变为感受态，或改变培养条件和培养基就可实现这种转变。

目前已有商品化的感受态细胞出售，但价格较昂贵。

2. 高压电穿孔法

电穿孔法是另一种常用的细菌转化方法，其转化效率为 $10^9 \sim 10^{10}$ 个转化子/μg（DNA），明显高于低温 $CaCl_2$ 法，但需要专用的电穿孔仪。酵母细胞的转化多采用电穿孔法。

所谓电穿孔法（Electroporation），简单地说，就是把宿主细胞置于一个外加电场中，通过电场脉冲在细胞壁上打孔，DNA 分子随即进入细胞。

电穿孔方法也因菌而异，通过调节电场强度、电脉冲的频率和用于转化的 DNA 浓度可将外源 DNA 导入细菌或真核细胞。其基本原理是：在适当的外加脉冲电场作用下，细胞膜（其基本组成为磷脂）由于电位差太大而呈现不稳定状态，从而产生孔隙使高分子（如 ATP）和低分子物质得以进入细胞质内，但还不至于使细胞受到致命伤害，当移动外加电场后，被击穿的膜孔可自行复原。

电压太低时 DNA 不能进入细胞膜，电压太高时细胞产生不可逆损伤，故应在 300～600V 为宜。以时间 20～100ms、温度 0℃ 为宜，使穿孔修复迟缓，DNA 进入机会多。

用电穿孔法实现基因导入比 $CaCl_2$ 转化法方便。对细菌而言，其转化率可高达 $10^9～10^{10}$ 转化体/μg DNA。该法需专门仪器，目前已有多家公司出售。

3. 多聚物介导法

聚乙二醇（PEG）和多聚赖氨酸等是协助 DNA 转移的常用多聚物，以 PEG 应用最广。这些多聚物同二价阳离子（如 Mg^{2+}、Ca^{2+}、Mn^{2+} 等）和 DNA 混合，可在原生质体表面形成颗粒沉淀，使 DNA 进入细胞内。

这种方法常用于酵母细胞及其他真菌细胞。处于对数生长期的细胞或菌丝体用消化细胞壁的酶处理变成球形体后，在适当浓度的聚乙二醇 6000（PEG 6000）的介导下将外源 DNA 导入受体细胞中。

4. 磷酸钙或 DEAE-葡聚糖介导的转染法

这是将外源基因导入哺乳类动物细胞进行瞬时表达的常规方法。

磷酸钙转染法的基本原理是：哺乳动物细胞能捕获黏附在细胞表面的 DNA-磷酸钙沉淀物，使 DNA 转入细胞。先将重组 DNA 同 $CaCl_2$ 混合制成 $CaCl_2$-DNA 溶液，随后与磷酸钙形成 DNA-磷酸钙沉淀，黏附在细胞表面，达到转染目的。被感染的 DNA 同正在溶液中形成的磷酸钙微粒共同沉淀后通过内吞作用进入受体细胞。

DEAE-dextran（乙胺乙基葡聚糖）是一种相对分子质量高的多聚阳离子试剂，能促进哺乳动物细胞捕获外源 DAN 分子。其作用机制尚不清楚，可能是其与 DNA 结合从而抑制核酸酶的作用或细胞结合从而促进 DNA 的内吞作用。

5. 原生质体融合法

将带重组质粒的细菌原生质体同受体细胞进行短暂的共培养，经过细胞膜融合，将重组 DNA 导入细胞。

6. 脂质体介导法

脂质体（Liposome）是由人工构建的磷脂双分子层组成的膜状结构，把用来转染的 DNA 分子包在其中，通过脂质体与细胞接触，将外源 DNA 分子导入受体细胞。其原理为：细胞膜表面带负电荷，脂质颗粒带正电荷，以电荷间引力将 DNA、mRNA 及单链 RNA 导入细胞内。该法的优点是稳定、温和。

7. 显微注射法

利用哺乳动物细胞便于注射的特性，将外源 DNA 分子通过显微注射法直接注入细胞。

8. 粒子轰击法

金属微粒在外力作用下达到一定速度后，可以进入植物细胞，但又不引起细胞致命伤害，仍能维持正常的生命活动。利用这一特性，先将含目的基因的外源 DNA 同钨、金等金属微粒混合，使 DNA 吸附在金属微粒表面，随后用基因枪轰击，通过氦气冲击波使 DNA 随高速金属微粒进入植物细胞，粒子轰击法（Particle bombardment）可直接处理植物器官或组织，是当今普遍应用的植物转基因方法。

9. 激光微束穿孔法

利用直径很小、能量很高的激光微束可引起细胞膜可逆性穿孔的原理，用激光处理细胞，处于细胞周围的重组 DNA 随之进入细胞。

此方法适用于活细胞中线粒体和叶绿体等细胞器的基因转移。

总之，基因导入的方法多种多样，可根据具体要求进行选择。具体操作可参考有关实验手册。

10. 重组噬菌体的感染

噬菌体或病毒进入宿主细胞并进行繁殖的过程称为感染（Infection）。在以重组噬菌体作为载体进行基因导入时，在体外将噬菌体外壳蛋白与重组体包装成有活力的噬菌体。

5.3.7　重组体的筛选

由于操作的失误及不可预测因素的干扰等，目的基因和载体并非能全部按照预先设计的方式重组，宿主不可能百分百地被转化（Transformation）、感染（Infection）或转染（Transfection），真正获得目的基因并能有效表达的克隆子一般来说只是一小部分，而绝大部分仍是原来的受体细胞，或者是不含目的基因的克隆子（Clone child）。为了从处理后的大量受体细胞中分离出真正的克隆子，目前已建立起一系列根据重组体的各种不同特征的筛选和鉴定的方法，概括起来有三类：生物学方法，包括遗传学方法、免疫学方法和噬菌斑的形成等；核酸杂交，通过 DNA-DNA、DNA-RNA 碱基配对的原理进行筛选，以探针的使用为核心，包括原位杂交、Southern 杂交、Northern 杂交等；物理方法，如电泳法等。不论哪一种筛选方法，最终目的是要证实基因是否按照人们所要求的顺序和方式正常存在于宿主细胞中。

1. 生物学方法

（1）遗传学方法

1）利用抗生素抗性基因。这是最早而且最广泛使用的方法。前述要求 DNA 重组载体带有筛选标记（Selection marker）就是为这一方法而设计的。质粒常有抗药性基因，如四环素抗性基因（Tet^r）、氨苄西林抗性基因（Amp^r）、卡那霉素抗性基因（Kan^r），当编码有这些抗药性基因的质粒携带目的 DNA 进入宿主细胞后，便可在内含这些抗生素的培养基中生长。但必须清楚地认识到，筛选的目的是要证实携带有目的 DNA 的质粒存在而非是单独这类质粒存在，因为不携带目的基因质粒进入宿主与 DNA 重组无关。为了防止这一误检，在体外故意将目的 DNA 插入到原质粒的某个抗性基因之中，使其失活，由此得到的宿主细胞便可在内含这一抗生素的培养基中存活，其余的被抑制或杀灭，这一方法称为插入失活检测法（Insertion inactivation detection method）。在实际操作中，同一质粒往往有两种抗药性基因，其中一个插入失活后，另一个仍完整存在，故筛选时要经过两次才能确认是其中一个抗药性基因被插入，这样就显得较麻烦。

例如，pBR322 质粒上有两个抗生素抗性基因，抗氨苄西林基因（Amp^r）上有单一的 Pst I 位点，抗四环素基因（Tet^r）上有 Sal I 和 BamH I 位点。当外源 DNA 片段插入到 Sal I/BamH I 位点时，抗四环素基因失活，这时含有重组体的菌株从 $Amp^r Tet^r$ 变为 $Amp^r Tet^s$。这样，凡是在 Amp^r 平板上生长而在 Amp^r、Tet^r 平板上不能生长的菌落就可能是所需的重组体，如图 5-37 所示。

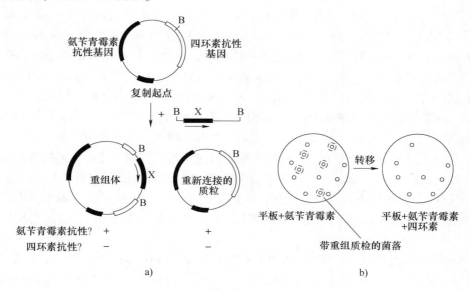

图 5-37　利用抗生素抗性基因筛选重组体
a）利用抗生素抗性基因插入失活进行筛选　b）复制平板

利用抗药性基因进行筛选的另一方法是直接筛选法（Direct screening method）。由于在一种质粒上往往具有两种抗药性基因，用插入失活检测法时要在分别含两种抗生素的平板上进行筛选，为了做到在一个平板上直接筛选，可将插入缺失重组后转化的宿主细胞培养在含四环素和环丝氨酸的培养基中，重组体 Tet^s 生长受到抑制，非重组体 Tet^r 虽能使细胞生长，但因环丝氨酸可在蛋白质合成时掺入而导致细胞死亡，受到抑制的重组体 Tet^s 接种到另一培养基中时便可重新生长。

2）营养缺陷互补法。宿主细胞在营养代谢上缺什么基因，重组后进入的外来 DNA 同时补充什么基因，由此实现营养缺陷互补。如宿主细胞有的缺少亮氨酸合成酶基因，有的缺少色氨酸合成酶基因，使用选择性培养基，实际上就是恰好缺少宿主细胞不能合成的那种物质。由插入失活而来的一种更直观的检测方法是 β-半乳糖苷酶显色反应。

用于宿主为 lac Z 基因缺陷的大肠杆菌，正常情况下大肠杆菌的乳糖操纵子中 lac Z 基因编码的 β-半乳糖苷酶分解乳糖为半乳糖和葡萄糖，当用异丙基硫代半乳糖苷（IPTG）代替乳糖为诱导物时，如果插入的外源 DNA 使处于质粒上的 lac Z 基因失活，则重组细胞不能使乳糖水解。而内含 IPTG 的培养基同时含 5-溴-4-氯-3-吲哚-β-D-半乳糖苷（x-gal），x-gal 相当于乳糖，x-gal 被水解，菌落呈蓝色，否则无色。要使 x-gal 被水解，处于质粒上的 lac Z 基因和缺少 lac Z 基因的宿主大肠杆菌应互补。由于 lac Z 基因处于乳糖操纵子的前 59 个密码子区段，一般称为 α 序列，故称这种互补为 α 互补。无 α 互补，无 x-gal 水解，便无蓝色出现。

例如 pUC 质粒载体含有 β-半乳糖苷酶基因（lac Z′）的调节片段。具完整乳糖操纵子的菌体能翻译 β-半乳糖苷酶（z），如果这个细胞带有没有插入目的 DNA 的 pUC19 质粒，当培养基中含有 IPTG 时，lac I 的产物就不能与 lac Z′的启动子区域结合，因此，质粒的 lac Z′就可以转录，进而翻译。lac Z 蛋白会与染色体 DNA 编码的一个蛋白形成具有活性的杂合 β-

半乳糖苷酶，当有底物 x-gal 存在时，x-gal 会被杂合的 β-半乳糖苷酶水解成一个蓝色的底物，即那些带有没有插入外源 DNA 片段的 pUC 19 质粒的菌落呈蓝色。如果 pUC 19 质粒中插入了目的 DNA 片段，就会破坏 lac Z′ 的结构，导致细胞无法产生功能性的 lac Z 蛋白，也就无法形成杂合 β-半乳糖苷酶，因而菌落是白色的。由此可以根据菌落的蓝、白颜色，筛选出含目的基因的重组体。这一方法大大简化了在这种质粒载体中鉴定重组体的工作。

（2）免疫学方法　免疫学方法（Immunological Method）是一个专一性强、灵敏度高的检测方法。在某些情况下，如待测的重组体既无任何基因表现特征，又无易得的杂交探针，免疫学方法则是筛选重组体的重要途径。使用这种方法的先决条件是重组基因可在受体细胞内表达，并且有目的蛋白的抗体。用自制或现有的同位素或其他方法标记的抗体和目的基因表达产物进行免疫反应，因宿主不同，非分泌型的宿主要对其菌落进行溶解和固定（原位放射免疫反应），分泌型的可进一步对蛋白质进行电泳分离，然后在膜上固定，固定后的表达产物再进行免疫反应。如果直接在培养基上进行免疫反应（沉淀法），在菌落周围将产生白色沉淀圈。

（3）利用噬菌斑筛选　λ 载体中重组的外源 DNA 达到 λDNA 的 75%～105% 长度时，进入 λ 宿主的重组的载体会在培养平板上形成清晰的噬菌斑（Plaque），所以噬菌斑的形成不仅要使重组后的 λ 体进入宿主，而且要使重组后的 λ 载体能自动包装成有活性的噬菌体颗粒。

2. 核酸杂交法

利用碱基配对的原理进行分子杂交（Molecular hybridization）是核酸分析的重要手段，也是鉴定基因重组体的常用方法。

核酸杂交法的关键是获得有放射性或非放射性但有其他类似放射性的探针，探针的 DNA 或 RNA 顺序是已知的。根据实验设计，先制备含目的 DNA 片段的探针，随后采用杂交方法进行鉴定。

核酸分子杂交的方法有多种，如原位杂交、点杂交、Southern 杂交等。核酸分子杂交的基本原理是：具有互补的特定核苷酸序列的单链 DNA 或 RNA 分子，当它们混合在一起时，其特定的同源区将会退火形成双链结构。利用放射性同位素 ^{32}P 标记的 DNA 或 RNA 作探针进行核酸杂交，即可进行重组体的筛选与鉴定（图 5-38）。

^{32}P 标记的脱氧核糖核苷三磷酸的结构式如图 5-39 所示。

为了操作方便，在大多数核酸杂交反应中，核酸分子都要转移或固定在某种固体支持物上。常用的固体支持物有醋酸纤维素滤膜、重氮苄氧甲基（DBM）-纤维素、氨基苯

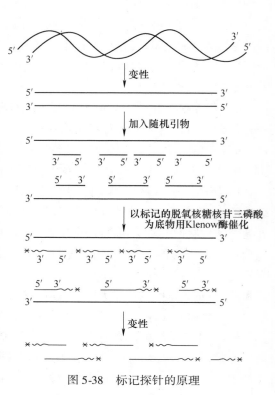

图 5-38　标记探针的原理

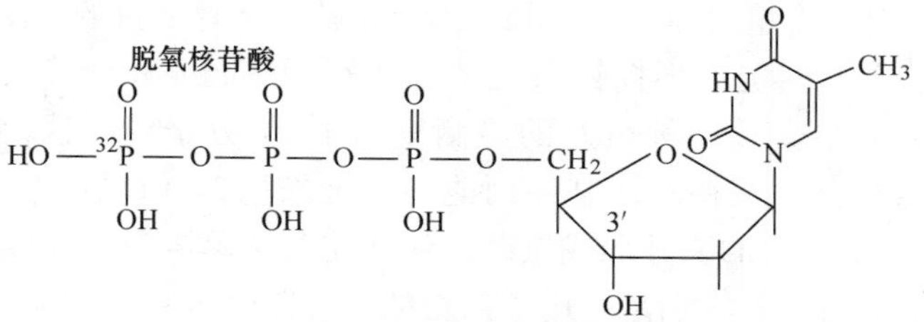

脱氧核苷酸

图 5-39　³²P 标记的脱氧核糖核苷三磷酸

硫醚（APT）-纤维素、尼龙膜及滤纸等。

在核酸杂交中固体支持物的选择取决于核酸的特性（如分子的大小）、杂交过程中所涉及的步骤数、杂交反应的灵敏度等。

（1）原位杂交　将含重组体的菌落或噬菌斑由平板转移到滤膜上并释放出 DNA，变性并固定在膜上，再同 DNA 探针杂交的方法称为原位杂交（In situ hybridization）。1975 年，由 Grunstein 和 Hogness 提出在醋酸纤维素滤膜原位裂解细菌菌落，并使释放出的 DNA 非共价结合于膜上，与相应的放射性标记的核酸探针进行杂交。利用这种方法能迅速地从数百个菌落中鉴定出含有目的 DNA 序列的菌落。1980 年 Hanahan 和 Meselsoh 又把这个方法加以改进，用于高密度菌落的检测，大大提高了检测效率。原位杂交也随之成为有效的手段，广泛地用于筛选基因组 DNA 文库和 cDNA 文库等。

原位杂交可分为原位菌落杂交（In situ colony hybridization）和原位噬菌斑杂交（In situ plaque hybridization），二者的基本原理是相同的。将转化后得到的菌落或重组噬菌体感染菌体得到的噬菌斑原位转移到硝酸纤维素滤膜上，得到一个与平板菌落或噬菌斑分布完全一致的复制品。通过菌体或噬菌体裂解、碱变性后，通过烘烤（约 80℃）将变性 DNA 不可逆地结合于滤膜上，这样固定在滤膜上的单链 DNA 就可用各种方法标记的探针进行杂交。通过洗涤除去多余的探针，将滤膜干燥后进行放射自显影。最后将胶片与原平板上菌落或噬菌斑的位置对比，就可以得到杂交阳性的菌落或噬菌斑（图 5-40）。

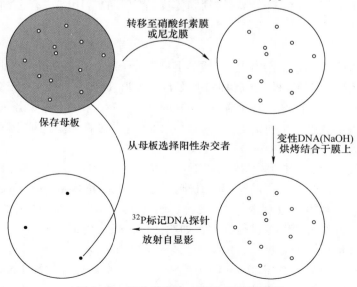

图 5-40　原位菌落杂交筛选原理示意图

（2）Southern 杂交　将重组体 DNA 用限制酶切割，分离出目的 DNA 后进行电泳分离，再将其原位转至薄膜上，固定后用探针杂交的方法称为 Southern 杂交。由 E. M. Southern 于 1975 年设计的 Southern 杂交是一种很好的检测重组 DNA 分子的手段之一。其原理是根据 DNA 分子中两条单链核苷酸互补的碱基序列能专一地按 AT、CG 配对，即在一定条件下单链 DNA 上的碱基与另一链上的碱基形成氢键，从而使两条单链杂交变成双链 DNA 分子。

该方法与原位杂交的最大区别是：用于杂交的核酸需经分离、纯化、限制酶解、凝胶电泳分离，然后转移到硝酸纤维素滤膜等固体支持物上，再与相应的探针杂交。凝胶中 DNA 片段的相对位道在 DNA 转移到滤膜的过程中继续保持着，而滤膜上的 DNA 与 ^{32}P 标记的探针杂交，通过放射自显影确定与探针互补的每一条带的位置，从而可以确定某一特定序列 DNA 片段的位置与大小（图 5-41）。

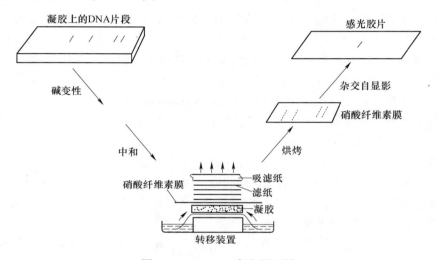

图 5-41　Southern 杂交原理图

在分子杂交中，将 DNA 从凝胶转移到固体支持物上的常用方法有毛细管转移法、真空转移法、电转移法。

3. 印迹技术

以 PAGE 为基础的电泳法是检测蛋白质等生物大分子的一项重要技术。由于聚丙烯酰胺凝胶易破损断裂，经不起检测过程中的各种物理及化学处理，因此，直接在凝胶上检测十分困难。

将完成 PAGE 后的分离区带转移到特定的固相膜上产生印迹，再用各种方法检测，对这些印迹进行分析鉴定，以检出所需的某一组分。由于这一过程与墨迹被吸印到吸墨纸上的过程类似，所以称为印迹法（Blotting）。

印迹技术中使用的固相纸膜的特点如下：质地柔软，耐用，可长期保存；具有化学基团，可与生物大分子结合。常用的有硝酸纤维素膜（Nitrocellulose membrane）。

印迹转移后，可利用抗原-抗体、酶-底物、DNA-相应 RNA 等物质间的特异亲和力，以这些成对物中的一方作为探针，进行标记，如酶标记、荧光标记、放射性同位素标记、特异性染色等。印迹技术是一种分析、鉴别生物大分子的有效技术。

上述的 Southern 杂交又称 Southern 印迹法，是以 RNA 为探针检测 DNA 的技术。Alwine 等将 Southern 印迹法应用于 RNA 检测，称为 Northern 印迹法、1979 年 Towbin 等把该法应用于蛋白质分析方面，称为 Western 印迹法。1982 年 Reinhart 将 IEF-PAGE 后的蛋白质分离区带以电驱动方式印迹转移，称为 Eastern 印迹法。以上四种印迹技术，除 Southern 印迹法是以发明人姓氏命名外，其他均为诙谐的称谓。

可以看出，Southern 杂交和 Northern 杂交类同。前者检测 DNA，后者检测 mRNA，两种方法实际上都是一种分子水平的原位杂交。获得的 DNA 和 mRNA 可以进一步做序列分析。利用分子杂交原理，可用重组体中的目的 DNA 为探针，反过来在已有总的 mRNA 中筛选出与已重组的 DNA 相对应的 mRNA，然后将由此挑选而来的 mRNA 在体外的无细胞翻译体系中进行翻译，经过对翻译产物的电泳和显影，搞清目的 DNA 和其编码的蛋白质之间的对应关系，这一方法称为转译（翻译）筛选法（Selection of translation）。

5.3.8 DNA 序列分析

生物学原理认为，核酸分子携带生命活动的全套信息，核酸由核苷酸的线性排列构成它的一级结构。阐明核酸，特别是 DNA 的核苷酸排列顺序是认识基因的结构、调节和表达的基础。DNA 序列分析是指通过一定的方法确定 DNA 上的核苷酸排列顺序，是基因工程中的重要技术之一，在基因的表达、结构与功能的研究中是必不可少的。

1953 年，Watson 和 Crick 提出 DNA 双螺旋结构模型以后，人们就开始探索研究 DNA 一级结构的方法。但是由于没有找到分别降解四种脱氧核糖核酸 [腺嘌呤脱氧核糖核酸（A）、鸟嘌呤脱氧核糖核酸（G）、胞嘧啶脱氧核糖核酸（C）、胸腺嘧啶脱氧核糖核酸（T）] 的专一酶，长期以来只能通过测定 RNA 的序列来推测 DNA 的序列。所用方法是先将 DNA 用酸水解或外切酶降解，再经双向电泳层析将其分开。这种方法既费时又不准确，测定 10 ~ 20 个核苷酸序列往往要花费 1 ~ 2 年的时间。

1977 年，英国剑桥大学的 Fred Sanger 和美国哈佛大学的 Alan Maxam、Walter Gilbert 领导的两个研究小组几乎同时发明了 DNA 序列测定方法，这为发展快速高效的 DNA 测序方法带来了曙光。Sanger 是用酶法降解 DNA，而 Maxam 和 Gilbert 采用的是化学断裂法。这两种 DNA 降解的方法中，前者更简便，更适合光学自动探测，因此大多数的 DNA 自动测序仪都采用这种方法将 DNA 链进行降解。这两种方法都是建立在分辨率极高的变性聚丙烯酰胺凝胶电泳的基础上的，这种电泳可以将相差仅一个核苷酸的单链 DNA 区分开来。Sanger 的酶法又称双脱氧链末端终止法，它是将模板 DNA 复制成分别终止于 A、C、G、T 四种基本核苷酸的 DNA 片段。

DNA 序列分析技术（DNA sequence analysis technology）极大地促进了基因的分离与鉴定、基因的表达调控及基因的结构和功能的研究。DNA 序列分析已从手工操作发展到自动分析。DNA 序列分析主要由以下三部分组成：具有不同长度的 DNA 片段的产生和标记；聚丙烯酰胺凝胶电泳；DNA 序列的显示，即测序胶放射自显影或在自动测序仪上通过自动记录荧光信号读取 DNA 序列。

1. Maxam-Gilbert 化学降解法

该法的原理是先用特异的化学试剂修饰 DNA 分子中的不同碱基，然后用哌啶切断多核苷酸链。利用四组不同的特异反应，将末端（3′端或 5′端）用放射性标记的 DNA 分子降解，形成不同长度的寡核苷酸，这些寡核苷酸的长度相当于从特异反应引起的切点到标记末端之间的 DNA 长度。可以通过凝胶电泳将每组反应中不同长度的寡核苷酸分离开来，对照四组不同的反应所产生的电泳带的位置，即可读出所测定的 DNA 序列。

（1）四组特异反应

1）G 反应。用硫酸二甲酯处理 DNA，使鸟嘌呤上的 N_7 质子甲基化。甲基化的鸟嘌呤与脱氧戊糖之间的键在中性环境中加热断裂，鸟嘌呤碱基脱落，多核苷酸骨架在鸟嘌呤处发生断裂，如图 5-42a 所示。

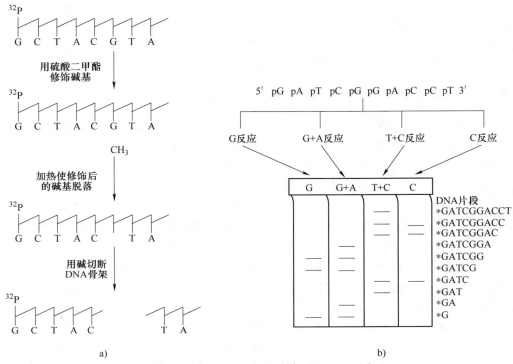

图 5-42　Maxam-Gilbert 法测序原理及 G 反应

2）G+A 反应。用甲酸使 A 和 G 嘌呤环上的 N 原子质子化，从而使其糖苷键变得不稳定，再用哌啶使嘌呤脱落。

3）T+C 反应。用肼使 T 和 C 的嘧啶环断裂，再用哌啶除去碱基。

4）C 反应。当有 NaCl 存在时，肼只与 C 发生反应，不与 T 反应，断裂的 C 可用哌啶除去。哌啶也可在经过化学修饰的位点使 DNA 的糖-磷酸链断裂。

Maxam-Gilbert 化学降解法（Chemical degradation）所用的修饰技术见表 5-13。

表 5-13　**Maxam-Gilbert 化学降解法的修饰技术**

碱　　　基	特异修饰方法[①]
G	在 pH=8.0 下，用硫酸二甲酯对 N_7 进行甲基化，使 C_8-C_9 键对碱裂解具有特异的敏感性
A+G	在 pH=2.0 下，哌啶甲酸可以使嘌呤环的 N 原子质子化，从而导致脱嘌呤，并因此削弱腺嘌呤和鸟嘌呤的糖苷键
C+T	肼可打开嘧啶环，后者重新环化成五元环后易于除去
C	在 15mol/L NaCl 存在下，只有胞嘧啶可同肼发生明显可见的反应
A>C	在 90℃下，用 12mol/L NaOH 处理可使 A 位点发生剧烈的断裂反应而 C 位点的断裂反应较微弱

① 热哌啶溶液（90℃，1mol/L，溶于水）可以在经过化学修饰的位点使 DNA 的糖-磷酸链发生裂解。

（2）Maxam-Gilbert 化学降解法的过程

1）用限制性内切酶将 DNA 切成大约 250bp 的片段。

2）用碱性磷酸酶除去 DNA 片段 5′段的磷酸基。

3）用 T$_4$ 多核苷酸激酶和（γ^{32}P）ATP，使 DNA 片段 5′段带上同位素标记。

4）用聚丙烯酰胺凝胶电泳纯化待测 DNA 片段，经碱变性后，回收其中的一条单链，分别进行上述四组不同反应。

5）反应产物进行聚丙烯酰胺凝胶电泳，然后放射自显影，从 X 线片上读出 DNA 序列，如图 5-42b 所示。

该法的优点是准确可靠，较易掌握，至今仍是常用的测序方法。其缺点是一轮反应所能测定的长度只有 250bp，测定大片段时非常麻烦。因此，目前更多地采用较简单快速的 Sanger 双脱氧法。

2. Sanger 双脱氧法

该法的原理是利用 2′，3′-双脱氧三磷酸核苷酸（2′，3′-ddNTP）来终止 DNA 复制反应。2′，3′-ddNTP 与 dNTP 的不同之处在于它们在脱氧核糖的 3′位置缺少一个羟基（图 5-43）。它们可在 DNA 聚合酶作用下通过其 5′磷酸基掺入到真正延伸的 DNA 链中。由于缺少 3′羟基，不能与后续的 dNTP 形成磷酸二酯键，因此，DNA 链的合成被终止（图 5-44）。从原理上讲，Sanger 法是开创性的。值得一提的是，Sanger 是世界上第一个建立蛋白质测序方法（Protein sequencing method）的，也是第一个解决 DNA 测序问题的，他一生因此获得了 1958 年和 1980 年的诺贝尔奖。

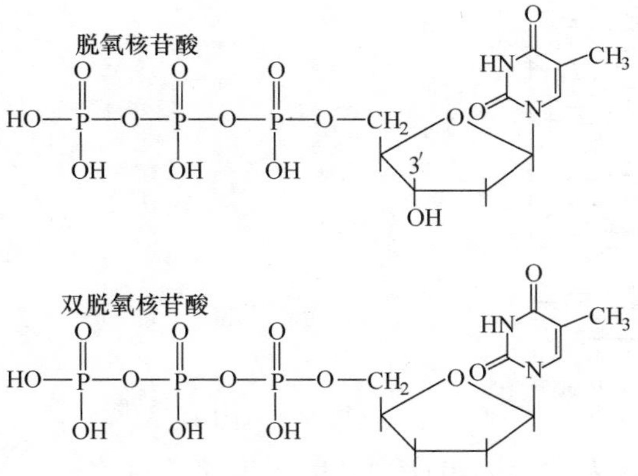

图 5-43　脱氧核苷酸及双脱氧核苷酸结构的比较 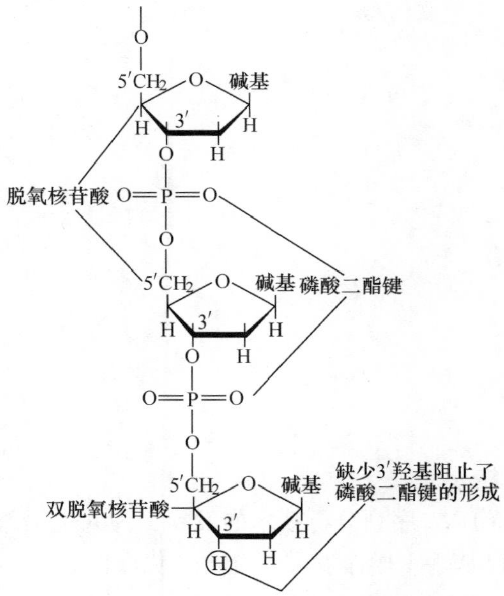　　　图 5-44　双脱氧核苷酸终止 DNA 合成

Sanger 法所用的试剂有：

1）模板。测序的模板即含有被测序列的 DNA 分子。模板的质量与数量同测序结果密切相关，模板同引物的比例一般采用摩尔比 1∶2 为宜。

2）引物。利用一个与模板链特定序列互补的合成寡核苷酸作为 DNA 合成的引物，引物一般长 15～29 个核苷酸，可视具体情况确定。

3）DNA 聚合酶。较广泛采用的测序酶是 T_7DNA 聚合酶。

4）放射性标记的 dNTP。一般采用 ［α-^{32}P］ 的 dNTP 和 dCTP。

5）利用 dNTP 类似物防止在二重对称的 DNA 区段（特别是 GC 含量高者）形成链内二级结构，在电泳过程中不能充分变性。这类 dNTP 类似物有 dNTP（2′-脱氧次黄苷-5′-三磷酸）、7-脱氧-dGTP 等。

这些试剂都可以从各试剂公司买到，并附有详细的操作说明。Sanger 双脱氧测序法如图 5-45 所示。

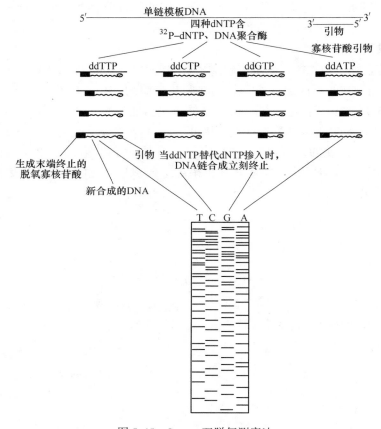

图 5-45　Sanger 双脱氧测序法

DNA 序列分析技术的发展，为人类最终解译人类基因组序列开辟了道路，目前这一技术已从手工操作发展到全自动化操作。

5.3.9　外源基因在宿主中的表达

将克隆的外源基因（Exogenous gene）转入宿主细胞（Host cell），最终是为了让外源基因获得表达，产生出相应的编码蛋白（Encoded protein）。要实现此目的，外源基因必须在调节元件控制下进行转录和表达。基因表达涉及转录（Transcription）和翻译（Translation）

两个方面。外源 DNA 首先要转录出 mRNA，然后在核糖体上进行蛋白质的合成，以获得酶、结构蛋白、激素、抗体等各种各样的功能蛋白。在许多条件下，新生的多肽需要经过转译后的加工和修饰，才能成为有功能的活性蛋白。真核和原核细胞在转录的起始与终止、转译前及转译后的加工过程上都有很大的区别。

1. 外源基因在原核细胞中的表达

大肠杆菌是最早采用的原核表达体系（Prokaryotic expression system），其优点是宿主遗传背景清楚，培养简单，迅速适应大规模生产；主要缺点是缺乏适当的翻译后加工机制，真核细胞来源的蛋白质不能进行糖基化修饰，产物常形成不溶性的包涵体。包涵体是外源蛋白与周围杂蛋白或核酸等形成的不溶性聚合体，后续纯化很困难。

影响外源基因表达的因素很多，包括载体中启动子的强弱、RNA 的翻译效率、密码子的选择、码子的选择、表达产物的大小、表达方式及表达产物的稳定性等。

蛋白质的表达方式有多种，有分泌表达、非分泌表达、融合表达和非融合表达等。在实际工作中，要针对相应的外源基因设计相应的表达策略，这里仅介绍一种目前常用的融合蛋白的表达。

融合表达（Fusion expression）是指将外源目的基因与另一基因构建成融合基因进行表达。融合蛋白由氨基端的原核蛋白、能被蛋白酶等裂解的肽序列以及目的蛋白组成。该表达方式较易获得高效表达，而且融合蛋白通常较天然的外源蛋白稳定，下游纯化也较为方便。融合表达也有一些缺点，如有时会在目的蛋白中引入其他氨基酸。近年来，发展出了多种新的融合蛋白表达系统，这些系统常利用一些特殊的短肽（如 6 个组氨酸的短肽）或者一些特殊的多肽（如谷胱甘肽巯基转移酶，GST）作为融合蛋白的一部分。因为 6 个组氨酸短肽可以和带有镍离子的琼脂糖珠结合，GST 可以与偶联有谷胱甘肽的琼脂糖珠结合，所以可以通过亲和层析技术纯化表达的融合蛋白。

2. 外源基因在真核细胞中的表达

与原核表达体系相比，真核表达体系具有更多的优越性。依宿主细胞的不同，真核表达系统可分为酵母、昆虫及哺乳类动物细胞表达系统等。这些表达系统在重组 DNA 药物、疫苗生产及其他生物制剂的生产上都获得了一些成功，在研究各种蛋白质分子在细胞中的功能方面也得到了非常广泛的应用。

利用真核细胞表达外源基因主要有两方面的目的：研究该基因在细胞中的作用和机制；获得足够量的纯化目的蛋白，用于治疗、诊断及结构研究。前者对表达系统的要求较低，只要宿主细胞适合、表达载体相配及载体对细胞功能无影响即可。如果外源蛋白对细胞有毒性，还可以选用诱导型表达载体。后者对表达系统要求较高，要获得足够量的、纯化的目的蛋白，则需要仔细选择表达系统。

哺乳动物细胞无疑是最理想的表达人类基因的系统，应为首选。人源性蛋白在哺乳动物细胞中可以获得与人类最接近的转录和翻译后修饰，因而可以较为精确地折叠成天然构象，具有最理想的活性。中国仓鼠卵巢（CHO）细胞就是在生物技术中应用最广泛的细胞之一。用哺乳动物细胞进行蛋白表达的主要缺点是表达水平不尽理想，且生产成本高。

酵母是单细胞真菌，也是比较成熟的工业用微生物，由于其易培养、无毒害且生物学特性研究比较清楚，因此很适合作为基因工程菌。酵母表达系统同时兼有大肠杆菌的表达水平高、易培养、成本低和真核细胞的可以较好折叠及修饰的优点。Pichia Pastoris 是目前较常用的一种酵母菌，用该系统表达外源基因，其最高表达水平可以达到 12g/L。到目前为止，许多酶、蛋白酶、蛋白酶抑制剂、受体、单链抗体及调节蛋白都在该系统中进行了成功表达。

利用昆虫病毒表达载体与培养的昆虫细胞形成的表达系统是另一种具有较高表达能力的表达系统，也是一种较有发展前景的真核表达系统。

5.3.10 基因工程在环境污染治理中的应用

自 1973 年 Jackson 等首次提出基因可以人工重组，并能在细菌中复制以来，基因工程作为一个新兴的研究领域得到了迅速发展，取得了喜人的成绩。基因工程基础研究涉及基因工程克隆载体、受体系统、基因组的研究及基因工程新技术的研究。基因工程的应用研究领域十分广泛，涉及基因工程药物（主要有干扰素类、生长素类、白细胞介素类、胰岛素类及肝炎疫苗等）、基因治疗、转基因植物、转基因动物、环境污染治理等领域。以下主要介绍基因工程在环境污染治理中的应用研究。

随着工业发展，大量的合成有机化合物进入环境，其中很大部分难以生物降解或降解缓慢，如多氯联苯、多氯烃类化合物，其水溶性差，难生物降解，在环境中的持留时间长达数年至数十年。

基因工程为改变细胞内的关键酶或酶系统提供了可能，从而可以提高微生物的降解速率，拓宽底物的专一性范围，维持低浓度下的代谢活胜，改善有机污染物降解过程中的生物催化稳定性等。

利用对不同底物具有降解活性的酶的组合构建新的复合代谢途径，已应用于卤代芳烃、烷基苯乙酸等的降解。通过引入编码新酶的活性基因，或对现有的基因物质进行改造、重组，构建新的微生物，可用于氯代芳烃混合物的降解。

下面主要介绍基因工程技术应用于提高 2,4,6-三硝基苯（TNT）的降解效率，拓宽微生物双氧合酶对多氯联苯（PCBs）和三氯乙烯（TCE）的底物专一性范围，以及增强微生物的除磷能力等方面的内容。

1. 设计复合代谢途径

硝基芳香族化合物，如炸药，即 2,4,6-三硝基甲苯（简称 TNT），由于苯环上有强的吸电子基团（—NO_2），因此难以用好氧生物降解，有关 TNT 作为微生物唯一碳源的报道极少，并且硝基脱除后形成的甲苯或其他芳香族衍生物难以进一步降解。

最近的研究报道称分离出一株假单胞菌（*Pseudomonas*），可以利用 TNT 作为唯一氮源，但形成的代谢产物甲苯、氨基甲苯和硝基甲苯不能被进一步降解，因为该微生物不能利用甲苯作为碳源生长。将具有甲苯完整降解途径的 TOL 质粒 pWWO-Km 导入该微生物，可以扩展微生物的代谢能力，构建的微生物可以利用 TNT 为唯一碳源和氮源生长，尽管 TNT 能被这种复合降解途径所代谢，但由于硝基甲苯还原形成的氨基甲苯仍然难以被降解。对该微生物进一步修饰，构建新的微生物消除其硝酸盐还原反应，可以使 TNT 完全降解。

2. 拓宽氧化酶的专一性

许多有毒有害有机物，如芳香烃、多氯联苯（PCBs）、氯代烃等，其最初的代谢反应大多由多组分氧合酶催化进行。这些关键酶的底物专一性阻碍了一些有机物的代谢，如多氯联苯的异构体等。如何拓宽这些酶的底物范围以有效降解环境中的这类物质，是环境生物技术领域研究的一个重要方面。

对于多氯联苯-联苯降解菌（*Pseudomonas Pseudoalcaligenes*）和甲苯-苯降解菌 *Pseudomonas putida* F1，其最初双氧合酶编码基因的遗传结构、大小和同源性是相似的。然而，*Pseudomonas Pseudoalcaligenes* 不能氧化甲苯，而 *Pseudomonas putida* F1 不能利用联苯作为碳源生长。将两种双氧合酶不同组分的编码基因"混合"，可以构建复合酶体系，以拓宽其底物专一性（图 5-46a、b）。将编码终端甲苯双氧合酶组分的基因 todC1 和 todC2 导入 *Pseudomonas Pseudoalcaligenes*（图 5-46c）可以构建重组菌株，使其能够氧化甲苯并利用其作为生长底物甲苯双氧合酶活性必需的组分铁氧化还原蛋白（FD）及其还原酶，显然可由宿主细胞中的联苯双氧合酶组分提供。用甲苯双氧合酶中的类似基因代替联苯双氧合酶中的终端铁硫蛋白的亚单元编码基与构建杂合多组分双氧合酶（图 5-46d）。这些新的杂合酶既可以氧化甲苯，又可以氧化联苯。由此可以看出，通过取代相关酶中的一些组分，可以改变其底物的专一性。

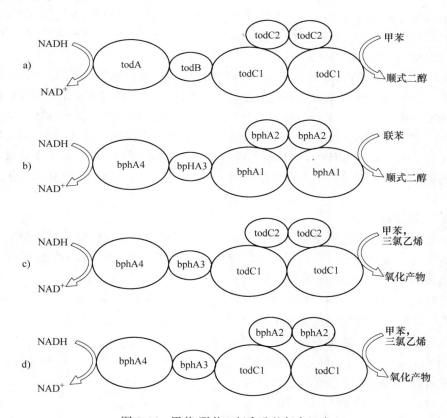

图 5-46　甲苯-联苯双氧合酶的复合组成

a）野生型甲苯双氧合酶的亚单元组分　b）野生型联苯双氧合酶的亚单元组分（野生型酶有严格的底物专一性）
c）包含甲苯双氧合酶终端组分（由 todC1 和 todC2 编码）和联苯双氧合酶部分组分的杂合酶体系，该体系扩充了对甲苯和二氯乙烯的底物专一性　d）由氧合酶组分结合构建的杂合酶，该酶由含有甲苯双氧合酶的大亚单位（由 todC1编码）和联苯双氧合酶的小亚单位（由 bphA2 编码）的氧合酶与联苯双氧合酶构建成，具有扩充的底物专一性

三氯乙烯（TCE）是一类存在广泛且难以生物降解的有机污染物，某些氧合酶可以进攻该分子，尽管氧化速率通常很低。甲苯双氧合酶对 TCE 具有部分活性，但在催化过程中易失活。*Pseudomonas Pseudoalcaligenes* 中天然的联苯双氧合酶不能氧化 TCE，但实验发现，构

建的包含甲苯双氧合酶大氧合酶亚单元的杂合联苯双氧合酶体系可以氧化 TCE，并且其氧化速率为天然甲苯双氧合酶的 3 倍。这是一个令人振奋的具有十分重要意义的发现，但目前未见进一步的研究报道。如果复合酶在 TCE 氧化过程中比甲苯双氧合酶更稳定，那么利用这种方法构建出的新的酶系统，拓宽其底物专一性，在环境污染物降解应用方面中将大有所为。拓宽联苯双氧合酶底物专一性范围的另一应用是降解多氯联苯（PCBs）。工业用 PCBs 的混合物（如 Aroclors）有 60～80 种同系物。处理受多氯联苯污染的土壤时，要求微生物能降解绝大多数或所有的这些同系物。因此，如何拓宽联苯双氧合酶的底物范围，成为近期研究的热点。

Bopp 的研究表明，*Pseudomonas* Sp. LB400 中的联苯双氧合酶能氧化较广谱的 PCBs 同系物，包括一些六氯代联苯，但对一些对位取代的同系物，如 4,4′-氯代联苯，2、4,4′-氯代联苯、2,4,3′,4′-氯代联苯的降解很慢。P. *Pseudoalcaligenes* KF707 中的联苯双氧合酶对 PCBs 的作用范围较窄，但能降解对位取代的同系物。上述两种酶系统的 DNA 完整序列已经知道，并且两者具有很高程度的序列同源性。这些联苯双氧合酶中的两个组分是完全相同的，其他组分也显示出 95% 以上的等同性。

Erickson 等认为，将 P. *Pseudoalcaligenes* KF707 联苯双氧合酶的终端组分中的氨基酸引入到 *Pseudomonas* Sp. LB400 双氧合酶终端组分中可以增加后者酶对对位取代的 PCBs 的降解活性。利用定位诱变，在 LB400 酶终端组分中改变 4 个氨基酸，即将区域 335～341 的 TFN-NIRI 改变成 KF707 中的 AINTIRT。当诱变质粒转入到 E. coli 细胞后进行 PCBs 同系物专一性分析，发现新的酶对对位取代的 PCBs 具有降解活性，并同时保留了 LB400 联苯双氧合酶较广谱的底物范围。上述实验表明，可以通过对关键酶类的基因改造来拓宽其对底物降解的专一性范围。

3. 增强无机磷的去除

磷是引起水体富营养化的重要因素之一。无机磷可以用化学法沉淀去除，但生物法更为经济。受微生物本身的限制，活性污泥法只能去除城市废水中 20%～40% 的无机磷。

有些细菌能够以聚磷酸盐的形式过量积累磷。大肠杆菌（E. coli）中控制磷积累和聚磷酸形成的磷酸盐专一输运系统和 Poly P 激酶由 PST 操纵子编码。通过对编码 Poly P 激酶的基因 PPK 和编码用于再生 ATP 的乙酸激酶的基因 ACK A 进行基因扩增，可以有效地提高 E. coli 对无机磷的去除能力（图 5-47）。重组体 E. coli 中包含有高拷贝数的含有 ACK A 和 PPK 基因的质粒，并能高水平地表达相应的酶活性，与缺乏质粒的原始菌株相比，重组体的除磷能力提高 2～3 倍。实验观察到，含有 Poly P 激酶和乙酸激酶扩增基因的菌株除磷速率最高。该菌

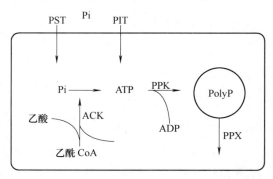

图 5-47 利用基因过程改善 E. coli 除磷能力的示意图

P i—磷酸盐 ACK—乙酸激酶 PIT—低亲和力的
磷酸盐转移系统 PST—专一的磷酸盐转移系统
PPX—胞外聚磷酸盐 CoA—辅酶 A

株可在 4h 内将 0.5mmol/L 的磷酸盐去除约 90%，而对照菌株在相同的时间内仅去除 20% 左右。此结果显示，通过基因工程改进酶的活性，在无机污染物如磷的处理方面也大有潜力。

5.4　微生物细胞工程

5.4.1　细胞工程概述

细胞工程（Cell engineering）是在细胞水平上研究、开发、利用各类细胞的工程，简单地说，是应用细胞生物学和分子生物学等学科的理论与技术，按照人们的要求，有计划地大规模培养生物组织和细胞以获得生物及其产品，或改变细胞的遗传组成以产生新的品种，为社会和人类生活提供需要的技术。

细胞工程主要包括细胞培养、细胞融合、细胞重组及遗传物质转移四个方面。

（1）细胞培养　细胞培养（Cell culture）是将细胞从生物体内取出，然后在特制的培养容器内给予必要的生长条件，使其在体外继续生长与繁殖。细胞在体外培养的关键在于两个因素，一是营养，即培养基的配方，不同的细胞需要不同的培养基组分；二是生长环境，如温度、pH 值等。细胞培养有动物细胞培养，植物的花粉、原生质体的培养等。

（2）细胞融合　在一定条件下，将两个或多个细胞融合为一个细胞的过程称为细胞融合（Cell fusion），又称为细胞杂交（Cell hybridization）。当前，细胞融合已经成为遗传转化试验与研究的最有效手段之一。细胞的融合过程：细胞在促融因子作用下出现凝集现象，细胞之间的质膜发生粘连，细胞质开始融合，然后在培养过程中发生核融合，形成杂种细胞。现在，不仅动物之间、植物种间可以融合，动物和植物细胞之间也可以杂交。

（3）细胞重组　在体外条件下，运用试验技术从活细胞中分离出各种细胞的结构或组件，再根据需要把它们在不同的细胞之间重新进行装配，成为具有生物活性的细胞。细胞重组（Cellular reprogramming）有核移植和细胞器移植。核移植的技术比较简单，主要是借助显微操作仪，在显微镜下用微吸管把一个细胞中的细胞核吸出，直接移到另一个去核的细胞中；细胞器移植则是通过原生质体对已分离纯化的叶绿体的胞饮作用，进行叶绿体移植，或通过微注射、载体转移及胞饮摄入进行线粒体移植。

（4）遗传物质转移　遗传物质转移（Transfer of genetic material）是基因在细胞水平上的转移。目前在动植物中进行基因转移的方法主要是载体法和直接导入法。双子叶植物如番茄、甜菜、棉花和大豆等常用载体转移基因的方法，将含有外源基因的根瘤农杆菌与受体原生质体共同培养，或将含有外源基因的质粒和受体原生质体用聚乙二醇处理转化，最后由转化体培育成转化植物。而直接导入法中最常用的是微注射法，即在显微操作仪的帮助下，用微针直接对细胞进行注射，直接将外源基因注入一个受体的受精卵的核内，然后合子便能发育成胚，并进一步发育成为成熟的个体。

细胞工程的发展建立在细胞融合的基础上，人们可以根据需要，经过科学设计，在细胞水平上改造生物的遗传物质。它所要求的技术条件、实验设备及试剂、经费等均比基因工程要求的低一些。利用细胞工程技术，可以大量培养细胞组织乃至完整个体。迄今为止，人们从基因水平、细胞器水平及细胞水平等多层次上开展了大量研究工作，在细胞培养、细胞融合、细胞代谢物的生产和克隆等方面取得了辉煌的成绩。

细胞工程与基因工程的关系如图 5-48 所示。可以看出，除在被转移遗传物质的水平及遗传物质的转移方法方面细胞工程与基因工程有着明显差异外，在选择、纯化、鉴定等方面，二者的步骤与方法基本类似，仅仅是针对不同的实验对象采用不同的方法而已。现在，两大技术间出现了相互渗透的趋势，如细胞工程中利用细胞杂交方法来制备单克隆抗体；基因工程中利用单克隆抗体来选择转移基因表达的阳性物质，极大地提高了选择的速度与效率；细胞工程也采用提取 DNA 和 RNA 直接转入细胞的方法等。

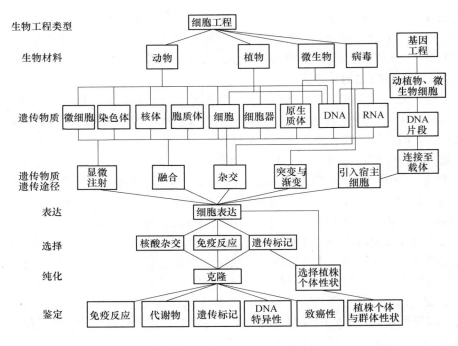

图 5-48 细胞工程与基因工程的关系

在生物技术中，细胞工程占据十分重要的地位，由于其应用上的价值，越来越受到人们的重视。目前，细胞工程所涉及的主要技术有动植物组织和细胞的培养技术、细胞融合技术、细胞器移植和细胞重组技术、体外授精技术、染色体工程技术、DNA 重组技术和基因转移技术等。这些技术有些在细胞水平上，也有些在基因水平上，它们之间是密切联系的，基因工程技术不断渗透到现代细胞工程中来，在细胞工程的研究开发中发挥着重要作用。细胞工程的主要技术及其应用如图 5-49 所示。

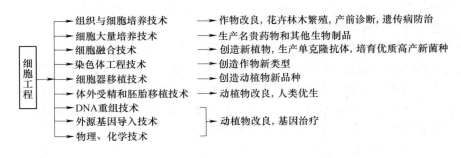

图 5-49 细胞工程的主要技术及其应用

5.4.2 微生物细胞工程

1. 微生物细胞工程概述

微生物细胞工程（Microbial cell engineering）是应用微生物进行细胞水平的研究和生产，具体内容包括各种微生物细胞的培养、遗传性状的改造、微生物细胞的直接利用或获得细胞代谢产物等。

（1）微生物的培养　包括不同微生物的营养要求以及各种微生物的培养方法，此部分内容将在"发酵工程"部分详细介绍。

（2）遗传性状的改造　改变微生物的遗传性状，主要是为了进行基础性遗传学研究或选育高产菌株，前者属"遗传学"内容。进行微生物育种的途径很多，主要有物理或化学诱变、DNA 重组等。诱变育种将在"发酵工程"部分介绍。DNA 重组技术已在"基因工程"中有所论述。近年来应用很广，而且技术操作与条件要求都比较简单的微生物原生质体融合技术日益受到人们的重视，也是本节的主要内容。

（3）微生物细胞的应用　包括应用微生物细胞本身，如生产单细胞蛋白（Single cell protein，SCP），或利用微生物细胞进行有用产物的生产。

本节主要讨论微生物细胞原生质体融合技术，主要有以下两方面考虑：

1）原生质体融合是进行细胞遗传重组的最简便方法，其优点很多，特别是在不具有结合作用的菌株之间，或对感受态尚不了解的菌株，除去细胞壁之后，原生质体之间可以比较容易地进行细胞质融合，进而核融合。

2）通过 DNA 重组技术，携带外源 DNA 的载体，在适当的条件下可以进入受体细胞，如 pBR 322 可以较容易地进入大肠杆菌细胞中，但对链霉菌、酵母菌、丝状真菌，这种转化是十分困难的。因此，消除细胞壁的原生质体是目前将重组 DNA 技术用于上述微生物的关键环节。为使重组 DNA 技术成功，受体菌原生质体的形成与再生都是十分重要的。

图 5-50 是微生物原生质体融合过程的示意图。

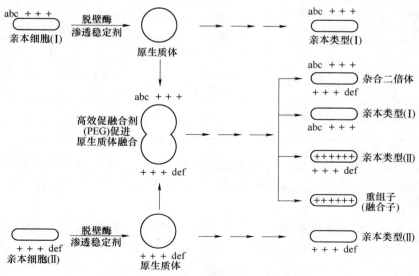

a,b,c,d,e,f—亲本细胞遗传标记(营养缺陷型)

图 5-50　微生物原生质体融合过程简单示意图

在原生质体融合的基本过程中，经培养获得大量菌体细胞，用脱壁酶处理脱壁，制成原生质体。将两种不同菌株的原生质体混合在一起，使原生质体彼此接触、融合，使融合的原生质体在合适的培养基平板上再生出细胞壁，并生长繁殖，形成菌落，最后测定参与融合的性状、重组或产量变化情况，以筛选出重组子。

2. 微生物细胞融合

根据进化的程度及细胞结构分化程度，可将微生物分为原核生物和真核生物两大类。两者的主要差别在于核的结构。真核生物细胞有一真正的细胞核，即由核膜包裹的结构，核膜内是含有遗传物质的染色体结构。原核细胞没有真正的核，其遗传物质包含于裸露在细胞内的单个 DNA 分子中。

（1）原生质体及其制备　细菌细胞外有一层成分不同、结构相异的坚韧的细胞壁，形成了抵抗不良环境因素的天然屏障。正是这一层坚厚的细胞壁，阻止了不同细胞间内含物的接触、混合，从而阻止了遗传信息的重组。

为了进行细胞融合，必须先除去细胞壁。目前常用的方法是酶解法。溶菌酶（Lysozyme）广泛存在于动植物、微生物细胞及其分泌物中，它能特异地切开肽聚糖中 N-乙酰胞壁酸与 N-乙酰葡萄糖胺之间的 β-1,4-糖苷键，从而使革兰氏阳性菌的细胞壁溶解。但由于革兰氏阴性菌细胞壁组分与革兰氏阳性菌的差异，处理革兰氏阴性菌时，除了溶菌酶外，一般还需添加 EDTA，才能除去它们的细胞壁，制得原生质体。

原生质体的形成率可按下式计算：

$$原生质体形成率 = 原生质体数/未经酶处理的总菌数$$

根据微生物细胞壁的不同结构和组成，可采用不同的脱壁方法。各种微生物细胞的脱壁方法见表 5-14。

表 5-14　不同微生物细胞的脱壁方法

微　生　物		细胞壁主要成分	脱　壁　方　法
革兰氏阳性细菌	芽孢杆菌	肽聚糖	溶菌酶处理
	葡萄球菌		溶葡萄球菌素处理
革兰氏阴性细菌	大肠杆菌	肽聚糖、脂多糖	溶菌酶、EDTA 处理
	棒状杆菌		溶菌酶（生长时加 0.8μg/mL 青霉素钠盐）
放线菌	链霉菌	肽聚糖	溶菌酶处理（菌丝生长培养基中补充甘氨酸，加量随菌种而异）
	小单孢菌		溶菌酶处理（补充甘氨酸 0.2%~0.5%）
真菌	霉菌	纤维素、几丁质	纤维素酶、蜗牛酶
	酵母	葡聚糖、几丁质	蜗牛酶

细胞壁溶解后，原生质体即以球状体的形式开始释放，由于原生质体对渗透压很敏感（图 5-51），必须使用渗透压稳定剂维持其稳定性，常用的渗透压稳定剂有蔗糖、KCl、NaCl 及多种糖和糖醇。

使原生质体回复到原来的细胞形状需要再生出细胞壁，将原生质体置于高渗再生固体培养基中，经培养后有一定比例的原生质体可再生出细胞壁。

（2）融合重组　细胞融合就是把两亲株的原生质体混合在一起，促进融合，然后将融合液涂布在平板上再生，检出重组子，如图 5-52 所示。

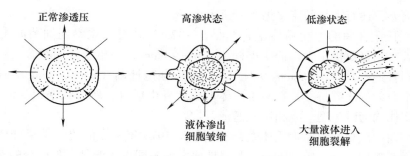

图 5-51　渗透压对原生质体的影响

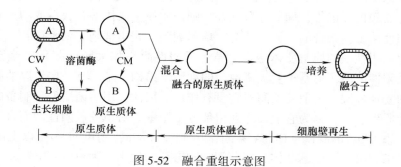

图 5-52　融合重组示意图

CW—细胞壁　CM—细胞膜

（3）原生质体再生成细胞　使原生质体再生成细胞，是细胞融合的一个关键环节。不同微生物的原生质体要求的再生条件不同。再生频率的测定可利用原生质体对渗透压敏感的特性来设计，将原生质体用水稀释处理，使原生质体破裂失活，然后涂布于再生培养基平板，这样长出的菌落代表非原生质化的细胞数。未经水稀释而用高渗稳定剂稀释的原生质体在再生培养基平板上长出的菌落数为原生质体和非原生质化细胞的总和。两者之差即为原生质体再生细胞数。再生频率可按下式计算

$$再生频率 = （原生质体再生细胞数/总菌落数）×100\%$$

制备不同菌株的原生质体时，其原生质化细胞的多少和再生频率的高低，将影响融合重组的频率。

（4）融合重组的测定　通常采用染色体标记的遗传重组体来检测，如果两亲株的遗传标记为营养缺陷型 A^+B^- 及 A^-B^+，或抗药性标记为 Sm^rTc^s 及 Sm^sTc^r，则其重组子应为原养型 A^+B^+ 或双重抗性 Sm^rTc^r。检出重组子的方法有直接法和间接法两种。直接法是将融合液涂布在不补充两亲株生长所需营养物或补充两种药物的再生培养基平板上，直接筛选出原养型或双重抗药性的重组子。间接法是将融合液涂布在营养丰富的再生培养基平板上，使亲株和重组子都再生，然后用印迹法复制到选择培养基上以检出重组子。融合频率可按下式计算

$$融合频率 = 融合子数/再生的原生质体数$$

3. 原核细胞的原生质体融合

细菌是最典型的原核生物，它们都是单细胞生物，根据细胞壁的差异可将细菌分成革兰氏阳性菌和革兰氏阴性菌两大类，前者肽聚糖约占细胞壁成分的 90%，后者在细胞壁上除

了部分肽聚糖外，还有大量的脂多糖等有机大分子。

（1）革兰氏阳性菌的原生质体融合　早在1925年就有人观察到细菌原生质体及其融合，随后有人采用显微摄影术，证实类杆菌（Bacteroides）原生质体的融合。后来，用同样的方法观察到普遍变形菌（Proteus vulgaris）、炭疽芽孢杆菌（Bacillus anthracis）的原生质体融合。这个时期的研究特征是：原生质体形成就发生融合；融合频率相当低，无法估计；参与融合的亲体均为野生型，有相同的遗传背景。

真正在细菌中成功实现原生质体融合的例子是1976年发表的关于枯草杆菌和巨大芽孢杆菌的融合，两者均为革兰氏阳性菌。与早期研究的不同点主要是参与融合的亲体细胞都是带有各种遗传标记的突变型，包括营养缺陷型、对抗生素敏感型、温度敏感型、呼吸缺陷型、带有形态及颜色标记等，如果导致互补，则说明原生质体融合获得成功。

革兰氏阳性菌细胞融合的主要步骤为：培养细胞；收集细胞；细胞融合；重组子筛选。

（2）革兰氏阴性菌的原生质体融合　革兰氏阴性菌（如大肠杆菌）细胞壁中的肽聚糖层远比革兰氏阳性菌薄，但是革兰氏阴性菌的细胞壁结构复杂，有一层较厚的脂类、多糖和蛋白质组成的复杂外层，一般溶菌酶对它没有作用。因此，用溶菌酶处理制备的不称为原生质体，而称为原生质球，因为它上面还残留部分细胞壁。对革兰氏阴性菌而言，在加入溶菌酶数分钟后，添加0.1mol/L的EDTA共同作用15~20min，则可使90%以上的革兰氏阴性菌转变为可供细胞融合用的球状体。细菌间细胞融合的检出率为$10^{-5} \sim 10^{-2}$。

4. 真核细胞的原生质体融合

真菌主要有单细胞的酵母类和多细胞的丝状真菌类。同样，降解它们的细胞壁，制备原生质体是细胞融合的关键。

真菌细胞壁成分比较复杂，主要由几丁质及各类葡聚糖构成纤维网状结构，其中夹杂少量的甘露糖、蛋白质和脂类，可用消解酶（Zymolase）或蜗牛酶处理，也可用纤维素酶、几丁质酶等处理，原生质体获得率在90%以上。

真菌原生质体融合与前述的原核细胞融合类似，但由于真菌一般都是单倍体，融合后，只有那些形成真正单倍重组体的融合子才能稳定传代，具有杂合双倍体的异核体的融合子遗传特性不稳定，需经多代考证才能断定是否为真正的杂合细胞。

原生质体融合重组作为基因转移的一种有效方法，需经历三个主要阶段，即细胞融合形成异核体，不同核融合产生二倍体，融合核交换和重组生成重组体。

5.4.3　细胞融合构建环境工程菌

1. 原生质体的制备与融合方法

（1）原生质体及其融合构建新物种　Weibull等在1953年首先提出了原生质体的概念：细胞质壁分离后去掉细胞壁余下那部分结构称为原生质体（Protoplast）。原生质体具备原有细胞的全部内部结构与生理性能，但是它完全无细胞壁，失去了细胞的刚性而呈球形，对渗透压十分敏感。因为去除了细胞壁，所以原生质体比较容易吸收外来的DNA、蛋白质等，同时，对外界理化因子比较敏感，在原生质体外面仅存原生质膜，在外界理化融合因子的诱导下，不同物种的原生质体间的质膜相互融合杂交，并在适当的条件下，融合的原生质体再生出细胞壁并恢复原来完整的细胞形态与群落形态，构成具有多种遗传性状的新物种。这样就克服了传统杂交方法所面临的远缘杂交障碍。

（2）原生质体融合方法

1）亲本的选择。选择两种适合重组的亲本菌株，选定适宜的遗传标记，如选营养缺陷型或对抗生素具有抗性的菌株作为理想的原生质体融合的亲本菌株材料。

2）原生质体制备。选用适合的酶系，在等渗溶液中溶解细胞壁。对酶的选择主要取决于对细胞壁成分的了解。例如，真菌的细胞壁成分主要为纤维素和几丁质，因此在制备真菌原生质体时，应选择纤维素酶；细菌的细胞壁成分主要为多聚糖，则常常使用溶菌酶。

在原生质体制备时，应根据所选生物材料，对原生质体产率的最佳条件进行摸索，如生物的生理状况、pH 值、酶解温度、细胞密度及酶的浓度等。

3）原生质体的再生。酶解后得到的原生质体能够在等渗的培养基中重建细胞壁，恢复细胞完整形态，并能生长、分裂的过程称为再生。这是以融合法进行细胞遗传结构改造的前提。一般来说，原生质体比较容易在合适的培养基中再生，但其再生率差距很大，可从百分之几到百分之百。这与菌种、酶解条件及再生条件有关。在进行原生质体融合实验前，必须做再生实验。

4）原生质体的融合与融合子的检出。目前常用的诱导原生质体融合的方法有化学促融法和电诱导法。

① 化学诱导法。常用于细胞融合的化学促融剂是聚乙二醇（PEG），方法是在得到两亲本原生质体后，等量混合两亲本的原生质体，加入适量的 PEG 和钙离子溶液，保温后，洗去多余的 PEG，在选择培养基上筛选出融合子。PEG 的促融机理是 PEG 在相邻原生质体的流动镶嵌型质膜之间形成一种分子桥，沟通两亲本的质膜，改变了质膜的某些性质，并降低了原生质体的表面势能，使质膜上的蛋白质凝聚，形成了容易融合的无蛋白颗粒的磷脂双层区，导致原生质体进一步融合。

② 电融合法（Cell Fusion Induced by Electric Field）。该法是借助电场的作用，引发细胞融合。其特点是快速、简便且融合率高，很有发展前途。其原理是：在交流电场中细胞之间相互粘连处的两极电势能高于细胞表面的其他任何一点。因此，当对电场再施加高强度的瞬时电脉冲时，电势能最高的两细胞接触处的细胞膜首先破裂，脉冲消失后，不同细胞的破裂细胞膜又相互粘连，形成了两细胞的融合子。图 5-53 是电诱导细胞融合原理示意图。

2. 原生质体融合构建环境工程菌

原生质体融合技术在环境科学及废水处理研究中的应用始于 20 世纪 80 年代。在生物降解反应中，微生物细胞间的互生现象普遍存在，究其机理，可能是由于微生物间相互提供了彼此生长或发生降解反应所需的某种生长因子，或是由于互补作用形成一个所需降解酶活性很高的反应体系。对于有互生作用的细胞，通过原生质体融合技术，可将多个细胞的优势集中到一个细胞内。

1）原生质体融合构建苯环化合物降解菌。*Pseudomonas alcaligenes* CO 可降解苯甲酸酯和 3-氯苯甲酸酯，但不能利用甲苯，*Pseudomonas putida* R5-3 可以降解苯甲酸酯和甲苯，但不能利用 3-氯苯甲酸酯，两菌株均不能利用 1,4-二氯苯甲酸酯，融合后得到可以同时降解上述 4 种化学污染物的融合子 CB1-9。说明通过原生质体融合可以集中双亲的优良性状，并可产生新的性能，这一现象有着极为重要的应用价值。用来自乙二醇降解菌 *Pseudomonas mendocina* 3RE-15 和甲醇降解菌 *Bacillus lentus* 3RM-2 的 DNA，转化至降解苯甲酸和苯的

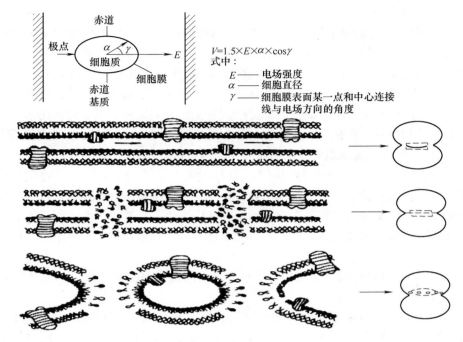

图 5-53　电诱导细胞融合原理示意图

式中：
$$V=1.5\times E\times\alpha\times\cos\gamma$$

E —— 电场强度
α —— 细胞直径
γ —— 细胞膜表面某一点和中心连线与电场方向的角度

Acinetobacter calcoaceticus T3 的原生质体中，获得的融合菌株 TEM-1 可同时降解苯甲酸、苯、甲醇和乙二醇，降解率分别为 100%、100%、84.2%、63.5%，此菌株用于化纤污水处理，对 COD 去除率可达 67.36%，高于三株菌混合培养时的降解能力。

2）原生质体融合构建纤维素降解菌。两株脱氢双香草醛（DDV）降解菌 *Fusobacterium varium* 和 *Enteroccus faecium*（DDV 是与纤维素相关的有机化合物）在分别作用时，8d 降解 3%～10% 的脱氢双香草醛；混合培养时降解率可达到 30%，说明有明显的互生作用存在。将两株菌进行原生质体融合，融合率为（0.9～1.3）×10^{-5}，从中获得 5 株融合子，其降解活力上升 2～4 倍，其中 FE7 菌株降解率高达 80%，利用 Southern DNA 杂交技术检测后证实，融合子中确实带有双亲的 DNA 序列。从这一研究可以看出，原生质体融合得到的重组子细胞降解力不仅高于两个亲株作用，甚至还远远高于两个亲株混合培养的降解力。将重组子 FE7 和革兰氏阳性具有纤维素分解能力的白色瘤胃球菌（*Ruminococcus albus*）融合，将纤维素降解基因引入到 FE7 中，结果融合率为（3.3～30）×10^{-7}时，获得一株革兰氏阳性重组子，它具有 *Ruminococcus albus* 亲株 45%～47% 的 β-葡萄糖苷酶和纤维二糖酶活性，还具有 8% FE7 降解脱氢双香草醛酶活性。利用基因探针技术证实它是一个完全重组子。为了获得能分解利用纤维素水解物，并能高效产生乙醇的菌株，将一株利用纤维二糖能力强的 *Candida abtusa* 和产乙醇率高的发酵接合糖酵母（*Zygosaccharomyces fermentation*）进行原生质体融合，融合率达到 2×10^{-7}，筛选出的融合子不但能以纤维二糖为唯一碳源生长，而且产乙醇能力高于双亲。融合了两株有协同作用的绿胞链霉菌（*Streptomyces viridosporus*）TTA 和西康氏链霉菌（*S. setonii*）75viz，19 株融合子中 4 株降解玉米秆木质纤维素能力比亲株高出 155%～264%。

5.5 发酵工程

5.5.1 发酵工程概述

发酵（Fermentation）是微生物分解有机物，产生乳酸（或乙醇）和二氧化碳的作用过程；也泛指一般利用微生物制造原料或产品的过程，可在无氧或有氧条件下进行。前者如乙醇发酵、乳酸发酵、丙酮发酵和丁醇发酵，后者如抗生素发酵、醋酸发酵、氨基酸发酵和维生素发酵等。发酵依靠微生物体内或体外的酶，将基质包括有机污染物在内的大分子分解成微生物细胞能吸收的小分子化合物，并参与细胞的合成代谢。发酵提供细胞生命活动所需的能量和各种细胞结构物质，建造新的细胞。

发酵工程（Fermentation engineering）是指将微生物学、生物化学和化学工程学的基本原理有机结合起来，采用现代工程技术手段，利用微生物的生长和代谢活动为人类生产有用的产品，或直接把微生物应用于工业生产过程的一种新技术。因此，利用发酵工程的原理与技术，净化处理环境污染物，同时产生有用的产品，可以达到减轻环境污染的目的，同时实现废物资源化，提高整体工艺的效益，降低运行成本。生物发酵技术已应用在环境污染处理的多方面，如有机废物堆肥过程中的发酵、废纤维素的糖化、蛋白化和乙醇化等。

5.5.2 发酵工程的内容

发酵工程的主体为利用微生物，特别是经 DNA 重组技术改造的微生物来生产有用物质。发酵工程的内容随着科学技术的进步而不断扩展和充实。现代发酵工程不仅包括菌体生产和代谢产物的发酵生产，还包括微生物机能的利用（图 5-54）。

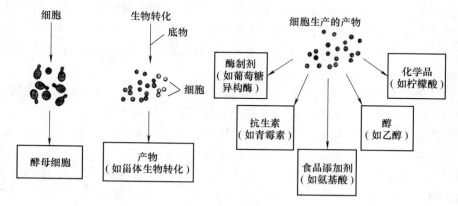

图 5-54 发酵法生产的物质

发酵工业的内容包括生产菌种的选育，发酵条件的优化与控制，反应器的设计及产物的分离、提取与精制等。

1. 发酵类型

发酵工程涉及各式各样的发酵产品的生产和各种工业生产过程的应用，目前已知具有这种价值的发酵类型有下列几种：

（1）微生物菌体发酵　这是以获得具有某种用途的菌体为目的的发酵。传统的菌体发酵工业包括用于制作面包的酵母发酵及用于人或动物食品的微生物菌体蛋白（单细胞蛋白）的生产。新的菌体发酵可用来生产一些药用真菌，如香菇类、冬虫夏草菌、灵芝等。有的微生物菌体还可以用作生物防治剂，如苏云金杆菌、蜡样芽孢杆菌和侧芽孢杆菌，其细胞中的伴孢晶体可毒杀鳞翅目、双翅目的害虫。丝状真菌的白僵菌、绿僵菌可防治松毛虫等。所以某些微生物的剂型产品，可以制成新型的微生物杀虫剂，用于农业生产中。

（2）微生物酶发酵　微生物具有种类多、产酶的品种多、生产容易和成本低等特点，因而目前工业应用的酶大多来自微生物发酵。

（3）微生物代谢产物发酵　微生物代谢产物的种类很多，已知的有37大类，其中16类属于药物。根据菌体生长与产物形成时期之间的关系，可以将发酵产物分为两类。

1）初级代谢产物（Primary metabolite）。在微生物对数生长期所产生的产物，如氨基酸、核苷酸、蛋白质、核酸、糖类等，是菌体生长繁殖所必需的。这些产物叫初级代谢产物。许多初级代谢产物在经济上具有相当的重要性，因而形成了不同的发酵工业，如微生物酶、有机酸、维生素、多糖、氨基酸和核酸类等物质的发酵。由于初级代谢产物是供菌体生长繁殖使用的，所以野生菌株合成产物的产量在满足自身的需要之后，就受到许多调节机制的控制而停止合成，为了提高发酵产物的产量，就要了解菌株在合成产物中受哪些调节机制的控制，通过研究，修饰菌体的遗传基因和改良培养条件，以解除其控制，才能获得高产量。

2）次级代谢产物（Secondary metabolite）。在菌体生长静止期，某些菌体能合成在生长期中不能合成的、具有一些特定功能的产物，如抗生素、生物碱、细菌毒素、植物生长因子等。这些产物与菌体生长繁殖无明显关系，称为次级代谢产物。次级代谢产物多为低分子量化合物，但其化学结构类型多种多样，具有较大的经济价值。形成次级代谢产物的菌体生长时期称为生产期。在菌体低生长速率的连续培养中也会出现次级代谢，因而可认为次级代谢产物的形成是菌体缓慢生长或停止生长的情况下的一种特征。次级代谢与初级代谢并非独立的代谢途径，两者有密切的关系，初级代谢的中间体或产物往往是次级代谢的前体物或起始物。

（4）微生物转化发酵　微生物转化（Microbial transformation）就是利用微生物细胞的一种或多种酶，把一种化合物转变成结构相关的更有经济价值的产物。生长细胞、静止细胞、孢子或干细胞均可进行转化反应。可进行的转化反应包括脱氢反应、氧化反应、脱水反应、缩合反应、脱羟反应、氨化反应、脱氨反应和异构化反应等。

生物转化最明显的特征是特异性强，包括反应特异性（反应的类型）、结构位置特异性（分子结构中的位置）和立体特异性（特殊的对映体）。生物转化与其化学反应相比具有许多优点，如反应条件温和、对环境污染小等。

（5）生物工程细胞的发酵　这是指利用生物工程技术所获得的生物细胞，如DNA重组的"工程菌"（Engineering bacteria）、细胞融合得到的"杂合细胞"以及动植物细胞、固定化细胞等，进行培养的新型发酵。其发酵产物多种多样，所用的发酵设备是各种类型的新型生物反应器。发酵工艺也与传统工艺有所不同。

2. 发酵方法

在制备大量微生物的菌体或其代谢产物中，人们总是不断地发展和改进培养微生物的方法。按其培养方式来分，可分为表面培养法和深层培养法。表面培养法是将微生物在基质表面上进行培养的方法，随所用培养基形态的不同，它又分为固体表面发酵和液体表面发酵。深层培养法是以微生物细胞生长于液体培养基深层（好氧或厌氧）中进行培养的方法。

（1）表面发酵　将菌种接种到灭过菌的液体（或固体）培养基上，在一定温度下进行培养。一般地，好氧微生物菌体在液体（或固体）表面上形成一层微生物膜，经过一定时间培养后，菌体产生的代谢产物或扩散到培养基中，或留在微生物细胞内，或两者都有，这要根据菌体和产物的特性确定，产物产量达到高峰后进行提取。该法劳动强度大，占地面积大，产量低，易污染，已被深层培养法所取代。但该法具有简单易行，投资少，适用于小型生产等特点，且对原料要求粗放，在某些产品的发酵生产中仍采用此法。如农用抗生素赤霉素的生产，以麦麸为培养基进行固体发酵，结果优于深层培养所得的结果，糖的转化率和产物产量都较高。

（2）深层发酵（Submerged fermentation）　深层发酵是微生物细胞在液体深层中进行培养的方法。随供气方式的不同，好氧深层发酵可分为振荡培养和深层通气（搅拌）培养。振荡培养，即所谓的摇瓶振荡培养，培养微生物所需的氧气是在外界空气与培养液在振荡时自然交换获得的。深层（搅拌）通气培养是强制通入无菌空气到密闭发酵罐中进行（搅拌）培养的方式，微生物所需的氧是由外界通入空气中的氧经过溶解后提供的。深层发酵法具有生产效率高、占地小、可人为控制等优点，广泛应用于抗生素、维生素、有机酸、酶制剂等生产中。

3. 发酵过程

微生物发酵过程即微生物反应过程，是指微生物在生长繁殖过程中引起的生化反应过程。根据微生物种类的不同，可以分为好氧性发酵（在发酵过程中需要不断地通入一定量的无菌空气）和厌氧性发酵（在发酵过程中不需要通入空气）两大类。酵母菌是兼性厌氧微生物，它在缺氧条件下进行厌氧性发酵积累酒精，在有氧即通气条件下则进行好氧性发酵，大量繁殖细胞。

发酵过程包括菌种制备、种子培养、发酵、产物提取精制等（图5-55）。

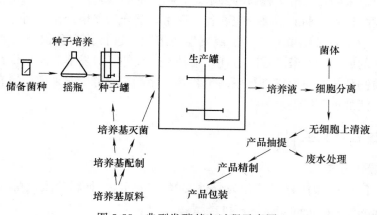

图5-55　典型发酵基本过程示意图

（1）菌种　在进行发酵生产之前，必须从自然界分离得到能生产所需产物的菌种，并经分离、纯化及选育后，或是经基因工程改造后的"工程菌"，才能供发酵使用。为了能保持和获得稳定的高产株，还需要定期进行菌种纯化和育种，筛选出高产量和高质量的优良菌株。

（2）种子扩大培养　　种子扩大培养是指将保存在砂土管、冷冻干燥管或冰箱中处于休眠状态的生产菌种，接入试管斜面活化后，再经过茄子瓶或摇瓶及种子罐逐级扩大培养而获得一定数量和质量的纯种的过程（图5-56）。发酵产物的产量与成品的质量、菌种性能与种子制备情况密切相关。种子制备的培养方式和培养级数取决于菌种的性质、生产规模的大小和生产工艺的特点。

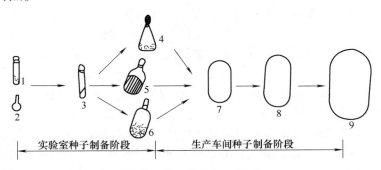

图 5-56　种子扩大培养流程图
1—沙土孢子　2—冷冻干燥孢子　3—斜面孢子　4—摇瓶液体培养（菌丝体）
5—茄子瓶斜面培养　6—固体培养基培养　7～9—发酵罐

（3）发酵　　发酵是微生物合成大量产物的过程，是整个发酵工程的中心环节。发酵是在无菌状态下进行纯种培养的过程，因此，所用培养基和培养设备都必须经过灭菌，通入的空气或中途的补料都是无菌的。转移种子也要采用无菌接种技术。发酵罐内部的代谢变化（包括菌体形态、菌体浓度、底物浓度、氮含量、pH 值、溶解氧浓度、产物浓度等）是比较复杂的，次级代谢产物（如抗生素）发酵就更为复杂，它受很多因素的控制。现在发展起来的生化工程这门学科就是专门研究发酵罐内菌体代谢变化规律和控制方法的，同时也开发新型生物反应器来满足发酵工程新的要求。影响发酵的因素错综复杂又相互影响、相互制约，所以要使发酵达到预期的结果，需要各方面密切配合和严格操作、精心管理。

（4）下游处理　　发酵结束后，发酵液或生物细胞要进行分离和提取精制，以将发酵产物制成合乎要求的成品。发酵工程除上述几个基本过程外，对发酵产品来说，还有按产品的标准进行成品检测和按商业要求进行成品包装等工序；对发酵工业来说，还有发酵工业经济学和发酵后的废液处理等问题。

5.5.3　发酵过程及其控制

1. 发酵的操作方式

微生物的发酵根据操作方式可分为分批发酵（Batch）、补料分批发酵（Fed-batch）和连续发酵（Continuous fermentation）三种类型。

（1）分批发酵　　分批发酵是指营养物和菌种一次加入进行培养，直到结束放出，中间除了空气进入和尾气排出，与外部没有物料交换。其特征为微生物的生长、各种营养物质的消耗和代谢产物的合成都时刻处于变化之中，整个发酵过程处于不稳定状态。分批发酵是传统的发酵培养方式,其生产是间断进行的。每进行一次培养就要经过灭菌、装料、接种、发酵、放料等一系列过程。分批发酵的工艺如图 5-57 所示。

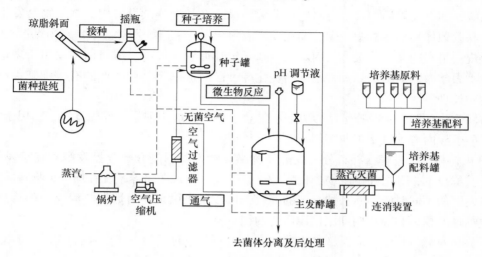

图 5-57 典型的分批发酵工艺流程

(2)连续发酵 连续发酵是指以一定的速度向发酵罐内添加新鲜培养基,同时以相同的速度流出培养液,从而使发酵罐内的液量维持恒定,微生物在稳定状态下生长。连续发酵的工艺如图 5-58 所示。

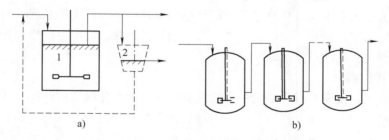

图 5-58 典型的搅拌式连续发酵系统
a)单罐连续发酵(图中虚线部分表示带循环系统的流程) b)多罐串联连续发酵
1—发酵罐 2—细胞分离器

连续发酵的控制方式有两种,一种为恒浊法(Turbidostat),即利用浊度来检测细胞的浓度,由控制生长限制基质的流量来维持恒定的菌体浓度;另一种为恒化法(Chemostat),它是以某种必需营养作为生长限制基质,通过控制其流加速率来满足这种流加条件的生长密度和生长速率,它与恒浊法的相同之处是维持一定的体积,不同之处是菌体浓度不是直接控制的,而是通过恒定输入的养料中的某一种生长限制基质的浓度来控制。

与分批发酵相比,连续发酵具有以下优点:可以维持稳定的操作条件,有利于微生物的生长代谢,从而使产率和产品质量也相应保持稳定;能更有效地实现机械化和自动化,降低劳动强度,减少操作人员与病原微生物、毒性产物接触的机会;减少设备清洗、准备和灭菌等非生产占用的时间,提高了设备利用率;连续发酵时细胞的生长状态更一致,产物生产的持续性更好;生产同样量的产物,连续发酵所用的生物反应器比分批发酵的要小;由于灭菌次数减少，测量仪器的探头寿命延长；易对过程进行优化，有效地提高发酵产率。

连续发酵的缺点：对设备、仪器及控制元器件的要求较高，从而增加投资成本；由于是开放系统，加上发酵周期长，容易造成杂菌污染；在长期连续发酵中，微生物易发生变异；黏性丝状菌菌体易附在器壁上生长及在发酵液内结团，给连续发酵操作带来困难；长时间维持工业规模生产的无菌状态是很困难的。基于上述原因，连续发酵目前主要用于理论研究，如发酵动力学参数的测定、过程条件的优化等，已经应用于工业生产的有单细胞蛋白生产、废水生物处理等。

将固定化细胞技术与连续培养方法相结合，是一种应用前景看好的方法，已用于生产丙酮、丁酸、异丙醇等重要工业溶剂。

（3）补料分批发酵　补料分批发酵又称半连续发酵，是介于分批发酵和连续发酵之间的一种发酵技术，是指在微生物分批发酵中，以某种方式向培养系统补加一定物料的培养技术。在发酵的不同时间不断补加一定的养料，可以延长微生物对数期与静止期的持续时间，增加生物量的积累和静止期细胞代谢产物的积累。

补料在发酵过程中的应用，是发酵技术上的一个划时代的进步。补料技术本身由少次多量、少量多次逐步改为流加，近年又实现了流加补料的计算机控制。

补料分批发酵可以分为两种类型：单一补料分批发酵；重复补料分批发酵。

补料分批发酵作为分批发酵向连续发酵的过渡，兼有两者的优点，而且克服了两者的缺点。同传统的分批发酵相比，其优越性是明显的。首先，它可以解除营养基质的抑制、产物反馈抑制和葡萄糖分解阻遏效应。对于好氧发酵，它可以避免在分批发酵中因一次性投入基质过多而造成细胞大量生长，耗氧过多，以至通风搅拌设备不匹配的状况。在某些情况下还可以减少菌体生成量，提高产物的转化率。与连续发酵相比，它不会产生菌种老化和变异问题，其适用范围也比连续发酵广。

2. 发酵过程控制

发酵过程控制是根据对过程变量的有效测量及对过程变化规律的认识，借助于由自动化仪表和计算机组成的控制器，操纵其中的一些关键变量，使过程向着预定的目标发展。

发酵过程控制包括三方面的内容：和过程未来状态相联系的控制目的或目标，如要求控制的温度、pH 值、生物量浓度等；一组可供选择的控制动作，如阀门的开、关，泵的开、停等；一种能够预测控制动作对过程状态影响的模型，如用加入基质的浓度和速率控制细胞生长率时需要能表达它们之间相关关系的数学式。目前常用的控制系统如图 5-59 所示。

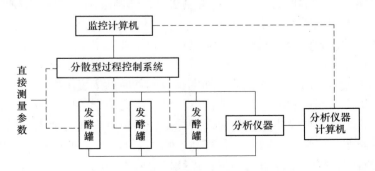

图 5-59　发酵过程控制系统示意图

发酵过程控制系统可对多个发酵罐同时进行控制：通过计算机控制取样装置，分别对多个发酵罐的液体和排出气体的组成进行自动分析，分析结果由分析仪器计算机直接送到发酵过程控制的监控计算机，对发酵过程实施优化控制。随着计算机技术和控制理论的发展，计算机控制系统在发酵工业中的应用不断发展，实现了发酵过程参数的在线实时检测、记录、图形显示、数据自动存储、报表打印和环境参数的自动控制，也可依据控制程序或适当的模型或专家系统对发酵过程进行控制。这些为发酵过程的优化控制奠定了良好的基础。

监控计算机的作用：在发酵过程中采集和存储数据；用图形或列表方式显示存储的数据；对存储的数据进行各种处理和分析；与检测仪表和其他计算机系统进行通信；对模型及其参数进行辨识；实施复杂的控制算法。

监控计算机应具有尽可能完善的功能和较高的可靠性、一定的升级能力、简单的运算要求、与其他系统的通信能力等。

3. 发酵动力学

发酵动力学（Fermentation kinetics）是发酵工程的一个重要组成部分，它研究各种发酵过程中变量在活细胞的作用下变化的规律，以及各种发酵条件对这些变量变化速度的影响。发酵过程动力学研究有助于更加深入地认识和掌握发酵过程，为工业发酵的模拟、优化和控制打下理论基础。

（1）微生物生长动力学

1）Monod 方程。微生物接种到灭菌的培养基之后，细胞数目并不立即增长，这一时期称为延迟期。这是因为细胞为适应新的环境需要重新启动它们的代谢系统。在延迟期之后，对数期之前，细胞生长速度逐渐加快的时期称为加速期。微生物生长的 6 个典型时期为延迟期、加速期、对数期、减速期、停滞期和死亡期（图 5-60）。

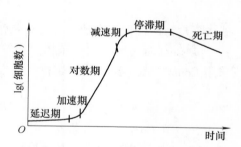

图 5-60　微生物分批培养生长曲线

在对数期，微生物的增长速率 dX/dt 与其比生长速率 μ 和生物量 X 的关系可表示为

$$\frac{dX}{dt} = \mu X \tag{5-47}$$

式中，μ 是比生长速率，即单位生物量的增长速率（t^{-1}）。微生物的最大比生长速率 μ_m 和底物特异性常数 K_s 的函数，可表示为

$$\mu = \frac{\mu_m c_S}{K_s + c_S} \tag{5-48}$$

上式即 Monod 方程，是应用最普遍的微生物生长动力学方程。Monod 方程曲线如图 5-61 所示。可以看出，K_s 是使 μ 达到 μ_m 值一半时的生长限制性底物浓度。当 $c_S \to \infty$ 时，$\mu \to \mu_m$，说明 μ_m 只是理论上的最大生长潜力，实际上是不可能达到的。

2）其他生长动力学方程。对实际发酵过程来

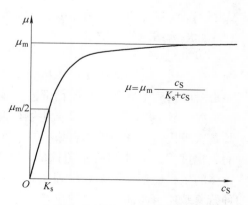

$$\mu = \mu_m \frac{c_S}{K_s + c_S}$$

图 5-61　Monod 方程曲线

说，Monod 方程能够完全适用的理想情况很少，下面介绍几种其他生长动力学方程。

① 双基质限制生长动力学。培养基中两种基质的浓度均较低时，共同限制微生物生长，此时，可采用下面方程描述

$$\mu = \mu_m \left(\frac{c_{S1}}{K_{s1} + c_{S1}} \right) \left(\frac{c_{S2}}{K_{s2} + c_{S2}} \right) \tag{5-49}$$

② 基质抑制生长动力学。某种基质是必需的，但过量加入又对生长产生抑制，这种生长动力学可描述如下

$$\mu = \frac{\mu_m c_S}{K_s + c_S + c_S^2 / K_i} \tag{5-50}$$

式中，K_i 为基质抑制常数。

③ 产物抑制生长动力学。当微生物生长受到自身代谢产物抑制时，可用以下几种动力学方程来表达

$$\mu = \frac{\mu_m c_S}{K_s + c_S} (1 - K_i' c_P) \tag{5-51}$$

$$\mu = \frac{\mu_m c_S}{K_s + c_S} \exp(-K_i' c_P) \tag{5-52}$$

$$\mu = \frac{\mu_m c_S}{K_s + c_S (1 + K_i' c_P)} \tag{5-53}$$

式中，K_i' 为产物抑制常数；c_P 为产物浓度。

④ Contois 方程。对于菌体浓度较高、发酵液黏度较大，特别是丝状菌生长的情况，可采用 Contois 动力学方程式描述

$$\mu = \frac{\mu_m c_S}{K_X X + c_S} \tag{5-54}$$

式中，K_X 为 Contois 饱和常数。

3）细胞死亡动力学。微生物在培养过程中，由于基质限制，一部分细胞得不到必需的营养而死亡和自溶。自溶后释放的细胞物质可作为营养物质满足部分活细胞生长和维持的需要。这种死亡动力学可描述如下

$$\mu_d = \mu_{dm} \left(1 - \frac{c_S}{K_d + c_S} \right) \tag{5-55}$$

式中，μ_d 为细胞比死亡率；μ_{dm} 为细胞最大比死亡率；K_d 为细胞死亡常数。

图 5-62 给出了式（5-55）表达的细胞死亡动力学曲线，其中使比死亡率达到最大比死亡率一半时的基质浓度即细胞死亡常数。

（2）产物形成动力学　微生物代谢产物，尤其是次级代谢产物的生物合成，是一个十分复杂的生化过程，它涉及所用菌株的基因型和表型、菌体的生长速率、形态和生理状态，并取决于各种营养基质、前体物和氧的供给及其他外部环境

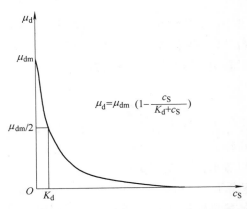

图 5-62　微生物培养过程中的死亡动力学曲线

条件，而一些外部环境条件对菌株生长和生产能力的影响尚不十分清楚，因此，大多数研究只限于对宏观过程变量描述的非结构模型，下面简单介绍一些常见的产物合成动力学模型。

1）L-P 模型。这是由 Luedeking 和 Piret 提出的模型，这一经典模型普遍用于描述微生物代谢产物的形成。它把产物生产率看作是菌体生长率和菌体量的函数，用数学式表示为

$$\frac{\mathrm{d}c_P}{\mathrm{d}t} = k_1 \frac{\mathrm{d}X}{\mathrm{d}t} + k_2 X \tag{5-56}$$

式中，k_1 为与菌体生长率有关的产物合成系数；k_2 为与菌体量有关的产物合成系数。

按 k_1、k_2 值的大小，可以将上述产物合成动力学分成以下三种类型：当 $k_1 > 0$，$k_2 = 0$ 时，为生长偶联型；当 $k_1 > 0$，$k_2 > 0$ 时，为部分生长偶联型或混合型；当 $k_1 = 0$，$k_2 > 0$ 时，为非生长偶联型。

2）菌龄模型。在次级代谢产物发酵中，产物合成滞后于细胞生长，但发酵后期随大部分细胞的老化并开始自溶而出现产率下降，由此可以推断产物合成只与一定菌龄范围内的细胞相联系。与菌龄相关的动力学模型如下

$$\frac{\mathrm{d}c_P}{\mathrm{d}t} = K \frac{\mathrm{d}}{\mathrm{d}t} \int_{\theta_m}^{\infty} f(\theta,t)\,\mathrm{d}\theta \tag{5-57}$$

或

$$\frac{\mathrm{d}c_P}{\mathrm{d}t} = k \left(\frac{\mathrm{d}X}{\mathrm{d}t}\right)_{(t-\theta_m)} \tag{5-58}$$

式中，k 为与菌龄有关的系数；θ 为菌龄；θ_m 为细胞的成熟龄；$f(\theta,t)$ 为时刻 t 时微生物细胞群体菌龄分布函数。

3）生化模型。引入生长反应机制的动力学模型称为生化模型，主要形式有基质抑制模型和氧限制模型。

① 基质抑制模型适用于过量基质的存在对产物的生物合成产生抑制或阻遏的发酵过程。其基本表达式为

$$\frac{\mathrm{d}c_P}{\mathrm{d}t} = \frac{Q_{pm} c_S c_X}{K_p + c_S(1 + c_S/K_i)} \tag{5-59}$$

式中，c_P 为产物浓度；c_S 为基质浓度；c_X 为菌体浓度；Q_{pm} 为最大比生产率；K_p 为与基质抑制有关的产物合成系数；K_i 为基质抑制系数。

② 氧限制模型适用于供氧不足、溶解氧浓度为产物合成限制因子的发酵过程，可用以下经验表达式描述

$$\frac{\mathrm{d}c_P}{\mathrm{d}t} = \frac{Q_{pm} c_L^n c_X}{K_{op} c_X + c_L^n} \tag{5-60}$$

式中，c_L 为溶解氧浓度；K_{op} 为与氧限制有关的产物合成系数；n 为溶氧指数；其他符号意义同前。

5.5.4 发酵生物反应器

生物反应器（Bioreactor）是利用生物催化剂进行反应的设备。按照所使用的生物催化剂，生物反应器可分为酶反应器和细胞反应器两类。发酵罐是微生物细胞反应器，是最重要的一种生物反应器。

以发酵罐为主体，半个多世纪以来，已形成一整套生化工程设备，其进步表现在以下几

个方面：

1）染菌率极低。现代发酵多为纯种培养，因为杂菌入侵将干扰正常生产。培养基的彻底灭菌、空气的灭菌、设备的严密度和科学管理形成了防止杂菌污染的基础。

2）发酵设备大型化。发酵罐的体积从几十立方米增加到几百至几千立方米，设备大型化有利于提高经济效益。

3）利用生物技术优化发酵过程，大幅度提高产量和降低成本。

4）改进后处理工艺和设备，采用先进设备提高产品的回收率和质量。

生物反应器一般都要求杜绝杂菌和噬菌体污染。为了便于清洗，消除灭菌死角，生物反应器的内壁及管道焊接部位都要求平整光滑，无裂缝、无塌陷。在工业生产中使用的生物反应器还要便于对反应器内的温度、pH 值、氧气含量等进行监测和控制。

目前，生物反应器主要包括以下几种基本类型：搅拌式生物反应器（Stirred tank reactor，STR），内设搅拌装置（图 5-71a）；鼓泡柱式反应器（Bubble column reactor），搅拌主要依赖于引入的空气或其他气体（图 5-71b）；气升式反应器（Airlift reactor），内设内置或外置的循环管道，由于引入气体的运动，导致反应器内培养液进行混合，并保持循环流动（图 5-63c、d）。

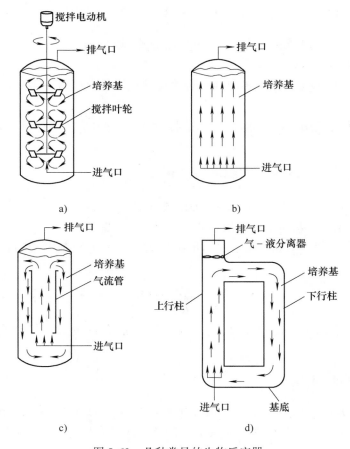

图 5-63　几种常见的生物反应器

a）搅拌式生物反应器　b）鼓泡柱式生物反应器　c）内循环气升式生物反应器　d）外循环气升式生物反应器

最传统、至今使用最广泛的生物反应器是搅拌式反应器。工业上常用的发酵罐的结构如图 5-64 所示。

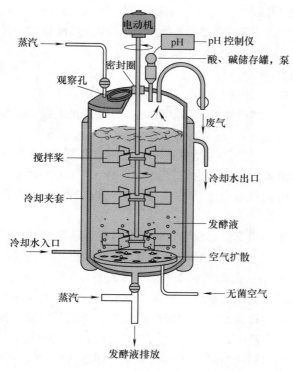

图 5-64　发酵罐的结构

5.5.5　发酵工程在环境污染治理中的应用

1. 亚硫酸盐纸浆废液乙醇发酵

亚硫酸盐纸浆废液中含有较多的木质素盐和相当数量的糖类，总固形物约 9% ~ 17%，其中有机物占总固形物的 85% ~ 90%。亚硫酸盐纸浆废液中可发酵性糖的来源主要是半纤维素。为了使亚硫酸盐纸浆废液能用于乙醇发酵，必须经过预处理，即通入空气，使有害物质 SO_2 得以挥发，用石灰水等碱性溶液中和废液的酸，pH 值调为 5.4 ~ 5.5，将中和过程中产生的硫酸钙和亚硫酸钙采用沉降法除去。在澄清液中添加氮和磷，然后在发酵罐中加入絮状酵母，并通入空气搅拌，进行乙醇发酵。发酵液流入澄清罐，将沉淀的酵母留在澄清器底部中心，并再回流到发酵罐中，而澄清液送去蒸馏，生产乙醇。

2. 酵母循环系统

酵母循环系统是指利用酵母菌—活性污泥二段式好氧处理废水的系统。日本西原环境研究所用生产面包的废水进行微生物混合培养，分离出了酵母和其他两种微生物。研究人员认为，既然酵母能有效地处理废水，那么处理后的剩余污泥是酵母的集合体，其中含有大量的蛋白质、维生素和脂肪等多种物质，完全可以用来制作饲料或肥料，从而一举解决了活性污泥法剩余的污泥问题。这样就产生了一种利用酵母的新式食品废水处理系统—酵母循环系统。

与细菌活性污泥系统相比较，酵母废水处理系统的性能大大提高。酵母废水处理系统的 BOD 日处理能力达 $10 \sim 15kg/m^3$，是细菌法的 $5 \sim 7$ 倍。酵母槽中的酵母浓度高达 $10 \sim 15g/L$，酵母絮体结构呈海绵状，孔径大，非常易于氧气的扩散，因而混合液的溶解氧水平可以降低到 $0.3 \sim 0.8g/L$，相应的送风量只需活性污泥法的 60%，而海绵状的酵母污泥可在常压下脱水，无须添加药剂。

3. 废纤维素的资源化

纤维素是生物圈中数量最大的废物，然而其中被利用的不足 2%，这是因为纤维素和半纤维素，特别是木质素难以被微生物分解。因此，寻找能高效分解纤维素的菌种或纤维素酶是废纤维素资源化的关键之一。

目前发现以绿色木霉为发生源的纤维素酶活性很高，并在 1962 年已生产该菌的纤维素酶制剂，该种木霉经改进后，其酶活力已经提高了 19 倍，并据此开发了纤维素酶解糖化工艺。该工艺由制酶、原料预处理、水解与糖浆回收三阶段组成，以旧报纸为原料生产葡萄糖，转化率为 50%。

用纤维素肥料生产单细胞蛋白（SCP）的技术也在不断改进中。一些放线菌菌株能广泛分解纤维素、半纤维素、木质素和淀粉等有机物产生 SCP，容积生产效率可达 $29g/L$ 以上。对纤维素的得率为 45% 左右，菌体细胞蛋白质含量在 60% 以上。

利用纤维素生产乙醇，被认为是解决能源危机和减少能源污染的一条有效途径。用混合培育方法可直接将纤维素转化为乙醇，即用热纤梭菌来水解纤维素，同时运用热解糖梭菌把前者不能代谢的戊糖转化为乙醇，从而可以同时将戊糖和己糖转化为乙醇，并使纤维素水解和乙醇发酵结合进行，从原料中得到的乙醇已达到理论最高产量的 85%。这种一步转化技术的经济潜力超过了多步流程，应用前景十分明显。

4. 有机固体废物的快速堆肥

高效、快速的堆肥技术是 20 世纪 60 年代以来国内外竞相研究的重点之一。堆肥方法已从传统的露天静态堆肥法向快速堆肥法发展。其中最著名的是达诺式（DANO）回转圆筒形发酵仓工艺。其城市垃圾堆肥率达 $25\% \sim 40\%$。DANO 工艺是动态工艺，在有机物含量大于 40% 时，主发酵期为 $3 \sim 4d$，甚至可以短到 $2d$，此时垃圾已经无害化处理；后发酵期用 $10 \sim 11d$ 达到完全稳定化，全程共 14d，比一般静态发酵法缩短了 6d 左右，因此可以节省工程投资，提高处理能力。

从自然界中分离筛选一些在新鲜畜粪上能旺盛增殖的嗜粪微生物，用它们接种后，可明显加快发酵进程。向有机肥料中接种白色腐朽菌，有利于难降解的木质素加快分解；也可以对植物性废弃物和城市污泥进行加酶处理，在沼气发酵时的甲烷产量可有大幅度提高。

复 习 题

1. 什么是生物技术？它包括哪些基本内容？

2. 名词解释：酶工程、酶分离纯化、酶分子修饰、固定化酶、基因工程、基因工程载体、限制性内切酶、克隆子、受体细胞、细胞工程、微生物发酵工程。

3. 为什么要进行酶的分离纯化？酶的分离纯化方法有哪些？

4. 为什么要进行酶的修饰？酶修饰的方法有哪些？

5. 为什么要进行酶的固定化？酶固定化方法有哪些？各有何优缺点？

6. 固定化对酶反应系统有何影响？

7. 酶在环境污染治理中有何应用？

8. 简述基因工程产生的理论基础与技术基础。

9. 简述基因工程的内容。

10. 基因工程中理想的运载体有什么特点？

11. 简述基因工程中受体细胞的特点。

12. 限制性内切酶与连接酶有什么特点？

13. 何谓 PCR 技术、cDNA 文库、基因文库？

14. 筛选克隆子有哪些方法？

15. 什么样的细胞可以作为受体细胞？

16. 阐述外源基因转入受体细胞的各种途径。

17. 简述基因工程在环境污染治理中的应用。

18. 用什么方法可以分别除去革兰氏阳性细菌、革兰氏阴性细菌和真菌的细胞壁？

19. 微生物发酵产物有哪些类型？

20. 比较分批发酵、连续发酵和补料分批发酵的优缺点。

参考文献

［1］赵景联. 环境生物化学［M］. 北京：化学工业出版社，2007.

［2］王建龙，文湘华. 现代环境生物技术［M］. 北京：清华大学出版社，2001.

［3］宋思扬，楼士林. 生物技术概论［M］. 北京：科学出版社，2001.

［4］王建龙. 生物固定化技术与水污染控制［M］. 北京：科学出版社，2002.

［5］雄振平. 酶工程［M］. 北京：化学工业出版社，1989.

［6］郭勇. 酶工程［M］. 北京：中国轻工业出版社，1994.

［7］欧伶. 应用生物化学［M］. 北京：化学工业出版社，2001.

［8］冯斌，谢先芝. 基因工程技术［M］. 北京：化学工业出版社，2000.

［9］朱玉贤，李毅. 现代分子生物学［M］. 北京：高等教育出版社，1997.

［10］焦瑞身. 细胞工程［M］. 北京：化学工业出版社，1989.

［11］李艳. 发酵工程概论［M］. 北京：中国轻工业出版社，1999.

［12］郭勇. 酶工程［M］. 2 版. 北京：科学出版社，2004.

第 6 章

水环境污染控制与治理中的生物化学

6.1 污、废水生物控制与治理生物化学

6.1.1 水的生物化学处理概念

在自然条件下，微生物具有氧化分解有机物并将其转化为无机物的能力。水的生物化学处理法就是在人工条件下，创造有利于微生物生长代谢的环境，使微生物大量繁殖，提高微生物氧化分解有机物的能力，从而达到去除或降低废水中有机污染物的目的。生物处理过程既包括溶解性有机物中的碳被转化为新原生质和二氧化碳的所谓碳氧化过程，也包括不溶性的胶体态有机物被微生物转化，形成不再受微生物新陈代谢活动影响的最终产物的所谓稳定化过程，还包括溶解性无机物（如氮和磷）的生物化学转化过程。

微生物对废水中的有机物进行转化的过程是生物氧化过程，故可按照微生物对生长环境中氧的不同要求，将生物化学处理方法分为好氧生物处理和厌氧生物处理两类。根据处理工艺过程，生物化学处理方法可分为以活性污泥为主的悬浮生长系统和以生物膜为主的附着生长系统两类。

6.1.2 好氧生物处理生物化学

1. 活性污泥法

（1）活性污泥法的基本流程　活性污泥法（Activated sludge process）是一种应用广泛的废水好氧生物处理技术，其基本工艺流程如图 6-1 所示，由初次沉淀池、曝气池、二次沉淀池、曝气系统及污泥回流系统等组成。

（2）活性污泥法中的微生物　活性污泥法水处理中发挥作用的微生物，最大约 1mm，主要以细菌和原生动物为主，但是随着污泥种类的不同，也有真菌类和微小动物出现。

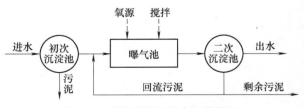

图 6-1　活性污泥法基本工艺流程

1）细菌。废水中，直接摄取可溶性有机物者以细菌为主。构成活性污泥的细菌群中，有形成菌胶团（*zoogloea*）的生枝动胶菌，形成丝状体的浮游球衣菌（*Sphaerotilus natans*）。动胶菌属因为是活性污泥菌胶团的主体而受到重视，其菌体以凝胶状物质包裹成

手指状、树枝状、羽状而增殖。实际的活性污泥中出现典型的菌胶团絮凝体的为数不多，一般是以多种类细菌构成的絮凝胶团。球衣菌属（*Sphaerotilus*）形成如剑鞘并列状的透明丝状体，且丝状体中假分枝较多。如果污泥中的球衣菌属异常增殖的话，则会引起污泥膨胀现象，导致终沉池中固液相不能分离。此外，根据培养试验的结果，污泥中常见细菌种类以无色菌属（*Achromobacter*）、产碱菌属（*Alcaligenes*）、芽孢杆菌属（*Bacillus*）、黄细菌属（*Flavobacterium*）为多。对于正常的城市污水的活性污泥，1mg 的 MLSS（混合液悬浮固体）中约含 $2.0 \times 10^7 \sim 1.6 \times 10^8$ 个活菌数（1mL 的活性污泥混合液中有 $10^7 \sim 10^8$ 个）。

2）原生动物。原生动物（Protozoon）与细菌都是在废水中起净化作用的主要成员，并且是污水处理效率的重要指示生物。活性污泥中虽含有多种不同的原生动物，但以纤毛虫占多数。

3）真菌类。有关活性污泥中真菌（Fungus）类的报道很少，它们通常出现在处理工业废水的活性污泥中，大多为藻菌类的水节霉属（*Leptomitus*），毛菌属（*Mucor*），半知菌类的地丝菌属（*Geotrichum*）、木霉属（*Trichoderma*）；酵母类的假丝酵母属（*Candida*）、红酵母（*Phodotorula*）等。

4）微小后生动物。通常，活性污泥中出现的微小后生动物有轮虫类（*Rotataria*）与线虫类（*Nemstoda*）。常出现的轮虫类有轮虫属（*Rotaria*）、旋轮属（*Philodina*）、腔轮属（*Lecane*）、椎轮虫属（*Notommata*）、鞍甲轮虫属（*Lepadella*）、狭甲轮虫属（*Colurella*）等，但为数不多。线虫类有线虫属（*Dorylaimus*）、杆咽属（*Rhabdolaimus*）、杆线虫属（*Rhabditis*）、双胃虫属（*Diplogaster*）等。这些后生动物常摄食污泥中细菌、原生动物残骸的碎片。

普通的活性污泥混合液 1mL 中的轮虫类个体数约在 100，不超过微小后生动物总数的 5%。贫毛虫类以优势种出现，一般仅限于长时间曝气法的情况，如果在 1mL 混合液中出现 500 个以上的话，活性污泥即呈赤褐色。线虫类的出现个数约为 100 ~ 200，很难形成优势增殖。其他的后生动物［如腹毛虫类的鼬虫属（*Chaetonotus*）、甲壳虫类的蚤属（*Moina*）及熊虫属（*Macrobiotus*）］则仅仅是偶尔出现。不管任何场合，这些微小动物在 1mL 混合液中的个体数都在 100 以下。

（3）活性污泥的净化反应过程 活性污泥系统对有机底物的降解是通过几个阶段和一系列作用完成的。

1）絮凝、吸附作用。在正常发育的活性污泥微生物体内，存在着由蛋白质、碳水化合物和核酸组成的生物聚合物。这些生物聚合物是带有电荷的电介质。因此，由这种微生物形成的生物絮凝体（Biological floc）都具有生物、物理、化学吸附作用和凝聚、沉淀作用，在其与废水中呈悬浮状和胶体状的有机污染物接触后，能够使后者失稳、凝聚，并被吸附在活性污泥表面被降解。活性污泥的所谓"活性"即表现在这方面。

活性污泥具有很大的表面积，能够与混合液广泛接触，在较短的时间内（15 ~ 40min）通过吸附作用，就能够去除废水中大量的呈悬浮和胶体状态的有机污染物，使废水的生化需氧量（Biochemical oxygen demand，BOD）或化学需氧量（Chemical oxygen demand，COD）大幅度下降。

小分子有机物能够直接在透膜酶的催化作用下，透过细胞壁被摄入细菌体内，但大分子有机物则首先被吸附在细胞表面，在水解酶的作用下水解成小分子再被摄入体内。一部分被吸附的有机物可能通过污泥排放被去除。

活性污泥吸附作用的大小与一系列因素有关。首先是废水的性质、特征。由于活性污泥对呈悬浮和胶体状态的有机污染物吸附能力较强，因而对含有这类污染物多的废水处理效果好。此外，活性污泥应当经过比较充分的再生曝气，使其吸附功能得到恢复和增强，一般应使活性污泥中的微生物进入内源代谢期。

2）活性污泥中微生物的代谢及其增殖规律。活性污泥中的微生物将有机物摄入体内后，以其作为营养加以代谢。在好氧条件下，代谢按两个途径进行（图6-2）。一为合成代谢，部分有机物被微生物所利用，合成新的细胞物质；一为分解代谢，部分有机物被分解，形成 CO_2 和 H_2O 等稳定物质，并产生用于合成代谢的能量。同时，微生物细胞物质也进行自身的氧化分解，即内源代谢或内源呼吸。当废水中有机物充足时，合成反应占优势，内源代谢不明显；但当有机物浓度大为降低或已耗尽时，微生物的内源呼吸作用就成为向微生物提供能量、维持其生命活动的主要方式了。

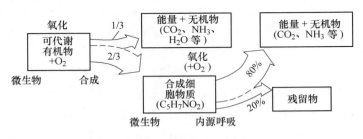

图 6-2　好氧过程中的微生物学机制

微生物增殖、有机物降解、微生物的内源代谢及氧的消耗等过程，在曝气池内是同步进行的。活性污泥微生物是多属种细菌与多种原生动物的混合群体，但从整体来看其增殖过程是遵循一定规律进行的，分为对数增殖期、减衰增殖期与内源呼吸期。

在湿度适宜、溶解氧充足，而且不存在抑制物质的条件下，活性污泥微生物的增殖速率主要取决于微生物与有机基质的相对数量，即有机基质质量与微生物质量的比值。它也是影响有机物去除速率、氧利用速率的重要因素。在推流式曝气池内，有机物与活性污泥在数量上的变化规律与间歇培养相同，只是其变化是在从池的始端到终端这一空间内进行的。

3）活性污泥的凝聚、沉淀与浓缩。活性污泥系统净化废水的最后程序是泥水分离，这一过程在二次沉淀池或沉淀区内进行。良好的凝聚、沉降与浓缩性能是正常活性污泥所具有的特性。活性污泥在二次沉淀池的沉降，经历絮凝沉淀、成层沉淀与压缩等过程，最后在池的污泥区形成浓度较高的作为回流污泥的浓缩污泥层。

正常的活性污泥在静置状态下，于30min内即可基本完成絮凝沉淀与成层沉淀过程。浓缩过程比较缓慢，要达到完全浓缩，需时较长。影响活性污泥凝聚与沉淀性能的因素较多，其中以原废水性质为主。此外，水温、pH 值、溶解氧浓度及活性污泥的有机物负荷也是重要的影响因素。对活性污泥的凝聚、沉淀性能，可用 SVI（污泥指数）、SV（污泥沉降比）和 MLSS 等三项指标共同评价。

（4）活性污泥反应动力学　目前废水生物处理技术界广为接受并得到应用的活性污泥反应动力学是劳伦斯-麦卡蒂（Lawrence & McCarty）建立的模式。

1）劳伦斯-麦卡蒂模式的基础概念。

① 劳伦斯-麦卡蒂建议的排泥方式。在废水生物处理过程中，通常有两种剩余污泥排放

方式：第一种是传统的排泥方式；第二种是劳伦斯-麦卡蒂推荐的排泥方式，也称完全混合式活性污泥排放方式（见图6-3）。该排泥方式的主要优点在于减轻二次沉淀池的负荷，有利于污泥浓缩，所得回流污泥的浓度较高。

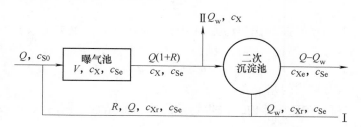

图6-3　完全混合式活性污泥排放方式

V—曝气池容积（m^3）　Q—进入曝气池的原废水流量（m^3/L）　c_{S0}—原废水基质的质量浓度（g/L）　c_X—曝气池混合液及曝气池出水中微生物的质量浓度（g/L）　c_{Se}—出水中基质的质量浓度（g/L）　R—污泥回流比　Q_w—剩余污泥量（m^3/h）　c_{Xr}—二次沉淀池底流中浓缩后的微生物的质量浓度（g/L）　c_{Xe}—出水污泥的质量浓度（g/L）

② 微生物的比增殖率和比基质降解率。微生物（活性污泥）的比增殖率以 μ 表示，按下式计算

$$\mu = \frac{\left(\dfrac{\mathrm{d}c_X}{\mathrm{d}t}\right)}{X} \tag{6-1}$$

式中，$\mathrm{d}c_X/\mathrm{d}t$ 为微生物增殖率 [g/(L·d)]。

微生物（活性污泥）的比基质降解率以 q 表示，按下式计算

$$q = \frac{\left(\dfrac{\mathrm{d}c_S}{\mathrm{d}t}\right)_u}{c_X} \tag{6-2}$$

式中，$(\mathrm{d}c_S/\mathrm{d}t)_u$ 为基质降解速率 [g/(L·d)]。

③ 污泥平均停留时间。这个时间在工程上习惯称污泥龄，指在反应系统内微生物从其生成开始到排出系统的平均停留时间，相当于反应系统内的微生物全部更新一次所需要的时间，在工程上，就是反应系统内污泥总量与每日排放的剩余污泥量的比值，以 θ_c 或 t_S 表示，单位为 d。

$$\theta_c = \frac{Vc_X}{\Delta c_X} \tag{6-3}$$

式中，Δc_X 为每日增殖的污泥（微生物）量（g/d）。

根据图6-3，θ_c 值可用下式计算

$$\theta_c = \frac{Vc_X}{Q_w c_{Xr} + (Q - Q_w) c_{Xe}} \tag{6-4}$$

如果按劳伦斯-麦卡蒂建议的排泥方式，则式（6-4）可写为

$$\theta_c = \frac{Vc_X}{Q_w c_X + (Q - Q_w) c_{Xe}} \tag{6-5}$$

一般 c_{Xe} 很低，可忽略不计，于是式（6-4）与式（6-5）可分别写为

$$\theta_c = \frac{Vc_X}{Q_w c_{Xr}} \tag{6-6}$$

$$\theta_c = \frac{V}{Q_w} \tag{6-7}$$

因此，污泥比基质增殖速率 μ 与污泥平均停留时间 θ_c 互为倒数关系，即

$$\mu = \frac{1}{\theta_c}, \quad \theta_c = \frac{1}{\mu} \tag{6-8}$$

2）劳伦斯-麦卡蒂模式的基本方程。

① 第一基本方程。在反应器内，微生物量因增殖而增加，同时因内源代谢而减少，其综合变化可用下式表示：

$$\frac{dc_X}{dt} = Y\left(\frac{dc_S}{dt}\right)_u - K_d c_X \tag{6-9}$$

式中，Y 为微生物产率（活性污泥产率），以污泥量的质量与降解的有机基质质量表示；K_d 为微生物内源代谢作用的自身氧化率，又称衰减系数（d^{-1}）。

经整理可得

$$\frac{1}{\theta_c} = Yq - K_d \tag{6-10}$$

式（6-10）为劳伦斯-麦卡蒂第一基本方程，表示的是污泥平均停留时间 θ_c 与微生物产率 Y、比基质降解率 q 及衰减系数之间的关系。

② 第二基本方程。第二基本方程表示的是基质降解速率与曝气池（反应器）内微生物的质量浓度和基质的质量浓度之间的关系。由于有机基质的降解速率 v 等于其被微生物的利用速率（即微生物的比基质降解率 q），即

$$v = q \tag{6-11}$$

于是，用 q_{max} 值代替 v_{max}，由 $\left(\dfrac{dc_S}{dt}\right)_u = v_{max}\dfrac{c_X c_S}{K_s + c_S}$ 得

$$\left(\frac{dc_S}{dt}\right)_u = q_{max}\frac{c_X c_S}{K_s + c_S} \tag{6-12}$$

式中，c_S 为反应器内基质的质量浓度 [g/L]；q_{max} 为单位污泥的最大比基质降解速率（在高底物浓度条件）（d^{-1}）；K_s 为半速率系数，其值等于 $q = q_{max}/2$ 时基质的质量浓度（g/L）。

2. 生物膜法

（1）生物膜法的基本原理　生物膜法（Biofilm process）和活性污泥法都是利用好氧微生物分解废水中的有机物的方法。它们的根本不同在于微生物提供的方式。在生物膜法中，微生物附着在固体滤料的表面上，在固体介质表面形成生物膜，废水同生物膜接触而得到处理，所需氧气一般直接来自大气。而在活性污泥法中，微生物是以污泥绒粒的形式分散、悬浮在曝气池的废水中，所需氧气是由曝气装置提供的。所以生物膜法也称为生物过滤法。

生物膜法具有以下几个优点：附着于固体表面上的微生物对废水水质、水量的变化有较强的适应性；和活性污泥相比，管理较方便；微生物附着于固体表面，即使增殖速率慢的微生物也能生息，从而构成了稳定的生态系。高营养级的微生物越多，污泥量自然就越少。一般认为，生物膜法比活性污泥法的剩余污泥要少。这是由于：附着于固体表面的微生物量较

难控制，因而在运转操作上伸缩性差；滤料表面积小，BOD 容积负荷有限，因而空间效果差；多采用自然通风供氧，在生物膜内层往往形成厌氧层，从而缩小了具有净化功能的有效容积。然而由于新工艺新滤料的研制成功，生物膜法作为良好的好氧生物处理技术仍被广泛采用。生物膜法的净水原理如图 6-4 所示。

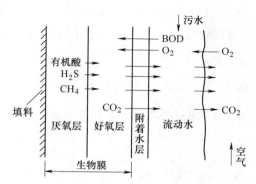

图 6-4　生物膜法的净水原理

（2）生物膜的形成及特点　在生物膜净化构筑物中，填充了数量相当多的挂膜介质。当有机废水均匀地淋洒在介质表层上后，便沿介质表面向下渗流。在充分供氧的条件下，接种的或原存在废水中的微生物就在介质表面增殖。这些微生物吸附废水中的有机物后迅速进行降解有机物的生命活动，逐渐在介质表面形成了黏液状的生长有极多微生物的膜，称为生物膜。

随着微生物的不断繁殖增长，以及废水中悬浮物和微生物的不断沉积，使生物膜的厚度不断增加。其结果使生物膜的结构发生了变化。膜的表层和废水接触，由于吸取营养和溶解氧比较容易，微生物生长繁殖迅速，形成了由好氧微生物和兼性微生物组成的好氧层。在其内部和介质接触的部分，由于营养料和溶解氧的供应条件较差，微生物生长繁殖受到限制，好氧微生物难以生活，兼性微生物转为厌氧代谢方式，某些厌氧微生物恢复了活性，从而形成了由厌氧微生物和兼性微生物组成的厌氧层。厌氧层是在生物膜达到一定厚度时才出现的，随着生物膜的增厚和外伸，厌氧层也随着变厚。

在负荷低的净化构筑物内，由于有机物氧化分解比较完全，生物膜的增长速度较慢，好氧层和厌氧层的界限并不明显。但在高负荷的净化构筑物内，生物膜增长迅速，好氧层和厌氧层的分界比较明显。生物膜并不是毫无变化地附着在介质表面上，而是不断地增长、更新、脱落的。造成生物膜不断脱落的原因有：水力冲刷，由于膜增厚而造成质量的增大，原生动物的松动，厌氧层和介质的黏结力较弱等，其中以水力冲刷最为重要。从处理要求看，生物膜的更新脱落是完全必要的。

生物膜是生物处理的基础，必须保持足够的数量才能达到净化的目的。一般认为，生物膜厚度介于 2～3mm 时较为理想，生物膜太厚会影响通风，甚至造成堵塞。厌氧层一旦产生，会使处理水质下降，而且厌氧代谢产物会恶化环境卫生。

（3）生物膜中的物质迁移　由于生物膜的吸附作用，在其表面有一层很薄的水层，称为附着水层。附着水层的有机物大多已被氧化，其浓度比滤池进水的有机物浓度低得多。由于浓度差的作用，有机物会从废水中转移到附着水层中去，进而被生物膜所吸附。同时，空气中的氧在溶入废水中后，继而进入生物膜。在此条件下，微生物对有机物进行氧化分解和同化合成，产生的二氧化碳和其他代谢产物一部分溶入附着水层，一部分析出到空气中。如此循环往复，废水中的有机物不断减少，从而得到净化。

在向生物膜微生物供氧的过程中，由于存在着气-液膜阻抗，因而速度甚慢。所以，随着生物膜厚度的增大，废水中的氧会迅速地被表层的生物膜所耗尽，致使其深层因氧不足而发生厌氧分解，积蓄了 H_2S、NH_3、有机酸等代谢产物。但当氧的供给充足时，厌氧层的厚度发展是有限的。此时产生的有机酸类能被异养微生物及时地氧化成 CO_2 和 H_2O，NH_3、

H_2S被自养微生物氧化成 NO_2^-、NO_3^-、SO_4^{2-} 等，仍然维持着生物膜的活性。若供氧不足，从总体上讲，厌氧微生物将起主导作用，不仅丧失好氧微生物分解的功能，也将使生物膜发生非正常脱落。

6.1.3 厌氧生物处理生物化学

1. 厌氧生物处理的基本原理

厌氧生物处理（Anaerobic biological treatment）是在无氧条件下，利用多种厌氧微生物的代谢活动，将有机物转化为无机物和少量细胞物质的过程。这些无机物质主要是大量生物气（即沼气）和水。

（1）厌氧微生物分解有机物的过程 如图6-5所示，有机物的厌氧微生物分解过程可以分为4个阶段。

1）水解阶段。复杂有机物首先在发酵细菌产生的胞外酶的作用下分解为溶解性的小分子有机物。如纤维素被纤维素酶水解为纤维二糖与葡萄糖，蛋白质被蛋白酶水解为短肽及氨基酸等。水解阶段通常比较缓慢，是复杂有机物厌氧降解的限速阶段。

2）发酵（酸化）阶段。溶解性小分子有机物进入发酵细菌（酸化细菌）细胞内，在胞内酶作用下分解为挥发性脂肪酸（VFA），如乙酸、丙酸、丁酸，以及乳酸、醇类、二氧化碳、氨、硫化氢等，同时合成细胞物质。发酵可以定义为有机化合物既作为电子受体也

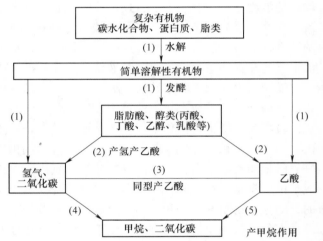

图6-5 有机物的厌氧微生物分解过程
（1）—发酵细菌 （2）—产氢产乙酸菌 （3）—同型产乙酸菌
（4）—利用 H_2 和 CO_2 的产甲烷菌 （5）—分解乙酸的产甲烷菌

作为电子供体的生物降解过程。在此过程中，溶解性有机物被转化为以挥发性脂肪酸为主的末端产物，因此这一过程也称为酸化。酸化过程是由许多种类的发酵细菌完成的。其中重要的类群有梭状芽孢杆菌（*Clostridium*）和类杆菌（*Bacteroides*）。这些细菌绝大多数是严格厌氧菌，但通常有约1%的兼性厌氧菌生存于厌氧环境中，这些兼性厌氧菌能够起到保护严格厌氧菌，如保护产甲烷菌免受氧的损害与抑制的作用。

3）产乙酸阶段。发酵阶段的产物丙酸、丁酸、乙醇等，在此阶段经产氢产乙酸菌作用转化为乙酸、氢气和二氧化碳。

4）产甲烷阶段。在此阶段，产甲烷菌通过以下两个途径之一将乙酸、氢气和二氧化碳等转化为甲烷。一是在二氧化碳存在时，利用氢气生成甲烷。二是利用乙酸生成甲烷。利用乙酸的产甲烷菌有索氏甲烷丝菌和巴氏甲烷八叠球菌，二者生长速率有较大差别。在一般的厌氧生物反应器中，约70%的甲烷由乙酸分解而来，30%由氢气还原二氧化碳而来。

利用乙酸：$CH_3COOH \longrightarrow CH_4 + CO_2$

利用氢气和二氧化碳：$4H_2 + CO_2 \longrightarrow CH_4 + 2H_2O$

产甲烷菌都是专性厌氧菌，要求生活环境的氧化还原电位为 −150 ~ −400mV。氧和氧化剂对甲烷菌有很强的毒害作用。

（2）厌氧消化微生物

1）发酵细菌（产酸细菌）。这种细菌主要包括梭菌属（*Clostridium*）、类杆菌属（*Bacteroides*）、丁酸弧菌属（*Butyrivibrio*）、真细菌属（*Eubacterium*）和双歧杆菌属（*Bifidobacterium*）等。这类细菌的主要功能是先通过胞外酶的作用将不溶性有机物水解成可溶性有机物，再将可溶性的大分子有机物转化成脂肪酸、醇类等。研究表明，该类细菌对有机物的水解过程相当缓慢，pH 值和细胞平均停留时间等因素对水解速率的影响很大。不同有机物的水解速率也不同，如类脂的水解就很困难。因此，当处理的废水中含有大量类脂时，水解就合成为厌氧消化过程的限速步骤。但产酸的反应速率较快，并远高于产甲烷反应。

发酵细菌大多数为专性厌氧菌，但也有大量兼性厌氧菌。按照其代谢功能，发酵细菌可分为纤维素分解菌、半纤维素分解菌、淀粉分解菌、蛋白质分解菌和脂肪分解菌等。除发酵细菌外，在厌氧消化的发酵阶段，也可发现真菌和为数不多的原生动物。

2）产氢产乙酸菌。近 10 年来的研究所发现的产氢产乙酸菌包括互营单孢菌属（*Syntrophomonas*）、互营杆菌属（*Syntrophobacter*）、梭菌属（*Clostridium*）、暗杆菌属（*Pelobacter*）等。这类细菌能把各种挥发性脂肪酸降解为乙酸和 H_2。其反应如下：

降解乙醇　　$CH_3CH_2OH + H_2O \longrightarrow CH_3COOH + 2H_2$

降解丙酸　　$CH_3CH_2COOH + 2H_2O \longrightarrow CH_3COOH + 3H_2 + CO_2$

降解丁酸　　$CH_3CH_2CH_2COOH + 2H_2O \longrightarrow 2CH_3COOH + 2H_2$

上述反应只有在乙酸浓度低，液体中氢分压也很低时才能完成。

3）产甲烷菌。产甲烷菌大致可分为两类，一类主要利用乙酸产生甲烷；另一类数量较少，利用氢和 CO_2 的合成生成甲烷。也有极少量细菌，既能利用乙酸，也能利用氢。以下是两个典型的产甲烷反应：

利用乙酸　　　　　　$CH_3COOH \longrightarrow CH_4 + CO_2$

利用 H_2 和 CO_2　　$4H_2 + CO_2 \longrightarrow CH_4 + 2H_2O$

产甲烷菌是专性厌氧细菌，要求生活环境的氧化还原电位为 −150 ~ −400mV。氧和氧化剂对产甲烷菌有很强的毒害作用。产甲烷菌的增殖速率慢，繁殖世代时间长，有些甚至达 4~6d，因此在一般情况下产甲烷反应是厌氧消化的控制阶段。

4）厌氧微生物群体间的关系。在厌氧生物处理反应器中，不产甲烷菌和产甲烷菌既相互依赖，互为对方创造与维持生命活动所需的良好环境和条件，又相互制约。厌氧微生物群体间的相互关系表现在以下几个方面。

① 不产甲烷菌为产甲烷菌提供生长和产甲烷所需的基质。不产甲烷菌把各种复杂的有机物质（如碳水化合物、脂肪、蛋白质等）进行厌氧降解，生成游离氢、二氧化碳、氨、乙酸、甲酸、丙酸、丁酸、甲醇、乙醇等产物，其中丙酸、丁酸、乙醇等又可被产氢产乙酸菌转化为氨、二氧化碳、乙酸等。这样，不产甲烷菌通过其生命活动为产甲烷菌提供了合成细胞物质和产甲烷所需的碳前体和电子供体、氢供体和氮源。产甲烷菌充当厌氧环境有机物分解中微生物食物链的最后一个生物体。

② 不产甲烷菌为产甲烷菌创造适宜的氧化还原条件。厌氧发酵初期，由于加料使空气进入发酵池，原料、水本身也携带有空气，这显然对于产甲烷菌是有害的。它的去除需要依

赖不产甲烷菌类群中那些好氧和兼性微生物的活动。各种厌氧微生物对氧化还原电位的适应也不相同，通过它们有顺序地交替生长和代谢活动，使发酵液氧化还原电位不断下降，逐步为产甲烷菌生长和产甲烷创造适宜的氧化还原条件。

③ 不产甲烷菌为产甲烷菌清除有毒物质。在以工业废水或废弃物为发酵原料时，其中可能含有酚类、苯甲酸、氰化物、长链脂肪酸、重金属等对产甲烷菌有毒害作用的物质。不产甲烷菌中有许多种类能裂解苯环、降解氰化物等并从中获得能源和碳源。这些作用不仅解除了对产甲烷菌的毒害，也给产甲烷菌提供了养分。此外，不产甲烷菌的产物硫化氢，可以与重金属离子作用生成不溶性的金属硫化物沉淀，从而解除一些重金属的毒害作用。

④ 产甲烷菌为不产甲烷菌的生化反应解除反馈抑制。不产甲烷菌的发酵产物可以抑制其本身的不断形成。氢的积累会抑制产氢菌继续产氢，酸的积累会抑制产酸菌继续产酸。在正常的厌氧发酵中，产甲烷菌连续利用由不产甲烷菌产生的氢、乙酸、二氧化碳等，使厌氧系统中不会有氢和酸的积累，这样就不会产生反馈抑制，不产甲烷菌也就得以继续正常的生长和代谢。

⑤ 不产甲烷菌和产甲烷菌共同维持环境中适宜的 pH 值。在厌氧发酵初期，不产甲烷细菌首先降解原料中的糖类、淀粉等物，产生大量的有机酸，产生的二氧化碳部分溶于水，使发酵液的 pH 值明显下降。此时，一方面不产甲烷菌类群中的氨化细菌迅速进行氨化作用，产生的氨中和部分酸；另一方面，产甲烷菌利用乙酸、甲酸、氢和二氧化碳形成甲烷，消耗酸和二氧化碳。两个类群的共同作用使 pH 值稳定在一个适宜范围内。

5）缺氧（Anoxic）处理。在没有分子氧存在的条件下，一些特殊的微生物类群可以利用含有化合态氧的物质如硫酸盐、亚硝酸盐和硝酸盐等作为电子受体，进行代谢活动。

① 硫酸盐还原菌。在处理含硫酸盐或亚硫酸盐废水的厌氧反应器中，硫酸盐或亚硫酸盐会被硫酸盐还原菌（SRB）在其氧化有机污染物的过程中作为电子受体而加以利用，并将它们还原为硫化氢。SRB 的生长需要与产酸菌和产甲烷菌同样的底物，因此硫酸盐还原过程的出现会使甲烷的产量减少。

根据利用底物的不同，SRB 分为三类，即氧化氢的硫酸盐还原菌（HSRB）、氧化乙酸的硫酸盐还原菌（ASRB）、氧化较高级脂肪酸的硫酸盐还原菌（FASRB）。在 FASRB 中，一部分细菌能够将高级脂肪酸完全氧化为二氧化碳、水和硫化氢；另一些细菌则不能完全氧化高级脂肪酸。其主要产物为乙酸。

在有机物的降解中，少量硫酸盐的存在影响不大。但与甲烷相比，硫化氢的溶解度要高很多，1g 以硫化氢形式存在的硫相当于 2g COD。因此，处理含硫酸盐废水时，有时尽管有机物的氧化已完成得不错，但 COD 的去除率却不一定令人满意。硫酸盐还原需要有足够的COD 含量，其质量比应超过 1.67。

② 反硝化脱氮微生物。反硝化脱氮（Denitrification）反应由脱氮微生物进行。通常脱氮微生物优先选择氧而不是亚硝酸作为电子受体。但如果分子氧被耗尽，则脱氮微生物开始利用硝酸盐，即脱氮作用在缺氧条件下进行。

在实际生物处理过程中，好氧、兼性、厌氧分解分别担任着各自的角色。人工处理构筑物中由于具备良好的工程措施，可以选择微生物的种类并控制相应的分解过程。例如，在活性污泥曝气池中具有选择优势的是好氧及兼性细菌，主要发生好氧分解反应。但在天然或半天然处理设施中，各种分解过程可能顺序发生或同时发生。例如，在固体废弃物的填埋处理过程中，有机物的分解往往最初以好氧分解为主，但在一些氧扩散条件差的地点会发生厌氧分解。因而实际处理过程中发生的生物降解过程原理往往是十分复杂的，远不像理想状态下那么简单。

2. 厌氧生物处理的动力学

（1）水解阶段不溶性底物的转化速率 在处理下水道污泥或粪肥的厌氧消化器中，含有相对少的溶解性的可生物降解的化合物。已有研究证实，当水力停留时间为 7d、温度为 35℃时，反应器中溶解性 COD 只占全部可生物降解 COD 的 7% 以下。在此条件下，产甲烷速度正比于固体底物的液化速度。因此在由不溶性底物厌氧降解产生甲烷的过程中，水解既是第一级反应，也是限速反应。水解常数 K_p 受到水解温度的极大影响。整个厌氧过程的产气速率（$v_{气}$）等于水解速率（$v_{水解}$），它与可生物降解的不溶性有机物浓度 c 成正比

$$v_{气} = v_{水解} = K_p c \tag{6-13}$$

图 6-6 是 Gujer 和 Zehnder 根据自己和他人所做的研究，给出的固体物料水解常数与温度的关系。图中不同的图例表示由不同研究者给出的结果，图右侧"△"表示了在不同 pH 值下不同的水解常数。在 20℃ 以下，水解常数很小，特别是类脂在 20℃ 以下基本上不降解，碳水化合物也降解得相当慢。

（2）溶解性底物的转化速率与细胞产率 溶解性底物的生物转化速率可由莫诺德（Monod）方程表示。假如 U 为比底物利用速率，μ 为比细胞增长率，Y 为助细胞产率系数（即在已利用的底物中转化为细胞物质的底物的百分数），在废水处理中 Y 可定义为去除单位质量 COD 所转化为细胞中 COD 的质量。则有

$$\mu = YU \tag{6-14}$$

莫诺德方程可以表示为

$$U = \frac{K_{max} c}{K_s + c} \tag{6-15}$$

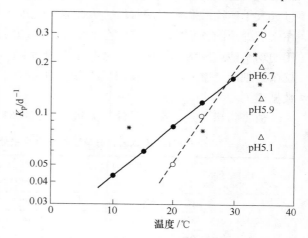

图 6-6 污水中可生物降解的不溶物质的
水解常数 K_p 与水解温度的关系

式中，K_{max} 为最大比底物利用速率；K_s 为底物亲和力常数或半饱和常数，它等于当 $U = \frac{1}{2}K_{max}$ 时底物的质量浓度；c 为底物的质量浓度。

因为 $\mu_{max} = YK_{max}$，而 $\mu = YU$，式（6-15）也可写作

$$U = \frac{\mu_{max} c}{K_s + c} \tag{6-16}$$

式中，μ_{max} 为最大的比细胞增长率。

当 $c \gg K_a$ 时，$U = K_{max}$，$\mu = \mu_{max}$；而当 $c = K_a$ 时，$U = \frac{K_{max}}{K_s}c$，即 $\mu = \frac{\mu_{max}}{K_b}c$。

在估计细胞物质的净增长率时，更为精确的方式是把细胞的死亡部分包括在内。假定同期细胞的死亡速率为 b，则

$$\mu = \frac{\mu_{\max} c}{K_s + c} - b \tag{6-17}$$

在污泥龄（即污泥在反应器内的停留时间）较长的反应器中，细胞死亡的因素变得较为重要，当 $c \gg K_s$ 时，式（6-17）可简化为

$$\mu = \mu_{\max} - b = YK_{\max} - b \tag{6-18}$$

在厌氧处理的产甲烷阶段，以挥发性脂肪酸（VFA）形式存在的 COD 被转化为甲烷和细胞物质。假定产生的细胞物质占被转化的 VFA（均以 COD 计）的产率为 Y_m，则转化为甲烷的 VFA 的产率为 $1 - Y_m$。

在酸化阶段，底物转化为细胞物质和 VFA，假定细胞产率为 Y_a，则转化为 VFA 的分值为 $1 - Y_a$。以上计算中，底物、VFA、细胞等均按 COD 计。

值得注意的是，废水厌氧处理过程中，废水的特征会极大影响到细胞产率，如果悬浮物在污泥床中积累的量很少，污泥产量主要来自废水酸化和甲烷化阶段产生的细胞物质，此时废水是否已酸化以及酸化部分 VFA 的组成等对污泥产量影响很大。一般酸化阶段污泥的产量远大于产乙酸和产甲烷阶段，因此未酸化废水产生的污泥量会远大于已酸化废水。所以，在厌氧处理的预酸化反应器中会产生相当多的污泥，其产率与酸化程度有关，在起到酸化作用的均衡池或废水储槽中，也会有相当的污泥产生。表 6-1 列出了酸化菌、产乙酸菌和产甲烷菌的细胞产率、K_s 值以及细胞活力与世代时间，作为对照，活性污泥法中的好氧菌的有关数据也列于表中。

值得指出的是，废水悬浮物大量截留在反应器内会大大增加污泥产量。

表 6-1　厌氧菌和好氧菌在废水生物处理中的动力学参数（30～35℃）

细 菌 类 型		世代时间 /d	细胞产率 /（gVSS/gCOD）	细胞活力 /［gCOD/（gVSS·d）］	K_s /（mmol/L）
活性污泥法	好氧菌	0.030	0.40	57.8	0.25
	厌氧酸化菌	0.125	0.14	39.6	未报告
	厌氧产乙酸菌	3.5	0.03	6.6	0.40
产甲烷菌	嗜氢菌	0.5	0.07	19.6	0.004
	甲烷丝菌	7.0	0.02	5.0	0.30
	甲烷叠球菌	1.5	0.04	11.6	5.0

6.2　污、废水深度处理生物化学

6.2.1　生物脱氮生物化学

1. 生物脱氮过程和原理

废水中的氮包括无机氮和有机氮两种。无机氮以氨氮（$NH_3\text{-}N$）、硝态氮（$NO_3^-\text{-}N$）和亚硝态氮（$NO_2^-\text{-}N$）3 种形态存在，主要来源于微生物对有机氮的分解、农田排水及某些工业废水。有机氮则以蛋白质、多肽和氨基酸为主，来源于生活污水、农业垃圾和食品加工、制革等工业废水。

生物脱氮（Biological denitrification）由硝化作用（Nitrification）和反硝化作用（Denitrification）共同完成，是指在微生物的作用下，废水中的氮化合物转化为氮气逸出的过程，如图6-7所示。

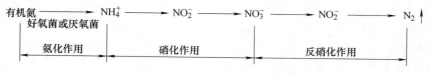

图6-7　废水中的生物脱氮作用

（1）硝化反应　硝化反应是在好氧状态下，将氨氮转化为亚硝酸盐和硝酸盐氮的过程。硝化反应是由一群自养型好氧微生物完成的，它包括两个基本反应阶段。第一阶段是由亚硝酸菌将氨氮转化为亚硝酸盐，称为亚硝化反应。亚硝酸菌中有亚硝酸单胞菌属、亚硝酸螺旋杆菌属和亚硝化球菌属等。第二阶段则由硝酸菌将亚硝酸盐进一步氧化为硝酸盐，称为硝化反应。硝酸菌有硝酸杆菌属、螺旋杆菌属和球菌属等。这两项反应均需在有氧的条件下进行，常以 CO_2、CO_3^{2-}、HCO_3^- 为碳源。

亚硝化反应 $NH_4^+ + 1.5O_2 \xrightarrow{\text{亚硝酸菌}} NO_2^- + 2H^+ + H_2O - \Delta E_1$，$\Delta E_1 = 278.42kJ$

硝化反应 $NO_2^- + 0.5O_2 \xrightarrow{\text{硝酸菌}} NO_3^- - \Delta E_2$，$\Delta E_2 = 72.58kJ$

硝化总反应 $NH_4^+ + 2O_2 \longrightarrow NO_3^- + 2H^+ + H_2O - \Delta E$，$\Delta E = 351kJ$

研究表明，硝化反应速率主要取决于氨氮转化为亚硝酸氮的反应速率。由上述反应式计算得知，在硝化反应过程中，将1g氨氮氧化为硝酸盐需要4.57g氧（其中亚硝化反应需耗氧3.43g，硝化反应需耗氧1.14g），同时约需消耗7.14g重碳酸盐碱度（以 $CaCO_3$ 计），以平衡硝化产生的酸度。

亚硝酸菌和硝酸菌统称为硝化菌，均是好氧自养菌，只有在溶解氧足够的条件下才能生长。其基本特性见表6-2。由表可见，硝酸菌的世代时间长，生长速度慢；而亚硝酸菌世代时间较短，生长速度快，较易适应水质水量的变化和其他不利的环境条件。

表6-2　亚硝酸菌和硝酸菌特性比较

项　　目	亚硝菌群（椭球或棒状）	硝酸菌（椭球或棒状）
细胞尺寸	$1\mu m \times 1.5\mu m$	$0.5\mu m \times 1.5\mu m$
革兰氏染色	阴性	阴性
世代时间/h	8~36	12~59
自养性	专性	兼性
需氧性	严格好氧	严格好氧
最大比增长速率/(μm/h)	0.04~0.08	0.02~0.06
产率系数	0.04~0.13	0.02~0.07
饱和常数/(mg/L)	0.6~3.6	0.3~1.7

在硝化反应中，NH_4^+-N 向 NO_3^--N 的转化过程中总氮量未发生变化。氮元素的价态变化见表6-3。

（2）反硝化反应 反硝化反应是由一群异养型微生物完成的生物化学过程。它的主要作用是在缺氧（无分子态氧）的条件下，将硝化过程中产生的亚硝酸盐和硝酸盐还原成气态氮（N_2）。反硝化细菌包括假单胞菌属、反硝化杆菌属、螺旋菌属和无色杆菌属等。它们多数是兼性细菌，有分子态氧存在时，反硝化菌氧化分解有机物，利用分子氧作为最终电子受体。在无分子态氧条件下，反硝化菌利用硝酸盐和亚硝酸盐中的 N^{5+} 和 N^{3+} 作为电子受体，O^{2-} 作为受氢体生成 H_2O 和 OH^- 碱度，有机物则作为碳源及电子供体提供能量，并得到氧化稳定。

反硝化反应过程中亚硝酸盐和硝酸盐的转化是通过反硝化细菌的同化作用和异化作用来完成的。异化作用就是将 NO_2^- 和 NO_3^- 还原为 NO、N_2O、N_2 等气体物质（主要是 N_2）。而同化作用是反硝化菌将 NO_2^- 和 NO_3^- 还原成为 NH_3-N，供新细胞合成使用，使氮成为细胞质的成分，此过程可称为同化反硝化，反硝化反应中氮元素的转化见表 6-4。

反硝化反应式为

$$6NO_3^- + 5CH_3OH \xrightarrow{\text{反硝化菌}} 5CO_2 + 3N_2\uparrow + 7H_2O + 6OH^-$$

在溶解氧（DO）的浓度不大于 0.5mg/L 时，兼性反硝化菌利用污水中的有机碳源（污水中的 BOD 成分）作为氢供给体，将来自好氧池混合液中的硝酸盐和亚硝酸盐还原成氮气排入大气，同时有机物得到降解。其反应式为

$$2NO_2^- + 6H^+\text{（氢供给体）} \xrightarrow{\text{反硝化菌}} N_2\uparrow + 2H_2O + 2OH^-$$

$$2NO_3^- + 10H^+\text{（氢供给体）} \xrightarrow{\text{反硝化菌}} N_2\uparrow + 4H_2O + 2OH^-$$

该反应的实质是反硝化菌在缺氧环境中，利用硝酸盐的氧作为电子受体，将污水中的有机物作为碳源及电子供体，提供能量并得到氧化稳定。

在反硝化反应过程中，硝酸盐通过反硝化菌的代谢活动有同化反硝化和异化反硝化两种转化途径，其最终产物分别是有机氮化合物和气态氮，前者成为菌体组成部分，后者排入大气。

$$NO_3^- \begin{cases} NO_2^- \longrightarrow NH_2OH \longrightarrow \text{有机体（同化反硝化）} \\ NO_2^- \longrightarrow N_2O \longrightarrow N_2\uparrow \text{（异化反硝化）} \end{cases}$$

当污水中缺乏有机物时，则无机物如氢、Na_2S 等也可以作为反硝化反应的电子供体，

表 6-3　硝化过程中氮元素的价态变化

氮的氧化还原态	
-Ⅲ	氨离子 NH_4^+
-Ⅱ	
-Ⅰ	羟胺 NH_2OH
0	
+Ⅰ	硝酰基 NOH
+Ⅱ	
+Ⅲ	亚硝酸根 NO_2^-
+Ⅳ	
+Ⅴ	硝酸根 NO_3^-

表 6-4　反硝化反应中氮元素的价态变化

氮的氧化还原态	
-Ⅲ	氨离子 NH_4^+
-Ⅱ	
-Ⅰ	羟胺 NH_2OH
0	N_2
+Ⅰ	硝酰基 NOH
+Ⅱ	
+Ⅲ	亚硝酸根 NO_2^-
+Ⅳ	
+Ⅴ	硝酸根 NO_3^-

而微生物则可以通过消耗自身的原生质进行内源反硝化。

$$C_5H_7NO_2 + 3NO_3^- \xrightarrow{\text{反硝化菌}} 5CO_2 + 2NH_3 + N_2\uparrow + OH^-$$

可见，内源反硝化反应将导致细胞物质的减少，同时生成 NH_3，因此，不能让内源反硝化反应占主导地位，而应向污水中提供必需的有机碳源。使用最普遍的有机碳源是较为廉价的甲醇，其反应式为

$$6NO_3^- + 5CH_3OH \xrightarrow{\text{反硝化菌}} 5CO_2 + 3N_2\uparrow + 7H_2O + 6OH^-$$

其甲醇投加量的计算如下

$$c = 2.47N_0 + 1.53N + 0.87D$$

式中，c 为必需投加甲醇的质量浓度（mg/L）；N_0 为初始 NO_3^--N 的质量浓度（mg/L）；N 为初始 NO_2^--N 的质量浓度（mg/L）；D 为初始溶解氧的质量浓度（mg/L）。

可见，在反硝化反应中，每转化 1g 的 NO_3^--N 需要 2.47g 甲醇，这部分甲醇表现为 BOD_5 是其 1.05 倍，即在还原 $1g\,NO_3^-$-N 的同时去除了 $1.05 \times 2.47g = 2.6g\,BOD_5$，以 DO 计，相当于在反硝化反应中"产生"了 2.6g 氧。在反硝化反应中，还原 1mg 硝态氮能产生 3.57mg 碱度（以 $CaCO_3$ 计），而在硝化反应过程中，将 1mg 的 NH_4^+-N 氧化为 NO_3^--N，需消耗 7.14mg 的碱度（以 $CaCO_3$ 计）。所以，在缺氧-好氧的 A_1/O 工艺中，反硝化反应产生的碱度可补偿硝化反应消耗碱度的一半左右。因此，对氮含量不高的城市污水或生活污水进行处理时，不必另外投加碱即可调节 pH 值。

2. 生物脱氮法反应动力学

生物脱氮反应包含硝化反应和反硝化反应，在两个生化反应过程中，微生物的生长速率与氨氮的氧化速率都可用 Monod 公式来描述。

（1）硝化反应动力学

1）微生物的比增长速率。由硝化反应式可知，氨氮转化为亚硝态氮时释放的能量大约是亚硝态氮转化为硝态氮时所释放能量的 4~5 倍。所以，要想获得相同的能量，所氧化的亚硝态氮的量也必须是氨氮的 4~5 倍。因此，在稳态条件下，生物处理系统中一般不会产生亚硝酸盐的积累。研究表明，在温度低于 20℃ 时，亚硝化反应和硝化反应 Monod 方程中的饱和常数 K_N 均小于 1mg/L，因此，限制整个硝化反应速度的步骤是氨氮转化为亚硝态氮的亚硝化反应，其微生物的比增长速率可用下式表示

$$\mu_N = \mu_{N,\max}\frac{c_N}{K_N + c_N} \tag{6-19}$$

式中，μ_N 为亚硝酸菌的比增长速率（d^{-1}）；$\mu_{N,\max}$ 为亚硝酸菌的最大比增长速率（d^{-1}）；K_N 为亚硝酸菌氧化氨氮的饱和常数（mg/L）；c_N 为 NH_4^+-N 的质量浓度（mg/L）。

硝化菌的动力学参数 μ_N 和 K_N 的值较小，$\mu_N < 1d^{-1}$，K_N 为 1~5mg/L，当 $c_N \gg K_N$ 时，可以认为 μ_N 与 c_N 无关，此时 μ_N 与 c_N 之间呈零级反应，硝化反应不可能达到很高的硝化程度。

2）氨氮的氧化速率。氨氮的氧化速率直接与亚硝酸菌的增长速率有关，而亚硝酸菌的增长速率与亚硝酸菌的产率系数有关。NH_4^+-N 氧化速率与亚硝氧菌产率系数之间的关系可以表示为

$$q_N = \frac{\mu_N}{Y_N} = q_{N,\max}\frac{c_N}{K_N + c_N} \tag{6-20}$$

式中，q_N 为 NH_4^+-N 的氧化速率 $[gNH_4^+$-N/（gVSS · d）$]$；$q_{N,max}$ 为 NH_4^+-N 的最大氧化速率 $[gNH_4^+$-N/（gVSS · d）$]$；Y_N 为亚硝酸菌产率系数 $[gVSS/（gNH_4^+$-N 去除）$]$。

由于硝化菌的增殖速率很低，在活性污泥系统中，为了充分进行硝化反应，必须有足够大的污泥龄 θ_c，所以，要求设计污泥龄 θ_c^d 要大于硝化所需的最小污泥龄 θ_c^m，按经验，取值为

$$\theta_c^d \geqslant 3\theta_c^m = \frac{1}{\mu_N}$$

式中，μ_N 为硝化菌比增长速率（d^{-1}）。

（2）反硝化反应动力学

1）微生物的比增长速率。在反硝化反应中，反硝化菌增长速率和硝酸盐浓度的关系可以用下式来表示

$$\mu_D = \mu_{D,max} \cdot \frac{c_D}{K_D + c_D} \tag{6-21}$$

式中，μ_D 为反硝化菌的比增长速率（d^{-1}）；$\mu_{D,max}$ 为反硝化菌的最大比增长速率（d^{-1}）；c_D 为 NO_3^--N 的质量浓度（mg/L）；K_D 为相对于 NO_3^--N 的饱和常数（mg/L）。

同样，对于反硝化过程，污泥龄 θ_c 和反硝化菌净比增长速率之间的关系为 $1/\theta_c = \mu_D$。只是反硝化菌的比增长速率与一般的好氧异养菌的比增长速率相近，比硝化菌的比增长速率则大得多，因此，生物反硝化反应器所需的污泥龄比硝化反应小得多。

2）硝酸盐的去除速率。硝酸盐的去除速率与反硝化菌的比增长速率的关系式为

$$q_D = \frac{\mu_D}{Y_D} = q_{D,max} \cdot \frac{c_D}{K_D + c_D} \tag{6-22}$$

式中，q_D 为 NO_3^--N 的去除速率 $[gNO_3^-$-N/（gVSS · d）$]$；$q_{D,max}$ 为 NO_3^--N 的最大去除速率 $[gNO_3^-$-N/（gVSS · d）$]$；Y_D 为反硝化菌的表观产率系数 $[gVSS/（gNO_3^-$-N 去除）$]$。

考虑到反硝化菌的内源代谢使反硝化菌的净增长速率低于表观增长速率，污泥龄与 NO_3^--N 去除速率的关系可以表示为

$$\frac{1}{\theta_c} = Y_D q_D - b_D \tag{6-23}$$

式中，b_D 为反硝化菌的内源代谢分解系数（d^{-1}）。

美国环境保护署建议 $b_D = 0.04d^{-1}$，表观产率系数 $Y_D = 0.6 \sim 1.2 gVSS/（gNO_3^-$-N）。

由于在反硝化反应中，碳源有机物的浓度也会影响 NO_3^--N 的去除速率，综合考虑，硝酸盐的去除速率可以表示为

$$q_D = q_{D,max} \cdot \left[\frac{c_D}{K_D + c_D} \right] \left[\frac{c_S}{K_S + c_S} \right] \tag{6-24}$$

式中，c_S 为碳源有机物的质量浓度（mg/L）；K_S 为相对于碳源有机物的饱和常数（mg/L）；c_D 为 NO_3^--N 的质量浓度（mg/L）；K_D 为相对于 NO_3^--N 的饱和常数（mg/L）。

一般饱和常数 K_D 值很小，约为 $0.1 \sim 0.2 mg/L$，对反硝化反应速率几乎没有影响，即反硝化速率与 NO_3^--N 浓度成零级反应。有人认为当反硝化反应中有充足的有机碳源存在，且 NO_3^--N 的质量浓度高于 $0.1mg/L$ 时，反硝化速率与 NO_3^--N 浓度成零级反应，即此时反硝化速度与 NO_3^--N 浓度高低无关。饱和常数 K_S 的值也很小，不同的碳源有机物的 K_S 值也不同。

3）反硝化动力学公式的讨论。式（6-21）~式（6-24）仅适用于单一的可快速降解的碳源有机物作电子供体（如甲醇）。由于城市污水或工业废水的成分比较复杂，既有可以快速降解的碳源有机物，又有不溶或慢速生物降解的有机物，则需要用另外的动力学方程来表达。对此，Barnard 根据不同的碳源有机物，提出反硝化反应速率存在三个不同的速率阶段。

第一阶段发生在反硝化反应刚开始的 5~15min，此时反硝化反应速率最快，为 50 mg/（L·h），该阶段反硝化菌利用挥发性脂肪酸和醇类等可快速生物降解的有机物作为碳源进行反硝化。第一阶段利用快速生物降解有机物作碳源，其反硝化反应速率公式为

$$q_{DN1} = 0.72\theta_1^{T-20}$$

式中，θ_1 为温度修正系数，取 1.2。

第二阶段自第一阶段结束一直延续到所有外碳源用完为止，反硝化菌以不溶的有机物或复杂的可溶性有机物作碳源，因而反应速率比第一阶段慢，约为 16mg/（L·h）。第二阶段利用慢速生物降解有机物，其硝化反应速率 q_{DN2} 可表示为

$$q_{DN2} = 0.10\theta_2^{T-20}$$

式中，θ_2 为温度修正系数，取 1.04。

第三阶段由于外碳源耗尽，反硝化菌以微生物内源代谢碳源，反硝化反应速率仅为 5.4mg/（L·h）。第三阶段微生物进行内源反硝化，其反硝化反应速率 q_{DN3} 可表示为

$$q_{DN3} = 0.072\theta_3^{T-20}$$

式中，θ_3 为温度修正系数，取 1.03。

3. 生物脱氮过程的影响因素

生物脱氮的硝化过程是在硝化菌的作用下，将氨态氮转化为硝酸氮。硝化菌是化能自养菌，其生理活动不需要有机性营养物质，它从 CO_2 获取碳源，从无机物的氧化中获取能量。而生物脱氮的反硝化反应是在反硝化菌的作用下，将硝酸氮和亚硝酸氮还原为气态氮。反硝化菌是异养兼性厌氧菌，它只能在无分子态氧的情况下，利用硝酸和亚硝酸盐离子中的氧进行呼吸，使硝酸还原。所以，环境因素对硝化和反硝化的影响并不相同。

（1）硝化反应的影响因素

1）有机碳源。硝化菌是自养型细菌，有机物浓度不是它的生长限制因素，故在混合液中的有机碳浓度不应过高，一般 BOD 值应在 20mg/L 以下。如果 BOD 浓度过高，就会使增殖速度较高的异养型细菌迅速繁殖，从而使自养型的硝化菌得不到优势而不能成为优占种属，严重影响硝化反应的进行。

2）污泥龄。为保证连续流反应器中存活并维持一定数量和性能稳定的硝化菌，微生物在反应器中的停留时间（即污泥龄）应大于硝化菌的最小世代时间。硝化菌的最小世代时间是其最大比增长速率的倒数。脱氮工艺的污泥龄主要由亚硝酸菌的世代时间控制，因此污泥龄应根据亚硝酸菌的世代时间来确定。实际运行中，一般应取系统的污泥龄为硝化菌最小世代时间的 3 倍以上，并不得小于 5d，为保证硝化反应的充分进行，污泥龄应大于 10d。

3）溶解氧。氧是硝化反应过程中的电子受体，所以，反应器内溶解氧含量的高低必将影响硝化的进程，一般应维持混合液的溶解氧的质量浓度为 2~3mg/L，溶解氧的质量浓度为 0.5~0.7mg/L 是硝化菌可以承受的极限。有关研究表明，当溶解氧的质量浓度 <2mg/L 时，氨氮有可能完全硝化，但需要较长的污泥龄，因此，硝化反应设计的溶解氧的质量浓度不小于 2mg/L。

对于同时去除有机物和进行硝化、反硝化的工艺，硝化菌约占活性污泥的5%，大部分硝化菌将处于生物絮体的内部。在这种情况下，溶解氧浓度的增加将会提高溶解氧对生物絮体的穿透力，从而提高硝化反应速率。因此，在污泥龄短时，含碳有机物氧化速率的增加，致使耗氧速率增加，减少了溶解氧对生物絮体的穿透力，进而降低了硝化反应速率；相反，在污泥龄长的情况下，耗氧速率较低，即使溶解氧的含量不高，也可以保证溶解氧对生物絮体的穿透作用，从而维持较高的硝化反应速率。所以，当污泥龄降低时，为维持较高的硝化速率，需相应提高溶解氧的含量。

4）温度。温度不但影响硝化菌的比增长速率，而且影响硝化菌的活性。硝化反应的适宜温度范围是20~30℃。表6-5列出了不同温度下亚硝酸菌的最大比增大速率 μ_N 值。从表中可以看出，μ_N 与温度的关系服从 Arrhenius 方程，即温度每升高10℃，μ_N 值增加1倍。在5~35℃的范围内，硝化反应速率随温度的升高而加快，但达到30℃时增加幅度减少，因为当温度超过30℃时，蛋白质的变性降低了硝化菌的活性。当温度低于5℃时，硝化菌的生命活动几乎停止。

表 6-5　不同温度下亚硝酸菌的最大比增长速率

温度/℃	μ_N/d^{-1}
10	0.3
20	0.65
30	1.2

5）pH值。硝化菌对pH值的变化非常敏感，最佳pH值为7.5~8.5，当pH<7时，硝化速率明显降低，当pH<6或pH>9.6时，硝化反应将停止进行。由于硝化反应中每消耗1g氨氮要消耗碱度7.14g，如果污水中氨氮的质量浓度为20mg/L，则需消耗碱度143mg/L。一般地，污水对于硝化反应来说，碱度往往是不够的，因此，应投加必要的碱量，以维持适宜的pH，保证硝化反应的正常进行。

6）碳氮比。在活性污泥系统中，硝化菌只占活性污泥微生物的5%左右，这是因为与异养型细菌相比，硝化菌的产率低，比增长速率小。而 BOD_5/TKN 值的不同，将会影响到活性污泥系统中异养菌与硝化菌对底物和溶解氧的竞争，从而影响脱氮效果。一般认为只有处理系统的 BOD 负荷低于 $0.15gBOD_5/(gMLSS \cdot d)$ 时，处理系统的硝化反应才能正常进行。

7）有害物质。对硝化反应产生抑制作用的有害物质主要有重金属，高浓度的 NH_4^+-N、NO_x^--N 络合阳离子和某些有机物。有害物质对硝化反应的抑制作用主要有两个方面：一是干扰细胞的新陈代谢，这种影响需长时间才能显示出来；二是破坏细菌最初的氧化能力，这种影响在短时间里即会显示出来。一般来说，同样的毒物对亚硝酸菌的影响比对硝酸菌的影响强烈。对硝化菌有抑制作用的重金属有 Ag、Hg、Ni、Cr、Zn 等，毒性作用由强到弱，当pH值由较高到低时，毒性由弱到强。而一些含氮、硫元素的物质也具有毒性，如硫脲、氰化物、苯胺等，其他物质如酚、氟化物、ClO_4、K_2CrO_4、三价砷等也具有毒性。一般情况下，有毒物质主要抑制亚硝酸菌的生长，个别物质主要抑制硝酸菌的生长。

（2）反硝化反应的影响因素

1）有机碳源。反硝化菌为异养型兼性厌氧菌，所以反硝化反应需要提供充足的有机碳源，通常以污水中的有机物或者外加碳源（如甲醇）作为反硝化菌的有机碳源。碳源物质不同，反硝化速率也将不同。表6-6列出了一些碳源物质的反硝化速率。

表6-6　不同碳源物质的反硝化速率

碳　　源	反硝化速率/ $[gNO_3^- -N/(gVSS \cdot d)]$	温度/℃
啤酒废水	0.2 ~ 0.22	20
甲醇	0.12 ~ 0.90	20
挥发废酸	0.36	20
生活污水	0.03 ~ 0.11	15 ~ 27
内源代谢产物	0.017 ~ 0.048	12 ~ 20

目前，通常是利用污水中有机碳源，因为它具有经济、方便的优点。一般认为，当污水中的 BOD_5 与总氮比大于 3 ~ 5 时，即可认为碳源是充足的，不需外加碳源，否则应投加甲醇（CH_3OH）作为有机碳源，它的反硝化速率高，被分解后的产物为 CO_2 和 H_2O，不留任何难以降解的中间产物，其缺点是处理费用高。

2）pH值。pH值是反硝化反应的重要影响因素，反硝化反应最适宜的pH为6.5 ~ 7.5，不适宜的pH值会影响反硝化菌的生长速率和反硝化酶的活性。当 pH < 6.0 或 pH > 8.0 时，反硝化反应将受到强烈抑制。由于反硝化反应会产生碱度，这有助于将pH值保持在所需范围内，并可补充在硝化过程中消耗的一部分碱度。

3）温度。反硝化反应的适宜温度为 20 ~ 40℃。低于15℃时，反硝化菌的增殖速率降低，代谢速率也降低，从而降低了反硝化速率。温度对反硝化速率的影响可用阿伦尼乌斯方程表示

$$q_{DT} = q_{D20}\theta^{T-20}$$

式中，q_{DT} 为温度为 T 时的反硝化速率 $[gNO_3^- -N/(gVSS \cdot d)]$；$q_{D20}$ 为温度为20℃时的反硝化速率 $[gNO_3^- -N/(gVSS \cdot d)]$；$\theta$ 为温度系数，一般 $\theta = 1.03 ~ 1.15$，设计时可取 $\theta = 1.09$。

研究结果表明：温度对反硝化反应的影响与反硝化设备的类型有关，表6-7中列出了不同温度对构筑物反硝化速率的影响。由表6-7看出，温度对生物流化床反硝化反应的影响比生物转盘和悬浮活性污泥要小得多。当温度从20℃降到5℃时，为达到相同的反硝化反应效果，生物流化床的水力停留时间提高到了原来的2.1倍，而采用生物转盘和活性污泥法，水力停留时间则分别为原来的4.6倍和4.3倍。

表6-7　不同温度对构筑物反硝化速率的影响

温度/℃	$c_0^{①}$/(mg/L)	$c_e^{①}$/(mg/L)	水力停留时间/min		
			生物流化床	生物转盘	活性污泥法[②]
20.0	20.0	1.0	7	46	59
5.0	20.0	1.0	15	213	256

① c_0 和 c_e 为进、出水的 $NO_3^- -N$ 的质量浓度。
② 污泥龄9d，MLVSS = 2500mg/L。

研究结果还表明：硝酸盐负荷率高，温度的影响也高；反之，则温度影响低。

4）溶解氧。反硝化菌是兼性厌氧菌，既能进行有氧呼吸，也能进行无氧呼吸。含碳有机物好氧生物氧化时产生的能量高于厌氧反硝化反应时所产生的能量。这表明，当同时存在

分子态氧和硝酸盐时，优先进行有氧呼吸，反硝化菌降解含碳有机物而抑制了硝酸盐的还原。所以，为了保证反硝化过程的顺利进行，必须保持严格的缺氧状态。微生物从有氧呼吸转变为无氧呼吸的关键是合成无氧呼吸的酶，而分子态氧的存在会抑制这类酶的合成及其活性。由于这两方面的原因，溶解氧对反硝化过程有很大的抑制作用。一般认为，系统中溶解氧保持在 0.5mg/L 以下时，反硝化反应才能正常进行。但在附着生长系统中，由于生物膜对氧传递的阻力较大，因此可以允许较高的溶解氧浓度。

6.2.2 生物除磷生物化学

1. 生物除磷原理

（1）生物除磷原理 生物除磷（Biological phosphorus removal）通常指的是在活性污泥或生物膜法处理废水之后进一步利用微生物去除水体中磷的技术。该技术主要利用聚磷菌等一类细菌，过量地、超出其生理需要地从废水中摄取磷，并将其以聚合态储藏在体内，形成高磷污泥排出系统，从而实现废水除磷的目的。

聚磷菌是一种适应厌氧和好氧交替环境的优势菌群，在好氧条件下不仅能大量吸收磷酸盐合成自身的核酸和 ATP，而且能逆浓度梯度地过量吸收磷合成储能的多聚磷酸盐。

聚磷菌能够过量摄磷的原因可以解释如下。废水除磷工艺中同时存在的发酵产酸菌，能为其他的聚磷菌提供可利用的基质。处于厌氧和好氧交替变化的生物处理工艺中，在厌氧条件下，聚磷菌生长受到抑制，为了生长便释放出其细胞中的聚磷酸盐（以溶解性的磷酸盐形式释放到溶液中），同时释放出能量。这些能量可用于利用废水中简单的溶解性有机基质时所需。在这种情况下，聚磷菌表现为磷的释放，即磷酸盐由微生物体内向废水转移。当上述微生物继而进入好氧环境后，它们的活力将得到充分的恢复，并在充分利用基质的同时，从废水中大量摄取溶解态的正磷酸盐，在聚磷菌细胞内合成多聚磷酸盐，如具有环状结构的三偏磷酸盐和四偏磷酸盐 $M_nP_nO_{3n}$，以及具有线状结构的焦磷酸盐和不溶性结晶聚磷 $M_{n+2}P_nO_{3n}$；具有横联结构的过磷酸盐等，并加以积累。这种对磷的积累作用大大超过了微生物正常生长所需的磷量，可达细胞质量的 6%～8%。有研究证明，聚-3-羟基丁酸盐比聚-3-羟基戊酸盐更能够影响聚磷菌的好氧摄磷。聚磷菌在厌氧条件下不但能分解外界有机物，还能通过分解体内的聚磷来获取生长繁殖所需的能量。

图 6-8 为聚磷菌利用乙酸基质在厌氧和好氧条件下的代谢过程。在厌氧条件下，聚磷菌将体内储藏的聚磷分解，产生的磷酸盐进入液体中（放磷），同时产生的能量可供聚磷菌在厌氧条件下生理活动所需；另一方面用于主动吸收外界环境中的可溶性脂肪酸，在菌体内以聚 β-羟丁酸（PHB）的形式储存。细胞外的乙酸转移到细胞内生成乙酰 CoA 的过程也需要耗能，这部分能量来自菌体内聚磷的分解，聚磷分解会导致可溶性磷酸盐从菌体内的释放和金属阳离子转移到细胞外。

在好氧条件下，聚磷菌体内的 PHB（聚-β-羟基丁酸盐）分解为乙酰 CoA，一部分用于细胞合成，大部分进入三羧酸循环和乙醛酸循环，产生氢离子和电子；PHB 分解过程中也产生氢离子和电子，这两部分氢离子和电子经过电子传递产生能量，同时消耗氧。产生的能量一部分供聚磷菌正常生长繁殖，另一部分供其主动吸收环境中的磷，并合成聚磷，使能量储存在聚磷的高能磷酸键中，这就导致菌体从外界吸收可溶性的磷酸盐和金属阳离子进入体内。

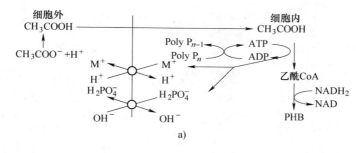

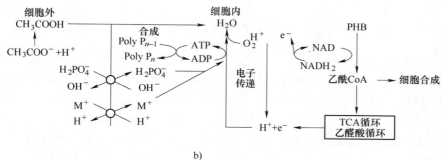

图 6-8　代谢过程

a）厌氧放磷过程　b）好氧吸磷过程

过量除磷主要是生物作用的结果，但是生物过量除磷并不能解释所有的生物除磷行为。Vacker 和 Milbury 的研究结果表明，生物诱导的化学除磷可以作为生物除磷的补充。他们提出了在生物除磷系统中磷的脱除可能包括 5 种途径：生物过量除磷、正常磷的同化作用、正常液相沉淀、加速液相沉淀以及生物膜沉淀等。

（2）聚磷菌　一般聚磷菌可以分为三大类，即不动细菌属、具有硝化或反硝化能力的聚磷菌，以及假单胞菌属（*Pseudomonas*）、气单胞菌属（*Aeromonas*）等其他聚磷菌。

不动细菌属，如乙酸钙不动杆菌（*Acinetobacter calcoaceticus*）和鲁氏不动杆菌（*Alwoffi*），其外观为粗短的杆状，革兰氏染色阴性或呈浅紫色，对数期细胞大小 $1 \sim 1.5 \mu m$，杆状到球状，静止期细胞近球状，以成对、短链或簇状出现；试验也发现硝化杆菌属（*Nitrobacter* sp.）、反硝化球菌（*Nitrococcus denitrificans*）和亚硝化球菌（*Nitrosococcus*）等也能超量吸磷；其他聚磷菌主要有假单胞菌属、气单胞菌属、放线菌属（*Actinomyces*）和诺卡氏菌属（*Nocardia*）等，如氢单胞菌（*Hydrogenomonas* sp.）、孢囊假单胞菌（*Pseudomonas vesicularis*）、沼泽红假单胞菌（*Rhodopseudomonas palustris*）及产气杆菌（*Aerobacter aerogenes*）等。

聚磷菌一般只能直接利用低级脂肪酸（如乙酸等），而不能直接利用大分子的有机基质，因此大分子物质需降解为小分子物质。如果降解作用受到抑制，则聚磷菌难以利用放磷中产生的能量来合成 PHB 颗粒，因而也难以在好氧阶段通过分解 PHB 来获得足够的能量过量地摄磷和积磷，从而影响系统的处理效率。

（3）除磷过程　废水的生物除磷工艺过程中通常包括两个反应器：一个是厌氧放磷；另一个为好氧吸磷。图 6-9 所示为活性污泥法生物除磷的工艺流程。

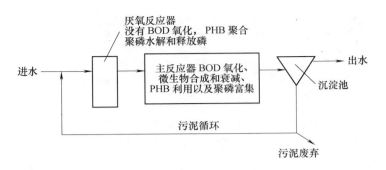

图 6-9　活性污泥法生物除磷工艺流程

1）厌氧放磷。污水生物处理中，主要是将有机磷转化为正磷酸盐，聚合磷酸盐也被水解成正盐形式。废水的微生物除磷工艺中的好氧吸磷和除磷过程是以厌氧放磷过程为前提的。在厌氧条件下，聚磷菌体内的 ATP 水解，释放出磷酸和能量，形成 ADP，即

$$ATP + H_2O \longrightarrow ADP + H_3PO_4 + 能量$$

试验证明，经过厌氧处理的活性污泥，在好氧条件下有很强的吸磷能力。

2）好氧摄磷。在好氧条件下，聚磷菌有氧呼吸，不断地从外界摄取有机物，ADP 利用分解有机物所得的能量合成 ATP，即

$$ADP + H_3PO_4 + 能量 \longrightarrow ATP + H_2O$$

其中，大部分磷酸是通过主动运输的方式从外部环境摄取的，这就是所谓的"磷的过量摄取"现象。活性污泥法生物除磷的生化机理如图 6-10 所示。

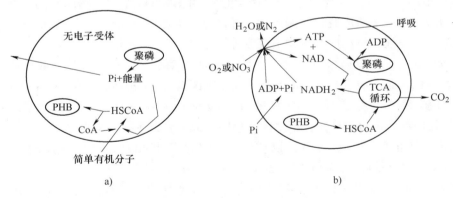

图 6-10　活性污泥法生物除磷的生化机理

a）厌氧放磷　b）好氧吸磷

2. 生物除磷反应动力学

人们根据基质与除磷微生物混合后出现的响应方式把能诱导磷释放的基质划分成三类。A 类，如甲酸、乙酸和丙酸等低分子有机酸；B 类，如甲醇、乙醇、柠檬酸和葡萄糖等；C 类，如丁酸、乳酸和琥珀酸等。这三类都属于可快速降解的 COD（S_{bs}）。

A 类基质存在时放磷速度较快，污泥初始的线性放磷是由 A 类基质诱导所致。放磷速度与 A 类基质浓度无关，仅与活性污泥的浓度和微生物的组成有关，所以 A 类基质诱导的厌氧放磷呈零级动力学反应。B 类基质必须在厌氧条件下转化成 A 类基质后才能被聚磷菌利

用，从而诱导磷的释放。因此诱导放磷的速度主要取决于 B 类基质转化成 A 类基质的速度。C 类基质能否引发磷的释放则与污泥中微生物组成有关。在用该基质驯化后，其诱导的厌氧放磷速度与 A 类基质相近。

A 类基质诱导的厌氧释放的零级反应方程为

$$\frac{\mathrm{d}\rho_t}{\mathrm{d}t} = K_\mathrm{P} K_\mathrm{PA} c_\mathrm{XA} \tag{6-25}$$

式中，ρ_t 为 t 时刻混合液中液相磷的质量浓度（mg/L）；c_XA 为能利用 A 类基质的活性污泥的质量浓度（mg/L）；K_PA 为活性污泥中的聚磷菌吸收和转化 A 类物质成 PHB 的速率常数 [mgCOD/(gAVSS·h)]；K_P 为活性污泥中的聚磷菌吸收单位 A 类基质的释磷量（mgP/mgCOD）。

B 类基质诱导的释放速率曲线可以用 Monod 方程表示为

$$\frac{\mathrm{d}\rho_t}{\mathrm{d}t} = K_\mathrm{P}' \frac{K_\mathrm{m} c_\mathrm{SB} c_\mathrm{XA}}{K_\mathrm{SB} + c_\mathrm{SB}} \tag{6-26}$$

式中，K_P' 为活性污泥中的聚磷菌吸收单位 B 类基质的释磷量观测值（mgP/mgCOD），K_P' 约为 0.3mgP/mgCOD；K_m 为 B 类基质在厌氧状态下的最大转化速率 [mgCOD/(gBVSS·h)]；K_SB 为半速率常数（mgCOD/L）；c_SB 为诱导磷释放的 B 类基质的质量浓度（mg/L）。

所以混合液中磷的释放速率可以表示为

$$\frac{\mathrm{d}\rho_u}{\mathrm{d}t} = K_\mathrm{P} K_\mathrm{PA} c_\mathrm{XA} + K_\mathrm{P}' \frac{K_\mathrm{m} c_\mathrm{SB} c_\mathrm{XA}}{K_\mathrm{SB} + c_\mathrm{SB}} \tag{6-27}$$

又因为磷吸收是以磷释放为前提的，如果在选定的停留时间内，磷都是有效释放的，那么好氧条件下磷的吸收能力可以表示为：

$$\rho_u = K_u \Delta\rho \tag{6-28}$$

式中，ρ_u 为吸磷能力（mg/L）；K_u 为单位有效释磷产生的吸磷能力 $K_u = 2.0$；$\Delta\rho$ 为厌氧释磷量（mg/L）。

3. 影响除磷的因素

（1）溶解氧　生物除磷工艺中厌氧段的厌氧条件十分重要，因为它会影响聚磷菌的释磷能力及其利用有机底物合成 PHB 的能力。氧的存在，会促成非聚磷菌的需氧生长消耗有机底物，使发酵产酸得不到足够的营养来产生短链脂肪酸供聚磷菌使用，导致聚磷菌的生长受到抑制。所以，厌氧阶段的溶解氧浓度应控制在 0.2mg/L 以下。为了最大限度地发挥聚磷菌的摄磷作用，必须在好氧阶段供给足够的溶解氧，以满足聚磷菌的需氧呼吸，一般溶解氧的质量浓度应控制在 1.5 ~ 2.5mg/L。

（2）基质种类　聚磷菌对不同有机基质的吸收是不同的。如图 6-11 所示，在脱磷系统的厌氧区，聚磷菌优先吸收相对分

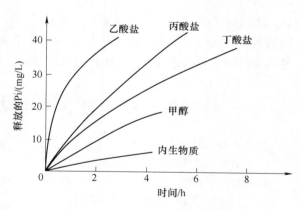

图 6-11　基质种类与磷释放的关系

子质量较小的低级脂肪酸类物质，然后吸收可迅速降解的有机物，最后吸收复杂难降解的高分子有机基质。废水中所含有机基质种类对磷的释放有很大影响。

（3）碳磷比（C/P） 废水生物除磷工艺中各营养组分之间的比例关系也是影响聚磷菌及其摄磷效果的一个不可忽视的方面。要提高脱磷系统的除磷效率，就要提高原水中挥发脂肪酸在总有机底物中的比例，至少应提高可迅速降解有机基质的含量。就进水中 BOD_5 与总磷的比例条件而言，聚磷菌在厌氧阶段中释放磷时产生的能量主要用于其吸收溶液中可溶性低分子基质并合成 PHB 而储存在其体内，以作为其在厌氧环境中生存的基础。因此，进水中有无足够的有机基质提供聚磷菌合成足够的 PHB，是关系到聚磷菌能否在厌氧条件下生存的重要条件。为了保证除磷效率，进水中的 BOD_5/TP 至少应在 15 以上，一般为 20～30。

（4）亚硝酸盐浓度和硝酸盐浓度 亚硝酸盐浓度高低对活性污泥法除磷过程中缺氧吸磷段有一定的影响。Meinhold 等的试验表明：亚硝酸盐的质量浓度（以 $NO_2^- $-N 计）较低的情况（大约为 4～5mg/L）对缺氧吸磷过程无危害；但当亚硝酸盐的质量浓度高于 8mg/L 时，缺氧吸磷被完全抑制，好氧吸磷也被严重抑制。在该试验条件下，临界亚硝酸盐的浓度为 5～8mg/L。

由于聚磷菌中的气单胞菌属具有将复杂高分子有机底物转化为挥发性脂肪酸的能力，所以在除磷过程中存在着气单胞菌→发酵产酸→聚磷的连锁关系。而其中气单胞菌属是否能够充分发挥其以发酵中间产物为电子受体而进行发酵产酸的能力，是决定其他聚磷菌能否正常发挥其功能的重要因素。但是气单胞菌属能否充分发挥这种发酵产酸的能力，取决于废水的水质情况。事实表明，气单胞菌属也是一种能利用硝酸盐作为最终电子受体的兼性反硝化菌属，而且只要存在 NO_3^-，其对有机基质的发酵产酸作用就会受到抑制，从而也就抑制了聚磷菌的释磷和摄磷能力及 PHB 合成能力，结果导致系统的除磷效果下降甚至被破坏。为了保证厌氧放磷段的高效释磷，一般应将 NO_3^- 的质量浓度控制在 0.2mg/L 以下。

（5）污泥龄 污泥龄的长短对污泥摄磷作用及剩余污泥的排放有直接影响。污泥龄越长，污泥含磷量越低，去除单位质量的磷需消耗的 BOD 越多。此外，有机质的不足会导致污泥中磷"自溶"，降低除磷效果；污泥龄越短，污泥含磷量越高，污泥产磷量也越高。还有，污泥龄短有利于控制硝化作用的发生和厌氧放磷段的充分释磷。因此，一般宜采用较短污泥龄（3.5～7d）。污泥龄的具体确定应考虑整个处理系统出水中 BOD 或 COD 要求。与活性污泥法除磷相比，质量传递效果对生物膜法除磷的影响更加显著。因此，要促进生物膜法除磷效果，需要对生物膜载体进行必要的反冲洗，使生物膜比较薄。此外，研究发现改变活性污泥法厌氧阶段中废水的 pH 值也可以提高间歇式序批反应器的除磷效果。

复 习 题

1. 什么是水的生物化学处理？
2. 试述好氧活性污泥法的净化反应过程。
3. 试述活性污泥法处理废水的基本原理及基本流程。
4. 试述生物膜法处理废水的基本原理。
5. 试述厌氧生物处理废水的基本原理。
6. 试述生物脱氮过程、原理及生物脱氮过程的影响因素。

7. 试述微生物除磷的原理及生物除磷过程的影响因素。

参 考 文 献

［1］赵景联. 环境生物化学［M］. 北京：化学工业出版社，2007.

［2］赵景联. 环境科学导论［M］. 北京：机械工业出版社，2005.

［3］王云海，陈庆云，赵景联. 环境有机化学［M］. 西安：西安交通大学出版社，2015.

［4］赵由才. 环境工程化学［M］. 北京：化学工业出版社，2003.

［5］伦世仪. 环境生物工程［M］. 北京：化学工业出版社，2002.

［6］唐玉斌. 水污染控制工程［M］. 哈尔滨：哈尔滨工业大学出版社，2006.

［7］罗志腾. 水污染控制工程微生物学［M］. 北京：北京科学技术出版社，1988.

［8］刘雨. 生物膜法污水处理技术［M］. 北京：中国建筑工业出版社，2000.

［9］贺延龄. 废水的厌氧生物处理［M］. 北京：中国轻工业出版社，1999.

［10］马文漪，杨柳燕. 环境微生物工程［M］. 南京：南京大学出版社，1999.

［11］叶常明. 水污染理论与控制［M］. 北京：学术书刊出版社，1989.

［12］任南理，马放. 污染控制微生物学原理与应用［M］. 北京：化学工业出版社，2003.

［13］王建龙，文湘华. 现代环境生物技术［M］. 北京：清华大学出版社，2001.

［14］陈欢林. 环境生物技术与工程［M］. 北京：化学工业出版社，2003.

第 7 章

有害有机物微生物降解中的生物化学

7.1 微生物降解概述

7.1.1 微生物降解的基本概念

微生物降解（Microbial degradation）就是通过微生物作用将有机物降解成小分子化合物的过程。

随着化学工业的发展和化学品的广泛使用，大量的人工合成有机化合物通过各种途径进入环境。这些化合物中有一部分是能够被水或土壤中的微生物很快地进行生物降解的，然而也有很多化合物由于其化学结构和特性与天然有机物不同，目前还没有能够有效分解这类化合物的微生物体系，因而使这类化合物在环境中表现出生物难降解的特性，导致这类化合物在环境中长期滞留。其中有些化合物毒性很大，甚至可能是"三致"化合物，将对环境和人类健康造成威胁。围绕着这一环境问题进行的各种研究工作中，难降解化合物的降解研究始终是很重要的一个方面。

在有机污染物生物降解研究中，很重要的一点是有机污染物的生物降解究竟能进行到哪种程度，Mausnet 等曾根据有机污染物生物降解的进行程度将生物降解分为初级生物降解（Primary biodegradation）、环境容许的生物降解（Environmentally acceptable biodegradation）、最终生物降解（Ultimate biodegradation）三种（三个阶段）。

初级生物降解（Primary biodegradation）是指有机污染物在微生物的作用下，母体化合物的化学结构发生变化，并改变了原污染物分子的完整性，即有机污染物本来的结构发生部分变化。

环境容许的生物降解（Environmentally acceptable biodegradation）是指可除去有机污染物的毒性或者人们所不希望的特性，如在表面活性剂的降解过程中使表面活性剂失去起泡性能的降解作用，或者是在有毒有机污染物降解过程中降低或完全去除有毒污染物对水生生物毒性的降解作用。

最终生物降解（Ultimate biodegradation）是指有机污染物通过生物降解，从有机物向无机物转化，完全被降解成 CO_2、水和其他无机物，并被同化为微生物的一部分。如在聚乙烯醇（PVA）的生物降解中就明显地存在着这三个降解阶段（图 7-1 和图 7-2）。

比较图 7-2 中 PVA 浓度和 COD_{Cr} 值两条随时间变化的曲线可以发现，在反应开始阶段，PVA 浓度迅速下降，PVA 曲线下降的斜率明显大于 COD_{Cr} 曲线。这是由 PVA 的初级生物降

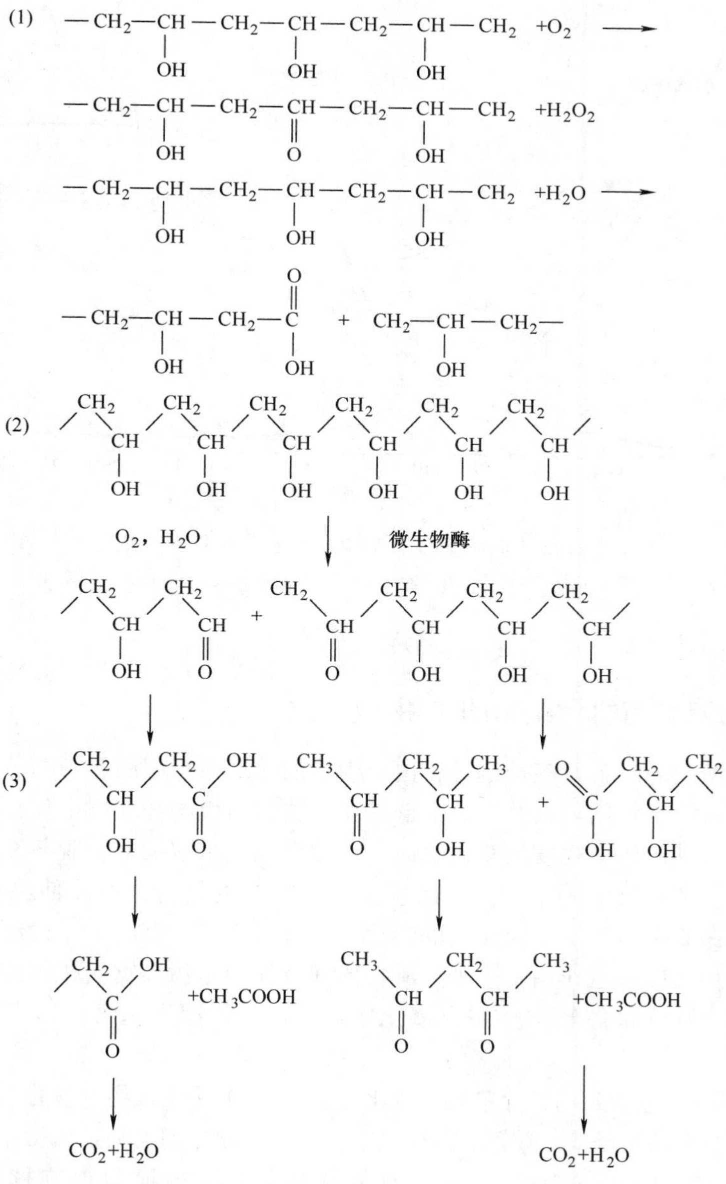

(1) 化学反应式

$$-CH_2-CH-CH_2-CH-CH_2-CH-CH_2- \quad +O_2 \quad \longrightarrow$$
$$\quad\quad OH \quad\quad OH \quad\quad OH$$

$$-CH_2-CH-CH_2-C-CH_2-CH-CH_2- \quad +H_2O_2$$
$$\quad\quad OH \quad\quad O \quad\quad OH$$

$$-CH_2-CH-CH_2-CH-CH_2-CH-CH_2- \quad +H_2O \quad \longrightarrow$$
$$\quad\quad OH \quad\quad OH \quad\quad OH$$

$$-CH_2-CH-CH_2-C \quad + \quad CH_2-CH-CH_2-$$
$$\quad\quad OH \quad\quad OH \quad\quad\quad OH$$

(2)

$$O_2, H_2O \qquad\qquad 微生物酶$$

(3)

$$+CH_3COOH \qquad +CH_3COOH$$

$$CO_2+H_2O \qquad\qquad CO_2+H_2O$$

图 7-1 聚乙烯醇的生物降解中的三个阶段

解造成的, PVA 的大分子被生物降解, 失去原有的物理、化学性质, 但其产生的降解产物仍保留着 COD_{Cr} 值, 大约 10h 后, PVA 浓度的下降趋于缓慢而 COD_{Cr} 继续下降, PVA 浓度与 COD_{Cr} 的比值有回升趋势, 这是初级生物降解产物继续生物降解乃至彻底矿化的结果。整个 PVA 生物降解过程的关键是大分子断裂成小分子的速度, 在此过程中胞外酶起着重要作用。

初级生物降解反应 (半衰期为 0.23 天左右) 较最终生物降解反应 (半衰期为 0.5 ~ 18 天) 要快得多。两者的生物降解速率的差别随有机化合物的不同而不同, 一般为几倍到十几倍。这是有机化合物生物降解的一般规律。

从环境保护的观点来看, 总是希望有机污染物能完全降解, 尽管这种完全降解比较困

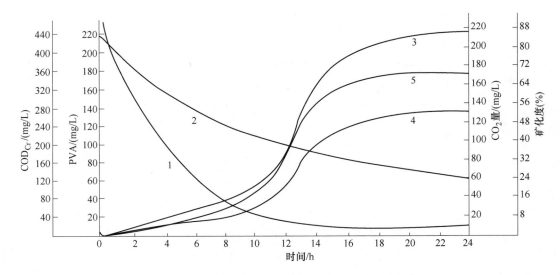

图 7-2　2 小时中 PVA 生物降解进程和矿化度的变化
1—PVA 浓度　2—COD_{Cr}　3—CO_2　4—PVA 的矿化度　5—COD_{Cr}的矿化度

难，也很难实际验证。

7.1.2　微生物降解有机污染物的作用

污染物在环境中的降解有多种途径，由于生物的作用而引起的污染物分解或降解即生物降解。在生物降解中，作用最大的生物类群是微生物。微生物在环境中与污染物发生相互作用，通过其代谢活动使污染物发生氧化反应、还原反应、水解反应、脱羧基反应、脱氨基反应、羟基化反应、酯化反应等生理生化反应。这些反应的进行，可以使绝大多数的污染物质，特别是有机污染物质发生不同程度的转化、分解或降解，有时是一种反应作用于污染物质，有时会是多种反应同时作用于一种污染物质或者作用于污染物质转化的不同阶段。微生物在环境中的生物化学降解转化作用有氧化作用、还原作用、基团转移作用、水解作用等类型。

（1）氧化作用　包括 Fe、S 等单质的氧化，NH_3、NO_2 等化合物的氧化，也包括一些有机物基团的氧化，如甲基、羟基、醛等。在环境中，这些氧化作用大都是由微生物引起的，如氧化亚铁硫杆菌（*Thiobacillus ferrooxidans*）对亚铁的氧化，铜绿假单胞杆菌（*Pseudomonas aenurinosa*）对乙醛的氧化，亚硝化菌和硝化菌对氨的氧化等。氧化作用普遍存在于各种好氧环境中，是最常见的也是最重要的生物代谢活动。

1）醇的氧化。醋化醋杆菌（*Acetobacter aceti*）将乙醇氧化为乙酸，氧化节杆菌（*Arthrobacter oxydans*）将丙二醇氧化为乳酸。

2）醛的氧化。铜绿假单胞菌将乙醛氧化为乙酸。

3）甲基的氧化。铜绿假单胞菌将甲苯氧化为苯甲酸。表面活性剂的甲基氧化主要是亲油基末端的甲基氧化为羧基的过程。

4）氨的氧化。亚硝化单胞菌属（*Nitrosomonas*）可进行此反应。

5）亚硝酸的氧化。硝化杆菌属（*Nitrobacter*）可进行此反应。

6）硫的氧化。氧化硫硫杆菌（*Thiobacillus thiooxidans*）可进行此反应。

7）铁的氧化。氧化亚铁硫杆菌可进行此反应。

8）β-氧化。脂肪酸、ω-苯氧基烷酸酯和除草剂的生物降解。

9）氧化去烷基化。N-去烷基化：烷基氨基甲酸酯、苯基脲、有机磷杀虫剂可进行此反应。C-去烷基化：二甲苯、甲苯和甲氧氯化物可以进行此反应。

10）硫醚氧化。三硫磷、扑草净的氧化降解。

11）过氧化。艾氏剂和七氯可被微生物过氧化

12）苯环羟基化。尼古丁酸、2，4-D 和苯甲酸等化合物可通过微生物的氧化作用使苯环羟基化。

13）芳环裂解。苯酚系列的化合物可在微生物的作用下使环裂解。

14）杂环裂解。五元环（杂环农药）和六元环化合物的裂解。

15）环氧化。对于环戊二烯类杀虫剂来说，其生物降解作用机制包括脱卤、水解、还原和羟基化作用，但是环氧化作用是生物降解的主要机制。

（2）还原作用　包括高价铁和硫酸盐的还原、NO_3^- 的还原、羟基或醇的还原等。还原作用与氧化作用存在的环境不同，还原作用需要缺氧或者厌氧（无氧）的环境。有些还原作用是氧化作用的逆过程，但有些则不是逆过程，如 NH_3 被氧化为 NO_3^-，而 NO_3^- 被还原为 N_2。

1）乙烯基的还原。如大肠杆菌（*Escherichia coliform*）可将延胡索酸还原为琥珀酸。

2）醇的还原。如丙酸羧菌（*Clostridium propionicum*）可将乳酸还原为丙酸。

3）醌类的还原。醌类可以被还原成酚类。

4）芳环羟基化。苯甲酸盐在厌氧条件下可以羟基化。

5）双键还原作用。

6）三键还原作用。

（3）基团转移作用

1）脱羧作用。有机酸普遍存在于受有机物质污染的各种环境中，通过脱羧基直接使有机酸分子变小（脱羧基减少一个碳原子，形成一个 CO_2 分子）。连续的脱羧基反应可以使有机酸彻底降解。一些小分子（短链）的有机酸经脱羧基作用也能很快降解。如戊糖丙酸杆菌（*Propionibacterium pentosaceum*）可使琥珀酸等羧酸为丙酸。尼古丁酸和儿茶酸也可进行脱羧反应。

2）脱氨基作用。使带有氨基（-NH$_2$）的有机物质脱除氨基，并能得到进一步的降解。主要是在蛋白质降解方面作用很大。构成蛋白质的氨基酸必须先经脱氨基作用，然后才像普通有机酸一样经过脱羧基作用等得到进一步的降解。如丙氨酸可在腐败芽孢杆菌（*Bacillus putrificus*）作用下脱氨基而成为丙酸。

3）脱卤作用。常见于农药的生物降解，是某些脂肪酸生物降解的起始反应，若干氯代烃农药的生物降解也有此种反应。

4）脱烃反应。常见于某些有烃基链接在氨、氧或硫原子上的农药。

5）脱氢卤。可发生此反应的典型化合物为 γ-BHC 和 p′，p′-DDT 等。

6）脱水反应。如芽孢杆菌属（*Bacillus*）可使甘油脱水为丙烯醛。

（4）水解作用。水解作用（Hydrolysis）是一种很基本的生物代谢作用，许多微生物可

以发生水解作用。在处理一些有机大分子时，经常会用到水解作用这一特殊的生物化学反应，使有机大分子转化为很小的分子，甚至接近其他生物或者其他反应所需的污染物质特征。

1）酯类的水解。多种微生物可发生此反应。

2）氨类也可被许多微生物水解。

3）磷酸酯水解。

4）腈水解。

5）卤代烃水解去卤。卤代苯甲酸盐、苯氧基乙酸盐、芳草枯等可通过水解进行降解。

（5）酯化作用　羧酸与醇发生酯化反应。如 *Hansenula anomola* 可将乳酸转变为乳酸酯。

（6）缩合作用　如乙醛可在某些酵母的作用下缩合成 3-羟基丁酮。

（7）氨化作用　如丙酮酸可在某些酵母作用下发生氨化反应，生成丙氨酸。

（8）乙酰化作用　如克氏梭菌（*Clostridium kluyueri*）等可进行乙酰化作用。

（9）双键断裂反应　偶氮染料在厌氧菌的作用下，先发生脱氯反应生成两个中间产物，再经好氧过程才进一步生物降解。

（10）卤原子移动　卤代苯、2，4-D 等污染物降解时可进行此反应。

微生物种类非常多，具有丰富多样的代谢类型，迄今已知的数十万种污染物（主要为有机污染物）中不能被微生物降解的很少，甚至可以说，目前不能被微生物降解的有机物的存在并不能说明肯定没有这种微生物，只是我们还没有发现或者还没有认识。另一方面，微生物结构简单，个体或者群体有很强的变异性，在微生物与污染物发生相互作用的同时，微生物会对污染物的存在做出反应和生理调节而发生变异，或者在污染物的诱导作用下发生变异。这样就有了更多的机会通过变异方式去降解那些难降解或者不可降解的有机污染物。目前有许多研究者在定向地进行富集培养和驯化环境微生物。微生物的共代谢作用使微生物在污染物质降解方面有了更广泛的作用。由此可知，环境污染物，特别是有机污染物的生物降解在机理、功能与资源等方面都具有巨大的潜力。

7.1.3　污染物生物降解的动力学

在评价微生物系统降解有机物质的能力时，需要了解系统的动力学。所谓动力学是指标靶化合物的微生物降解速率。生物系统包含许多不同的微生物，每种微生物又有不同的酶系，因此经常用总的速率常数来描述降解速度。这个常数一般在试验室中模拟测定。

通过研究基质浓度与降解速率之间的关系，提出幂指数定律（Power rate law）、双曲线定律（Hyperbolic rate law）两类常用的经验模式。前者不考虑微生物生长的基质降解模式，后者则考虑微生物生长的基质降解模式。

1. 幂指数定律

在基质降解过程中，如果不考虑微生物生长这一因素，可以用幂指数定律来描述基质降解速率（反应速率）与基质浓度的关系。

根据幂指数定律，降解速率与基质浓度 n 次幂成正比

$$-\frac{\mathrm{d}c_\mathrm{s}}{\mathrm{d}t} = kc_\mathrm{s}^n \tag{7-1}$$

式中，c_s 为基质浓度；k 为生物降解速率常数；n 为反应级数。

反应可以是零级反应，即反应速率与任何基质浓度无关，即式（7-1）可以用下式表示

$$-\frac{dc_s}{dt} = kc_s^0 = k \tag{7-2}$$

对式（7-2）积分，速率定律的形式为

$$c_{st} - c_{s0} = -kt \tag{7-3}$$

式中，c_{s0} 为基质的起始浓度；c_{st} 为任意时间 t 的基质浓度。

在单一的反应物转变为单一的生成物的情况下，或在基质浓度很高的情况下，可考虑零级反应。

在基质浓度很低，又不了解系统的动力学关系的情况下，可以假定 $n=1$，即一级反应关系。一级反应为反应速率与基质浓度成正比。由于降解速率取决于基质浓度，而基质浓度又随时间而变化，因此在一级反应中基质浓度随时间的变化在普通坐标图上得不到像零级反应那样的线性结果（图 7-3a）。而在半对数坐标图上，即对基质浓度 c_s 取对数会得到线性结果（图 7-3b）。

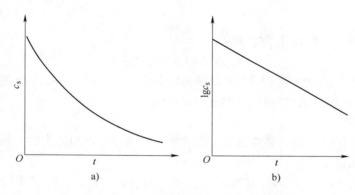

图 7-3　基质浓度随时间以一级反应速率消失

a）基质浓度不做处理　b）基质浓度取对数

在一级反应中，式（7-1）可用下式表示

$$-\frac{dc_s}{dt} = kc_s^1 = kc_s \tag{7-4}$$

对方程（7-4）积分，得到速率的积分形式

$$c_{st} = c_{s0}e^{-kt} \tag{7-5}$$

或

$$\ln\left(\frac{c_{st}}{c_{s0}}\right) = -kt \tag{7-6}$$

根据 $\ln\left(\dfrac{c_{st}}{c_{s0}}\right)$ 和时间 t 的斜率即可以求出 k 值。

原始基质浓度降解一半需要的时间称为半衰期。半衰期（$t_{1/2}$）为

$$t_{1/2} = \ln2/k \tag{7-7}$$

现在已经测定出不同基质条件下一些有机化合物的半衰期，这些数据对于评价它们的生物处理性是十分重要的。表 7-1 根据有机物在环境中的半衰期对它们的生物降解性进行分类。当然，它们的生物降解性与环境因素有很大的关系。

表 7-1　有机物的生物降解作用与半衰期

类　别	半　衰　期	类　别	半　衰　期
生物降解快	1～7d	生物降解慢	4～24 周
生物降解较慢	7～28d	抗生物降解	6～12 月

在多种基质的混合废水中，每种基质的去除虽以恒速进行（零级反应），不受其他基质的影响，但基质的总去除量为单一基质去除量之和，所以一般可以认为整个系统的动力学循环为一级反应关系。

反应还可以是二级反应，即反应速率与基质浓度的二次方成正比。式（7-1）可用下式表达

$$-\frac{\mathrm{d}c_s}{\mathrm{d}t} = kc_s^2 \tag{7-8}$$

式（7-8）的积分形式为

$$\frac{1}{c_{st}} - \frac{1}{c_{s0}} = kt \tag{7-9}$$

在下列反应中，反应会呈二级反应

$$2A(反应物) \rightarrow P(产物) \tag{7-10}$$

在不同的环境中反应级数不同，可以根据特定的一组浓度 c_s 和时间 t 的实验数据，根据式（7-3）、式（7-6）和式（7-9）来判断其反应级数。

2. 双曲线定律

在基质降解过程中，经常要考虑微生物的生长，基质浓度与微生物生长速率之间关系可以用双曲线定律来描述。

双曲线定律是 Monod 于 1949 年提出的，又称 Monod 方程，它的形式与 Michaelis-Menten 方程类似。

$$\mu = \frac{c_s \mu_{max}}{K_s + c_s} \tag{7-11}$$

式中，μ 为微生物的比增长速率，即单位生物量的增长速率，单位为（时间）$^{-1}$；μ_{max} 为微生物的最大比增长速率，单位为（时间）$^{-1}$；K_s 为饱和常数；c_s 为当 $\mu = \mu_{max}/2$ 时所对应的基质浓度，单位为浓度单位，如 mg/L。

图 7-4 显示了基质浓度与微生物种群增长速率之间的关系。基质浓度较低时，微生物的比增长速率随基质浓度的增加而线性增加；在基质浓度较高时，比增长速率接近最大值，微生物的比增长速率与基质浓度无关。微生物对基质的降解作用及微生物的生长都要靠各种各样酶的催化作用，所以 Monod 方程的数学表达式形式和 Michaelis-Menten 方程是一致的。不同的是用 μ 代替 ν，μ_{max} 代替 ν_{max}，以及用 K_s 代替 K_m。

K_s 也代表微生物与支持其生长的有机营养物质的亲和力，数值越小，细菌对该分子的亲和力

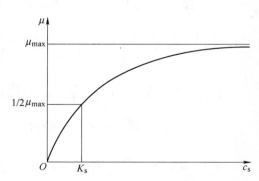

图 7-4　基质浓度与微生物比增长速率之间关系——双曲线方程

越大。K_s值的跨度相当大。对一种细菌来说，不同的基质有不同的K_s；对同一种基质来说，K_s值与细菌菌株有关，甚至同一个菌株在低浓度有一个K_s值，在高浓度有另一个K_s值。某些细菌或水样的K_s值见表7-2。

表7-2 某些细菌或水样的K_s值

基 质	微生物或样品	K_s/（mg/L）	基 质	微生物或样品	K_s/（mg/L）
葡萄糖	黄杆菌1	0.0071	木糖	溶纤维丁酸弧菌	55
	黄杆菌2	29，1314	间甲酚	天然水	0.0006 ~ 0.0018
	河水	26	氯苯	天然水	0.0010 ~ 0.0051
谷氨酸盐	气单胞菌	0.163，1.3	NTA	天然水	0.060 ~ 0.170
麦芽糖	溶纤维丁酸弧菌	2.1	苯酚	废水	1.3 ~ 270

由表7-2的数据可以看出，K_s的差别很大，似乎无规律可循。但可以看出，营养富集环境中的细菌比低有机成分环境中的有较高的K_s值。从表7-2还可以看出，在天然水中代谢的微生物可以迅速代谢加入的分子。应当指出，在培养基加入的碳源的浓度远远高于表7-2所列的K_s值。

7.2 典型有害有机污染物微生物降解的生物化学

7.2.1 卤代烃类微生物降解的生物化学

卤代有机化合物是一类非常重要的化合物，被广泛地应用于工业、农业、农药、有机合成。因此，卤代有机化合物进入环境的机会也就很大，途径也很多。概括起来，环境中的卤代有机物主要来自人工应用、自然生成和人工条件下的有机物卤化。

卤代有机化合物中卤代脂肪烃和卤代芳香族化合物是最重要的两类。而卤元素中最重要的是氯，其次是溴和氟。环境最重要的卤代有机化合物是氯化脂肪烃和氯化芳香烃，如三氯甲烷、多氯联苯等。

1. 卤代脂肪烃的降解

卤代脂肪烃广泛用于工业溶剂、清洗剂、气雾推进剂和化工合成的中间体，主要是C_1和C_2脂肪烃，其氢原子被一个或多个卤原子取代。

最常见的卤原子是氯，主要有二氯甲烷、氯仿、四氮化碳、二氯乙烯、三氯乙烯、四氯乙烯。卤代脂肪烃引起的地下水、地表水和土壤的污染很普遍。三氯乙烯（TCE）是地下水中的常见污染物，氯代脂肪烃容易挥发，因此在土壤和地表水中较少，但是如果污染基模抑制其挥发时，则会在基模中持留，而且可持留很长时间，因为它们有相当稳定的抗生物降解性。含一个氯原子或两个氯原子的氯代脂肪烃在适合的条件下可以作为生长基质供微生物生长，如果有多个氯原子时则需要补充其他生长基质才能被微生物降解。

所有1-单氯-正脂肪烷（C_1-C_{12}）均可以降解并可以作为碳源和能源供纯培养微生物生长，一般细菌的世代时间为5 ~ 10h。一般来说，末端氯代脂肪烃比次末端氯代脂肪烃易于降解。目前还没有分离到利用1，1-二氯乙烷、1，1，1-三氯乙烷、1，1，2-三氯乙烷、三氯甲烷和四氯化碳的培养物，可见同一碳原子被两个或三个氯原子取代可以阻止好氧降解。

卤代脂肪烃在环境中可以进行非生物转化，如在水中的取代反应、脱氢脱卤反应和还原反应。典型的取代反应是水解反应。过渡金属如 Ni、Fe、Cr 和 Co 可以还原卤代脂肪烃，产物为氧化态金属和脱卤的烷烃。好氧和厌氧微生物都已用于卤代脂肪烃的降解和环境修复。

（1）好氧降解　好氧降解研究最多的是 TCE。甲基营养菌在有甲烷和天然气存在的情况下可以降解 TCE，国内也有此方面的研究；一株假单胞菌（G-4）在有苯酚等化合物存在时可降解 TCE。氨氧化菌欧洲亚硝化单胞菌（*Nitrosomonas europaea*）可降解卤代脂肪烃。据报道，荚膜甲基球菌（*Methylococcus capsulatus*）在甲烷存在时，可以将氯甲烷、溴甲烷转化为甲醛，二氯甲烷转化为 CO，三氯甲烷转化为 CO_2。因此，可以认为甲烷营养菌对污染的蓄水层是很有前途的生物修复菌。

一般来说，降解的敏感性和分子中氯原子的数目呈负相关。例如，氯乙烯最容易好氧降解，四氯乙烯最具抗性。

目前对卤代脂肪烃好氧降解的了解还不完全，只知道它们最初的氧化作用由单加氧酶或双加氧酶催化。由于单加氧酶和双加氧酶的特异性较低，所以它们的降解可以与脂肪烷烃和芳烃降解使用相同的加氧酶系。降解需要有代谢基质（甲烷、甲苯/酚或氨）存在，因此这种降解是一种共代谢作用。

（2）厌氧降解 – 还原性脱卤　厌氧条件下的降解过程称为还原性脱卤作用，卤原子从分子中逐个脱去并被氢原子取代。在厌氧条件下有机化合物脱卤在热力学上是有利的。

脱卤作用取决于分子的氧化还原电位，而这又是由卤 – 碳键强度决定的。键强度越高，卤原子越难脱去。键强度与卤原子的类型和数目有关，也与卤代分子的饱和程度有关。一般来说，溴和碘取代物比氯取代物的键强度低，易于脱卤。氟取代物比氯取代物键强度高，难于脱卤。随着分子的饱和程度下降，键强度增加。因此，饱和化合物（烷烃类）比不饱和化合物（烯、炔烃类）的还原性脱卤敏感。在卤代烯烃厌氧代谢中，其脱卤速率由快到慢依次是：四氯乙烯、三氯乙烯、1，2-二氯乙烯和氯乙烯。前面的氧化状态高于后者。

以前认为氯代烯烃［如四氯乙烯（PCE）和 TCE］不能生物降解，但是后来的研究表明它们不仅可以生物转化，而且比生物转化的速率要高。在产甲烷的条件下，以乙酸作为碳源富集微生物同生菌，可以生物转化 C_1 和 C_2 卤代烃（TCE、四氯化碳和 1，1，1-TCA 即三氯乙酸）为二氧化碳和甲烷。

一些卤代脂肪烃的厌氧生物降解见表 7-3。

表 7-3　某些卤代脂肪烃的厌氧生物降解

化　合　物	微　生　物
氯仿	产甲烷富集培养物
四氯化碳	产甲烷富集培养物、甲烷杆菌、脱硫杆菌、梭菌、反硝化富集培养物、假单胞菌（反硝化）
1，2-二氯乙烷	厌氧同生菌
二氯甲烷	厌氧同生菌、产乙酸同生菌
氟利昂	反硝化富集培养物
1，1，1-三氯乙烷	反硝化富集培养物、硫酸还原富集培养物、产甲烷富集培养物、梭菌
三氯乙烯（TCE）	厌氧同生菌
四氯乙烯（PCE）	产甲烷富集培养物
氯乙烯	厌氧同生菌

2. 脱卤反应机制

氯代脂肪烃化合物微生物代谢的关键步骤是脱卤反应。催化这一反应的酶可以直接作用于 C-Cl 键，或不直接作用于 C-Cl 键，而和氧结合形成不稳定的中间物。

目前在好氧细菌中发现 5 种脱卤机制（图 7-5）。

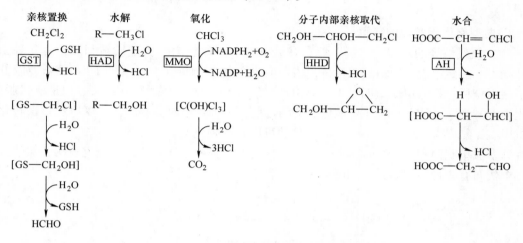

图 7-5　细菌培养物对卤代烃的脱氯机制

（1）亲核置换　有谷胱甘肽转移酶（GST）参与，形成谷胱甘肽和卤代脂肪烃共价结合的中间物，最后脱卤。生丝微菌在二氯甲烷基质中脱氯就是这种方式，脱氯的产物是甲醛。

（2）水解　水解脱卤酶参与氯代脂肪烷烃的脱卤反应，其反应产物是对应的醇。这类氯代脂肪烷烃有 2-氯代羧酸、1-氯代正烷烃、α，ω-二氯正烷烃、α，ω-氯代醇及其他相关化合物。例如，自养黄色杆菌 GJ10 以 1，2-二氯乙烷为唯一碳源，在两种不同的水解脱卤酶作用下经过两次水解脱氯作用，生成产物乙醇酸，然后进入中央代谢途径，如图 7-6 所示。

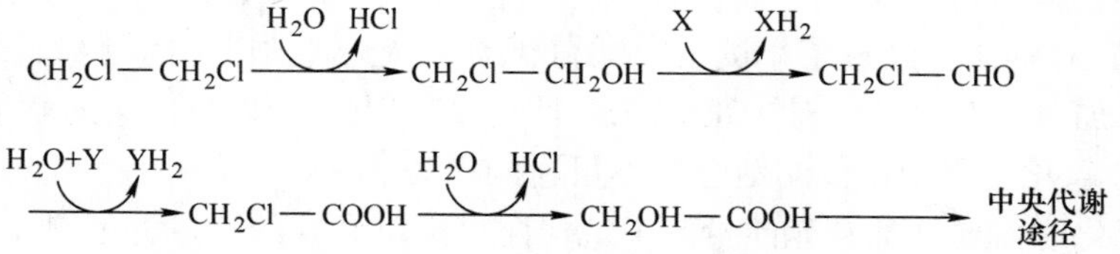

$$CH_2Cl—CH_2Cl \xrightarrow{H_2O \quad HCl} CH_2Cl—CH_2OH \xrightarrow{X \quad XH_2} CH_2Cl—CHO$$

$$\xrightarrow{H_2O+Y \quad YH_2} CH_2Cl—COOH \xrightarrow{H_2O \quad HCl} CH_2OH—COOH \longrightarrow 中央代谢途径$$

图 7-6　自养黄色杆菌对 1，2-二氯乙烷的脱卤代谢途径

（3）氧化　由单加氧酶催化，需要还原性辅助因子或细胞色素，分子氧中的一个氧原子与基质结合，另一个氧原子形成水。单加氧酶反应在性质上是亲电反应而不是亲核反应，因此这种氧化反应为结构上对亲核取代反应不敏感的化合物的降解提供了另一种途径。氯仿在这种方式下氧化产生不稳定的中间物。

（4）分子内部亲核取代　由单加氧酶或双加氧酶催化，形成环氧化物，然后脱去氯。如反－1，2-二氯乙烯在甲基营养细菌作用下的降解（图 7-7）。

（5）水合　具有不饱和键的卤代烃水合后脱卤，如 3-氯代丙烯酸水合脱氯形成丙醛酸。

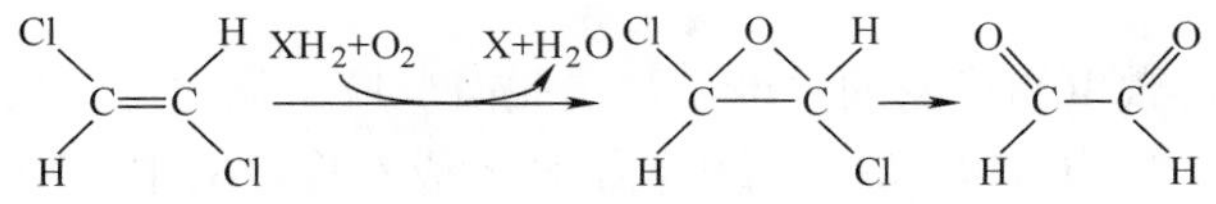

图 7-7　反-1,2-二氯乙烯在甲基营养细菌作用下的降解

3. 典型卤代脂肪烃的降解

（1）氯代烷烃的降解　二氯甲烷在好氧条件下可以作为生长基质被利用，有几种菌有这种能力。二氯甲烷的脱氯可以由依靠谷胱甘肽的脱氢酶催化，该酶的 DNA 已被克隆并进行了序列分析。三氯甲烷或四氯甲烷是由严格厌氧菌降解，有两种方式：一种是取代脱卤，转化为 CO_2，是一种由金属卟啉催化的非酶过程；一种是还原性脱卤，三氯甲烷依次转化为二氯甲烷、氯甲烷，最后是甲烷。同一种菌可以有两种代谢方式。

许多假单胞菌和 *Hyphomicrobium* 能将氯代烷烃作为初始底物代谢。研究表明，氯代烷烃的完全代谢有 3 种不同途径，如图 7-8 所示。

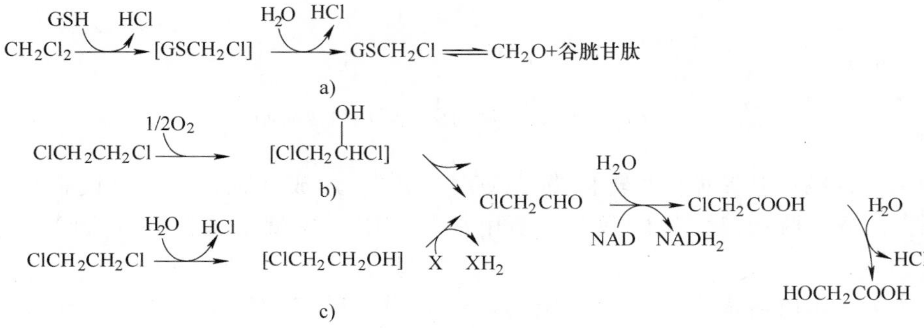

图 7-8　氯代烷烃的微生物降解

a) 还原谷胱甘肽脱卤　b) 氧化脱卤　c) 水解脱卤

（2）氯代烯烃的降解　三氯乙烯（TCE）的降解已有很多的研究。甲烷营养菌可以氧化 TCE，因为甲烷单加氧酶是一个特异性很低的氧化酶，可以催化多种有机物的氧化。用甲烷营养菌降解 TCE 的研究经过了小试、中试和现场试验，遇到以下问题：

1）甲烷单加氧酶对甲烷比对 TCE 的亲和性更高，甲烷是 TCE 代谢的竞争性抑制剂。

2）在 TCE 氧化过程中，该酶活性有不可逆的损失。

3）TCE 氧化时需要外部补充能量。甲烷代谢可提供必要的能量，但是由于和 TCE 竞争所以不能选作能源。在实验室内已成功将甲酸选作能源。

除甲烷单加氧酶可以氧化 TCE 以外，还有氨单加氧酶、异戊二烯氧化酶、丙烷单加氧酶、甲苯-邻 – 单加氧酶和甲苯双加氧酶等。上述酶系都需要有适当的诱导物存在时才合成，但它们可能是有毒有机物。现已获得一株洋葱假单胞菌的组成性突变株，含有甲苯-邻 – 单加氧酶，这个菌株的甲苯单加氧酶不需要诱导物存在就可以起作用。

TCE 的氧化作用产物取决于最初氧化作用的机制。单加氧酶作用产生 TCE 环氧化物，然后自发地水解为二氯乙酸、乙醛酸、甲酸和 CO（图7-9）；而双加氧酶作用最初产生 TCE-二氧杂环化物和 1，2-二羟基-TCE，然后重排形成甲酸和乙醛酸。前者由甲烷营养菌氧化，最后产物为其他菌所利用，在此过程中有少量副产物三氯乙醛；后者由假单胞菌作用，两者均不能使四氯乙烯共代谢。

四氯乙烯在产甲烷条件下还原性脱卤，经过四个步骤产生乙烯，降解的中间物为三氯乙烯、顺/反-二氯乙烯和氯乙烯（图7-10）。

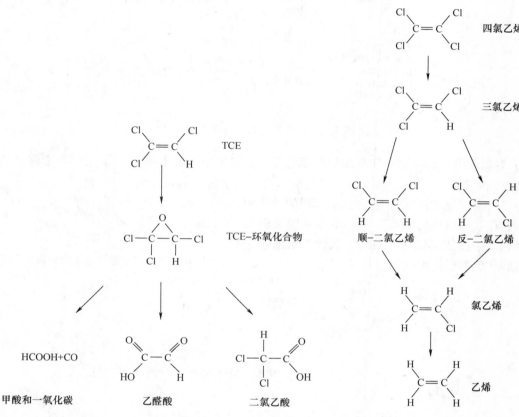

图7-9 甲烷营养菌对三氯乙烯（TCE）的好氧共代谢

图7-10 在产甲烷同生菌作用下四氯乙烯的厌氧顺次脱氯

研究证明，不在产甲烷的条件下，只要有足够的甲醇存在，该过程就可以进行；从四氯乙烯到氯乙烯，这类溶剂具有生物修复潜力，但在现场这个过程很少能完成，经常会有一些中间物（如氯乙烯）的积累。氯乙烯在好氧条件下可以作为生长基质供微生物利用，但容易挥发，在生物反应器中处理较困难。

4. 卤代芳烃的降解

卤代芳烃的降解性取决于卤原子的性质、数目和位置。卤代物为溴和碘时比氯容易降解，为氟时比氯难降解。一般来说，好氧降解性随卤原子的数目增加而下降，但厌氧脱卤则相反。

（1）卤代苯的细菌氧化 一般而言，卤代苯对细菌的氧化作用不足很敏感。然而某些卤代苯可以被细菌气化，可用图7-11说明。

（2）氯代苯甲酸的降解 虽然氯化苯甲酸不会引起环境问题，但是它们常被作为研究对象。这是由于它们溶于水，没有毒性，是研究卤代芳香族化合物脱卤机制的理想模型。

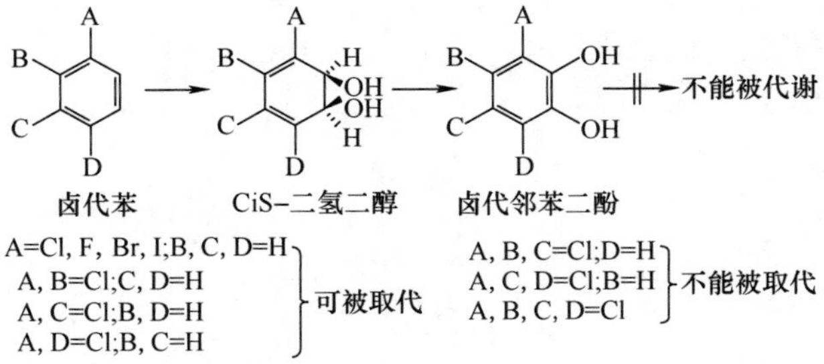

图 7-11 卤代苯的微生物降解

1）2-氯苯甲酸的降解。在双加氧酶催化下，2-氯苯甲酸降解的第一步反应是去除氯生成儿茶酚，如图 7-12 所示。

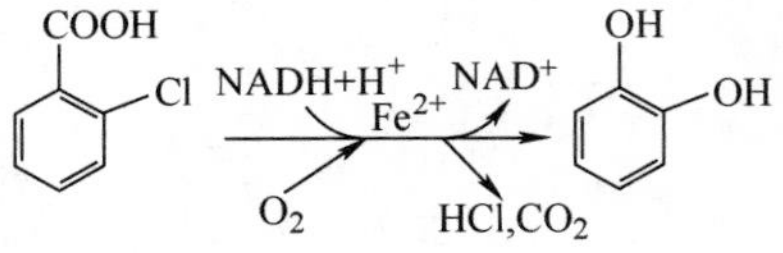

2）3-氯苯甲酸的降解。它和 2-氯苯甲酸的降解完全不同。在双加氧酶的作用下第一步不是脱氯而是形成 3-氯代儿茶酚或 4-氯代儿茶酚。氯代儿茶酚正位裂解，而后环化形成内酯脱氯（图 7-13）。

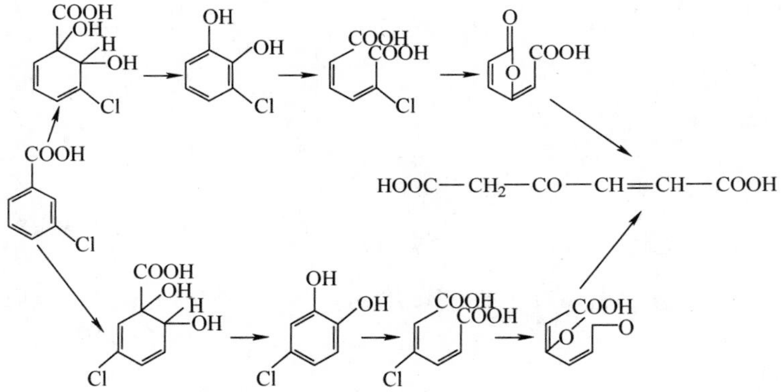

图 7-12 2-氯苯甲酸双加氧酶的催化反应

图 7-13 3-氯苯甲酸的细菌降解

3）4-氯苯甲酸的降解。在降解反应的第一步就脱去氯，被水中的羟基取代。该脱卤反应是经水解反应除去苯环中氯的唯一例子。酶是双成分酶系统，反应在 ATP 的作用下形成 4-氯苯甲酰 CoA 酯作为中间物（图 7-14）。

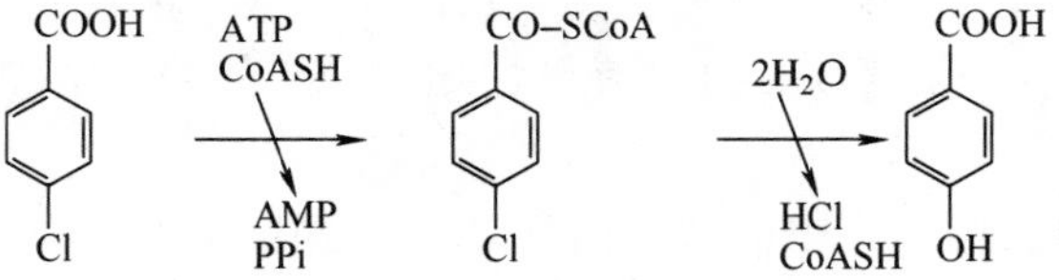

图 7-14 4-氯苯甲酸脱卤酶催化的反应

（3）多氯联苯的微生物降解 多氯联苯（PCBs）是联苯氯化的产物，商品多为不同氯取代的混合物。多氯联苯的微生物降解首先是从联苯的芳环上开始的，多氯联苯微生物降解的程度与其结构和微生物有关，多氯联苯的微生物降解途径可用图 7-15 表示。

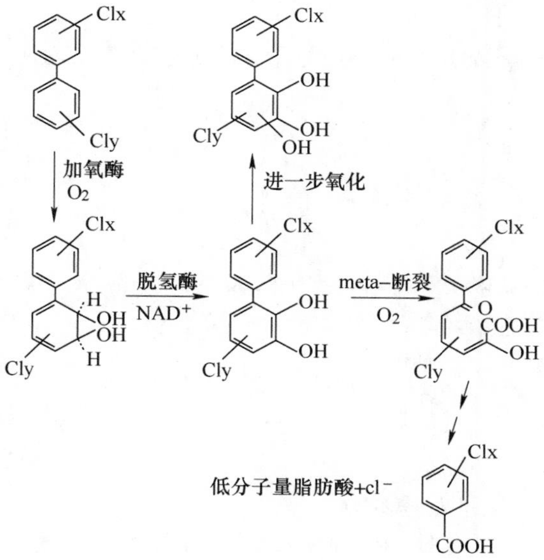

图 7-15 PCBs 的微生物降解

7.2.2 农药微生物降解的生物化学

农药（Pesticide）是人们主动投放于环境中数量最大、毒性最广的一类化学物质，有的农药具有诱变性，有的甚至是三致物（致癌、致畸和致突变）和内分泌干扰物。化学合成的农药一般都比较稳定，能在土壤中停留较长时间，甚至高达十年以上，由于一些常用农药生物降解困难，在环境中的大量积累造成了严重的环境污染。农药的微生物降解，就是通过各种微生物的作用将大分子有机物分解成小分子化合物的过程。在生态系统中，微生物对农药的分解起着重要的作用。它对外来化合物降解或转化所具有的巨大潜力，一直是国内外的研究热点，对降解农药的研究始于 40 年代末，至今已取得了很大进展，表现在降解农药的微生物种类不断被发现，降解机理日趋深入，降解效果稳定提高等方面。故近年来各国均在开展微生物对化学农药微生物降解的研究。

1. 苯氧乙酸的微生物降解

苯氧乙酸是一大类除草剂，2，4-D 是其中常用的一种。经研究，降解苯氧乙酸的细菌有假单胞菌属（*Pseudomonas*）、棒状杆菌属（*Corynebacterium*）、诺卡氏菌属（*Nocardia*）、枝动菌属（*Mycoplana*）、真菌类有黑曲霉（*A. niger*）。其降解途径如图 7-16 所示。

2. DDT 的生物降解

DDT 化学名为双对氯苯基三氯乙烷（Dichlorodiphenyltrichloroethane），在土壤中的平均半排出期为三年，其中 5% ~ 10% 在使用后十年仍留在土壤内，近年的研究取得了一些新进展。

A. W. A. Brown 把 DDT 在土壤中和微生物培养物中的降解途径做了以下归纳（图 7-17）。

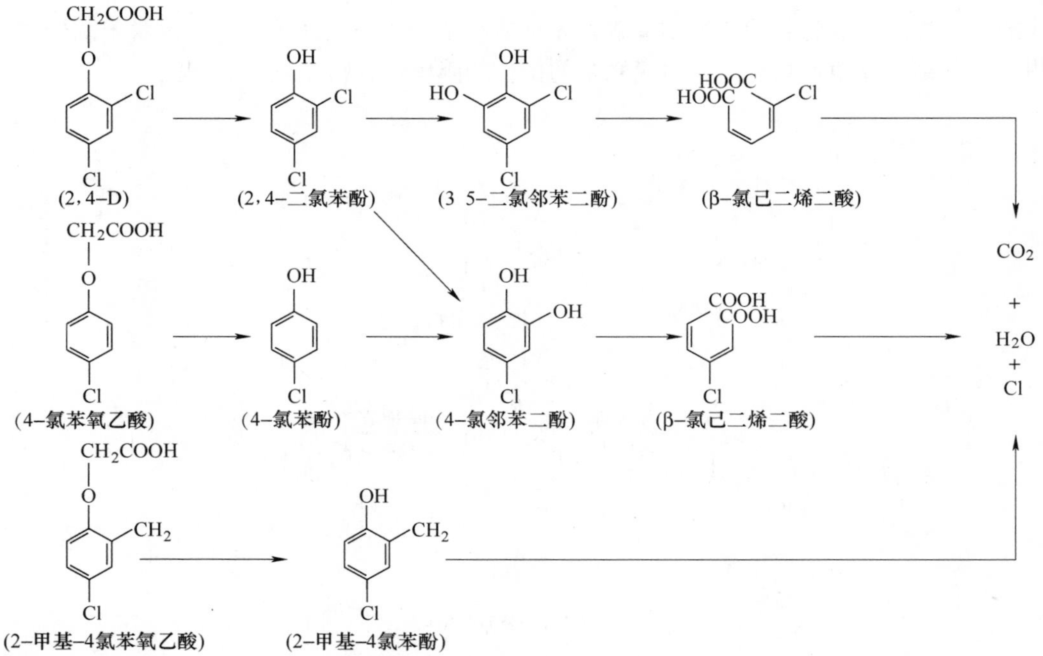

图 7-16 苯氧乙酸的微生物降解

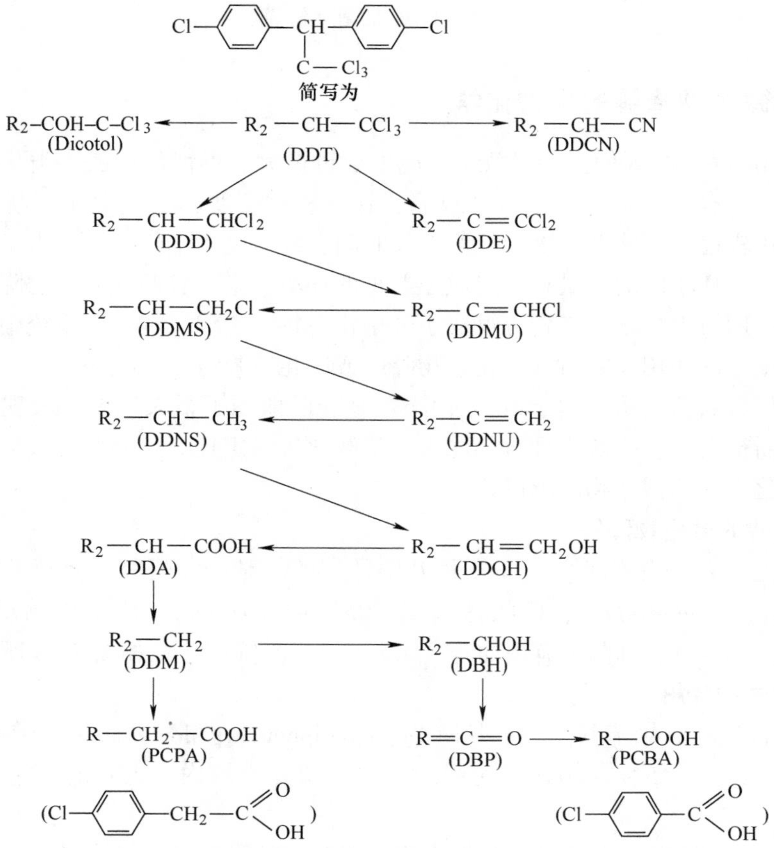

图 7-17 DDT 的生物降解途径

参与降解的细菌类有 10 属，23 种，如假单胞菌属（*Pseudomonas*）6 个种、黄单胞菌属（*Xanthomonas*）4 个种，欧文氏菌属（*Erwinia*）4 个种、芽孢杆菌属（*Bacillus*）3 个种等。这些都是土壤中的常居菌类。

真菌类：啤酒酵母（*Sa. cerevisiae*）能在 50 小时内使 DDT 脱氯超过一半；绿色木霉（*Tri. viride*）18 个菌株能对 *DDT* 有不同的降解作用。

7.2.3 洗涤剂微生物降解的生物化学

洗涤剂（Detergent）是人工合成的高分子聚合物，在世界范围内广泛使用，产量逐年增多。由于洗涤剂难于被微生物降解，导致洗涤剂在自然界中蓄积数量急剧上升，不仅污染了环境，也破坏了自然界的生态平衡。因此，洗涤剂是目前最引人注目的环境污染公害之一。

合成洗涤剂的主要成分是表面活性剂。根据表面活性剂在水中的电离性状分为阴离子型、阳离子型、非离子型和两性电解质型四大类。其中以阴离子型合成洗涤剂应用得最为普遍。阴离子型的表面活性剂包括合成脂肪酸衍生物、烷基磺酸盐、烷基硫酸酯、烷基苯磺酸盐、烷基磷酸酯、烷基苯磷酸盐等；阳离子型主要是带有氨基或季铵盐的脂肪链缩合物，也有烷基苯与碱性氯原子的结合物；非离子型是一类多羟化合物与烃链的结合产物，或是脂肪烃和聚氧乙烯酚的缩合物；两性电解质型则为带氮原子的脂肪链与羟酰、硫或磺酸的缩合物。

合成洗涤剂的基本成分除了表面活性剂外还含多种辅助剂，如三聚磷酸盐、硫酸钠、碳酸钠、羟基甲基纤维素钠、荧光增白剂、香料等，有时还有蛋白质分解酶。

家庭用的洗涤剂通称洗衣粉，有粉剂、液剂、膏剂等形式。我国现在主要产品属阴离子型烷基苯磺酸钠型洗涤剂，一般称中性洗涤剂，对环境的污染最为严重。

洗涤剂的种类很多，一般都很难被微生物降解，最难被微生物降解的是带有碳氢侧链分子结构的 ABS 型，这种洗涤剂不能被微生物降解的原因是碳氢侧链中有一个 4 级碳原子（即直接和 4 个碳原子相连的碳原子），结构如下：

$$NaSO_3 \!-\!\! \langle \text{苯环} \rangle \!-\! \underset{\underset{CH_3}{|}}{\overset{\overset{CH_3}{|}}{C}} \!-\! CH_2 \!-\! \underset{\overset{CH_3}{|}}{CH} \!-\! CH_2 \!-\! \underset{\overset{CH_3}{|}}{CH} \!-\! CH_2 \!-\! \underset{\overset{CH_3}{|}}{CH} \!-\! CH_2 \!-\! CH_2 \!-\! CH_3$$

4 级碳原子的链十分稳定，对化学反应和生物反应都有很强的抵抗性，因此 *ABS* 型洗涤剂很难被生物降解。

为使合成洗涤剂易被生物所降解，人们改变了合成洗涤剂的结构，制成易被微生物分解的（软型）洗涤剂，其代表为直链烷基苯磺酸盐（LAS）。

$$CH_3 - (CH_2)_x - \underset{\underset{\langle\text{苯环}\rangle}{|}}{CH} - CH_2(CH_2)_y - CH_3$$

$$SO_3Na$$

由于去掉了 4 级碳原子，并利用了侧链的碳氢化合物，其直链部分易于分解的特点，使 LAS 较易被生物降解，而且在一定的范围内，碳原子数愈多，其分解速度也愈快。LAS 的降解过程中，首先烷基末端的甲基被氧化成羧酸，再经 β-氧化，每次减少两个碳，最终生成苯丙酸、苯乙酸或苯甲酸的磺酸盐，然后进行脱磺化作用。经如下途径，苯环经过一羟基或二羟基化后开裂而被降解。

$$\text{CH}_2\text{CH}_2\text{COOH} \longrightarrow \text{CH}_2\text{CH}_2\text{COOH(OH)} \longrightarrow \text{CH}_2\text{CH}_2\text{COOH(OH)(OH)} \longrightarrow \text{环开裂}$$

7.2.4　石油污染物微生物降解的生物化学

1. 石油污染物概述

石油是重要的能源物质，在石油开采、运输、加工、使用等过程中均可能对环境产生污染。据统计，由于战争、海难及其他事故，每年都有数千甚至上万吨石油泄漏到海中。此外，也不乏石油泄漏问题引起水体、土壤等污染的例子。这类问题在世界范围引起了科学界的广泛关注。

石油是一类物质的总称，主要是碳链长度不等的烃类物质，最少时仅含一个碳原子（如石油天然气中的甲烷），最多时碳链长度可超过 24 个碳原子，这类物质常常是固态的（如沥青）。从气体、液体到固体，各种物质组分的物理化学性质相差很远。同时，不同物质的生物可降解性也相差很大，有的物质具有很好的可生物降解性，而有的则很难降解，进入环境中可残留很长时间，造成长期的污染。

石油中的主要成分是烷烃类物质，但石油污染物则十分复杂。石油的主要成分并不是石油污染的主要物质，当然，溢油污染时是以烷烃类为主要成分，但是造成长期污染的是那些成分复杂的物质。许多因石油污染而检测出的环境污染物质大多是经过环境转化后的产物，如卤化产物，卤化过程使得污染物的稳定性、生物毒性等都发生变化。

石油中的元素以碳和氢为主，其中碳占 83% ~ 87%，氢占 11% ~ 14%，含有少量硫（0.06% ~ 8.00%）、氮（0.02% ~ 1.70%）和磷（0.08% ~ 1.82%）。石油中还含有极少量的金属元素，如钒、铁、铜等。石油组分中，不同组分的相对分子质量相差很大，从几十到几千。总的来说石油是不溶于水的，但能与水形成稳定的乳状液，特别是在低浓度范围，许多物质都能溶入水中。

进入环境中的石油，由于生物学和某些非生物学的机制（主要是光 – 化学氧化）而逐步降解。大量研究表明，在自然界净化石油污染的综合因素中，微生物降解起着重要作用。我国沈（阳）抚（顺）灌区 20 余万亩水稻田，主要以炼油厂含油废水灌溉，历时 40 余年，未发现石油显著积累和经常性的损害，主要是由于在石油污灌区形成的微生物生态系的降解作用。

2. 脂肪烃的微生物降解机理

（1）能降解脂肪烃的微生物　许多微生物能氧化脂肪烃，见表7-4。

表 7-4　能氧化脂肪烃的细菌和酵母

细　　菌		酵　　母	
无色杆菌	不动细菌属	甲丝酵母属	红酵母属
放射菌属	气单胞菌属	隐球酵母属	糖酵母属
产碱菌属	节细菌属	德巴利酵母属	新月酵母菌

（续）

细　菌		酵　母	
芽孢杆菌属	贝内克菌属	内孢酵母属	锁掷酵母菌
短杆菌属	棒状杆菌属	汉逊酵母属	掷孢酵母菌
黄杆菌属	甲基菌属	念珠菌属	球似酵母菌
甲基菌属	甲基球菌属	毕赤氏酵母属	毛孢子菌属
甲基孢囊菌属	甲基单胞菌属		
甲基弯曲菌属	小单胞菌属		
分枝杆菌属	诺卡氏菌属		
假单胞菌属	螺菌属		
弧菌属			

（2）链烷烃的微生物降解

1）微生物攻击链烷烃的末端甲基，由混合功能氧化酶催化，生成伯醇，再进一步氧化为醛和脂肪酸，脂肪酸接着通过 β-氧化进一步代谢。反应式为

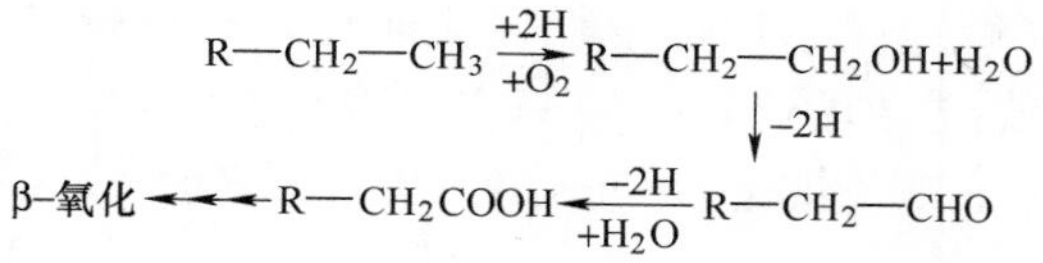

2）有些微生物攻击链烷烃的次末端，在链内的碳原子上插入氧。这样，首先生成仲醇，再进一步氧化生成酮，酮再代谢为酯，酯键裂解生成伯醇和脂肪酸。醇接着继续氧化成醛、羧酸，羧酸则通过 β-氧化进一步代谢。反应式如下

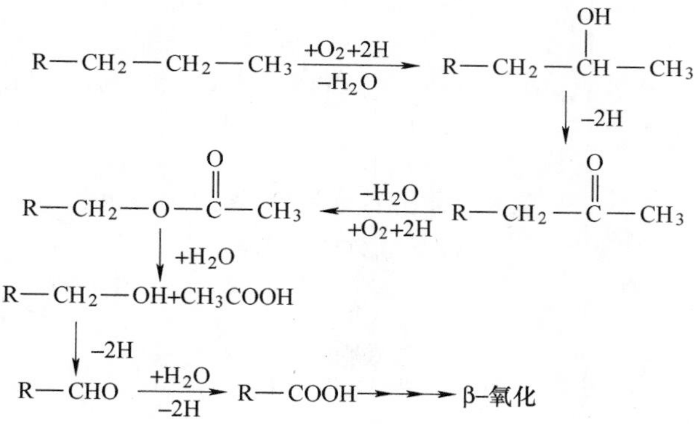

（3）脂环烃的微生物降解　能够利用脂环烃的微生物极少，而且活性弱，氧化能力差。其主要特征是脂环烃一般不能作为微生物所利用的碳源。在环境污染物中，用于脂环烃的有机物也比较少。一般降解过程是，脂环通过辅氧化作用，生成环醇、环酮，再氧化成 ε-羟基-己酸，如果是脂环酸则氧化为庚二酸使环开裂，然后通过 β-氧化进一步降解。

如环己烷由混合功能氧化酶的羟化作用生成环己醇，后者脱氢生成酮，再进一步氧化，一个氧插入环而生成内酯，内酯开环，一端的羟基被氧化成醛基，再氧化成羧基，反应式为

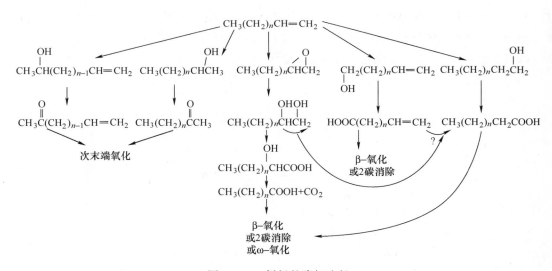

脂环化合物通常不能用做微生物生长的唯一碳源，除非它们有足够长的脂族侧链。虽然已发现能够在环己烷上生长的微生物，但更常见的是能转化环己烷为环己酮的微生物不能内酯化和开环，而能将环己酮内酯化和开环的微生物却不能转化环己烷为环己酮。可见微生物之间的互生关系和共代谢在环烷烃的生物降解中起着重要作用。

（4）烯烃的微生物降解途径　烯烃生物氧化途径研究得较多并已确认的是末端烯烃。末端烯烃的氧化产物随初始进攻的位置（甲基或双键）而变化，可生成 ω-不饱和醇或脂肪酸、伯或仲醇或甲基酮、1，2-环氧化物、1，2-二醇（图7-18）。

图 7-18　1-烯烃的降解途径

3. 芳香烃的微生物降解机理

芳香烃的种类极多，用途非常广泛，是一类很重要的有机化合物。微生物对芳香烃的作用也极复杂，一般也比较难降解。

（1）单环芳烃的微生物降解机理　苯是芳香烃中基础物质和基本骨架，也难被微生物降解。芳香烃被微生物降解的共同特点是首先生成邻苯二酚。然后有两条途径继续降解，其一是经 β-己二烯二酸、β-酮己二酸生成琥珀酸和乙酰辅酶 A；其二是经过 α-羟基黏糠酸半醛，最后生成乙酸和丙酮酸。微生物接受苯系化合物典型的方式就是利用氧分子作辅基，在双氧酶作用下使苯环断裂。这些代谢物可以进入三羧酸循环再进一步代谢降解。如图 7-19 所示。

甲苯、二甲苯是最简单的烷基苯，也是重要的化工原料。在环境污染物中是最常见的有机化合物。它们和其他的多甲基芳香烃类，都是比较难被微生物降解的。多甲基芳香烃降解的相关研究也比较少。一般认为，它们在微生物作用下，通过辅氧作用，其中一个甲基被氧化，其余的甲基不被氧化；另一种情况则是先在苯环上导入羟基，然后氧化成羧酸。例如，甲苯和二甲苯在诺卡氏菌作用下降解途径如图 7-20 所示。

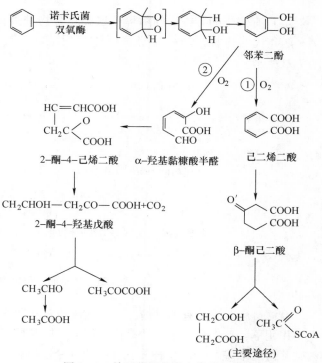

图 7-19　单环芳烃的微生物降解途径

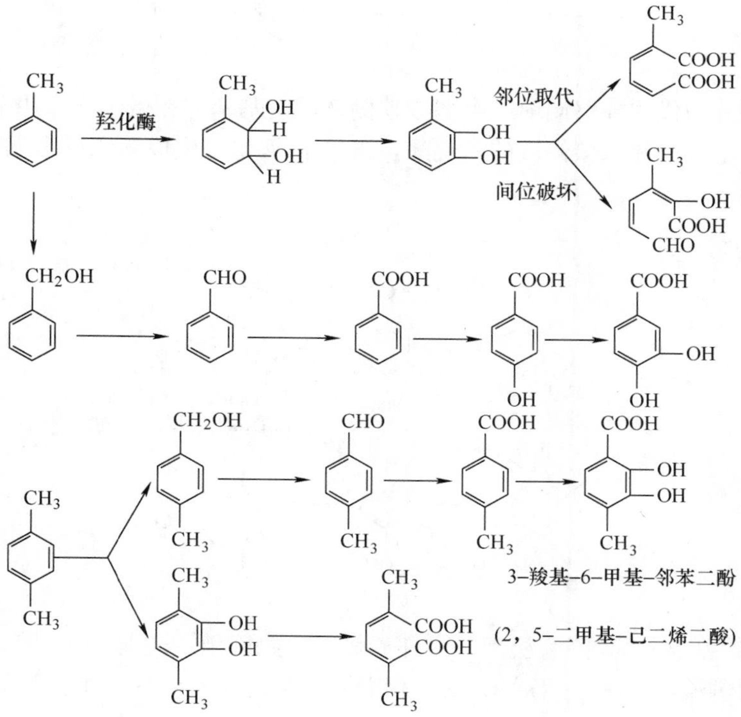

图 7-20　烷基苯的微生物降解途径

303

（2）有侧链的芳香烃的降解　这类化合物种类很多，代谢降解比较复杂，以苯丙酸为例有两条代谢途径。其一是经苯甲酸然后破坏；其二是经 2,3-二羟苯丙酸然后破坏。如图 7-21 所示。

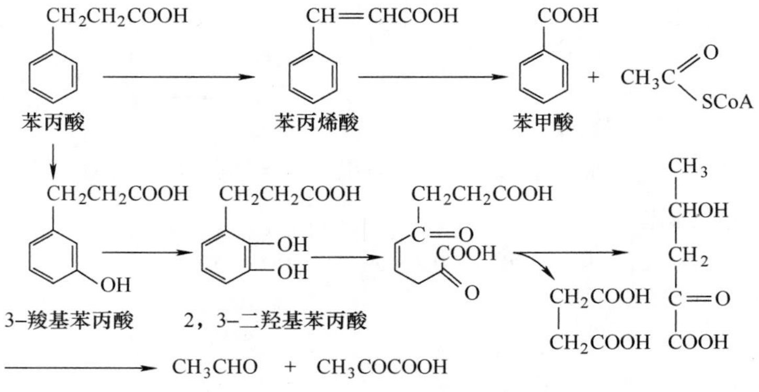

图 7-21　侧链的芳香烃的降解途径

有侧链的芳香烃有两种情况：奇数碳侧链和偶数碳侧链。有奇数碳侧链的烷基苯，在微生物作用下，首先从侧链开始氧化。侧链的烷基按正烷烃的末端氧化形式进行氧化，生成奇数碳侧链的苯烷酸。再经 β 氧化，生成几个乙酰辅酶 A 和苯丙酸。例如

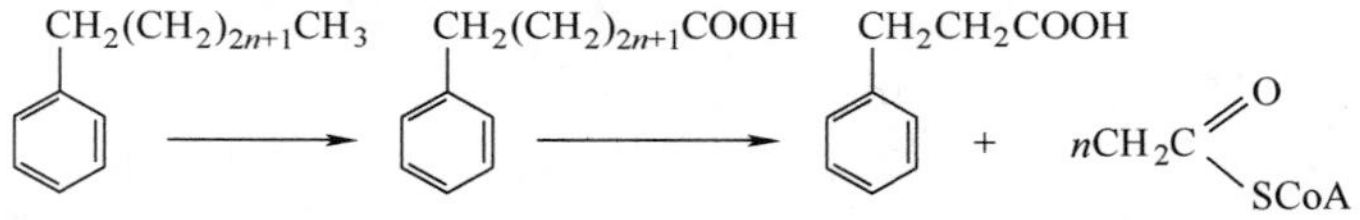

生成的苯丙酸的代谢降解同前。有偶数碳侧链的烷基苯，在微生物作用下，侧链烷基首先经末端氧化，生成有偶数碳侧链的苯烷酸，再经 β 氧化，生成苯乙酸和几个乙酰辅酶 A。苯乙酸的代谢如下

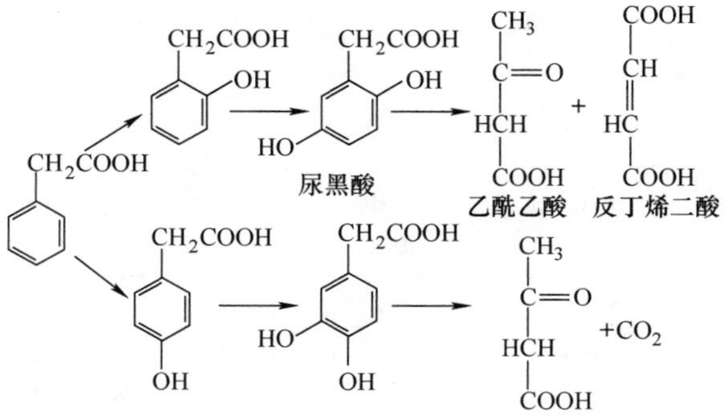

（3）多环芳烃的微生物降解机理　多环芳烃的生物降解，先是一个环二羟基化、开环，进一步降解为丙酮酸和 CO_2，然后第二个环以同样方式分解。萘、菲、蒽的细菌氧化可用图 7-22 ~ 图 7-24 表示。

（4）联苯的微生物降解　联苯的微生物降解首先是从联苯的芳环上开始的（图 7-25）。

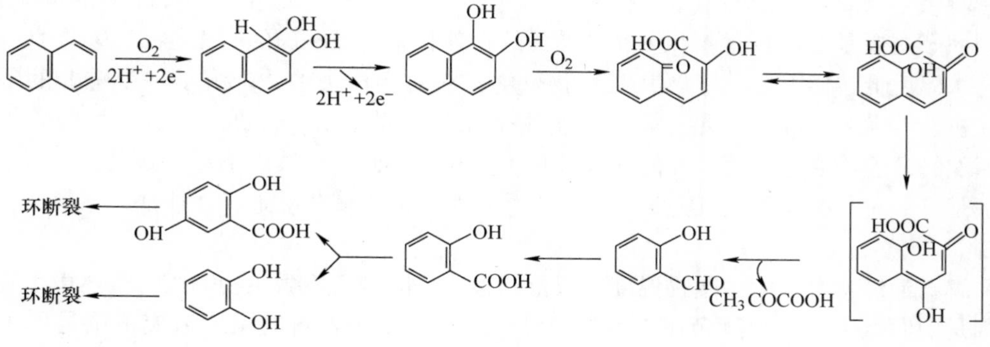

图 7-22 萘的微生物降解途径

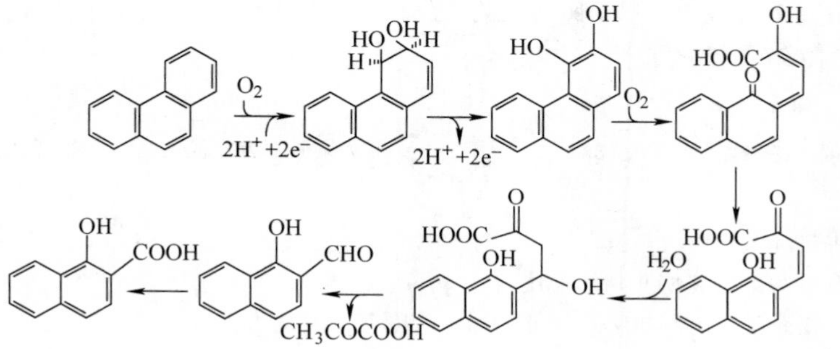

图 7-23 菲的微生物降解途径

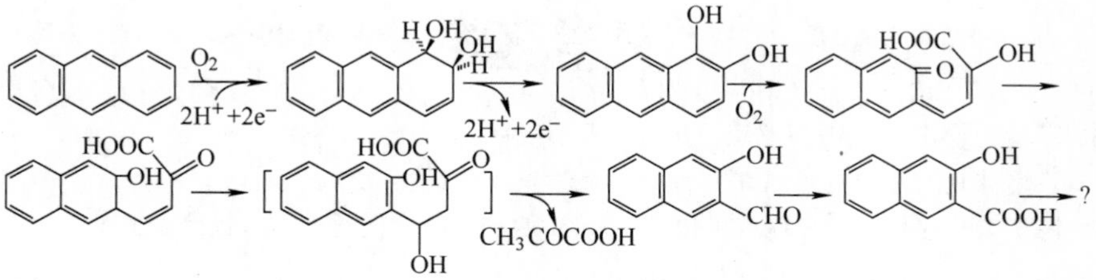

图 7-24 蒽的微生物降解途径

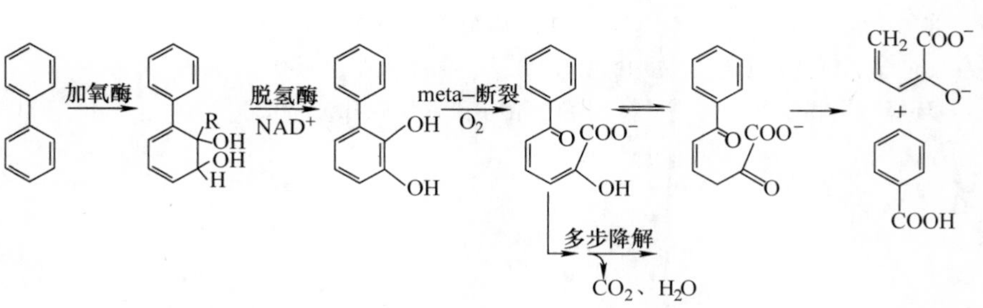

图 7-25 联苯的微生物降解途径

4. 限制污染油生物降解的因素

影响微生物降解石油的因素有很多，如油本身的毒性和抗性组分会限制其生物降解，其他限制因子主要是温度、营养、供氧、油污的物理状态及降解菌的有无等。

海水温度低，影响烃类溶解和微生物分解，对海洋污染油的降解是一个重要的限制因子。无机营养尤其氮和磷不足，影响微生物生长和代谢活动，这可以通过补加营养得以解决。当然，营养物要以可溶于油的形式补加。油浮于液面，使液面下环境缺氧，而石油的生物降解是需氧过程，故需通气充氧。初次发生油污染的水域或陆地，往往缺乏降解菌，需给以接种。

降解石油烃化合物的微生物温度适应范围很广，既有嗜冷微生物，又有嗜热微生物，主要的则是中温微生物，温度范围在 0～70℃，这些微生物各自的温度适应范围是不可以改变的。

海洋环境、河口环境和淡水环境中生长着对不同盐度适应要求不同的微生物群落，这些微生物各自在相应的环境中可以取到较好的降解作用，但如果将它们所适应的环境进行改变，则可能导致降解活性的丧失。

复 习 题

1. 什么是微生物降解？
2. 微生物对有机污染物有哪些降解作用？
3. 在评价微生物系统降解有机物质的能力时，有哪些系统动力学？
4. 试述卤代烃类有机物质微生物降解的生物化学机理。
5. 试述石油污染物微生物降解的生物化学机理。

参 考 文 献

［1］赵景联. 环境生物化学 ［M］. 北京：化学工业出版社，2007.
［2］赵景联. 环境修复原理与技术 ［M］. 北京：化学工业出版社，2006.
［3］王云海，陈庆云，赵景联. 环境有机化学 ［M］. 西安：西安交通大学出版社，2015.
［4］陈玉成. 污染环境生物修复工程 ［M］. 北京：化学工业出版社，2003.
［5］马文漪，杨柳燕. 环境微生物工程 ［M］. 南京：南京大学出版社，1999.
［6］徐亚同. 污染控制微生物工程 ［M］. 北京：化学工业出版社，2001.
［7］陈欢林. 环境生物技术与工程 ［M］. 北京：化学工业出版社，2003.
［8］伦世仪. 环境生物工程 ［M］. 北京：化学工业出版社，2002.
［9］王建龙，文湘华. 现代环境生物技术 ［M］. 北京：清华大学出版社，2001.
［10］夏北成. 环境污染物生物降解 ［M］. 北京：化学工业出版社，2002.

第 8 章

工业污染物微生物治理中的生物化学

8.1 造纸废水微生物治理中的生物化学

8.1.1 造纸废水概述

制浆造纸工业废水主要包括蒸煮废液、制浆中段废水和抄纸废水三大类。

蒸煮废液是制浆蒸煮过程中产生的超高浓度废液，包括碱法制浆的黑液和酸法制浆的红液。我国目前大部分造纸厂排放的黑液是制浆过程中污染物浓度最高、色度最深的废水，呈棕黑色。它几乎集中了制浆造纸过程 90% 的污染物，其中含有大量木质素（Lignin）和半纤维素（Hemicellulose）等降解产物、色素、戊糖类、残碱及其他溶出物。每生产 1t 纸浆约排放 10t 黑液，其 pH 值为 11 ~ 13，BOD 为 34500 ~ 42500mg/L，COD 为 106000 ~ 157000mg/L，SS 为 3500 ~ 27800mg/L。亚铵法制浆废液呈褐红色，故又称红液，杂质约占 15%，其中钙、镁盐及残留的亚硫酸盐约占 20%，木素磺酸盐、糖类及其他少量的醇、酮等有机物约占 80%。

制浆中段废水是经黑液提取后的蒸煮浆料在洗涤、筛选、漂白及打浆中排出的废水。这部分废水水量较大，每吨浆约产生 50 ~ 200t 中段废水。中段废水的污染量约占 8% ~ 9%，吨浆 COD 负荷 310kg 左右，含有较多的木质素、纤维素等降解产物，以及有机酸等有机物，以可溶性 COD 为主。一般情况下其 pH 值为 7 ~ 9，COD 为 1200 ~ 3000mg/L，BOD 为 400 ~ 1000mg/L，SS 为 500 ~ 1000mg/L。

抄纸废水又称白水，是在纸的抄造过程中产生，主要含有细小纤维和抄纸时添加的填料、胶料和化学品等，这部分废水的水量较大，每吨纸产生的白水量为 100 ~ 150t，其污染物负荷低，以不溶性 COD 为主，易于处理，在回收纤维的同时可以回用处理后的水，一般白水的 COD 仅为 150 ~ 500mg/L，SS 为 300 ~ 700mg/L，pH 为 6 ~ 8。

8.1.2 造纸废水微生物处理中的生物化学法原理

由于高相对分子质量的 COD 可生化性差，所以对废纸造纸废水直接进行生化处理是不合适的。目前，已经提出了几个指标判断能否进行生化处理，例如，若 $BOD_5/COD_{Cr} > 0.16$，则肯定能生化处理；若 $BOD_5/COD_{Cr} < 0.12$，则不能进行生化处理。研究表明，废水经物理化学法一级处理后，其 $BOD_5/COD_{Cr} = 0.14 ~ 0.17$，适合生化处理。

1. 厌氧微生物处理中的生物化学法原理

厌氧微生物处理是利用兼性厌氧菌和专性厌氧菌在无氧条件下降解有机污染物的处理技术。在厌氧生物处理过程中，复杂的有机化合物被降解和转化为简单、稳定的化合物，同时释放能量，其中大部分能量以甲烷的形式出现。石灰草浆蒸煮废液、石灰法稻草浆浓废液、碱法制浆废水等都具有 pH 值、COD 及色度高而 BOD_5/COD_{Cr} 较低等特点，所以直接好氧生化困难很多，厌氧法则较有前途。目前一大批高效的厌氧生物处理工艺和设备相继出现，包括有厌氧生物滤池、上流式厌氧滤池、升流式厌氧污泥床（UASB）、厌氧流化床（AFB）、厌氧附着膜膨胀床（AAFEB）、厌氧浮动生物膜反应器（AFBBR）和厌氧折流板反应器（ABR）等。

（1）厌氧微生物种类　在废水的厌氧处理过程中，废水中的有机物经大量微生物的共同作用，最终转化为甲烷、二氧化碳、水、硫化氢和氨。在此过程中，不同微生物的代谢过程相互影响，相互制约，形成复杂的生态系统。降解制浆造纸废水的厌氧微生物主要是细菌，分为产酸细菌和甲烷细菌两大类。产酸细菌主要由专性厌氧菌和兼性厌氧菌组成，专性厌氧菌有梭状芽孢菌属、拟杆菌属、双歧杆菌属等，对有机物降解起主要作用。兼性厌氧菌主要为严格厌氧细菌创造有利于生长的厌氧条件，包括假单孢菌属、芽孢杆菌属、链状菌属、黄杆菌属产碱菌属、埃希氏菌属和产气杆菌属等。甲烷细菌是产甲烷阶段的主要细菌，种类不同，有多种形态，在生理上具有非常相似的高度专一性。

（2）厌氧微生物处理机理　造纸废水中有机物的厌氧降解过程可以分为四个阶段。

1）水解阶段。高分子有机物因相对分子质量巨大，不能透过细胞膜，因此不可能为细菌直接利用。因此它们在第一阶段被细菌胞外酶分解为小分子。如纤维素被纤维素酶水解为纤维二糖与葡萄糖。这些小分子的水解产物能够溶解于水并透过细胞膜为细菌所利用。

2）发酵（或酸化）阶段。在这一阶段，上述小分子的化合物在发酵细菌（即酸化菌）的细胞内转化为更为简单的化合物并分泌到细胞外。这一阶段的主要产物有挥发性脂肪酸（VFA）、乳酸、二氧化碳、氢气、氨、硫化氢等。与此同时，酸化菌也利用部分物质合成新的细胞物质，因此未酸化废水厌氧处理时产生更多的剩余污泥。

以葡萄糖酵解为例：

$$C_6H_{12}O_6 + 2NAD^+ + 2ADP + 2Pi \longrightarrow 2CH_3COCOOH + 2NADH + 2H^+ + 2ATP + 2H_2O$$

经过酵解，一个分子葡萄糖可氧化分解产生 2 个分子丙酮酸。丙酮酸在厌氧条件下可以被厌氧微生物转化形成许多种代谢产物，无氧条件下，这些中间产物不能进一步气化成 CO_2 和水而在环境中积累。这种生物学过程，就是人们常说的发酵，如：

乙醇发酵

$$CH_3CCOOH \xrightarrow[\text{TTP}\ CO_2]{\text{丙酮酸脱羧酶}} CH_3CHO \xrightarrow[\text{NAD}^+\ \text{NADH}]{\text{醇脱氢酶}} CH_3CH_2OH$$

乳酸发酵

$$\underset{\text{丙酮酸}}{\overset{\text{COOH}}{\underset{\text{CH}_3}{\overset{|}{\underset{|}{C=O}}}}} \xrightleftharpoons{\text{乳酸脱氢酶}} \underset{\text{乳酸}}{\overset{\text{COOH}}{\underset{\text{CH}_3}{\overset{|}{\underset{|}{HO-C-H}}}}}$$

除此之外，丙酮酸还能发酵成乙酸、丙酸等。

发酵阶段反应式

$$C_6H_{12}O_6 + 2H_2O + 2NAD^+ \longrightarrow 2CH_3COO^- + 2H_2 + 2CO_2(aq) + 2NADH + 4H^+$$

$$C_6H_{12}O_6 + 2NADH + 2H^+ \longrightarrow 2CH_3CH_2COO^- + 2H_2O + 2NAD^+ + 2H^+$$

$$C_6H_{12}O_6 + 2NADH + 2H^+ \longrightarrow 2CH_3CH_2OH + 2H_2 + 2CO_2(aq) + 2NAD^+$$

3）产乙酸阶段。在此阶段，上一阶段的产物被进一步转化为乙酸、氢气、碳酸及新的细胞物质。

① 产氢产乙酸过程。在厌氧消化器内脂肪酸的积累主要是丁酸、丙酸，乙酸可被食乙酸产甲烷菌直接利用生成甲烷，而丁酸和丙酸则必须由产氢产乙酸菌分解为乙酸和氢才能被产甲烷菌利用。

$$CH_3CH_2COO^- + 2H_2O \longrightarrow CH_3COO^- + 3H_2 + CO_2(aq)$$

$$CH_3CH_2CH_2COO^- + 2H_2O \longrightarrow 2CH_3COO^- + 2H_2 + H^+$$

$$CH_3CH_2OH + H_2O \longrightarrow CH_3COO^- + 2H_2 + H^+$$

② 同型产乙酸过程。除了产氢产乙酸菌，还有一类产乙酸菌能使用氢作为电子供体将二氧化碳还原为乙酸，此即同型产乙酸过程

$$2CO_2(aq) + 4H_2 \longrightarrow CH_3COO^- + 2H_2O + H^+$$

4）产甲烷阶段。这一阶段里，乙酸、氢气、碳酸、甲酸和甲醇等被转化为甲烷、二氧化碳和新的细胞物质。在厌氧消化过程中，70%以上的甲烷来自乙酸的降解

$$CH_3COO^- + H^+ \longrightarrow CH_4 + CO_2$$

在反应中，乙酸中的羧基从乙酸分子中分离，甲基最终转化为甲烷，羧基转化为二氧化碳。在中性溶液中，二氧化碳以碳酸氢盐的形式存在。

另一类产甲烷的微生物是能由氢气和二氧化碳形成甲烷的细菌（可称为嗜氢甲烷菌）。在反应器正常条件下，它们形成占总量30%的甲烷

$$4H_2 + CO_2 \longrightarrow CH_4 + 2H_2O$$

此外，大约一半嗜氢甲烷菌也能利用甲酸，这个过程可以直接进行

$$4HCOO^- + 4H^+ \longrightarrow CH_4 + 3CO_2 + 2H_2O$$

甲醇的降解在自然界的生态系统中并非十分重要，但在厌氧处理含甲醇废水时它的作用相当重要。

$$4CH_3OH \longrightarrow 3CH_4 + CO_2 + 2H_2O$$

以上各阶段的反应式联合，可得到有机物厌氧降解总反应式

$$C_6H_{12}O_6 \longrightarrow 3CH_4 + 3CO_2$$

除以上这些过程之外，当废水含有硫酸盐时还会有硫酸盐还原过程。

$$8[H] + SO_4^{2-} \longrightarrow H_2S + 2H_2O + 2OH^-$$

（3）其他有机物厌氧降解途径　在制浆造纸工业废水中含有相当多的纤维素、半纤维素及其在制浆过程中的降解产物，也含有一定量的果胶或其降解物。纤维素能够由微生物分泌的胞外纤维素酶水解为单糖和双糖（即葡萄糖和纤维二糖），从而被降解。

1）果胶的厌氧降解。果胶（Pectin）是一种由 1,4β 键连接的并在羧基部分不同程度地甲氧基化的半乳糖醛多聚体。含果胶的有机残体物质，首先由果胶降解菌分泌原果胶酶将有机物质中的原果胶水解成可溶性果胶，使有机残体物质细胞离析，可溶性果胶经果胶甲基酯酶水解成果胶酸，果胶酸再由多缩半乳糖醛酶水解成半乳糖醛酸，其过程如下

$$原果胶 + H_2O \longrightarrow 可溶性果胶 + 多缩戊糖$$

$$可溶性果胶 + H_2O \longrightarrow 果胶酸 + 甲醇$$

$$果胶酸 + H_2O \longrightarrow 半乳糖醛酸$$

2）木质纤维素的厌氧降解。木质纤维素也称半纤维素。半纤维素的构成为多缩戊糖（木糖和阿拉伯糖）、多缩己糖（半乳糖、甘露糖）及多缩糖醛酸（葡萄糖醛酸和半乳糖醛酸）等。半纤维素进入厌氧环境中后，易为许多厌氧细菌所水解。这些厌氧细菌分泌的半纤维素酶和多缩糖酶依次将半纤维素水解为单糖和糖醛酸被吸收后发酵成各种产物，包括乙酸、丁酸、甲酸、乙醇、H_2、CO_2 等。

$$半纤维素 \xrightarrow[H_2O]{半纤维素酶} 多缩糖类 \xrightarrow[H_2O]{多缩糖酶} 单糖 + 糖醛酸 \longrightarrow 乙酸、丁酸、甲酸、乙醇、H_2、CO_2 等产物$$

3）木素的降解。木素是一类由苯丙烷单元通过醚键和碳碳键连接成的复杂无定型高聚物。厌氧降解木质素的微生物的研究不多，目前已分离到两种类型的能分解芳香族化合物的细菌，一类是能运动的革兰氏阴性杆菌，与利用氢的细菌协作可完成降解，其产物是甲酸、乙酸、二氧化碳和氢；另一类是不要求利用氢的细菌的协作，能单独降解环状化合物的革兰氏阴性无芽苞的杆状厌氧菌。

植物纤维原料中含有的三大组分是纤维素、半纤维素和木素。制浆中添加化学品的主要目的就是破坏木素与纤维素之间的连接，并使木素溶于蒸煮液中，因此木素降解物是制浆废液中最重要的成分。在化学制浆或半化学机械制浆中，不可避免地有半纤维素的溶出，半纤维素比纤维素的稳定性弱，易于部分溶于蒸煮液中。在化学浆、半化学浆中，木素占有很高比例，如黑液中木素可以占到总 COD 的 50% 左右。木素是带有芳香结构的立体网状聚合物，它属于难生物降解的化合物。因此含有高浓度木素的废水难以在厌氧处理中达到很高的去除率。半纤维素是多种单糖形成的聚合物，制浆过程中半纤维素以单糖或低聚糖形式进入废水中。原料中的少量纤维素在制浆中也会以葡萄糖及其寡聚物形式进入废水中，纤维素、半纤维素的降解产物也会形成有机酸。它们在厌氧处理过程中是易于降解的。

2. 好氧微生物处理

造纸工业中污染物浓度较低的废水一般可用好氧生物处理法以减少其中的 BOD_5，同时还可以消除对水生物的毒性，降低其发泡性，减少因废水中无机涂料添加剂产生的浊度，消除接纳水体中黏泥的产生，但此法对废水颜色的去除效果不大。

制浆造纸工业废水中最普通的好氧生物处理法包括大型储存氧化塘系统、曝气稳定塘系统、不同改进型活性污泥系统及土地处置系统等。此外，对于规模较小的造纸厂，生物转盘、生物滴滤池、接触氧化等好氧生物系统也有不同程度的应用。

（1）好氧微生物种类　好氧微生物主要是细菌、真菌、藻类、原生动物等。活性污泥中好氧细菌是专性好氧菌，主要组成菌包括肠杆菌科的大肠杆菌、产气杆菌、变形杆菌等，其中菌胶团细菌是细菌类中的主要成分，具有巨大的表面积和一定的黏性，可以在短时间内吸附大量悬浮有机物质和 30% ~ 90% 的重金属离子，因而使细菌充分发挥出氧化分解的作用。另一类丝状真菌因会引起活性污泥密度下降而飘浮出水面流走，使处理效果下降，属有害细菌。对活性污泥影响最大的丝状真菌有球衣细菌、贝氏硫菌、发硫细菌等。真菌不是活性污泥中的正常区系，仅少量存在，除丝状真菌外，还有酵母细胞、霉菌。藻类的种类和数量在活性污泥中很少，主要是因为活性污泥与废水搅动厉害，不便于藻类进行光合作用，但在推流式曝气系统中因有良好的透光条件能正常生长。活性污泥中的优势微型动物都是纤毛类原生动物。目前发现有 228 种，在活性污泥中有一定的净化、絮聚、澄清作用。

生物膜系统中较早发现的细菌是生枝动胶菌，其后发现了占优势的黄杆菌属和芽孢杆菌属。在一般的生物膜系统中，主要组成菌有好氧的芽孢杆菌属、不动杆菌属、专性厌氧的脱硫菌属、假单孢菌属、产碱杆菌属、黄杆菌属、无色杆菌属、微球菌属及动胶菌属，这些菌粘连在一起，构成生物膜的菌胶团，从而完成对有机物的彻底分解。另一类丝状细菌在生物膜中也起着重要作用，主要是球衣细菌、贝氏硫菌、发硫细菌等，对出水起着很强的过滤作用，其中球衣细菌对有机物质的降解能力特别强。生物膜系统中的真菌比活性污泥中多，生物滤池中有30%左右是真菌。在生物膜中出现数量较多、净化能力较强的真菌主要有镰刀霉属、瘤孢霉属、腐霉属、曲霉属、木霉属、地霉属、节水霉属、酵母霉属、假丝酵母属、德巴利酵母属、毕赤氏酵母属、红酵母属等。生物膜系统中的藻类比较多，如绿球藻属、席藻属、颤藻属、毛枝藻属等，但对废水的净化作用水不大。生物膜系统中含有的原生动物很多，主要有独缩虫属、钟虫属、累枝虫属、针管虫属、尖毛虫属、豆形虫属等。这些原生动物的优势种属随生物膜营养物质和其他环境条件的变化而更替，可以作为水处理程度的指示生物。

　　（2）好氧微生物处理机理　有机物在好氧条件下的降解与厌氧降解途径既有类似之处，也有不同。对于造纸废水中的主要物质纤维素和半纤维素，两种途径都是先水解成葡萄糖。

　　葡萄糖的有氧氧化分两个阶段进行。第一阶段是由葡萄糖生成丙酮酸，在细胞液中进行。第二阶段是上述过程中产生的 $NADH + H^+$ 和丙酮酸在有氧状态下进入线粒体中，丙酮酸氧化脱羧生成乙酰 CoA 进入三羧酸循环，进而氧化生成 CO_2 和 H_2O，同时 $NADH + H^+$ 等可经呼吸链传递，伴随氧化磷酸化过程生成 H_2O 和 ATP。

　　葡萄糖酵解、丙酮酸有氧脱羧和三羧酸循环的详细反应过程见第4章糖代谢部分，将三个阶段的反应式联合，即可得到有机物好氧降解总反应式

$$C_6H_{12}O_6 + 6O_2 + 36ADP + 36H_3PO_4 \longrightarrow 6CO_2 + 6H_2O + 36ATP$$

3. 其他污染物降解途径

　　（1）树脂的降解　化学热磨机械浆（CTMP）废水中松脂酸和脂肪酸可用活性污泥接种长喙壳菌的方法除去，产物为二氧化碳和水。

　　（2）芳香化合物的降解　能降解芳香化合物的微生物很多，其中白腐菌具有很强的降解能力。芳香化合物的降解主要包括芳烃和酚类、氯代酚类两大类物质的降解等。芳烃的降解以发生开环反应为特征，生成羧酸和醛，然后进入 EMP 和 TCA 循环，开环反应可由过氧化物酶催化。酚类、氯代酚类的降解一般是先进行取代基的脱除反应，再进行开环反应。

　　（3）含硫化合物的降解　含硫化合物主要是苯丙烷单体磺酸盐、含硫烷烃类化合物等，一般是发生脱磺酸基或 S 基反应。如苯丙烷单体磺酸盐先发生侧链氧化反应，再发生芳香环羟化和环开裂反应，含硫烷烃类化合物则进行 β-氧化作用。

　　好氧和厌氧处理系统可用于处理所有类型的制浆造纸厂废水，但厌氧法不宜用于处理硫酸盐漂白浆废水，因为它对厌氧菌有毒性；用厌氧法处理高浓度废水时，残留的 COD_{Cr} 高，仍需要进一步处理；先厌氧处理再经好氧处理，处理效果比较理想，因为它可以充分发挥厌氧和好氧法处理的优点；将物理化学法和生物法相结合并使工艺最佳化，可长期解决制浆造纸废水的处理问题；如何去除可吸附性有机卤化物和氯化苯酚物质仍需要进一步研究。

8.2 染料废水微生物治理中的生物化学

8.2.1 染料废水概述

染料废水主要来源于染料及染料中间体生产行业，由各种产品和中间体结晶的母液、生产过程中流失的物料及冲刷地面的污水等组成。

我国染料工业具有小批量、多品种的特点，大部分是间歇操作，废水间断性排放，水质水量变化范围大。染料生产流程长，产品回收率低，废水组分复杂、浓度高（COD 为 1000～10 万 mg/L）、色度深（500～50 万倍）。废水中的有机组分大多以芳烃及杂环化合物为母体，并带有显色基团及极性基团。废水中还含有较多的原料和副产品，如卤化物、硝基物、苯胺、酚类等，以及无机盐如 NaCl、Na_2SO_4、Na_2S 等。由于染料生产品种多，并朝着抗光解、抗氧化、抗生物氧化方向发展，从而使染料废水处理难度加大。

染料废水的特点：一是 COD 高，而 BOD/COD 值较小，可生化性差；二是色度高，且组分复杂。COD 的去除与脱色有相关性，但脱色问题困难更大。

8.2.2 染料废水好氧生物处理中的生物化学原理

染料废水经好氧生物处理后，其中一部分有机物被氧化分解成无机物，另一部分有机物被合成细菌细胞。细菌颗粒较大，具有良好的凝聚性能，可以絮凝成更大絮状体，并借助沉淀法或气浮法从经处理后的废水中去除。好氧生物处理对 BOD 去除效果明显，一般可达 80% 左右，但色度和 COD 去除率不高，尤其如 PVA 等化学浆料、表面活性剂、溶剂及匹布碱减量技术的广泛应用，不但使印染废水的 COD_{cr} 降低到 2000～3000mg/L，而且 BOD_5/COD_{cr} 也由原来的 0.4～0.5 下降到 0.2 以下，单纯的好氧生物处理难度越来越大，出水难以达标；此外，好氧法的高运行费用及剩余污泥的处理或处置问题历来是废水处理领域没有解决好的一个难题。

1. 活性污泥法

活性污泥是一种由无数细菌和其他微生物组成的絮凝体。其表面有一多糖类黏质层，具有巨大的比表面积。对废水中呈悬浮状和胶状的有机颗粒有强烈的氧化能力。利用这种活性污泥的吸附和氧化作用，去除废水中有机污染物质的方法，称为活性污泥法。该方法是好氧生物处理的一种主要方法，广泛用于城市污水和工业废水处理。以往印染废水的生物处理工艺主要采用这种方法。

在活性污泥系统中，有机物的净化过程分为吸附、生物氧化和絮凝沉淀三个阶段。前两阶段在曝气池内进行，后一阶段在二沉池内完成。

（1）活性污泥吸附阶段。在良好的混合条件下，活性污泥吸附一般在 10～20min 内完成，表现出初期废水中的 BOD 和 COD 浓度大幅度下降。由于吸附历时很短，多数被吸附的有机物来不及被氧化分解，当活性污泥表面吸附的有机颗粒达到饱和后，其吸附能力随之消失，转入有机物的生物氧化阶段。

（2）生物氧化阶段　被活性污泥吸附和吸收的有机物，在细菌内外酶的作用下，经过氧化和合成两个过程，使有机物得以降解。活性污泥微生物处于缺乏营养的饥饿状态，重新呈现活性，恢复吸附能力，所以又称为活性污泥再生。再生污泥经二沉池分离后，回流入曝气池继续对废水中的有机物进行吸附和氧化。

（3）生物絮凝沉淀阶段　进入二沉池的混合液中的活性污泥颗粒仍然较细，但它本身具有良好的凝聚性能，可以很快地絮凝成较大的絮凝体，加速其沉淀过程。二沉池中的泥水分离是活性污泥系统的最后一道工序，其工作好坏直接影响处理效果与出水水质，因此二沉池的设计应给予足够重视。

2. 生物膜法

污水的生物膜处理法的实质是使细菌和其他菌类微生物和原生动物、后生动物一类的微型动物附着在滤料或某些载体上生长繁育，并在其上形成膜状生物污泥——生物膜。污水与生物膜接触，污水中的有机污染物作为营养物质被生物膜上的微生物摄取，污水得到净化，微生物自身也得到繁衍增殖。

生物膜法工艺是20世纪50—60年代开始出现的，近年来，该工艺在水处理领域又取得了重大进展。在印染废水处理中，生物膜法的应用工艺主要有接触氧化法、生物转盘法和生物滤池法等。

（1）接触氧化法　接触氧化技术是在池内充填填料，已经充氧的污水浸没全部填料，并以一定的流速流经填料。在填料上布满生物膜，污水与生物膜广泛接触，在生物膜上微生物新陈代谢功能的作用下，污水中有机污染物得到去除，污水得到净化，因此，生物接触氧化处理技术称为"淹没式生物滤池"。生物接触氧化处理技术的另一项技术实质是采用与曝气池相同的曝气方法，向微生物提供其所需的氧，并起到搅拌与混合作用，这样，这种技术有相当于在曝气池内充填供生物栖息的填料，又称为"接触曝气法"，是介于活性污泥法与生物滤池两者之间的生物处理技术。

（2）生物转盘法　生物转盘是20世纪60年代由联邦德国开创的一种污水生物处理技术，它具有一系列的优点，在国际范围内得到广泛的应用。当前，生物转盘处理技术已被公认为是一种净化效果好、能源消耗低的生物处理技术。生物转盘处理系统中除核心装置生物转盘外，还包括污水与处理设备和二次沉淀池。

生物转盘是由盘片、接触氧化槽、转轴及驱动装置组成的。接触氧化槽内充满污水，转盘交替与空气和污水相接触。经过一段时间后，在转盘上附着一层栖息着大量微生物的生物膜。微生物的种属逐渐稳定，其新陈代谢功能也逐步发挥出来，并达到稳定，污水中的有机污染物为生物膜所降解。生物膜逐级增厚，在其内部形成厌氧层，并开始老化。老化的生物膜在污水水流与盘面之间产生的剪力的作用下剥落，剥落的破碎生物膜在二次沉淀池内被截留。生物膜脱落形成的污泥密度较高、易于沉淀。

（3）生物滤池法

1）生物滤池的基本概念。生物滤池是以土壤自净原理为依据，在污水灌溉的实践基础上，经较原始的间歇砂滤池和接触滤池发展起来的人工生物处理技术。污水长时间以滴状喷洒在块状滤料层的表面上，在污水流经的表面上就会形成生物膜，到生物膜成熟后，栖息在生物膜上的微生物摄取流经污水中的有机物作为营养，从而使污水得到净化。

进入生物滤池的污水，必须经过预处理，去除原污水中的悬浮物等可能堵塞滤料的污染物，并使水质均化。滤料上的生物膜不断脱落更新，脱落的生物膜随处理水流出。

2）生物滤池的净化机理。通过布水装置流到滤池表面的废水一部分被吸附于滤料表面，成为呈薄膜状的附着水层，另一部分则以薄层状流过滤料，成为流动水层并从上层流向下层，最后排出池外。

滤料间隙的空气不断地向流动水层转移，使流动水层保持充足的溶解氧，下层废水中又含有丰富的有机物质，因此，流动水层具有使好氧微生物繁殖活动的良好条件。

废水连续滴流，滤料表面上生成生物膜并逐渐成熟。生物膜成熟的标志是：生物膜沿滤池深度垂直分布、生物膜上有细菌和各种微生物相组成的生态系、有机物的降解功能等都达到了平衡和稳定状态。

有机物的降解是在生物膜表层的厚度约为 2mm 的好氧性生物膜内进行的。在好氧性生物膜内栖息着大量的细菌、原生动物和后生动物，形成了有机污染物→细菌→原生动物（后生动物）的食物链，通过细菌的代谢活动，有机物被降解，附着水层得到净化。流动水层与附着水层相接触，在传质作用下，流动水层中的有机污染物传递附着水层，从而使流动水层在流下过程中逐步得到净化。耗氧微生物的代谢产物 H_2O 及 CO_2 通过附着水层传递给流动水层。

生物膜成熟后，微生物仍不断增殖，厚度不断增加，在超过好氧层的厚度后，其深部即转变为厌氧状态，形成厌氧膜，厌氧性代谢产物 H_2S、NH_3 等通过好氧性膜排出膜外。当厌氧性膜还不够厚时，好氧性膜仍然能够保证净化功能，但当厌氧性膜过厚时，代谢物过多，两种膜间失去平衡，耗氧性膜上的生态系统遭到破坏，生物膜成老化状态从而脱落（自然脱落），再行开始增长新的生物膜。在生物膜成熟后的初期，微生物代谢旺盛，净化功能最好，在膜内出现厌氧状态时，净化功能下降，而当生物膜脱落时，降解效果最差。

8.2.3 染料废水厌氧生物处理中的生物化学原理

染料废水中有机物的厌氧分解过程可分为酸性发酵阶段和碱性发酵阶段。在酸性发酵阶段中，废水中复杂的有机物在产酸细菌作用下分解成较简单的有机物，如各种有机酸和醇类以及 CO_2、NH_3、H_2S 等。由于有机酸大量积累，废水 pH 值下降，有机物的厌氧分解首先是在酸性条件下进行，故称为酸性发酵阶段。在碱性发酵阶段中，因 NH_3 对有机酸的中和作用，pH 值逐渐上升，甲烷菌开始活动。并把第一阶段分解产物有机酸和醇类分解成 CH_4 和 CO_2，随着有机酸的迅速分解，pH 值迅速上升，有机物的最终厌氧分解是在碱性条件下进行，故称为碱性发酵。

上述有机物的厌氧分解过程，可用图 8-1 表示。从图可知，为了保证废水中有足够数量的细菌以达到预期的处理效果，废水中的有机物应具有一定的浓度。实践证明，采用好氧生

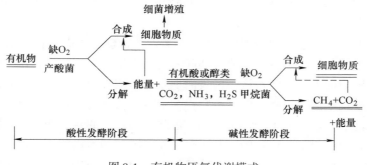

图 8-1 有机物厌氧代谢模式

物处理时，废水中的 BOD_5 一般应控制在 $100 \sim 500mg/L$。此外，在整个好氧分解过程中，必须源源不断地供给足够的氧气，以保证细菌氧化有机物需要的能量。

废水经好氧分解生物处理后，其中一部分有机物被氧化分解成无机物，另一部分有机物被合成为细菌细胞。细菌颗粒较大，具有良好的凝聚性能，可以絮凝成更大的絮状体，并借助沉淀法或气浮法从经处理后的废水中去除。

8.3 冶金废水微生物治理中的生物化学

8.3.1 冶金废水概述

冶金工业包括黑色冶金（钢铁）和有色冶金两大类。

在钢铁工业中，其生产过程包括采选、烧结、炼铁、炼钢、轧钢等生产工艺。钢铁工业用水量很大，每炼一吨钢，约用水 $200 \sim 250m^3$。废水中主要含有酸、碱、酚、氰化物、石油类和重金属等有害物质。

在有色金属工业从采矿、选矿、冶炼，到成品加工的整个生产过程中，几乎所有工序都要用水，都有废水排放。按废水中含有的污染物主要成分不同，有色金属冶炼废水可以分为酸性废水、碱性废水、重金属废水、含氰废水、含油废水和含放射性废水等。

8.3.2 含酚废水微生物治理中的生物化学原理

含酚废水如不经处理就直接排放，会给人体、水体、鱼类、农作物、环境等带来严重危害。首先，酚类物质能与生物体的蛋白质结合使其变性，最终引起组织损伤、坏死，引起生物中毒，人类长期饮用被酚污染的水会引起头晕、贫血及各种神经系统病症；用未经处理的含酚废水（$Ar-OH$ 含量大于 $50 \sim 100mg/L$）直接灌溉农田，会使农作物枯死和减产等。含酚废水的治理技术研究受到了国内外水处理技术工作者的广泛重视。

目前，清除工业废水中苯酚的方法包括：微生物降解、萃取、活性炭吸附和化学氧化等，其中微生物降解法不仅经济、安全，而且处理的污染物阈值低、残留少、无二次污染，其应用前景看好，为此国内外学者对如何利用微生物清除废水中的酚及其衍生物进行了大量的研究。

1. 降酚菌的筛选

近几十年的研究表明，许多微生物经长时间的驯化后具有降解苯酚的能力。如某些细菌（*Acinetobacter calcoaceticus*）、藻类（*alga Ochromonas danica*）、酵母菌（*yeast Trichosporon cutaneum*）、真菌（*Fungi Aspergillus fumigatus*）。从自然界中筛选具有降酚能力的菌株大多采用富集培养技术，其大致方法是：首先将收集到的标本（如活性污泥）于富集培养基中增菌，然后选用合适的方法获得单菌落，最后将菌体接种于含酚的筛选平板中获得苯酚降解菌。尽管富集培养技术在降酚菌的筛选中很有效，但它的局限性在于选择效率低，不能正确反映代谢类型的多样性。

2. 苯酚的生物降解途径

一般来说，细菌体内存在着编码间位和编码邻位两条途径的基因。在有氧情况下，苯酚的微生物降解通过这两个独立的代谢系统进行，如图 8-2 所示。邻位途径产生 β-酮基己二酸中间产物，间位途径产生 α-酮基己二酸中间产物，最后均形成三羧酸循环的中间物。

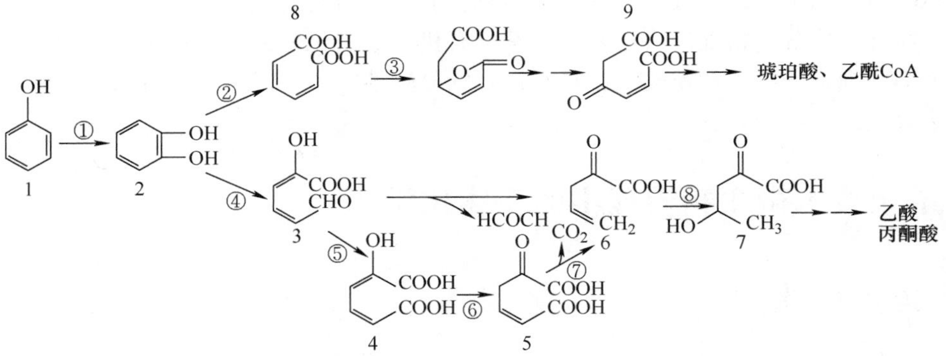

图 8-2　好氧微生物降解苯酚的代谢途径

1—苯酚　2—邻苯二酚　3—2-羟基黏糠半醛　4—2-羟基黏酸　5—4-氧代己二酸
6—2-氧代戊烯酸　7—2-氧代 4-羟基戊酸　8—内酯　9—β-酮基己二酸
①—苯酚羟化酶　②—邻苯二酚 1，2 加氧酶　③—顺，顺-黏糠酸内酯酶　④—邻苯二酚 2，3 加氧酶
⑤—2-羟基黏糠酸酯酶　⑥—4-氧代己二酸异构酶　⑦—4-氧代己二酸脱羧酶　⑧—2-氧代 4-羟基戊酸酶

在厌氧条件下，苯酚的微生物降解则可能通过 benzoyl-CoA 途径进行，如图 8-3 所示。其代谢的第一步是 Kolbe-Schmitt 羧化反应，将苯酚羧化为 4-羟基苯甲酸。

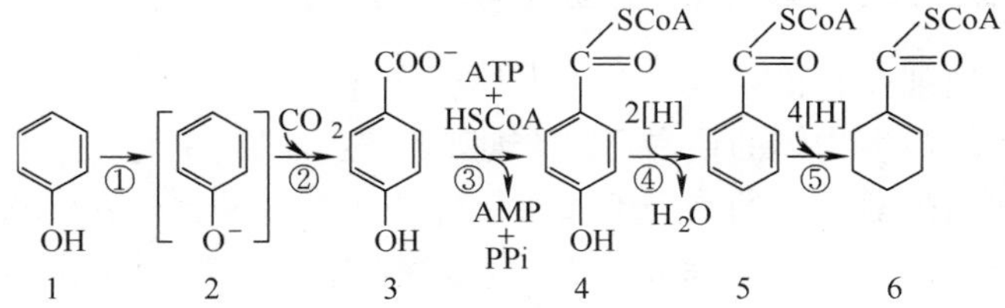

图 8-3　厌氧微生物降解苯酚的代谢途径

1—苯酚　2—苯氧负离子　3—4-羟基苯甲酸　4—4-羟基苯甲酸辅酶 A　5—苯甲酸辅酶 A　6—环己烯甲酰辅酶 A
①、②—苯酚羧化酶系统　③—4-羟基苯甲酰辅酶 A 合成酶　④—4-羟基苯甲酰辅酶还原酶　⑤—苯甲酰辅酶还原酶

8.3.3　含氰废水微生物治理中的生物化学原理

氰化合物毒性很大，在生物体内可以抑制细胞色素氧化酶，阻碍血液对氧的运输，使生物体缺氧窒息死亡，急性中毒可感到恶心、呕吐头昏、耳鸣、全身乏力、呼吸困难，出现痉挛、麻痹等。

目前，已发现许多摄取氰为碳源和氮源的细菌，某些细菌在其新陈代谢中具有分解氰化物的能力。能分解氰化合物的微生物有假单胞杆菌属、诺卡氏菌属（*Nocardia*）、茄病镰刀霉（*Fusarium solani*）、绿色木霉（*Trichoderma viride*）等。

微生物可以从氰化物中取得碳、氮养料，有的微生物甚至以其作为唯一的碳源和氮源，在其代谢过程中将氰化物转化为二氧化碳、氨或甲酸、甲酰胺等，从而使含氰化物废水具有可生物降解性，生物法能够克服对金属氰络合物脱除不彻底、产生余氯等缺点，但存在处理浓度低、承受负荷小等问题。

无机氰的降解途径

$$HCN \longrightarrow HCNO \longrightarrow \begin{cases} NH_3 \longrightarrow NO_2 \longrightarrow NO_3 \\ HCOOH \longrightarrow CO_2+H_2O \end{cases}$$

1. 氰化物降解菌的种类

近年来，国内外在氰化物降解菌方面做了大量工作，筛选、分离出了包括诺卡氏菌（*Nocardia*）、荧光假单胞菌 NCIMB11764（*Pseudomonas fluorescens* NCIMB11764）、木糖氧化产碱菌木糖氧化亚种 PF3（*Alcaligenes xylosoxidans* subsp. *denitrificans* PF3）、恶臭假单胞菌（*Pseudomonas putida*）、施氏假单胞菌 AK61（*Pseudomonas stutzeri* AK61）、腐皮镰孢菌（*Fusarium solani*）、尖镰孢 N-10（*Fusarium oxysporum* N-10）、短小芽孢杆菌（*Bacillus pumilus*）、隐球菌属 *Humicolus* MCN2（Cryptococcus 2 humicolus MCN2）、产酸克雷伯氏菌（*Klebsiella oxytoca*）等 20 个属，计 50 多种菌株。

2. 氰化物降解菌的生理生化特性

氰化物降解菌的生理生化特性研究表明，不同的氰化物降解菌的生理生化特性是不同的，几种氰化物降解菌的生理生化特性见表 8-1。

表 8-1　氰化物降解菌的生理生化特性

菌　种	碳　源	氮源	最适宜 pH 值	最适宜温度/℃
P. fluorescens NCIMB11764	葡萄糖	CN^-	7.0	30
P. putida	CN^-	CN^-	7.5 或 9.5	25
P. stutzeri AK61	葡萄糖	CN^-	7.5	30
B. pumtius	CN^-	CN^-	7.4 ~ 10.5	30
A. xylosoxidans subsp. *Dentirificans* PF3	葡萄糖、蔗糖、甘油、乙酸盐	CN^-	7.5	25
F. oxysporum N-10	葡萄糖	TCN	7.2	30
C. humicolus MCN2	葡萄糖	CN^-	7.5	25
K. oxytoca	葡萄糖	CN^-	7.0	30
	CN^-	CN^-	9.2 ~ 10.7	30
F. solani	葡萄糖	CN^-	4、7	30

从表可以看出，除腐皮镰孢菌外，大多数菌株都属于有机营养型，生长 pH 为中性或偏碱性，生长温度为中温。腐皮镰孢菌在酸性、中性和偏碱性条件下都可以生长。荧光假单胞菌 NCIMB11764 和尖镰孢 N-10 菌株在好氧和厌氧条件下均可生长，而其他的菌株只能在好氧条件下生长。

3. 氰化物生物降解的方式

（1）氰化物的生物去除方式　微生物对氰化物降解的生物化学过程是比较复杂的，主要有 4 种主要的去除方式：同基质的化学反应；生物吸附作用；生物代谢作用；脱除（Stripping）。在这 4 种途径中，代谢和脱除作用是主要的，90% 的氰化物是以这 2 种方式去除的，而吸附所起作用较小。

（2）氰化物生物转化机制　不同菌株对氰化物的转化机制不同，形成的转化产物也不同。

1）将氰化物分解为二氧化碳和氨。

$$\text{I } HCN + O_2 + NADH + H^+ \longrightarrow NH_3 + CO_2 + NAD^+$$
$$\text{II } HCN + 2H_2O \longrightarrow NH_3 + HCOOH$$
$$NH_3 + HCOOH + NAD^+ \longrightarrow NH_3 + CO_2 + NADH + H^+$$

能以这种方式转化氰化物的菌株包括荧光假单胞菌 NCIMB11764、恶臭假单胞菌等。

2）将氰化物分解为二氧化碳、氨或甲酸、氨或甲酰胺。

$$\text{I } HCN + O_2 + NADH_2 \longrightarrow NH_3 + CO_2 + NAD^+$$
$$\text{II } HCN + 2H_2O \longrightarrow NH_3 + HCOOH$$
$$\text{III } HCN + H_2O \longrightarrow HCONH_2$$

按此方式转化氰化物的菌株包括施氏假单胞菌 AK61、荧光假单胞菌 NCIMB11764 等。

8.3.4　酸性废水微生物治理中的生物化学原理

酸性水是水、氧气、细菌、矿物质共同作用且随时间推移而酸度增大的结果。

酸性废水综合治理是一个宏大的系统工程，自采场排水到达标排放，经历一个十分复杂的处理过程，水量水质不断发生变化，在酸性水库的调节下，处理废水量保持总体动态平衡。以细菌堆浸回收铜治理酸性废水为例简要说明其机理。

酸性废水，不仅含有多种金属离子，还含有可观的氧化亚铁硫杆菌。氧化亚铁硫杆菌浸出铜，其机理主要表现为直接和间接两种作用，一种是靠细菌细胞内特有的氧化酶氧化催化黄铜矿，破坏矿物的晶格结构，使矿物中的铜酸化呈硫酸铜形式进入浸出液中；第二种是细菌氧化矿物中的硫和铁，使其形成硫酸与硫酸高铁溶液，从而进一步促使硫化铜氧化和浸出矿物中的铜。

其反应式为

$$2CuFeS_2 + H_2SO_4 + O_2 \longrightarrow 2CuSO_4 + Fe_2(SO_4)_3 + H_2O$$
$$CuFeS_2 + 2Fe_2(SO_4)_3 \longrightarrow CuSO_4 + 5FeSO_4 + 2S$$
$$2FeSO_4 + H_2SO_4 + O_2 \longrightarrow Fe_2(SO_4)_3 + H_2O$$
$$2S + 2H_2O + 3O_2 \longrightarrow 2H_2SO_4$$

8.3.5　重金属废水微生物治理中的生物化学原理

微生物对重金属离子具有一定的适应性，并在重金属化合物环境中生长、代谢。其代谢产物或细胞自身的一些还原物将氧化态的毒性金属离子还原为无毒性或低毒性的沉淀，通过微生物氧化还原以及甲基化、去甲基化等作用实现重金属离子价态之间的转变及无机态和有机态之间的转化，实现有毒有害的金属元素转化为无毒或低毒赋存形态的重金属离子或沉淀物，从而达到水体或生态环境的污染治理目的。微生物对重金属的转化作用与代谢和质粒所携带的抗性因子有关，所谓质粒是指菌体内一种环状的 DNA 分子，是染色体以外的遗传物质。通过移植具有一定抗性因子质粒到宿主细胞可使宿主获得质粒所具有的性状。

微生物法处理重金属根据其处理原理的不同可以分为两类：吸附法和生物还原处理。

1. 微生物对重金属的吸附

微生物对重金属的吸附主要有主动吸附和被动吸附两种形式。研究结果表明，微生物处理重金属废水过程中被动吸附是微生物对金属吸附的主要形式，包括细胞表面覆盖的胞外多糖（EPS），细胞壁上的磷酸根、羧基、氨基等基因以及胞内的一些化学基因与金属间的结合，其机理包括络合、螯合、离子交换、无机微沉淀等，与生物活性无关。微生物对重金属离子的吸附是可逆的。静电吸引、共价结合在吸附过程中都起着重要作用，离子半径和金属的最大吸附之间存在线性关系，有毒重金属离子与细胞物质具有很强的结合能力。可以代替细胞物质结合的 Ca^{2+}、Mg^{2+} 和 H^+，同时在微生物表面含有重金属离子发生反应的各种活性基团，这些活性基团来自磷酸盐、胺、蛋白质和各种碳水化合物，其分子内含有 N、P、S 和 O 等电负性较大的原子和基团，与金属离子发生螯合或络合作用，如细胞壁上纤维素的羰基在海藻 *Sargassum Natams* 菌体吸附金属的时候起作用。此外，重金属离子能在细胞壁上或细胞内形成无机微沉淀。它们以磷酸盐、硫酸盐、碳酸盐或氢氧化合物等形式通过晶核作用在细胞壁上或是细胞内部沉淀下来，据报道，*Saccharomyces Cerevisiae* 细胞能使铀以针状纤维层的外形沉积在细胞表面。

2. 生物还原的处理

（1）硫酸盐生物还原处理重金属的原理。

1）代谢阶段。可以简单地将硫酸盐还原菌（SRB）的代谢过程分为分解代谢、电子传递、氧化三个阶段，如图 8-4 所示。

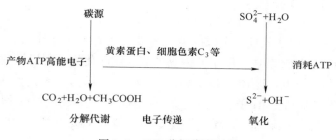

图 8-4　SRB 分解代谢过程

在分解代谢的第一阶段，有机物碳源的降解是在厌氧状态下进行的，同时通过"基质水平磷酸化"产生少量 ATP；第二阶段中，前一阶段释放的高能电子通过 SRB 中特有的电子传递链（如黄素蛋白、细胞色素 C 等）逐级传递，产生大量的 ATP。在最后阶段中，电子被传递给氧化态的硫元素，并将其还原为 S^{2-}，此时需要消耗 ATP 提供能量。从这一过程可以看出，有机物不仅是 SRB 的碳源，也是其能源，硫酸盐（或氧化态的硫元素）仅作为最终电子受体起作用，即 SRB 利用 SO_4^{2-} 作为最终电子受体，将有机物作为细胞合成的碳源和电子供体，同时将 SO_4^{2-} 还原为硫化物。

2）SRB 利用的基质碳源。以往认为 SRB 仅利用有限的基质作为有机碳源和电子供体，如乳酸盐、丙酸盐、反丁烯二酸、苹果酸、乙醇、甘油，个别也利用葡萄糖和柠檬酸盐，最后形成 HAc 和 CO_2 作为终产物。20 余年来，由于选用不同碳源的培养基，SRB 利用的有机碳源和电子供体的种类不断扩大，发现 SRB 还能利用乙酸、丙酸、丁酸和长链脂肪酸及苯甲酸等，对其作用的认识也不断深化。SRB 在利用多种多样的化合物作为电子供体时表现出了很强的能力和多样性，迄今发现可支持其生长的基质已超过 100 种。另外，SRB 除了能利用单一有机碳化物作为碳源和能源（化能有机生长）外，还可利用不同的物质分别作为碳源和能源。近来许多研究结果表明，在有硫酸盐存在的条件下，SRB 能以厌氧消化器中最常见的挥发有机酸（主要是乙酸、丙酸、丁酸、氯酸）为电子供体来还原硫酸盐。不同的污泥来源、不同的驯化条件得到的生态系统中利用各种碳基质的 SRB 的分布必然有较大差别，从而表现为污泥对于各种碳源具有不同的消化能力，进而影响它们对硫酸盐的还原速率。据研究报道，SRB 利用乳酸、丙酸、丁酸的硫酸盐还原速率依次降低。

3）还原反应。在厌氧条件下，SRB 通过异化硫酸盐还原作用将 SO_4^{2-} 还原为 H_2S。废水中的重金属离子可以和 H_2S 反应生成溶解度很低的金属硫化物沉淀，从而得以去除重金属。SO_4^{2-} 的还原反应发生在初级厌氧阶段。只有当电子供体和有机碳源投加到无机废水中时，SO_4^{2-} 生物还原才可发生。初级厌氧阶段的反应如下：

① 发酵。有机分子（如蔗糖）转化为乳酸。

$$C_{12}H_{22}O_{11} + H_2O \longrightarrow 4CH_3CHOHCOOH \tag{8-1}$$

发酵反应对于随后的 SO_4^{2-} 还原是必不可少的。因为 SRB 只可利用发酵产物（如乳酸和丙酮酸盐等）作为碳源。

② 细菌呼吸。如 SRB 利用乳酸产生乙酸。

$$2CH_3CHOHCOOH + SO_4^{2-} \longrightarrow 2CH_3COOH + 2HCO_3^- + H_2S \tag{8-2}$$

反应式（8-2）还可表示为

$$2C + SO_4^{2-} + H_2O \longrightarrow H_2S + 2HCO_3^- \tag{8-3}$$

综上，SO_4^{2-} 生物还原法处理重金属的途径主要体现在以下三个方面：废水中的重金属离子与 SRB 还原 SO_4^{2-} 生成的 H_2S 反应，生成难溶固体硫化物而得以转化去除，这是 SO_4^{2-} 生物还原法处理重金属的主要途径；SRB 对 SO_4^{2-} 还原作用的结果是使 SO_4^{2-} 转化为 S^{2-} 而使被处理废水的 pH 值升高，pH 值升高有利于重金属离子形成氢氧化物沉淀而去除；SRB 代谢过程中分解有机物会生成 CO_2，部分重金属还可以和 CO_3^{2-} 反应转化成不溶性的碳酸盐而去除。

（2）SRB 生物还原 SO_4^{2-} 方法去除重金属的处理特点。

1）可处理的重金属种类多。多数重金属硫化物的溶解度很小，因而本方法可用于处理多数常见的重金属废水。

2）处理潜力大。用于重金属废水处理的物质为 SRB 的代谢产物 H_2S，H_2S 的消耗不会影响 SRB 的代谢活性。因而只要控制处理的条件就可以使 SRB 不断地还原 SO_4^{2-} 生成 H_2S，用于废水中重金属的处理。

3）处理彻底且工艺稳定。重金属硫化物的溶度积一般都很小，因而重金属的去除率很高。

4）以废治废。SRB 还原 SO_4^{2-} 所需的碳源和能源物质可以来自于其他有机废水或是在无机废水中添加含碳有机物，反应所需的 SO_4^{2-} 在多数重金属废水中都大量存在（多数重金属都以 SO_4^{2-} 的形式存在于废水中）。

8.4 燃料微生物脱硫预防治理中的生物化学

8.4.1 燃料中的硫概述

燃料中的硫通常以有机硫和无机硫两种形式存在。无机硫主要为硫化物和硫酸盐，在沥青煤中其含量可占总质量的 6%；低硫煤中硫含量小于 1%，高硫煤中可高达 6%。我国西部大多为高硫煤。有机硫的成分主要为噻吩类物质，如二苯并噻吩（DBT）是化石燃料中含量最高、难降解的有机硫化物的典型代表。由于在化石燃料加工与燃烧过程中常常生成H_2S，因此，国内外学者通常以FeS_2、DBT、H_2S为模型来表征无机硫、有机硫及其工业脱除方法等。

（1）煤中硫的存在形式　含硫煤炭的化学结构模型如图8-5所示，主要以无机硫和有机硫两种形式存在，其中无机硫占60%～70%，主要有硫铁矿硫（S_{LR}）和硫酸盐硫（S_{LY}），常以$CaSO_4$、$BaSO_4$、$FeSO_4$、$Fe(SO_4)_3$等形式存在；有机硫种类多，结构复杂，但含量较低。有机硫常以噻吩基、巯基、单硫链和多硫链等官能团形式存在。有机硫与煤中的有机质结合为一体，分布均匀，用物理方法不易脱除。

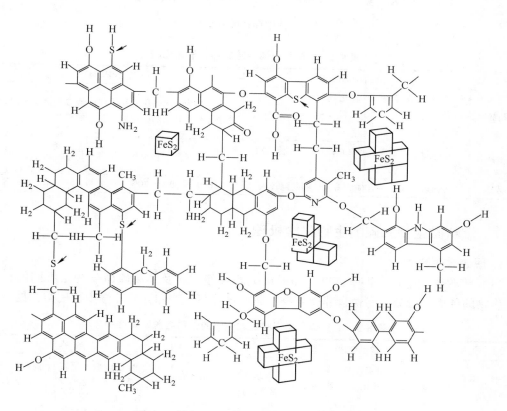

图8-5　煤炭中的有机硫和无机硫的存在形式

（2）石油中硫的存在形式　石油中硫的含量及存在形式与其来源和种类有关，根据78种原油的总硫分析结果，总硫量为0.03%～7.89%，其中大部分为有机硫，占总硫的50%～70%；少量的元素硫、H_2S、FeS_2等溶解或悬浮在油中，硫醇大部分为相对分子质量低。一般情况下，重油和沥青中的含硫量较高，可占总质量的6%左右。原油中的硫含量虽差异较大，但硫的存在形式大致类似，有硫醇、硫化物和噻吩三大类，其中主要为噻吩类有机物，其衍生物苯并噻吩、二苯并噻吩、苯并二氢噻吩等是高硫原油的主要成分，其结构如图8-6所示。煤炭及原油中硫的存在形式比较参见表8-2。

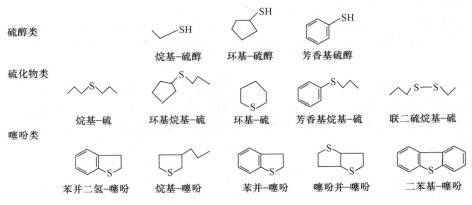

图 8-6　石油中存在的各种有机硫

表 8-2　煤炭和原油中硫的存在形式比较

存在形式	煤炭中的硫	原油中的硫
无机硫	大多数为黄铁矿硫化物（FeS_2、FeS），$CaSO_4$、$BaSO_4$、$FeSO_4$、$Fe_2(SO_4)_3$ 等硫酸盐硫，微量的元素硫	大多数为金属硫化物和硫代硫酸盐等，H_2S、FeS_2 等溶解或悬浮状态的硫化物，少量元素硫
有机硫	以噻吩、巯基或硫醇、单硫链和多硫链等官能团形式	主要有硫醇、噻吩和硫化物三大类
比较	无机硫占 60%～70%，有机硫的脱除较难	有机硫占 50%～70%，硫醇易去除，杂环硫较难

8.4.2　燃料微生物脱硫的生物化学机理

1. 脱硫微生物

（1）煤脱硫微生物　煤中有机硫和无机硫的脱除方式及其脱硫微生物是不同的，按脱硫微生物的种类，可分为专性自养微生物、兼性自养微生物和异养性微生物三类，见表 8-3。

表 8-3　三类典型煤炭脱硫微生物的作用与脱硫特性

微生物类型	典型微生物种群	作用	脱硫特性
专性自养型（嗜酸微生物）	氧化亚铁硫杆菌、氧化铁硫杆菌、氧化亚铁钩端螺旋菌	主要氧化脱除无机硫（黄铁矿硫）	在 pH 值较低，常温下可将 Fe^{2+} 或硫氧化，脱除率达 80% 左右，混合微生物脱硫效果优于单纯微生物
兼性自养型（嗜热微生物）	硫化裂片菌属、酸热硫化裂片菌属、嗜热硫杆菌	主要氧化脱除黄铁矿硫和一些有机硫	在 60～80℃，pH＝1.5～4.0 时，可除煤中 65% 的有机硫，在 70℃ 下可脱除 75% 的无机硫
异养性微生物	假单胞杆菌、不动杆菌、根瘤菌	主要脱除有机硫	能将 DBT 和煤中噻吩环上的硫脱除，硫转化为硫酸盐而不引起煤结构的变化

专性自养微生物是指嗜酸性微生物，主要为氧化亚铁硫杆菌。氧化亚铁硫杆菌在 pH 值较低时，常温下就可以将 Fe^{2+} 或硫氧化，脱除率达 80% 左右（2 周）；氧化亚铁硫杆菌的脱硫率稍高于氧化亚铁硫杆菌；在适合的 pH 值条件下，氧化亚铁钩端螺旋菌的脱硫效果较好，可达 85%。将氧化铁硫杆菌与氧化亚铁硫杆菌混合脱硫，研究发现混合微生物脱硫效

果要好于单纯微生物。将氧化亚铁钩端螺旋菌和氧化亚铁硫杆菌混合脱硫，脱硫率达90%。因此，氧化亚铁硫杆菌在氧化煤中不同硫化物时起着至关重要的作用。

兼性自养微生物为嗜热微生物，如硫化裂片菌属、酸热硫化裂片菌属、嗜热硫杆菌。硫化裂片菌属在60~80℃、pH=1.5~4.0时，可脱除煤中65%的有机硫；在70℃下可脱除75%的黄铁矿硫。

异养微生物能将DBT和煤中噻吩环上的硫脱除，转化为硫酸盐而不引起煤结构变化，如假单胞杆菌（如CB1）、不动杆菌、根瘤菌等。通过基因工程分离出的假单胞杆菌CoalBug-1，有机硫脱除率达18%~47%。CB1的脱除率取决于煤的类型、煤与微生物量的比率及煤粒的大小。目前已在CB1的基础上研制出CB2改良菌种，在pH=7.5时可先将硫化物氧化成元素硫，再氧化成硫酸盐硫。

微生物对无机硫化物的还原作用有两种方式：一种是同化型硫酸盐还原作用，先由微生物把硫酸盐变成还原态的硫化物，再固定到蛋白质等成分中的还原方式；另一种是异化型硫酸盐还原作用，是在厌氧条件下将硫酸盐还原成硫化氢。其作用过程主要靠脱硫弧菌属、脱硫肠状菌属等一些异养型或混合营养性的硫酸盐还原菌来实现。

（2）石油脱硫微生物　美国气体技术研究所的Kilbane首次分离得到了能够选择性催化DBT类含硫化合物C—S键的断裂而不改变分子碳氢结构的玫瑰色红球菌IGTS7和IGTS8，该菌能将DBT中的C—S键打开，有效脱除二苯并噻吩结构中的有机硫，并不影响该有机物的热值；另外，红球菌属细菌等也可将DBT中的C—S键切断代谢为2-羟基联苯。这种可通过将DBT中的C—S键切断脱除有机硫，而不损失其热值的方法称为"4S"选择性脱硫途径，即亚砜/砜/硫酸盐/磺酸盐途径。这类微生物还包括红球菌细菌UM3和UM9、红色红球菌属细菌DI和NI36、棒杆菌属SYI等。表8-4列出了用于原油脱硫的部分微生物及其脱硫途径与特色。

表8-4　部分脱硫微生物对原油脱硫的途径与特色

细菌类群	假单胞杆菌、不动杆菌、根瘤菌和拜叶林克氏菌	玫瑰色红球菌和红平红球菌	棒杆菌属细菌SY1，棒杆菌属sp. P32C1	红球菌细菌UM3，UM9、NI-36、嗜热菌A11-2；诺卡菌CYKS1和CYKS2	短杆菌、节杆菌
脱硫途径	破坏DBT碳架	选择性断裂DBT的C—S键，"4S"途径	经DBP-HBPS-2HBP脱硫	切断DBT的C—S键	直接氧化DBT的C—S键
脱硫特色	不能释放出硫原子	不影响有机物热值	以DBT为唯一硫源，可脱出碳氢化合物和柴油DBT中的硫	代谢产物为2-羟基联苯	将DBP-亚砜、DET-砜转化为苯甲酸酯和硫酸盐

2. 微生物脱硫途径及机理

（1）无机硫的脱除机理　在有水和氧存在下，黄铁矿可氧化为SO_4^{2-}和Fe^{3+}，但速度非常慢。在某些细菌作用下，此过程大大加快。其中可能有两种途径，一是直接途径：

$$4FeS_2 + 15O_2 + 2H_2O \xrightarrow{细菌} 2Fe_2(SO_4)_3 + 2H_2SO_4$$

二是间接途径，微生物先将存在的少量 Fe^{2+} 氧化为 Fe^{3+}，Fe^{3+} 再与 FeS_2 作用，生成 SO_4^{2-} 和单体 S，如下所示：

$$FeS_2 + 14Fe^{3+} + 8H_2O \longrightarrow 15Fe^{2+} + 2SO_4^{2-} + 16H^+$$

$$FeS_2 + 2Fe^{3+} \longrightarrow 3Fe^{2+} + S\downarrow$$

目前有较多证据支持直接途径。

Tributsch 等对此提出了生化分子机理。T. f 菌利用某种酶在硫化物表面断开化学键，形成脱除或转移硫的载体，此种酶可被 T. f 菌循环使用。

（2）有机硫的脱除机理　研究 DBT 降解的模型反应发现其反应机理是由于微生物酶的作用，有以下几种途径：

1）以碳代谢为中心的 Kodama 途径，如图 8-7 所示。

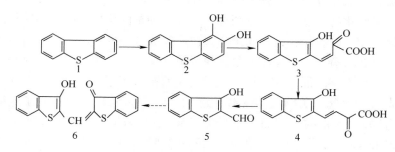

图 8-7　Kodama 途径

1—二苯并噻吩（DBT）　2—1，2 二羟基二苯并噻吩　3—顺 4-(2-(3-羟基)-苯噻吩基)-2-氧-3-丁烯酸（cio-HTOB）

4—反-4-(2-(3-羟基)-苯噻吩基)-2-氧-3-丁烯酸（trans-HTOB）　5—3-羟基-2-甲酰基-苯噻吩（HFBT）

6—3-氧-(2 ((3′-羟基)-苯噻吩基)-亚甲基)-二氢苯噻吩（OHTMD）

2）以硫代谢为中心的 4S（sulphoxide sulphone sulponate sulphate）途径。对不同菌株，4S 途径并不完全相同，但共同点都是对 C—S 键作用。

如 IGTS8 菌被认为有两条脱硫途径，如图 8-8 所示。

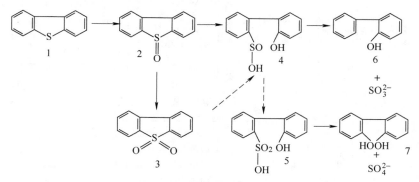

图 8-8　IGTS8 菌的 4S 途径

1—DBT　2—DBT-亚砜　3—DBT-砜　4—2′-羟基联苯基-2-亚磺酸　5—2′-羟基联苯基-2-磺酸

6—2-羟基联苯（2-HBP）　7—2，2′-二羟基联苯（DHBP）

此外，还有一种直接氧化 DBT 的 C—S 键生成苯甲酸酯的途径。

Holland 对微生物脱有机硫提出了两种生化分子机理。一是芳烃化合物的同系化，然后转至细胞内；二是芳环在胞外解离，转化为可溶物进入细胞内。其区别在于前者是微生物与不溶性基质的相互作用，后者则要求微生物必须具有一定的胞外酶。

由以上反应途径可知，DBT 中的硫经过四步氧化，最终生成 SO_4^{2-}、SO_3^{2-} 和 2，2'-二羟基联苯或 2-羟基联苯。4S 途径对碳原子骨架不发生降解，燃料热值损失较小。而在 Kodama 途径中，微生物以 DBT 中的碳为代谢原料，使其芳环结构分解造成燃料的含碳量大为下降而损失较大热值。

3. 生物降解有机硫的机理

（1）有氧脱硫机理　据报道，硫酸盐还原酶可以在无氧操作的条件下脱去矿石燃料中的硫，并可以阻止生成某些碳氢氧化物和酸性化合物，所生成的硫化氢气体也可被综合利用。但是，即使硫酸盐还原菌的生长条件能很好控制，由于其对 DBT 脱硫产率不高，无氧脱硫的工业应用价值不大。

在有氧操作条件下，有很多种微生物可选择性地脱除 DBT 中的硫并将其转化为亚硫酸盐和硫酸。*Rhodococcus* IGTS8 是典型的有工业应用前景的微生物，能将 DBT 中的硫转化为羟基联苯、亚硫酸盐和硫酸。IGTS8 脱硫遵循两条不同的有氧代谢途径：稳定生长态细胞条件下，第一个途径是通过氧化将 DBT 转化为 DBT 亚砜和 DBT 砜，而后 DBT 砜进一步被亚硫酸水解酶转化为 HBP 和亚硫酸盐；第二个途径是 DBT 砜被磺酸水解酶诱导氧化为 2-羟基联苯和亚磺酸苯盐后，进一步转化为 HBP 和硫酸盐。除了 *Rhodococcus* IGTS8 脱硫途径被深入研究与了解外，其他脱硫微生物如红色球菌属、红球菌属、土壤杆菌 MC501、分枝杆菌、诺卡菌及细胞色素 450 单加氧酶等都是在有氧途径进行脱硫的。尽管目前在脱硫微生物菌筛选方面的研究已相当深入，但尚未发现高选择性脱除汽油噻吩硫的微生物，脱硫技术还有待进一步发展。

（2）酶生物催化剂的脱硫机理　红球菌属 ECRD-1 在将大部分 DBT 中的硫脱除后，会以脱除 DBT 中硫相同的速度进行 4，6-二乙基二苯并噻吩脱硫。红球菌属 DBT 脱硫酶对底物特异性比较宽，可以把烷基或芳香族替代基团的 DBT 衍生物脱硫为相应的单酚。其反应速率与相应的替代基团有关，但原始的红球菌属 IGTS8 脱硫酶对噻吩和苯并噻吩几乎没有活性，并且石油中的硫通常以多种不同组分存在。天然的红球菌属生物催化剂速度慢，稳定性不够，对硫的选择性也太窄，因此，研制具有能降解不同硫组分的生物催化剂，提高对噻吩硫的脱除效率非常重要。

大多数的石油化学过程在高温和高压下进行，在没有找到合适的催化剂而将原料冷却到生物处理的过程是不现实的。某些嗜高热的酶可以在 100℃ 以上工作，有稳定的延长期，增大压力会更稳定，但目前尚不清楚其热稳定性的基础。

（3）dsz 基因脱硫机理　对红色红球菌属 IGTS8 和红球菌属株 X309 等已在分子水平上进行了较为详细的研究。在 IGTS 菌株中，存在 1 个 120kb 的线状质粒，3 个基因（dsz A、dsz B、dsz C）负责 DBT 的脱硫催化，这些基因已被克隆及测序，相应的表达产物也已被分离纯化出来。

在 IGTS 菌株中，在 1 个大的质粒上有 4kb 基因相关，由 1 个操纵子和 3 个基因（dsz A、dsz B、dsz C）构成，在同 1 个启动子控制下按相同方式翻译为 3 个蛋白质 dsz A、dsz B、dsz C。在细胞质中，尽管 dsz B 表达为启动子，但其含量远低于 dsz A 和 dsz C。目前已证明某些保存的天然 dsz 基因型菌株是 dsz 结构基因和插入片段的混合杂交的结果。

红球菌属里，在核黄素还原酶的支持下，通过细胞质的单加氧酶作用，实现 DBT→DBT

亚砜→DBT 砜的 dsz 脱硫途径。dsz C 独特的催化转化作用，被确认为硫化物/亚砜单加氧酶，蛋白质序列分析表明其和乙酰辅酶 A 脱氢酶具有同源性。首先，它催化两个连续的黄素单加氧酶反应；其次，以 FMXH$_2$ 为底物，dsz C 利用黄素腺嘌呤二核苷酸（FAD）或结合核黄素还原酶，是像甲烷加氧酶一样复杂的加氧酶；第三，dsz C 把 DBT 氧化成砜，而核黄素单加氧酶和其他某些相关酶则将 DBT 氧化成砜的氧化物。在此途径中，dsz A 也被认为是DBT5，5-氧化单加氧酶，也可利用辅底物 FMXH$_2$ 将砜催化转化为亚磺酸盐，其反应速度比 dsz C 快 5～10 倍；dsz B 被证明为是一种芳香族磺化酸水解酶，用于对水分子的亲核攻击，在亚磺酸盐上形成 2-HBP，这是一条非常规的速度限制性反应途径。

dsz A、dsz B、dsz C、dsz D 为 4 种生物催化剂，在这些催化剂的作用下 DBT 最终被氧化成硫酸盐或者亚硫酸盐。在存在硫酸盐、硫化物、甲硫氨酸、半胱氨酸等物质时，邻苯基苯酚 dsz 脱硫酶的活性会受到很强的抑制；在红球菌属里，硫化物不会抑制酶，但会抑制 dsz 基因序列的启动子或翻译水平的硫合成；2-HBP 的积聚也会抑制菌体生长和脱硫。因此，从工业应用的角度，需要寻找某些能耐 2-HBP 的变异株，或者当形成 2-HBP 前可停止生物脱硫，以防止亚硫酸盐的形成。目前，dsz 途径已应用于石油的脱硫及其相关产品生产与精制。

8.5 化石燃料微生物脱氮预防治理中的生物化学

化石燃料中的含氮化合物在燃烧过程中形成的氮氧化合物可导致空气污染，形成酸雨，并且在原油提炼过程中导致催化剂中毒而影响产量。因此，利用微生物降解化石燃料中的含氮化合物以解决上述污染问题十分重要。

8.5.1 化石燃料中的芳香氮化合物

原油是各种有机分子的混合物，包括烷烃、芳烃和含硫、含氮的杂环芳香族化合物。含硫和含氮芳香族化合物的存在会影响和限制原油的应用。

原油中的含氮化合物分为两类：一类为非碱性分子，包括吡咯、吲哚，但它们大多与咔唑的烷基衍生物混合；另一类是碱性分子，大部分是吡啶和喹啉的衍生物（图 8-9）。

原油中总含氮量平均约为 0.3%，其中非碱性化合物占 70%～75%。现有高质量低沸点的原油在减少，目前已有用高氮低挥发性油来替代的趋势。

从页岩沉积层中产生的经干馏得到的石油通常含有高浓度的氮化合物（含氮量达 0.5%～2.1%）。页岩油生产过程中产生的废物也会严重污染环境。研究发现，*Pseudomonas aeruginosa* 可以降解页岩油中的喹啉和甲基喹啉，同时保持燃料中碳氧化合物的热值。这种方法提高了页岩油质量，保留了它们的燃烧值，而且可以清除那些可能产生环境污染的物质。

由煤产生的液体化石燃料也有和页岩同样的问题，即其中含有大量的氮污染物（氮的总含量为

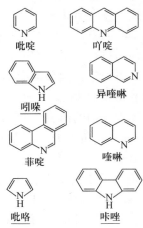

图 8-9 化石燃料中常见的含氮杂环芳香化合物（下划线者为非碱性物质）

1%~2%，主要是有机氮），它们同样也可以用微生物法脱氮，不过目前研究较少。

土壤和地下水经常被石油中的杂环芳烃和木材防腐剂污染。咔唑是煤焦油、杂酚油中的主要含氮杂环芳香化合物。咔唑也是一种非常有用的工业原料，可用于染料、药品、杀虫剂、塑料等行业，同时它的使用也会引起环境污染。

从环境中去除这种芳香氮化合物的主要机理是微生物转化。

8.5.2 含氮污染物的微生物脱氮的生物化学机理

利用微生物去除原油中的含氮芳香化合物可以在常温常压下进行。目前关于微生物降解含氮化合物的研究主要集中在降解石油中的非碱性化合物，特别是咔唑及其烷基衍生物方面，一是因为它们是氮的主要成分，二是碱性氮化合物可以很容易地利用苯萃取除去。

氮芳香族的微生物转化可以从几个方面减轻对催化剂的破坏作用。咔唑可以完全代谢为二氧化碳并部分转化为微生物菌体，或转换成邻氨基苯甲酸或其他中间产物。这些化合物对催化剂的破坏作用比氮化合物的破坏作用要小，而且许多极性中间产物可以容易地萃取除去。

关于生物降解含氮芳香族化合物的研究报道不多。已有的研究表明，可以从废水污泥和被各种废水和烃污染的土壤、煤和页岩液化工厂分离出能够降解石油中含氮物质的微生物。能降解咔唑及其烷基衍生物的几种假单胞菌已分离出来。有报道，一些其他微生物也能使非碱性含氯化合物矿化，包括 *Bacillus*、*Xanthomonas*、*Burkholderia*、*Comamona*、*Beijerinkia*、*Mycaobacterium*、*Serratia* 等。

大多数含氮化合物降解的生物化学途径没有得到深入研究，微生物代谢咔唑和喹啉的可能途径如图8-10和图8-11所示。

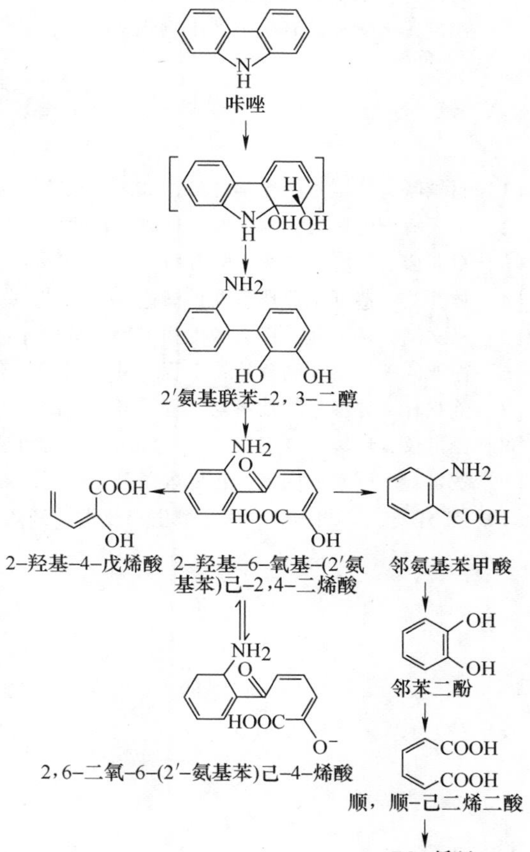

图 8-10 微生物降解咔唑的可能途径

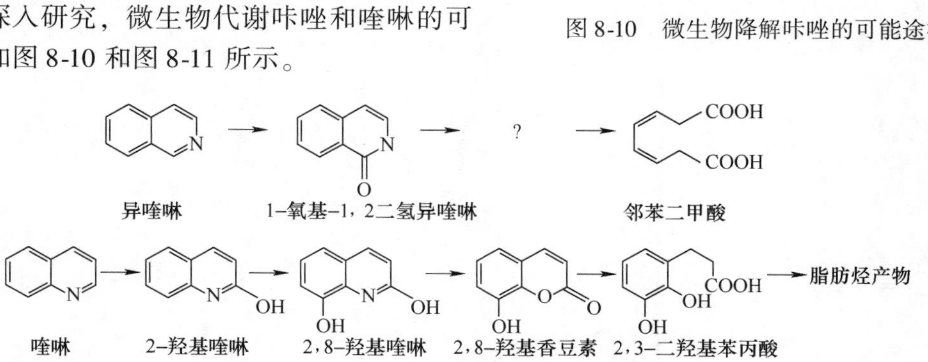

图 8-11 喹啉生物转化的可能途径

复 习 题

1. 试述造纸废水微生物处理中的生物化学法原理。
2. 试述染料废水微生物处理中的生物化学原理。
3. 试述苯酚微生物降解的途径。
4. 微生物对氰化物有哪几种生物化学降解过程？
5. 试述生物降解无机硫的生物化学机理。
6. 试述生物降解有机硫的生物化学机理。

参考文献

[1] 赵景联. 环境生物化学 [M]. 北京：化学工业出版社，2007.
[2] 王云海，陈庆云，赵景联. 环境有机化学 [M]. 西安：西安交通大学出版社，2015.
[3] 夏北成. 环境污染物生物降解 [M]. 北京：化学工业出版社，2002.
[4] 林开荣. 造纸工业环境保护概论 [M]. 北京：中国轻工业出版社，1998.
[5] 马文漪，杨柳燕. 环境微生物工程 [M]. 南京：南京大学出版社，1999.
[6] 徐亚同. 污染控制微生物工程 [M]. 北京：化学工业出版社，2001.
[7] 陈欢林. 环境生物技术与工程 [M]. 北京：化学工业出版社，2003.
[8] 伦世仪. 环境生物工程 [M]. 北京：化学工业出版社，2002.
[9] 贺延龄. 废水的厌氧生物处理 [M]. 北京：中国轻工业出版社，1999.
[10] 王建龙，文湘华. 现代环境生物技术 [M]. 北京：清华大学出版社，2001.

第9章

污染环境微生物修复的生物化学原理

9.1 污染环境微生物修复概念

微生物修复（Microbial remediation）是利用微生物催化降解有机污染物，从而修复被污染环境或消除环境中污染物的一个受控或自发进行的过程，这是狭义的定义。微生物修复也可以表述为：利用土著的、引入的微生物及其代谢过程，或其产物消除或富集有毒物的生物学过程。

微生物修复的目的是去除环境中的污染物，使其浓度降至环境标准规定的安全浓度之下，从而消除或减弱环境污染物的毒性，减少污染物对人类健康和生态系统的风险。这项技术的创新之处在于它精心选择、合理设计操作的环境条件，促进或强化在天然条件下本来发生很慢或不能发生的降解或转化过程。

环境微生物修复技术主要由三方面内容组成：利用土著微生物代谢能力的技术；活化土著微生物分解能力的方法；添加具有高速分解难降解化合物能力的特定微生物（群）的方法。

微生物修复技术是在人为强化的条件下，用自然环境中的土著微生物或人为投加外源微生物的代谢活动，对环境中的污染物进行转化、降解与去除的方法。微生物有容易发生变异的特点，随着新污染物的产生和数量的增多，微生物的种类随之相应增多，更显现出其多样性。这使微生物又有别于其他生物，在环境污染治理中，微生物的作用更独树一帜。

9.2 污染环境微生物修复的机理

受污染的环境中有机物除少部分是通过物理、化学作用被稀释、扩散、挥发及氧化、还原、中和而迁移转化外，主要是通过微生物的代谢活动将其降解转化。因此，在微生物修复中首先需考虑适宜微生物的来源及其应用技术。微生物的代谢活动需在适宜的环境条件下才能进行，而天然污染的环境中条件往往较为恶劣，因此必须人为提供适于微生物起作用的条件，以强化微生物对污染环境的修复作用。

9.2.1 用于生物修复的微生物

1. 土著微生物

微生物的种类多、代谢类型多、"食谱"广。例如，假单胞菌属的某些种，甚至能分解

90 种以上的有机物，可利用其中的任何一种作为唯一的碳源和能源进行代谢，并将其分解。对目前大量出现，且数量日益上升的众多人工合成有机物，虽说它对微生物是"陌生"的，但由于微生物有巨大的变异能力，这些难降解甚至是有毒的有机化合物，如杀虫剂、除草剂、增塑剂、塑料、洗涤剂等，都已陆续地找到能分解它们的微生物种类。例如，能够降解烃类的微生物有 70 多个属、200 余种，其中细菌约有 40 个属。可降解石油烃的细菌即烃类氧化菌广泛分布于土壤、淡水水域和海洋。

天然的水体和土壤是微生物的大本营，存在着数量巨大的各种各样微生物，在遭受有毒有害的有机物污染后，将出现一个天然的驯化选择过程，使适合的微生物不断增长繁殖、数量不断增多。另外，有机物的生物降解通常是分步进行的，整个过程包括了多种微生物和多种酶的作用，一种微生物的分解产物可成为另一种微生物的底物，在有机污染物的净化过程中还可以看到生物种群的这一生态演替，可据此来判断净化的阶段和进程。由于土著微生物降解污染物的巨大潜力，因此在生物修复工程中充分发挥土著微生物的作用，不仅必要而且有实际的可能。

2. 外来微生物

在废水生物处理和有机垃圾堆肥中已成功地用投菌法来提高有机物降解转化的速度和处理效果，如应用珊瑚色诺卡菌来处理含腈废水，用热带假丝酵母来处理油脂废水等。因此，在天然受污染的环境中，当合适的土著微生物生长过慢，代谢活性不高，或者由于污染物毒性过高造成微生物数量反而下降时，可人为投加一些适宜该污染物降解的、与土著微生物相容性较好的高效降解菌。目前用于生物修复的高效降解菌大多是多种微生物混合而成的复合菌群，其中不少已被制成商业化产品。如光合细菌（*Photosynthetic bacteria*，缩写为 PSB），这是一大类在厌氧光照下进行不产氧光合作用的原核生物的总称。目前广泛应用的 PSB 菌剂多为红螺菌科（*Rhodospirllaceae*）光合细菌的复合菌群，它们在厌氧光照及好氧黑暗条件下都能以小分子有机物为基质进行代谢和生长，因此对有机物有很强的降解转化能力，同时对硫、氮素的转化也起了很大的作用。

目前国内有很多高校科研院所和生物技术公司有 PSB 菌液、浓缩液、粉剂及复合菌剂出售，这些产品在水产养殖水体及天然有机物污染河道的治理中已显示出一定的成效。

3. 基因工程菌

自然界中的土著菌通过以污染物作为其唯一碳源和能源或以共代谢等方式，对环境中的污染物具有一定的净化功能，有的甚至达到效率极高的水平，但是对于日益增多的人工合成化合物，就显得有些不足。采用基因工程技术，将降解性质粒转移到一些能在污水和受污染土壤中生存的菌体内，定向地构建高效降解难降解污染物的工程菌的研究具有重要的实际意义。

20 世纪 70 年代以来，发现了许多具有特殊降解能力的细菌，这些细菌的降解能力由质粒控制。到目前为止，已发现自然界所含的降解质粒多达 30 余种，主要有 4 种类型：假单胞菌属中的石油降解质粒，能编码降解石油组分及其衍生物，如樟脑、辛烷、萘、水杨酸盐、甲苯和二甲苯等的酶类；农药降解质粒，如 2，4 – D、六六六等；工业污染物降解质粒，如对氯联苯、尼龙寡聚物降解质粒等；抗重金属离子的降解质粒。

利用这些降解质粒已研究出多种降解难降解化合物的工程菌。Chapracarty 等为了消除海上溢油污染，将假单胞菌中不同菌株的 CAM、OCT、SAL、NAH 四种降解质粒结合转移至一个菌株中，构建成一株能同时降解芳香烃、多环芳烃、萜烃和脂肪烃的"超级细菌"。该菌能将天然菌要花一年以上时间才能消除的浮油缩短为几个小时，从而取得了美国的专利权。A. Khan 等从能降解氯化二苯的 *Pseudomonas putida* OV83 中分离出 3-苯儿茶酚双加氧酶基因，和 PCP13 质粒结合后转入 E. coli 中表达。F. Rojo 等利用基因工程技术将降解氯化芳香化合物和甲基芳香化合物的基因组合到一起，获得的工程菌可同时降解这两种物质。

生存于污染环境中的某些细菌细胞内存在着抗重金属的基因，已发现抗汞、抗镉、抗铅等多种菌株。但是这类菌株生长繁殖并不迅速，把这种抗金属基因转移到生长繁殖迅速的受体菌中，组成繁殖率高、富集金属速度快的新菌株，可用于净化重金属的废水。我国中山大学生物系将假单胞菌 R4 染色体中的抗镉基因，转移到大肠杆菌 HB101 中，使得大肠杆菌 HB101 能在 100mg/L 的含镉液体中生长，显示出有抗镉的遗传特征。R. J. Kleno 等从自然环境中分离到一株能在 5~10℃ 水温中生长的嗜冷菌-恶臭假单胞菌 *Pseudomonas putida* Q5，将嗜温菌 *Pseudomonas pawl* 所含的降解质粒 TOL 转入该菌株中形成新的工程菌 Q5T，该菌在温度低至 0℃ 时仍可利用 1000mg/L 的甲苯为唯一碳源正常生长，在实际应用中价值很高。

瑞士 Kulla 分离到两株分别含有两种可降解偶氮染料质粒的假单胞菌，应用质粒转移技术获得了含有两种质粒、可同时降解两种染料的脱色工程菌。

尼龙寡聚物在化工厂污水中难以被一般微生物分解。已发现黄杆菌属、棒状杆菌属和产碱杆菌属具有分解尼龙寡聚物的质粒，但这三种属的细菌不易在污水中繁殖。而污水中普遍存在的大肠杆菌又无分解尼龙寡聚物的质粒。冈田等成功地把分解尼龙寡聚物的质粒 POAD 基因移植到大肠杆菌内，使后者获得了该遗传性状。

要将这些基因工程菌应用于实际的污染治理系统中，最重要的是要解决工程菌的安全性问题。用基因工程菌来治理污染势必要使这些工程菌进入到自然环境中，如果对这些基因工程菌的安全性没有绝对的把握，就不能将它应用到实际中去，否则将可能对环境造成可怕的不利影响。目前在研制工程菌时，都采用给细胞增加某些遗传缺陷的方法或是使其携带一段"自杀基因"，使该工程菌在非指定底物或非指定环境中不易生存或发生降解作用。科学家们对某些基因工程菌的考察初步总结出以下几个观点：基因工程菌对自然界的微生物和高等生物不构成有害的威胁，基因工程菌有一定的寿命；基因工程菌进入净化系统之后，需要一段适应期，但比土著种的驯化期要短得多；基因工程菌降解污染物功能下降时，可以重新接种；目标污染物可能大量杀死土著菌，而基因工程菌却容易适应生存，发挥功能。当然，基因工程菌安全有效性的研究还有待深入，但是它不会影响应用基因工程菌来治理环境污染，相反会促使该项技术的发展。

9.2.2 微生物对有机污染物的修复机理

1. 微生物基质代谢的生理过程

异生素作为基质的代谢基本过程和其他化合物的代谢相似，包括如下过程：向基质接近，对固体基质的吸附，分泌胞外酶，可渗透物质的吸收和胞内代谢。通常采用的方法是用单一菌种在高浓度纯品下进行的间歇式培养，这种方法虽然很重要，但会掩盖自然界的很多真相。

（1）向基质接近 生物体要降解某种基质，必须先与之接近。接近意味着微生物处于这种物质的可扩散范围之内，胞外酶处于这种物质可扩散范围之内，或微生物处于细胞外消化产物的扩散距离之内。因此，混合良好的液体环境（湖泊、河流、海洋）与基本不相混合的固体环境（土壤、沉积物）之间有很大差别，后者存在着运动扩散的障碍。在土壤中，相差几厘米就会有很大的差别。某些细菌和其他微生物表现出朝向基质的趋向性。许多丝状真菌表现为朝向基质生长。如担子菌垂幕菇属（*Hypholoma*）和原毛平革菌属（*Phanerochaete*）能够"探查"环境，找到没有接种过的木块，然后在其上定殖。

（2）对固体基质的吸附　吸附作用对于保证化合物代谢是必不可少的。纤维素消化需要有物理附着。菌的分离过程中发现细菌利固体基质之间有非常紧密的结合。

（3）胞外酶的分泌　不溶性的多聚体，不论是天然的（如木质素）还是人工合成的（如塑料）都难降解。不能降解的原因之一是分子太大。生物办法是分泌胞外酶将其水解成小相对分子质量的可溶性产物。但是由于如下一些原因使胞外酶的活动不能奏效：胞外酶被吸附、胞外酶变性、胞外酶蛋白生物降解以及产物被与之竞争的生物所利用。

（4）基质的跨膜运输过程　当前已知的环境污染物多达数十万种，其中大部分是有机化合物，微生物能够降解、转化这些物质，降低其毒性或使其完全无毒化。微生物降解有机物有两种方式：第一，通过微生物分泌的胞外酶降解；第二，污染物被微生物吸收到微生物细胞内后，由胞内降解。微生物从胞外环境中吸收摄取物质的方式主要有主动运输、被动扩散、促进扩散、基团扩散、基团转位、胞饮作用等。

1）主动运输。微生物在生长过程中需要的各种营养物质主要以主动运输（Active transport）的方式进入细胞内部。主动运输需要消耗能量，因而可以逆物质浓度梯度进行。它也需要载体蛋白的参与，因而对被运输的物质有高度的立体专一性。被运输物质与相应的载体蛋白之间存在着亲和力，并且这种亲和力在膜内外大小不同，在膜外表面亲和力大，在膜内表面亲和力小，因而通过亲和力大小的改变使它们之间发生可逆的结合和分离，从而完成物质的运输。

在主动运输中，载体蛋白的构型变化需要能量。能量通过两条途径影响污染物的运输。第一，直接效应，通过能量的消耗，直接影响载体蛋白的构型变化，进而影响运输；第二，间接效应，即能量引起膜的激化过程，再影响载体蛋白的构型变化。主动运输消耗的能量因微生物的不同而有不同的来源，在好氧微生物中，能量来自于呼吸能；在厌氧微生物中，能量来自于化学能 ATP；而在光合微生物中，能量来自于光能。这些能量的消耗都可以使胞内质子向胞外排出，从而建立细胞膜内外的质子浓度差，使膜处于激化状态，即在膜上储备了能量，然后在质子浓差消失的过程中（即去激化）伴随物质的运输。

2）被动扩散。被动扩散（Passive transport）是微生物吸收营养物质各种方式中最简单的一种。不规则运动的营养物质分子通过细胞膜中的含水小孔，由高浓度的胞外向低浓度的胞内扩散，尽管细胞膜上含水小孔的大小和性状对被动扩散的营养物分子大小有一定的选择性，但这种扩散是非特异性的，物质在扩散运输的过程中既不与膜上的分子发生反应，本身的分子结构也没有发生任何变化。扩散的速度取决于细胞膜两边该物质浓度差，浓度差大则速度大，浓度差小则速度小，当细胞膜内外的物质浓度相同时，该物质运输的速度降低为零，达到动态平衡。因为扩散不消耗能量，所以通过被动扩散运输的物质不能进行逆浓度梯度的运输。

细胞膜的存在是物质扩散的前提。膜主要由双层磷脂和蛋白质组成，并且膜上分布有含水孔，膜内外表面为极性表面，中间有一疏水层。因此影响扩散的因素有被吸收的物质的相对分子质量、溶解性（脂溶性或水溶性）、极性、pH 值、离子强度与温度等，一般情况下，相对分子质量小、脂溶性、极性小和温度高的物质容易吸收，反之则不容易吸收。

扩散不是微生物吸收物质的主要方式，这种方式主要吸收的是水、某些气体、甘油和某些离子等少数物质。在水中溶解的有机物能否扩散穿过细胞壁，是由分子的大小和溶解度决定的。目前认为低于 12 个碳原子的分子一般可以通过细胞壁和细胞膜进入细胞。

3）促进扩散。与被动扩散类似，促进扩散（Accelerative diffusion）在运输过程中不需要消耗能量，物质本身在分子结构上也不会发生变化，不能进行逆浓度运输，运输速度取决于细胞膜内外两边的浓度差。促进扩散需要借助于细胞膜上的一种载体蛋白参与物质运输，并且每种载体蛋白只能运输相应的物质，这是该方式与被动扩散方式的重要区别，即促进扩散的第一个特点。促进扩散的第二个特点是对被运输物质有高度的立体结构专一性，载体蛋白与被运输物质间存在一种亲和力，并且这种亲和力在细胞膜的内外表面随物质的浓度不同而不同，在物质浓度高的细胞膜的一边亲和力大，在物质浓度低一边亲和力小，通过这种亲和力的大小变化，载体蛋白与被运输物质之间发生可逆的结合与分离，导致物质穿过细胞膜产生运输过程。载体蛋白能够加快物质的运输，而其本身在此过程中又不发生变化，因而它类似于酶的作用特性，所以有人将此类载体蛋白称为透过酶，只有在环境中存在需要运输的物质时，运输这种物质的透过酶才合成。促进扩散方式多见于真核微生物中，如在厌氧的酵母菌中，某些物质的吸收和代谢产物的分泌是通过这种方式完成的。

4）基团转位。基团转位（Functional groups transference）是另一类型的主动运输，在物质运输过程中，除了物质分子发生化学变化外，其他特点都与主动运输相同。目前的研究表明，基团转位主要存在于厌氧微生物对单糖、双糖及其衍生物，以及核苷酸和脂肪酸的运输中。在好氧微生物中还未发现有这种方式。

5）胞饮作用。假丝酵母摄取烷烃的途径是胞饮作用（Pinocytosis），其可能机制包括：第一，通过疏水表面突出物的作用把烷烃吸附到细胞表面，如多糖-脂肪酸复合物；第二，烷烃通过孔和沟穿透坚硬的酵母细胞壁，而聚集在细胞质表面；第三，通过未修饰烷烃的胞饮作用把烷烃转移到细胞内的烷烃氧化部位，如内质网、微体及线性体。用十六烷培养的解脂假丝酵母和十四烷培养的热带假丝酵母，烷烃可能储存于细胞质内烃类包涵体中，这种烃类包涵体是烷烃培养的细菌的典型特征。

（5）细胞内代谢　一旦异生素进入细胞，就可以通过周边代谢途径被降解。这类代谢通常是有诱导性的，并且有些是由质粒编码的。初始代谢产物通常汇集到少数中央代谢途径之中，如在芳香族化合物的代谢中，通过 β-酮己二酸盐途径产生的双用化合物进入中央代谢途径。

基质生物降解，除去完全矿化或共代谢作用外，会有溢流代谢物产生，它们可以被其他生物作为代谢基质或作为共代谢基质所利用。甚至像葡萄糖这样的基质在间歇式培养大肠杆菌的生长过程中都会有乙酸盐暂时积累，像异生素这样的难降解物质更会有溢流代谢物产生。

基质生物降解还会有终死产物、副反应产物和致死性代谢物产生。终死产物，如芳香化合物上的甲基氧化产生的甲醇，会短暂地积累。终死产物本身就是持久性的，如多聚儿茶酚。副反应产生的产物，如果可以被其他生物利用将是有益的，但如不被利用就会是有害的。如卤代酚由微生物的甲氧化反应形成，有很强的生物积累潜力并且有毒。致死性代谢物，典型的例子是氟代乙酸盐，是由氟取代的基质通过酶促反应形成，它能抑制三羧酸循环。这种致死性的后果可以通过突变作用避免产生，这样有机体不形成致死代谢物或可以抵抗致死代谢物。不幸的是，这样的突变将产生不能代谢氟代盐的有机体。

2. 污染物质的生物迁移转化途径

污染物进入环境会通过各种途径发生迁移与转化，自然力与生物的作用是污染物发生迁移转化的最重要力量，而稀释扩散、降解、沉积、生物富集等是转化的最主要途径。转化可以发生在某个环境中，或者不同的环境之间，或者生物体内，或者在生物体与环境之间，总之，是在环境、污染物与生物三者构成的复合系统中的多向转化。

（1）污染物质的扩散迁移 污染物质从污染源排放进入环境中，由于存在浓度梯度，污染物质必然在环境中发生扩散（Diffusion），从污染源的高浓度区域向周围的低浓度区域扩散。在不受任何其他环境因子影响的条件下，扩散过程依赖于污染物质的分压差或者浓度差，但是这种作用力是很有限的，从污染源向周围环境扩散需要克服环境阻力，当环境阻力与因浓度梯度差引起的扩散力达到平衡时，扩散就不再继续进行，污染就被局限在一个有限的空间里。实际上污染物进入环境后，作用于污染物的环境因素很多，影响污染物扩散的因素主要是环境介质的运动。如排放进入大气环境中的污染物会随风力或者空气的流动而扩散，介质运动的速度对扩散的速度和范围影响很大。以某个固定污染源而言，局部环境中污染物的浓度与风速（或平均风速）成反比。向水环境中排放水污染物质，其扩散受水的流速以及流态的影响，而受污染水体环境中污染物质的浓度除了受流速与流态的影响外，还与流量有密切的关系。流量越大，污染物质被稀释扩散的速率越快。

污染物质在不同类型的介质中扩散度有显著的差别，一般而言，在空气中扩散度比水中的扩散度大得多，在固体中的扩散则更难，扩散度以扩散系数表示。如氨在空气中的扩散系数为 $3 \times 10^{-5}\,\mathrm{m^2/s}$，在水中的扩散系数为 $3 \times 10^{-9}\,\mathrm{m^2/s}$，相差竟达 1 万倍，以固体与液体相比，其差异将达 100 万倍以上。扩散不仅与介质的类型有关，还与介质的环境参数有关，如温度、压力等。在扩散系数的计算式中，温度是一个与扩散系数成正比的变量，且与温度的幂指数成正比，负压力则是一个成反比的变量。污染物质在水中的扩散系数与温度成正比，而与水的黏度、污染物分子的动力学半径成反比。多孔介质是一种非常重要的环境工程介质，因此，污染物质在多孔介质中的传质扩散也很重要。

多孔介质中，因为污染物质扩散的路径变得弯弯曲曲，同时污染物质的携带介质也只是整个传质扩散系统中的一部分，因此在多孔介质中污染物质的扩散系数与孔隙率和孔隙弯曲度有关。孔隙率表示另一种携带污染物质的介质在系统中所占的比例，如空气在多孔介质中的比例，或者水的比例。实际上污染物质在多孔介质中的扩散系数是多孔介质的孔隙中另一介质的扩散系数，再加上多孔介质的阻力。如在污水处理系统中的填料，实际上是忽略污染物质在填料中的扩散，而只考虑填料中污水的传质作用。

（2）吸附与沉积 吸附（Adsorption）过程在污染物质的转移过程中普遍发生，如气体污染物质被悬浮颗粒吸附，污染物质的胶体颗粒被微生物细胞吸附等。吸附有时是靠电荷的吸引，有时靠黏力或者碰撞。吸附就是在两相介质的界面上发生的沉淀，包括吸持和吸收。吸持是指污染物从一种介质向固体介质表面的迁移运动，吸收是指污染物质到达固相表面后，由于静电、络合、化学键或沉淀作用等与表面的黏着作用。

一种作为载体的介质，对某种污染物质的吸附是有限的，很快就会达到饱和。当载体表面吸附的污染物质达到饱和后，仍然有吸附过程继续发生，但在吸附过程发生的同时，必须有解吸附过程发生，当解吸附速率与吸附速率相等时，吸附就达到了一个动态平衡，称为吸附平衡。吸附平衡与固相介质表面特性和液相（或气相）中被吸附物质的浓度有关。表面特性，如电荷多少、基团有无等，对吸附的影响很大。被吸附的污染物质分子间吸引力较大时，会影响吸附过程的发生，污染物质浓度越高，吸附现象越容易发生。关于不同的吸附过程，可用吸附等温线描述。因为吸附表面和被吸附物质之间的特性差异，使得两相中的浓度变化规律不一。如亲脂性溶质在亲脂性表面的吸附与亲脂性溶质在亲水性表面吸附的吸附平衡动态过程不相同。

土壤或沉积物是污染物质发生吸附的重要介质。污染物质进入土壤或沉积物环境中，污染物质与土壤中的矿物质和有机质发生一系列的生物学反应和物理、化学反应，随着各种反应的不断进行，水相中的污染物质浓度下降，土壤或沉积物中的污染物浓度增加。这些经过吸附被"固定"在土壤或沉积物中的污染物质在一定的条件下还可以被释放出来，重新变成"有效态"的污染物。

污染物质的沉积主要是指污染物质从液相中转移至沉积物固相中。污染物发生沉积有几种途径，一是污染物质在液相中扩散运动至与沉积物相遇，而被沉积物吸附；二是污染物质自身形成的胶体粒子沉降至沉积物中；三是污染物在液相中被悬浮颗粒物吸附，然后随悬浮颗粒物沉积到沉积物中；四是污染物在液相中与其他化学物质形成沉淀物而沉降。

沉积是污染物质从有效态转为缓效态的一个重要过程，也是环境自净能力的一个表现或者环境容量的一个部分。总之，污染物质的沉积有利于水环境的净化，虽然这些被沉积的污染物质仍然在水体环境中，但毕竟在水体中不呈溶解状的有效态。如果将沉积搅起，则沉积在沉积物中的污染物质还可以再溶出，但仍然有大部分是被沉积物牢固吸附的。沉积在沉积物中的污染物质，由于沉积物的物理化学环境不同，会发生不同的转化或者降解。沉积物中的典型环境是厌氧环境。

（3）微生物对污染物质的吸收　吸收（Absorption）过程与吸附过程不同，吸收是生物的主动过程，当生物与污染物质同处某一介质中，互相具有接触的机会。生物体在与污染物质接触的过程中，主动以某种方式获取该物质。一般而言，污染物质必须通过细胞膜方能被微生物细胞吸收。

污染物质透过细胞膜是一种生物转运过程，生物转运有主动转运和被动转运。被动转运是指细胞膜本身不起主动的作用，也不消耗细胞的代谢能量，常常是由细胞膜的浓度高的一侧向浓度低的一侧扩散转运。一些较小的水溶性物质可以通过被动转运的方式透过细胞膜。主动转运是一种特殊的转运，这种转运过程发生在细胞膜上的蛋白质载体上，载体有一个特殊的结构正好与污染物质的空间构象吻合，载体结合污染物质，结合后将污染物质转运到膜的另一侧，并释放出来，载体蛋白质又恢复原状，继续转运新的污染物分子。一些体外酶也具有这种主动转运的功能。主动转运的效率不受被转运物质浓度的影响，但其转运必须消耗能量，这个过程可以逆浓度梯度转运。一些大分子污染物只能通过主动转运的方式进入微生物细胞内。

大部分被吸收的物质可以在微生物细胞体内进行代谢，污染物质可以在代谢过程中发生某种变化，被降解、被氧化、被还原、被脱除某些取代基等。吸收的逆过程是排泄，细胞吸收某种污染物质并经过代谢以后，其代谢物必须被再转运至细胞体外。吸收、代谢与排泄构成一个完整的代谢过程，大多数时候污染物质就在这个过程中被降解。

（4）污染物质的降解与累积　在环境系统中，污染物可通过多种途径得到不同程度的降解，有物理降解、化学降解、生物降解。某种污染物质在环境中的降解也不止一条途径，有时会是不同途径的联合作用，且污染物质的降解也不是在一次降解过程中完全矿化，往往需要一个较长的降解过程，特别是一些有机大分子和人工合成有机物。不同的降解途径中，生物降解是最重要的途径之一，往往是污染物质的最终降解途径。

污染物的生物降解途径是生物活动对污染物质的代谢所引起的污染物质分子结构的变化，如乙酸经生物氧化成为甲酸和二氧化碳。对环境中污染物质具有降解作用的生物可以广泛地包括所有有生命活动的生物，如植物、动物、微生物，其中更为重要的是微生物，微生物的生存环境、分布特征和种类多样等特点使得其备受关注。

污染物的生物降解既可以在生物体内进行，也可以在生物体外进行。微生物通过吸收污染物质进入细胞体内，在一系列酶促反应的作用下进入某个代谢过程，从而转化为另一种物质或者某种中间产物，然后再释放到细胞体外，使污染物质获得某种程度的降解。微生物还可以通过分泌一些体外（或者胞外）酶，当环境中污染物质被微生物细胞吸附或者污染物质与细胞相对运动而接触时，胞外酶与污染物质发生作用，使污染物质在物理或化学特性方面发生变化，达到降解或者转化的目的。

生物降解有机化合物的难易程度首先取决于生物体本身的特性，同时也与有机物的结构特征有关，结构简单的有机物先被降解，结构复杂的有机物后降解。影响生物降解的因素主要有如下几个方面。

1）脂肪族和环状化合物较芳香族化合物容易被生物降解。

2）不饱和脂肪族化合物一般是可生物降解的，但有些不饱和脂肪族化合物（如苯代亚乙基化合物）有相对不溶性，影响生物降解的程度。如果有机化合物分子的主链上除碳元素外还有其他元素，就会增加对生物降解的抵抗力。

3）有机化合物分子的大小对生物降解能力有重要影响。聚合物和复合物的分子能抵抗生物降解。

4）具有取代基团的有机化合物，其异构体的多样性可能影响生物降解能力。

5）增加或去除某一功能团会影响有机化合物的生物降解程度，如卤代作用能抵抗生物降解。

污染物在环境中经过稀释、扩散、迁移、转化和降解等多种不同的过程，仍然有一部分残存于环境中，或者是经转化或降解后的产物存留在环境中。当环境系统不断地接纳污染物质，迁移、转化或降解又总是不彻底时，污染物质就会在环境中积累。环境污染，特别是逐渐恶化的环境都是由污染物质的不断积累引起的。污染物质的积累使得环境容量日渐缩减，也就等于环境资源被占用，从而出现环境资源的短缺。因此，环境污染物质在环境中的积累是环境污染的根源之一，造成积累的根源是污染物质的排放量超过环境的承载力。

生物体在环境中吸收污染物质，虽然污染物质会在体内经过代谢而降解，或者将污染物质排泄出体外，但是某些污染物质具有与生物体细胞的亲和性，如亲脂性物质，将有一部分污染物质残留在生物体内，大多是一些脂溶性的难降解的有机化合物。由于长时间的降解和排泄量小于吸收量，所以生物体内就会出现某些污染物质的积累。

（5）污染物质的生物富集　污染物质在生物体内可以造成积累，当生物体内的积累达到一定程度时，其概念就转化为富集（Enrichment）。富集不再是生物（或微生物）从环境中吸收与排泄的量的差异，更重要的是通过污染物质在食物链上的浓缩而引起的生物体内的污染物质的高浓度积累。生物富集常用浓缩系数或者富集系数来描述，即生物体内某种污染物质的浓度与它所生存的环境中该物质的浓度的比值。

在一个较均匀的环境介质中，环境中污染物的浓度与生物体内污染物质浓度之间可构成一定的平衡关系，也就是生物体吸收环境中的某种污染物质与排出该污染物质的量经过一定的时间以后，可以达到某种动态平衡。此后浓缩系数不再增大，当然允许在一定范围内波动。这种处于动态平衡时的浓缩系数称为平衡浓缩系数。描述某种生物对某种污染物质的浓缩系数时，应该采用达到动态平衡时的浓缩系数。该系数能表明这类生物对某污染物质的生理代谢能力。

获取生物浓缩系数的方法有两种，一是在人工控制的环境中饲养试验动物，在达到一定长的时间后，测试动物体内的污染物浓度与受控环境中污染物浓度的比值；另一种方法是直接调查某个较稳定的自然环境中生物体内的污染物浓度与环境介质中同类污染物质的浓度比值。

不同种类的生物，由于其生活习性和生理代谢过程的差异，对相同污染物质的浓缩系数差别较大，达到平衡浓缩系数的时间也不相同。对于同一种生物而言，不同的器官和组织，对同一种污染物质的平衡浓缩系数以及达到平衡时的时间都可以有很大的差别。因此，在描述生物体污染物质的积累过程时，需要指明是整体还是某个器官组织。

在生态系统中，处于不同营养级上的生物之间存在着一种超低营养级上的生物体内所富集的污染物质再经过更高营养级上的生物的富集，使浓缩系数呈几何级数增大，体内或者某组织内污染物质浓度特别高，有文献称经过食物链的富集为生物放大，使高营养级生物常有数百万倍的浓缩。

在某些食物链上也曾发现，处于食物链中层的生物体内的某种污染物质的浓度或者说浓缩系数大于高一层次的生物体内的浓度。这是由生物体本身对该物质的代谢速率所引起的。由于高营养级生物在代谢过程中降解该污染物的速率较大，所以导致高营养级生物的浓缩系数小于低营养级生物的浓缩系数的现象发生。

（6）污染物质的生物转化　污染物质在环境中的转化是污染物质降解的关键过程，特别是一些大分子难降解有机物，要经过一系列的转化过程方可达到降解。生物转化是大分子难降解有机物在环境中发生转化（Transformation）的最重要的过程。例如，纤维素由数个葡萄糖分子聚合而成，在环境中一般的微生物都不能直接利用纤维素，必须由特定微生物分泌特定的酶作用于葡萄糖分子间的糖苷链，形成链更短的葡萄糖多聚物或纤维二糖或者葡萄糖。

9.3　污染环境微生物修复中的生物化学原理

9.3.1　土壤污染微生物修复中的生物化学原理

通过利用营养和其他化学品来激活微生物，使它们能够快速分解和破坏污染物。其作用原理是通过为土著微生物提供最佳的营养条件及必需的化学物质，保持其代谢活动的良好状态，实现微生物修复。可以说，现今的微生物系统的修复能力主要受控于天然土著微生物的降解能力。然而，针对特殊污染点中的特殊污染物的降解，许多研究者也对外源微生物进行了很多相关调查，其中包括对遗传工程微生物的研究，旨在通过利用外源微生物来强化生物修复。作为一种生物放大手段，这种过程可能会进一步扩大生物修复系统处理污染物的能力范围。

不论是土著微生物，还是外源微生物，对微生物修复工程或技术而言，要使污染物的降解达到理想要求，掌握微生物降解的机理十分重要。为了保证微生物修复系统的正常运行，污染物降解过程中需要必需的营养补充，这是所有微生物降解的共同特点。微生物过程是否产生副产物是生物修复是否成功运行的一个重要特征。

1. 污染物的微生物分解与固定

（1）污染物的微生物分解 自然界中的微生物种类繁多，有巨大的开发潜力。实际上，几乎所有有机污染物甚至许多无机污染物都可以被微生物降解。如果能够很好地开发利用自然界中的微生物资源，用正确的手段来刺激特异的微生物种属，使被利用的微生物的活性最大限度地得到激发，微生物修复的应用前景将远远超出今天的能力范围。正如所知，微生物可以利用污染物进行生长与繁衍。转移或降解有机污染物是微生物正常的活动或行为。有机污染物对微生物生长有两个基本的用途：为微生物提供碳源，这些碳源是新生细胞组分的基本构建单元；为微生物提供电子，获得生长必需的能量。

微生物通过催化产生能量的化学反应获取能量，这些反应一般使化学键破坏，使污染物的电子向外迁移，这种化学反应称为氧化—还原反应。其中，氧化作用是使电子从化合物向外迁移的过程，氧化—还原过程通常供给微生物生长与繁衍的能量，氧化的结果导致氧原子的增加和（或）氢原子的丢失；还原作用则是电子向化合物迁移的过程，当一种化合物被氧化时这种情况可发生。在反应过程中有机污染物被氧化，是电子给予者或称为电子捐献者，获得电子的化学品被还原，是电子的接受者（图9-1）。电子接受体在产生能量的氧化—还原反应中接受电子的化合物，即被还原。通常的电子接受体为氧、硝酸盐、硫酸盐和铁，是细胞生长的最基本要素，通常被称为基本基质。这些化合物类似于供给人类生长和繁衍必需的食物和氧。

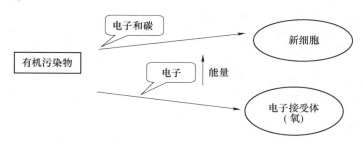

图9-1 微生物在降解污染物过程中获得它们自身生长和繁殖的能量

注：获得能量的方法是打破化学键并从污染物中转移电子到电子接受体（氧）中，它们将投资的能量与获得的电子和碳结合产生更多的新细胞。

许多微生物是在微尺度上的有机体，能够通过对食物源的降解作用生长与再生，这些食物源也包括有害污染物，它们都是利用氧分子作为电子接受体。这种借助于氧分子的力量破坏有机化合物的过程称为好氧呼吸作用。在好氧呼吸作用过程中，微生物利用氧分子将污染物中的部分碳氧化为二氧化碳，而利用其余的碳产生新细胞质。在这个过程中，氧分子减少，水分子增加。好氧呼吸作用（微生物利用氧作为电子接受体的过程）的主要副产物是二氧化碳、水及微生物种群数量的增加。

（2）微生物对污染物的固定　微生物除了将污染物降解转化为毒性小的产物以及彻底氧化为二氧化碳和水之外，还可改变污染物的移动性，其方法是将这些污染物固定下来。微生物固定污染物的最基本方法有以下 3 种。

1）生物屏障法。微生物可以吸收疏水性有机分子，可以使微生物在污染物迁移过程中阻止或减慢污染物的运移，这一概念有时被称为生物屏障。

2）氧化还原沉淀法。具有还原或氧化金属能力的微生物种属，通过微生物的氧化—还原作用使金属产生沉淀，如二价铁被氧化为三价铁（$Fe^{2+} \rightarrow Fe^{3+}$），形成 $Fe(OH)_3$ 沉淀，或 SO_4^{2-} 还原为硫化物 S^{2-} 后与 Fe^{2+} 生成 FeS 沉淀，或与 Hg^{2+} 结合生成 HgS 沉淀，六价铬（Cr^{6+}）还原形成三价铬（Cr^{3+}）后形成氧化铬沉淀，可溶性铀还原为不可溶性铀（U^{4+}）后可形成氧化铀（UO_2）沉淀。

3）键合法。微生物可降解键合在金属上并与金属保持在溶液中的有机化合物，被释放的键合金属可产生沉淀而固定下来。

微生物降解或固定污染物的过程会引起周围环境的变化。当进行生物修复评价时，了解这一变化十分重要。

2. 微生物基础代谢活动的变异

微生物除了通过好氧呼吸作用转化、降解污染物外，在整个降解过程中也包括利用变异微生物转化污染物。变异允许微生物在异常环境（如地下水）下繁衍并降解有毒物质或降解对其他微生物无益的化合物。

（1）厌氧呼吸作用　许多微生物可以在无氧条件下利用厌氧呼吸过程得以生存。厌氧呼吸作用过程是指微生物利用化合物而不是利用氧作为电子接受体的过程。常见的可从中获取氧的基质为硝酸盐、硫酸盐和铁。在厌氧呼吸作用中，硝酸盐（NO_3^-），硫酸盐（SO_4^{2-}），金属离子如铁（Fe^{3+}）、锰（Mn^{4+}）等都可以起到与氧相同的作用，即从降解的污染物中接受电子。厌氧呼吸作用利用无机化合物作为电子接受体。除了生成新的细胞质外，厌氧呼吸的副产物有氮气（N_2）、硫化氢气体（H_2S）、还原态金属和甲烷气（CH_4），具体产生哪些副产物主要取决于电子接受体的供给情况。

好氧微生物利用某些金属污染物作为电子接受体。例如，一些微生物可利用可溶性铀（U^{6+}）作为电子接受体，将可溶性铀（U^{6+}）还原为不可溶性铀（U^{4+}）。

（2）无机化合物作为电子给予体　除了利用无机化学品进行厌氧呼吸的微生物外，还有一些微生物利用无机分子作为电子给予体。以无机组分作为电子给予体的例子很多，如氨离子（NH_4^+）、亚硝酸盐（NO_2^-）、还原性 Fe^{2+}、还原性 Mn^{2+} 及 H_2S。当这些还原性无机组分被氧化（如分别氧化为 NO_2^-、NO_3^-、Fe^{3+}、Mn^{4+} 和 SO_4^{2-}）时，电子转移给电子接受体（通常为 O_2），为细胞合成提供能量。多数情况下，电子给予体为无机分子的微生物必须从大气二氧化碳中获得碳（一种固定二氧化碳的过程）。

（3）发酵　发酵是一种在无氧环境中重要的代谢作用。发酵（微生物利用有机化合物作为电子接受体，同时又作为电子给予体的过程。将化合物转换为发酵产物——有机酸、乙醇、氢和二氧化碳）不需要外来电子接受体。因为有机污染物本身既是电子接受体，也是电子给予体。通过一系列由微生物催化的内部电子迁移活动，有机污染物被转化为无害化合物，这种化合物就是发酵产物。乙酸盐、丙酸盐、乙醇、氢和二氧化碳都是具代表性的发酵产物。发酵产物可以进一步被其他细菌降解，最终转化为二氧化碳、甲烷和水。

（4）共代谢与二次利用　共代谢是一种生物降解作用过程。为了降解污染物，微生物需要与其他支持它们生长的化合物或基本基质共存来完成降解过程。在某些情况下，微生物可以通过转移反应转移污染物。这些转移反应对细胞并不产生益处。这种无益的生物转移称为二次利用。共代谢是一种典型而重要的二次利用过程。在共代谢过程中，污染物的转化是一个附带反应，它是由正常细胞代谢或特殊脱毒反应中被酶催化的反应。例如，在氧化甲烷的过程中，一些细菌可以降解在其他情况下很难降解的有氯代基团的溶剂。这是因为在微生物氧化甲烷的过程中产生了某种附带的能破坏氯代溶剂的酶。这种有氯代基团的溶剂本身不能提供微生物生长的基质，而甲烷充当了电子给予体。甲烷是微生物的主要食物来源。而有氯代基团的溶剂是次级基质，因为它不能为细菌生长提供基质。除甲烷外，甲苯和酚也作为初级基质刺激氯代溶剂的共代谢。

（5）还原脱卤作用　在卤代有机污染物的脱毒污染土壤修复原理与方法中还原脱卤具有潜在重要性。在这一作用中，微生物催化一种取代的反应，使污染物分子上的卤素原子被氢原子所取代。这个反应使污染物分子增加两个电子而被还原。为使还原脱卤反应进行，除了卤代污染物以外，还必须有另外一种物质作为电子给予体参与其中。这些参与还原脱卤的电子给予体可以是氢，也可以是低相对分子质量有机化合物（如乳酸盐、乙酸盐、甲醇或葡萄糖）。多数情况下，还原脱卤反应不产生能量，它是一种附带的通过消除毒性物质而对细胞产生有益作用的一种反应，但研究者也发现了一些使细胞从这一代谢活动中获取能量的例子。

3. 微生物的营养需求

微生物细胞由相对固定的元素组成。典型的细菌细胞组成为50%碳、14%氮、3%磷、2%钾、1%硫、0.2%铁、0.5%钙、镁和氯。如果这些细胞基本组成的任何一种元素出现短缺，那么微生物群落中的营养竞争就可能限制整个微生物群落的生长，进而减缓污染物去除的速率。微生物是环境中普遍存在的生物类群，即使在温泉和极地等极端条件下也可以发现它们存在。生活环境的差异使它们具有各自不同的生活特点，但不论是何种微生物，都需要从环境中取得物质和能量以维持其生长和繁殖。因此，生物修复系统要有很好的营养供需设计，以保证在自然环境不能提供足够营养条件下，及时为微生物提供适当浓度、适当营养比的营养物质，使微生物保持足够的降解活性。在有机物生物降解的同时，微生物获得了物质和能量。虽然对生物个体来说这一过程引起的有机物消耗非常微小，但微生物数量极大，因此可以迅速使有机物降解。微生物所需的营养可以分为两大类：一是大量营养元素，如氮、磷、钾等；二是微量营养元素，如微量金属（铁、镁、锌、铜、钴、镍和硼）及维生素等。

（1）大量营养元素　在一般情况下，有机碳都比较丰富，特别是大部分有机物本身可作为碳源，因而不需要添加碳源。只有在那些需要用共代谢方式进行难降解污染物处理时，才考虑投加碳源。投加的碳源一般是那些能促进共代谢的化合物，如2，4-D甲基和甲基对硫磷的降解中投加葡萄糖，PCBs的降解中投加联苯。对土壤污染处理的营养比，研究结果不尽相同，但最为常见的投加比例为（碳∶氮∶磷）100∶10∶1或120∶10∶1。土壤性质的差别，土壤组成的复杂性及其他影响因素，如氮的固定、储存及可能的吸附等，也会导致施加肥料的降解促进作用不明显。

（2）无机盐及微量元素 铁是微生物细胞内过氧化氢酶、过氧化物酶、细胞色素与细胞色素氧化酶的组成元素，是微生物生长必需的组分。微生物生长过程中，缺铁将会使机体内的某些代谢活性降低，严重时会使其完全丧失。此外，微生物的生长也需要微量元素。没有这些微量元素，微生物的生长不但不健康，而且其活性也会受到一定的抑制。因为，微量元素是多种酶的成分。酶能加速生化反应、有机物质的合成，分解及代谢的所有化学反应中都有酶的参与。酶的成分中缺少某些微量元素时，其活性就会下降。例如，缺铜时，含铜的酶——多酚氧化酶和抗坏血酸氧化酶活性明显降低。酶的活化是非专一性的和多样化的。同一种微量元素能活化不同的酶。在酶促过程中，微量元素有多种作用。某一种微量元素起结构作用或起功能作用。某些微量元素能定向地增加对分子氮的固定。80多年前，钼有细菌固定分子氮的重要作用被科学家所证实。嫌气性固氮菌需要铝也被后来的研究所证实。研究还发现，固氮菌在纯营养时发育很差，在不补充铂的情况下不能吸收大气中的氮。成土母质是进入土壤中微量元素的主要来源。虽然在土壤形成的漫长过程中，原始岩石化学元素进行了一定的再分配，但是岩石的微量元素的特殊性质和化学特性都会在土壤中长久保持。成土母质中微量元素越多，土壤中的微量元素也越多。地下水作用活跃地区的成土母质，受潜育层形成的沼泽化过程影响，与具有正常湿度的母质相比，在微量元素含量上具有某些差别。砂土潜育化可导致活性态锰和钴的积累，壤土潜育化可引起活性态锰、铜的积累。在一个地区范围内，微量元素含量大体上保持由砂土向黏土母质增长的规律。此外，微量元素含量也随土壤中有机物质的增加而增加。施用有机肥不但可以丰富土壤中大量元素的含量，也可以丰富土壤中微量元素的含量。因此，在生物修复过程中应根据情况适当考虑微量元素的配给问题。

9.3.2 地下水污染修复中的生物化学原理

地下水微生物修复是利用微生物降解地下水中的污染物，将其最终转化为无机物质。

在地下水微生物修复中，可以采用的微生物从其来源可分为土著微生物、外来微生物和基因工程菌。地下水中的土著微生物主要包括细菌、放线菌、真菌、藻类和原生动物5种。其中，最主要的是细菌，其数量比其他相加之和还多，经验分子式多表示为 $C_5H_7O_2N$。许多地下水中的土著微生物可以降解很多天然或人工合成的污染物。同时，由于土著微生物对环境的适应性强且在污染过程中已经历一段自然驯化期，因而是生物降解的首选菌种，只有当本地菌种不能获得较好的修复效果时，才考虑外加菌种。基因工程菌是采用细胞融合技术等遗传工程手段将多种降解基因转入同一微生物中而培养出来的菌种。目前，这一工作在实验室中已获得重大突破，但基因工程菌引入地下后可能与土著菌激烈竞争，使它们的应用受到限制。按照营养特征，这些土著微生物、外来微生物和基因工程菌可分为好氧、厌氧、兼氧和自氧微生物。

在地下水微生物修复过程中，微生物利用污染物质作为自身生长繁殖的基质。在微生物的代谢过程中，大多数污染物被微生物利用来获得生长、繁殖所需的碳源及能量，从而达到去除污染物的目的。但是，某些污染物不能作为微生物生长繁殖的唯一碳源和能源，只有当存在另外一些能被微生物利用的比较容易降解的物质作为营养基质，污染物质作为第二基质或者称为共代谢基质才能同时被微生物降解，微生物不能从这类污染物质的降解中获得碳源和能源。污染物的降解并不能支持微生物的生长，相反还经常对微生物产生毒性抑制作用。

污染物经过共代谢后产生的中间产物通常被其他共存微生物利用，有利于整个微生物生态群体的生存。大量研究表明，许多难降解有机物都是通过共代谢途径开始生物降解并被逐渐降解为最终产物。例如，对受三氯乙烯（TCE）污染的地下水生物修复系统中，是以酚、甲苯、甲烷、甲醇作为碳源，同时提供溶解氧，经过处理系统后地下水中 TCE 得到相当大程度的降解，到第 509 天，全部转化为乙烯。另外，异氧微生物和真菌的生长除需要碳源及能源之外，还需要一系列营养物质。最常见的无机营养物质是 N、P、S 及一些金属元素等。地下水环境中，这些物质可以通过矿物溶解获得，一般环境条件都能够满足这些要求。

由于微生物在地下环境中的广泛存在性，许多情况下，对生物降解影响最大的环境因素是电子受体的可获得性。在污染物生物降解过程中，需要电子受体不断地接受污染物分子降解所产生的活性电子，维持反应进行。电子受体不同，微生物的代谢方式也不同（表 9-1）。好氧菌只能利用 O_2 作为电子受体，接受电子后还原为水；污染物分子放出电子最终转化为二氧化碳。在厌氧状态下，厌氧菌利用的电子受体依次是 NO_3^-、NO_2^-、MnO_2、Fe^{3+}、SO_4^{2-}、CO_2，被还原为氮气、二价锰离子、亚铁离子、硫化氢和甲烷等。

表 9-1　主要微生物降解类型

类　　型	电子供体	电子受体	最终产物
好氧呼吸	有机物	O_2	CO_2、H_2O
	NH_4^-	O_2	NO_2^-、NO_3^-、H_2O
	Fe^{2+}	O_2	Fe^{3+}
	S^{2-}	O_2	SO_4^{2-}
厌氧呼吸	有机物	NO_3^-	N_2、CO_2、H_2O、Cl^-
	有机物	SO_4^{2-}	S^{2-}、H_2O、CO_2、Cl^-
	H_2	SO_4^{2-}	S^{2-}、H_2O
	H_2	CO_2	CH_4、H_2O
发酵	有机物	有机物	简单有机物、CO_2、CH_4

不同类型的电子受体参与生物降解反应需要相应的氧化还原电位。好氧反应需要在比较高的氧化还原电位条件下进行，而厌氧反应需要在比较低的氧化还原电位条件下进行（图 9-2）。

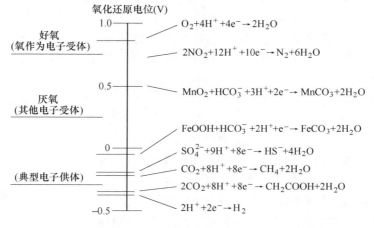

图 9-2　不同类型电子受体参与生物降解过程的次序

其中，以分子氧作为电子受体的生物降解反应速度最快。因此，向土壤和地下水供应氧气和氮磷营养，可以加速生物降解修复过程。

在好氧微生物反应过程中，起主要作用的酶是加氧酶，又分为单加氧酶和双加氧酶；在厌氧微生物反应过程中，起主要作用的是还原脱氢酶。这些酶往往控制着细菌细胞的整个反应节奏，故又称为"关键酶"。一般还原状态的有机物比较容易进行好氧分解，如石油烃类，而氧化状态比较高的有机物容易进行厌氧反应，如多氯取代的化合物更容易通过厌氧过程得到降解。共代谢可以是好氧、厌氧或者自养性质等。土壤和地下水中的一些细菌在无氧条件下，利用硝酸根或者亚硝酸根，将有机物降解，而硝酸根经亚硝酸根最后还原为氮气。

土壤结构对于微生物修复技术应用的可行性和效率的影响最大。一般来说，非黏性、比较松散的土层（如沙子和卵石层），比较有利于微生物修复技术发挥作用；而比较密实的土层（如黏土层），不利于生物修复技术的应用。其中渗透率是一个比较关键的衡量参数。渗透率高，有机物、水分、微生物营养及电子受体等容易传递和输送，有利于微生物生长和对污染物的降解。高渗透率，还有利于防止微生物过度生长所引起的孔隙阻塞。因为随着有机物降解过程的进行，微生物细胞开始分裂繁殖，如果不及时迁移，就容易阻塞土层孔隙；在降解过程中，可能产生不溶性的金属氧化物或者氢氧化物颗粒，也会阻塞土层孔隙。影响最大的是亚铁离子，其在厌氧条件下呈溶解状态，而在好氧条件下，很容易被氧化为不溶性的氢氧化铁，形成沉淀。研究发现，微生物生长和有机物的降解活动可能导致土层渗透率降低至原渗透率的 1/1000 以下。一般认为，土层渗透系数在 10^{-4}cm/s 以上比较适合采用生物修复技术。

污染物在土壤和地下水中以不同形态存在，其对微生物的影响也各不相同。对于微生物来说，能够直接吸收的是溶解性污染物，因此污染物总浓度并不重要，重要的是溶解性浓度，或者有效浓度。当存在两种或者两种以上显著不同类型的微生物群落时，由于其降解动力学不同，彼此相互消长，使得宏观或者总的降解速率不断地波动。对于包气带土层，湿度对于微生物活性的影响非常大，影响有机物可利用性、气体传输、污染物毒性效应、微生物等。

微生物修复在很大程度上还取决于地下水的环境因素，主要包括温度、pH、盐度等。一般认为微生物所处环境的 pH 应保持在 6.5～8.5，方可保证微生物的活性。温度对微生物活性影响显著，20～35℃是普通微生物最适宜的温度，随着温度的下降，微生物的活性也下降，在 0℃时微生物活动基本停止。但温度一般是不可控的因素，应将季节性温度的变化考虑进去。

9.3.3　大气污染的微生物修复原理

1. 无机废气的生物修复

（1）煤的微生物脱硫　煤炭中的硫分主要包括有机硫、无机单质硫、黄铁矿（FeS_2）及少量的硫酸盐硫。其中，相比有机硫，无机硫和黄铁矿硫较易去除。煤的生物脱硫原理是：利用某些嗜酸耐热菌在生长过程中消化吸收 Fe^{2+}、S^- 的作用，从而促进黄铁矿硫的氧化分解与脱除。早期的研究主要利用氧化亚铁硫杆菌（*Thiobacillus ferrooxidans*）在几天时间里将黄铁矿氧化分解成铁离子和硫酸，硫酸溶于水中而排出，该方法可去除约 90% 的无机硫，使某些煤的含硫量降至 1% 以下。虽然该方法脱硫效率较高，但缺点是处理的时间较

长，并要求较大的反应器容积和较细的煤炭粒径。煤的微生物脱硫总反应可以用下述反应式描述

$$2FeS_2 + 7.5O_2 + H_2O \longrightarrow 2Fe^{3+} + SO_4^{2-} + 2H^+$$

该反应式实际上表示了细菌脱硫过程的两种作用形式：直接作用和间接作用。细菌直接侵袭黄铁矿、白铁矿表面就是直接作用，直接作用的生成物可以加速氧化还原反应的溶解过程，生成物为高价铁离子和硫酸根。直接作用过程生成的三价铁离子可以作为强氧化剂作用于黄铁矿使二价铁再生，然后在细菌的作用下将二价铁氧化为三价铁，另外生成的单质硫由细菌氧化为硫酸，这一系列循环式氧化还原反应成为间接作用。这两个过程同时作用，促进了黄铁矿中硫的氧化溶解。

生物脱硫的焦点主要集中在菌种的开发上，研究用于煤脱硫的细菌涉及高温嗜酸型、嗜热型、自养型及异养型等。目前研究的重点放在四组微生物上：硫杆菌属、硫化叶菌、大肠杆菌和假单细胞菌属，但菌种开发研究方面还存在着问题。

煤的微生物脱硫具有反应条件温和，对煤质损害小，能脱除煤中的大部分硫，处理量大，无场地限制等优点，其成本与某些分选技术相当，应用前景十分广阔。但采用该方法溶解黄铁矿需时 1~2 周，煤粒要求细小。同时国际研究机构的实验显示，该方法虽然技术上可行，但耗能较高，所需场地较大，经济可行性较差，不适应工业脱硫的需要。

为提高脱硫效率，近年来研究人员把煤的物理选煤技术之一的浮选法和微生物处理相结合，即把煤粉碎成微粒与水混合，并将微生物加入溶液中，让微生物附着在黄铁矿表面，使其表面变成亲水性，能溶于水。在浮选中其难以附着在气泡上，下沉至底部，从而把煤和黄铁矿分开。由于它仅处理黄铁矿的表面，只需数分钟即可脱硫，从而大幅度缩短了处理时间，可脱除约 70% 的无机硫。另外，采用该法脱硫时，灰分也可同时沉底，所以也具有脱去灰分的优点。

我国在煤的微生物脱硫方面的研究起步较晚，20 世纪 80 年代中期后，我国一些研究人员在利用微生物进行煤脱硫（包括有机硫）方面开展了一些基础研究工作。从松藻煤矿分离到氧化亚铁硫杆菌，在 pH 值为 1.55~1.70 的条件下，利用浸出法可使黄铁矿硫的去除率达到 86.11%~95.16%。

（2）微生物法脱氮

1）微生物净化 NO 过程。采用微生物净化 NO_x 是建立在用微生物净化有机废气、恶臭及用微生物进行废水反硝化脱氮获得成功的基础上。由于 NO_x 是无机气体，其构成不含有碳元素，因此微生物净化 NO_x 的原理是：适宜的脱氮菌在有外加碳源的情况下，利用 NO_x 作为氮源，将 NO_x 还原为最基本无害的 N_2，而脱氮菌本身获得生长繁殖。其中 NO_2 先溶于水中形成 NO_3^- 及 NO_2^- 再被生物还原为 N_2，NO 则被吸附在微生物表面后直接被生物还原为 N_2。

2）脱氮菌及菌种培养。无色杆菌属、产碱杆菌属、杆菌属、色杆菌属、棒杆菌属等是异养脱氮菌，有些是专性好氧菌，有的是兼性厌氧菌，它们在好氧、厌氧或缺氧条件下，利用有机基质进行脱氮。少数专性和兼性自养菌也能还原氮氧化物，如硫杆菌属中的脱氮硫杆菌利用无机基质作为氢供体，能在厌氧条件下，利用 NO 作为氢受体处于还原价位的含硫化合物氧化。

各种脱氮菌的最初培养一般都是用含硝酸盐、有机碳基质的培养基在厌氧或缺氧，并保证合适的温度和酸碱条件下培养 3 周至 1 个月，然后用于下一步的挂膜或用 NO_x 进行驯化。

微生物的存在形式可分为悬浮生长系统和附着生长系统两种。悬浮生长系统即微生物及其营养物配料存在于液相中，气体中的污染物通过与悬浮液接触后转移到液相中而被微生物所净化，其形式有喷淋塔、鼓泡塔等生物洗涤器。附着生长系统废气在增湿后进入生物滤床，通过滤层时，污染物从气相转移到生物膜表面并被微生物净化。

　　国外采用生物法脱氮系统都是针对 NO 不容易溶于水的特性进行研究，这些实验表明：适宜的脱氮菌在有碳源且合适的环境条件下，可以将 NO 作为最终的电子受体被还原为 N_2。

　　悬浮生长和附着生长两套系统在脱氮方面各有优缺点，前者微生物的环境条件及操作条件容易控制，但 NO_x 中 NO 占据较大的比例，不易溶于水，因此净化效率相对较低。目前，生物废气净化技术尚无工业化报道，多限于实验室研究阶段。

　　综上所述，NO_x 控制技术一般都存在投资大、原料消耗高、操作费用高等问题，所以有必要对现有技术进行改造或开发新的、效率高且综合效益好的氮氧化物控制技术。根据我国的情况，对于固定源燃烧排放的 NO_x 治理技术有两个可能的发展趋势：一是改进燃烧过程以控制 NO_x 的排放；二是发展脱硫脱氮一体化技术。对工业生产过程排放源而言，应该从全过程控制的要求出发，推行清洁生产，尽量减少尾气中 NO_x 的含量，同时搞好末端治理，选用高性能的吸附剂和催化剂，不断提高吸收效率，降低设备投资和运行费用。

2. 有机废气的微生物修复原理

　　有机废气微生物修复是利用微生物以废气中的有机组分作为其生命活动的能源或其他养分，经代谢降解，转化为简单的无机物（CO_2、水等）及细胞组成物质。用生物反应器处理有机废气，一般认为主要经历如下几个步骤：

　　1）废气中的有机物同水接触并溶于水中，也就是说，使气相中的分子转移到水中。

　　2）溶于水中的有机物被微生物吸收，吸收剂被再生复原，继而再用以溶解新的有机物。

　　3）被微生物细胞所吸收的有机物，在微生物的代谢过程中被降解、转换成为微生物生长所需的养分或 CO_2 和 H_2O。

　　废气生物处理要求的基本条件主要为水分、养分、温度、氧气（有氧或无氧）及酸碱度等。因此，在确认是否可以应用生物法来处理有机废气时，首先应了解废气的基本条件。如废气的温度太低不行，太高也不行；如果气体过于干燥，必须在微生物上加水，以保持一定的水分；废气中富含氧的话，则应采用好氧微生物处理，反之，则应采取厌氧微生物法处理。

　　根据微生物在工业废气处理过程中存在的形式，可将其处理方法分为生物洗涤法（悬浮态）和生物过滤法（固着态）两类，其中生物过滤法中包括生物滴滤池法。

　　（1）生物洗涤法　生物洗涤法（Biological washing method）是利用微生物、营养物和水组成的微生物吸收液处理废气，适合于吸收可溶性气态物。吸收了废气的微生物混合液再进行好氧处理，去除液体中吸收的污染物，经处理后的吸收液再重复使用。在生物洗涤法中，微生物及其营养物配料存在于液体中，气体中的污染物通过与悬浮液接触后转移到液体中从而被微生物所降解，其典型的形式有喷淋塔、鼓泡塔和穿孔板塔等生物洗涤器。

　　生物洗涤法的反应装置由一个吸收室和一个再生池构成，如图9-3所示。生物悬浮液（循环液）自吸收室顶部喷淋而下，使废气中的污染物和氧转入液相，实现质量传递，吸收了废气中组分的生物悬浮液流入再生反应器（活性污泥池）中，通入空气充氧再生。被吸收的有机物通过微生物作用，最终被再生池中的活性污泥悬浮液从液相中除去。生物洗涤法处理工业废气,其去除率除了与污泥的浓度、pH值、溶解氧等因素有关外,还与污泥的驯化与否、营养盐的投加量及投加时间有关。当活性污泥的质量浓度控制在 5000~10000ml/L、气速小于 20m³/h 时,装置的负荷及去除效率均较理想。日本某铸造厂采用此法处理含胺、酚和乙醛等污染物的气体,设备由两段吸收塔、生物反应器及辅助装置组成。第一段中,废气中的粉尘和碱性污染物被弱酸性吸收剂去除;第二段中,气体与微生物悬浮液接触,每个吸收器配一个生物反应器,用压缩空气向反应器供氧,当反应器效率下降时,则由营养物储槽向反应器内添加特殊营养物,多年来该装置一直保持较高的去除率(95%左右)。

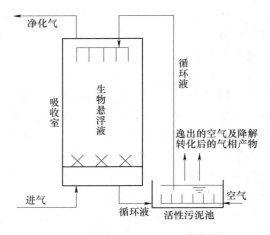

图 9-3　生物洗涤法处理工业废气装置

　　生物洗涤法中气、液两相的接触方法除采用液相喷淋外,还可以采用气相鼓泡。一般地,若气相阻力较大可用喷淋法,反之液相阻力较大时采用鼓泡法。鼓泡与污水生物处理技术中的曝气相仿,废气从池底通入,与新鲜的生物悬浮液接触而被吸收。与鼓泡法处理相比,喷淋法的设备处理能力大,可达到 60m³/(m²·min),从而大大减少了处理设备的体积。喷淋净化气态污染物的影响因素与鼓泡法基本相同。生物洗涤方法可以通过增大气液接触面积,如鼓泡法中加填料,以提高处理气量;或在吸收液中加某些不影响生物生命代谢活动的溶剂,以利于气体吸收,达到去除某些不溶于水的有机物的目的。

　　(2) 生物过滤法　生物过滤法(Biological filtration process)1959 年最早出现在联邦德国,某污水处理厂建立了一个填充土壤的生物过滤床,用于控制污水输送管散发的臭味。美国 1990 年通过的清洁空气法修订案严格限制了 189 种危险空气污染物(其中 70% 是挥发性有机物)的排放,这促进了包括生物过滤法在内的废气控制技术的研究和应用,大规模的生物过滤装置开始被建立用来处理各种污染气体。

　　生物滤池具体由滤料床层(生物活性填充物)、砂砾层和多孔布气管等组成。多孔布气管安装在砂砾层中,在池底有排水管排除多余的积水,如图 9-4 所示。

　　废气首先经过预处理,包括去除颗粒物和调温调湿,然后经过气体分布器进入生物过滤器。生物过滤器中填充了有生物活性的介质,一般为天然有机材料,如堆肥、泥煤、骨壳、木片、树皮、泥土等,

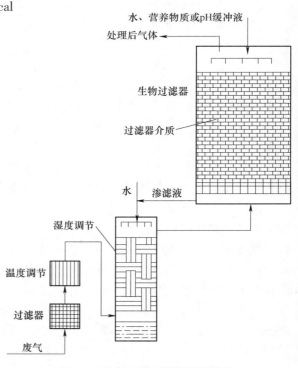

图 9-4　生物过滤法修复废气装置

有时候也混用活性炭和聚苯乙烯颗粒。填料均含有一定水分，填料表面生长着各种微生物。当废气进入滤床时，废气中的污染物从气相主体扩散到介质外层的水膜而被介质吸收，同时氧气也由气相进入水膜，最终介质表面所附的微生物消耗氧气而把污染物分解转化为 CO_2、水和无机盐类。微生物所需的营养物质则由介质自身供给或外加。生物滤池具体由滤料床层（生物活性填充物）、砂砾层和多孔布气管等组成。多孔布气管安装在砂砾层中，在池底由排水管排除多余的积水。

9.3.4 固体废弃物生物处理中的生物化学原理

城市垃圾、城市污水处理厂产生的干污泥和农业废弃物三大类固体废弃物都含有大量的有机物，通过微生物的活动，可以使之稳定化、无害化、减量化和资源化，其主要的处理方法有卫生填埋、堆肥、沼气发酵和纤维素废物的糖化、蛋白质化、产乙醇等。

1. 堆肥

堆肥化（Composting）是依靠自然界广泛分布的细菌、放线菌、真菌等微生物，有控制地促进可被生物降解的有机物向稳定的腐殖质转化的生物化学过程。堆肥化的产物称为堆肥。根据处理过程中起作用的微生物对氧气要求的不同，堆肥可分为好氧堆肥法（高温堆肥）和厌氧堆肥法两种。

（1）好氧堆肥法 好氧堆肥法是在有氧的条件下，通过好氧微生物的作用使有机废弃物达到稳定化，转变为有利于作物吸收生长的有机物的方法，本质上是基质微生物的发酵过程，可以用下式表示：

$$[C、O、H、N、S、P] + O_2 \xrightarrow[\text{细菌、真菌、放线菌}]{\text{好氧微生物}} CO_2 + N_2O + NO_3 + SO_4^{2-} + 简单有机物 + 更多的微生物 + 热量$$

堆肥的微生物学过程如下：

1）发热阶段。堆肥堆制初期，主要由中温好氧的细菌和真菌，利用堆肥中容易分解的有机物，如淀粉、糖类等迅速增殖，释放出热量，使堆肥温度不断升高。

2）高温阶段。堆肥温度上升到50℃以上，进入了高温阶段。由于温度上升和易分解的物质的减少，好热性的纤维素分解菌逐渐代替了中温微生物，这时堆肥中除残留的或新形成的可溶性有机物继续被分解转化外，一些复杂的有机物（如纤维素、半纤维素等）也开始迅速分解。由于各种好热性微生物的最适温度互不相同，因此随着堆温的变化，好热性微生物的种类、数量也逐渐发生着变化。在50℃左右，主要是嗜热性真菌和放线菌，如嗜热真菌属、嗜热褐色放线菌、普通小单胞菌等。温度升至60℃时，真菌几乎完全停止活动，仅有嗜热性放线菌与细菌在继续活动，分解着有机物。温度升至70℃时，大多数嗜热性微生物已不适应，相继大量死亡，或进入休眠状态。高温对于堆肥的快速腐熟起到重要作用，在此阶段中堆肥内开始了腐殖质的形成过程，并开始出现能溶解于弱碱的黑色物质。同时，高温对于杀死病原性生物也是极其重要的，一般认为，堆肥温度在50~60℃，持续6~7d，可达到较好的杀死虫卵和病原菌的效果。

3）降温和腐熟保肥阶段。当高温持续一段时间以后，易于分解或较易分解的有机物（包括纤维素等）已大部分分解，剩下的是木质素等较难分解的有机物及新形成的腐殖质。这时，好热性微生物活动减弱，产热量减少，温度逐渐下降，中温性微生物又渐渐成为优势菌群，残余物质进一步分解，腐殖质继续不断地积累，堆肥进入了腐熟阶段。为了保存腐殖质和氮素等植物养料，可采取压实肥堆的措施，造成其厌氧状态，使有机质矿化作用减弱，以免损失肥效。

堆肥中微生物的种类和数量，往往因堆肥的原料来源不同而有很大不同。对于农业废弃物，以一年生植物残体为主要原料的堆肥中，常见到以下微生物相变化特征：细菌、真菌→纤维分解菌→放线菌→能分解木质素的菌类。在以城市污水处理厂剩余污泥为原料的堆肥中，可见表9-2所示微生物相的变化。堆肥堆制前的脱水污泥中占优势的微生物为细菌，而真菌和放线菌较少。在细菌的组成中，一个显著特征是厌氧菌和脱氮菌相当多，这与污泥含水量多、含易分解有机物多、呈厌氧状态有关。

表 9-2　污泥堆肥中的微生物相　　　　　　　（单位：10⁵个/g 干土）

微生物种类	堆制天数/d		
	0	30	60
好气性细菌	801	192	113
厌气性细菌	136	1.8	0.97
放线菌	10.2	5.5	3.7
真菌类	8.4	16.5	0.36
氨化细菌	34	240	44
氨氧化细菌	<43	14	0.37
亚硝酸氧化菌	0.08	>0.003	0.003
脱氮菌	1300	9900	200
好气性细菌/放线菌	78.5	349	30

经 30d 堆制后（期间经过 65℃高温，后又维持在 50℃左右），细菌数有了减少，但好氧性细菌比原料污泥只是略有减少，仍保持着每克物质 10⁷ 个的数量级，厌氧性细菌比原料污泥减少了大约 100 倍，真菌数量并没有明显增长，氨化细菌和脱氮菌却有明显的增加，说明堆肥中发生着硝化和反硝化反应，这与堆肥污泥中既存在着适于硝化细菌活动的有氧微环境，也存在着适于脱氯菌活动的无氧微环境有关。

堆制到 60d，可见各类微生物的数量都下降了，但此时，好氧性细菌仍然占优势，真菌和放线菌较少。

从以上分析中可知，剩余污泥堆肥中一般都是细菌占优势。

城市垃圾的堆肥中，与污泥堆肥一样是细菌占优势，但与污泥堆肥相比放线菌更少。另外还出现在腐熟初期丝状菌增加，随后又减少的现象。由于对植物有害的微生物不少是丝状菌，因此堆肥中丝状菌的减少是很重要的。

（2）厌氧堆肥法　在不通气的条件下，将有机废弃物（包括城市垃圾、人畜粪便、植物秸秆、污水处理厂的剩余污泥等）进行厌氧发酵，制成有机肥料，使固体废弃物无害化。堆肥方式与好氧堆肥法相同，但堆内不设通气系统，堆肥温度低，腐熟及无害化所需时间较长。然而，厌氧堆肥法简便、省工，在不急需用肥或劳力紧张的情况下可以采用。一般厌氧堆肥要求封堆后一个月左右翻堆一次，以利于微生物活动使堆料腐熟。

（3）影响堆肥效果的因素

1）微生物的种类。堆肥时形成温度高低和速度快慢，是多种微生物综合作用的结果，其中高温纤维分解菌起着更为重要的作用。马粪等含有大量的高温纤维分解菌，所以堆肥时加入一定量的骡马粪，或已腐熟的堆肥，可以增加大量的高温纤维分解菌。加入量一般为处理物质量的 10%~20% 。

2）堆料中要有足够的有机物。碳与氮应有适宜的比例，一般为 30：1 或 40：1。根据各地的经验，一般以加入粪便 20%~40% 为宜。

3）保持适当通风和水分。需氧微生物分解有机物时，必须在有氧的情况下进行。因此，必须保持堆内适当的空气流通。堆内水分一般为 50%~60% 。

4）保持适宜的 pH 值。纤维分解菌等一般在中性和弱碱性环境中分解有机物的作用最强烈。为了减少酸性的影响，可用 2% 石灰调节。但对施用于碱性土壤的堆肥，不宜加入石灰。

5）堆面泥封。厌气性堆肥堆面泥封对保温、保湿、保肥、防蝇等都有很大作用。泥封厚度一般为 7cm 左右。也可用塑料薄膜替代泥封。

2. 卫生填埋

卫生填埋法（Sanitary landfill method）始于 20 世纪 60 年代，它是在传统的堆放基础上，从环境免受二次污染的角度出发而发展起来的一种较好的固体废弃物处理法，其优点是投资少，容量大，见效快，因此广为各国采用。

卫生填埋主要有厌氧、好氧和半好氧三种。厌氧填埋操作简单，施工费用低，同时还可回收甲烷气体。好氧和半好氧填埋分解速度快，垃圾稳定化时间短，日益受到重视，但其工艺要求较复杂，费用较高。

卫生填埋是将垃圾在填埋场内分区分层进行填埋，每天运到填埋场的垃圾，在限定的范围内铺设成 40~75cm 的薄层，然后压实，一般垃圾层厚度应为 2.5~3m。一次性填埋处理垃圾层最大厚度为 9m，每层垃圾压实后必须覆土 20~30cm。废物层和土壤覆盖层共同构成一个单元，即填埋单元，一般一天的垃圾，当天压实覆土，成为一个填埋单元。具有同样高度的一系列相互衔接的填埋单元构成一个填埋层。完成的卫生填埋场由一个或几个填埋层组成。当填埋到最终的设计高度以后，再在该填埋层上层盖一层 90~120cm 的土壤，压实后就得到一个完整的卫生填埋场。

（1）填埋坑中微生物的活动过程

1）好氧分解阶段。随着垃圾填埋，垃圾孔隙中存在的大量空气也填埋入其中，因此开始阶段垃圾只是好氧分解，此阶段时间的长短取决于分解速度，可以由几天到几个月。好氧分解将填埋层中氧耗尽以后进入第二阶段。

2）厌氧分解不产甲烷阶段。在此阶段，微生物利用硝酸根和硫酸根作为氧源，产生硫化物、氮气和二氧化碳，硫酸盐还原菌和反硝化细菌的繁殖速度大于产甲烷细菌。当还原状态达到一定程度以后，才能产甲烷，还原状态的建立与环境因素有关，潮湿而温暖的填埋坑能迅速完成这一阶段而进入下一阶段。

3）厌氧分解产甲烷阶段。此阶段甲烷气的产量逐渐增加，当坑内温度达到 55℃ 左右时，便进入稳定产气阶段。

4）稳定产气阶段。此阶段稳定地产生二氧化碳和甲烷。

（2）填埋场渗沥水　垃圾分解过程中产生的液体、渗出的地下水和渗入的地表水，统称为填埋场渗沥水。渗沥水的性质主要取决于所埋垃圾的种类。渗沥水的数量取决于填埋场渗沥水的来源、填埋场的面积、垃圾状况和下层土壤等。

为了防止渗沥水对地下水的污染，需在填埋场底部构筑不透水的防水层、集水管、集水井等设施将产生的渗沥水不断收集排出。对新产生的渗沥水，最好的处理方法为厌氧、好氧生物处理；而对已稳定的填埋场渗沥水，由于已经历厌氧发酵，使其可生化的有机物的含量减少到最低点，再用生物处理其效果不明显，最好采用物理化学处理方法。渗沥水除采用传统方法进行处理外，在旱季或干旱地区还可采用渗沥水再循环的方法，用于喷洒灌溉、地面流水灌溉等使渗沥水被蒸发或被植物吸收。渗沥水再循环的优点在于能加速垃圾稳定和省略水处理系统。

（3）填埋场气体收集　垃圾填埋以后，由于微生物的厌氧发酵，产生甲烷、二氧化碳、氨、一氧化碳、氢气、硫化氢、氯气等气体。填埋场的产气量和成分与被分解的固体废物的种类有关，并随填埋年限而变化。由于填埋场中存在着许多不能控制因素，所以用各种方式进行估算的结果与实际情况偏离很大。填埋场产气约为 $0.013 \sim 0.047 \mathrm{m}^3/\mathrm{kg}$（挥发性有机固体）。甲烷发酵最旺盛期间通常在填埋后的 5 年内。填埋场气体一般含有 40%～50% 的二氧化碳、30%～40% 的甲烷及其他各种气体。因此，填埋场的气体经过处理以后可以作为能源加以利用。

3. 厌氧发酵（消化）

不管是作物秸秆、树干茎叶、人畜粪便、城市垃圾，还是污水处理厂的污泥，都是厌氧发酵的原料。在发酵过程中，废物得到处理，同时获得能源。在我国农村，沼气发酵不仅作为农业生态系统中的一个重要环节，处理各类废弃物来制成农家肥，而且获得生物质能用来照明或作为燃料。城市污水处理厂的污泥厌氧消化使污泥体积减小，产生的甲烷用来发电，降低处理厂的运行费用。

固体废弃物的厌氧发酵（消化）过程影响因素如下：

（1）有机物投入量　在厌氧发酵罐（或称消化罐）中，从搅拌时液体的流动性、搅拌动力的关系考虑，发酵原料液的固形物质量分数的极限是 10%～12%，污水处理厂污泥质量分数的极限是 2%～5%，家畜粪尿质量分数的极限是 2%～8%，其他有机废水中固形物质量分数的极限是 8%。适宜的有机物投入量由菌体的性质、发酵温度等决定。如对于单槽方式的发酵法，猪粪作为基质时，中温发酵的有机负荷是 $2 \sim 3 \mathrm{kg(VS)/(m^3 \cdot d)}$，高温发酵的有机负荷是 $5 \sim 6 \mathrm{kg(VS)/(m^3 \cdot d)}$，固形物中有机物的质量分数通常为 60%～80%，甲烷发酵后是 35%～45%。

（2）营养　为了使甲烷发酵顺利进行，碳氮比和碳磷比是重要因素，产生甲烷的最佳碳氮比是 12～16。

（3）粒度　希望粒度小，因为发酵过程是在可溶性有机物中进行的。

（4）发酵温度　厌氧发酵分为中温发酵和高温发酵，中温发酵控制在 30～37℃，高温发酵控制在 50～58℃。

（5）发酵槽的搅拌　为了使发酵槽内充分混合并使浮渣充分破碎，在发酵罐内必须进行适当的搅拌。搅拌方式有泵循环、机械搅拌、浮渣破碎机、气体搅拌等。

（6）厌氧状态　由于厌氧微生物对氧很敏感，因此发酵槽应完全密闭。

（7）加温　由于厌氧发酵需要适宜温度，因此必须加温。虽然中温和高温发酵对有机物处理能力的比是 1:2.5～1:3，但是发酵温度要根据原料的特性、发酵装置所在地区的气温、发酵槽的运行费用来确定。

（8）平均滞留时间　厌氧发酵的基质需要一定的平均滞留时间。如果平均滞留时间小于菌体的最小世代时间，从发酵槽流出的菌体大于其繁殖速率，发酵就难以维持。

（9）pH 值的影响 在产酸阶段是兼性厌氧菌起作用，pH 值的容许范围为 4.0～4.5。在兼性厌氧菌群和专性厌氧菌群共栖的系统，pH 值为 6.4～7.2。对于两相式发酵的甲烷发酵槽中 pH 值为 6.5～7.5 最适宜。

复 习 题

1. 什么叫环境微生物修复？环境微生物修复的特点是什么？
2. 用于环境微生物修复的微生物类型有哪些？
3. 试述微生物基质代谢的生理过程。
4. 试述污染物质在微生物修复中的迁移转化途径。
5. 试述微生物在土壤生物修复过程中的生物化学作用。
6. 论述微生物强化法、生物通风法和泵出生物法的工艺原理。
7. 论述污染地下水环境微生物修复中的生物化学原理。
8. 论述有机废气的微生物修复类型和原理。

参 考 文 献

[1] 赵景联. 环境生物化学 [M]. 北京：化学工业出版社，2007.
[2] 赵景联. 环境修复原理与技术 [M]. 北京：化学工业出版社，2006.
[3] 夏北成. 环境污染物生物降解 [M]. 北京：化学工业出版社，2002.
[4] 沈德中. 污染环境的生物修复 [M]. 北京：化学工业出版社，2002.
[5] 孔繁翔，尹大强，严国安. 环境生物学 [M]. 北京：高等教育出版社，2000.
[6] 王建龙，文湘华. 现代环境生物技术 [M]. 北京：清华大学出版社，2001.
[7] 徐亚同，等. 污染控制微生物工程 [M]. 北京：化学工业出版社，2001.
[8] 张京来，王剑波，等. 环境生物技术及应用 [M]. 北京：化学工业出版社，2002.
[9] 陈坚. 环境生物技术 [M]. 北京：中国轻工业出版社，1999.
[10] 熊治廷. 环境生物学 [M]. 武汉：武汉大学出版社，2000.
[11] 周启星，宋玉芳，等. 污染土壤修复原理与方法 [M]. 北京：科学出版社，2004.
[12] 张从，夏立江. 污染土壤生物修复技术 [M]. 北京：中国环境科学出版社，2000.
[13] 马放. 环境生物技术 [M]. 北京：化学工业出版社，2003.
[14] 金相灿. 湖泊富营养化控制和管理技术 [M]. 北京：化学工业出版社，2001.
[15] 张锡辉. 水环境修复工程学原理与应用 [M]. 北京：化学工业出版社，2002.
[16] 朱亦仁. 环境污染治理技术 [M]. 北京：中国环境科学出版社，1996.
[17] 陈玉成. 污染环境生物修复工程 [M]. 北京：化学工业出版社，2003.

第 10 章

环境毒理学

10.1 环境毒理学概述

10.1.1 环境毒理学概念

环境毒理学（Environmental toxicology）是研究环境污染物（Environmental pollutant），特别是有毒化学污染物（Toxic chemical pollutant）对生物有机体，尤其是对人体的损害作用及其机理的科学。环境毒理学的任务不仅要研究有毒环境污染物对生物个体的损害作用，而且要研究对生物群体、生态系统，甚至特定环境下的整个生物社会的损害作用及其防治对策。环境毒理学属于环境科学的范畴，也是生物科学和毒理学的分支学科。毒理学是研究物理、化学和生物因素，特别是化学因素对生物机体的损害作用及其机理的科学。

环境毒理学的研究对象是对各种生物特别是对人体产生危害的各种有毒环境污染物，包括物理性、化学性及生物性污染物。化学性污染物为其主要研究对象。

环境毒理学的主要研究任务是研究有毒环境污染物对人体的损害作用及其机理，探索环境污染物对人体健康损害的早期检测指标和生物标记物，从而为制定环境卫生标准和防治环境污染对人体健康的危害提供理论依据和措施。此外，依据有毒环境污染物对其他生物（包括动物、植物、微生物等生物个体、种群）及生态系统甚至在特定环境中的整个自然界的危害，研究其损害作用及其机理、早期损害指标及防治理论和措施。环境毒理学的最终任务是保护地球生物圈内包括人类在内的各种生物的生存和持续健康发展。

目前环境毒理学研究的主要内容是：①环境毒理学的概念、理论和方法；②有毒环境污染物在人体内的吸收、分布、转化和排泄，以及对人体的一般毒性作用与机理；③有毒环境污染物及其转化产物对人体的致突变、致癌变、致畸变等的特殊毒性作用与机理；④环境污染物的毒性评定方法，包括急性、亚急性和慢性毒性试验，代谢试验，蓄积试验，繁殖试验、迟发神经毒试验，以及各项致突变试验、致癌变试验、致畸变试验等；⑤各种有毒污染物对人体损害作用的早发现、早防治的理论和措施。此外，环境污染物在其他生物（包括动物、植物、微生物）中的吸收、转运、代谢转化、排出体外，毒性作用的规律和预防措施，也被列入环境毒理学研究的主要内容。

10.1.2 有毒化学物质

1. 有毒化学物质概念

当今世界，科学技术飞速发展，商品生产给人类的物质文明不断增添光彩。在丰富的物质世界中，化学品生产规模的扩大尤为迅速，人类的文明发展促使化学品家庭的成员不断增加。据估计，人类财富的50%来源于化学品，绝大部分化学品是低毒的（或称无毒的），它们给人类带来巨大的利益和享受。但实践证明，少数化学品能给生态环境和人体健康带来严重危害。由于化学品种类繁多，它们对环境及人体健康的影响要通过大量的科学试验才能被证实。因此，众多的化学品究竟如何确定是否有毒至今尚无确切的定义和统一的概念。一般认为某种化学物质接触或进入机体以后，损害机体的组织器官，并能在组织与器官内发生化学或物理化学作用，从而破坏机体的正常生理功能，引起机体功能性或器质性病理改变，具有这种作用的化学物质称为有毒化学物质（简称有毒物或毒物）或有毒化学品（Toxic chemical）。

2. 有毒化学物质分类

根据有毒化学物质的总效应，可以把有毒化学物质分为诱变剂（Mutagen）、致病物（Causative agent）和致畸剂（Teratogen）；根据毒性物质的化学性质，可以把有毒化学物质分成元素有毒物、有机有毒物和放射性有毒物等；根据毒性物质的来源，可以把有毒化学物质分为大气污染物、水污染物、土壤污染物、农药污染物和溶剂。

在美国《化学文摘》中登记的化学物质已达700万种，并以每周6000种的速度增加着，而且大部分是自然界中未发现的新化合物。1973年美国职业卫生研究所列出的有毒物质有25043种。据估计已有96000种化学物质进入人类环境。各国从如此众多的污染物中优先选择了一些潜在危害性大的有毒污染物作为环境优先控制污染物。

在我国优先控制污染物名单中，共有19类，68种优先控制的污染物，包括10种卤代烯烃类，6种苯系物，4种氯代苯类，1种多氯联苯，6种酚类，6种硝基苯，4种苯胺，7种多环芳烃，3种酞酸酯，8种农药，1种丙烯腈和2种亚硝胺。其中优先控制的有毒有机化合物有12类58种，占总数的58.29%（见表10-1）。

表10-1　我国环境优先控制的有毒有机化合物

1. 二氯甲烷	21. 多氯联苯	41. 苯并［k］荧蒽
2. 三氯甲烷	22. 苯酚	42. 苯并［a］芘
3. 四氯化碳	23. 碱甲酚	43. 茚并［1,2,3-c,d］芘
4. 1,2-二氯乙烷	24. 2,4-二氯酚	44. 苯并［ghi］芘
5. 1,1,1-三氯乙烷	25. 2,4,6-三氯酚	45. 酞酸二甲酯
6. 1,1,2-三氯乙烷	26. 五氯酚	46. 酞酸二丁酯
7. 1,1,2,2-四氯乙烷	27. 对硝基酚	47. 酞酸二辛酯
8. 三氯乙烯	28. 硝基酚	48. 六六六
9. 四氯乙烯	29. 对硝基甲苯	49. DDT
10. 三溴甲烷	30. 2,4-二硝基甲苯	50. 敌敌畏
11. 苯	31. 三硝基甲苯	51. 乐果
12. 甲苯	32. 对硝基甲苯	52. 对硫磷
13. 乙苯	33. 2,4-二硝基氯苯	53. 甲基对硫磷
14. 邻二甲苯	34. 苯胺	54. 除草醚
15. 间二甲苯	35. 二硝基苯胺	55. 敌百虫
16. 对二甲苯	36. 对硝基苯胺	56. 丙烯腈
17. 氯苯	37. 2,6-二氯-1-硝基苯胺	57. N-亚硝基二甲胺
18. 邻二氯苯	38. 萘	58. N-亚硝基二丙胺
19. 对二氯苯	39. 荧蒽	
20. 六氯苯	40. 苯并［b］荧蒽	

10.2 有毒化学物质在生物体内的转运和代谢

10.2.1 有毒化学物质进入人体的途径

有毒化学物质进入人体的主要途径是经口摄食、呼吸道和肺吸入及皮肤吸收；次要途径是直肠、生殖道及药物注射进入。有毒物进入人体的途径如图 10-1 所示。

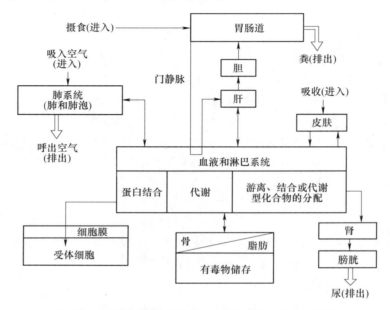

图 10-1 有毒化学物质进入体内的途径及在体内的转移

呼吸道是工业生产中毒物进入体内的最重要的途径。凡是以气体、蒸气、雾、烟、粉尘形式存在的毒物，均可经呼吸道侵入体内。人的肺脏由亿万个肺泡组成，肺泡壁很薄，壁上有丰富的毛细血管，毒物一旦进入肺脏，很快就会通过肺泡壁进入血液循环系统而被运送到全身。呼吸道吸收的最重要的影响因素是毒物在空气中的含量，含量越高，吸收越快。

在工业生产中，毒物经皮肤吸收引起中毒也比较常见。脂溶性毒物经表皮吸收后，还需兼有水溶性，才能进一步扩散和吸收，所以水和脂能溶解的物质（如苯胺）易被皮肤吸收。

在工业生产中，毒物经消化道吸收多半是由于个人卫生习惯不良，手沾染的毒物随进食、饮水或吸烟等进入消化道和呼吸道，进入呼吸道的难溶性毒物被清除后，可经由咽部被咽下而进入消化道。

10.2.2 有毒化学物质在体内的分布

有毒化学物质被吸收后，随血液循环（部分随淋巴液）分布到全身。当在作用点达到一定浓度时，就可发生中毒。毒物在体内各部位的分布是不均匀的，同一种毒物在不同的组织和器官的分布量有多有少。有些毒物相对集中于某组织或器官中，如铅、氟主要集中在骨质，苯多分布于骨髓及类脂质。

毒物被吸收后受到体内生化过程的作用，其化学结构会发生一定改变，称为毒物的生物转化。其结果可使毒性降低（解毒作用）或增加（增毒作用）。毒物的生物转化可归结为氧化、还原、水解及结合。经转化形成的毒性代谢产物排出体外。

毒物在体内可经转化或不经转化而排出。毒物经肾、呼吸道及消化道途径排出，其中经肾随尿排出是最主要的途径。尿液中毒物浓度与血液中的浓度密切相关，常通过测定尿中毒物及其代谢物，以监测和诊断毒物的吸收和中毒。

毒物进入体内的总量超过转化和排出总量时，体内的毒物就会逐渐增加，这种现象称为毒物的蓄积。此时毒物大多相对集中于某些部位，并对这些蓄积部位产生毒害作用。毒物在体内的蓄积是发生慢性中毒的根源。

10.2.3 有毒化学物质代谢

水溶性高的有毒化学物质，如能离子化的羧酸，比较容易通过排泄系统从生物体内清除出去，一般不需要生物酶来参与代谢。而对于难溶于水的亲脂性有毒化学物质，一般需要生物酶来参与代谢反应。有酶参与的有毒化学物质代谢生物化学反应有两种基本类型：第一类反应和第二类反应。

1. 第一类反应

第一类反应是酶催化下的氧化、还原和水解等反应，这些反应使亲脂性有毒分子改性，加上极性基团如羟基、巯基、羟氨基和环氧基等，转化为衍生物（一级代谢物），增加水溶性和反应活性。未改性之前，亲脂性有毒物分子容易透过含脂类物的细胞膜，与脂蛋白结合，并容易在体内传输。经过第一类反应改性后的衍生物，增加亲水性官能团，其溶解度增加了；更重要的是，衍生物容易与生物体的内源底物材料相配结合，有利于再通过第二类反应把有毒物从体内清除出去。

第一类反应通常是由单细胞色素 P450 氧化酶参与进行的，这类酶含 NADPH 细胞色素 C 还原酶和细胞色素 P450 氧化酶。下面列出的是由这些酶参与的最重要的反应类型。环氧化反应是将一个氧原子加成在一个双键上。

$$R-\underset{H}{\overset{H}{C}}=\underset{H}{\overset{H}{C}}-R' + \{O\} \longrightarrow R-\underset{H}{\overset{O}{C}}-\underset{H}{\overset{}{C}}-R'$$

芳香族化合物的羟基化反应涉及一个芳香环的环氧化反应，然后重排成酚。

$$\text{苯} + \{O\} \longrightarrow \text{环氧苯} \longrightarrow \text{苯酚}$$

脂肪族化合物的羟基化反应是将一个—OH 基团连接在脂肪族化合物上。

$$R-\underset{H}{\overset{H}{C}}-\underset{H}{\overset{H}{C}}-H + \{O\} \longrightarrow R-\underset{H}{\overset{H}{C}}-\underset{H}{\overset{O-H}{C}}-H$$

N—、O—或 S—脱烷基反应包括下列各类反应

$$R-\underset{H}{\overset{}{N}}-CH_3 + \{O\} \longrightarrow R-NH_2 + CH_2O$$

$$R—O—CH_3 + |O| \longrightarrow R—OH + CH_2O \quad (17\text{-}7)$$
$$R—S—CH_3 + |O| \longrightarrow R—SH + CH_2O$$

脱硫反应用氧取代硫

$$\underset{R_2P—X}{\overset{S}{\|}} + |O| \longrightarrow \underset{R_2P—X}{\overset{O}{\|}} + |S|$$

硫的氧化反应是将氧原子加成到有机硫化物分子的硫原子上

$$R—S—R' + |O| \longrightarrow \underset{R—S—R'}{\overset{O}{\|}}$$

2. 第二类反应

第二类反应通常是指在专一性强的各种转移酶催化作用下，生物体内某些内源物结合剂与第一类反应的衍生物进行结合反应，生成结合产物（二级代谢物），而结合产物的极性（亲水性）一般有所增强，有利于排出体外。容易结合的衍生物基团包括羧基、羟基、卤素原子（F、Cl、Br 和 I）、环氧基、氨基等。经过第二类反应的结合产物一般比原来的有毒物毒性更小、亲脂性更低、极性更高、水溶性更强、排泄更容易。主要的结合剂和催化酶包括葡萄糖苷酸（UDP 葡萄糖苷转移酶）、硫酸盐（硫转移酶）及乙酰基（乙酰转移酶），其中最常见的结合产物是葡萄糖苷酸衍生物，其结构式为

葡萄糖苷酸

结构式中的—X—R 代表与葡萄糖酸苷结合的有毒物，R 代表有机基团部分。例如，如果被结合的是酚，则 HXR 为 HOC_6H_5，X 为氧原子 O，R 代表苯环基团 C_6H_5。

以上两类反应主要在肝脏内进行，也可以在肾脏、肠、脑和皮肤等处进行。一般而言，经过第一类反应生成的衍生物结构和性质变化相对较小；而第二类反应的产物与母体化合物很不相同。应该指出，不是所有的有毒物的代谢都需要经历第一类反应和第二类反应，有些物质经过第一类反应就能直接从体内排泄出去；或者有些物质已经有适于结合的官能团，不必先经过第一类反应，可直接进行第二类反应。有毒物和其他外来物质在体内除了进行上述反应外，还可进行许多其他的生物化学反应。虽然这些反应一般可用于解毒和促进有毒物的清除，但有一些代谢过程却会增加毒性。尤其是芳香族和含 C—C 双键化合物的环氧化代谢衍生物中，有些被认为是有致突变和致癌作用的。

10.2.4　有毒化学物质干扰酶功能的机制

酶是主要的生物化学催化剂，生物体中几乎所有的代谢过程都与酶的催化密切相关，因此，酶功能的正常作用是保证生物体健康的关键。有毒物进入生物体后，一方面在酶的催化作用下通过第一类反应和第二类反应进行代谢转化；另一方面也可干扰酶的正常作用，对酶的活性和数量等有影响，有些严重中毒将使某些酶的活性完全丧失，导致生物体死亡。可以说，各种疾病，包括严重疾病如基因突变、癌症、畸变等几乎都与酶功能的干扰有关。因

此，有毒物对生物体的中毒效应，最根本的就是对生物体中各种酶功能的干扰。酶的干扰机制主要有以下几种类型：

（1）重元素与酶结合　亲硫重金属离子，特别是 Hg^{2+}、Pb^{2+} 和 Cd^{2+}，能与酶的巯基中的硫原子结合。

$$Hg^{2+} + E\begin{matrix}SH\\SH\end{matrix} \longrightarrow E\begin{matrix}S\\S\end{matrix}Hg + 2H^+$$

以亚砷酸盐形式存在的三价砷 As（Ⅲ）也能与酶中的巯基作用，形成一个非常稳定的五元环结构。

$$E\begin{matrix}SH\\SH\end{matrix} + \begin{matrix}^-O\\O\end{matrix}As-O^- \longrightarrow E\begin{matrix}S\\S\end{matrix}As-O^- + 2OH^-$$

由于—SH 基团一般在酶的活性部位，被这些重元素结合会使酶功能受损，使许多酶的活性受到破坏，尤其是在柠檬酸循环中参与产生细胞能量的那些酶更容易受到影响。干扰亚铁血红素（取代卟啉和 Fe^{2+} 的配合物，存在于血红蛋白和细胞色素中）的合成是铅的最重要的生物化学效应之一。铅能与血红素整个合成过程中几种关键的酶结合，抑制这些酶的功能，结果造成代谢过程中中间产物的积累。其中一个中间产物是 2-氨基-3-酮基己二酸，通过丙氨酸脱水酶的催化作用，它被转化为 3-丙酸基-4-乙酸基-5-氨甲基吡咯。

$$HO_2C-CH_2-CH_2-\overset{\overset{O}{\|}}{C}-\overset{\overset{H}{\|}}{\underset{NH_2}{C}}-CO_2H \xrightarrow[\text{（细胞质）}]{\text{丙氨酸脱水酶}}$$

2-氨基-3-酮基己二酸　　　　　　　　3-丙酸基-4-乙酸基-5-氨甲基吡咯

由于铅与丙氨酸脱水酶结合抑制了以上转化功能，因此造成了 2-氨基-3-酮基己二酸积累，而不是形成合成亚铁血红素所需的 3-丙酸基-4-乙酸基-5-氨甲基吡咯，导致大量 2-氨基-3-酮基己二酸从尿中排泄。铅也能抑制亚铁血红素合成中的其他步骤。最后的结果是减少血红蛋白及其他呼吸色素（如需要亚铁血红素的细胞色素）的合成。因此，铅最终使有机体不能利用氧和葡萄糖生产能量来维持生命。

（2）其他金属取代　含有金属离子的酶称为金属酶，酶分子中的金属离子可以被另一种电荷相同和大小相似的金属离子取代因而抑制酶的活性。锌是一种常见的金属酶的组分。Cd^{2+} 与 Zn^{2+} 的化学性质相似，非常容易取代酶中的 Zn^{2+}，但是与镉结合的酶并不具有相应的功能，这就是镉产生毒性的普遍原因。可被 Cd^{2+} 抑制的酶有三磷酸腺苷酶、L-醇脱氢酶、淀粉酶、碳酸酐酶、羧肽酶和谷氨酸草酰乙酸转氨酶等。

（3）配位体与金属酶中的金属配位　有些配位体能与金属酶中的金属形成配合物，从而抑制金属酶的活性。例如，在含镁的酶中，F^- 可与 Mg^{2+} 配位，从而抑制酶的活性。高铁细胞色素氧化酶是在线粒体内氧化磷酸化过程中产生的最后一种细胞色素，它以特殊的方式来参与 ATP 的合成，其反应的顺序如下。

步骤 1：Fe^{3+}-氧化酶 + 还原剂 $\longrightarrow$ Fe^{2+}-氧化酶 + 还原剂氧化产物

步骤 2：Fe^{2+}-氧化酶 + $2H^+$ + $\dfrac{1}{2}O_2$ $\xrightarrow[\text{ADP + Pi} \to \text{ATP}]{}$ Fe^{3+}-氧化酶 + H_2O

反应式中"Fe^{3+}-氧化酶"代表高铁细胞色素氧化酶，"Fe^{2+}-氧化酶"代表亚铁细胞色素氧化酶。氰离子 CN^- 能与高铁细胞色素氧化酶中的 Fe^{3+} 络合，抑制步骤 1 反应中电子转移，从而抑制 ATP 的合成。

（4）有机化合物与酶的共价结合　有机化合物与酶的共价结合也可抑制酶功能。这种结合通常发生是酶的活性部位羟基上。典型的例子是神经毒气二异丙基磷酰氟（DFP）和 N-甲基（α-萘氧基）甲酰胺与乙酰胆碱酯酶的结合。

$$(C_3H_7O)_2\!-\!\overset{\displaystyle O}{\overset{\|}{P}}\!-\!F \ + \ HO\!-\!E \ \longrightarrow \ HF + (C_3H_7O)_2\!-\!\overset{\displaystyle O}{\overset{\|}{P}}\!-\!OE$$

二异丙基磷酰氟　　　　乙酰胆碱酯酶　　　　　　磷酰化的乙酰胆碱酯酶，无活性

N-甲基(α-萘氧基)甲酰胺　　　乙酰胆碱酯酶　　　　　　氨基甲酰胺乙酰胆碱酯酶，无活性

以上结合对乙酰胆碱酯酶活性造成不可逆的抑制，使之不能执行原有催化乙酰胆碱水解的功能。乙酰胆碱是一种神经传递物质，在神经冲动的传递中起着重要作用。正常的神经冲动中一个重要的步骤就是冲动的休止，这需要通过乙酰胆碱的水解来实现。

$$(CH_3)_3\overset{+}{N}CH_2CH_2O\!-\!\overset{\displaystyle O}{\overset{\|}{C}}CH_3 + H_2O \xrightarrow{\text{乙酰胆碱酯酶}} (CH_3)_3\overset{+}{N}CH_2CH_2OH + CH_3COOH$$

乙酰胆碱　　　　　　　　　　　　　　　　胆碱

因此，有机磷酸酯和氨基甲酸酯对乙酰胆碱酯酶抑制所造成的乙酰胆碱积累，将使神经被过分刺激，从而引起机体痉挛、瘫痪等一系列神经中毒病症，甚至死亡。

10.3　环境有毒物化学

10.3.1　有毒物剂量和相对毒性

1. 有毒物剂量

有毒物对生物体的效应差异很大。定量地说，这些差异包括能观察到的毒性发作的最低水平，有机体对有毒物小增量的敏感度，以及对大多数生物体发生最终效应（特别是死亡）的水平。生物体内的一些重要物质（如营养性矿物质）存在最佳的量范围，过高或过低都可能有害。以上提到的因素可以用剂量-效应关系来描述，该关系是毒物学最重要的概念之一。剂量是一种数量，通常指一种生物体单位体重暴露的有毒物的量。效应是暴露某种有毒物对有机体的反应。为了定义剂量-效应关系式，需要指定一种特别的效应，如生物体的死亡，还要指定效应被观察到的条件，如承受剂量的时间长度。指定一种效应时，对象应为一群同类生物体。在相对低的剂量水平，该类生物体没有效应（如全部活着），而在更高的剂

量所有生物体表现出效应（如全部死亡）。在以上两种情况之间，存在一个剂量范围，一些生物体以特定的方式产生效应，而其他生物体则没有，因此可以定义出一条剂量-效应曲线。剂量-效应关系与生物种类和应变能力、组织类型及细胞群类等有关。图 10-2 给出了一般化的剂量-效应曲线图。S 形曲线的中间点对应的剂量是杀死 50% 目标生物体的统计估计剂量，定义为 LD_{50}。实验生物体死亡 5%（LD_5）和 95%（LD_{95}）的估计剂量通过在曲线上分别读 5% 和 95% 死亡的剂量水平得到。S 形曲线较陡峭表明 LD_5 和 LD_{95} 的差别相对较小。

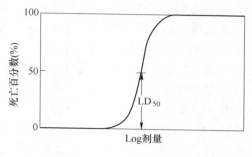

图 10-2 剂量-效应曲线

2. 相对毒性

表 10-2 列出了对人体有害的不同物质毒性等级的描述。根据一个平均的致命剂量，剧毒物质只要几滴或更少即可致命。而对于毒性很大的物质，一茶匙的量也许有同样的作用。

当两种物质存在实质性的 LD_{50} 差异，就说具有较低 LD_{50} 的物质的毒性更大。这样的比较必须假定这两种物质的剂量-效应曲线具有相似的斜率。

毒性被描述为极端作用，即导致有机体的死亡，显然这是不可逆的暴露后果。暴露于登记药剂剂量的死亡情况比较罕见，但是其他作用（无论是有害的还是有益的）却很常见。根据药物性质的不同，药物改变生物过程，因此潜在的危害几乎总是存在。得出药物剂量-效应曲线主要是为了发现具有足够治疗效果而且没有不希望的副作用。通过逐渐加大剂量，从无作用水平到有作用、有害，甚至到致死量水平。该曲线斜率低则表示该药物具有较宽的有效剂量范围和安全范围。药物剂量-效应曲线应用于其他物质如杀虫剂，在设计杀虫剂时，总是希望在杀死目标物种和危害有益物种之间有很大的剂量差异。

表 10-2 毒性等级和一些物质的毒性

毒 性 等 级	对应剂量/(mg/kg)	LD_{50}/(mg/kg)	举 例
无毒	$> 1.5 \times 10^4$	$10^4 \sim 10^5$	邻苯二甲酸二-2-乙基-己酯
低毒	$5 \times 10^3 \sim 1.5 \times 10^4$	$10^3 \sim 10^4$	氯化钠
中等毒性	$500 \sim 5000$	$10^2 \sim 10^3$	氯丹
很毒	$50 \sim 500$	$10^0 \sim 10^2$	柏拉息昂
非常毒	$5 \sim 50$	$10^{-2} \sim 10^0$	河豚毒素
剧毒	< 5	$10^{-2} \sim 10^{-5}$	二噁英、肉毒杆菌毒素

10.3.2 有毒物联合作用

生物体可能受到多种有毒物侵害，这些有毒物对机体同时产生的毒性，有别于其中任一个有毒物对机体引起的毒性。多种（两种或两种以上）有毒物，同时作用于机体所产生的综合毒性作用称为有毒物的联合作用，包括协同作用、相加作用和对抗作用等。下面以死亡率作为毒性指标分别进行讨论。假定两种有毒物单独作用的死亡率分别为 M_1 和 M_2，则联合作用的死亡率为 M。

（1）协同作用 多种有毒物联合作用的毒性，大于其中各有毒物单独作用毒性的总和。

在协同作用中，其中某一毒物成分能促进机体对其他毒物成分的吸收加强、降解受阻、排泄迟缓、蓄积增多或产生高毒代谢物等，使混合物毒性增加，如四氯化碳与乙醇、臭氧与硫酸气溶胶等。两种有毒物协同作用的死亡率为 $M > M_1 + M_2$。

（2）相加作用　多种有毒物联合作用的毒性，等于其中各有毒物单独作用毒性的总和。在相加作用中，各有毒物均可按比例取代另一毒物，而混合物毒性均无改变。当各有毒物的化学结构相近、性质相似、对机体作用的部位及机理相同时，其联合的结果往往呈现毒性相加作用，如丙烯腈与乙腈、稻瘟净与乐果等。两种有毒物相加作用的死亡率为 $M = M_1 + M_2$。

（3）对抗作用　多种有毒物联合作用的毒性小于其中各有毒物单独作用毒性的总和。在对抗作用中，其中某一有毒物成分能促进机体对其他毒物成分的降解加速、排泄加快、吸收减少或产生低毒代谢物等，使混合物毒性降低，如二氯乙烷与乙醇、亚硝酸与氰化物、硒与汞、硒与锡等。两种有毒物对抗作用的死亡率为 $M < M_1 + M_2$。

10.3.3　严重致毒作用机制

1. 致突变作用

生物细胞内 DNA 发生改变从而引起的遗传特性突变的作用称为致突变作用（Mutagenic effect）。这种突变可以传至后代。具有致突变作用的污染物质称为致突变物。致突变作用分为基因突变和染色体突变两类。基因突变是 DNA 碱基对的排列顺序发生改变。它包含碱基对的转换、颠倒、插入和缺失四种类型（图 10-3）。

转换是同型碱基之间的置换，即嘌呤碱被另一嘌呤碱取代，嘧啶碱被另一嘧啶碱取代。如亚硝酸可使带氨基的碱基 A、G 和 C 脱氨变成带酮基的碱基，于是引起一种如下的碱基对转换

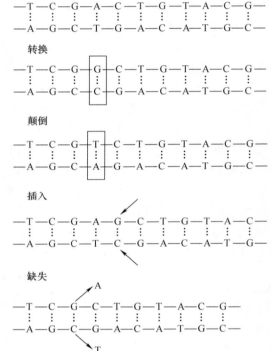

图 10-3　基因突变的类型

A—腺嘌呤　G—鸟嘌呤　T—胸腺嘧啶　C—胞核嘧啶

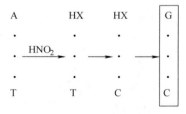

其中 A、G、T、C 意义同图 10-3，HX 为次黄嘌呤。在 DNA 复制时 A 被 HX 取代，而后因 HX 较易同 C 配对，C 又更易与 G 配对，所以进一步复制时就出现图 10-3 中转换部分所示的 G···C 对。

颠倒是异型碱基之间的置换，就是嘌呤碱基为嘧啶碱基取代或反之。颠倒和转换统称碱

型置换，所致突变称为碱型置换突变。插入和缺失分别是在 DNA 碱基对顺序中增加和减少一对碱基或几对碱基，使遗传代码格式发生改变，自该突发点之后的一系列遗传密码都发生错误。这两种突变统称为移码突变。如用吖啶类染料处理细胞时，很容易发生移码突变。

细胞内染色体是一种复杂的核蛋白结构，主要成分是 DNA。在染色体上排列着很多基因。若其改变只限于基因范围，就是上述的基因突变。而若涉及整个染色体，呈现染色体结构或数目的改变，则称为染色体畸变。

染色体畸变属于细胞水平的变化，这种改变可用普通光学显微镜直接观察。基因突变属于分子水平的变化，不能用上法直接观察，要用其他方法来鉴定。一个常用的基因突变鉴定试验是鼠伤寒沙门氏菌-哺乳动物肝微粒体酶试验（艾姆斯试验）。

突变本来是人类及生物界的一种自然现象，是生物进化的基础，但对于大多数机体个体往往有害。人和哺乳动物的性细胞如果发生突变，可以影响妊娠过程，导致不孕和胚胎早期死亡等；体细胞如果发生突变，可能是形成肿瘤的基础。因此，致突变作用是毒理学和毒理化学中的一个很重要的课题。

常见的具有致突变作用的有毒物包括亚硝胺类、苯并（a）芘、甲醛、苯、砷、铅、烷基汞化合物、甲基硫磷、敌敌畏、百草枯、黄曲霉素 B_1 等。

2. 致癌作用

化合物致癌作用过程如图 10-4 所示。能在动物和人体中致癌的物质称为致癌物。致癌物根据性质可分为化学（性）致癌物、物理性致癌物（如 X 射线、放射性核素氨）和生物性致癌物（如某些致癌病毒）。据估计，人类癌症 80% ~ 85% 与化学致癌物有关，在化学致癌物中又以合成化学物质为主。因此，化学品与人类癌症的关系密切，受到多门学科和公众的极大关注。

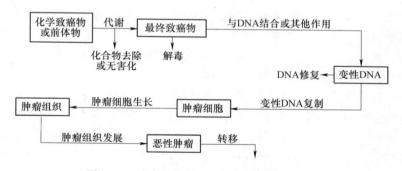

图 10-4　致癌物或其前体物导致癌症的过程

化学致癌物的致癌机制非常复杂，仍在研究之中。目前主要有基因机制和基因外机制两大学派。基因机制学派认为癌变是基因（DNA）发生改变，即外来致癌因素引起细胞基因改变或外来基因整合到细胞基因中，由于细胞基因改变而导致癌变。基因外机制学派认为基因本身并未发生改变，而是基因调节和表达发生改变，使细胞分化异常。

化学致癌物的分类方法很多。按照对人和动物致癌作用的不同，可分为确证致癌物、可疑致癌物和潜在致癌物。确证致癌物是经人群流行病调查和动物试验均已确定有致癌作用的化学物质。可疑致癌物是已确定对试验动物致癌作用，而对人致癌性证据尚不充分的化学物质。潜在致癌物是对试验动物致癌，但无任何资料表明对人有致癌作用的化学物质。到

1978 年确定为对动物致癌的化学物质就达到 3000 种，以后每年都有数以百计的新致癌物被发现。2017 年，世界卫生组织国际癌症研究中心（IARC）对致癌物的分类情况见表 10-3。

表 10-3　国际癌症研究中心（IARC）对致癌物的分类情况

分类	定义（供参考）	物质数量
1 类	对人类致癌	116
2A 类	可能对人体致癌。这类物质或混合物对人体致癌的可能性较高，在动物实验中发现充分的致癌性证据。对人体虽有理论上的致癌性，而实验性的证据有限	71
2B 类	可能对人体致癌。这类物质或混合物对人体致癌的可能性较低，在动物实验中发现的致癌性证据尚不充分，对人体的致癌性的证据有限	286
3 类	对人体致癌性尚未归类的物质或混合物。对人体致癌性的证据不充分，对动物致癌性证据不充分或有限。或者有充分的实验性证据和充分的理论机理表明其对动物有致癌性，但对人体没有同样的致癌性	499
4 类	对人体可能没有致癌性的物质。缺乏充足证据支持其具有致癌性的物质	1

化学致癌物根据作用机理，可分为遗传毒性致癌物和非遗传毒性致癌物。遗传毒性致癌物细分为：直接致癌物，即能直接与 DNA 反应引起 DNA 基因突变的致癌物，如双氯甲醚；间接致癌物，又称前致癌物，它们不能与 DNA 反应，而需要机体代谢活化转变，经过近致癌物至终致癌物后，才能与 DNA 反应导致遗传密码修改，如苯并（a）芘、二甲基亚硝胺等。大多数目前已知的致癌物是前致癌物。

非遗传毒性致癌物是不与 DNA 反应，通过其他机制影响或呈现致癌作用的物质。包括：促癌物，可使已经癌变的细胞不断增殖而形成瘤块，如巴豆油中的巴豆醇二酯、雌性激素己烯雌酚等，免疫抑制剂硝基咪唑硫嘌呤等；助致癌物可加速细胞癌变和已癌变细胞增殖成瘤块，如二氧化硫、乙醇、儿茶酚、十二烷等，促癌物巴豆醇二酯同时也是助致癌物；固体致癌物，如石棉等可诱发机体间质的肿瘤。

此外，还有其他种类的致癌物。例如，铬、镍、砷等若干重金属的单质及其无机化合物对动物是致癌的，有的对人也是致癌的。根据临床病例及流行病学研究结果，无论是服用大量砷进行治疗，还是职业上的接触者，砷化合物都可引起皮肤癌。

化学致癌物的致癌机制非常复杂，仍在研讨之中。关于遗传毒性致癌物的致癌机制，一般认为有两个阶段。第一是引发阶段，即致癌物与 NA 反应，引起基因突变，导致遗传密码改变。大部分环境致癌物都是间接致癌物，需通过机制代谢活化，经近致癌物阶段，由后者来引发。如果细胞中原有修复机制对 DNA 损伤不能修复或修而不复，则正常细胞便转变成突变细胞。第二是促长阶段，主要是突变细胞改变了遗传信息的表达，增殖成为肿瘤，其中恶性肿瘤还会向机体其他部位扩展。

在引发阶段，直接致癌物或间接致癌物的终致癌物，都是亲电的性质活泼的物质，能通过烷基化、芳基化等作用与 DNA 碱基中富电的氮或氧原子，以共价相结合而引起 DNA 基因突发。这是引发阶段的始发机制。如可以认为，二甲基亚硝胺通过混合功能氧化酶催化氧化成活性中间产物 N-亚硝基-N-羟甲基甲胺，再经几步化学转化失去甲醛，最后产生活泼的亲电甲基正碳离子 CH_3^+，CH_3^+ 与 DNA 碱基中富电的氮（或氧）原子相结合，使之烷基化，导致 DNA 基因突变。关于苯并（a）芘致癌的始发机制，可认为主要是经混合功能氧化酶催化氧化成相应的 7,8-环氧化物，再由水化酶作用形成相应的 7,8-二氢二醇，而后酶促氧化成7,8-二氢二醇-9,10-环氧化合物，经开环形成相应芳基正碳离子，与 DNA 碱基中氮（或氧）相结合，使之芳基化，导致 DNA 基因突变。

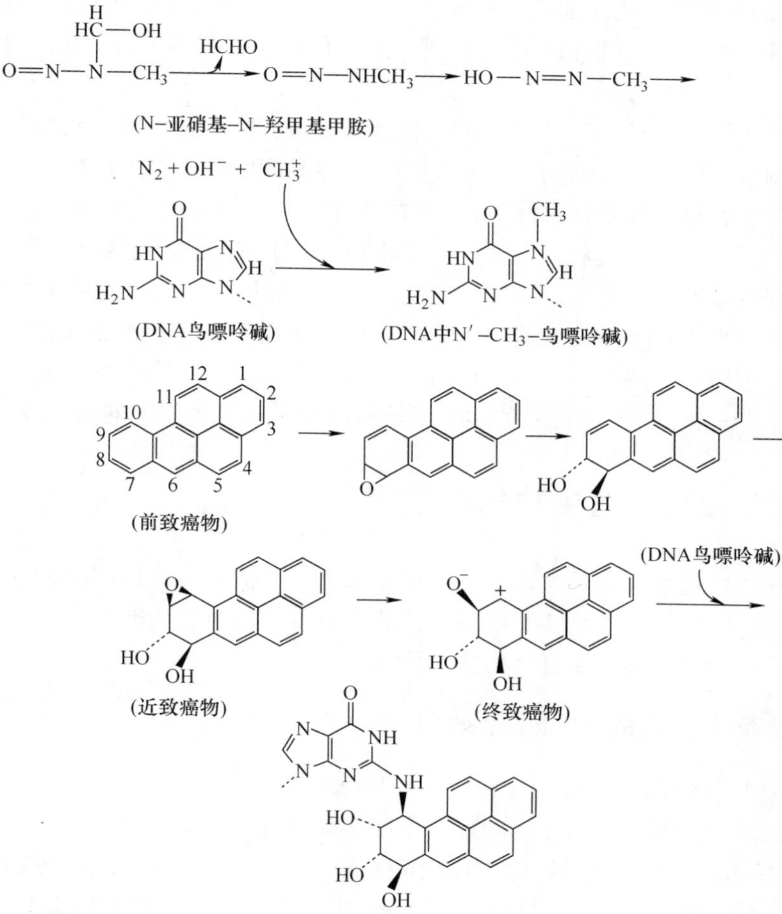

（N−亚硝基−N−羟甲基甲胺）

$N_2 + OH^- + CH_3^+$

（DNA鸟嘌呤碱）

（DNA中N′−CH₃−鸟嘌呤碱）

（前致癌物）

（近致癌物）

（终致癌物）

（DNA鸟嘌呤碱）

3. 化学致畸作用

化学致畸作用（Chemical abnormality）是指化学物质引起人或动物胚胎发育过程中形态结构异常，导致生育缺陷。具有化学致畸作用的有毒物质称为致畸物。人或动物胚胎发育过程中由于各种原因所形成的形态结构异常，称为先天性畸形或畸胎。遗传因素、物理因素（如电离辐射）、化学因素、生物因素（如某些病毒），以及母体营养缺乏营养分泌障碍等都可引起先天性畸形，称为致畸作用。致畸作用机理目前尚不完全清楚，认为可能的致畸作用机理主要有四类：

1）突变引起胚胎发育异常。化学品作用于胚胎体细胞会引起胚胎发育异常，造成畸胎，这种畸形是非遗传的，除形态缺陷外，有时还产生代谢功能缺陷。

2）胚胎细胞代谢异常。一些化学品可引起细胞膜转运和通透性改变，另一些化学品从胚胎排出的速度较从母体慢而引起蓄积，由此影响所有发育分化过程的酶活性并产生发育过程障碍。

3）细胞死亡和增殖速度减慢。许多化学毒物致畸作用是因能杀死细胞，尤其是正在增殖的细胞。致畸物进入胚胎后，常在数小时或数天内引起某些组织的明显坏死，导致这些组织的器官畸形。

4）胚胎组织发育过程的不协调。致畸物进入胚胎可引起某些组织或某细胞生长发育过程改变，造成各组织细胞之间在时间和空间关系上的紊乱，导致特定的组织和器官的发育异常。

到 20 世纪 80 年代初期，已知对人的致畸物约有 25 种，对动物的致畸物约有 800 种。其中，社会影响最大的人类致畸物是"反应停"（沙利度胺）。它曾于 20 世纪 60 年代初在欧洲及日本被用于妊娠早期安眠镇静药物，结果导致约一万名新生儿四肢不完全或四肢严重短小。另外，甲基汞对人的致畸作用也是大家熟知的。不同的致畸物对于胚胎发育各个时期的效应往往具有特异性，因此它们的致畸机制也不完全相同。一般认为致畸物生化机制可能有以下几种：致畸物干扰生殖细胞遗传物质的合成，从而改变了核酸在细胞复制中的功能；致畸物引起了染色体数目缺少或过多；致畸物抑制了酶的活性；致畸物使胎儿失去必需的物质（如维生素），从而干扰了向胎儿的能量供给或改变了胎盘细胞壁的通透性。

10.4　环境有毒物质的生物化学效应

有毒物质在体内进行代谢转化均需靠酶催化来进行，但酶的活性部位和结构对能够抑制酶活性、干扰酶正常功能的毒物特别敏感。因此，有毒物质对酶功能将会产生不容忽视的有害影响。下面简单介绍一些常见毒物的生物化学效应。

10.4.1　金属有毒物质的生物化学效应

1. 砷的生物化学效应

砷的化学性质和磷相似，因此，砷可以干扰某些有磷参与的生化反应。例如，砷酸盐对羟基和硫醇基缺乏亲和力，它不能抑制任何酶系统，但 AsO_4^{3-} 却可抑制三磷酸腺苷 ATP 合成（图 10-5）。当砷酸根存在时，就能替代磷酸根，产生 1-砷酸基-3-磷酸甘油酸酯而不是

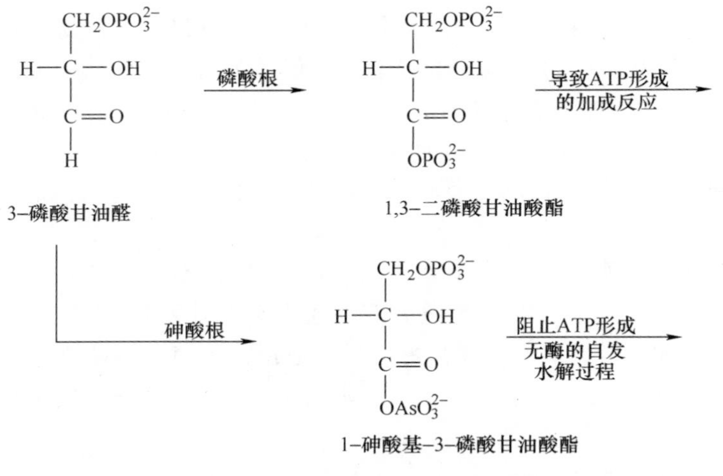

图 10-5　砷在 ATP 产生中对磷酸化反应的干扰

1,3-二磷酸甘油酸酯，代替磷酸化作用而发生砷酸基水解，生成 3-磷酸甘油酸酯及砷酸根，使反应中没有 ATP 生成。

高浓度的无机砷化合物会凝固蛋白质，这种危害可能是砷与维持蛋白质二级结构和三级结构的二硫键反应引起的，也可能归因于与蛋白质活性部位反应。

已知的砷的三种主要生物化学效应是蛋白质的凝固、与辅酶的络合及对 ATP 合成的抑制。对于砷中毒的常用解毒剂，是含有硫基基团并能与砷酸根结合的化合物。其中之一是 2,3-二巯丙醇（BAL），BAL 可从蛋白质中除去砷酸根，并恢复正常的酶功能。

2. 铅的生物化学效应

铅的主要生化效应是干扰亚铁血红素的合成，此外铅的摄入影响中枢神经系统、消化道和肾等。铅对中枢神经系统的损害是通过对脑细胞和神经的未知生化效应来实现的，这种效应可引起因抽搐造成的疲劳和头痛、脑麻痹、失明和智力迟钝等。铅抑制肾脏从排泄前的原尿中再吸收葡萄糖、磷酸根和氨基酸等，从而造成肾功能受损。

铅和钙的化学性质相似，因此铅能在骨骼中积蓄。储存在骨骼中的铅可与磷酸根结合重新游离出来，当迁移到软组织时能产生毒性作用。

铅的一些损害作用是可恢复的。如对血红素合成的抑制，只要暴露的时间不长，当铅被除去后，影响立刻逆向进行。螯合剂可用于铅中毒的治疗。除了用 EDTA 钙作解毒剂外，还可用 BAL 来处理铅的中毒。在第一次世界大战时曾用它作为含砷毒气的解毒剂。BAL 与铅形成一种络合物，这种络合物是无害的，而且可以通过肾脏和肝脏代谢出去：

$$2HSCH_2-CH-CH_2OH \ + \ Pb^{2+} \longrightarrow$$

$$\begin{array}{c} H \\ | \\ SH \end{array}$$

BAL（二巯基丙醇）

据报道，1976 年至 1980 年间美国人体内铅的平均含量几乎下降了 37%。这个变化与在同一时期汽油的含铅量降低了 55% 是一致的。对 64 个地区 27801 人进行的广泛调查表明，1980 年平均血铅含量为 $92\mu g/L$，而在 1976 年为 $146\mu g/L$。美国疾病控制中心认为人体血铅含量超过 $300\mu g/L$ 时属于异常。

3. 汞的生物化学效应

汞的毒性随其化学形态及暴露时间而改变。如果吞食了元素汞，一般可以排泄而无严重毒害，但如果吸进了汞蒸气，它就会经过血液系统进入大脑，从而引起中枢神经系统严重损害。对于甲基汞，不论吞食还是吸入，都易被血液吸收并运送至大脑，并在脑组织中滞留数月之久，造成严重损害。

通过厌氧甲烷细菌将元素汞或无机汞盐转化为甲基汞，是汞污染危害最大的问题之一。含 Co^{3+} 维生素 B_{12} 辅酶是这种转化中必需的辅助因子。结合在该辅酶中钴上的甲基被甲基钴胺素的酶（在 ATP 的存在下）催化作用转移至汞离子上，形成甲基汞离子 CH_3Hg^+，或二甲基汞 $(CH_3)_2Hg$，酸性条件有利于将二甲基汞转化为可溶于水的甲基汞。

$$\underset{\text{辅酶}}{\overset{CH_3}{\underset{|}{\underset{-}{\overset{-}{\text{Co}}}}}} \text{(Ⅲ)} + Hg^{2+} \xrightarrow[\text{(ATP)}]{\text{甲基钴胺素}} \underset{\text{辅酶}}{\overset{|}{\underset{-}{\overset{-}{\text{Co}}}}} \text{(Ⅲ)} + CH_3Hg^+ \text{或} (CH_3)_2Hg$$

甲基汞通过浮游生物进入食物链，并被鱼富集。烷基汞（甲基汞、乙基汞）很容易溶于有机物中，特别易溶于细胞膜或脑组织的类脂中，碳-汞共价键不容易破坏，使得烷基汞化合物能通过胎盘屏障进入胎儿组织，毒害胎儿。这种现象可能是由于烷基汞能透过细胞膜而其他汞化合物则没有这一特性之故。

汞对硫有较强的亲和力，因此汞与蛋白质包括酶中的—SH 基很容易结合，也能与含有—SH 基的血红蛋白和血清白蛋白结合。汞与细胞膜结合，会抑制糖穿过细胞膜的主动输送，使钾对细胞膜的渗透性增大，造成运输给脑细胞的糖分不足，导致脑细胞能量缺乏，钾对细胞膜透性的增加会影响脑神经冲动的传递。汞对细胞膜的影响细节尚不清楚，所能损害的酶也尚未一一识别。由于许多含有—SR 基团的酶都会被抑制，所以准确确定每一种效应有困难。

10.4.2 有毒无机化合物的生物化学效应

1. 氰化物的生物化学效应

氰化物与一氧化碳及亚硝酸根离子不同，它不会干扰细胞对氧的接受过程，但是它能抑制促进线粒体中利用氧产生 ATP 的氧化酶。在此过程中，氰化物与高铁细胞色素氧化酶结合，其顺序如下

步骤 1：Fe^{3+}-氧化酶 + 还原剂 $\longrightarrow Fe^{2+}$-氧化酶 + 还原剂被氧化的产物

步骤 2：Fe^{2+}-氧化酶 $+ 2H^+ + \frac{1}{2}O_2 \xrightarrow{ADP\uparrow ATP + Pi} Fe^{3+}$-氧化酶 $+ H_2O$

其中，Fe^{3+}-氧化酶表示高铁细胞色素氧化酶，Fe^{2+}-氧化酶表示亚铁细胞色素氧化酶，Pi 为无机磷。

实际上 Fe^{3+}-氧化酶是葡萄糖氧化释放出的电子最终受体，所生成的 Fe^{2+}-氧化酶能把电子传递给氧，再通过氢离子反应产生水，并在该过程中制造出高能 ATP。氰化物却能通过与高铁细胞色素氧化酶中 Fe^{3+} 结合而产生干扰，抑制步骤 1 中的电子传递，从而抑制利用氧制造 ATP 的总过程。

氰化物解毒的代谢途径，是通过与硫代硫酸盐或胶体硫的反应，转化氰化物为毒性较小的硫氰酸盐。

$$CN^- + S_2O_3^{2-} \xrightarrow{\text{硫氰酸酶}} SCN^- + SO_3^{2-}$$

这个反应被硫氰酸酶（也叫线粒体硫转移酶）催化。虽然在血液中没有发现这种酶，但这种酶丰富地存在于肝和肾组织中。因此，硫代硫酸盐可作为氰化物中毒的一种解毒剂。通常以静脉注射方式解毒。

2. NO_2^- 离子的生物化学效应

NO_2^- 离子能影响血红蛋白，是由于 NO_2^- 离子能氧化血红蛋白中 Fe^{2+} 产生高铁血红蛋白。

$$HbFe(Ⅱ) \xrightarrow{NO_2^-} HbFe(Ⅲ)$$

这种褐色物质不能携带氧，因而能导致组织缺氧，有时引起死亡。高铁血红蛋白的产生是可逆的，并且有两种酶系统能把高铁血红蛋白还原成血红蛋白，其中一种为高铁血红蛋白心肌黄酶，可与辅酶 NADH 结合。婴幼儿缺少这种辅酶，会显著地增加他们对亚硝酸盐的中毒。

亚硝酸盐能有效地应用于氰化物解毒。这是因为高铁血红蛋白易与氰化物结合，逆转了氰化物与高铁细胞色素氧化酶的反应，即从氰化高铁细胞色素氧化酶中把氰离子夺走，再生成高铁细胞色素氧化酶。当氰化物中毒病人用亚硝酸钠静脉注射或吸入亚硝酸戊酯的方法进行治疗时，可产生高铁血红蛋白。下面的反应表示高铁细胞色素氧化酶与氰根离子分开

$$HbFe(\text{III}) + Fe^{3+}\text{-氧化酶—CN} \longrightarrow HbFe(\text{III})\text{—CN} + Fe^{3+}\text{-氧化酶}$$

然后用硫代硫酸盐处理，以除去氰化物

$$HbFe(\text{III})\text{—CN} + S_2O_3{}^{2-} \longrightarrow SCN^- + HbFe(\text{III}) + SO_3{}^{2-}$$

已证明在人体小肠上部好氧部位可从有机化合物合成硝酸盐和亚硝酸盐，这个发现对于亚硝酸盐对人类的致癌起了重要的支持作用。因为这样合成的亚硝酸根，在肠道下段呈相对酸性环境的结肠和盲肠里有可能形成致癌化合物。

3. 一氧化碳的生物化学效应

一氧化碳对吸入它的高等动物有毒性，这种毒性是由于 CO 与血红蛋白中的血红素部分反应生成碳氧血红蛋白

$$O_2Hb + CO \Longleftrightarrow COHb + O_2$$

正常情况下，含 4 个 Fe 的血红素分子与 4 个 O 结合生成 1 个单独的血红蛋白分子，血红蛋白在肺部获得氧气，并以氧合血红蛋白方式将 O_2 携带到组织的毛细血管中使 O_2 释放。在这种组织中，CO_2 溶解在血浆中，并运送至肺部释放出。CO 与 O_2 在大小和形状上类似，所以很容易与血红蛋白结合。血红蛋白分子的 4 个血红素基团中任何一个与 CO 结合都会干扰氧气的输送。碳氧血红蛋白不能像氧合血红蛋白那样很快离解，阻止了氧气的释放和 CO_2 吸收。组织无氧气供给，就丧失了正常生理功能，不能进行蛋白质、核酸和脂类的合成。这是因为没有氧化的磷酸化作用，糖酵解不能提供生物分子合成所需要的能量。

由于碳氧血红蛋白形成而产生的另一危害是血液中 CO_2 的积蓄会导致酸度增加。细胞由于厌氧酵解积累了丙酮酸、乳酸和其他酸，产生了导致酸中毒的条件，更增加了细胞接受氧气的困难，而且酸度的增加，使蛋白质变性或失去活性，也可导致细胞直接中毒。碳氧血红蛋白的形成是可逆的。当停止暴露于 CO 而迅速给予充足的氧气时，CO 中毒的效应便可解除。但如果超过几分钟时间没有给细胞提供足够的氧气，则将产生永久性的脑损害。

4. 二氧化硫的生物化学效应

二氧化硫有窒息性气味，是气态污染物中毒性较小的一种，但它若与大气中的小颗粒结合，就会大大提高其危害性。

在二氧化硫含量很高（几百 mL/m^3）的空气中，它易溶解在上呼吸道组织所含的水中。但当 SO_2 含量为 $1mL/m^3$ 或更小时，95% 或更多的 SO_2 也要进入呼吸道和肺部。用含放射性 S 的 SO_2 对动物进行试验，发现吸入 SO_2 会迅速地分布到全身，通过呼吸道排出吸入的 SO_2 则相当慢，需要 1 周或更长的时间，这是因为部分气体与蛋白质相结合。SO_2 在肺中也可能被氧化形成硫酸，它能引起细胞的水解和脱水作用。硫酸形成局部低 pH 值，可使氨基酸中的羧基质子化，破坏蛋白质的静电力和氢键，从而导致蛋白质变性。

10.4.3　农药的生物化学效应

农药的生物化学作用是十分重要的，之所以重要有几个原因。首先，农药必须通过其对靶生物（欲除去的生物体）的生物化学作用才能发挥农药的特定功能；其次，农药对非靶生物体中的生物化学变化产生了农药的有害副作用；最后，生物化学过程是使农药进行降解和去除毒性的主要机制。

显然，用有限篇幅来详细讨论农药的生物化学作用是不可能的。这里只能简要地讨论几个主要方面。

DDT 的生物效应可能比任何其他农药引起更多注意。尽管对 DDT 的生物效应进行了很多研究，但这个广泛应用的农药对靶昆虫和非靶动物的生物化学作用的确切模式至今仍未完全了解。像许多杀虫剂一样，DDT 也是作用于中枢神经系统。与其他氯代烃一样，DDT 也能溶解在类脂质和脂肪组织中，并累积在神经细胞周围的脂肪膜内。这就干扰了神经脉冲沿轴突的传递。可以相信，靶生物被杀死的原因就是中枢神经系统被破坏的结果。

对有机磷农药干扰神经脉冲沿轴突传递的毒性已有比较清楚的了解。轴突细胞膜对钾离子的渗透比对钠离子的渗透更容易，因此轴突内部的 K^+/Na^+ 比大大高于轴突外部的 K^+/Na^+ 比，导致细胞膜两边大约有 60mV 的电位差。在神经脉冲传递过程中会释放出乙酰胆碱，它黏附在轴突末端的细胞膜上。这就增加了细胞膜对 Na^+ 的渗透率，引起电位的逆转。当神经脉冲通过神经后，又允许 K^+ 渗透过细胞膜，逆转的电位又恢复如前了，这一作用是由乙酰胆碱酯酶催化的乙酸胆碱降解而完成的。

$$(CH_3)_3N^+-CH_2-CH_2-O-\overset{\overset{O}{\|}}{C}-CH_3 + H_2O \xrightarrow{\text{乙酰胆碱酯酶}} (CH_3)_3N^+-CH_2-CH_2-OH + CH_3CO_2H$$

乙酰胆碱　　　　　　　　　　　　　　　　　　　　　胆碱　　　　　乙酸

有机磷农药或其他物质（如神经毒气）可以抑制乙酰胆碱酯酶的酶催化作用，导致乙酸胆碱的积累。这种积累会引起肌肉、神经及有机体其他部分的过度兴奋，最后导致痉挛、麻痹和死亡。有机磷杀虫剂的这种作用，会由于酶中磷酸酯的释放或新胆碱酯酶的产生而逆转。这样即可解除有机磷酸酯农药的毒性，即使在没有乙酰胆碱酯酶的情况下，还可使用拮抗药物来阻碍乙酰胆碱的释放，从而阻止神经脉冲的产生。阿托品就是这种拮抗药物，而阿托品本身也是一种毒品。

杀虫剂氨基甲酸酯同样能与乙酰胆碱酯酶反应。产生的氨甲酰基乙酰胆碱酯酶比有机磷酸酯产生的含磷酸的胆碱酯酶更容易被分解，所以，氨基甲酸酯杀虫剂是乙酰胆碱酯酶的可逆性抑制剂。

农药可被靶生物体和非靶生物体代谢，有多种代谢途径。例如，在人体中 DDT 的代谢非常缓慢，DDT 的代谢产物能随尿液排出体外。有些农药代谢产物本身就是农药，可在环境中保持很长时间。

显然，艾氏剂、狄氏剂和其他氯代烃也能被代谢，代谢方式类似于 DDT 的代谢（见图 10-6），在代谢过程中，艾氏剂可被氧化为狄氏剂，狄氏剂对鱼的毒性甚至比艾氏剂还大。这个例子阐明了一个重要问题，在有些情况下，污染物在环境中被生物体代谢转变而产生毒性更大的化学物质。

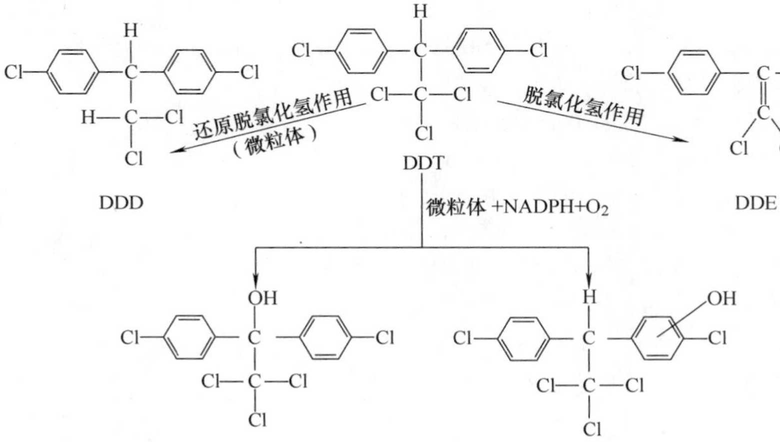

图 10-6　人体内 DDT 的代谢作用

磷酸酯和氨基甲酸酯比氯代烃类的杀虫剂更容易被分解为无毒的代谢产物。磷酸酯（硫代磷酸酯）降解的一条途径是水解，由酯酶进行催化水解。例如，对硫磷水解产生乙醇、硫代磷酸和硝基酚。

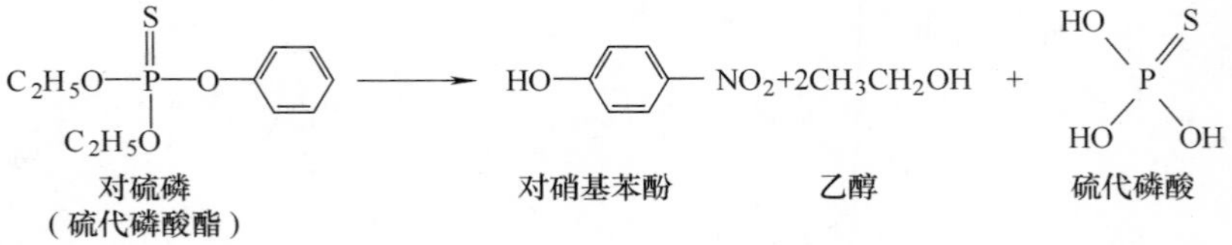

磷酸酯也可被氧化酶（微粒体酶）催化而氧化降解。对硫磷的酶促氧化同水解一样，也产生对硝基酚。氨基甲酸酯的降解也可以通过酯酶类和含氧微粒体酶的催化作用完成。

复 习 题

1. 什么是环境有毒物质？
2. 环境有毒物质干扰酶作用的机制有哪些？
3. 阐述环境有毒物质代谢类型。

4. 阐述有毒物质进入人体的主要途径。

5. 什么是有毒物联合作用？它包括哪些作用？

6. 阐述环境有毒物质的严重毒作用机制。

7. 试述砷、铅和汞金属有毒物质的生物化学效应。

8. 试述氰化物、NO_2^- 离子、CO 和 SO_2 的生物化学效应。

9. 有机磷农药中毒有什么特点？

参 考 文 献

[1] 赵景联. 环境生物化学 [M]. 北京：化学工业出版社，2007.

[2] 赵景联，史小妹. 环境科学导论 [M]. 2 版. 北京：机械工业出版社，2017.

[3] 赵景联. 环境修复原理与技术 [M]. 北京：化学工业出版社，2006.

[4] MANAHAN S E. Environmental chenisty [M]. 4th ed. Boston：Willard Grant Press，1984.

[5] 邓南圣. 环境化学教程 [M]. 武汉：武汉大学出版社，2006.

[6] 樊邦棠. 环境化学 [M]. 杭州：浙江大学出版社，1991.

[7] 何燧源，等. 环境化学 [M]. 2 版. 上海：华东理工大学出版社，1996.

[8] 戴树桂. 环境化学 [M]. 北京：高等教育出版社，2006.

[9] 陶秀成. 环境化学 [M]. 北京：高等教育出版社，2004.

[10] 刘兆荣. 环境化学教程 [M]. 北京：化学工业出版社，2004.

[11] 毛德寿. 环境生化毒理学 [M]. 沈阳：辽宁大学出版社，1986.

[12] 王晓蓉. 环境化学 [M]. 南京：南京大学出版社，2000.

[13] 孟紫强. 环境毒理学 [M]. 北京：中国环境科学出版社，2000.